901

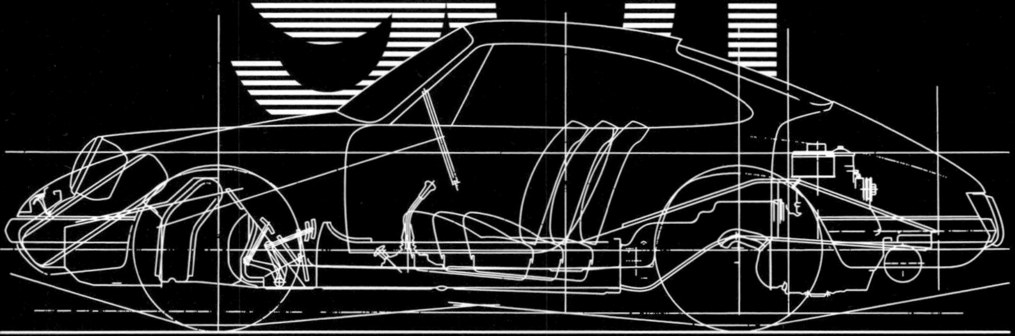

EDITION PORSCHE MUSEUM

PETER WEIDENHAMMER

DESTINATION 901

DIE VORGESCHICHTE DES PORSCHE 911 · VON DER IDEE ZUR WELTPREMIERE

EDITION PORSCHE MUSEUM

PETER WEIDENHAMMER

DESTINATION 901

DIE VORGESCHICHTE DES PORSCHE 911 VON DER IDEE ZUR WELTPREMIERE

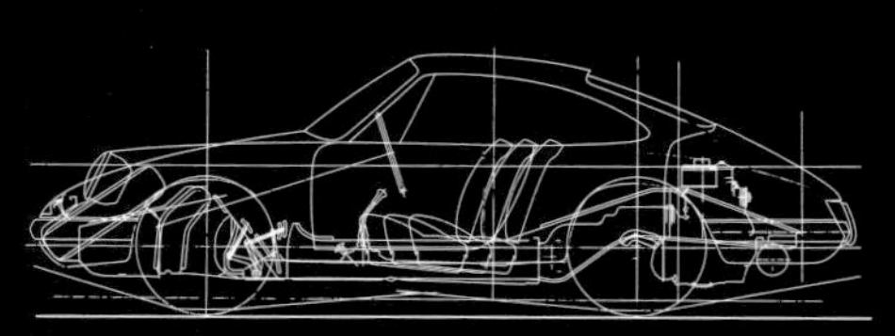

Titelbild: Nach zahlreichen Versuchen steht 1961 die Form des neuen Porsche-Sportwagens fest. Die Technik ist noch offen. Die Zeichnung zeigt den T8 mit dem Fahrwerk und dem Vierzylindermotor des Typ 356. Aus dieser Grundform entwickelt Porsche einen 2+2-Sitzer mit neuem Fahrwerk und Sechszylindermotor – den 901.

01

REIFEZEIT: DER LANGE WEG ZUM 901

PROTAGONISTEN

PORSCHE 901 – AUF DER SPUR ZUR DESIGNIKONE

Vorwort von Prof. Dr. Othmar Wickenheiser, Hochschule München

DESIGNEPOCHEN IM WANDEL

Um tatsächlich nachvollziehen zu können, wie anspruchsvoll sich in den beginnenden 1960er Jahren ein Fahrzeug-Modellwechsel vollzogen hat, müssten wir eigentlich mit einer Zeitmaschine in die Vergangenheit reisen: ein Abenteuer in der damaligen Realität einer heute kaum noch vorstellbaren analogen Lebens- und Arbeitswelt. Einer Epoche, in der es für uns im Hier und Jetzt selbstverständliche digitale Werkzeuge und Hilfsmittel wie Computer und künstliche Intelligenz noch nicht gab.

Damals entschieden menschlicher Schöpfergeist, künstlerische Begabung und das ästhetische Einfühlungsvermögen der Gestalter über Erfolg und Misserfolg einer automobilen Stilrichtung. Gerade auch im – damals wie heute – so emotional aufgeladenen Sportwagensegment erlebten seinerzeit auch die Stylisten, wie sich in ihrem Umfeld die unterschiedlichsten Fahrzeugsilhouetten und -proportionen zu neuen Automobilidentitäten weiterentwickelten. Längst hatten die Zeiten mit geschwungenen Kotflügeln und einer aus vielen großen ausladenden Einzelvolumina zusammengesetzten Formensprache der automobilen Vorkriegsära ihren Zenit überschritten. Diese waren ja bereits durch die fortschrittlicheren, zu einem Wagengrundkörper verschmolzenen Pontonkarosserien, wie bei der Limousine von Mercedes-Benz 180 (W 120) von 1953, aber bereits zuvor auch bei der Roadster- und Sportwagenkarosserie des 356 von Porsche von 1948, abgelöst worden.

Rückblickend mögen uns selbst diese Fahrzeuge noch als stark bombiert oder zu aufgeblasen erscheinen. Aber dieser massive Eindruck eines zu gleichmäßig hohen Innendrucks des solitären Karosserievolumens wirkte auf viele Menschen Anfang der 1950er Jahre durchaus zeitgemäß. Seine – aus heutiger Sicht – wuchtige Erscheinung war aber auch nur zum Teil dem reinen Stilempfinden geschuldet, sie war auch begründet in dem damaligen Blechtechnikverständnis »Formstabilität braucht große Rundungen«. Wer um diese designgeschichtlichen Zusammenhänge weiß, der kann bewusst die formalen Entwicklungsschritte und deren wahrnehmungspsychologischen Wertewandel – von der additiv ausladend geschwungenen Vorkriegsästhetik eines Volkswagenvolumens mit vier dominant aufgesetzten Kotflügelelementen hin zur damals moderneren integralen, bauchig anmutenden Sportwagen-Pontonkarosserie eines Porsche 356 – besser nachvollziehen.

FERRY PORSCHE UND SEINE VISION

In einem Produktionszeitraum von fast zwei Jahrzehnten, von 1948 bis 1965, ließ dieses formale Porsche-Statement mit leichten äußerlichen Modifikationen als Coupé, Cabriolet, Hardtop und Speedster die Herzen begeisterter Automobilfans höherschlagen. Aber der unternehmerische Instinkt eines Ferry Porsche veranlasste diesen, nach den ersten Serienerfolgen zu Beginn der 1950er Jahre nach einem vielversprechenden Nachfolgemodell zu suchen. Wie aber

OTHMAR WICKENHEISER

geboren 1962, ist Absolvent des Art Center College of Design, USA, und war fünf Jahre als Exterieur Designer und Designkulturbeauftragter bei Audi in Ingolstadt angestellt.
Er verfügt seit 1991 über Lehrerfahrung an international renommierten Universitäten und zeichnet seit 27 Jahren als hauptamtlicher Professor für den Schwerpunkt Transportation Design an der Hochschule München verantwortlich. Mit über 60 Kooperationsprojekten aus der Automobilindustrie hat er erreicht, dass 95 Prozent seiner Absolventen erfolgreich in der Designbrache tätig sind. Vom Präsidium der Hochschule München wurde Wickenheiser 2022 zum fünften Mal in Folge für herausragende Leistungen im Rahmen seiner Professur ausgezeichnet.
Wickenheiser promovierte über die Automobildesigngeschichte und ist heute vielfach international prämierter Fachbuchautor. Als Experte für Automobildesign hat er mehrfach die Internationale Automobil-Ausstellung und den Genfer Autosalon im deutschen Fernsehen kommentiert.
Er ist Gutachter für Geschmacksmusterschutz unter anderem am OLG München, Stiftungsmitglied des German Design Council und Gründungsmitglied des Instituts für Mensch und Mobilität der Hochschule München und gehört dem Roster of Experts des International Council of Industrial Designers an.

Ferry Porsche in der Montagehalle des Werk 2 in Zuffenhausen während der Produktion des 356 A Convertible D und des 356 A Coupé.

konnte ein wesentlicher Innovationsfortschritt in eine neue Porsche-Sportwagen-Ära gelingen? Welche Gesamtwirkung hatte die bisherige Sportwagenidentität eines 356 geprägt und wie musste der zukunftweisende Formenschatz aussehen, damit das künftige Zugpferd sich deutlich dynamischer vom Vorgänger absetzen würde? Wie konnten die verschiedenen Anforderungen an Design und Nutzen erfüllt werden und gleichzeitig ein neues Modell trotzdem als Porsche erkennbar sein lassen?

DIE GESTALTUNGSIDENTITÄT DES PORSCHE 356

Mit seinen ausgeprägten Karosserierundungen begann sich der 356 allmählich aus allen Blickwinkeln vom zunehmenden Anspruch eines temperamentvolleren, leistungsstärkeren Sportwagens zu entfernen. Denn die gleichmäßig weichen Bögen vom Dachmittelschnitt bis über die Motorhaube im Heck erinnerten in der Seitenansicht des 356 noch an die Volkswagensilhouette.

Sie waren so zwar sympathisch, aber zeigten nicht genügend Eigenspannung, die einen sportlich vorwärtsdrängenden Auftritt charakterisierte. Auch die fließenden Flächenüberleitungen aus den großzügigen Kotflügelradien in das noch stärker bombierte Volumen des Kofferraums vermittelten eher ausbalancierte Solidität und geschmeidige Ausgewogenheit, weckten jedoch keine unmittelbaren Assoziationen an die potenzielle Energie automobiler Spurtstärke und hoher Geschwindigkeiten. Auch aus der Vogelperspektive erschließt sich die skulpturale Linienführung in dem sanften Verlauf der Frontkotflügel, welche in die markante zentrale Bugwelle der Urversion einmünden. Parabelförmig fügen sich auch konsequent die nach hinten verjüngenden Segmentbögen der Seitenkontur in den harmonischen Grundzug ein. Sie schließt den Umlauf in der Draufsicht mit engeren Radien in den gleichförmig überwölbten Heckabschluss.

Wie konsequent stimmig kompakt und in der Wirkung sympathisch Porsche bis Mitte der 1960er Jahre mit dem 356 auftrat, lässt sich selbst am Fugenbild ablesen. Hier wird als ausdrucksstärkstes Charaktermerkmal spontan der Teilkreisbogen der Kofferraumtrennlinie zwischen den Scheinwerfern von vielen Menschen als freundlich lächelndes Antlitz erkannt.

Porsche 356 Coupé, Modelljahr 1955.

Beharrend auf dieser in sich ruhenden Formensprache blieben die zahlreichen Versuche, den 356 behutsam in eine innovative Richtung zu entwickeln, der ausgehenden formalen Korpulenz automobiler Karosserievolumina zu stark verhaftet. Letztlich besitzt der 356 im unteren Wagenkörper auch fast keinen Einzug, so als hätte der Gestalter wohl gerne ganz auf die Räder als unerwünschte Unterbrechung des gestreckten Blechkleids verzichtet. Zwar zeigt der Wagen somit eine starke Bodenbezogenheit, betont jedoch damit auch Volkswagen-gleich eher seine Solidität. Wohin-

Porsche 356 B Cabriolet, Modelljahr 1962.

Porsche 356 C Coupé, Modelljahr 1964.

gegen er die optische Leichtigkeit und den Speed aktuellerer Schöpfungen vermissen lässt. Ferry Porsche spürte, dass ein deutlich progressiveres Signal in Richtung kinetischer Agilität, gespannter Dynamik, temperamentvollem und energiegeladenem Vorwärtsdrang den technischen Fortschritt der Porsche-Außenhaut künftig verkörpern müsste.

DER STEINIGE WEG

Dieser unbeirrbare Instinkt, für das richtige Karosseriedesign eines Porsche-Sportwagens jede Anstrengung zu unternehmen, machte den visionären Unternehmer Ferry Porsche aus. Aber ohne die Kenntnisse, wie er auf dem direkten Weg sein klares Gestaltungsziel erreichen konnte, vertraute er zunächst auf die bewährte Expertise seines verdienten leitenden Karosseriekonstrukteurs, dem es aber letztlich nie gelang, über das 1948 erreichte Ziel hinauszuwachsen.

ERFAHRUNG KANN DIE FEHLENDEN KENNTNISSE NICHT ERSETZEN

Dem gelernten Blechtechniker Erwin Komenda fehlte die Erkenntnis, dass die potenzielle Energie – der visuelle Speed – einer Kontur am größten ist, wenn diese vom Start bis zum Ziel keinen Umweg macht. Und Menschen erkennen in progressiv gespannten Zügen die Entfaltung einer unbeirrbar ansteigenden Zieldynamik. Dahingegen wird bei der Betrachtung eines sich im Kreis bewegenden, gleichförmigen Segmentbogens nur noch eine stetige Bewegung empfunden und es entsteht keine vorwärtsgerichtete Dynamik. Bei einer gleichmäßigen Schlangenlinie, die mit vielen Wendepunkten jeden Geschwindigkeitsaufbau immer wieder im Keim erstickt, herrscht gar visueller Stillstand.

Erwin Komenda verantwortet seit den frühen Tagen des Konstruktionsbüros den Bereich Karosserie.

TYP 530: AUFTAKT VIELER VERGEBLICHER VERSUCHE

Mit dem Wissen um dieses wahrnehmungspsychologische Gestaltungsprinzip hätte Komenda sicher Ferry Porsches Verlangen nach einer Steigerung der dynamischen Aussage gerne sofort entsprochen. Umso ärgerlicher, da er die bereits von ihm selbst etablierte Fließheckform der 356-Karosserie unter dem Aspekt der visuellen Beschleunigung niemals hätte in Frage stellen dürfen. Stattdessen vollführte der für die Porsche-Formgebung Hauptverantwortliche unter dem Vorbehalt funktionaler Vorgaben nach mehr Passagier- und Stauraum ein jahrelanges »Trial and Error«-Verfahren. Denn schon allein die zahlreichen Stufenheckentwicklungen, die als Nachfolger für den 356 in Ansatz gebracht wurden, mussten prinzipiell in die falsche Richtung laufen. Denn die »Absattelung« – also der Knick in der abfallenden Dachlinie zur Heckklappe hin – raubte dem prominentesten Teil der Seitensilhouette im Ansatz jede Chance, auf ihrer Streckenlänge die volle Spitzengeschwindigkeit für die Form zu entfalten.

Der erste vergebliche Ansatz datiert bereits auf den 27. Dezember 1951 und zeigt mit der Bezeichnung 530 einen vollwertigen Viersitzer als Coupé. Dessen größere Gesamtlänge und somit günstigeres Verhältnis zur Wagenhöhe gegenüber dem 356 wurde indessen statt zur Steigerung der Körperdynamik zur Verlangsamung entwickelt. Denn die Dachlinie positionierte Komenda höher und führte dies im Mittelteil waagrechter aus. Dadurch und in der ungleichen Bombierung über zwei weit auseinandergerückte Wendepunkte nahezu gleichwertig ausbalanciert, entwickelt die Dachlinie kaum eine Beschleunigung und kommt hinter dem steileren Heckfenster in einem Knickpunkt vollkommen zum Erliegen. Dieser formale Ruhepunkt wird mit dem geschmeidigen Motorhaubenbogen nur noch bauchig nach unten abgerundet. So musste die 530-Karosserie insgesamt allein unter dieser Interpretation der Stufenheckästhetik bereits langsamer, geschwollener und dadurch schwungloser und schwerfälliger gegenüber der Ausgangssilhouette des 356 wirken.

DIE GESTALTERISCHE EINBAHNSTRASSE

Konsequenterweise trifft diese Tatsache der dynamischeren Wirkung von Fließheckformen gegenüber den vergleichbaren Stufenheckvarianten auf alle Entwürfe zu, so auch auf die Designvorschläge auf dem Weg zur Formentwicklung des 901. Deshalb konnten auch die zahlreichen übrigen Alternativkonzepte im Dreiboxdesign die Vorgaben des Designbriefings mit der Maßgabe mehr Sportlichkeit ohne das stilprägende Geschwindigkeitsmerkmal der heute Porsche-typischen »Flyline« nicht erfüllen. Denn Ferry Porsche wollte von Anfang an seine Vorstellung von der sportiven Wirkung des künftigen Sportwagens eindeutig umgesetzt haben und ist dieser inneren Überzeugung über den gesamten langwierigen zwölfjährigen Entwicklungszeitraum mit allen Höhen und Tiefen treu geblieben.

DER GRAF UND SEINE STILISTISCHE AVANTGARDE

Natürlich stiegen die Formgestalter in den 1950er Jahren in keiner Stilhalle der Welt mit einem formanalytischen Ansatz und mit einem entsprechend strukturierten Designlastenheft in die grundlegende Formgestaltung eines Fahrzeugs ein. Es gab nicht einmal überall den Berufszweig und allenfalls seit den 1950er Jahren am Art Center College of Design in Pasadena, USA, den weltweit einzigen spezifizierten Studiengang Transportation Design. Man näherte sich dem Thema aus den unterschiedlichsten Gestaltungsrichtungen oder -techniken oder einfach aus persönlichem Interesse, entwickelte ein Gefühl für Ästhetik und experimentierte im Umgang mit mobilen Skulpturen auf der Grundlage künstlerischer Intuition und Erfahrung. Dazu orientierte man sich natürlich an dem historischen Produktumfeld oder kultivierte Vorläufermodelle der eigenen Marke und gewann Inspiration aus den aktuellen Neuerscheinungen, vorwiegend aus der Automobilbranche. So fand sich unter anderem auch bei Porsche in der fest angestellten Designmannschaft vom Karosseriekonstrukteur (Komenda) über den gelernten Konditor (Klie) bis zum Tonmodelleur (Bolt) eine bunte Mischung von unterschiedlichen Kompetenzfeldern, die 1957 durch den gelernten Bankkaufmann Graf Goertz als externen Designberater für kurze Zeit ergänzt wurde. Dieser hatte in Los Angeles Mitte der 1930er Jahre mit Karosserieumbauten Unikate wie den Paragon geschaffen und autodidaktisch sein Ausnahmetalent als Automobildesigner entdeckt, welches ihm mit dem BMW 507 Weltruhm einbrachte. Porsche beauftragte den selbstständigen Stardesigner aus New York und mit ihm landete 1957 sein amerikanisch extravaganter Einfluss in der Modellabteilung, einem Bereich der Karosseriekonstruktion im Stuttgarter Porsche Werk 1.

Albrecht Graf von Goertz bringt neue Ideen nach Zuffenhausen.

DYNAMISCH, ZUKUNFTSWEISEND, ABER KEIN PORSCHE

Sein Designvorschlag mit einer hochdynamischen Fließheckthematik erfüllt auf Anhieb an entscheidender Stelle den Anspruch einer fortschrittlichen Sportwagensilhouette.

Straff gespannt beschleunigt die Dachfläche ungebremst über die flache Heckscheibe und überschießt in das vertikale Basisvolumen des Motorraums mit einer bewusst verlängerten dünnen Hüllfläche der Motorhaube. In der Heckansicht erkennt man diese waagrecht gleichsam schwebende Windabrissebene, die ihre große Geste über die Ebenen der Fahrzeugkanzel seitlich leicht rechtwinklig aufgespreizt, diffusorartig als Luftleitblech bis in den Unterboden fortsetzt. Durch die starken Einzüge der Fahrzeugkanzel wird die ausgestellte Breite der hinteren Kotflügel semantisch schlüssig als Anzeichen für die Leistungsquelle im Heck besonders hervorgehoben, was dem Designstatement einen betont kraftvollen Auftritt verleiht. Analog zur Ideologie des energiegeladenen Zugs der Dachkontur spannt Goertz seine Schulterlinie straffer durch und richtet zudem den Winkel noch flacher aus. Passend zur Heckthematik greift er in einer Frontversion die bewusste Verlängerung seiner

Porsche Typ 695 nach dem Entwurf von Graf von Goertz.

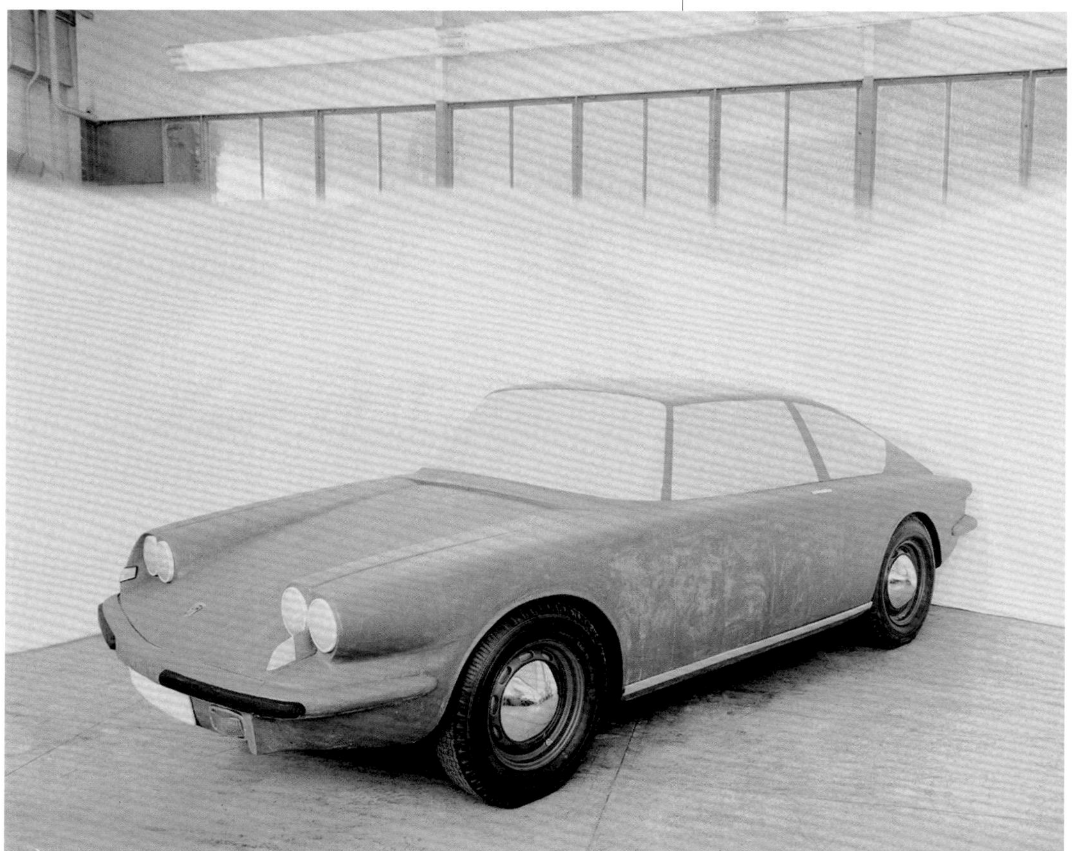

Linienführung in Form von überschießenden Hüllflächen als äußerer Rahmengestaltung der so eingebettet wirkenden Doppelscheinwerfer auf der linken Clay-Modell-Hälfte auf.

Darüber hinaus steigert er selbst in diesem ausdrucksstarken Akzentabschnitt mit einem extravaganten Blinker-Spangenelement die Designtiefe bis ins kleinste funktionale Detail. Generell sind alle Primärflächen, wie Dach, Hauben und die gesamte Seitenfallung, in höchstem Maße überspannt, die Flächenrichtungswechsel verlaufen an engen Radien und muten gerade noch nicht kantig an. Sie vermitteln somit den Eindruck eines schlanken automobilen Körpervolumens. Durch den im Vergleich zum Porsche 356 proportional höheren Glasanteil und die filigranen, zum Teil sehr strengen, für einen Porsche-Entwurf zu steif wirkenden Säulenthematiken der Fahrzeugkanzel wirkt der untere Wagenkörper im Verhältnis zusätzlich längenbetont und vermittelt dadurch weniger visuelles Eigengewicht. Alle Hauptlinien reduzieren durch die Ausnutzung der maximalen Längenausdehnung und deren beschleunigte Eigenspannung die tatsächliche Höhe des Wagens. Sie strecken dessen Gesamteindruck, lassen ihn sowohl flacher und somit vorwärtsdrängender als auch geduckter und damit windschnittiger erscheinen. Insgesamt alles Gestaltungsprinzipien, die einen hohen Beitrag auf das Konto der Sportlichkeit einzahlen. Und der Entwurf thematisiert Heckspoiler- und -diffusorlösungen, die erst Jahrzehnte später im Automobildesign wiederentdeckt werden.
Aber wie lautet das Fazit des Auftraggebers bei der Präsentation im Herbst des Jahres 1957? Nach intensiver Begutachtung und Beratung mit seiner Schwester Louise Piëch komplimentiert Ferry Porsche die Leistung des unabhängigen Stardesigners treffend mit den Worten: »Das ist ein sehr schönes Auto, aber es ist ein Goertz, kein Porsche.«

Entwurf Typ 695 von Goertz in der Seitenansicht.

WAS FEHLT ZUM GROSSEN WURF?

Welchen wesentlichen Schwachpunkt hatte der Firmeninhaber erkannt, weshalb fehlte die volle Identifikation mit diesem dynamischen Entwurf? Unterbewusst muss Ferry Porsche gespürt haben, dass es ein Schritt zu weit in die Extravaganz war – trotz hervorragend dynamischer Grundausrichtung mit schlankem Auftritt und kraftvollen Partien an sinnvoller Stelle – und es an sympathischer Ausstrahlung und Gesamtstimmigkeit mangelte. Insbesondere Letzteres zeigt sich exemplarisch am Säulenbild der beiden Heckseitenscheibenlösungen des Goertz-Entwurfs. Der hervorragende Geschwindigkeitseindruck durch die beschriebene Linienführung von verlängerter Dachsilhouette bis ins Heck und der Schulterlinie wird stark durch den sehr aufrechten Winkel der C-Säule bei der panoramaglasartigen Variante auf der rechten Modellseite abgebremst. Zusätzlich entschleunigt die V-förmige Grafik der dritten seitlich sichtbaren Scheibenfläche die Richtungsgebundenheit und wirkt in der Verlängerung wie eine Punktierung auf der Mitte des Hinterrades. Fast ausgebremst wird allerdings auf der linken Seite der Geschwindigkeitsaufbau durch die vertikale B-Säule und den dazu gegenläufigen hinteren Heckfensterwinkel. Die notwendige Sympathienote kam dem avantgardistischen New Yorker Designvorschlag abhanden, da durch das pointierte Aufeinandertreffen der Hauptlinien im Heck zwar der gestreckte Eindruck maximiert wurde, aber dies auf Kosten der erforderlichen Geschlossenheit für eine harmonische Volumenverbindung aufgegeben wurde. Mit den starken Akzenten spitz geführter Kreuzungspunkte bekommt plötzlich die Heckabrisskante die Hauptrolle als dominantes Designstatement des vermeintlichen künftigen Porsche-Sportwagens. Aber dabei bleibt die Geschlossenheit und Zusammenführung des gesamten Heckvolumens als wesentliches harmonisches Sympathiemerkmal komplett auf der Strecke. Ohne Sympathie wirkt das Design extrovertiert, fast etwas hölzern, denn es fehlt die harmonische Geschlossenheit von Silhouette, Proportion sowie Form, die das unabdingbare Identifikationspotenzial hervorbringt und die souveräne und wohlwollende Akzeptanz eines Porsche-Sportwagens definiert.

FERDINAND ALEXANDER PORSCHE UND DER ENTSCHEIDENDE IMPULS

Trotzdem ist Goertz, dem in letzter Konsequenz das Einfühlungsvermögen in die stilprägenden Porsche-Designmerkmale fehlt, ein entscheidender Impulsgeber im Entstehungsprozess des 356-Nachfolgers. Denn auf seinen Rat hin beendet der Sohn von Ferry Porsche, Ferdinand Alexander, sein theorielastiges Designstudium an der Ulmer Hochschule und arbeitet an der Seite des genialen und erfahrenen Automobilgestalters von Weltruf direkt an dem wohl spannendsten und anspruchsvollsten Sportwagenprojekt im eigenen Familienunternehmen. Mit dieser intensiven Design-Know-how-Druckbetankung des begnadeten Autodidakten Graf Goertz – den seine Designprofessoren nach kurzer Studienzeit mit der Begründung zurückschickten, ihm nichts mehr beibringen zu können – übertrifft der erst 22-jährige »Lehrling« seinen Meister nach kürzester Zeit. Er startet zeitgleich 1957 vielversprechend direkt mit einem Modell unter der gleichen Typnummer 695 (ein Alternativmodell als Fließheck) durch, das unter der Bezeichnung »Porsche Junior« mit der richtigen Balance aus zukunftsgerichtet schlankem Flächenmanagement und geschlossener Linienführung ein fulminantes Erstlingswerk darstellt.

Ferdinand Alexander Porsche 1957 bei der Gestaltung eines 695-Entwurfs.

AUF DEM BESTEN WEG ZUR 901-IDENTITÄT

Keine zwei Jahre später schafft er aber schon mit seinem zweiten Entwurf des Typ 695 den vorläufigen Durchbruch. Sein Clay-Modell im Maßstab 1 : 7,5 erreicht am 30. November 1959 eine Reife, die ihn für die anstehende interne Präsentation am 22. Dezember 1959 ein Gießharzmodell anfertigen lässt. Auf einem Radstand von 2.300 Millimetern vermittelt dieser Designentwicklungsstand des Youngsters in wesentlichen Zügen bereits die künftigen stilprägenden Porsche-901-Design-Wiedererkennungsmerkmale, und noch am Präsentationstag wird die technische Zeichnung Nr. 695.003.501.01 im Maßstab 1 : 10 angelegt. Sechs Tage darauf konkretisiert am 28. Dezember 1959 ein 1 : 1-Clay-Modell die Formgebung für den anstehenden Musterwagen 695. Sehr zur Begeisterung seines Vaters überflügelt sein Filius bei Weitem alle Gestaltungsbemühungen der etablierten Porsche-Designmitarbeiter. Allerdings empfindet der langjährige Hauptverantwortliche für Gestaltung Erwin Komenda diesen unerwarteten Höhenflug als persönliche Bedrohung seiner bisher unangefochtenen Position, zumal er seinem Konzept größere Erfolgschancen zuschreibt.

DIE MASSGEBLICHEN ENTSCHEIDUNGEN FÜR DEN ERFOLG

Mit dem Beschluss, die beiden Entwicklungsbereiche Karosseriekonstruktion und Design sichtbar zu trennen, um den Konflikt zwischen Komenda und dem Sohn von Ferry Porsche zu entschärfen, stellte der Firmenpatriarch für die Gestaltung mit der Abteilung »Studio«, der F. A. Porsche ab März 1961 als erster Abteilungsleiter vorstand, den notwendigen ungestörten Arbeitsfreiraum erst her. Ohne die Rückendeckung seines Vaters bei dieser Personalie und vielmehr noch ohne seine weitreichende Schlüsselentscheidung, ein reinrassiges Coupé parallel zur zweitürigen Limousine zu schaffen, wäre es Ferdinand Alexander und seinen Mitarbeitern, unter anderem Gerhard Schröder, sicherlich nicht gelungen, die entsprechenden Package-Grundlagen für den endgültigen schöpferischen Durchbruch der Porsche-Flyline zu erhalten. Dieses finale Wesensmerkmal manifestierte sich im Modell des T8. Endlich war diese leidige, kostspielige und nervenaufreibende Sackgasse namens Stufenheckvariante, die als Stachel im Fleisch den hochdynamischen Sportwagenanspruch – und sei es auch nur mit einer noch so dezenten Absattelung à la Knicklinie eines T7 – fortlaufend negativ beeinflusste, als offensichtliches Manko in Richtung Abstellgleis unterwegs. Insbesondere die Ästhetik des 901 an erste Stelle für die Entwicklung der Nachfolgegeneration zu setzen, welche auf Grundlage der T7-Designthematik mit dem Modell der Typnummer T8 als ein rein zweisitziges Einsteigermodell mit nur 2.100 Millimetern Radstand vorangetrieben wurde, demonstrierte, dass Ferry Porsche bei der Entscheidung Form oder Funktion den Kompromiss suchte, indem er zwar mehr Platz als im 356 realisierte, nicht aber die möglichen Dimensionen eines T9 aufgriff. Zwar ließ er zunächst parallel die Entwicklung eines großen Porsche mit größerem Radstand und höherem Sitzkomfort als 2+2-sitzige, zweitürige Limousine von Erwin Komenda unter der Bezeichnung T9 laufen. Aber unter dem finanziellen und zeitlichen Druck, welches der beiden Modelle in Serie gehen sollte, entschied sich Ferry Porsche für den kompakten sportlichen T8.
Erstmals – nach einer gefühlten Ewigkeit und erheblichen finanziellen Aufwendungen – wird die volle Tragweite dieser Entscheidung sichtbar. Worin besteht die bei diesem Entwurf entscheidende Designüberlegenheit gegenüber allen vorangegangenen Designergebnissen?

Porsche 901 (T8) von 1963 im Werk 1 in Zuffenhausen.

FLYLINE UND DIE PERFEKTE INTERDEPENDENZ VON SILHOUETTE UND PROPORTION PRÄGEN DEN FORMENSCHATZ DER SPORTWAGEN-DESIGNIKONE PORSCHE 901

Die kompromisslose Einhaltung der Fließheckdynamik wird nicht durch eine Unterbrechung der umgreifenden Heckscheibe gestört, sondern das bündig eingefügte Fenster setzt gleichsam ein Ausrufezeichen für die Beschleunigungsästhetik. Diese kann so ihren vollen Geschwindigkeitsschub vom Dach bis ins Heck ununterbrochen kraftvoll durchziehen. Aber zusätzlich wird diese höchst willkommene dynamische Wirkung durch den Gestaltungsschwung der C-Säule deutlich verstärkt. Die C-Säule zieht ihre ganze Stützkraft aus der breiten Auflage auf der Schulter. Im anschmiegenden Gleichlauf zur Silhouette verjüngt sie sich

Der Porsche 901 (T8) im Werkshof in Zuffenhausen.

immer schneller auslaufend und assimiliert in Richtung und Krümmung den Dachverlauf entlang der oberen Seitenscheibenkante bis zur B-Säule. Aus dieser Harmoniebeziehung der beiden Linien schafft die kalligrafische C-Säulen-Führung sowohl Sympathie als auch Dynamik und leitet zudem gleichzeitig den visuellen Energiefluss in eine geschlossene Heckkonturführung ein. Ferry Porsche muss begeistert gewesen sein nach so langer Zeit, in der er seine Designvision selbst nicht so recht in Worte fassen und den Designmitarbeitern vermitteln konnte, mit diesem überzeugenden Designstatement seines Sohnes den idealen Formenschatz gefunden zu haben. Nach einigen Ansätzen in den fünfziger Jahren, den Porsche-typischen Ausdruck in der Front durch Scheinwerfer mit nebeneinander angeordneten Doppel-Rundelementen (wie im geplanten T4-Programm), oder Klarglas-Freiformabdeckungen (frühe Entwürfe des 695) zu verändern und damit letztlich zu verfremden, verkörpert der bewährte, schräggestellte Rundscheinwerfer des 356, bündig neu arrangiert in der strafferen Volumenkomposition des so erstmals im 695-Musterwagen von F. A. Porsche realisierten Vorderwagens, ein Höchstmaß an gestalterischer und funktioneller Klarheit. Gleichzeitig bietet er inmitten des konsequent innovativen Formenkanons einen gekonnt gesetzten Kontinuitätsanker zur Ahnenreihe der Vorgängertypen an, und schafft gleichsam in der Fahrzeugfront die beste Ausgangsbasis für die Wiedererkennbarkeit. Diese erfährt jedoch mit den radikal gradlinigen Fugenverläufen des formintegrierten, in den Radlauf schießenden Stoßfängers und der Frontklappe, die gemeinsam die genial schlüssige, außenhautbündige Lüftungsgitter-Zusatzleuchten-Funktionsgruppe in der streng parallelen Horizontalgrafik logisch begrenzen, eine deutliche Verjüngung ihrer Identität, die den 901 bereits auf Anhieb in die Postmoderne katapultiert.

Im direkten Vergleich der Frontansichten von 356 und 901 zeigt das Volumen des 356 einen gleichmäßigen höheren Innendruck, der besonders sichtbar über einer balligeren Dach- und Kotflügelüberwölbung gegenüber den strafferen Flächen des 901 hervortritt. Zudem wirkt das Vorgängermodell in den Anbauteilen wie dem Stoßfänger, den Blinkern und der dominanten Chrombasis für das Haubenembelm additiv und bedeutend weniger Form-integral. Hier hat der 901 mit seinen Flächen-bündigen aufeinander in Bezug gestellten Elementen wie dem Verbindungscluster von Signalhornauslass und Blinkerglas den direkten Bezug von Wagenkarosse und voll integriertem Anbauteilen hergestellt.
Diese Klarheit in der Thematik der bestechend deutlichen Bauteiltrennungen ist auch die überzeugende Gestaltungsmaxime im Heck, wo die bewusst endlose Länge der dynamischen Fließhecksilhouette mit der sanft abfallenden Seitenfallung zusammengeführt wird. Gemeinsam schließen diese sich einer aus der Flanke weich herumgeführten, gefühlvoll verrundeten Vertikalfläche an, die mittels zweier strikt waagrechter Fugenebenen die verschiedenen Funktionsbereiche – Heckleuchte und teilintegrierter Stoßfänger, Stoßhorn und eingerückte Kennzeichenfläche – im unteren Drittel des Karosseriekörpers höchst harmonisch zu einer Einheit verbinden.

Diese alles durchdringende Stringenz und Zurückhaltung bis in die Detailgestaltung bei gleichzeitig sicherlich beabsichtigter emotionsgeladener Spannung in der Flächen- und Linienkomposition verleiht dem 901 von Anfang an den Status eines Designklassikers ersten Ranges.

Fotomotiv Porsche 901 im Jahr 1963.

SYMPATHIE UND DYNAMISCHER AUFTRITT: KEIN GEGENSATZ FÜR DESIGNKENNER UND -KÖNNER

Und vielleicht erst auf den zweiten Blick für Designbegeisterte erkennbar, hatte Ferdinand Alexander Porsche beim Großmeister aus New York die Methode der Linienpointierung mit dem Stilmittel sich überschießend fast kreuzender Linienführung zur optischen Verlängerung entdeckt. Diese Merkmalsmethodik nutzte er aber nicht zur Überakzentuierung an unvorteilhafter Stelle. Sondern er verfolgte einen dezenteren Ansatz, der fast unterschwellig wahrgenommen wird, aber im Ergebnis mit erstaunlich extrovertierter Wirkung einhergeht. Bei intelligentem Einsatz vermag man damit einer zu ausgeprägten inneren Ruhe wie der des 356 entgegenzuwirken, um eine aktivere Designaussage, die sich weit über die eigenen physischen Produktgrenzen ausdehnt, zu erzielen.

Nebeneinandergelegt werden die Unterschiede bei der Linienführung zwischen dem Porsche 356 (silber) und dem Porsche 901 (weiß) sichtbar.

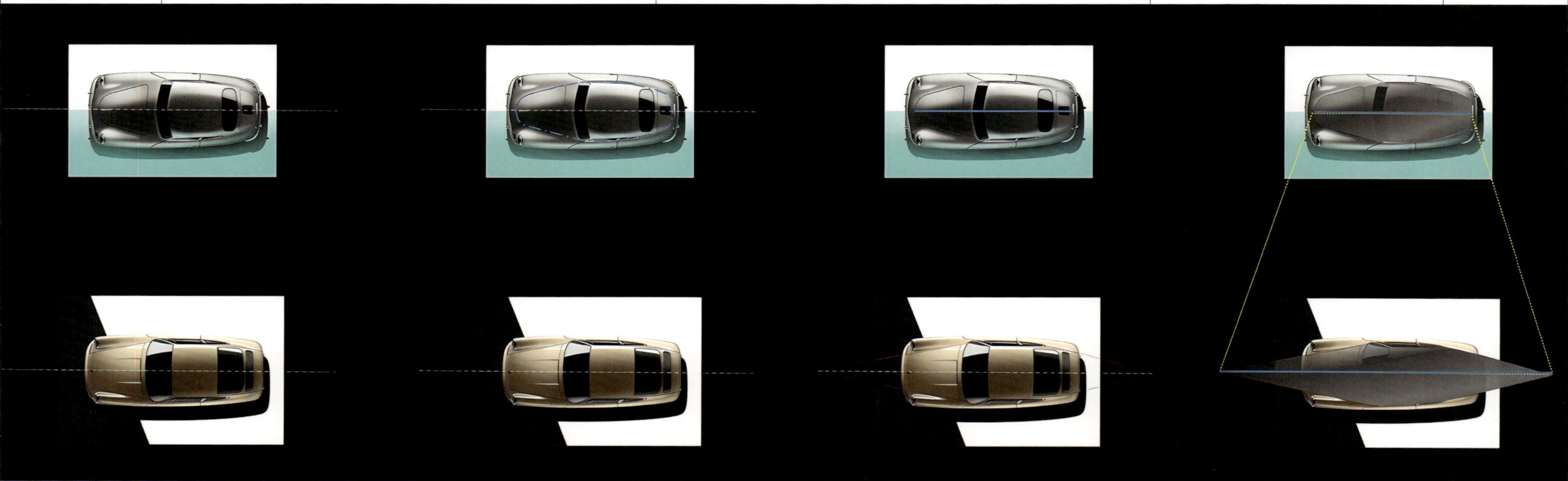

Ganz bewusst begeben wir uns im direkten Vergleich von 356 und 901 in die Draufsicht, denn dort erlebt man diese anspruchsvolle Gestaltungsmethode besonders eindrucksvoll.
Umreißt man die Linienführung, findet man beim 356 eine runde, geschlossene, innenliegende Ovalform, die als Nukleus im Inneren des Grundrisses liegt. Der 356 verkörpert somit formal einen in sich ruhenden Charakter. Demgegenüber ergibt die Linienführung des 901 einen offenen, linsenförmigen Ansatz, den Ferdinand Alexander Porsche und sein Team in Kenntnis dessen, dass der Mensch stets bemüht ist, visuelle Geschlossenheit herzustellen, erst außerhalb seines Fahrzeugdesigns zum Kreuzungspunkt bringt. Damit entsteht im Auge des Betrachters ein viel gestreckterer Gesamteindruck, der im direkten Vergleich mit dem Vorläufermodell fast das doppelte Längengefühl des Kernvolumens und somit eine höhere Grunddynamik ergibt. Dieser unterschwellige Eindruck lässt den 901 trotz ähnlicher Dimensionen im Vergleich zum 356 auffallend temperamentvoller, extrovertierter und sportlich agiler auftreten.

DESTINATION PORSCHE 901 – 60 JAHRE AUF DEM GIPFEL DES ERFOLGS

Die Zielrichtung war klar, aber die Bergspitze lag lange Zeit im Nebel und der Aufstieg zum Gipfel gestaltete sich langwierig, kostspielig und für alle Beteiligten als ein Abenteuer mit unsicherem Ausgang. Denn als Hindernisse auf dem Weg

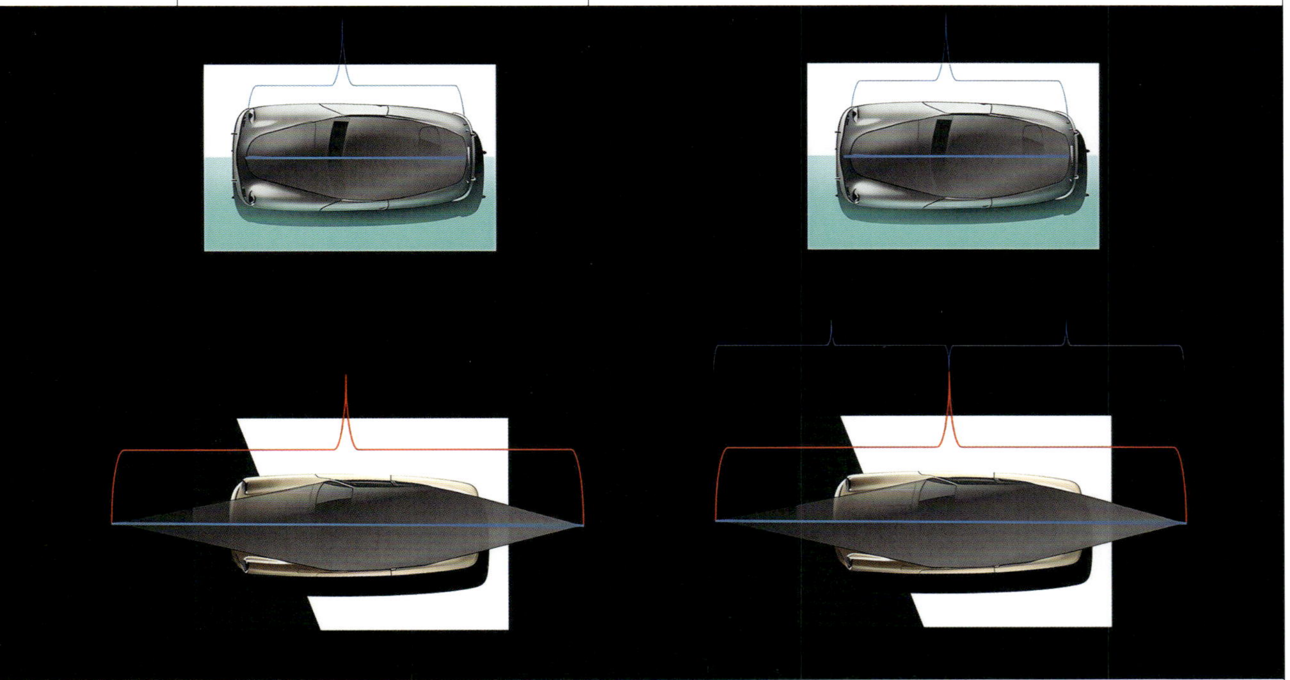

Analyse der Linienführung:
Porsche 356 (oben)
und Porsche 901 (unten).

zur perfekten Form des Porsche 901 traten gleich mehrere Herausforderungen auf. Allen voran Form oder Funktion: in diesem Falle die kompromisslose Ästhetik einer perfekten Sportwagensilhouette zulasten der Kopffreiheit von Fondpassagieren und Gepäck. Evolution oder Revolution: der scheinbare Widerspruch zwischen Bewahrung des traditionellen Formenschatzes und Aufbruch in eine neue Designära und der Generationenkonflikt zwischen dem verdienten Karosseriegestalter Erwin Komenda und dem Designaufsteiger Ferdinand Alexander Porsche. Jede einzelne dieser Problemstellungen hätte sicher schon ausgereicht, um das Ziel komplett aus den Augen zu verlieren. Als Unternehmensleiter radikale Entscheidungen für die perfekte Dynamik der 901-Form gegen ein Maximum an Komfort und Nutzbarkeit zu treffen, erforderte Mut, Überwindung und Durchhaltevermögen. Ferry Porsche hat mit seiner Vision diese Eigenschaften eindrucksvoll unter Beweis gestellt und so die Marschrichtung für das Design vorgegeben, auf der sein Sohn Ferdinand Alexander mit seinem Styling-Team den Gipfel erstürmen konnte. Als Porsche auf der IAA 1963 die Spitze des Erfolgs erklommen hatte, hätte wohl niemand zu träumen gewagt, dass dieses helle Licht der überzeugenden 901-Designbegeisterung über sechs Jahrzehnte in den acht Generationen der Porsche-911-Sportwagenikonen erstrahlen würde.
Gratulation, und auf die nächsten 60 Jahre 911-Erfolgsgeschichte.

Prof. Dr.

PROF. DR. OTHMAR WICKENHEISER

STAMMBAUM VOM 356 ZUM 901

Verwandt und doch ganz anders: Mit dem 901 löst ein völlig neuer Sportwagen die Modellreihe 356 ab.

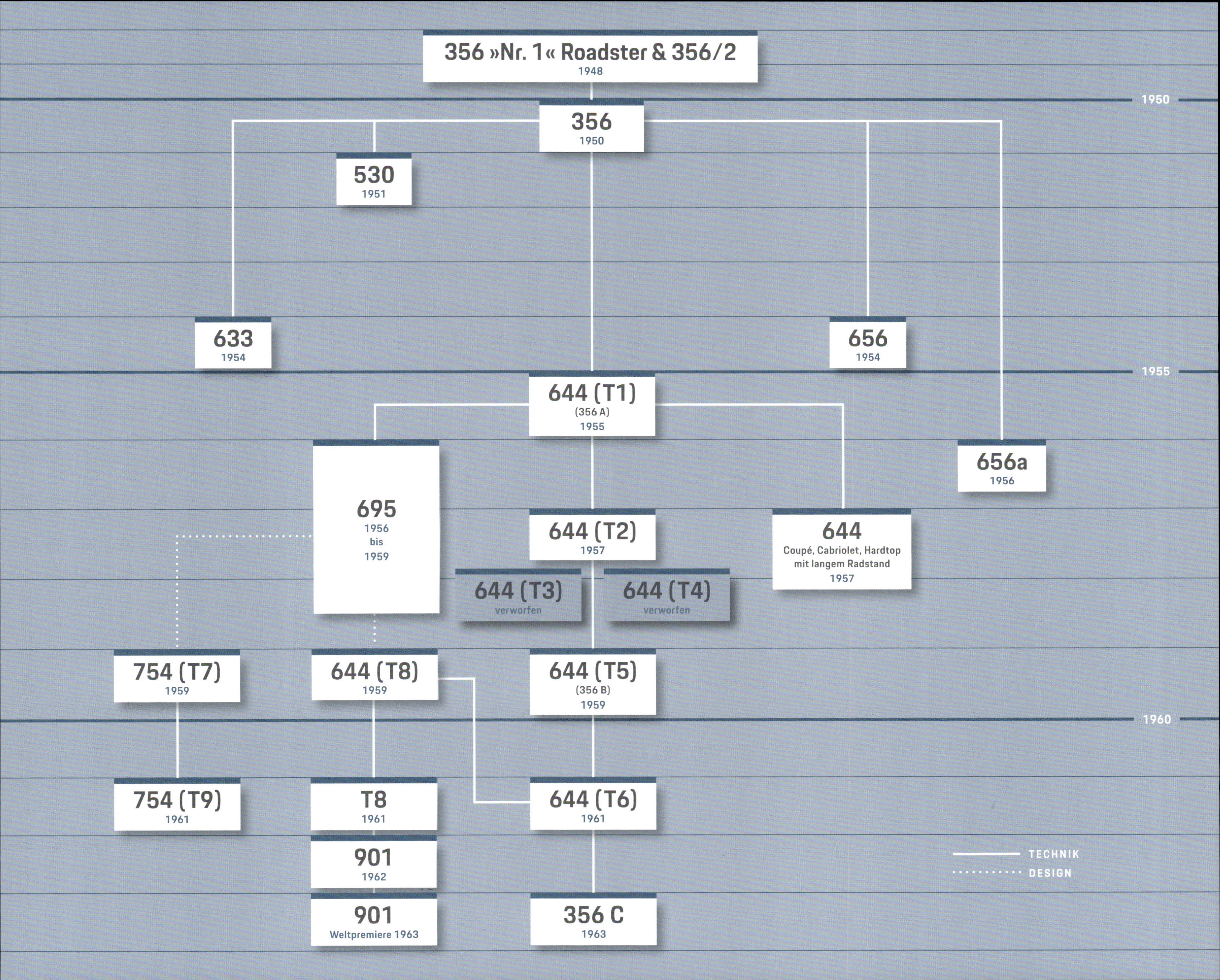
356 »Nr. 1« Roadster & 356/2
1948
1950
356
1950
530
1951
633
1954
656
1954
1955
644 (T1)
(356 A)
1955
656a
1956
695
1956
bis
1959
644 (T2)
1957
644
Coupé, Cabriolet, Hardtop
mit langem Radstand
1957
644 (T3)
verworfen
644 (T4)
verworfen
754 (T7)
1959
644 (T8)
1959
644 (T5)
(356 B)
1959
1960
754 (T9)
1961
T8
1961
644 (T6)
1961
901
1962
901
Weltpremiere 1963
356 C
1963
TECHNIK
DESIGN

AUF DER SUCHE NACH DER FORM: DIE ENTWICKLUNGSSTADIEN DES TYP 695 VON 1956 BIS 1959

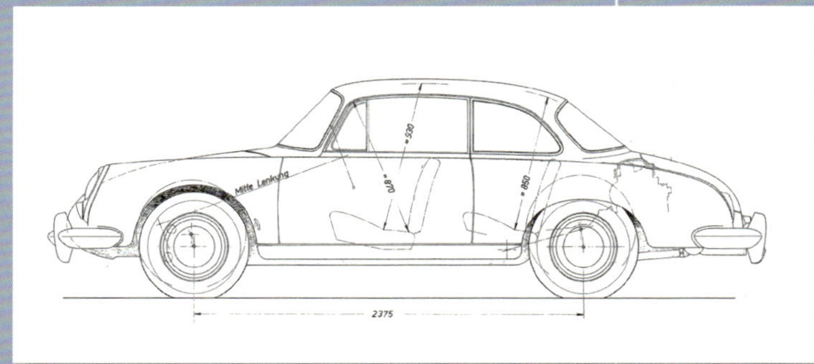

1957

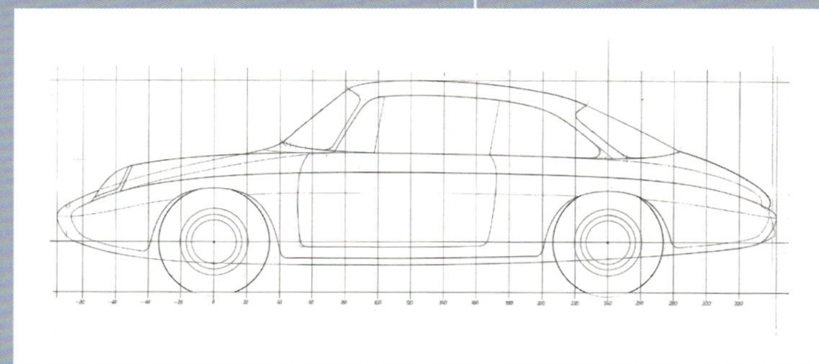

1957

1956

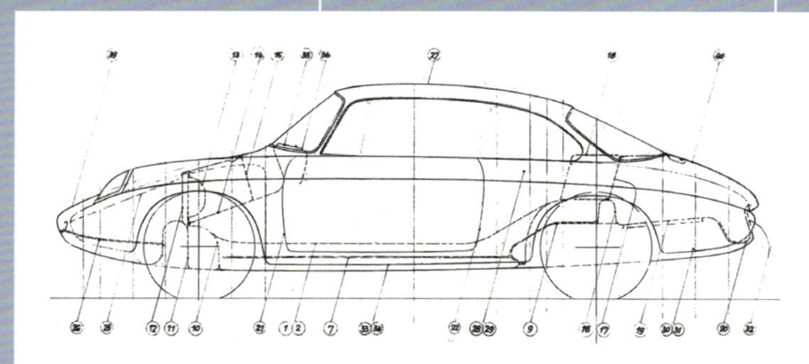

1957

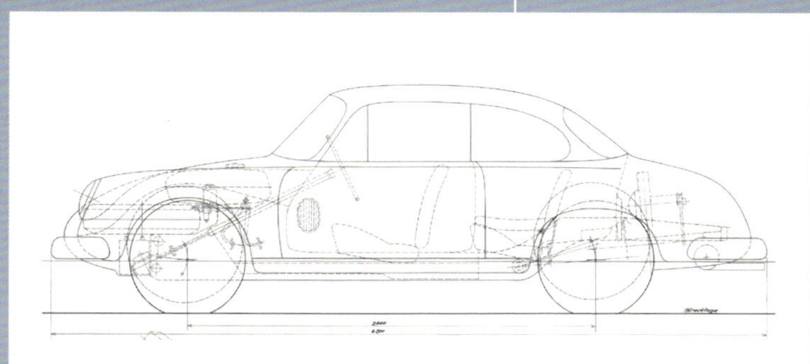

1956

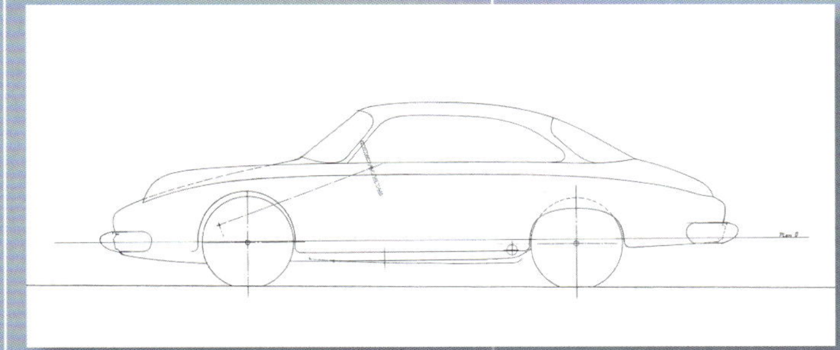

1957

1957

1959

1957

1957/1958

1957

1957/1958

REIFEZEIT: DER LANGE WEG ZUM 901

1963 präsentiert Porsche auf der Internationalen Automobilausstellung in Frankfurt erstmals den Sportwagen für die Zukunft: den 901, der ein Jahr später in 911 umgetauft werden soll. Es ist ein langer Weg bis zu dieser Weltpremiere. Über zehn Jahre lang zerbrechen sich Konstrukteure und Zeichner, Verkäufer und Stylisten ihre Köpfe, wie der Nachfolger des erfolgreichen 356 aussehen könnte: Technik und Auslegung, Format und Form – alles ist offen.

Vorausgesetzt, es wird ein echter Porsche. Immer wieder entstehen Projekte und Prototypen, die zum Teil technische Spuren hinterlassen. Konzeptionell und stilistisch kann keiner dieser Entwürfe Ferry Porsche restlos überzeugen – bis der 901 entsteht. Dies ist seine Vorgeschichte.

Der neue Porsche-Sportwagen sorgt auf der IAA für Diskussionsstoff. Der Platz am Steuer ist für potenzielle Kunden reserviert.

Finale: Auf der Internationalen Automobil-Ausstellung 1963 in Frankfurt am Main feiert der 901 Weltpremiere.

AUSGANGSBASIS 356: NEUE TYPNUMMERN FÜR NEUE KONZEPTE

Erfolg beflügelt. Nachdem am 6. April 1950 der erste 356 aus Stuttgarter Serienproduktion fertiggestellt ist, verlassen bis Jahresende 369 Sportwagen das Interimswerk auf dem Reutter-Gelände in Stuttgart-Zuffenhausen. Im Jahr darauf sind es mit 1.364 Fahrzeugen bereits mehr als dreieinhalbmal so viele: Der 356 boomt. Und spornt die Innovationsfreude der Konstrukteure an. Bereits 1951 konzipieren sie mehrere Derivate des Sportwagens, die nicht mehr unter der Bezeichnung 356 entstehen, sondern unter einer neuen, eigenen Typnummer.

Typnummern sind das Grundgerüst von Porsche. Für jedes Projekt des 1931 gegründeten Konstruktionsbüros wird eine solche Nummer vergeben. Der erste Auftrag trägt die Ziffer 7. Es ist die Konzeption eines Fahrgestells plus Motor für den Autohersteller Wanderer. Mit der Typnummer beginnt jede technische Zeichnung, die für das jeweilige Projekt entsteht. In der Regel steigen die Nummern chronologisch an, es gibt allerdings auch Ausnahmen.

Unter provisorischen Bedingungen beginnt 1950 die Produktion des 356 in Stuttgart-Zuffenhausen. Als Baumeister des Porsche-Erfolgs sind mit dabei (v. l.): Karl Schmidt, Hugo Heiner, Herr Haas, Alfred Weibel, Gustav Wölfle, Hans Klauser, Herbert Linge, Karl Kirn, Eberhard Storz und Alfred Braunschweiger.

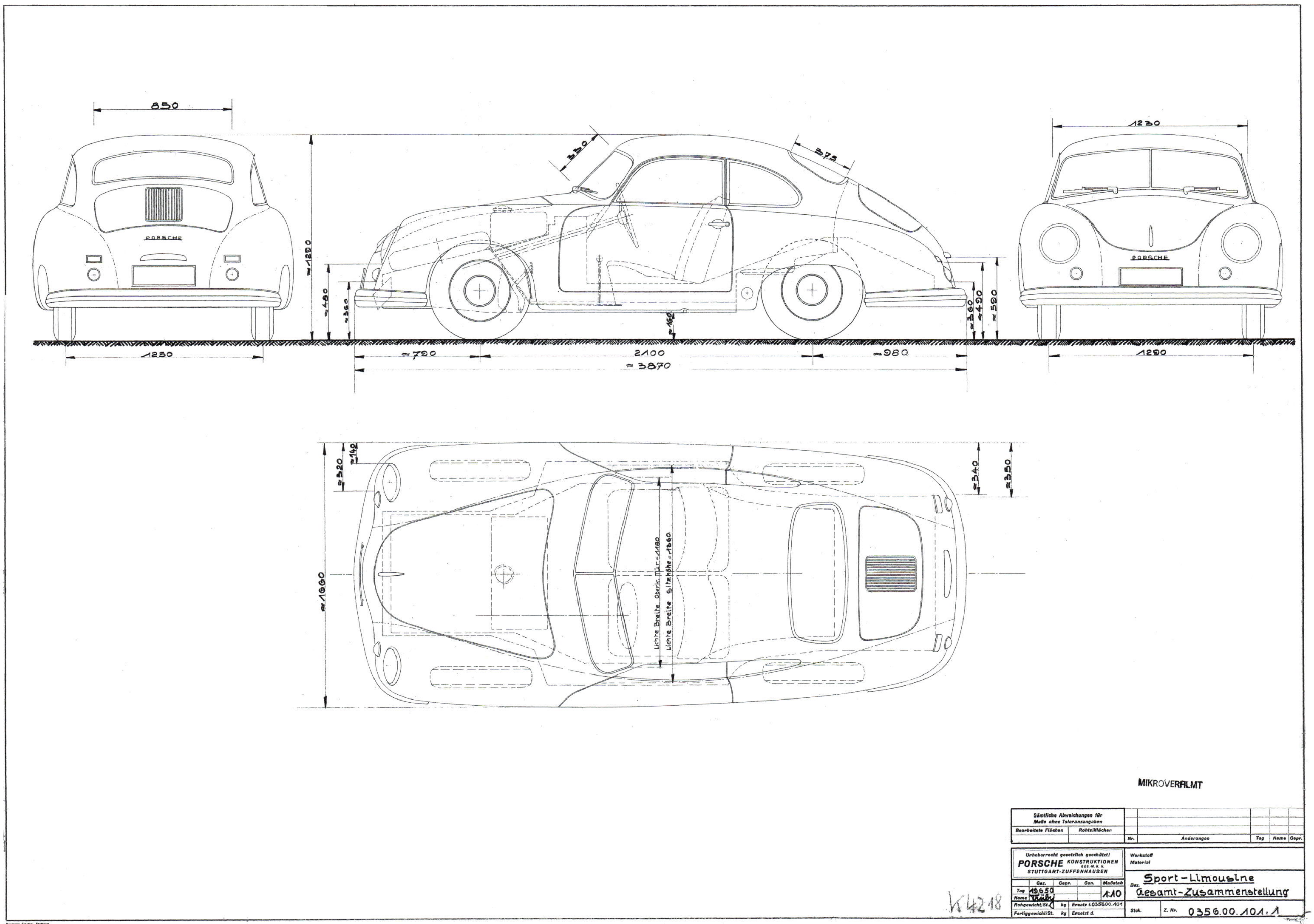

Die Konstruktion des Typ 356 beweist sich als zuverlässig und robust. Er liefert damit eine ideale Basis für die Entwicklung neuer Fahrzeugtypen.

Als Ferry Porsche den Auftrag zur Konstruktion eines Sportwagens unter eigenem Markennamen gibt, sind die Typnummern bereits dreistellig. Das Projekt erhält die Nummer 356, in Konstruktionszeichnungen auch mitunter mit der Führungszahl 0356 versehen. Getrennt durch jeweils einen Punkt folgen zwei weitere dreistellige Kennzahlen für die Hauptgruppe sowie für die Untergruppe, je nach Gewerk. So steht die Hauptgruppe 000 für Übersichten, die Motor-Hauptgruppen beginnen mit einer 1, Behälter mit einer 2, Getriebe mit einer 3 und Fahrgestell mit einer 4. 5 kennzeichnet Karosseriepläne, 6 die Elektrik, 7 die Ausrüstung und 8 die Sonderausstattungen. Nach Haupt- und Untergruppe folgt die letzte Ziffernfolge, aufsteigend je nach Änderung beziehungsweise Entwicklungsstufe des Projektes. Eigene Typnummern können dabei nicht nur Gesamtfahrzeuge, sondern auch Kernbauteile wie Motoren und Getriebe erhalten. Dabei können Typnummern durchaus übereinstimmen, wenn etwa ein Triebwerk direkt für einen bestimmten Fahrzeugtyp entwickelt wird.

Anhand der Typnummern lassen sich somit nicht nur technische Reifeprozesse nachvollziehen. Sie ermöglichen auch festzustellen, für welches Projekt die Zeichnung ursprünglich entstand. Die Nomenklatur findet sich ebenfalls im Bereich der Teileversorgung wieder: Abgesehen von Normkomponenten wie Schrauben oder Muttern kennzeichnen die drei ersten Ziffern von Porsche-Teilen ebenfalls den Typ, für den sie ursprünglich entwickelt wurden. Dieses Prinzip gilt bis heute.

ERSTER ENTWURF FÜR EINEN VIERSITZER: DER TYP 530

Das erste Derivat des 356 mit eigener Typnummer entsteht 1951. Der Typ 514 ist ein spezieller 356 SL für die 24 Stunden von Le Mans. Das Aluminium-Coupé wird Klassensieger und erzielt danach auf der Rennstrecke von Montlhéry mit knapp 11.000 Kilometern in 72 Stunden einen Dauerlauf-Weltrekord. Das zweite 356-Derivat trägt die Schlüsselnummer 540. Die Ingenieure entwickeln unter dieser Kennung den später America Roadster benannten Sportwagen, der ab 1952 in Handarbeit gebaut wird und 1955 unter gleicher Typnummer zum 356 A Speedster avanciert.

Von Großserienfahrzeugen sind beide Sportwagen jedoch weit entfernt. Wie ein neuer Alltags-Porsche neben den aktuell gebauten 356-Varianten Coupé und Cabriolet aussehen könnte, definieren die Konstrukteure mit einem dritten Entwurf, dem Typ 530. Auslöser ist die Forderung der Kundschaft nach mehr Platz für Passagiere und Gepäck. Mit dem 530 beginnt die Suche nach einem neuen Porsche-Typ, die ein Dutzend Jahre später schließlich in den 901 mündet.

Eine bereits weiterentwickelte Konstruktionszeichnung vom 27. Dezember 1951 präzisiert das Konzept des 530: Der Radstand des 356-Chassis ist um 30 Zentimeter auf 2.400 Millimeter verlängert, das gesamte viersitzige Coupé misst 4.160 Millimeter. Damit ist es etwa eine Handbreit länger als der Volkswagen jener Zeit und bietet dementsprechend auch einen größeren Innenraum. Vergrößerte Türen ermöglichen ein bequemes Einsteigen in den Fond. Um den hinten sitzenden Passagieren ausreichend Kopffreiheit zu gewähren, ist das Dach angehoben und geht in eine steiler als beim 356 Coupé stehende Heckscheibe über. Dadurch entsteht ein Stufenheck zur abgerundeten Motorhaube. Die hinteren Seitenscheiben lassen sich ausstellen.

Der erste Viersitzer von Porsche: Typ 530 von 1952 mit dem um 30 Zentimeter verlängertem Chassis des 356.

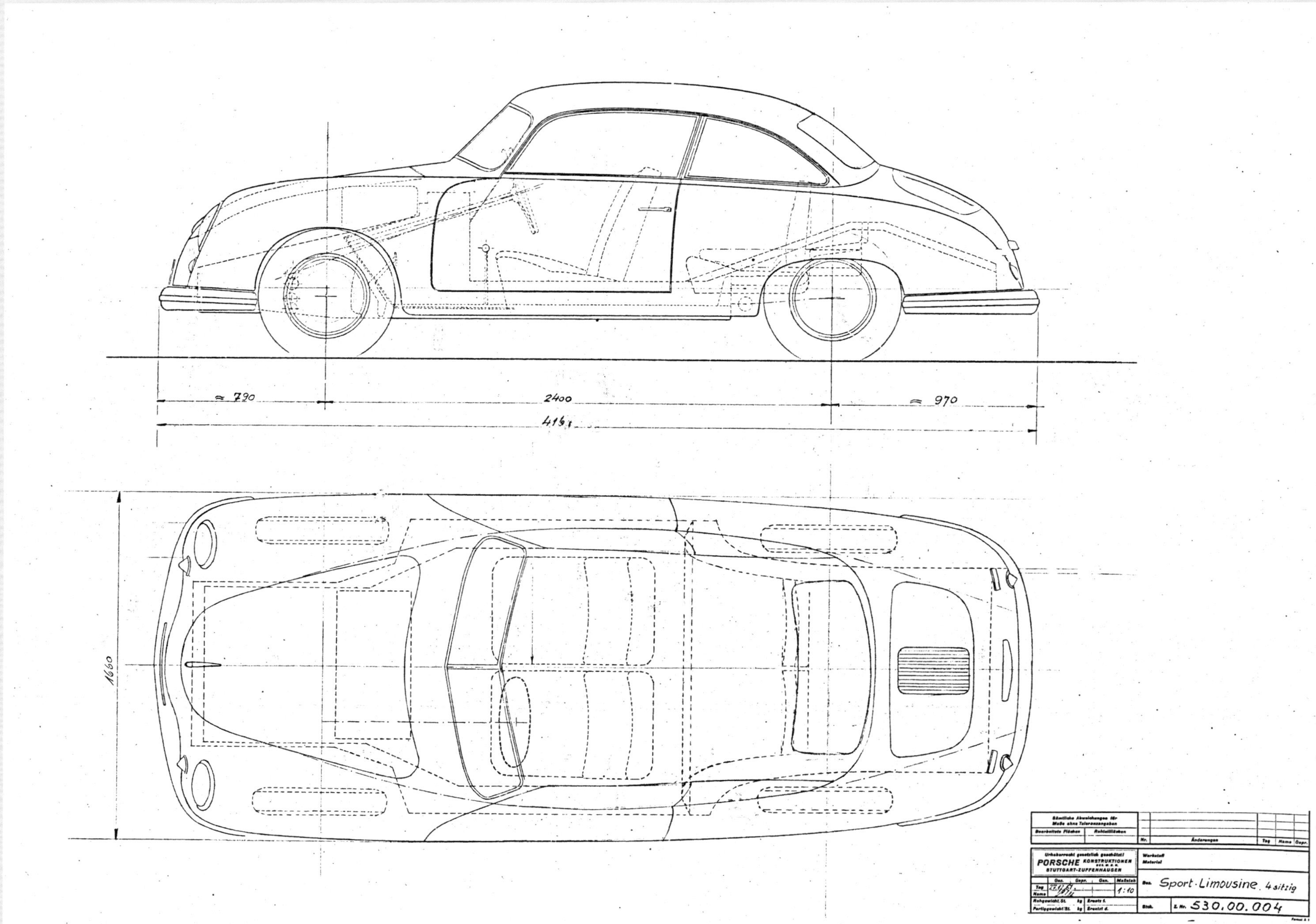

Das Package des 530 zeigt einen knapp bemessenen, aber ausreichenden Platz für Fondpassagiere. Von oben ist die Ähnlichkeit zum 356 an Front und Heck deutlich sichtbar.

Der viersitzige 530 nimmt einige Lösungen vorweg, die beim Typ 356 erst 1953 in Serie gehen, beispielsweise die Knickscheibe ohne Mittelsteg.

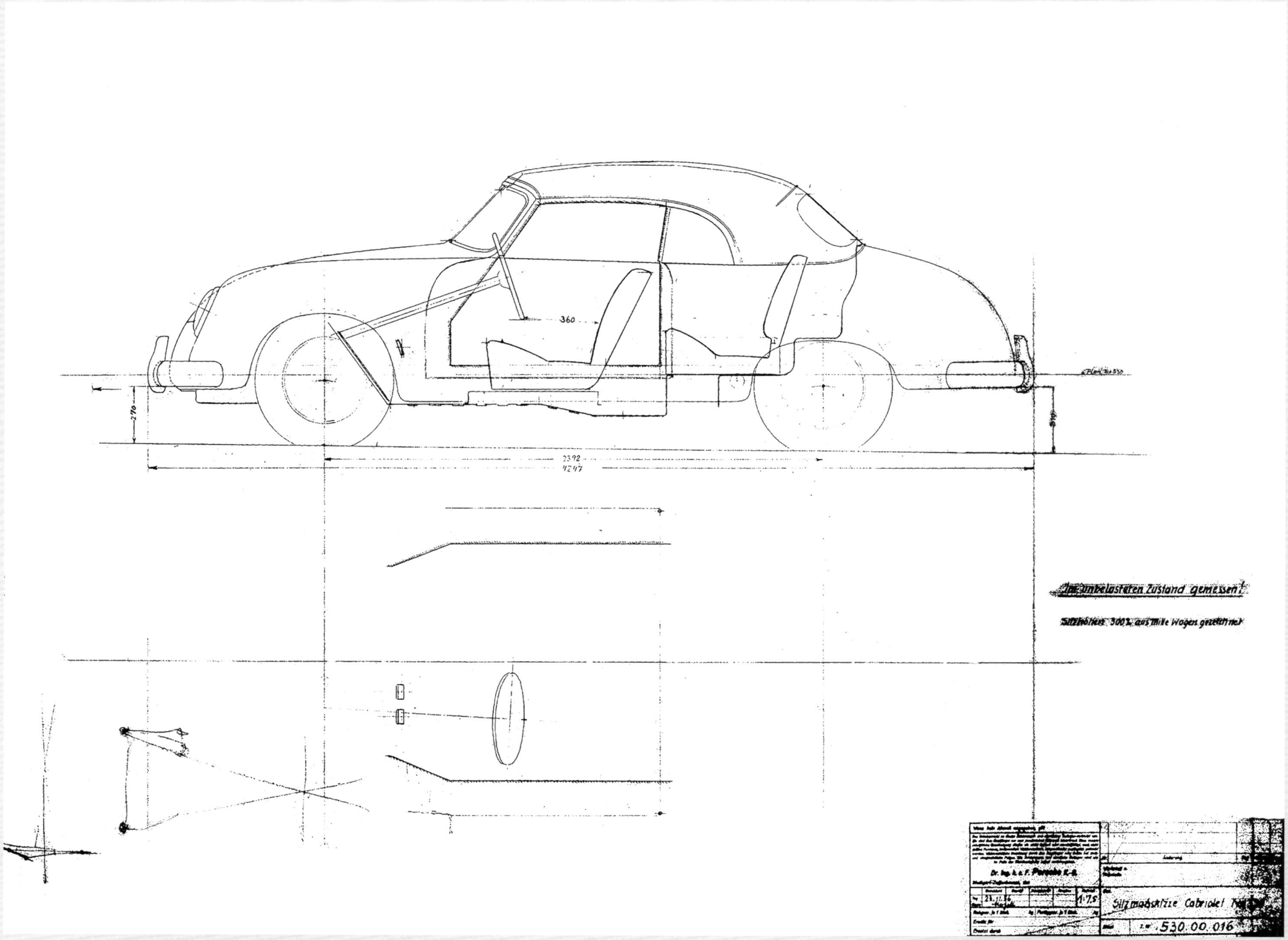

Auch der offene Typ 530 bietet im Fond Platz für zwei Erwachsene. Formal bleibt er dem Coupé sehr ähnlich.

Auf Basis dieser Konstruktion entsteht 1952 nicht nur ein Prototyp des 530 Coupé, sondern davon abgeleitet auch ein Cabriolet. Es ist ebenfalls auf Komfort abgestimmt, besitzt ein gefüttertes Verdeck und verfügt sogar über Kurbelfenster im Fond. Beide Varianten des 530 wiegen 918 Kilogramm, wobei das Cabriolet eine leicht ausgewogenere Achslastverteilung für sich verbuchen kann. Beide Prototypen sind wie das 356 Coupé als Stahlblechaufbau auf dem Plattformrahmen ausgeführt. Das Fahrwerk besteht aus der üblichen vorderen Doppelkurbelachse und der hinteren Pendelachse mit Längslenkern. Beide Achsen sind über Drehstäbe gefedert.

Mit dem 60 PS starken 1,5-Liter-Boxermotor erreichen beide 530 respektable Fahrleistungen. Die Höchstgeschwindigkeit liegt bei 155 km/h. Und das bei einem Verbrauch von neun Litern Normalbenzin auf 100 Kilometer. Dank eines 54 Liter großen Tanks kommt der Typ 530 so auf die Reichweite einer Reiselimousine. Auch der Wendekreis ist mit zehn Metern absolut alltagstauglich.

Die beiden Prototypen werden ausführlichen Tests unterzogen. Im Rahmen der Erprobung wird das Coupé auch in die USA verschifft und dient Ferry Porsche als Vorzeigeobjekt bei Verhandlungen mit Studebaker. Für den damaligen Premiumhersteller soll das Konstruktionsbüro eine Limousine mit selbsttragender Karosserie entwerfen. Obwohl die 530-Prototypen technisch kaum Anlass zu Beanstandungen geben, entscheidet sich Ferry Porsche für die eigene Marke gegen eine Serienproduktion. Die Zeit für einen großen Porsche ist noch nicht reif.

1953 entwirft Porsche für den US-Hersteller Studebaker eine viertürige Limousine. Ähnlichkeiten mit dem Entwurf für den Typ 633 von 1956 sind durchaus vorhanden.

PROTAGONISTEN

FERRY PORSCHE

Unternehmer
1931–1972 bei Porsche, anschließend im Aufsichtsrat

ist sich schon Anfang der 1950er Jahre bewusst, dass die Marke Porsche nur mit dem 356 auf Dauer keine Zukunft haben wird. Immer wieder regt er neue Konzepte an, lässt Prototypen entwickeln und Modelle bauen. Mit seinem untrüglichen Gespür für Erfolg bricht er die Entwicklung des großen 754 ab und bringt den 901 auf den Weg. In einem Interview bringt er es 1965 auf den Punkt: »Es gibt ein ganz altes deutsches Sprichwort, das heißt ›Schuster, bleib bei deinen Leisten!‹ Unsere Domäne ist der sportliche, elegante Zweisitzer, das ist unsere Stärke, dabei wollen wir bleiben.«

Am 19. September 1909 kommt Ferdinand Anton Ernst Porsche als zweites Kind von Ferdinand Porsche zur Welt. Mehr als alles andere fasziniert ihn die Welt der Metalle und Maschinen, von der sein Vater so beseelt ist. Mit jedem Jahr wächst der Wunsch nach einem eigenen kleinen Auto, den ihm Ferdinand Porsche zu Weihnachten 1919 mit einem 6-PS-Zweisitzer erfüllt.

Ab diesem Moment ist der Lebensweg von Ferry fest vorgezeichnet. Nach einem Praktikum bei Bosch und dem Besuch einer Privatschule unterstützt er den Vater von Beginn an im 1931 gegründeten Konstruktionsbüro in Stuttgart. 1940 wird er stellvertretender Leiter des Konstruktionsbüros. Im Jahr 1944 zieht das Unternehmen nach Gmünd im österreichischen Kärnten um, wo Ferry Porsche 1946 die Gesamtverantwortung für das Unternehmen übernimmt. Unter seiner Leitung beginnt dort 1948 mit dem 356 »Nr. 1« Roadster die Ära der Porsche-Sportwagen. Zurück in Stuttgart nimmt die junge Marke ab 1950 die Serienfertigung des 356 auf.

Trotz des Verkaufserfolges mit den Sportwagen gibt Ferry Porsche das Konstruktionsbüro wohlweislich nicht auf. Sowohl im eigenen als auch im Fremdauftrag kreieren seine Ingenieure technische Meilensteine. Bald setzt Ferry Porsche aus alter Leidenschaft und Erfahrung auch auf den Motorsport als Erprobungs- und Marketinginstrument. Und der Chef ist meistens dabei: Er sorgt für professionelles Rennmanagement und wirkt an den Boxen als ruhender Pol, ermutigt die Rennfahrer und steht immer in ganz persönlichem Kontakt zu allen Mechanikern. So wird der erste Gesamtsieg bei den 24 Stunden von Le Mans 1970 zu einem Höhepunkt seines Engagements.

Im Zuge der Umwandlung des Unternehmens in eine Aktiengesellschaft im Jahr 1972 zieht sich Ferry Porsche aus der operativen Geschäftsführung zurück und übernimmt den Vorsitz im Aufsichtsrat der Porsche AG. 1990 wird Ferry Porsche zum Ehrenvorsitzenden ernannt und bleibt es bis zu seinem Tod am 27. März 1998.

Ferry Porsche mit einem Porsche 911 S 2.0 Coupé.

ORGANISIERTE WEITERENTWICKLUNG: DIE TECHNISCHEN PROGRAMME

Doch der 530 hinterlässt Spuren: Für die Weiterentwicklung des Seriensportwagens 356, der bisher in Einzelmaßnahmen verbessert wurde, definiert Porsche ein so genanntes »Technisches Programm 1«, das fortan unter dem Kürzel T1 läuft. Unter anderem umfasst es eine neue, größere und gebogene Frontscheibe, wie sie das 530 Cabriolet erstmals erhielt.

In diesem und folgenden Technischen Programmen werden die Anforderungen für Neuentwicklungen und Verbesserungen teilweise bis ins kleinste Detail festgeschrieben. Realisiert werden die technischen Programme T1 und T2 (356 A), T5 und T6 (356 B). Die T-Programme sind unabhängig von den Typnummern der Gesamtfahrzeuge: Fahrwerk und Antrieb stehen genauso auf den Agenden wie Karosserieänderungen und Interieurkomponenten. Damit sind viele Projekte am ehesten mit heutigen Modellpflegemaßnahmen vergleichbar. Auch hier geht es um Neuerungen vom alternativen Sitzbezug bis zum leistungsgesteigerten Antrieb. Bei Weiterentwicklungen sind sowohl Baugruppen als auch Fahrzeuggenerationen je nach technischem beziehungsweise konstruktivem Stand benannt. Beispielsweise wird in den Originalunterlagen Bezug genommen auf »Fahrgestell T6, T6-Karosserie, Rahmen T5 oder Rahmen T6«. Die Technischen Programme unterliegen einer permanenten Aktualisierung, was bedeutet, dass oft viele der anfangs formulierten Forderungen und Vorhaben verändert oder zum Schluss nicht realisiert werden.

TECHNISCHES PROGRAMM 1: AUF TYP 356 FOLGT TYP 644 (356 A)

Mit dem Programm T1 verlässt der 356 die Basis Volkswagen und erhält eine neue interne Typnummer: 644. Fortan tragen Konstruktionszeichnungen, die den 356 betreffen oder darauf basieren, die Schlüsselnummer 644. Die Bestellnummern der Teileversorgung beginnen ab dem 356 A ebenfalls mit diesen drei Ziffern. Im internen Schriftverkehr wird deshalb der 356 nach 1955 überwiegend als 644 bezeichnet. So erhält beispielsweise das 356 Coupé in der späteren Ausführung T6 die Typnummer 644.06, das entsprechende Hardtop Coupé die Typnummer 644.36 und das Hardtop-Vorgängermodell in der Ausführung T5 die Nummer 644.30. Die Verkaufsbezeichnung ändert sich indes kaum, die 356-Generation T1 kommt ab 1955 als 356 A auf den Markt.

Der 356 A wird intern unter der neuen Typnummer 644 entwickelt. Sie gilt bis zum Produktionsende der Modellreihe 356.

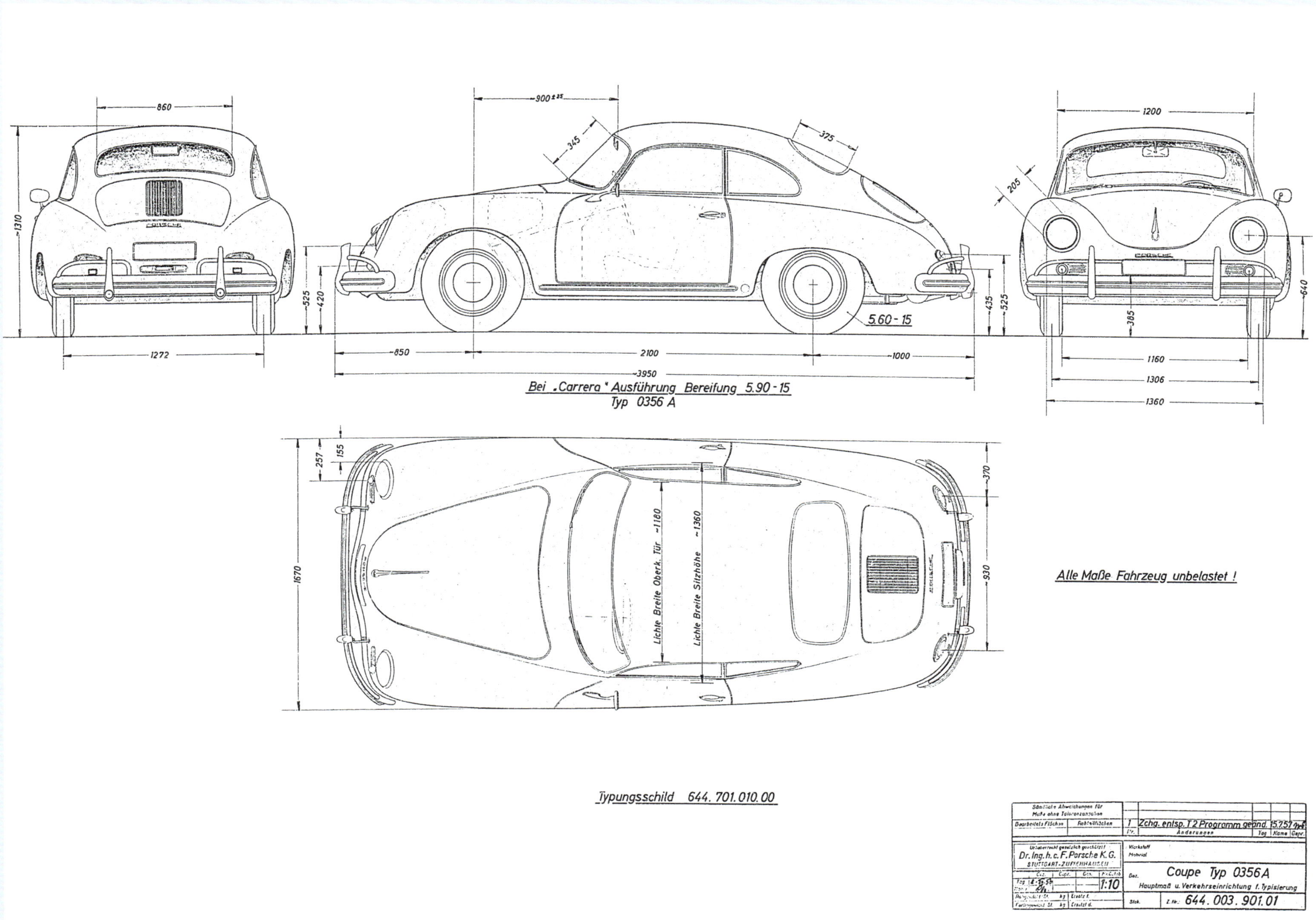

Im Rahmen der Technischen Programme wird der 356 sukzessive weiterentwickelt. Hier die Typisierungsmaße nach den Änderungen von T2. Die Zeichnung trägt die Schlüsselnummer 644 und bezieht sich auf den 356 A.

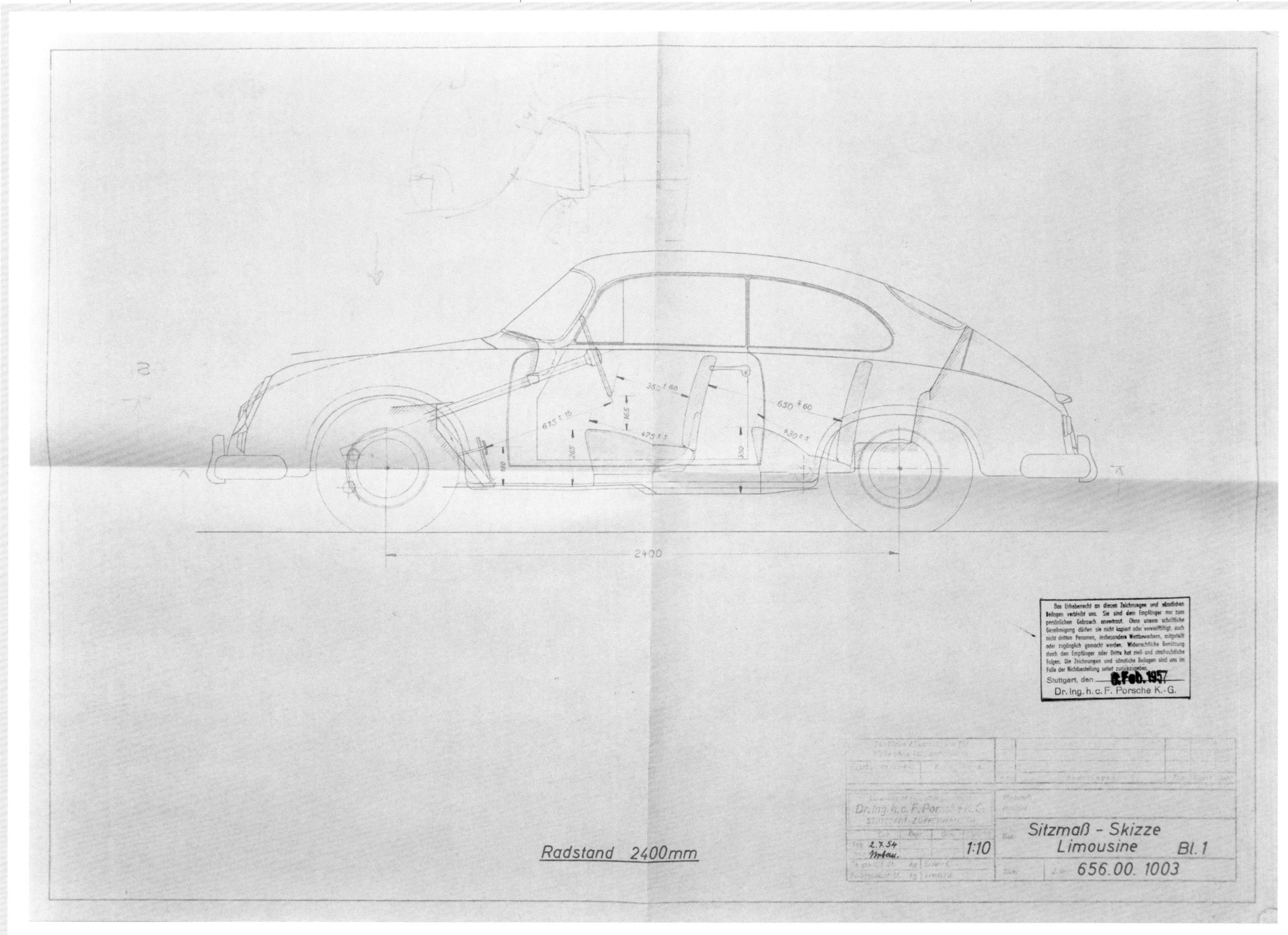

Berechnung der Sitzplatzverhältnisse im projektierten Typ 656. Der 30 Zentimeter längere Radstand sollte vor allem den Fondpassagieren zugutekommen.

DER ZWEITE VORSCHLAG FÜR EIN GROSSES COUPÉ: DER TYP 656

Die Überlegungen für ein Modell mit größerem Platzangebot laufen parallel zur Entwicklung des 644 weiter. 1954 kreiert die Modellabteilung unter Heinrich Klie einen neuen Vorschlag, den Typ 656. Klie ist ein Jahr zuvor zu Porsche gekommen und hat die Modellabteilung aufgebaut, die zum Bereich Karosseriekonstruktion unter Erwin Komenda gehört. Das Coupé orientiert sich stark an der Form des 356 und wird zunächst als Modell im Maßstab 1:10 und später als Studie in Originalgröße 1:1 aufgebaut. Vom 530 übernimmt die Studie den verlängerten Radstand von 2.400 Millimetern. Von Stoßstange zu Stoßstange misst die Musterkarosserie 4.180 Millimeter. Die Verlängerung des 356-Achsabstandes um 300 Millimeter geht also nicht vollständig in die Fahrzeuglänge ein, diese verlängert sich nur um 230 Millimeter. Mit 1.680 Millimeter Breite (+10 mm) und 1.315 Millimeter Höhe (+5 mm) entspricht der 656 fast den Dimensionen des 644. Auch die Spur der Vorderachse ist um lediglich sieben Millimeter auf 1.313 Millimeter verbreitert, die Hinterachse bleibt unverändert.

230 Millimeter mehr Gesamtlänge und 300 Millimeter mehr Radstand: 1:1-Modell des Typ 656, aufgenommen 1955 im Hof des Porsche Werk 1.

PROTAGONISTEN

HEINRICH KLIE

**Modellbauer und Gestalter
Leiter der Modellabteilung
1953–1978 bei Porsche**

formt als Leiter der Modellabteilung immer wieder neue Karosserien für eine zweite Porsche-Baureihe. Er entwirft in den 1950er Jahren Limousinen und Coupés, die aber nie über das Stadium einer Attrappe hinauskommen. Nachdem Ferdinand Alexander Porsche 1961 sein Chef und die Modellabteilung zum Studio wird, arbeiten beide sehr effektiv bei der Entwicklung des 901 zusammen.

Heinrich Klie wird 1914 geboren, besucht die Volksschule und beginnt anschließend eine Ausbildung zum Konditor. Von 1933 bis 1935 arbeitet er als »cabin assistant« auf der amerikanischen Viermastbark »Hussar«. Anschließend geht er zur Luftwaffe.

1945 eröffnet er eine Keramikwerkstatt in Göttingen, mit der er mäßig erfolgreich ist. Klie entwickelt eine Gusstechnik, die es erlaubt, besonders dünnwandige Keramiken herzustellen. Durch seinen Bruder August Klie, der seit 1939 bei Porsche als Karosseriekonstrukteur arbeitet, kommt er in Kontakt mit dem Unternehmen. Mit seiner Gusstechnik fertigt er das Modell eines Porsche 356 an, das bei der Geschäftsleitung des Sportwagenherstellers so gut ankommt, dass Klie den Auftrag für eine Kleinserie erhält.

Da seine Werkstatt nicht den erhofften Erfolg hat, bricht Heinrich Klie seine Zelte in Göttingen ab und beginnt am 2. Januar 1953 bei Porsche. Unter Karl Rabe und Erwin Komenda baut er die Modellabteilung auf und wird zu ihrem Leiter. Klie arbeitet an der formalen Weiterentwicklung des 356 mit und konzipiert Karosserien unter den Typnummern 656, 656a und 695. Er entwickelt mit Ferdinand Alexander Porsche gemeinsam die Form des 901 im Rahmen des Technischen Programms 8. Fast gleichzeitig mit dem 901 Coupé konzipiert er mit F. A. Porsche eine Cabriolet-Version mit Sturzbügel, abnehmbarem Dach und Vollglasscheibe, das 1965 als 911 Targa debütiert.

Die Modellabteilung um Heinrich Klie setzt in den 1950er Jahren nicht nur die Entwürfe der Konstrukteure um, sondern entwickelt auch eigene Designentwürfe.

Während seiner Karriere ist er außerdem an der Formgestaltung des Porsche 550 Spyder, Porsche 906 Carrera 6, der Formel-Rennwagen und des Porsche 904 Carrera GTS beteiligt. Zudem gilt er als gestalterischer Vater des Porsche 914. Später übernimmt er planerische Managementaufgaben bis zu seinem Ruhestand, den er 1978 antritt. 1999 verstirbt Heinrich Klie im Alter von 85 Jahren.

Mit den trapezförmigen Überhängen der vier Kotflügel distanziert sich der Typ 633 deutlich vom Design des 365.

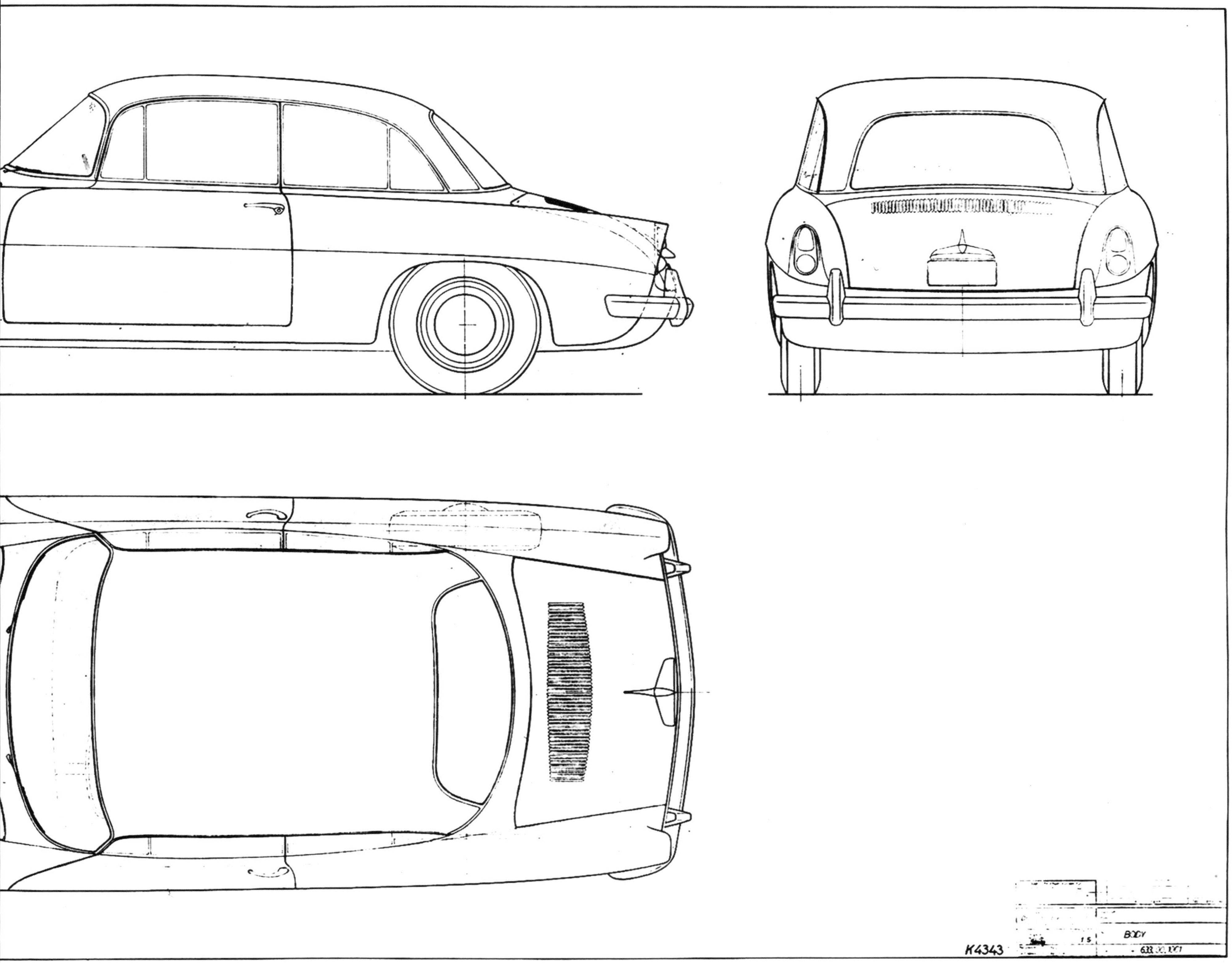
BODY
K4343

Während die Front des 656 bis auf die wuchtigeren Stoßstangen dem 356 wie aus dem Gesicht geschnitten ist, bedingt das vergrößerte Platzangebot im Fond eine Neugestaltung des Hecks. Es fällt steiler ab und geht unter dem Luftgitter in eine fast senkrecht endende Wölbung über. Der große Heckdeckel reicht von Kotflügel zu Kotflügel und bis zu den Stoßstangen. Insgesamt wirkt der 656 bulliger als der elegantere 356 und kann offenbar nicht überzeugen.

Parallel zum 656 entsteht im Herbst 1954 auf dem Zeichenbrett ein Alternativvorschlag, der sich deutlich weiter vom Design des 356 absetzt: der Typ 633, »Entwurf eines 4-Sitzers mit den bekannten Bauelementen und großem vorderen Kofferraum«. Senkrecht stehende, oben von den Kotflügeln überdeckte Scheinwerfer geben der Front ein völlig eigenständiges Gesicht. Nur die Form der Kofferraumhaube erinnert an den 356. Analog zu den Frontkotflügeln enden auch die Heckkotflügel in fast senkrecht stehenden Heckleuchten. In der Seitenansicht ergibt sich so eine abgemilderte Trapezlinie, in der Grundkörper und Dachaufbau gegeneinandergesetzt werden und so zwei gegenläufige Körper bilden. Rahmen und Chassis des Typ 633 entsprechen dem 356. Als Antrieb ist der Vierzylinder-Boxermotor vorgesehen, vergrößert auf zwei Liter Hubraum. Eine ähnliche Frontgestaltung wird später im Laufe der Vorentwicklung vom 356 Typ 644 (356 A) zum Typ 695 in Bugstudien aufgegriffen.

Der Typ 633 von 1954 ist der »Entwurf eines 4-Sitzers mit den bekannten Bauelementen und großem vorderen Kofferraum«.

NEUES KONZEPT, NEUES DESIGN: DER TYP 656A

Möglicherweise inspiriert vom Drei-Box-Design mit der Aufteilung in Passagierraum, Front- sowie Heckhaube des Typ 633 überarbeitet Heinrich Klie 1956 den Entwurf des 656 komplett und konzipiert den 656a.

Modell des Typ 656a, den Heinrich Klie 1956 entwirft. Auffallend ist die Heckverkleidung »mit vertikal geriffeltem Grund«.

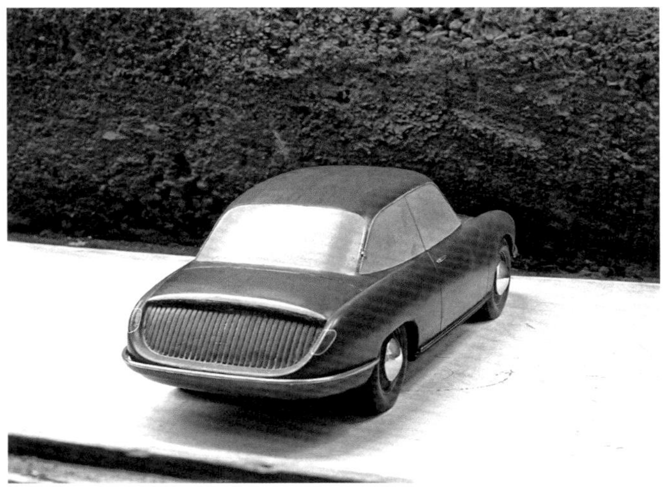

In einem Zweiseiter beschreibt der Chef der Modellabteilung im September die »Formgestaltung der Karosserie Typ 656a«:

»Unter Berücksichtigung der Fahrwerk- und Sitzraumverhältnisse des bereits entwickelten Typs 656 wurde versucht, folgende Merkmale formlich zu lösen:

1. **niedrige langgestreckte Karosserieform, deren Stirnfläche enganliegend und nach unten eingezogen gehalten wurde, um so einen möglichst geringen Luftwiderstand zu bieten,**
2. **Rundsichtverglasung mit flachem Dach, welches sich durch die Art des Anschlusses an die Karosserie für eine Zweifarbigkeit des Wagens eignet und die formlichen Voraussetzungen für ein Kabriolett bietet. Die seitlichen Scheiben sind gewölbt, um sich der Karosserieform besser anzupassen und den Stirnflächenwiderstand zu verringern,**
3. **nach vorn ausladende gerundete Bugform zur besseren Unterbringung des Reserverades (horizontale Lage) und damit Vergrößerung des Gepäckraumes. Scheinwerfer und Blinker abgeschirmt und abgedeckt in den Formkörper eingebaut. Nebelscheinwerfer, Hornaustrittsgitter und Bremsbackenbelüftung unterhalb der Stoßstangen abgeschirmt in den Formkörper eingelassen. Als Spaltflügel ausgebildete Stoßstange so angeordnet, dass diese auf amerikanische Stoßstangen und Hörner gut einwirken kann,**
4. **das Heck ist, bedingt durch die Gebläse- und Vergaserhöhen, für schlanke Formen ungünstig. Es entstand daher nach folgenden Gesichtspunkten:**

a) verbesserte Rücksicht durch die Absattelung[1] des Aufbaues,
b) der fast horizontale Verlauf des hinteren Deckels über Gebläse und Vergaser gestattet eine sehr tiefgehende Heckscheibenunterkante, die dadurch niedriger liegt als die gleiche Kante der Windschutzscheibe,
c) durch diesen Verlauf bedingt entstand die Stufe im Heck, die als Deckelgriff und gleichzeitig Luftumlenkkante für die Gebläseluft ausgebildet wurde,
d) um das Heck nicht unnötig lang werden zu lassen, wurde es im weiteren Verlauf des Deckels abgeflacht und mit vertikal geriffeltem Grund versehen, um diesen als Luftführungsfläche zu betonen und dem Heck eine besondere Note zu geben; außerdem dient diese Fläche zur Aufnahme des Nummernschildes. Der so aus zwei Teilen zusammengefügte Deckel bietet einen sehr freien Zugang zum Motorraum,
e) die nach hinten schalenartig auslaufenden Seitenflächen nehmen den Motorhaubendeckel in sich auf und dienen seitlich zur Unterbringung der Rückleuchten und in der Mitte zur Aufnahme des Rückfahrtscheinwerfers und der Nummernschild- und Motorraumbeleuchtung,
f) die das Heck umfassende Stoßstange ist formlich dem vorderen Spaltflügel entsprechend, aber in umgekehrter Weise angebracht und stellt so den Gleichklang zwischen Bug und Heck dar. Die auslaufenden Stoßstangenenden, die bis zu den Radausschnitten geführt sind, betonen das Langgestreckte des Wagens.«

---

[1] Als »Absattelung« wird der Knick zwischen Heckscheibe und Heckdeckel bezeichnet.

Formgestaltung der Karosserie Typ 656a

Unter Berücksichtigung der Fahrwerk- und Sitzraumverhältnisse des bereits entwickelten Typs 656 wurde versucht, folgende Merkmale formlich zu lösen:

1. niedrige langgestreckte Karosserieform, deren Stirnfläche enganliegend und nach unten eingezogen gehalten wurde, um so einen möglichst geringen Luftwiderstand zu bieten,

2. Rundsichtverglasung mit flachem Dach, welches sich durch die Art des Anschlusses an die Karosserie für eine Zweifarbigkeit des Wagens eignet und die formlichen Voraussetzungen für ein Kabriolett bietet. Die seitlichen Scheiben sind gewölbt, um sich der Karosserieform besser anzupassen und den Stirnflächenwiderstand zu verringern,

3. nach vorn ausladende gerundete Bugform zur besseren Unterbringung des Reserverades (horizontale Lage) und damit Vergrösserung des Gepäckraumes. Scheinwerfer und Blinker abgeschirmt und abgedeckt in den Formkörper eingebaut. Nebelscheinwerfer, Hornaustrittgitter und Bremsbackenbelüftung unterhalb der Stoßstangen abgeschirmt in den Formkörper eingelassen. Als Spaltflügel ausgebildete Stoßstange so angeordnet, dass diese auf amerikanische Stoßstangen und Hörner gut einwirken kann. Die Befestigungsbügel sind nach unten gleichfalls als Hörner wirksam und bieten der Karosserie Schutz gegen niedrigere Hindernisse. Das Nummernschild ist auf der Reserveradabdeckung unterhalb der Stoßstange angebracht. Der Deckelgriff ist so gestaltet, dass er dem Öffnen wie auch Verschliessen des Deckels bequem dienen kann und keine Spitze auf der Haube bildet. In ihm kann das Firmenzeichen gut untergebracht werden,

4. das Heck ist, bedingt durch die Gebläse- und Vergaserhöhen, für schlanke Formen ungünstig. Es entstand daher nach folgenden Gesichtspunkten:

- 2 -

a) verbesserte Rücksicht durch die Absattelung des Aufbaues,

b) der fast horizontale Verlauf des hinteren Deckels über Gebläse und Vergaser gestattet eine sehr tiefgehende Heckscheibenunterkante, die dadurch niedriger liegt als die gleiche Kante der Windschutzscheibe,

c) durch diesen Verlauf bedingt entstand die Stufe im Heck, die als Deckelgriff und gleichzeitig Luftumlenkkante für die Gebläseluft ausgebildet wurde,

d) um das Heck nicht unnötig lang werden zu lassen, wurde es im weiteren Verlauf des Deckels abgeflacht und mit vertikal geriffeltem Grund versehen, um diesen als Luftführungsfläche zu betonen und dem Heck eine besondere Note zu geben; ausserdem dient diese Fläche zur Aufnahme des Nummernschildes. Der so aus zwei Teilen zusammengefügte Deckel bietet einen sehr freien Zugang zum Motorraum,

e) die nach hinten schalenartig auslaufenden Seitenflächen nehmen den Motorhaubendeckel in sich auf und dienen seitlich zur Unterbringung der Rückleuchten und in der Mitte zur Aufnahme des Rückfahrtscheinwerfers und der Nummernschild- und Motorraumbeleuchtung,

f) die das Heck umfassende Stoßstange ist formlich dem vorderen Spaltflügel entsprechend aber in umgekehrter Weise angebracht und stellt so den Gleichklang zwischen Bug und Heck dar. Die auslaufenden Stoßstangenenden, die bis zu den Radausschnitten geführt sind, betonen das Langgestreckte des Wagens.

H. Klie

Zuffenhausen, den 1. September 1956

1956 präsentiert Heinrich Klie, Leiter der Abteilung Modellbau, einen komplett neuen Entwurf eines Viersitzers mit der Typnummer 656a.

Heinrich Klie, gelernter Konditor und Leiter der Porsche Modellabteilung. Später wird er einer der engsten Mitarbeiter und Stellvertreter von Ferdinand Alexander Porsche im Studio.

Klie behält den Radstand des 656 von 2.400 Millimetern bei, verlängert die Karosserie jedoch auf 4.395 Millimeter, rund 40 Zentimeter mehr als beim 356. Die Breite entspricht dem Seriensportwagen, die Höhe bleibt wie beim Vorentwurf bei 1.315 Millimetern. Die Verbreiterung der Spurweite vorn auf 1.400 Millimeter und hinten auf 1.380 Millimeter unterstreicht den Gesamteindruck: Der 656a ist ein völlig neuer Wagen. Die Front läuft deutlich flacher aus als beim 356, die Scheinwerfer liegen unter einer strömungsgünstigen Abdeckung. Gänzlich neu im Vergleich zum ersten 656 sind das abgestufte Heck und die filigranen C-Säulen. Insgesamt wirkt der neue Entwurf gegenüber dem 356 deutlich straffer, mit größeren Glas- und weniger überwölbten Karosserieflächen. Einzig das Heck ist mit seinem »vertikal geriffelten Grund« außergewöhnlich geraten.

Hintergrund der Überarbeitung des 656 ist der Beschluss der Geschäftsleitung vom Herbst 1956, im Jahr 1958 ein neues Modell herauszubringen. Dabei setzt Heinrich Klie nicht nur auf den 656, sondern konzipiert auch die Karosserie eines weiteren Typs: des 695.

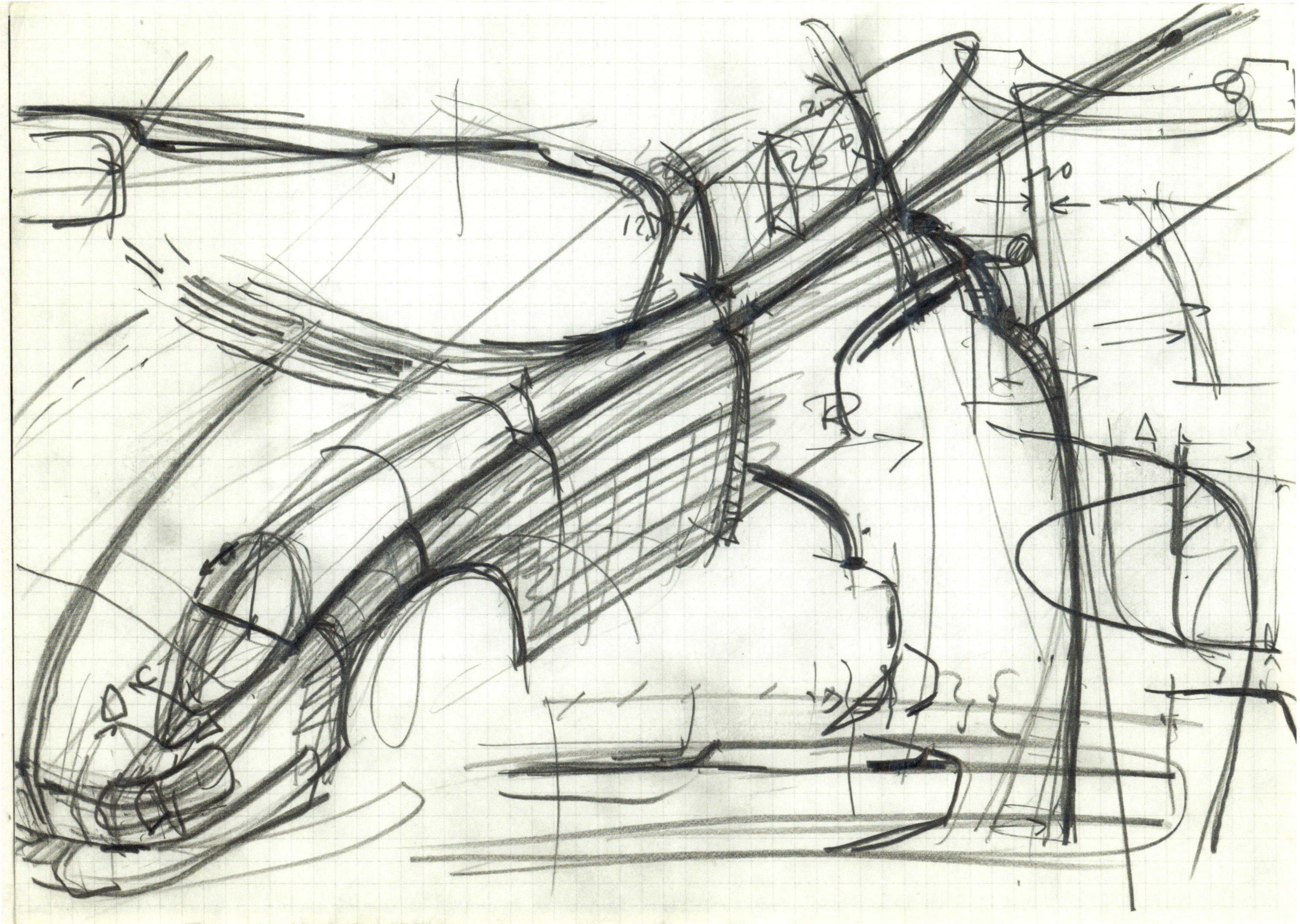

Eine Skizze in der Handschrift von Heinrich Klie:
Kotflügel, Fronthaube mit breiter Sicke und Dreiecksfenster im Fond tragen bereits Züge des späteren 901.

PROTAGONISTEN

ERWIN KOMENDA

Konstrukteur
Leiter Karosseriekonstruktion
1931–1966 bei Porsche

setzt bei der Entwicklung des 356-Nachfolgers vehement auf den viersitzigen 754. Die Entwürfe des Leiters der Porsche Karosseriekonstruktion stoßen jedoch in der Geschäftsleitung auf wenig Gegenliebe. Stattdessen erhält das Projekt T8 von Ferdinand Alexander Porsche den Zuschlag, dessen Karosserie dann unter Komendas technischer Verantwortung zum 901 durchkonstruiert wird.

Erwin Komenda ist einer der wichtigsten Mitarbeiter im Team zunächst von Ferdinand und dann von Ferry Porsche. Der Karosseriekonstrukteur zeichnet die Stromlinienform des Porsche Typ 8 und verantwortet die Form des Volkswagens. Nach dem Krieg ist er maßgeblich an der Gestaltung des Typ 356 beteiligt, mit dem die Erfolgsgeschichte der Porsche-Sportwagen ihren Anfang nimmt.

Geboren am 6. April 1904 steuert Erwin Komenda unmittelbar nach der Schulzeit zielstrebig die Karriere als Karosserieentwickler an. Er belegt einen Wagenbaukurs, zeichnet Werkzeuge und wird bald Konstrukteur in den Wiener Karosseriefabriken. 1929 begegnet er bei den Steyr-Werken erstmals Ferdinand Porsche. Sein Talent öffnet ihm den Weg zu Daimler-Benz, wo Komenda erster Konstrukteur der Versuchs- und Entwicklungsabteilung für Karosserien und gleichzeitig Stellvertreter des Chefs der Serien-Konstruktionsabteilung wird.

1931 folgt er dem Ruf von Ferdinand Porsche und nimmt als Mitarbeiter der ersten Stunde die Arbeit im neu gegründeten Konstruktionsbüro in Stuttgart auf. Bald wird Erwin Komenda unter dem technischen Leiter Karl Rabe Chef der Konstruktion für Karosseriearbeiten. Allein für den Volkswagen entwickelt er praktisch alle Karosserievarianten: von der Limousine über das Cabriolet bis zum Schwimm- und Kübelwagen.

1955 ernennt Ferry Porsche Erwin Komenda zum Oberingenieur der Porsche KG. Bis zu seinem Tod 1966 zeichnet er als Chefkonstrukteur der Karosserieabteilung verantwortlich. In seinem Nachruf beschreibt ihn Porsche als »Porsche-Fanatiker durch und durch, der seine ganze Schaffenskraft in den Dienst unseres Hauses stellte« und als »einen Freund aus der alten Porsche-Garde«, dessen Verdienste »für unser Haus unschätzbar sind.«.

Ferry Porsche, der Leiter der Karosseriekonstruktion Erwin Komenda und der technische Leiter Karl Rabe (v. r.) diskutieren eine Konstruktionszeichnung. Im Vordergrund ein Modell des 356.

DER NÄCHSTE ANLAUF: DER ERSTE TYP 695

Mit dem Typ 695 schlägt Porsche neue Wege ein. Unter dieser Typnummer und dem Stichwort »Porsche Sportwagen 1958« wird am 1. Juli 1956 der Konstruktionsauftrag Nummer 4147 erteilt. Das älteste Dokument, in dem diese Schlüsselnummer erwähnt wird, ist eine Bestellung von Heinrich Klie bei der Lehrlingsabteilung: Am 1. Oktober 1956 bittet er um die Anfertigung von 40 Radkappen, vier roten Heckleuchten und zwei weißen Blinkern für »unsere Karosseriemodelle Typ 695 Maßstab 1,75«.

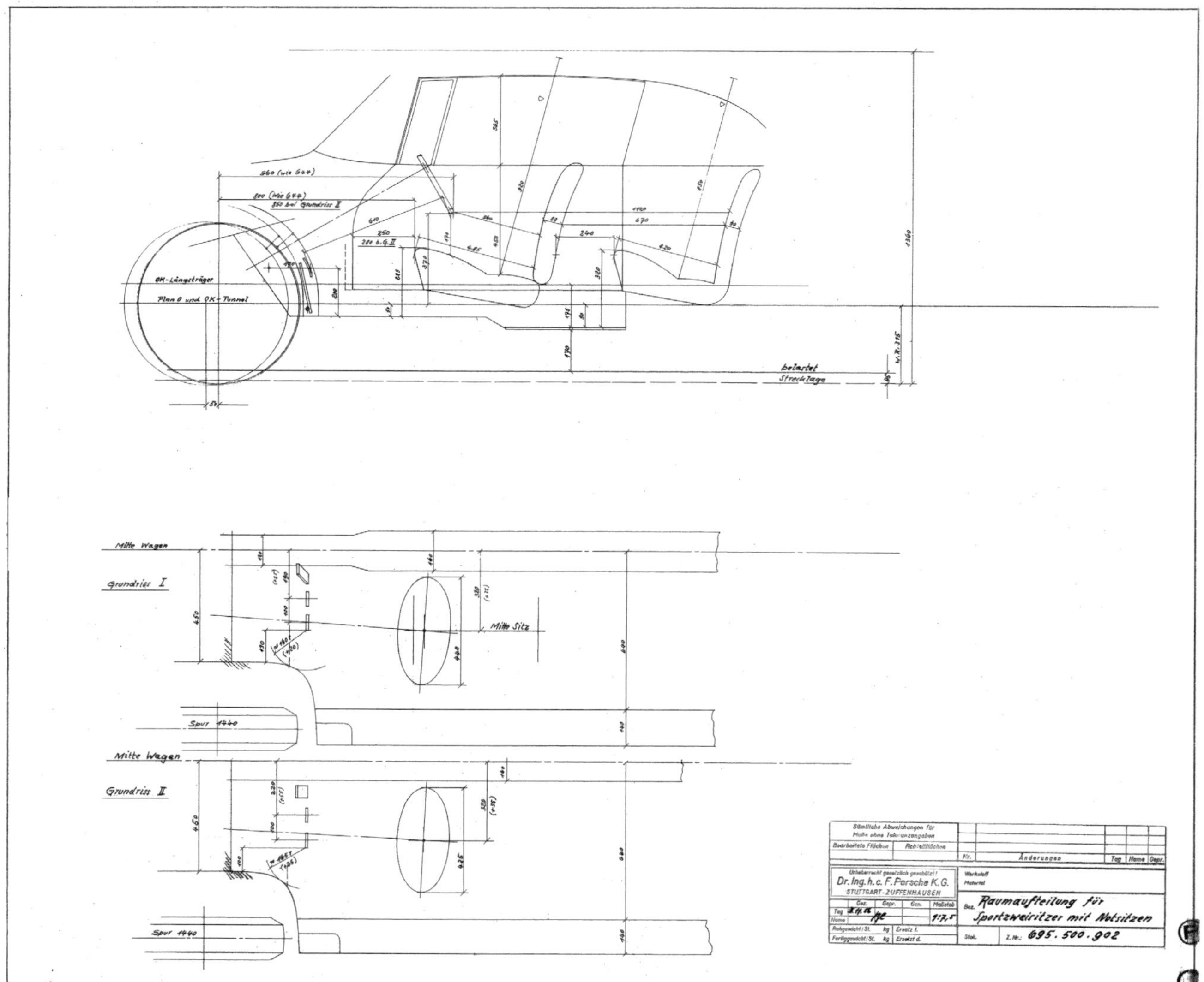

Vorschlag für den »Porsche Sportwagen 1958«: erster Entwurf für den Typ 695 aus dem Jahr 1956. Geplant ist bereits eine selbsttragende Karosserie (rechts). Links die vorgesehene Raumaufteilung.

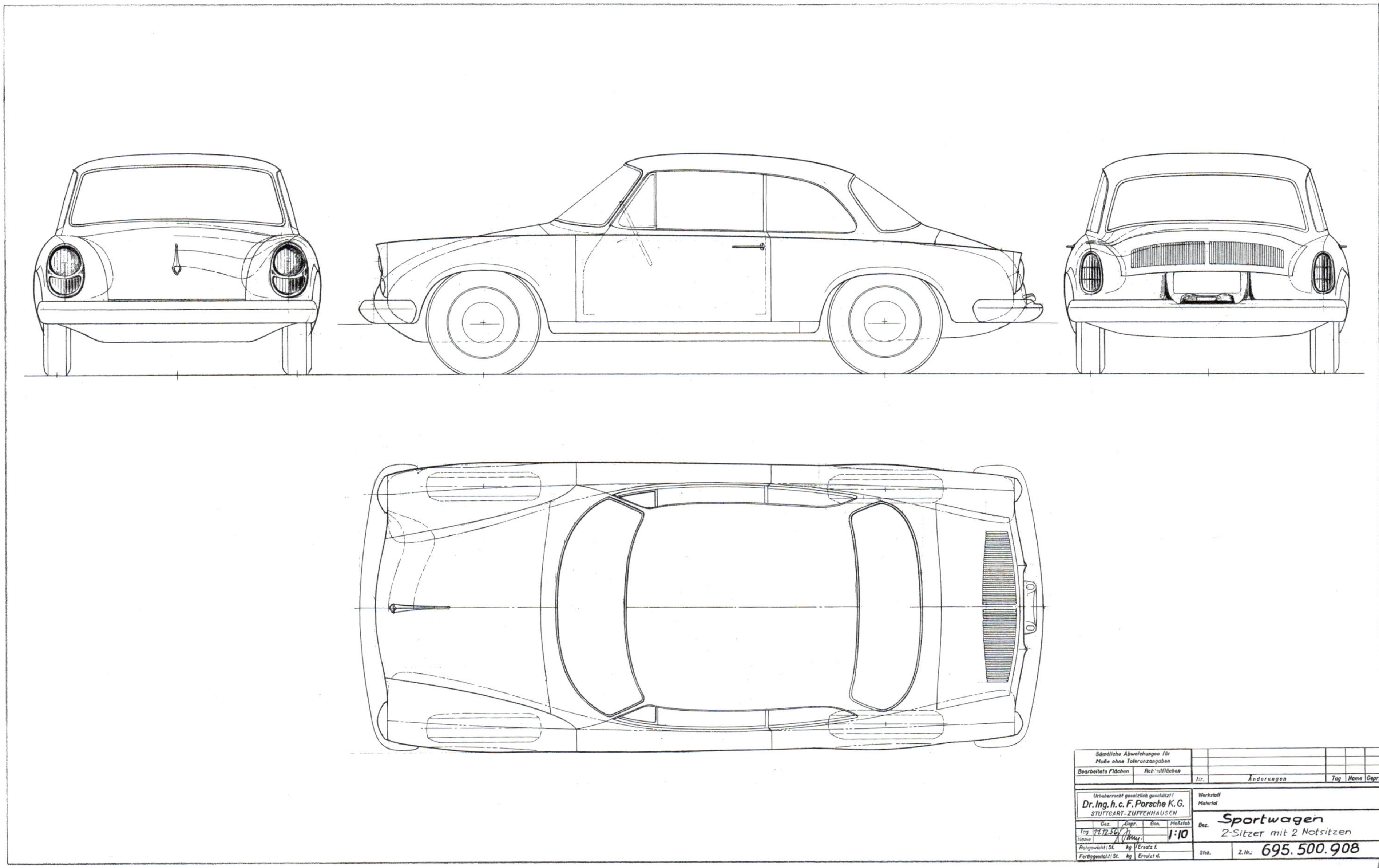
Sämtliche Abweichungen für
Maße ohne Tolerunzangaben
Bearbeitete Flächen
Nr.
Änderungen
Tag
Name
Gepr.
Urheberrecht gesetzlich geschützt!
Dr. Ing. h. c. F. Porsche K. G.
STUTTGART-ZUFFENHAUSEN
Gez.
Gepr.
Gen.
Maßstab
Tag
11.12.56
Name
1:10
Rohgewicht/St. kg
Ersatz f.
Fertiggewicht/St. kg
Ersatz d.
Werkstoff
Material
Bez.
Sportwagen
2-Sitzer mit 2 Notsitzen
Stck.
Z. Nr.:
695.500.908

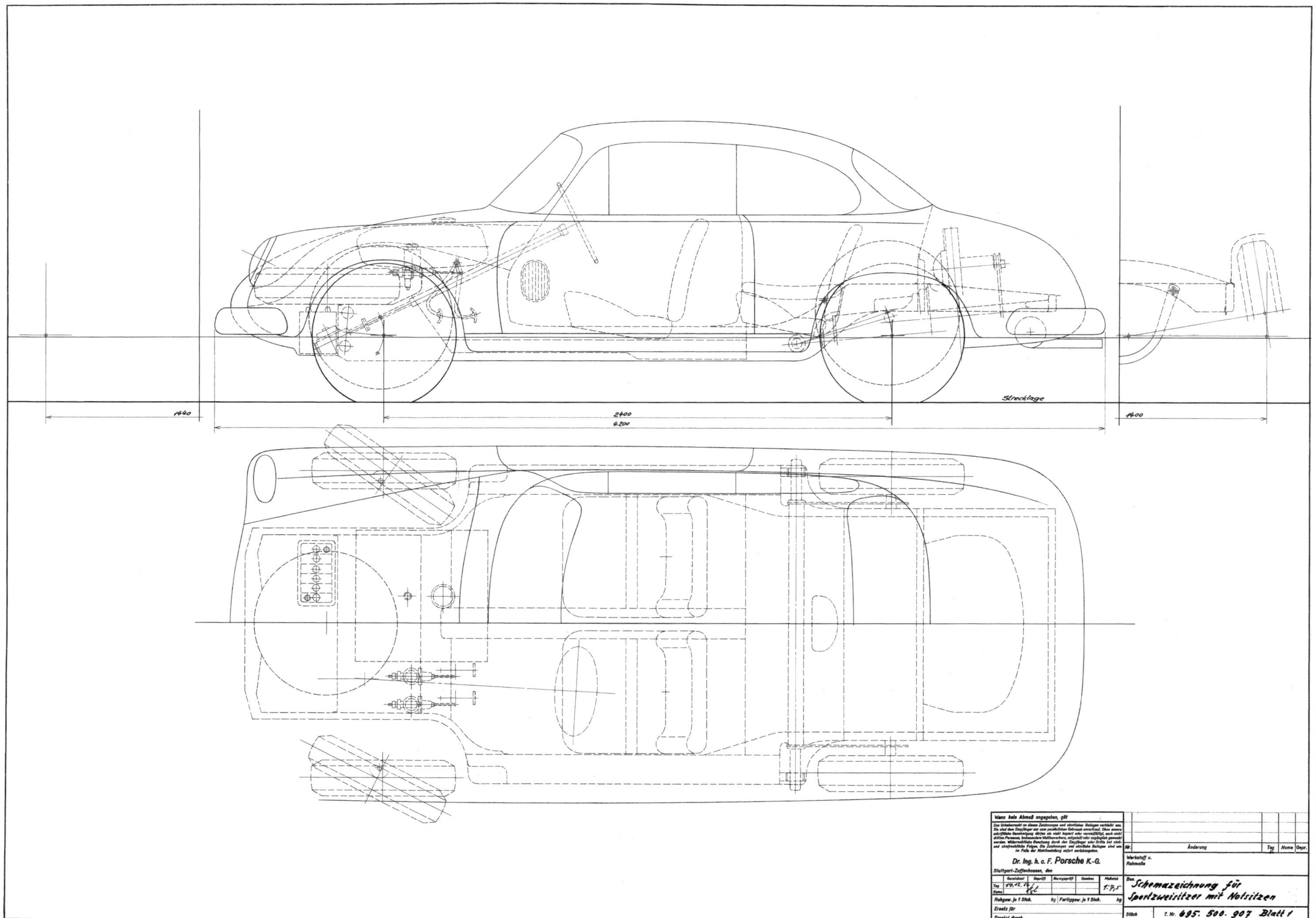

Rundere Formen mit mehr 356-DNA: 695-Entwurf für einen Sportzweisitzer mit Notsitzen und 2400 Millimeter Radstand.

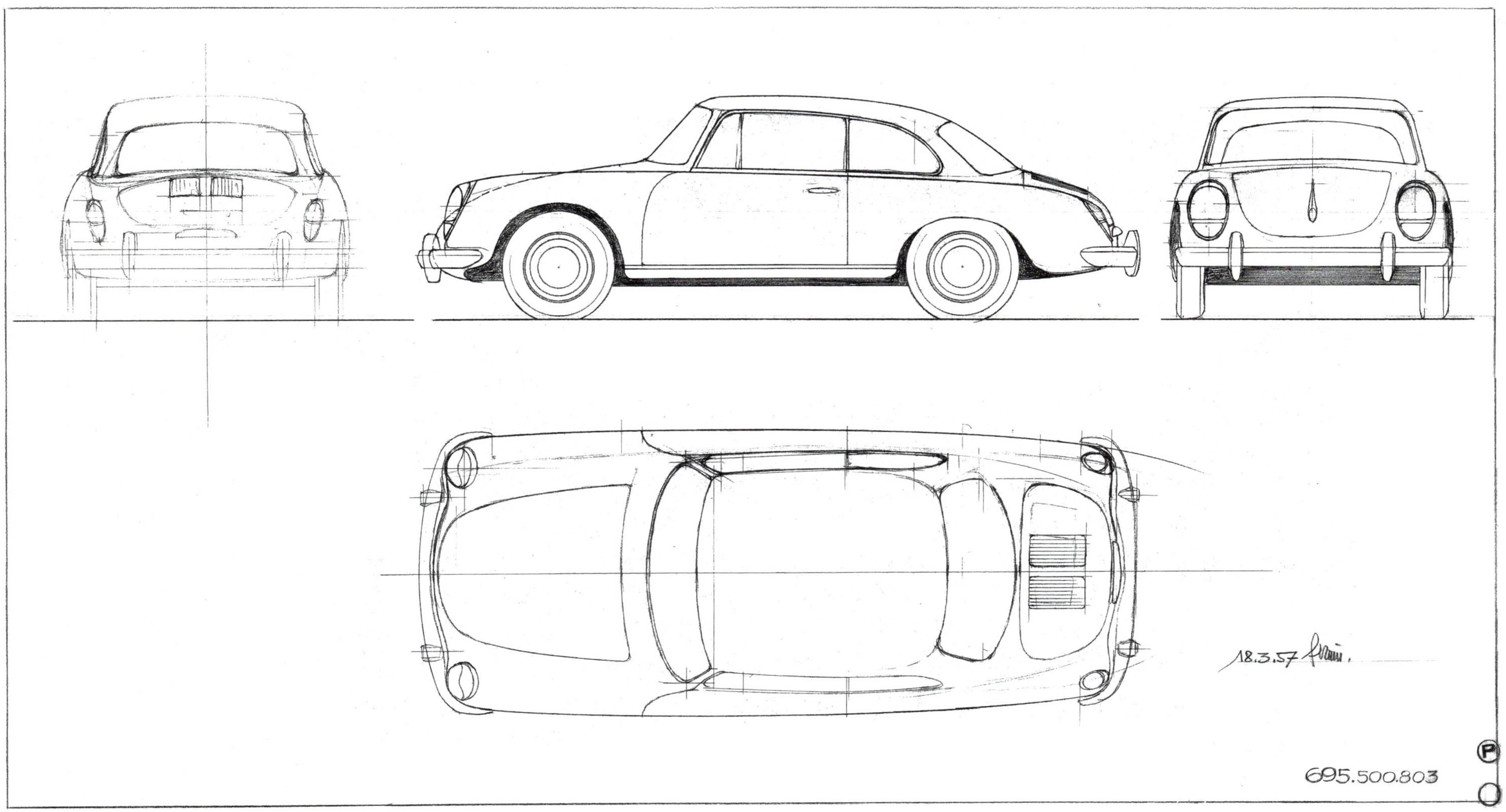
18.3.57
695.500.803

Ein Entwurf vom Dezember 1956 hat starke Ähnlichkeit mit dem Typ 633. Die Zeichnung 695.500.908 trägt den Titel »Sportwagen-2-Sitzer mit 2 Notsitzen«. Die wesentlichen Unterscheidungsmerkmale sind die veränderten Front- und Heckleuchten sowie der Lufteinlass im Heckdeckel. Auf nur Tage später ist ein weiterer Vorschlag datiert, der die rundlichen Formen des Typ 356 aufgreift und »Schemazeichnung für Sportzweisitzer mit zwei Notsitzen« benannt ist. Anhand von Indizien wird klar, dass man auch technisch einen Generationswechsel plant. In einem vertraulichen Schreiben an den kaufmännischen Leiter Hans Kern am 11. Dezember 1956 unterbreitet Karosserie-Konstruktionschef Erwin Komenda eine überschlägige Kalkulation für den Typ 695. Darin erwähnt er, »dass die Arbeitszeit je Wagen mit 200 Stunden bei selbsttragender Ausführung für die Karosserie möglich ist«. Der Übergang von der Rahmenbauweise mit aufgesetzter Fahrgastzelle zur selbsttragenden Karosserie ist in der ersten Hälfte der 1950er Jahre branchenweit in vollem Gang. Daimler-Benz stellt beispielsweise 1953 die erste Ponton-Limousine vor: Sie ist industriell einfacher zu produzieren und bietet deutlich mehr Platz als die vorherigen Fahrzeuge mit Rahmen.

Bereits 1956 ziehen Erwin Komenda (Mitte) und Hans Kern (rechts) die Produktion einer selbsttragenden Karosserie in Betracht. Links im Bild Franz Xaver Reimspieß.

Weitere Hinweise auf das Styling des 695 geben Unterlagen vom Februar 1957. Heinrich Klie skizziert unter den handschriftlichen Planungen für Modelle der Typen 656 und 695 einen Frontscheinwerfer und ein Rücklicht. Am 14. Februar stellt eine Zeichnung die »Gewichtsverteilung bei verschiedenen Lasten« des Viersitzers mit 982 Kilogramm Leergewicht dar. Sie zeigt die Silhouette einer Stufenheck-Limousine im Drei-Box-Design.

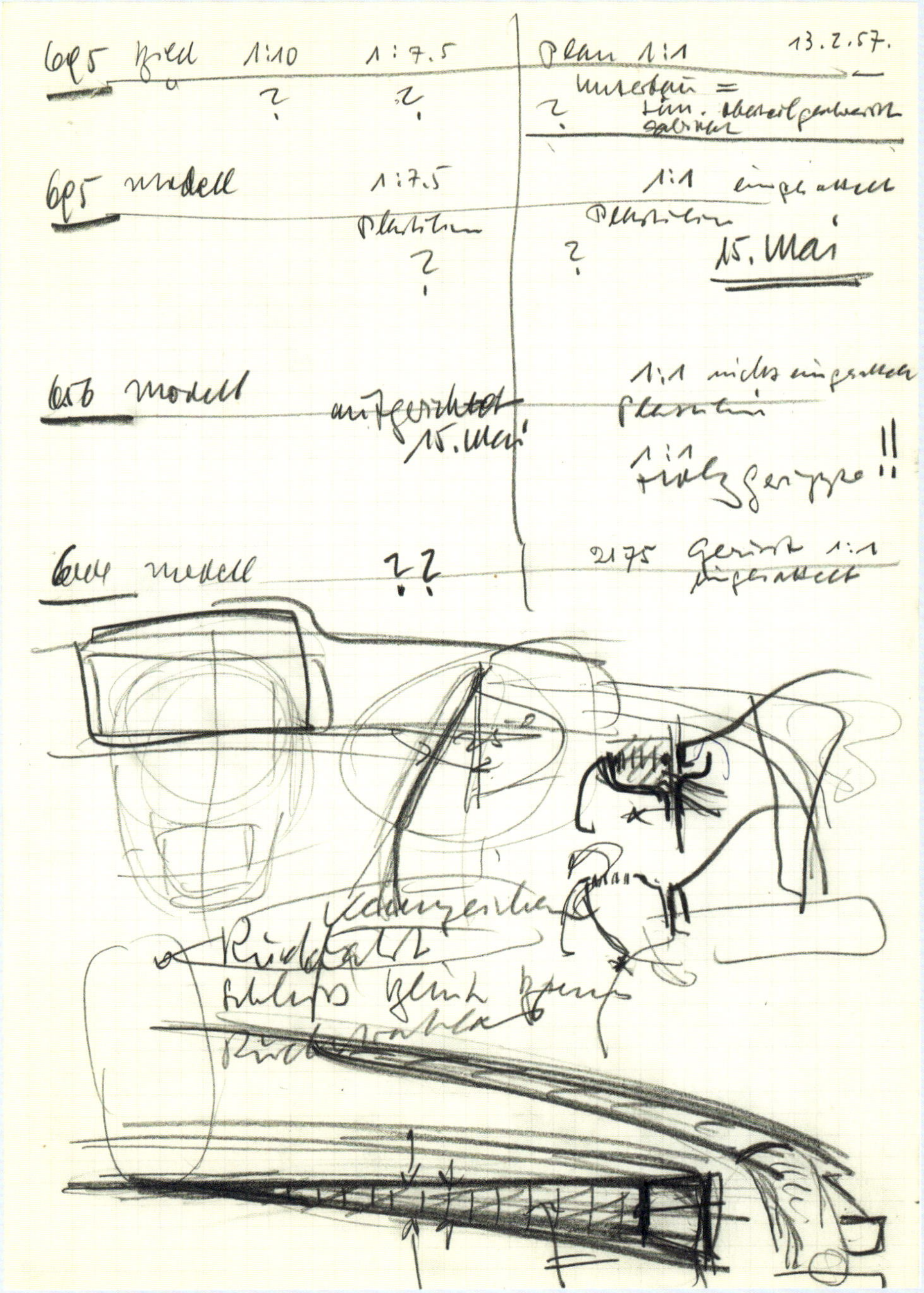

In den Skizzen von Heinrich Klie ist deutlich die Gestaltung der Frontscheinwerfer und der hinteren Kotflügel des Typ 695 von Anfang 1957 erkennbar.

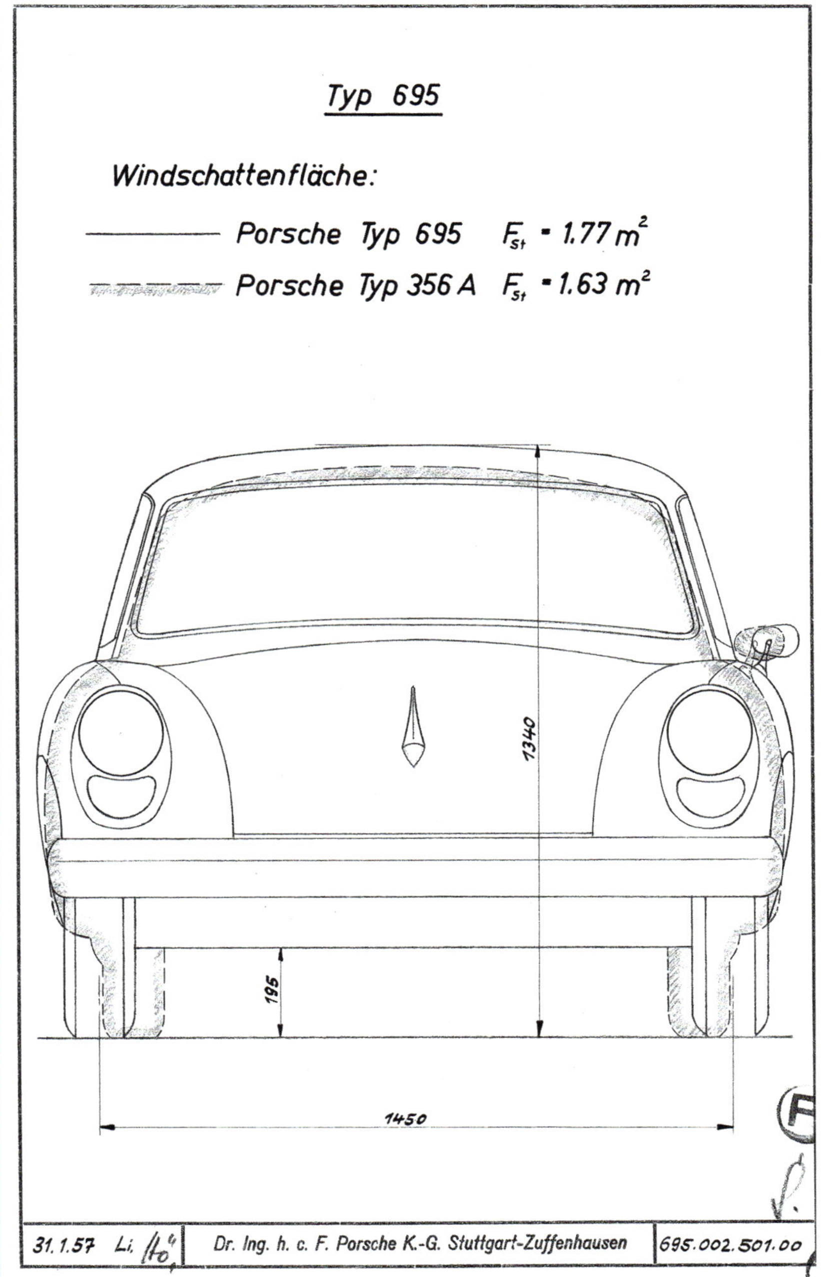

Die Frontpartie des Typ 695 entfernt sich im Konzept vom Januar 1957 deutlich vom 356.

Herrn Kern,

Überlegungen der Kosten für unseren Typ 695 auf Grund einiger Kalkulationsdaten vom Coupe Karmann-Ghia.

Die auf den beiliegenden Blättern aufgeführten Arbeitszeiten und Lohnbeträge entsprechen den gewesenen und derzeitigen Tatsachen.
Der aufgeführte Materialbetrag und die unter der neuen Annahme gesetzten Unkosten bezw. Fertigungskosten beruhen auf einer Schätzung von mir.

a) Zur Aufstellung 1955, Anlaufkosten bis 3o Einheiten pro Tag mit der Restsumme in Kolonne 7 mit DM 2 5o5.--. Hierin sind die Arbeitszeiten aufgeführt wei sie etwa ab 1ooo.er Karosserie als Sollzeiten gewünscht waren. Die eigentlichen Anlaufarbeitszeiten sind jeweils um 3o % höher, d.h. von 211 + 3o % = 28o Stunden.
Hierzu war eine Werkzeugauflage gegeben von 3 000 000.- bei einer Basis übres Erstauftrages von 3000 Karosserien.

b) Zur Neuaufstellung der Kosten für Ende 1956/57.
In dieser Aufstellung wurden die Arbeitszeiten nach Einzelposten der unter laufender Nummer 5 bis 6 geführten Abteilungen korrigiert. Dies war möglich zufolge des Studiums dieser Arbeitszeiten und unseres Wissens der neuen Einrichtung und Ausrüstung für die Abteilungen nach Position 1 + 2. Alle Arbeitszeiten sind korrigiert auf der Basis für mehr als 10 000 Einheiten und nach inzwischen stattgefundenen Lohnerhöhungen. Die Unkostensätzen je Abteilung sind der Basis für die Vorkalkulation entnommen, wodurch ein insgesamter Betrag für Lohn und Unkosten von DM 2170.-- gegeben wird.
Über den Anlaufkostenbetrag für Werkzeuge und Vorrichtungen von 3 000 000.-- hat die Firma Karmann in der Zwischenzeit mehr aufgewendet, und zwar insgesamt 5 000 000.--. Die Lohneinsparung in der Pasition 1 beträgt DM 2o.--, mit Unkosten DM 82.--, somit für 20 000 Einheiten DM 1 640 000.--.
Dieser Einsparung steht eine Erhöhung des Werkzeugsatzes um DM 2 000 000.-- gegenüber. Es wäre aber ohne die zusätzlichen Werkzeuge und Vorrichtungen die Stückzahlerhöhung von 1o auf 3o pro Tag kaum möglich gewesen, da nicht genügend Personal verfügbar war, (besonders im Hinblick auf den Einzug zur Wehrpflicht).

c) Auf dem Blatt der Neuaufstellung ist als neue Annahme getroffen, dass die Arbeitszeit je Wagen mit 200 Stunden bei selbsttragender Ausführung für die Karosserie möglich ist, der durchschnittliche Unkostensatz nicht 4o7 sondern 28o % beträgt. Hierdurch kommt bei geschätztem Material und bei Umlage der speziellen Einrichtung auf 20 000 Karosserien ein Posten von DM 3600.-- ohne sonstige Zuschläge.
Die Neuwerkzeuge eines selbsttragenden Aufbaues ungefähr in der Größe Karmann-Ghia, besonders auf Typ 597, werden einschl. der Vorrichtungen auf DM 6 000 000.-- geschätzt, wovon gefühlsmäßig DM 2 000 000.-- für Auswärtsbezug von Werkzeugen in Betracht zu ziehen sind, so dass ein Reinbetrag von DM 4 000 000.-- für Eigenfertigung verbleibt.
Die geschätzten Werkzeugsätze beinhalten nicht bloß deren Bedarf für den Rohbau sondern auch den Bedarf für Zubehörteile, (Scheinwerfer, Türschloß, Kurbelapparate, usw.).

- 2 -

- 2 -

d) Die Lohnerhöhungen in der Zeit 1955 bis 1957 von rund 15 % sind also durch die Investitionen an Werkzeugen und Vorrichtungen eliminiert. Auch an der Grundkalkulation ist meines Erachtens die Beibehaltung der Unkostensätze, denn es trifft im Durchschnitt zu, dass eine Lohnerhöhung mit dem Unkostensatz wei seither zu multiplizieren ist.
Außerdem habe ich den Unkostensatz auf ein mir anscheinend richtiges Maß heruntergedrückt, besonders mit Rücksicht auf die anders geartete Basis von 3000 zu mehr als 10 000 bezw. 20 000 Einheiten.

Ich bitte Sie die gegebenen Angaben vertraulich zu behandeln.

Komenda

Stuttgart, den 11.12.56
Ko/Gt.

Anlage/

Bereits Ende 1956 kalkuliert der Leiter der Karosseriekonstruktion Erwin Komenda die Produktionskosten einer selbsttragenden Karosserie.

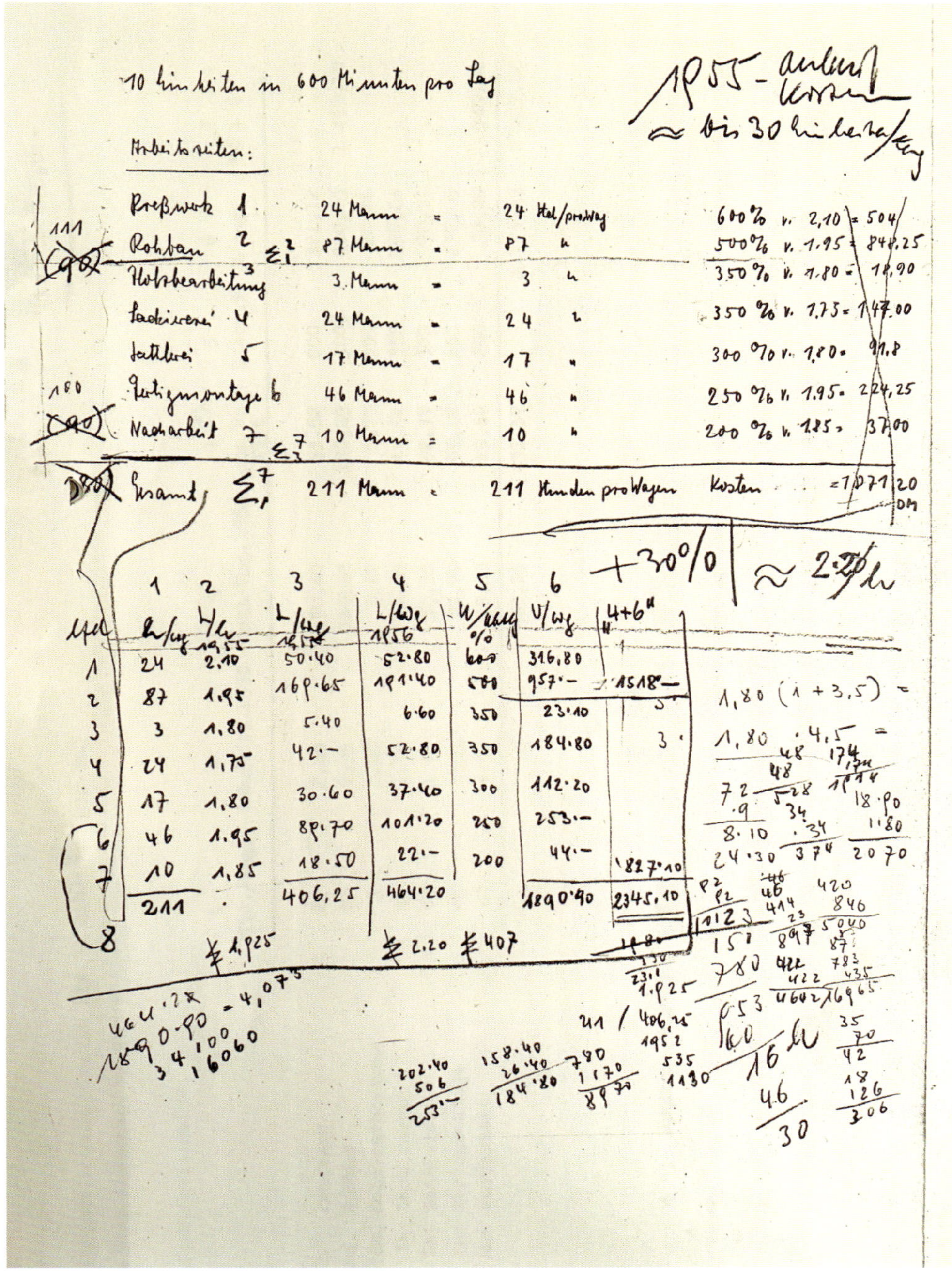

10 Einheiten in 600 Minuten pro Tag

1955 – Arbeitskosten ≈ bis 30 Einheiten/Tag

Arbeitszeiten:

Preßwerk 1	24 Mann =	24 Std/proWag	600 % v. 2,10 =	504
Rohbau 2	87 Mann =	87 "	500 % v. 1,95 =	848,25
Holzbearbeitung 3	3 Mann =	3 "	350 % v. 1,80 =	18,90
Lackiererei 4	24 Mann =	24 "	350 % v. 1,75 =	147.00
Sattlerei 5	17 Mann =	17 "	300 % v. 1,80 =	91,8
Fertigmontage 6	46 Mann =	46 "	250 % v. 1,95 =	224,25
Nacharbeit 7	10 Mann =	10 "	200 % v. 1,85 =	37,00
Gesamt Σ_1^7	211 Mann =	211 Stunden pro Wagen	Kosten	= 1071,20 DM

+30 % ≈ 2.20/h

	1 Std/Wg	2 L/h 1955	3 L/Wg 1955	4 L/Wg 1956	5 U/Lohn %	6 U/Wg	4+6
1	24	2,10	50.40	52.80	600	316,80	
2	87	1,95	169.65	191.40	500	957.–	1518.–
3	3	1,80	5.40	6.60	350	23.10	
4	24	1,75	42.–	52.80	350	184.80	
5	17	1,80	30.60	37.40	300	112.20	
6	46	1,95	89.70	101.20	250	253.–	
7	10	1,85	18.50	22.–	200	44.–	827.10
	211		406,25	464.20		1890.90	2345.10
8		≈ 1,925		≈ 2.20	≈ 407		

In einer handschriftlich verfassten Tabelle listet Erwin Komenda Arbeitszeiten und Kosten auf.

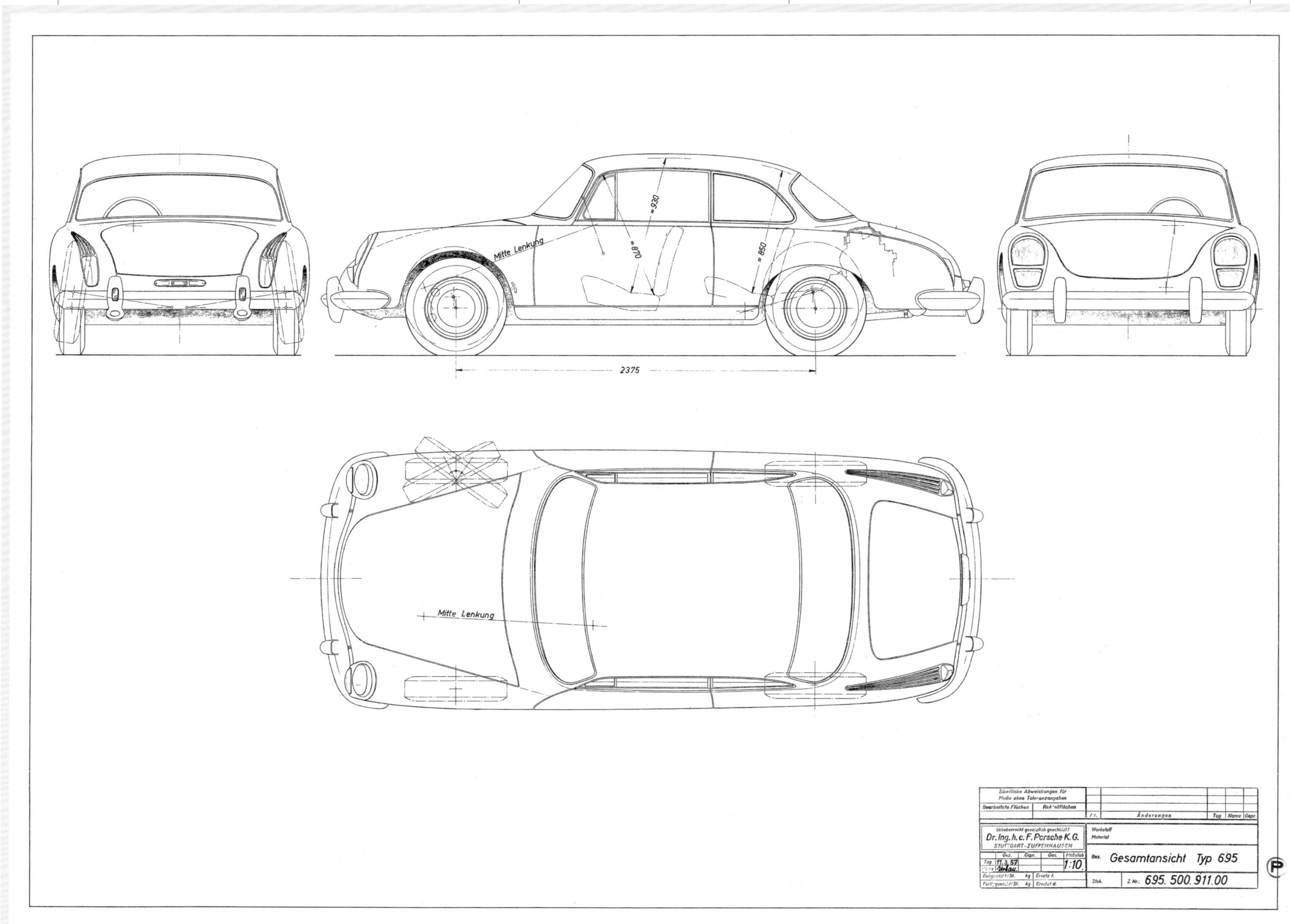

Leicht abgeänderte Variante des frühen Typ 695, vermutlich mit Lufteinlässen für den Heckmotor auf den Kotflügeln.

Eine Woche später ist das Spantenmodell des neuen Typs fertiggestellt. Die Einfassung von Front- und Heckscheibe entspricht nicht ganz den Vorgaben, aber Erwin Komenda erklärt die Modellausführung als genügend. Offenbar dient das Modell als Testobjekt für den Windkanal, denn bereits vier Tage nach der Begutachtung durch den Konstruktionschef werden Fahrdiagramme auf Basis aerodynamischer Untersuchungen berechnet. »Die Karosserie des Typ 695 ist gegenüber der laufenden Serie Typ 644 geändert«, konstatiert der Bericht in der Zusammenfassung. Die als »Windschattenfläche« bezeichnete Stirnfläche beträgt 1,77 Quadratmeter; im Vergleich beträgt die des 356 A 1,63 Quadratmeter. Dadurch liegt die Querschnittsfläche um neun Prozent höher als beim 644. Der Radstand ist gegenüber dem Seriensportwagen auf 2.375 Millimeter verlängert, die Spurweite vorn auf 1.450 Millimeter verbreitert und hinten auf 1.400 Millimeter. Dank eines auf 80 PS leistungsgesteigerten Motors liegt die errechnete Beschleunigungslinie der »2/2-Sitzer-Sportwagen-Limousine« nur wenig unter der des 356 A Carrera de Luxe; die Höchstgeschwindigkeit soll bei 183 km/h erreicht sein.

Am 11. März 1957 schließlich zeigt eine Zeichnung mit der Nummer 695.500.911.0 die »Gesamtansicht Typ 695«. Dominant in der Frontansicht sind die Scheinwerfer, die der Skizze von Klie entsprechen. Der Wagenkörper mit abgesatteltem Heck ähnelt der Silhouette des 530. Auf den Kammlinien der hinteren Kotflügel sind längs schraffierte Flächen eingezeichnet, die vermutlich lamellierte Lufteinlässe für den Motorraum darstellen sollen. Insgesamt entspricht der Entwurf dem Limousinenstil der 1950er Jahre: harmonisch, aber kein großer Wurf.

PROTAGONISTEN

HANS KERN

Personalsteuerung und Buchhaltung
Kaufmännischer Leiter
1933–1966 bei Porsche

steuert als Kaufmännischer Leiter von Porsche die Entwicklung und Produktion bestehender und neuer Modelle aus dem Hintergrund. Er verhandelt mit Karmann über die konstruktive Hilfe und Finanzierung der Werkzeuge beim Projekt T9 und formuliert die Kooperation von Porsche, Reutter und Karmann beim Projekt T8. Bereits 1960 schlägt er dem Karosseriewerk Reutter eine finanzielle Beteiligung von Porsche vor. Als Finanzfachmann organisiert Kern schließlich den Kauf des Werkes 1963 mit.

Johann Kern kommt am 21. November 1900 in Wien zur Welt. Seine Ausbildung umfasst eine kaufmännische Lehre und den Besuch der Wiener Handels- und Webereischule. Nach dem Militärdienst arbeitet er ab 1921 in der Textilindustrie. 1928 wechselt er als Leiter der Buchhaltung zu den Karosseriewerken Armbruster in Wien. Dort lernt er Hans Baron von Veyder-Malberg kennen, mit dem er im Februar 1933 zu Porsche nach Stuttgart wechselt. Veyder-Malberg wird Nachfolger von Adolf Rosenberger als Kaufmännischer Leiter und Prokurist des Konstruktionsbüros, Hans Kern als 13. Mitglied der Belegschaft Leiter der Buchhaltung und Personalabteilung.

1942 folgt Hans Kern dem Baron nach dessen Ausscheiden als Kaufmännischer Leiter nach und erhält Einzelprokura. Als das Konstruktionsbüro 1944 ins österreichische Gmünd verlegt wird, geht Hans Kern mit. 1950 wird er Mitglied der Geschäftsleitung.

Nach der Rückkehr von Porsche nach Stuttgart obliegt ihm der finanzielle Auf- und Umbau des Konstruktionsbüros zum Sportwagenhersteller. In dieser Funktion unterhält er einen engen Kontakt zu den Karosseriewerken. Bei allen weitreichenden Entscheidungen kaufmännischer Natur sucht Ferry Porsche wie zuvor sein Vater Ferdinand den Rat von Hans Kern.

Das kaufmännische Geschick von Hans Kern hat entscheidenden Einfluss auf den Kaufvertrag mit dem Karosseriewerk Reutter. 1966 nimmt er seinen Abschied als aktiver Mitarbeiter des Unternehmens. Bis zu seinem Tod am 9. Januar 1977 bleibt Hans Kern Berater der Geschäftsleitung. Sein Stellenwert für Porsche wird im Text der Todesanzeige deutlich: »Wir verdanken ihm die Voraussetzungen für den sicheren Bestand unseres Hauses.«

DER RUF NACH EINEM NEUEN MODELL WIRD LAUTER

Obwohl Porsche mit 4.269 Coupés, Cabriolets und Speedster im Geschäftsjahr 1956 einen neuen Absatzrekord erzielt hat, ist die Verkaufsabteilung im Frühjahr 1957 alarmiert. Zwar steht ab Herbst 1957 die Serieneinführung des Technischen Programmes 2 für das Modelljahr 1958 bevor. Dennoch sieht der Vertrieb dunkle Wolken am Horizont und wendet sich am 28. März 1957 mit einer Aktennotiz zum »Einführungstermin TIII« an Geschäftsleitung und Konstruktionsbüro:

»Mit Rücksicht auf die Ergebnisse unserer bisherigen Marktforschung – insbesonders zahlreicher Besprechungen mit Händlern und Kunden des In- und Auslands – und die Erfahrungen anläßlich des Genfer Salons, dessen Verkauf im Gegensatz zur Steigerung aller anderen deutschen Automobilfirmen erstmalig rückläufig war, hält es der Verkauf für unbedingt erforderlich, dass wir, um unseren bisherigen Markt erhalten zu können, im Herbst 1958 mit einem neuen Modell herauskommen.

Wie Herr Kern in der letzten Geschäftsleitungsbesprechung erwähnte, wird bereits seit 4 Jahren an einem neuen Modell gearbeitet [...] Der Verkauf weist nochmals allen Ernstes darauf hin, dass nach aller Voraussicht ein Herausschieben des Termins Herbst 1958 im Winter 1958/59 zu einem schweren Markteinbruch führen muß. Abgesehen von dem Prestigeverlust wird es uns nach einem solchen Markteinbruch, wie es Beispiele anderer Automobilfirmen beweisen, nur nach Jahren wieder gelingen, unseren Markt mit Rücksicht auf die Konkurrenz zurückzuerobern, wenn dieser nicht überhaupt endgültig verloren ist.«

Es folgen 27 Forderungen an das neue Modell, die von »Unterflur-Motor« über »beheizbare und größere Heckscheibe« oder »verbesserter Aschenbecher« bis zu »bessere Beleuchtungsanlage« reichen. Die entscheidende Frage steht jedoch als handschriftlicher Kommentar von Erwin Komenda unter dem Schriftstück: »Das sind Einzelheiten! Soll bzw. kann die jetzige Grundkonzeption bleiben?«

Auf Wachstumskurs: das Porsche-Werk in Zuffenhausen.

1956 verlässt der 10.000. Porsche 356 den Bau 1 im Werk 2. Die helle und klar strukturierte Produktionshalle schuf der renommierte Stuttgarter Architekt Rolf Gutbrod.

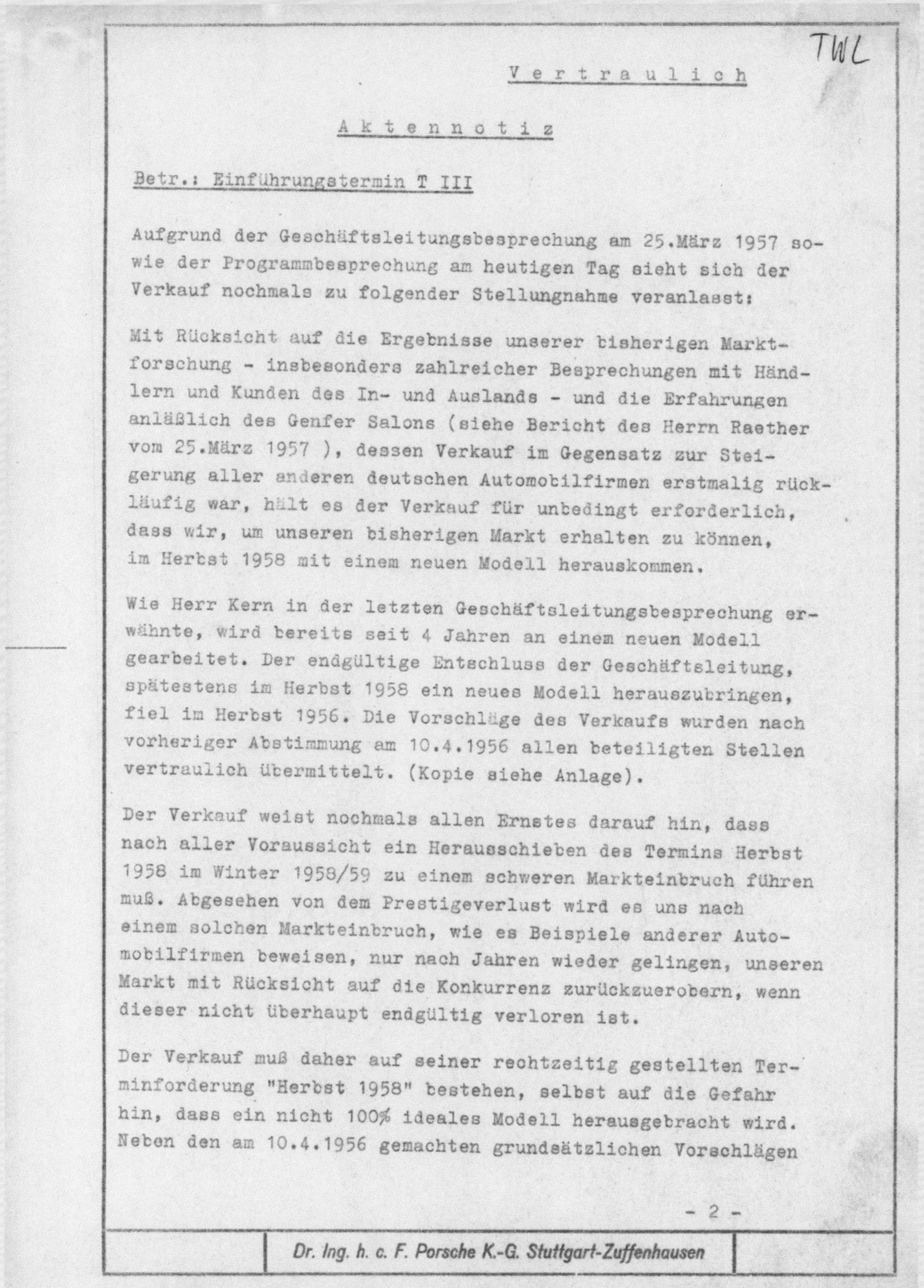

TWL

Vertraulich

Aktennotiz

Betr.: Einführungstermin T III

Aufgrund der Geschäftsleitungsbesprechung am 25.März 1957 sowie der Programmbesprechung am heutigen Tag sieht sich der Verkauf nochmals zu folgender Stellungnahme veranlasst:

Mit Rücksicht auf die Ergebnisse unserer bisherigen Marktforschung - insbesonders zahlreicher Besprechungen mit Händlern und Kunden des In- und Auslands - und die Erfahrungen anläßlich des Genfer Salons (siehe Bericht des Herrn Raether vom 25.März 1957), dessen Verkauf im Gegensatz zur Steigerung aller anderen deutschen Automobilfirmen erstmalig rückläufig war, hält es der Verkauf für unbedingt erforderlich, dass wir, um unseren bisherigen Markt erhalten zu können, im Herbst 1958 mit einem neuen Modell herauskommen.

Wie Herr Kern in der letzten Geschäftsleitungsbesprechung erwähnte, wird bereits seit 4 Jahren an einem neuen Modell gearbeitet. Der endgültige Entschluss der Geschäftsleitung, spätestens im Herbst 1958 ein neues Modell herauszubringen, fiel im Herbst 1956. Die Vorschläge des Verkaufs wurden nach vorheriger Abstimmung am 10.4.1956 allen beteiligten Stellen vertraulich übermittelt. (Kopie siehe Anlage).

Der Verkauf weist nochmals allen Ernstes darauf hin, dass nach aller Voraussicht ein Herausschieben des Termins Herbst 1958 im Winter 1958/59 zu einem schweren Markteinbruch führen muß. Abgesehen von dem Prestigeverlust wird es uns nach einem solchen Markteinbruch, wie es Beispiele anderer Automobilfirmen beweisen, nur nach Jahren wieder gelingen, unseren Markt mit Rücksicht auf die Konkurrenz zurückzuerobern, wenn dieser nicht überhaupt endgültig verloren ist.

Der Verkauf muß daher auf seiner rechtzeitig gestellten Terminforderung "Herbst 1958" bestehen, selbst auf die Gefahr hin, dass ein nicht 100% ideales Modell herausgebracht wird. Neben den am 10.4.1956 gemachten grundsätzlichen Vorschlägen

- 2 -

Dr. Ing. h. c. F. Porsche K.-G. Stuttgart-Zuffenhausen

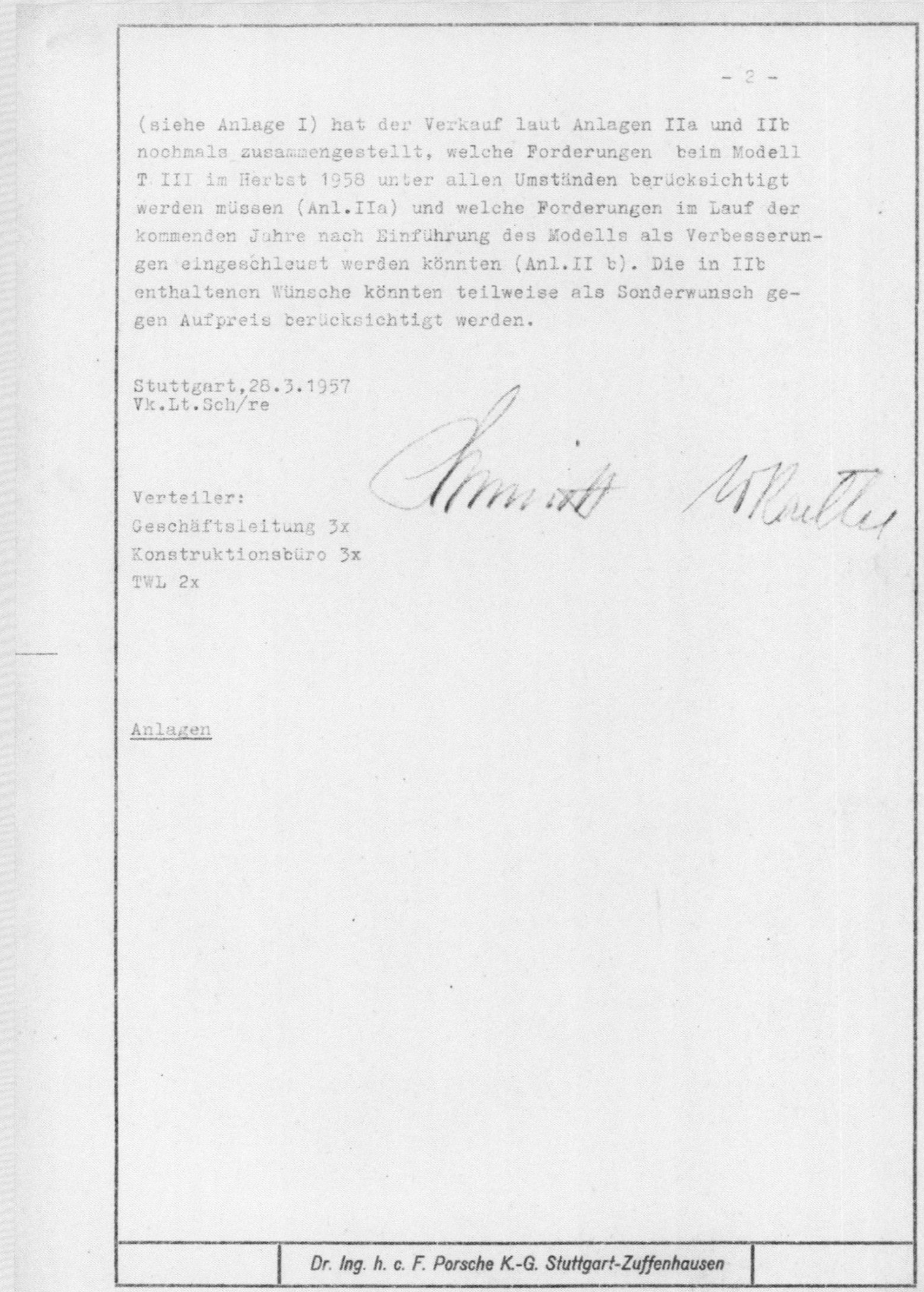

- 2 -

(siehe Anlage I) hat der Verkauf laut Anlagen IIa und IIb nochmals zusammengestellt, welche Forderungen beim Modell T III im Herbst 1958 unter allen Umständen berücksichtigt werden müssen (Anl.IIa) und welche Forderungen im Lauf der kommenden Jahre nach Einführung des Modells als Verbesserungen eingeschleust werden könnten (Anl.II b). Die in IIb enthaltenen Wünsche könnten teilweise als Sonderwunsch gegen Aufpreis berücksichtigt werden.

Stuttgart,28.3.1957
Vk.Lt.Sch/re

Verteiler:
Geschäftsleitung 3x
Konstruktionsbüro 3x
TWL 2x

Anlagen

Dr. Ing. h. c. F. Porsche K.-G. Stuttgart-Zuffenhausen

Rückläufige Verkaufszahlen auf dem Genfer Salon 1957 veranlassen den Vertrieb zur nachdrücklichen Forderung eines neuen Modells.

Anlage IIa

zur Hausmitteilung "Einführungstermin T III" v.28.3.57.

1. Unterflur-Motor. Bei Nichterfüllbarkeit bis zum Herbst 1958 sollte Heckteil so ausgebildet werden, dass nachträglicher Einbau eines Unterflur-Motors möglich ist, wobei der frei werdende Raum als Kofferablage ausgeführt werden sollte.
2. Beleuchtbarer Motor- und Bugraum. *Schon mal ausgeführt sehr angenehm.*
3. Grösserer Motorraumdeckel. *Sehr wichtig für 547! sch. Attrappe*
4. Heutige Bremsverzögerungswerte sollten beibehalten werden.
5. Leistungsgewicht muss beibehalten werden.
6. Besser zugänglicher Tankeinfüllstutzen.
7. Bessere Dichtung der Kabeldurchgänge. *geschehen von T II*
8. BessereBelüftung des Wageninnern.
9. Grösserer Abstand zwischen Sitzoberfläche und Dach – zumindest 3 cm – mit Rücksicht auf Schiebedach.
10. Klappinnenspiegel mit zweifachen Kugelgelenken. *Mercedes.*
11. Rückscheibe beheizbar und grösser.
12. Armaturenbrett oben und unten stark abgepolstert.
13. Kombinationsinstrument für km- und Tourenzähler etc.
14. Verbesserter Aschenbecher. *T II*
15. Vorderer und hinterer Haubenzug abschliessbar, wie dies beim VW serienmässig ausgeführt wird.
16. Einheitliche Schlüssel, jedoch nicht für Handschuhkasten. *T II ?*
17. Grösser untersetzter Kurbelmechanismus der Fenster. *T II*
18. Sicherheitslenkrad.
19. Anatomisch einwandfrei geformte Sitze mit luftdurchlässiger Polsterung.
20. Bequemerer Einstieg.
21. Seitlich Einstiegbouclé durch Kunstleder ersetzen.

Hat sich am Carrera bewährt! *Ferdinand?*

– 2 –

Dr. Ing. h. c. F. Porsche K.-G. Stuttgart-Zuffenhausen

– 2 –

Anlage II a

22. Feststellbare Türen. *T II*
23. Sicherheitsschloss an den Türen.
24. Halterung für Sicherheitsgurte serienmässig. *Bodenverstärkung dann T II*
25. Schräg nach vorne aufwärts laufende Sitzschiene. *T II*
26. Bessere Beleuchtungsanlage.
27. Stoßstangenform keilförmig zur Verkleidung und Fortsetzung der abfallenden Stromlinienform der Karosse passend.

Das sind Einzelheiten! Soll bzw. kann die jetzige Grundkonzeption bleiben?

Dr. Ing. h. c. F. Porsche K.-G. Stuttgart-Zuffenhausen

Anlage II b

zur Hausmitteilung "Einführungstermin T III" v.28.3.57.

1. Kofferraum von aussen zugänglich.
2. Heckteil aufklappbar.
3. Vorne 3-sitzig, hinten 2-sitzig.
4. Sicherungsgurt für Kinder-Rücksitz.
5. Kein Öltemperaturmesser sondern Öldruckmanometer mit Minimum- und Maximum-Anzeige.
6. Versenkte Schalter für Armaturenbrett.
7. Batterie-Hauptschalter für elektrische Anlage.
8. Luftfederung.

Dr. Ing. h. c. F. Porsche K.-G. Stuttgart-Zuffenhausen

ALTERNATIVKONZEPTE 1957: VERLÄNGERTER 356

In der Zwischenzeit halten Entwicklungen des T2-Programmes Einzug in die Serie. Das Technische Programm 3 als solches jedoch schafft es nicht bis in die Serienfertigung. Doch die Vorschläge für einen Sportwagen mit mehr Platzangebot häufen sich. Ab Februar 1957 entstehen Zeichnungen mit der Typnummer 644 – also 356 A – in verschiedenen Karosserieausführungen (Viersitzer, Coupé, Hardtop). Neben den formalen Änderungen ist dabei insbesondere die Verlängerung des Radstandes auf 2.250 Millimeter auffällig, während die Überhänge vorn und hinten »wie Serie« beschrieben werden. Offenbar zielen die Entwürfe darauf ab, auf Basis des 644 eine neue Fahrzeuggeneration mit mehr Platzangebot zu entwickeln. Vergleicht man beispielsweise die Zeichnung des Hardtops vom Frühjahr 1957 mit dem ab 1961 bei Karmann gebauten 356 Hardtop entdeckt man – abgesehen vom nicht vergrößerten Radstand – formal nur noch kleine Unterschiede wie etwa den Verlauf der C-Säule. Jahre später, im Juli 1959, findet sich der Hardtop-356 mit 2.300 Millimeter Radstand auf der Vorschlagsliste von Gesamtversuchsleiter Claus von Rücker für das Programm T6 wieder.

Die Vorschläge des Technischen Programms 3 wie Luftfederung und drei Sitze schaffen es im Modelljahr 1958 nicht in den Seriensportwagen 356 A.

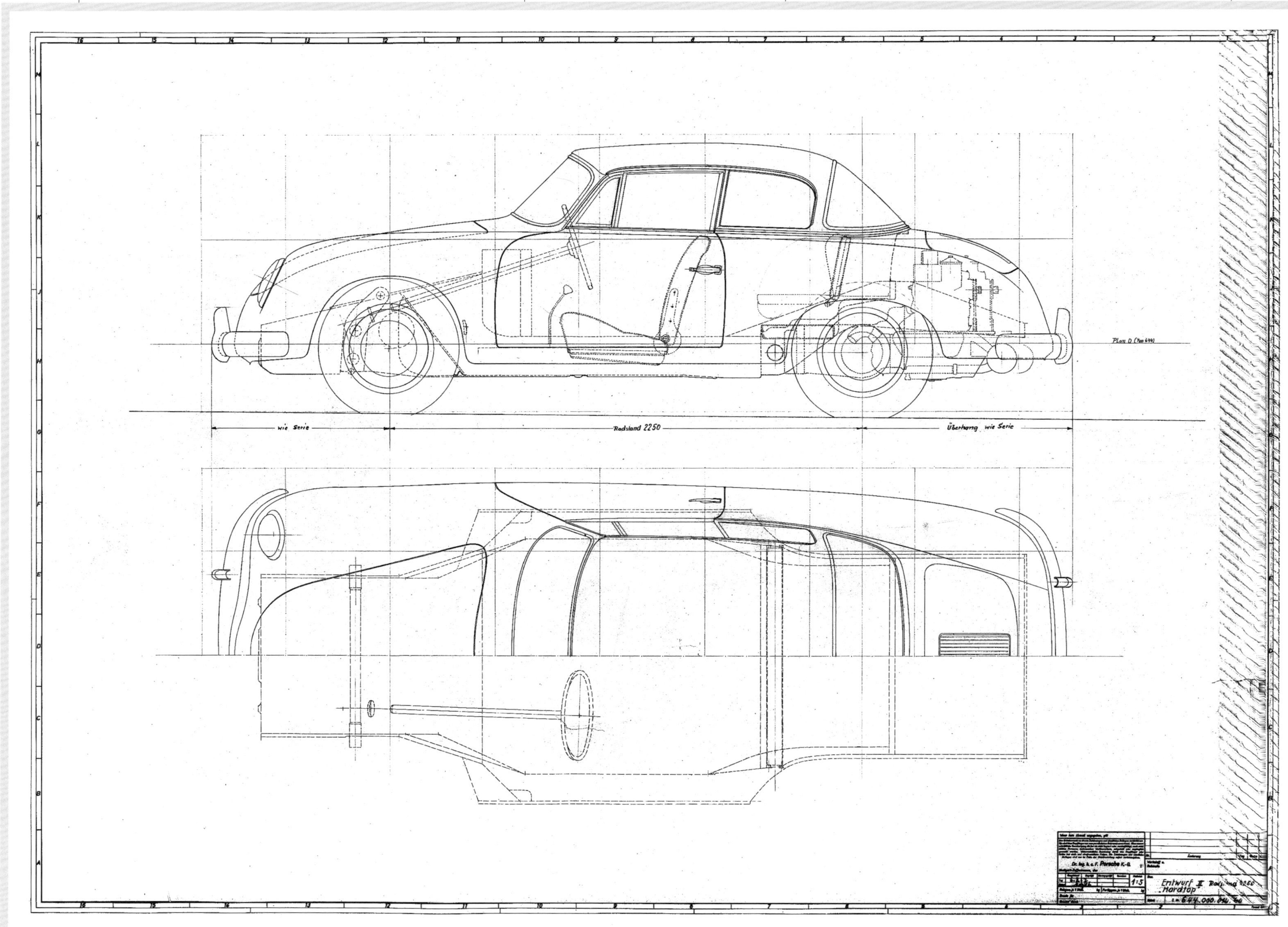

1957 entstehen Zeichnungen mit der Typnummer 644 (356 A) mit verlängertem Radstand. Ein ähnliches Design findet sich später im 356 Hardtop wieder.

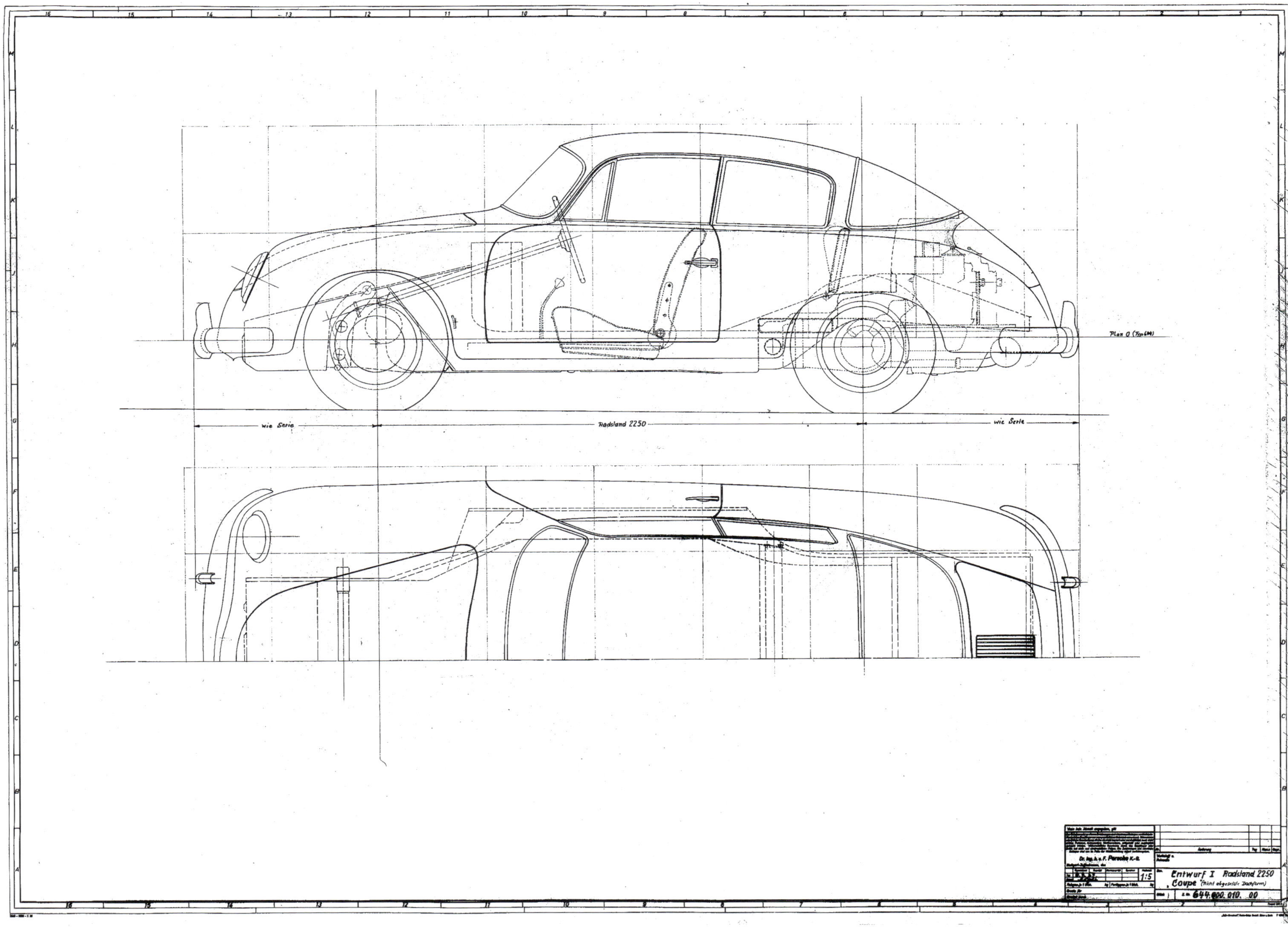

Coupé mit 2.250 Millimeter Radstand und mehr Kopffreiheit im Fond auf Basis des Typ 644 (356 A).

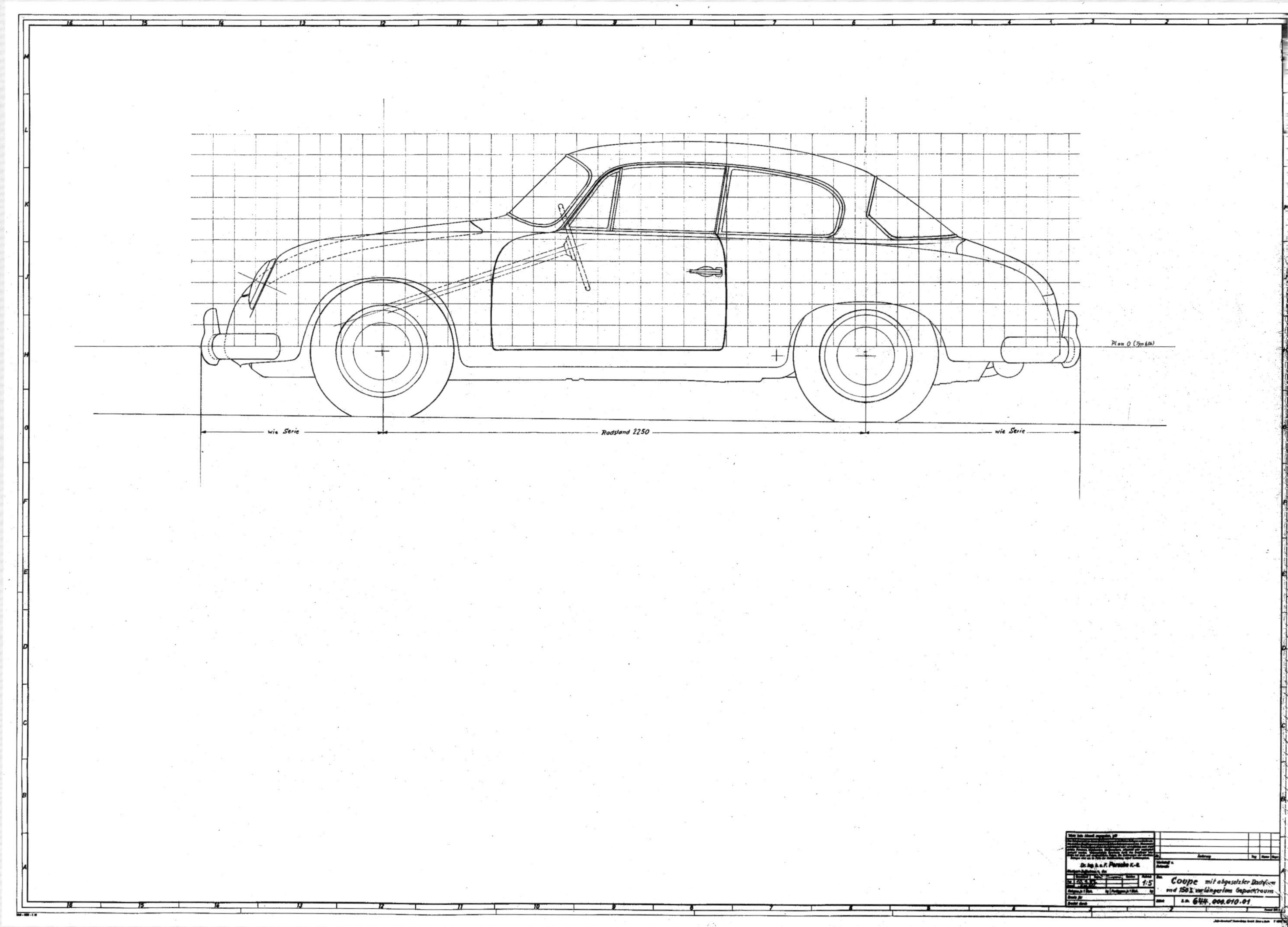

Coupé-Entwurf des Typ 644 mit verlängertem Chassis. Die Silhouette macht Anleihen beim Typ 530 von 1953.

Ganz anders die verschiedenen Entwürfe für die Karosserie des Typ 695, die zeitgleich entstehen. Zwei Zeichnungen aus April und Juni 1957 unterscheiden sich nur in Details. Sie zeigen ein langgestrecktes Coupé mit einem Radstand von 2.400 Millimetern. Die flach abfallende Fronthaube zwischen den höheren Kotflügeln bleibt auch hier ein Porsche-typisches Merkmal. Die Frontscheinwerfer haben aerodynamische Abdeckungen, wie sie Jahre später für den Porsche-Rennwagen 904 Carrera GTS, den Alfa Romeo Spider oder den Jaguar E-Type eingeführt werden. Der Porsche-Konstrukteur Gerhard Schröder formt ein Modell – ähnlich dem 656a von Klie – mit einer aus dem 356 entwickelten Frontpartie mit schräg stehenden Rundscheinwerfern ohne Abdeckung und abgeflachter Fronthaube. Die hinteren Kotflügel laufen in vertikal angeordneten Kombi-Rückleuchten aus. Ein breiter Lufteinlass im Heckdeckel weist auf den typischen Heckmotor hin.

Modell des 695 von Porsche-Konstrukteur Gerhard Schröder.

Eine weitere Variante bei der Suche nach der Form des 695 ist dieses lang gestreckte Coupé.

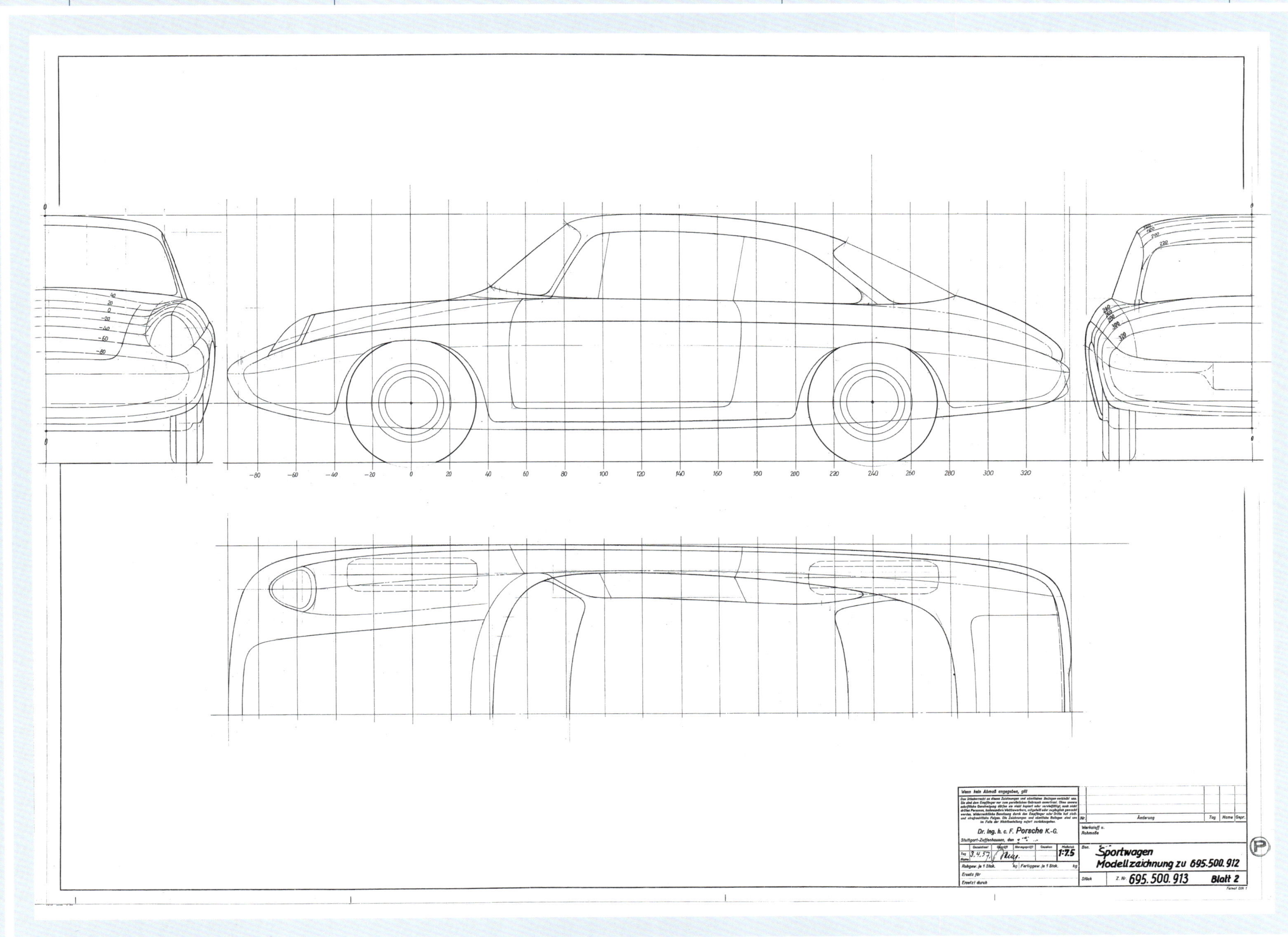

In kleinen Details ist der auf der linken Seite abgebildete Entwurf hier weiterentwickelt. Die Querschnittlinien dienen zur dreidimensionalen Umsetzung der Form.

PROTAGONISTEN

GERHARD SCHRÖDER

Konstrukteur
Karosserieentwicklung
Ca. 1955–1984 bei Porsche

ist einer der wichtigsten Konstrukteure bei der Karosserieentwicklung des 901. Er zeichnet den ersten Entwurf für den neuen Sportwagen, noch auf Basis des Porsche 356 Typ 644. Auch die erste Konstruktionszeichnung des T8 mit Fließheck stammt von ihm. Auf dringenden Wunsch von Reutter begleitet er im Karosseriewerk die Entwicklung des 901 bis zum Serienfahrzeug.

Gerhard Schröder kommt am 21. März 1925 in Markoldendorf in Niedersachsen zur Welt. Nach der Schulzeit besucht er die Hamburger Wagenbauschule. Sein Schwerpunkt liegt auf der Mechanik von Stoffverdecken für Cabriolets. Dies führt ihn 1950 zu Worblaufen, F. Ramseier & Co. in die Schweiz, einer Spezialfirma für Verdecke. Zwei Jahre später wechselt er nach Köln zum Karosseriebauunternehmen Deutsch und wenig später zu Karmann nach Osnabrück. Dort entwickelt er eine großserientaugliche Verdeckmechanik für den offenen Volkswagen und das Stoffverdeck für das zweisitzige Karmann-Ghia Sportcabriolet.

Gerhard Schröder (links) ist als Konstrukteur maßgeblich an der Entwicklung des 901 beteiligt. Als »Leihgabe« von Porsche formt er gemeinsam mit den Kollegen von Reutter die Karosserie.

Mitte der 1950er Jahre geht Gerhard Schröder zu Porsche. 1957 entwirft er eine Karosserievariante des 695, die Anklänge an den Volkswagen Karmann-Ghia zeigt. Nach den Konstruktionsaufgaben im Technischen Programm 8 arbeitet er unter anderem an der Ausgestaltung des Porsche 904 Carrera GTS mit. Dank der gelungenen Kunststoffkarosserie wird er zum Leiter einer Abteilung für die Konstruktion und Gestaltung von Karosserien für Rennsportwagen. Seine Handschrift tragen die Motorsportlegenden 910, 907, 908 und 917.

Während der 917 in den 1970er Jahren Erfolge feiert, übernimmt Gerhard Schröder neue Aufgaben zunächst im Karosserierohbau und danach in der Forschung. 1984 scheidet der Konstrukteur bei Porsche aus. 2018 stirbt er im Alter von 92 Jahren in Nürnberg.

TYP 695 VON ALBRECHT GRAF GOERTZ INSPIRIERT ZU NEUEN DESIGN-ENTWÜRFEN

Ferry Porsche können diese Entwürfe nicht überzeugen. Er sucht nach Inspiration, nach neuen Ideen. Anlässlich einer Einladung von BMW lernt er Anfang 1957 beim Mittagessen im Münchner Vorstands-Casino Albrecht Graf von Goertz kennen. Der Designer hat die BMW-Modelle 503 und 507 entworfen; zu letzterem gratuliert ihm Ferry Porsche und lädt ihn nach Stuttgart ein. Der selbständig arbeitende Goertz steht bei BMW unter Vertrag, der ihm jedoch aus Kostengründen im März 1957 auf dem Genfer Salon gekündigt wird. Der Designer unterliegt zwar einer halbjährigen Sperrfrist, nimmt aber das Angebot von Ferry Porsche an, die Karosserie für einen viersitzigen Nachfolger des 356 zu entwerfen. Goertz informiert sich in Zuffenhausen über den Stand der Entwürfe und kehrt zunächst in sein Designstudio nach New York zurück. Am 29. Juli 1957 schreibt ihm Erwin Komenda:

Albrecht Graf von Goertz signiert seine Skizzen des Porsche 695 im Dezember 1957. Beide Varianten werden als 1:1-Modelle aus Plastilin geformt.

»Betr.: Typ 695
Sehr geehrter Herr Graf,

Aufgrund der zwischen Ihnen und unserem Herrn Porsche getroffenen Übereinkunft geben wir Ihnen beigeschlossen die Fotos der Halbmodelle in Naturgröße, wie sie Ihnen von Ihrem Besuch bekannt waren [...] Der Fertigstellungstermin der endgültigen Unterlagen wurde laut Geschäftsleitungsbeschluß etwas vertagt, so dass eine Klärung über die für die Konstruktion maßgebende Ausführung erst später erfolgt [...] Wir hoffen, mit den Vollmodellen und dem Schalttafelmodell bis Anfang/Mitte September dieses Jahres fertig zu sein, zu welchem Termin Sie Ihre nächste Europareise eingeplant haben.«

Um welche Halbmodelle es sich dabei handelt, lässt sich nicht feststellen.

Im Herbst 1957 – im September läuft die Sperrfrist von BMW für Goertz aus – wird der Auftrag konkret. Goertz schreibt in seiner Autobiografie: »Das Unternehmen dachte darüber nach, einen vollwertigen viersitzigen Wagen zu entwickeln, der dem 356 nachfolgen sollte. Im Verlauf unserer Unterhaltung erzählte mir Dr. Porsche, dass er einen Sohn habe, der an der Hochschule für Design in Ulm studiere.« Goertz hat kein Vertrauen in die Ausbildung von Designschulen, die seiner Ansicht nach zu theoretisch ist: Er bevorzugt die Praxis. »Ich schlug vor, dass der Junge, F. A. (Butzi) Porsche, die Schule verlassen und mit mir an dem Projekt im Porsche Studio arbeiten solle. Butzi kehrte nicht mehr nach Ulm zurück und das war wahrscheinlich mein größter Beitrag für Porsche.«

Albrecht Graf von Goertz, Designer der BMW 503 und 507, wird von Ferry Porsche als Berater verpflichtet.

Goertz fertigt ein 1:1-Modell eines viersitzigen, zweitürigen Coupés an. In seinen Erinnerungen beschreibt er die Präsentation vor Ferry Porsche und dessen Schwester Louise Piëch. »Dr. Porsche lief mehrere Male um das Modell, sprach mit seiner Schwester, kam dann zu mir und sagte: ›Das ist ein sehr schönes Auto, aber es ist ein Goertz, kein Porsche.‹«

Die zeichnerischen Entwürfe von Goertz beschreiben ein kantiges, langgestrecktes Coupé in zwei Varianten. Beide haben eine flach abfallende Fronthaube zwischen den überhöhten Kotflügeln. Eine Variante skizziert Goertz mit abgedeckten Einzelscheinwerfern und Heckleuchten mit jeweils drei runden Leuchten. Die andere Variante hat Doppelscheinwerfer und Rückleuchteneinheiten mit flacher Oberfläche. Signiert sind die Entwürfe, die Goertz in seiner Autobiografie veröffentlicht, mit »Dez 57«. Bereits zwei Monate zuvor, am 18. Oktober 1957, fertigt Georg Urbanczik die Konstruktionszeichnung 695.000.010.00 im Maßstab 1:10 mit der Bezeichnung Coupé »Typ 695« mit einem Radstand von 2.400 Millimetern an. Es ist ein Halbmodell des Goertz-Entwurfes mit Einzelscheinwerfer, jedoch ohne Abdeckung. Das Heckdesign wiederum entspricht der Goertz-Zeichnung mit den Kombi-Rücklichtern.

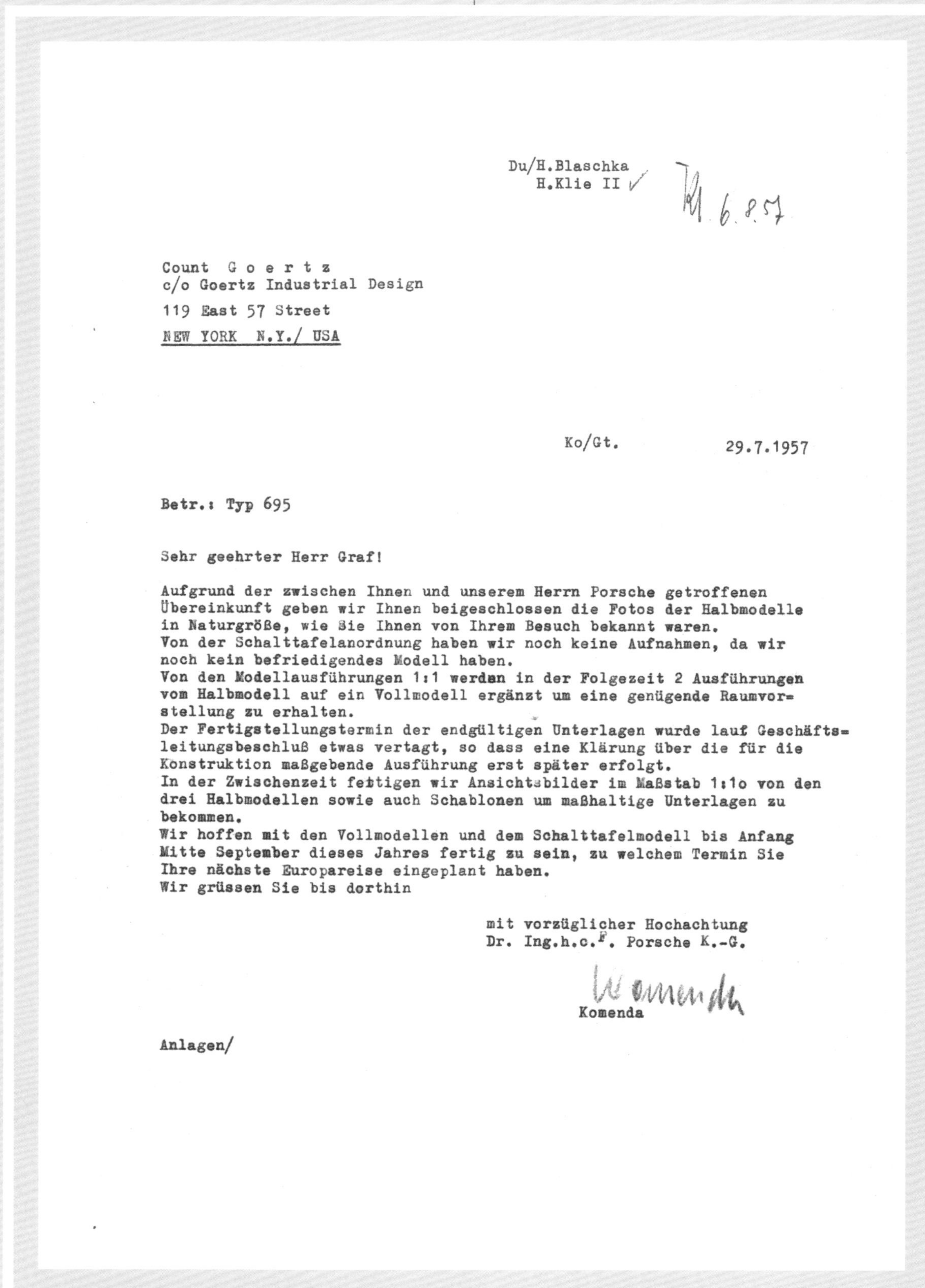

Du/H.Blaschka
H.Klie II

Count G o e r t z
c/o Goertz Industrial Design
119 East 57 Street
NEW YORK N.Y./ USA

Ko/Gt. 29.7.1957

Betr.: Typ 695

Sehr geehrter Herr Graf!

Aufgrund der zwischen Ihnen und unserem Herrn Porsche getroffenen Übereinkunft geben wir Ihnen beigeschlossen die Fotos der Halbmodelle in Naturgröße, wie Sie Ihnen von Ihrem Besuch bekannt waren.
Von der Schalttafelanordnung haben wir noch keine Aufnahmen, da wir noch kein befriedigendes Modell haben.
Von den Modellausführungen 1:1 werdan in der Folgezeit 2 Ausführungen vom Halbmodell auf ein Vollmodell ergänzt um eine genügende Raumvorstellung zu erhalten.
Der Fertigstellungstermin der endgültigen Unterlagen wurde lauf Geschäftsleitungsbeschluß etwas vertagt, so dass eine Klärung über die für die Konstruktion maßgebende Ausführung erst später erfolgt.
In der Zwischenzeit fettigen wir Ansichtsbilder im Maßstab 1:1o von den drei Halbmodellen sowie auch Schablonen um maßhaltige Unterlagen zu bekommen.
Wir hoffen mit den Vollmodellen und dem Schalttafelmodell bis Anfang Mitte September dieses Jahres fertig zu sein, zu welchem Termin Sie Ihre nächste Europareise eingeplant haben.
Wir grüssen Sie bis dorthin

mit vorzüglicher Hochachtung
Dr. Ing.h.c.F. Porsche K.-G.

Komenda

Anlagen/

Mitte 1957 informiert Erwin Komenda den Designer Albrecht Graf von Goertz als Grundlage für dessen Arbeit über die bisherigen Entwürfe für den Typ 695.

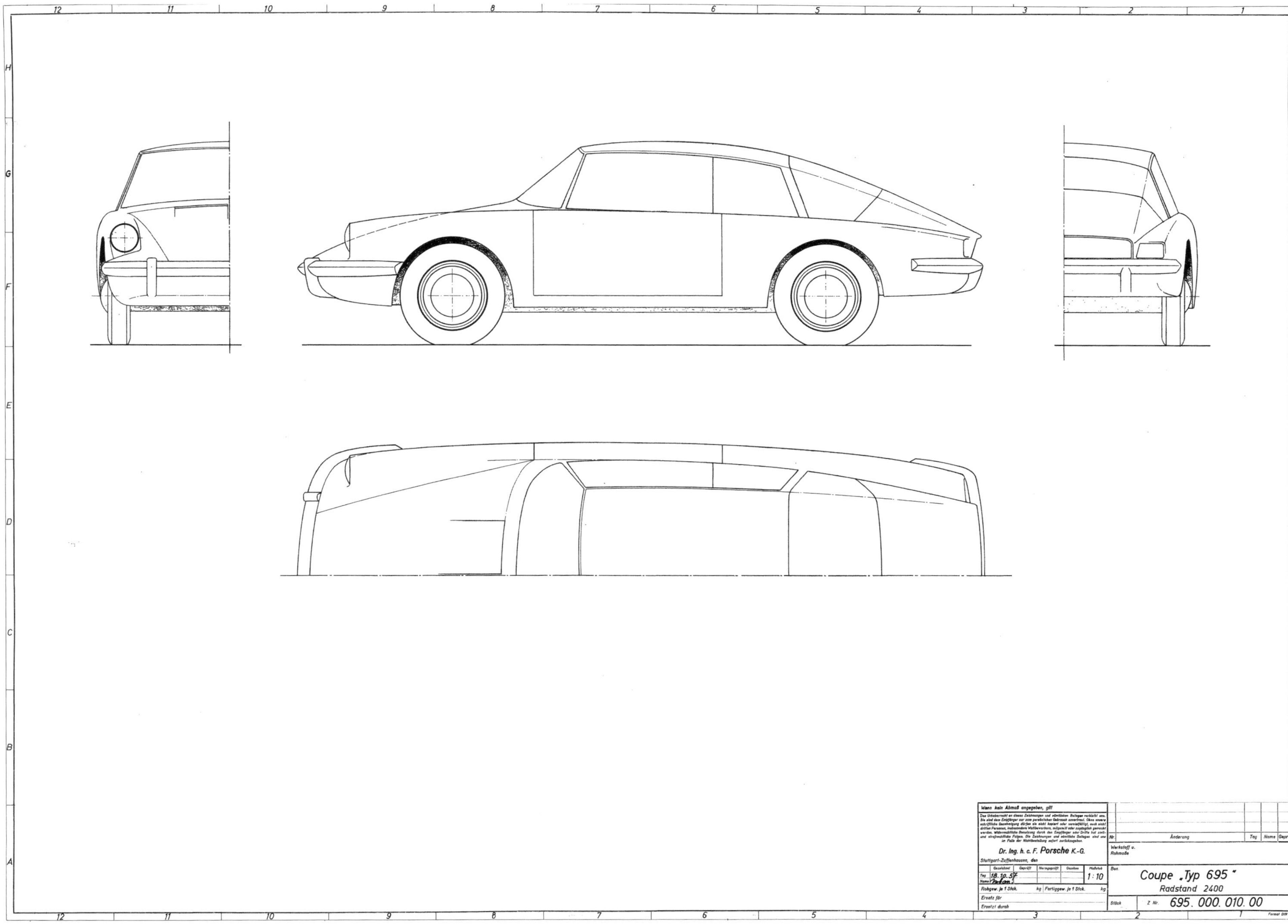

Konstruktionszeichnung von Georg Urbanczik des Typ 695 mit 2.400 Millimetern Radstand von Graf Goertz.

Doppelscheinwerfer und Heckleuchten spiegeln das amerikanische Design Ende der 1950er Jahre wider. Ferry Porsche lehnt den Entwurf von Graf Goertz diplomatisch ab.

1:1-Modell des Entwurfs von Albrecht Graf von Goertz Ende 1957. Mit der bisherigen Porsche-Linie hat der Entwurf praktisch nichts gemeinsam.

Nachdem der Entwurf von Graf Goertz verworfen wird, drängt die Geschäftsführung auf neue Vorschläge von Konstruktion und Modellabteilung. Noch 1957 formuliert der Kaufmännische Leiter Hans Kern den entsprechenden Hauptauftrag für ein Modell mit 2.400 Millimetern Radstand. Die ursprüngliche Typnummer 656 wird in 695 abgeändert.

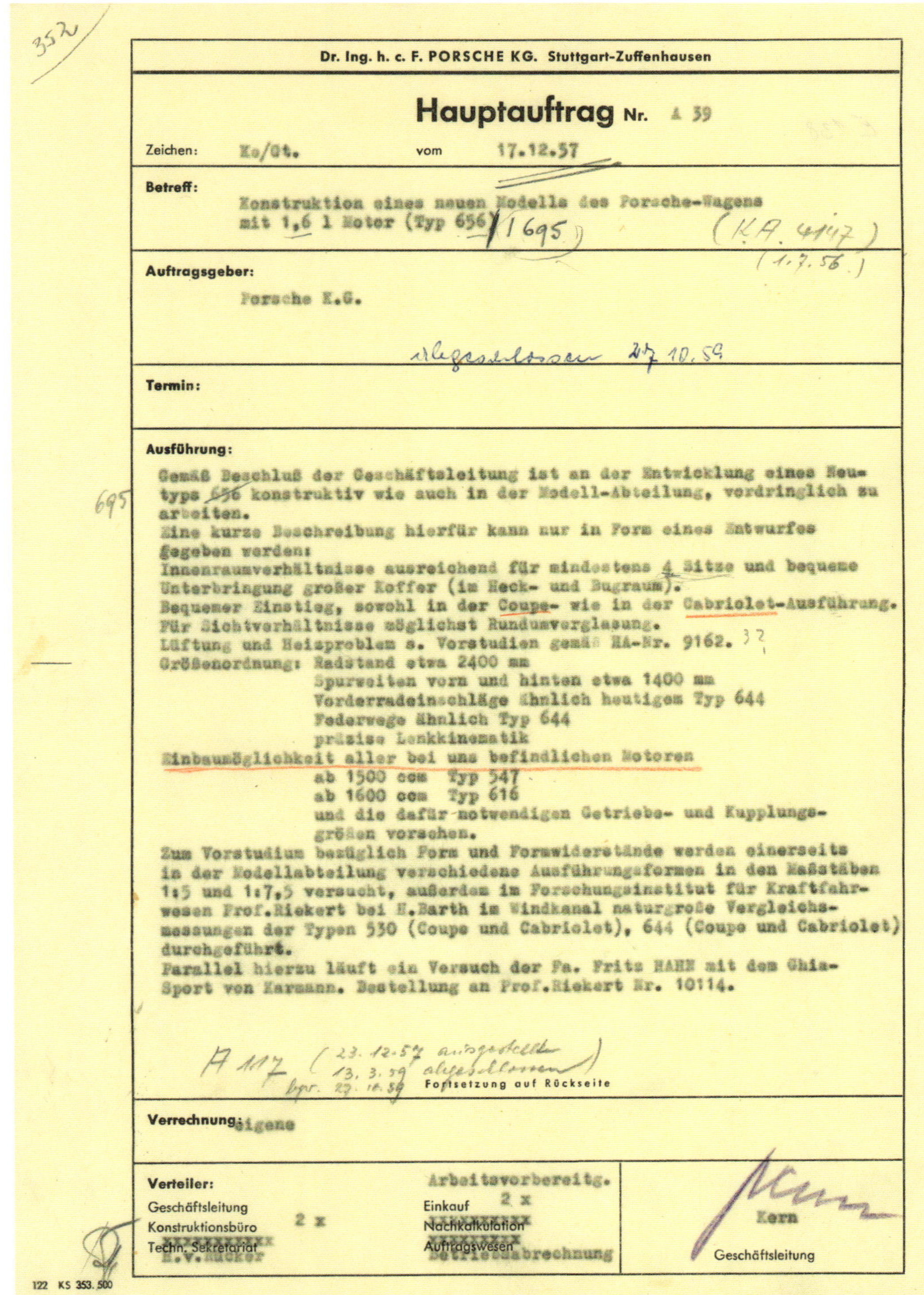

Dr. Ing. h. c. F. PORSCHE KG. Stuttgart-Zuffenhausen

Hauptauftrag Nr. A 39

Zeichen: Ke/Gt. vom 17.12.57

Betreff: Konstruktion eines neuen Modells des Porsche-Wagens mit 1,6 l Motor (Typ 656) 695

Auftragsgeber: Porsche K.G.

Termin:

Ausführung:

Gemäß Beschluß der Geschäftsleitung ist an der Entwicklung eines Neutyps 656 konstruktiv wie auch in der Modell-Abteilung, vordringlich zu arbeiten.
Eine kurze Beschreibung hierfür kann nur in Form eines Entwurfes gegeben werden:
Innenraumverhältnisse ausreichend für mindestens 4 Sitze und bequeme Unterbringung großer Koffer (im Heck- und Bugraum).
Bequemer Einstieg, sowohl in der Coupe- wie in der Cabriolet-Ausführung.
Für Sichtverhältnisse möglichst Rundumverglasung.
Lüftung und Heizproblem s. Vorstudien gemäß HA-Nr. 9162.
Größenordnung: Radstand etwa 2400 mm
Spurweiten vorn und hinten etwa 1400 mm
Vorderradeinschläge ähnlich heutigem Typ 644
Federwege ähnlich Typ 644
präzise Lenkkinematik
Einbaumöglichkeit aller bei uns befindlichen Motoren
ab 1500 ccm Typ 547
ab 1600 ccm Typ 616
und die dafür notwendigen Getriebe- und Kupplungsgrößen vorsehen.
Zum Vorstudium bezüglich Form und Formwiderstände werden einerseits in der Modellabteilung verschiedene Ausführungsformen in den Maßstäben 1:5 und 1:7,5 versucht, außerdem im Forschungsinstitut für Kraftfahrwesen Prof. Riekert bei H. Barth im Windkanal naturgroße Vergleichsmessungen der Typen 530 (Coupe und Cabriolet), 644 (Coupe und Cabriolet) durchgeführt.
Parallel hierzu läuft ein Versuch der Fa. Fritz HAHN mit dem Ghia-Sport von Karmann. Bestellung an Prof. Riekert Nr. 10114.

Fortsetzung auf Rückseite

Verrechnung: Eigene

Verteiler:
Geschäftsleitung
Konstruktionsbüro 2 x
Techn. Sekretariat
Arbeitsvorbereitg.
Einkauf 2 x
Nachkalkulation
Auftragswesen
Betriebsabrechnung

Kern
Geschäftsleitung

122 KS 353.500

Die Modellabteilung produziert 1957/1958 Gegenentwürfe der Porsche-Konstrukteure zum Vorschlag von Graf Goertz.

Neben der klaren, kantigen Linienführung fällt die Gestaltung des Heckfensters auf. Goertz sieht hier eine zweifach geknickte Scheibe vor, die entlang der C-Säulen ohne Zwischensteg in die Vertikale übergeht und auf der Gürtellinie auf den hinteren Kotflügeln endet. In dem 1:1-Modell des Goertz-Coupés ist diese Lösung auf der rechten Hälfte dargestellt, während die linke Hälfte einen Fensterrahmen zwischen hinterer Dachkante und Heckdeckel vorsieht. Beide Hälften besitzen vorn Doppelscheinwerfer, jedoch sind Blinker und die Kotflügelflanken unterschiedlich ausgeführt. Diese Kombination von zwei unterschiedlichen Halbmodellen ist Standard und dient neben der Kosten- und Zeitersparnis dazu, Vergleiche am dreidimensionalen Modell zu ermöglichen.

Nachdem Graf Goertz sein Design vorgestellt hat, fordert Ferry Porsche sein eigenes Team ebenfalls zu neuen Vorschlägen auf. Im Hauptauftrag A 39 vom 17. Dezember 1957 wird die »Konstruktion eines neuen Modells des Porsche-Wagens mit 1,6-Liter-Motor (Typ 695)« festgelegt:

»Gemäß Beschluß der Geschäftsleitung ist an der Entwicklung eines Neutyps 695, konstruktiv wie auch in der Modell-Abteilung, vordringlich zu arbeiten.
Eine kurze Beschreibung hierfür kann nur in Form eines Entwurfes gegeben werden:
Innenraumverhältnisse ausreichend für mindestens 4 Sitze und bequeme Unterbringung großer Koffer (in Heck- und Bugraum).
Bequemer Einstieg, sowohl in der Coupé- wie in der Cabriolet-Ausführung.
Für Sichtverhältnisse möglichst Rundumverglasung.
[...]
Größenordnung: Radstand etwa 2.400 mm
Spurweiten vorn und hinten etwa 1.400 mm
Vorderradeinschläge ähnlich heutigem Typ 644
Federwege ähnlich Typ 644.«

Zur Motorisierung sind alle derzeit in Produktion befindlichen Motoren und Getriebe vorgesehen. »Zum Vorstudium bezüglich Form und Formwiderständen werden einerseits in der Modellabteilung verschiedene Ausführungsformen in den Maßstäben 1:5 und 1:7,5 versucht.« Als Referenz sollen andererseits im Stuttgarter Forschungsinstitut für Kraftfahrwesen Windkanalversuche mit den Typen 530 und 644 (356 A) durchgeführt werden.

1957/1958 entstehen mehrere Halbmodelle der Karosseriekonstruktion unter Erwin Komenda, die von dem Goertz-Konzept inspiriert sind. Darunter sind Entwürfe mit abgesatteltem Heck, mit schräg nach hinten oder nach vorn verlaufender C-Säule und solche mit und ohne Lufteinlässe in den Motorraum. Eines dieser Halbmodelle, das mit abgedecktem Scheinwerfer ausgeführt ist, wird Goertz als zweiter Entwurf zugeordnet. Allerdings berichtet der Designer in seiner Autobiografie nur von einem Modell. Die übrigen Vorschläge kommen aus dem Porsche Konstruktionsbüro, das zu diesem Zeitpunkt noch für Technik und Design gleichermaßen zuständig ist. Für die oft genannten Entwürfe weiterer externer Designer finden sich im Porsche Unternehmensarchiv keine Hinweise.

Es entsteht eine Vielzahl von Lösungsvorschlägen mit abgesatteltem Dach oder Fließheck und unterschiedlichen Fenstergrafiken. Ein Entwurf mit Zukunft ist jedoch nicht darunter.

Üblicherweise werden zwei Halbmodelle zusammengefügt, um Ressourcen zu sparen und Unterschiede deutlich zu machen.

PROTAGONISTEN

ALBRECHT GRAF VON GOERTZ

Externer Designberater 1957 für Porsche tätig

entwirft im Auftrag von Ferry Porsche im Herbst 1957 eine komplett neue Karosserie für den projektierten Typ 695. Das Design des Fließheckcoupés entfernt sich jedoch für den Geschmack des Firmenoberhaupts zu weit von der Porsche-DNA. Dennoch ist Goertz mitverantwortlich für das Entstehen des 901: Auf seine Empfehlung hin beginnt Ferdinand Alexander Porsche mit der Arbeit als Porsche-Designer.

Albrecht Graf von Görtz kommt am 12. Januar 1914 auf dem Rittergut Brunkensen in Niedersachsen zur Welt. Er besucht mehrere Internate und wechselt zu einem Gymnasium in Hannover, das er nach dem Tod seines Vaters 1933 verlässt. Familiäre Verbindungen verschaffen ihm einen Ausbildungsplatz bei der Deutschen Bank in Hamburg und anschließend bei der Londoner Privatbank Wagg & Co, fortan mit der Namensschreibweise Goertz. Aufgrund seiner deutschen Herkunft muss er die Bank während des Krieges verlassen und zieht in die USA.

Seit seinem sechsten Lebensjahr fasziniert von Autos, lässt er sich in Los Angeles nieder und finanziert mit Gelegenheitsarbeiten seinen Traum: Er kauft ein Mercury-Chassis und lässt eine Karosserie nach seinen Vorstellungen aufbauen. Sein »Paragon« wird 1939 Teil der Weltausstellung in San Francisco.

Entsprechend der Skizzen von Graf Goertz fertigt die Modellabteilung zwei Varianten seines Entwurfs: Eine mit auffälligen Doppelscheinwerfern, die andere mit dezenteren Einzelscheinwerfern.

1940 wird Graf Goertz zum Militärdienst eingezogen und verbringt seine Dienstzeit auf Hawaii. Nach seiner Entlassung fährt er mit dem »Paragon« nach New York, wo per Zufall Raymond Loewy auf den Wagen aufmerksam wird und den jungen Grafen einstellt. Goertz entwirft Karosserien für Studebaker und wechselt ab 1951 zu zwei weiteren Designbüros. 1953 macht er sich selbstständig. Durch den US-Importeur Max Hoffman bekommt er Kontakt zu BMW. Das Münchner Unternehmen nimmt den freien Designer unter Vertrag. Goertz zeichnet die Sportwagen BMW 507 und 503, die beide 1955 vorgestellt werden.

Bei einer BMW-Veranstaltung trifft er Ferry Porsche, der ihn mit dem Entwurf für den 695 beauftragt. Sein Modell wird zwar abgelehnt, aber der Kontakt bleibt bestehen. 1970 erhält er von Porsche einen Prototyp des 914/6 GT, um auf dessen Basis eine eigene Interpretation des Porsche 914 zu schaffen. Es entsteht ein Einzelstück, das jedoch nicht in Serie geht und von Graf Goertz später privat gefahren wird.

Albrecht Graf von Goertz arbeitet im Laufe seines Schaffens für zahlreiche namhafte Unternehmen weltweit und stirbt am 27. Oktober 2006 im österreichischen Kitzbühel.

Auch für die Modellabteilung bringt das fortschreitende Projekt 695 Neuerungen mit sich. Diese Unterabteilung der Karosseriekonstruktion hat die Aufgabe, die Karosserieentwürfe in verschiedenen Maßstäben als Attrappen herzustellen. In einem »Bericht über die Anfertigung eines Gießharz-Modells Typ 695 anstelle eines Plastilin-Modells« ist zu lesen: »Die Aufgabe bestand darin, nach dem Plastilin-Modell Maßstab 1:1 (Entwurf Graf Goertz) ein zweites Modell anzufertigen, dieses mit einem kürzeren Radstand zu versehen und das Heck abzusatteln. Um bei der geringen Besetzung der Modellabteilung Zeit und damit auch Geld einzusparen, wurde vorgeschlagen, das vorhandene Plastilin-Modell abzuformen und in Gießharz umzusetzen, sodann das bestehende Plastilin-Modell den Forderungen entsprechend abzuändern.« Möglicherweise handelt es sich bei diesem verkürzten Modell um jenes, das Goertz als Zweitentwurf zugeschrieben wird.

Hans Ploch, Heinrich Klie und Herr Gnann (v. l. n. r.) an einer Instrumentenattrappe des 356 und einem Lenkrad, wie es im 356 Carrera 2 verbaut wird.

Die Berechnungen ergeben eine wesentliche Ersparnis von Zeit und Personalaufwand. Ein Plastilinmodell benötigt bis zu acht Mann und bis zu acht Wochen, während ein Gießharzmodell von zwei bis vier Mann innerhalb von drei bis vier Wochen fertiggestellt werden kann. Nach Abschluss des Projektes, das Mitte Oktober 1957 in Angriff genommen wurde, konstatiert der Bericht: »Die Form- und Gießharzarbeiten wurden in dieser Größenordnung erstmalig durchgeführt und verliefen ohne besondere Störungen. Die Herstellung der Gipsformen erfolgte durch den Gipsformer Schmid, Stuttgart; die Vorarbeiten sowie Formvorbereitungen führten Herr Tengler und Bolt, die Gießharzarbeiten Herr Tengler und Ploch durch.«

Ende der 1950er gibt es bei Porsche noch keine Designabteilung. Die Karosserieentwürfe kommen entweder von den Konstrukteuren oder von den Mitarbeitern der Modellabteilung. Die Einbindung von Graf Goertz ist eine Ausnahme. Die Entwicklung ist in der Regel ein Wechselspiel: Entweder entsteht auf Basis einer Skizze ein Modell, von dem anschließend eine technische Zeichnung angefertigt wird. Diesen Weg verfolgen beispielsweise F. A. Porsche und Heinrich Klie, Chef der Modellabteilung, der als gelernter Konditormeister die Form in den Vordergrund stellt. Oder die Zeichnung wird zuerst angefertigt und danach wird eine maßstabsgetreue Attrappe modelliert. Urheber wie Konstrukteure und Ingenieure wählen eher diesen Ablauf. Die dreidimensionalen Modelle entstehen aus Gips, Ton oder Plastilin meist im Maßstab 1:7,5 oder 1:1. Dabei nutzt Porsche hin und wieder auch die Kapazitäten des Karosseriewerk Reutter, die über eine Modellschreinerei und eine Karosserieflaschnerei verfügt.

Die Modelle entstehen vorwiegend aus Plastilin, das zunächst grob auf ein Holzgestell aufgetragen und anschließend mit Spachteln und Messern abgetragen wird.

ERSTLINGSWERK: FERDINAND ALEXANDER PORSCHE ENTWIRFT DAS MODELL »JUNIOR«

Unter den internen Studien befindet sich auch ein Halbmodell, auf dessen Vorderkotflügel der Schriftzug »Junior« angebracht ist. Es ist ein Entwurf von F. A. Porsche, der nach Darstellung von Goertz unter dessen Fittichen entstand. Von seinem Mentor übernimmt der junge Designer, der am 11. Dezember 1957 seinen 22. Geburtstag feiert, die umlaufende Heckscheibe. Das Fließheck-Coupé sieht deutlich schlanker und eleganter aus als die anderen Entwürfe aus dem Konstruktionsbüro. Die Proportionen wirken wie die eines 2+2-Sitzers und die Gestaltung des Vorderwagens ist mit den überhöhten Kotflügeln und der flach abfallenden Fronthaube typisch Porsche.

Ein Entwurf, der heraussticht: Ferdinand Alexander Porsche modelliert im Umfeld der 695-Attrappen ein elegantes Coupé, das den Namen »Junior« erhält.

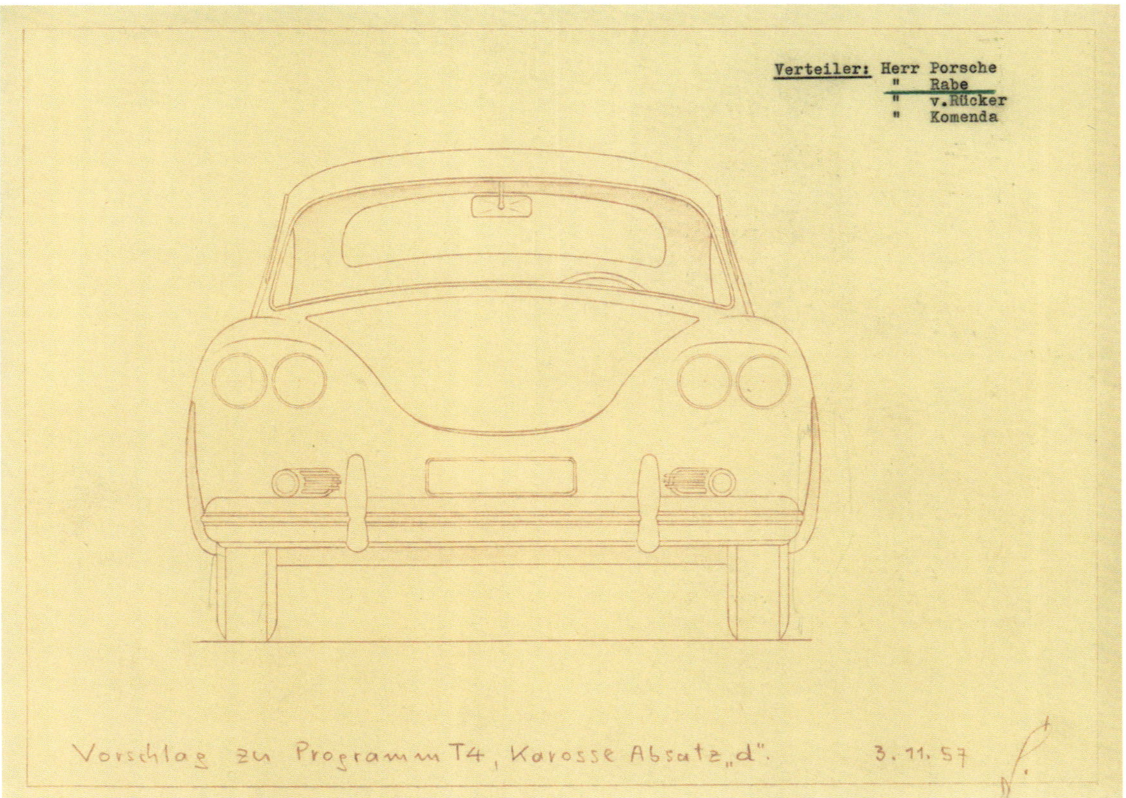

Während die Projekte zur Karosseriegestaltung eines viersitzigen Porsche 695 Formen annehmen, wartet der 356 auf die nächste Modellpflege. Am 28. Oktober 1957 werden bei Ferry Porsche die Eckpunkte des Programmes T 4 mit kleinen Änderungen an Fahrwerk und Getriebe sowie optischen Retuschen entworfen. So steht in der Spalte »Karosserie« unter Punkt d): »Vorderen Kotflügel und Brille modernisieren, Scheinwerfer verbessern.« Prompt erfolgt nur wenige Tage später ein gezeichneter Vorschlag zu diesem Punkt, der eine 356-Front mit Doppelscheinwerfern zeigt. Von diesem Entwurf – möglicherweise inspiriert durch die Goertz-Studie – entsteht auch ein Frontmodell.

Vom 695 von Graf Goertz übernimmt diese Konstruktionszeichnung einer neuen Front für den 356 (T4) die Doppelscheinwerfer.

Als Anschauungsmodell entstehen Frontattrappen mit unterschiedlicher Detaillierung rechts und links.

PORSCHE-Bildarchiv

Typ:	Gruppe:	Datum:	Negativ bei Firma:	Negativ-Nr.
695	00	1957	Porsche	RA 320/2/1-

Benennung:

Modell - Studie

Entwicklungsphase:

Gruppe:

Teil:

Auftrags-Nr.

Sachbearbeiter:

292-375

Grundlage der Recherchen sind zahlreiche Quellen im Unternehmensarchiv der Porsche AG, darunter viele Fotografien.

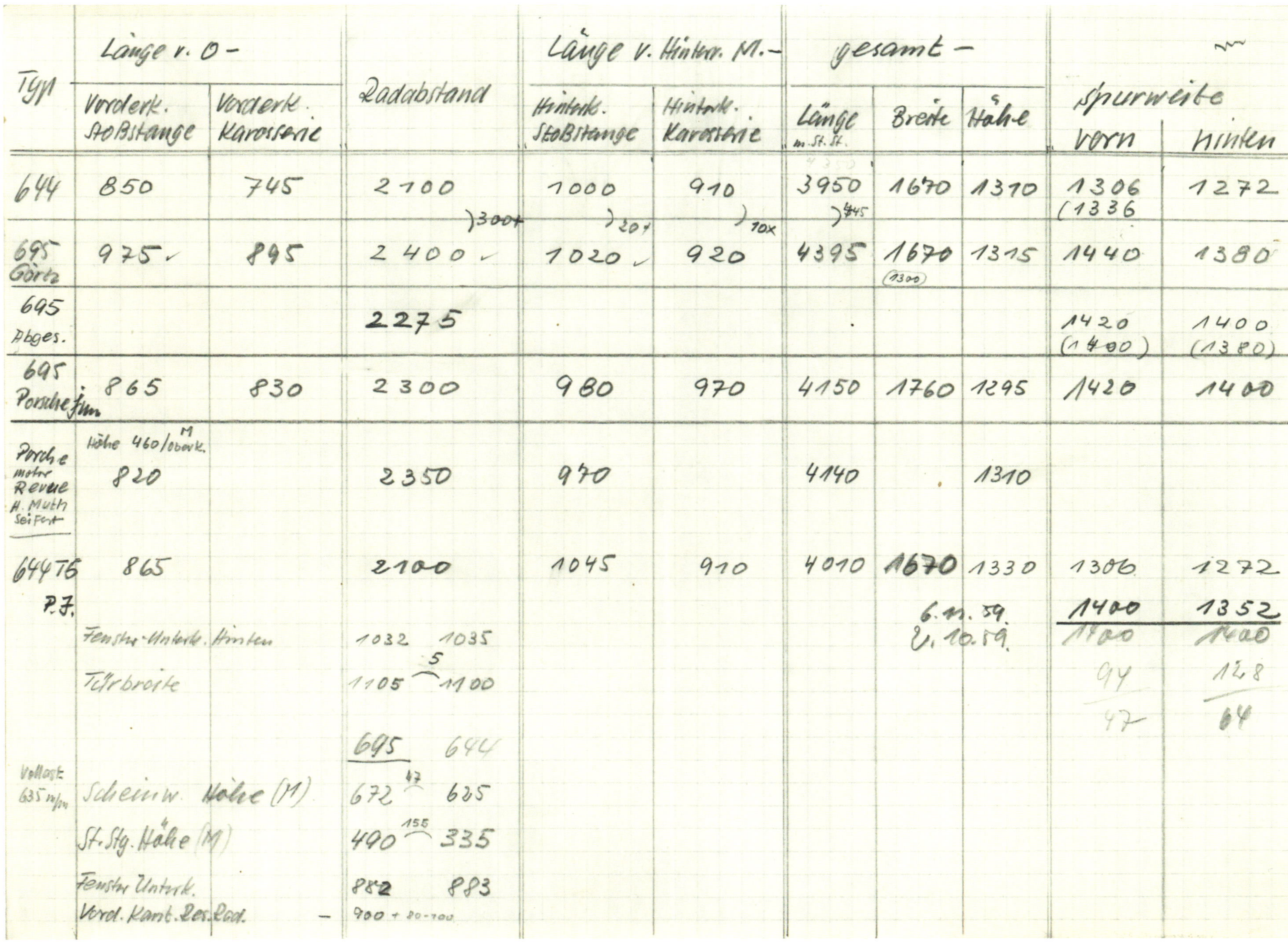

Typ	Länge v. O – Vorderk. Stoßstange	Länge v. O – Vorderk. Karosserie	Radabstand	Länge v. Hinterr. M. – Hinterk. Stoßstange	Länge v. Hinterr. M. – Hinterk. Karosserie	gesamt – Länge m. St. St.	gesamt – Breite	gesamt – Höhe	Spurweite vorn	Spurweite hinten
644	850	745	2100	1000	910	3950	1670	1310	1306 (1336	1272
			)300+	)20+	)10x	)445				
695 Görtz	975	895	2400	1020	920	4395	1670 (1300)	1315	1440	1380
695 Abges.			2275						1420 (1400)	1400 (1380)
695 Porsche fun	865	830	2300	980	970	4150	1760	1295	1420	1400
Porsche motor Revue H. Muth Seifert	Höhe 460/obverk. M 820		2350	970		4140		1310		
644 T6 P.J.	865		2100	1045	910	4010	1670	1330	1306	1272
						6.11.59 2.10.59			1400	1352
									1400	1400
									94	128
									47	64

Fenster-Unterk. Hinten 1032 1035

Türbreite 1105 5 1100

695 644

Vollast 635 m/m Scheinw. Höhe (M) 672 47 625

St. Stg. Höhe (M) 490 155 335

Fenster Unterk. 882 883

Vord. Kant. Res. Rad. – 900 + 80-100

Eine Ende der 1950er Jahre handschriftlich verfasste Tabelle aus dem Porsche Unternehmensarchiv vergleicht die Eckdaten des 644 mit denen der 695-Entwürfe von Albrecht Graf von Goertz, des Konstruktionsbüros und von F. A. Porsche. Der zuletzt genannte Entwurf von Hans A. Muth ist nicht weiter dokumentiert.

ZURÜCK ZU DEN ANFÄNGEN: DER TYP 695 GLEICHT SICH WIEDER DEM 356 AN

Zwar bringt das Feuerwerk an Karosserieentwürfen keinen Durchbruch, doch technisch wird am Typ 695 weitergearbeitet. Formal rückt er wieder näher an den 356. So besagt eine Aktennotiz von Fahrversuchsleiter Helmut Rombold vom 19. Januar 1959: »Herr Porsche wünscht vor Serienbeginn einen weiteren fertigen Wagen. Der Versuch braucht zu Versuchszwecken 2 Fahrzeuge, welche die neue Getriebeaufhängung und Notsitze haben, äußerlich jedoch dem Typ 644 entsprechen können.« Nach Auskunft von Erwin Komenda könne eine 644-Karosserie mit kleinen Abänderungen ohne Schwierigkeiten auf die Bodengruppe des 695 aufgesetzt werden. Noch am selben Tag schickt Gesamtversuchsleiter Claus von Rücker eine Hausmitteilung an den Verkauf, dass die Versuchsabteilung noch zwei Fahrzeuge bauen muss, »deren Bodengruppe dem Typ 695 und deren Karosserie dem Typ 644 entspricht. Zu diesem Zweck bitte ich für Anfang April 2 Coupés einzuplanen.«

Die Unterschiede zwischen den Typen 644 – also 356 A – und 695 sind in dieser Entwicklungsphase in technischer Hinsicht nicht mehr nachvollziehbar. Da Helmut Rombold vom bevorstehenden »Serienbeginn« schreibt, soll der Typ 695 den Typ 644 wahrscheinlich als neue Generation des 356 ablösen. 1959 arbeitet Porsche am Programm T5, das schließlich in den 356 B einfließt, der auf der IAA 1959 vorgestellt wird. Dieser wird zwar weiterhin als Typ 644 geführt, es finden sich jedoch zahlreiche Komponenten wieder, die für den Typ 695 entwickelt wurden. So stammen sowohl die verrippten Bremstrommeln als auch die Scheibenbremsanlage des 356 B und 356 B Carrera und später des 356 C vom

Phalanx von Porsche 356, bereit für die Kundschaft: Die Möglichkeit der Werksabholung wird bereits in den 1950er Jahren gern genutzt.

Projekt 695. Auch Teile des Schaltgestänges und weitere Bedienelemente tragen die Typnummer 695.

Mit einem Prototyp 695 unternehmen Edgar Barth und Bremsenspezialist Hans Spannagel in der zweiten Januarhälfte 1959 eine Versuchsfahrt nach Mailand und Turin. Der Wagen ist mit einem leistungsgesteigerten Super-Motor, der im 356 B mit 90 PS in Serie geht, und einem Getriebe für den Zweiliter-Motor des Carrera ausgestattet. Auf der acht Kilometer langen Einfahrt zur Autobahn Mailand-Parma absolviert Barth mit Spannagel als Beifahrer mehrere Geschwindigkeitsversuche. Die beiden schrauben dafür phasenweise die Stoßstangen ab und verschließen die Front-

Generationenwechsel: links ein 356 A Coupé, rechts ein 356 B Coupé, Modelljahr 1960. Wesentliche optische Unterschiede sind Änderungen an der Frontpartie und der Stoßstange.

öffnungen durch Blechdeckel. Je nach Konfiguration erreicht der Prototyp zwischen 170 km/h und 174 km/h Höchstgeschwindigkeit. »Der Wagen fuhr sich bei diesen hohen Geschwindigkeiten (windstill) trotz welliger Fahrbahnoberfläche angenehm sicher. Nach meiner Beurteilung wie sehr gute Serienwagen, nach Urteil Barth besser. Von Auftrieb oder labilem Lenkverhalten durch Luftkräfte war auch in der langgezogenen schnellen Kurve nichts zu merken.«

PROTAGONISTEN

HELMUT ROMBOLD

Diplom-Ingenieur
Leiter Fahrversuch
1949–1973 bei Porsche

formuliert im März 1961 auf sieben Seiten eine Vorschlagsliste des Fahrversuchs, den er leitet, für das Projekt T8. Er legt mit diesem Schreiben die Grundlagen für das Konzept des 901.

Helmut Rombold kommt am 1. Oktober 1908 zur Welt. Nach seiner Schulzeit und dem Studium kommt er 1934 in Stuttgart an die technische Hochschule ins Institut von Professor Kamm. Sein Arbeitsplatz ist am kleinen Windkanal der Universität. Es ist ein sogenanntes Ingenieur-Dienstverhältnis, wo junge Ingenieure gegen geringe Bezahlung arbeiten konnten. Die Aussichten in der Industrie sind zu dieser Zeit schlecht, es gibt sechs Millionen Arbeitslose. Vorübergehend schickt ihn Professor Kamm zu Ford nach Köln, wo Rombold an einem Achtzylinder-Cabriolet arbeitet.

1949 erhält er die Nachricht, dass Porsche in Stuttgart wieder die Arbeit aufnimmt, und bewirbt sich sofort. Ferry Porsche stellt ihn persönlich ein und schickt ihn als Versuchsingenieur in die angemieteten Räume des Karosseriewerk Reutter. Rombold baut die Versuchsabteilung komplett neu auf, installiert den ersten Motorenprüfstand und weist neue Mitarbeiter ein.

Helmut Rombold (rechts) mit Ferry Porsche (mit Hut) bei der Einweihung des Prüffeldes in Weissach im Oktober 1962. Fahrversuchsleiter Helmuth Bott (am Steuer) dreht eine Demonstrationsrunde auf dem neuen Skid Pad. Im Hintergrund der spätere Rennleiter Peter Falk.

Anfangs kümmert sich Helmut Rombold vor allem um die Behebung von Mängeln an den Porsche 356, die hauptsächlich durch die Überlastung von Volkswagen-Komponenten entstanden. Unter seiner Leitung erprobt der Fahrversuch alle neuen Entwicklungen, von der McPherson-Vorderachse mit Zahnstangenlenkung über die Schräglenker-Hinterachse bis zu den Sechszylindermotoren.

Nach dem Ausscheiden von Claus von Rücker übernimmt Helmut Rombold als dessen Nachfolger am 1. April 1964 den Gesamtversuch. Ab Mai 1965 setzt er sich in einer Stabsstelle der Zentralplanung mit den aus den USA kommenden Sicherheitsforderungen auseinander. Diesen begegnet Porsche unter anderem mit der Markteinführung des 911 Targa.

Nach seiner Pensionierung bleibt Helmut Rombold weiter für Porsche aktiv und kümmert sich noch jahrelang um die Technische Dokumentation in Weissach. Er stirbt hochbetagt in den 1990er Jahren.

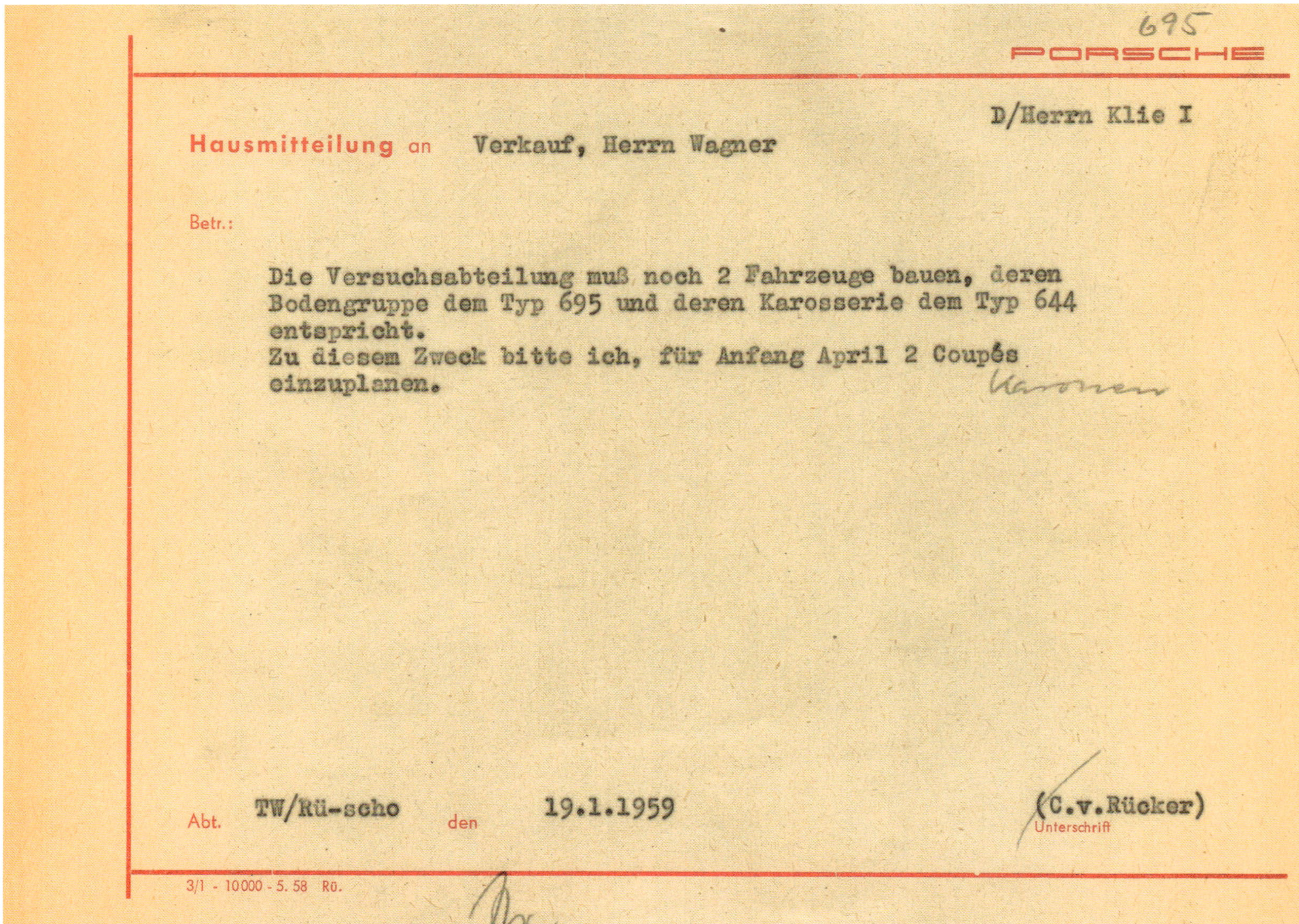

695

PORSCHE

D/Herrn Klie I

Hausmitteilung an Verkauf, Herrn Wagner

Betr.:

Die Versuchsabteilung muß noch 2 Fahrzeuge bauen, deren Bodengruppe dem Typ 695 und deren Karosserie dem Typ 644 entspricht.
Zu diesem Zweck bitte ich, für Anfang April 2 Coupés einzuplanen.

Abt. TW/Rü-scho den 19.1.1959 (C.v.Rücker) Unterschrift

3/1 - 10000 - 5. 58 Rö.

Die technische Weiterentwicklung geht unvermindert voran: Anfang 1959 bestellt Versuchsleiter Claus von Rücker zwei Prototypen mit dem Unterbau des Typ 695 und der Karosserie eines 356.

Zwei Experten aus dem Fahrversuch, die den 901 mitprägen: Helmuth Bott und Herbert Linge (v. r.), hier mit dem schwedischen Rennfahrer Joakim Bonnier.

Die 695-Entwicklung konzentriert sich im Frühjahr 1959 auf den Unterbau. Im April notiert Fahrversuchsleiter Helmut Rombold über den »Wagen mit Rahmen 695 und Karosserie 356«, dass der erste Rahmen vermessen und der zweite Rahmen beim Karosseriebauunternehmen Weinsberg fertiggestellt sei. »Laut Angabe von Herrn Lüders vom 7.4.59 ist der erste Wagen (Coupé mit serienmäßiger Innenausstattung) fertig am 17.4.59, der zweite (Cabrio mit serienmäßiger Innenausstattung) am 24.4.59. Der dritte Rahmen kommt laut Herrn Albrecht am 24.4.59. Nach ihm soll vorläufig auf diesen Rahmen keine Karosserie 695 aufgesetzt werden, weil der erste Prototyp auf seine endgültige Form abgeändert worden ist. Wenn über diesen Rahmen nicht anderweitig verfügt ist, würde ich vorschlagen, daß wir in diesen Rahmen die einstellbare, einschraubbare Vorderachse einbauen, um später mit dieser, zusammen mit Wattachse und Längslenkerachse, Versuche fahren zu können. Nach Vorbereitung des Rahmens zu diesem Zweck kann immer noch entschieden werden, ob eine Karosserie 356 oder 695 aufgebaut werden soll.«

Am 14. Mai 1959 informiert Hans Spannagel seine Versuchskollegen Helmuth Bott, Herbert Linge und Edgar Barth, dass letzterer am gleichen Tag mit dem Versuchswagen 58 (»Fahrgestell Typ 695, Außenform 356 A«) zum Nürburgring aufbricht. Dort testet Barth am folgenden Tag Fahr- und Antriebsgeräusche. Im Fokus stehen vor allem Teile des Schaltgestänges, Kupplung und Getriebe. Spannagel konkretisiert: »Ist aus dem Fahrverhalten zu schließen, daß die Gummiaufhängung von Motor und Getriebe zu weich ist?« Zentrale Elemente von Fahrwerk und Getriebe, die aufgeführt werden, tragen die Typnummer 695. Im Juni schließt Hans Spannagel die Vorversuche zur »Schaltung und Getriebeaufhängung Typ 695 T V« ab und stellt eine detaillierte Änderungsliste auf. Einmal mehr deutet diese Notiz darauf hin, dass das Technische Programm 5 auf den 695 abzielt und dieser den 644 ablösen soll.

Dazu passt auch, dass Karl Mozelt im Juni 1959 eine Konstruktionszeichnung mit der Schlüsselnummer 644 über die »Anbaumaße der Verkehrsausrüstung Typ 644 ab T5-Programm (695)« anfertigt. Unter der Überschrift »Vermessung des Prototyp 695« ist eine klassische Vier-Seiten-Ansicht eines 356 mit zahlreichen detaillierten Maßangaben zu sehen und die Anmerkungen: »Der Motor sitzt nach hinten geneigt im Rahmen, so daß der Auspufftopf ~15 mm zu tief sitzt. Die Karosse sitzt nach rechts geneigt auf dem Rahmen. Das horiz. Motorraumblech sitzt 14 mm zu tief. Der hintere Querträger des Rahmens sitzt 7–10 mm zu tief.« Analog dazu gibt es mehrere Fotografien der Heckansicht von zwei 356-Coupés, von denen eines mit 644, das andere mit 695 benannt ist. Anlass ist der Vergleich der Einbaulage des Schalldämpfers bei den beiden Typen.

695

Konstruktionsbüro, Herrn L. Schmid

D/H.v.Rücker
Fahrversuch

Schaltung und Getriebeaufhängung Typ 695, T V

Die Vorversuche mit der Getriebeaufhängung und der Schaltung Typ 695 sind so weit abgeschlossen, daß hiermit ein vorläufiger Bericht über die wahrscheinlichen Änderungen gegeben werden kann.

1.) Auf der rechten Seite des Getriebes wird zwischen Getriebezwischenplatte und hinterem Querrohr der Bodengruppe ein Schublenker angeordnet, der mittels Boge Silentblocks in geringem Maße gelenkig und geräuschdämpfend ausgeführt wird. Der Lenker muß in seiner Länge einstellbar sein, damit er spannungslos eingebaut werden kann. Die vom KB gezeichnete Anordnung ist in Einzelteilen fertig und wird bis Mittwoch nächster Woche zum Laufen kommen. Überlegungsmäßig sind gegenüber der Versuchanordnung (längerer Lenker) keine Schwierigkeiten zu erwarten.

   Die vom KB hergestellte Skizze ist mit Muster am 3.5.59 per Eilpost an Boge abgegangen.

2.) Das in der Schaltung notwendige Längsspiel wird durch den angeordneten Lenker sehr klein. Es genügt das vorgesehene Spiel des Innenschalthebels in den Köpfen der Schaltstangen mit 1 mm zuzüglich einer Plustoleranz.

3.) Als Schaltstangenkupplung wird die dem Versuch übergebene VW-Versuchskupplung von der Firma Clouth, Köln, ohne Änderung vorgeschlagen. Eine telefonische Rückfrage bei dieser Firma (Herrn Haendly, Fernruf Köln 70031, Hausapp. 320) hat ergeben, daß diese Kupplung geliefert werden kann. Ob hierüber eine Abstimmung mit VW notwendig ist, ist dem Versuch nicht bekannt.

4.) Die vorgesehene Arretierung der Schaltkupplung auf der Schaltstange durch eine Madenschraube, die in ein vorgebohrtes Loch eingreift, muß so geändert werden, daß eine beliebige Winkellage zwischen Innenschalthebel und Schaltstange eingestellt werden kann. Der Vorschlag des KB, eine eingedrehte Rille vorzusehen, wird akzeptiert.

5.) Das Schaltstangenlager am Schaltbock muß eine weiche Auskleidung gegen Klirren der Schaltstange erhalten. Es wird Vulkollan in weicher Qualität mit Graphit-Zusatz vorgeschlagen. Die für den Versuch gezeichnete Form (zur Zeit Gummiring) ist in Ordnung. Die Feder muß beibehalten werden. *Winkel [illegible] machen*

6.) Die am vorderen Schaltstangenende vorgesehene ovale Pfanne, in die der Schalthebel mit einer Kugel eingreift, soll rund werden, damit der Schalthebel hier möglichst keine Luft hat. Es ist vom Versuch vorgesehen, daß der Schalthebel eine Vulkollan-Umkleidung der unteren Kugel erhält. Ob dies verschleißtechnisch richtig ist, und zeitlich bis zum Anlauf der Serie möglich, ist fraglich.

- 2 -

- 2 -

7.) Im Schaltdom muß eine Kulisse zur exakten Führung des Schalthebels angeordnet werden. Im Zusammenarbeit mit Herrn Stotz wurde die Anordnung nach Zeichnung KB ausgeführt, ist aber zur Zeit noch nicht erprobt. ×

8.) Im Versuch sind Schalthebel erprobt worden, deren Halbkugel-Oberteil mit Vulkollan überzogen ist. Es ist im Moment nicht klar zu entscheiden, ob diese geräuschdämpfende Zwischenlage erforderlich ist.

9.) Die Druckfeder im Schalthebeldom ist in einer Drahtstärke von 2,25 mm vorgesehen. Dem Versuch erscheint die Federspannung etwas hoch. Dies kann dadurch bedingt sein, daß die Sperrnase am Schalthebel nicht die richtige Höhenlage zum Anschlagblech für den Rückwärtsgang hatte, weil die Gesamttiefe des Schaltdoms um 2 mm falsch war. Eine endgültige Beurteilung erfolgt nach der Änderung des Schaltdoms. Es erscheint unbedenklich, mit den bereits vorhandenen 2,25 mm Federn zunächst in Serie zu gehen.

wird
Das Fahrzeug mit den vorgesehenen Änderungen am 8.6.59 auf dem Nürburgring gefahren. Eine endgültige Beurteilung wird das KB am 9.6.59 erhalten.

Stgt.-Zuffenhausen, 5.6.1959
FV/Spa-scho

Spannagel
(Spannagel)

Rr.

×
Ohne Kulisse ist die von Herrn Porsche verlangte Widerstand gegen Vorwählbewegung bei eingelegten Gängen auch mit [illegible] drehsteifer Kupplung wegen Verbiegung der Schaltstange nicht zu erreichen. Vorwählweg v. 65 mm wird akzeptiert.

Im Zuge der Entwicklung des Typ 695 wird die äußere Schaltung bis ins Detail optimiert und erprobt.

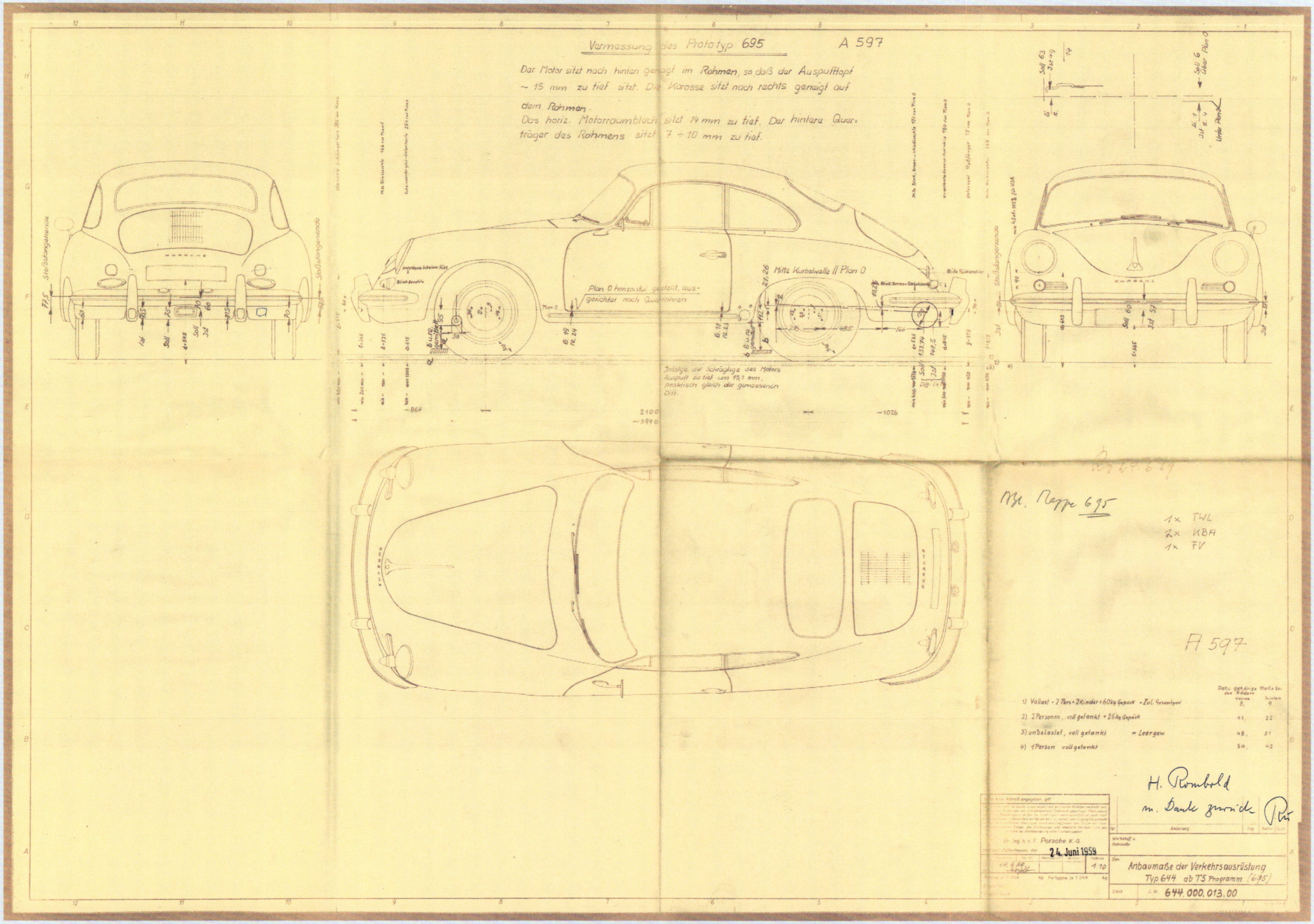

Der Planungsstand Mitte 1959 sieht noch vor, den Typ 695 als Weiterentwicklung des 356 auf Basis des Typ 644 auf den Markt zu bringen.

Fotodokumentation des Fahrversuchs zu Position und Optik der Abgasanlage beim geplanten Wechsel vom Typ 644 (356 A) zum Typ 695.

Die Karosserie eines 644 ist so abgeändert, dass sie zu Versuchszwecken auf die Plattform des 695 aufgesetzt werden kann.

NEUE IDEEN GESUCHT: AUFTRAG AN REUTTER ÜBER DIE KONZEPTION EINES VIERSITZERS

Derweil greift Ferry Porsche wieder das Projekt eines Sportwagens mit größerem Platzangebot, sprich längerem Radstand, auf. Während der technischen Weiterentwicklung des Typ 695 als Nachfolger des Typ 644 besucht er Mitte Mai 1959 zusammen mit Karl Rabe, Claus von Rücker, Franz Xaver Reimspieß und Erwin Komenda den Reutter-Betriebsleiter Walter Beierbach zu einer Aussprache. Dabei bittet ihn Ferry Porsche um die »Übernahme des Auftrages zur Untersuchung der Vergrößerung unseres Fahrzeuges bei möglichst weitgehender Verwendung vorhandener Rohbau- und Ausstattungsteile«, wie Komenda in einem Bestätigungsschreiben formuliert. »Diese Angelegenheit wurde auch bezüglich einer Prototyp-Entwicklung schon vor einigen Wochen durch Herrn Porsche mit Ihnen und Herrn Müllerschöll besprochen.« Max Müller-Schöll – so die korrekte Schreibweise – ist geschäftsführender Direktor von Reutter.

In welche Richtung der Prototyp tendieren soll, wird anhand der avisierten Unterlagen und Muster von Porsche klar: »Für das Studium dieses Entwurfes« schickt Komenda an Reutter eine Zeichnung des 644 mit Hardtop-Karosserie in T5-Ausführung sowie eine T5- Bodengruppe im Original für den leihweisen Gebrauch. Auf Anforderung stellt Porsche überdies Reutter den Prototyp des 530 Cabriolets für ein bis zwei Tage zur Verfügung. Danach zählt Komenda die »Richtlinien für die Ausarbeitung Ihres Entwurfes und Ihrer Studien« auf:

Das 530 Cabriolet dient Reutter 1959 als Orientierungshilfe für die Studien eines vergrößerten Fahrzeugs auf Basis des 356 (T5).

Im Karosseriewerk Reutter gegenüber vom Porsche Werk 1 beginnen 1959 die Vorarbeiten für einen »Porsche-Sportwagen Typ 644 mit verlängertem Radstand«.

»1. Karosserieform eingesattelt (wie Hardtop), Dach mit Unterbau verschweißt.
2. Es ist nicht beabsichtigt, für dieses Fahrzeug ein Cabriolet vorzusehen, da durch die Radstandverlängerung sonst eine Unsicherheit bezüglich der Rahmensteifigkeit zu erwarten wäre.
3. Schalttafelanordnung wird neu [...]
4. Radstand vergrößern von 2.100 auf 2.300 mm.
5. Zusätzliche Lüftung, evtl. im Windlauf.
6. Einstiegverbesserungen, besonders hinsichtlich der Höhe, dadurch
7. Höhere Windscheibe, evtl. neu geformt, und
8. flacher gewölbtes Dach.
9. Größere Innenbreite im Bereich der Kurbelfenster in den Türen, hierdurch
10. evtl. breitere Windscheibe und in Draufsicht schräggestellte Schwenkfenster.
11. Etwas größere Innenhöhe, besonders über den Hintersitzen, jedoch Heckquerblech vor dem Motordeckel.
12. Radstandzuwachs von 200 mm weitgehendst in der Türgröße unterbringen,
13. Pufferstangen evtl. für vollverchromte Ausführung.
14. Lenkungs- und Pedalerieanordnung sowie übrige Hebel gleichbleibend T5.
15. Ebenso gleichbleibend die Heckanordnung der Bodengruppe T5.

Nach Vorlage Ihrer Erstentwürfe ist beabsichtigt, Ihnen einen Auftrag für die Fertigung einer Musterkarosserie (unter Zuhilfenahme der T5-Bodengruppe) in Handfertigung zu geben, um anhand dieser die Weiterführung der Arbeiten besprechen zu können.«

Anwesend bei Besprechung bei Herrn Beierbach:
die Herren Rabe
v.Rücker
Reimspiess
Komenda

Firma
Stuttgarter Karosseriewerk
Reutter & Co. GMBH
zu Hd. Herrn Beierbach

Du/ Herrn Porsche
" Kern
" v.Rücker
" Schilling

Stuttgart-N
Augustenstr.82

VERTRAULICH

644.170

Ko/Gt. 23.5.1959

Studien für eine umfangreichere Karosserieänderung

Sehr geehrter Herr Beierbach!

Wir bestätigen die Aussprache zwischen Ihnen und unserem Herrn Porsche am 25.5.59 im Beisein mehrerer unserer Herren.
Herr Porsche bat Sie um die Übernahme des Auftrages zur Untersuchung der Vergrößerung unseres Fahrzeuges bei möglichst weithender Verwendung vorhandener Rohbau- und Ausstattungsteile - diese Angelegenheit wurde auch bezüglich einer Prototyp-Entwicklung schon vor einigen Wochen durch Herrn Porsche mit Ihnen und Herrn Müllerschöll besprochen.
Für das Studium dieses Entwurfes geben wir Ihnen beigeschlossen unsere Bestellung Nr. 27050 mit Verrechnung nach Aufwand bezw. nach von Ihnen folgenden Berechnungsvorschlägen und die nachstehend aufgeführten Unterlagen:
Hardtop-Zeichnung 1:10 (T 5 Ausführung) 644.003.211.05
T 5 Bodengruppe im Original für leihweisen Gebrauch gemäß Lieferschein-Nr. 169300
4-Sitzer Cabriolet, Typ 530. Wird Ihnen jeweils für 1 bis 2 Tage leihweise nach Anforderung durch Sie überstellt; wir bitten Sie, bezüglich zur Verfügungstellung dieses 4-Sitzer-Cabriolets sich direkt mit Herrn v.Rücker abzusprechen.

Es folgt die Aufstellung einiger Richtlinien für die Ausarbeitung Ihres Entwurfes und Ihrer Studien.

1. Karosserieform eingesattelt (wie Hardtop), Dach mit Unterbau verschweißt.
2. Es ist nicht beabsichtigt für dieses Fahrzeug ein Cabriolet vorzusehen, da durch die Radstandsverlängerung sonst eine Unsicherheit bezüglich der Rahmensteifigkeit zu erwarten wäre.
3. Schalttafelanordnung wird neu (evtl. durch neue Instrumente, Handbremsanordnung, Handschuhkasten, Belüftung und anderes).
4. Radstand vergrößern von 2100 auf 2300 mm
5. Zusätzliche Lüftung, evtl. im Windlauf
6. Einstiegverbesserungen, besonders hinsichtlich der Höhe, dadurch
7. Höhere Windscheibe, evtl. neu geformt, und

-2-

2

23.5.59 Karosseriewerk Reutter, Stuttgart

8. flacher gewölbtes Dach
9. Größere Innenbreite im Bereich der Kurbelfenster in den Türen, hierdurch
10. evtl. breitere Windscheibe und in Draufsicht schräggestellte Schwenkfenster.
11. Etwas größere Innenhöhe, besonders über den Hintersitzen, jedoch Heckquerblech vor dem Motordeckel, in der Breite etwa wiebei unserem heutigen Convertible.
12. Radstandzuwachs von 200 mm weitgehendst in der Türgröße unterbringen.
13. Pufferstangen evtl. für vollverchromte Ausführung.
14. Lenkungs- und Pedalerieanordnung sowie übrige Hebel gleichbleibend T 5.
15. Ebenso gleichbleibend die Heckanordnung der Bodengruppe T 5.

Nach Vorlage Ihrer Erstentwürfe ist beabsichtigt Ihnen einen Auftrag für die Fertigung einer Musterkarosserie (unter Zuhilfenahme der T 5 - Bodengruppe) in Handfertigung zu geben um an Hand dieser die Weiterführung der Arbeiten besprechen zu können.

Wir grüssen Sie

mit vorzüglicher Hochachtung
Dr. Ing.h.c.F. Porsche K,-G.

Komenda

Komenda

Für die Studien zu einer umfangreichen Karosserieänderung auf Basis des 356 (T5) mit 200 Millimeter längerem Radstand stellt Erwin Komenda Reutter unter anderem den offenen Typ 530 Viersitzer zur Verfügung.

Am Modell 356 Hardtop mit fest verschweißtem Dach, das später auf den Markt kommt, ist die so genannte Absattelung – der Knick zwischen Heckfenster und Motorhaube – sehr gut zu erkennen.

Als Vorbild für die Karosserieform der Studie stellt Porsche Reutter die Konstruktionsunterlagen eines 356 mit festverschweißtem Hardtop zur Verfügung. Die Innenmaße im Fond sollen sich am 356 Cabriolet orientieren.

Im Gegensatz zu den früheren Viersitzer-Studien 530 und 656 ist der geplante Radstand um 100 Millimeter kürzer und auf 2.300 Millimeter festgelegt. Von den bisherigen Karosseriemodellen für einen viersitzigen Typ 695 ist keine Rede mehr, diese Designlinie ist offenbar abgehakt. Am 19. Juni 1959 bestätigt Reutter den Auftrag »über eine Umgestaltung des Porsche-Sportwagens Typ 644 mit verlängertem Radstand.«

Damit laufen zwei Entwicklungsstränge im ersten Halbjahr 1959 parallel: Zum einen die Entwicklung des Typ 695 als neue Generation des 356, zum anderen die Untersuchung eines neuen Modells mit größerem Platzangebot im Fond bei Reutter.

PROTAGONISTEN

KARL RABE

Gesamtverantwortung Konstruktion und Entwicklung
Chefkonstrukteur und Technischer Leiter
1931–1961 bei Porsche

ist der engste Vertraute von Vater Ferdinand und Sohn Ferry Porsche. Der Chefkonstrukteur ist der Initiator der Technischen Programme und lenkt damit die Weiterentwicklung des 356 und der geplanten Nachfolger bis zum 754 (T7/T9). In seinen Verantwortungsbereich als technischer Leiter und Prokurist fallen weiterhin die Auftragskonstruktionen für Fremdfirmen.

Die Verbindung zur Familie Porsche beginnt in Wiener Neustadt. Dort besucht der am 29. Oktober 1895 in Pottendorf, Niederösterreich, geborene Karl Rabe die höhere Gewerbeschule mechanisch-technischer Richtung. Nach dem Abschluss mit Auszeichnung geht er 1913 zu Austro-Daimler in die Konstruktionsabteilung unter dem Technischen Direktor Ferdinand Porsche. Rabe profiliert sich bei der Entwicklung eines neuen Personenwagens und wird 1919 Vorstand der Abteilung Personen-Wagenbau im Konstruktionsbüro. 1921 wird er zum Ingenieur ernannt und übernimmt zwei Jahre später die Leitung des gesamten Konstruktionsbüros.

Nach einem vierjährigen Zwischenspiel bei Steyr folgt Karl Rabe 1931 dem Ruf von Ferdinand Porsche nach Stuttgart und wird Chefkonstrukteur des neu gegründeten Konstruktionsbüros. Nach dem Tod von Ferdinand Porsche am 30. Januar 1951 arbeitet Karl Rabe in gleicher Stellung unter der Leitung von Ferry Porsche weiter, der über ihn schreibt: »Er war damals der Vater des ganzen Betriebes und für mich nach dem Krieg eine große Stütze.«

Karl Rabe führt detailliert Tagebuch, dem fundierte Einblicke in die Entwicklungsgeschichte von Porsche zu verdanken sind. So beschreibt er unter anderem die Fortschritte von Projekten wie dem des Porsche 356 »Nr. 1« Roadster. Er steht der Entwicklung des großen 754 mit viel technischem Neuland kritisch gegenüber. Zur Familie Porsche hat Rabe eine enge Beziehung. Er entwirft und baut eigenhändig ein Modell des 356 »Nr.1« Roadster als Geburtstagsgeschenk für Ferdinand Alexander Porsche, dem er bei der Entwicklung des T8-Designs als erfahrener Ratgeber zur Seite steht. »Er hat viele Ideen erst einmal selbst verwirklicht und sein Hobby war, bestimmte Kinematiken mit einem Metallbaukasten zu bauen und zu studieren«, beschreibt ihn Ferry Porsche. Nach seinem Renteneintritt Ende 1961 bleibt Karl Rabe als persönlicher technischer Berater dem Firmenchef und dessen Familie bis zu seinem Tod 1968 eng verbunden.

Karl Rabe ist einer der wichtigsten Berater von Ferry Porsche und bleibt es auch nach dem Ausscheiden aus dem aktiven Berufsleben.

PROTAGONISTEN

WALTER BEIERBACH

Diplom-Ingenieur
Technischer Betriebsleiter von Reutter
1950–1963 bei Reutter
1963–1967 bei Porsche

verantwortet als Technischer Betriebsleiter von Reutter die Planung und Produktion der Karosserien für Prototypen und Seriensportwagen von Porsche. Damit trägt er auch die Verantwortung für die Umsetzung der Karosserieentwürfe der Typen 695 und T8/901 von Ferdinand Alexander Porsche.

Walter Beierbach kommt am 25. März 1906 im indischen Mangalore zur Welt. Als er vier Jahre alt ist, kehren seine Eltern nach Europa zurück und lassen sich in Deutschland nieder. Beierbach absolviert eine höhere Schule, studiert Ingenieurwesen und schließt das Studium mit dem Diplom ab.

Im Juni 1948 verpflichtet ihn das Karosseriewerk Reutter als Technischen Betriebsleiter, zum Jahresende wird ihm Gesamtprokura erteilt. Seine Ideen führen zu Neuerungen und zahlreichen Patenten. Unter Walter Beierbach beginnt die Zusammenarbeit mit Porsche. 1949 erhält Reutter den ersten Auftrag von Porsche für 500 Karosserien des Typ 356. Ab Anfang 1950 leitet er den Betrieb zusammen mit Geschäftsführer Ernst Körner.

Walter Beierbach hat maßgeblichen Anteil am Erfolg des Stuttgarter Karosseriewerk Reutter. Zum Zeitpunkt seines Amtsantritts 1948 hat Reutter eine Belegschaft von 210 Mitarbeitern. Bis zum Verkauf der Karosseriefertigung an Porsche 1963 steigt diese Zahl um das Siebenfache und der Umsatz um das Zwanzigfache. Die Belegschaft schätzt und respektiert ihn. In seinem Arbeitszeugnis wird Beierbach als »temperamentvoll, verantwortungsbewusst und hart gegen sich selbst, voller Treue und Zuverlässigkeit« beschrieben. Weiter heißt es: »Neben der Hauptaufgabe der technischen Leitung der Karosseriefertigung – einschließlich Prototypen und Sonderanfertigungen für Dritte – hat sich Herr Beierbach auch auf dem Gebiet unserer Beschläge als Erfinder betätigt und dadurch Anstoß und Beiträge zu dieser Fertigung gegeben.«

Als Reutter 1963 das Karosseriewerk an Porsche verkauft, wird Walter Beierbach mit übernommen. Er sagt: »Porsche hat Reutter gekauft und mich gleich mit.« 1967 geht der Diplomingenieur in den Ruhestand und stirbt im Herbst 1983 im Alter von 77 Jahren.

Walter Beierbach gilt als erfahrener und verantwortungsbewusster Betriebsleiter von Reutter, den Porsche mit dem Kauf des Karosseriewerks übernimmt.

F. A. PORSCHE ENTWIRFT DIE DESIGNVORLAGE FÜR DAS TECHNISCHE PROGRAMM 7

Seit dem 11. Mai 1957 arbeitet Ferdinand Alexander Porsche als Praktikant in der Modellabteilung. Dieses Foto aus seinen Anfangstagen zeigt ihn im Konstruktionsbüro.

Dann kommt der 25. August 1959. Und alles wird anders.

An diesem Tag beginnt der 23-jährige Ferdinand Alexander Porsche, der sich immer tiefer in den Bereich Styling eingearbeitet hat, mit einem Entwurf für ein 2+2-sitziges Sportcoupé. Es ist naheliegend, dass sich diese Studie am Auftrag an Reutter orientiert. In der Modellabteilung, einem Bereich der Karosseriekonstruktion im Porsche Werk 1, entsteht innerhalb von sechs Wochen ein Vorentwurfsmodell aus Plastilin im Maßstab 1:7,5. Es wird am 9. Oktober 1959 fertiggestellt und dient danach als Grundlage für die Arbeit an einem detailliert ausgearbeiteten Modell.

Währenddessen beschließt die Geschäftsleitung einen Neustart: Noch immer basieren alle Entwürfe für ein größeres Modell auf der Plattform des 356. Bei allen Weiterentwicklungen und Technischen Programmen ist das Grundkonzept des Seriensportwagens mittlerweile über zehn Jahre alt. Der Mitte 1959 zur Entwicklung beschlossene Sechszylinder-Boxermotor (→ Kapitel Motor) würde nur unter erheblichen Änderungen in diesen Rahmen passen. Auch von der ursprünglichen Idee der selbsttragenden Karosserie, wie sie für den Typ 695 im Gespräch war, ist für die nächste Generation des 356 keine Rede mehr. Die Geschäftsleitung diskutiert deshalb am 2. November 1959 die »Entwicklung des T7-Programms [...] Herr Porsche führt aus, daß im Frühjahr schon ein Fahrgestell im Versuch laufen werde, ohne sich festzulegen, welche Karosserie dabei zur Verwendung kommt. Auch werden jetzt schon verschiedene Teile – wie Scheibenbremse etc. – einer Erprobung im Versuch unterzogen. Wenn die eine oder andere Konstruktionslösung im Versuch nicht entspricht, so wird man eben auf bewährte Konstruktionsprinzipien gehen müssen«.

A K T E N N O T I Z

Betr.: Besprechung der Geschäftsleitung am 16.11.1959

Anwesende:

Gesch. Ltg. : Herr Porsche
" Rabe
" Kern

Prokuristen: Herr v. Hanstein
" Kirn
" v. Rücker
" Schmidt

6.) Für die Abwicklung des T 7 - Programmes ist es erforderlich, daß eine Planung aufgestellt wird, aus der der Zeitablauf der Konstruktion, der Versuche, der Werkzeugbestellungen und der Materialbeschaffung ersichtlich ist. Dieser Typ soll im September 1961 serienmäßig anlaufen.

Neben dem T 7 - Progr. wird das T 5 - Progr. weiterlaufen.

Jede Abteilung soll die Planungsunterlagen nach ihren Erfordernissen aufstellen und diese dann an Herrn Kern weitergeben. Alle Herren

25.) Wegen des T 7 - Programms hat der Versuch eine Anzahl von Vorversuchen durchgeführt. Die Entscheidung, ob Stab- oder Spiralfedern, wird durch neue Vorschläge des KB beeinflußt. Am Donnerstag Vormittag ist eine technische Besprechung bei Herrn Porsche wegen des T 7 - Progr. H. Porsche H. Rabe H.v.Rücker

754	Konstruktion eines Porsche-Sportwagens (~~T7-~~Programm)	Porsche-T7	B 143	4.11.1959

MIKROVERFILMT

Im November 1959 wird die Entwicklung des Typ 754 im Rahmen des Technischen Programms 7 in Auftrag gegeben. Gleichzeitig läuft das Technische Programm 5 zur Weiterentwicklung des Typ 356.

Das Programm T7 ist ein Wagnis, technisch und kaufmännisch. In derselben Besprechung der Unternehmensführung äußert Karl Rabe »seine Bedenken wegen der Entwicklung des T7-Programms, da eine Anzahl kritischer Teile – wie Scheibenbremse, Vorderachse etc. – konstruktiv vorgesehen ist. Er ist der Ansicht, dass hier mit größter Vorsicht vorgegangen werden müsse.« Während die Vorderachse des 356 seit jeher mit einer Drehstabfederung ausgerüstet ist, steht im Programm T7 auch eine Spiralfederung zur Diskussion. Doch »es war mir schon lange klar gewesen, dass wir nicht ewig auf dem 356 sitzen bleiben konnten«, schreibt Ferry Porsche in seinen Memoiren. Zwei Tage später, am 4. November 1959, ergeht der Auftrag B 143 für die »Konstruktion eines Porsche-Sportwagens (T7-Programm)« mit der Typnummer 754.

Zudem beschließt die Geschäftsleitung im November 1959, für die Abwicklung des T7-Programmes eine Planung aufstellen zu lassen, aus der der Zeitablauf der Konstruktion, der Versuche, der Werkzeugbestellungen und der Materialbeschaffung ersichtlich ist. Denn das Ziel ist ehrgeizig: »Dieser Typ soll im September 1961 serienmäßig anlaufen.« Bereits jetzt steht fest, dass »auch nach Einführung des T7-Programms der T5-Wagen 70–80 %ig weiterlaufen« wird und erst dann endet, »wenn sich das T7-Programm eingeführt hat.«

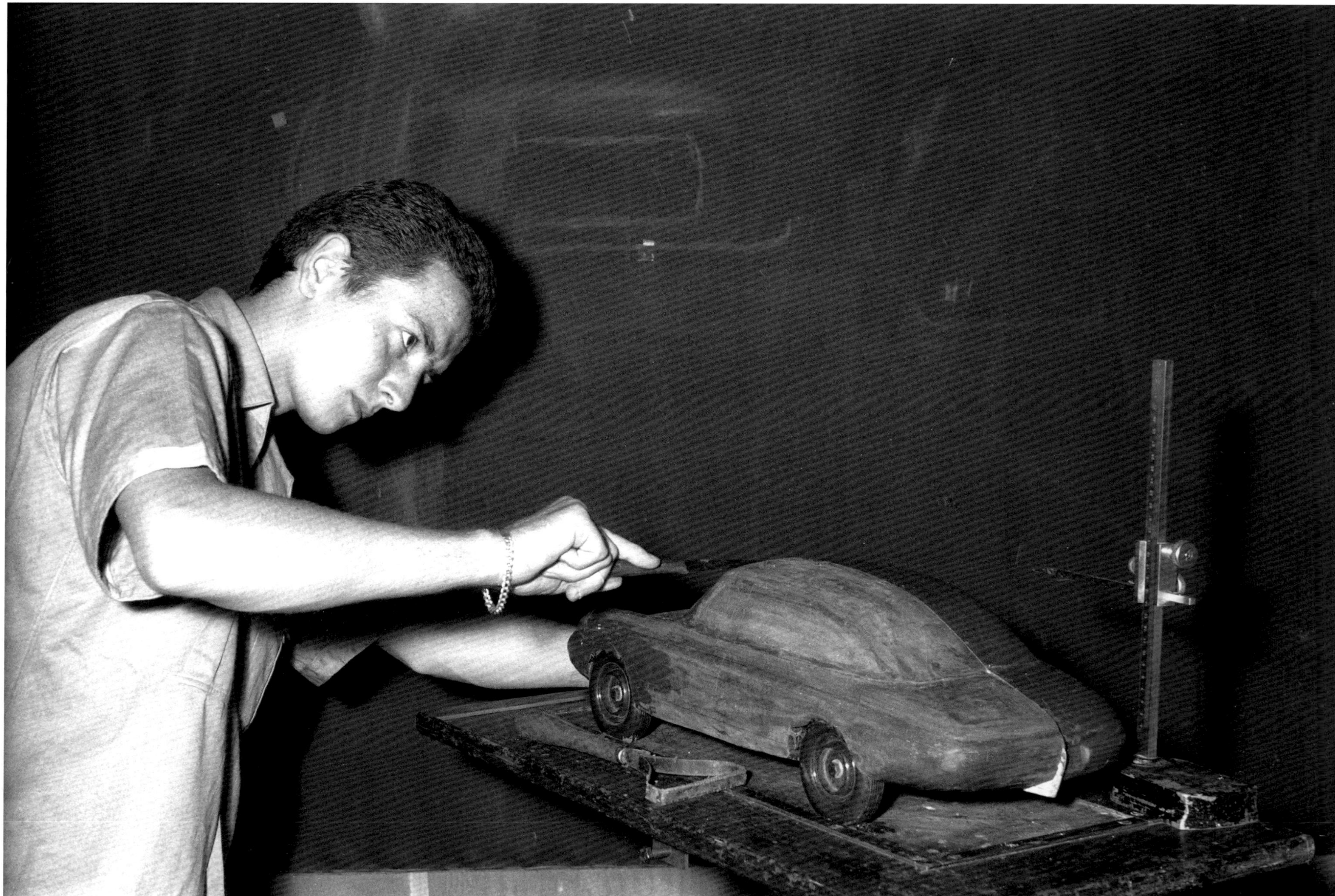

Aufbruch in eine neue Designära: Ferdinand Alexander Porsche beginnt im August 1959 mit 23 Jahren mit der Arbeit an einem neuen Sportwagen.

PARALLELENTWICKLUNG: T7 UND T5/T6 BELASTEN KONSTRUKTIONSKAPAZITÄT

T5 ist in Teilergebnissen bereits im 356 B auf der IAA 1959 vorgestellt worden, darunter zahlreiche Entwicklungen, die für den Typ 695 geplant waren und daher auch diese Schlüsselnummer tragen – beispielsweise Scheibenbremsen. »Die Weiterentwicklung des T5-Programms läuft unter dem Programm T6, während die Neuentwicklung des 4-Sitzer-Wagens unter T7 fällt«, stellt die Geschäftsleitung in einer Konferenz zum Jahresende am 14. Dezember 1959 klar. Da die Programme T5/T6 und T7 parallel laufen sollen und das Konstruktionsbüro auch mit Fremdaufträgen beschäftigt ist, wird das Personal in der Entwicklungsabteilung knapp. Um den Aufwand zu verringern, sollen im Rahmen des T5/T6-Programmes auch vorgesehene Änderungen des T7-Programmes mit erprobt werden.

Nur in wenigen Stückzahlen produziert: innen umgriffene Bremsscheibe nach einem Patent von Porsche.

Porsche wirbt stolz mit einem modernen Plakat für die Scheibenbremse nach eigener Entwicklung.

32. GL - Besprechung

A K T E N N O T I Z

Betr.: Besprechung der Geschäftsleitung am 14.12.59

Anwesende:

Gesch.Ltg.:	Herr	Porsche,
	"	Rabe
	"	Kern
Prokuristen:	Herr	v. Hanstein
	"	Kirn
	"	v. Rücker

11.) Die Weiterentwicklung des T 5 - Programms läuft unter Programm T 6, während die Neuentwicklung des 4-Sitzer-Wagens unter T 7 fällt.	H. Rabe H. v.Rücker H. Schmidt

Der 356 Seriensportwagen wird im Rahmen des Technischen Programms 6 weiterentwickelt, während der komplett neue Typ 754 im Technischen Programm 7 entstehen soll.

Die Konstrukteure Herr Martin, Hans Epple, Herr Pfadenhauer und Rudi Maier (v. l.) im August 1959. Unter ihren Augen beginnt Ferdinand Alexander Porsche mit dem Design des Musterwagens 695.

Die Porsche-Konstrukteure, hier Hans Epple, sind Ende der 1950er Jahre mit Eigenentwicklungen und Fremdaufträgen voll beschäftigt.

PROTAGONISTEN

FERDINAND ALEXANDER PORSCHE

Designer
Leiter Studio
1957–1972 bei Porsche

entwirft mit 23 Jahren in der Modellabteilung von Porsche ein 2+2-sitziges Coupé unter der Typnummer 695, das zum Vorbild für alle weiteren Karosserieentwürfe wird. Er entwickelt daraus einen kompakten zweisitzigen Sportwagen mit der Projektbezeichnung T8. Es ist der Ursprung des Typ 901, aus dem der 911 wird.

Ferdinand Alexander Porsche kommt am 11. Dezember 1935 als erster von vier Söhnen von Ferry und Dorothea Porsche zur Welt. Er verbringt als Kind viel Zeit im Stuttgarter Konstruktionsbüro seines Großvaters Ferdinand. 1943 übersiedelt die Familie nach Österreich und kehrt 1949 nach Deutschland zurück. Hier schließt Ferdinand Alexander Porsche die Schulzeit in einer Waldorfschule ab. Er beginnt ein Studium an der Hochschule für Gestaltung Ulm, das er jedoch nach zwei Semestern abbricht. Auf Initiative von Albrecht Graf von Goertz beginnt er am 11. Mai 1957 als Praktikant in der Modellabteilung von Porsche. Schon sein Entwurf eines Sportwagens, der bezeichnenderweise den Namen »Junior« erhält, lässt sein gestalterisches Talent erkennen.

Ferdinand Alexander Porsche bei der Arbeit in der Modellabteilung des Studios. Im Hintergrund eine Skizze des 901, dessen Form er entworfen hat.

1959 modelliert der junge Porsche mit den Spitznamen »F. A.« und innerhalb der Familie »Butzi« ein gänzlich neues Modell unter der Typbezeichnung 695, von dem bis zum Jahresende eine 1:1-Attrappe entsteht. Ferry Porsche ist so angetan von der Kreation seines Sohnes, dass er einen Prototyp beim Karosseriewerk Reutter herstellen lässt. Dieses Einzelstück gilt fortan als »Musterwagen« für die Entwicklung des neuen Porsche-Sportwagens.

Zunächst adaptiert Erwin Komenda, Chef der Porsche Karosseriekonstruktion, dieses Design für den Typ 754, den er als große zweite Baureihe neben dem 356 konzipiert. Da Ferry Porsche diese Lösung nicht zusagt, beauftragt er seinen Sohn mit der Designentwicklung des kompakteren T8, der nach einigen Änderungen schließlich in den 901 mündet.

Ab März 1961 wird die Modellabteilung aus dem Bereich Karosseriekonstruktion ausgegliedert und als »Studio« Ferdinand Alexander Porsche unterstellt. Unter dem jungen Chef entstehen neben dem 901/911 unter anderem auch die Formen des Formel-1-Rennwagens Porsche 804 und des Porsche 904 Carrera GTS.

1972 verlässt F. A. Porsche das Unternehmen und gründet zusammen mit seinem Bruder Hans-Peter das Porsche Design Studio. 1974 verlagert er den Sitz nach Österreich. 1999 verleiht ihm der österreichische Bundespräsident den Titel Professor. Ferdinand Alexander Porsche stirbt am 5. April 2012.

DESIGNVORBILD: 695 VON F. A. PORSCHE ALS MODELL UND ZEICHNUNG

Während dem Aufbau dieser – vorerst technischen – Doppelstrategie von T5/T6 für die nächste Generation des 356 einerseits und von T7 für den völlig neuen 754 andererseits vervollständigt F. A. Porsche seinen Entwurf eines 2+2-Sitzers. Zunächst entwickelte die Modellabteilung ein weiteres Plastilinmodell, ebenfalls im Maßstab 1:7,5, das am 30. November 1959 seinen finalen Stand erreicht hatte. Am 22. Dezember 1959 schließlich präsentiert F. A. Porsche ein lackiertes Gießharzmodell, weiterhin im Maßstab 1:7,5. Ferry Porsche schreibt in seinen Memoiren dazu: »Butzi zeigte sehr bald ein beachtliches Talent für das Styling. Sein Nachfolger-Modell für den 356 war wirklich ein sehr schönes Auto, ein 2+2, also fast schon ein Viersitzer [...], der eigentlich allen Beteiligten sehr gut gefiel.« Dieses Modell ist bis heute im Besitz des Porsche Unternehmensarchivs.

Das erste bekannte Vorentwurfsmodell des Typ 695 aus Plastilin von Ferdinand Alexander Porsche.

Das lackierte Gießharzmodell des Typ 695 von Ferdinand Alexander Porsche zeigt bereits einen weit fortgeschrittenen Stand.

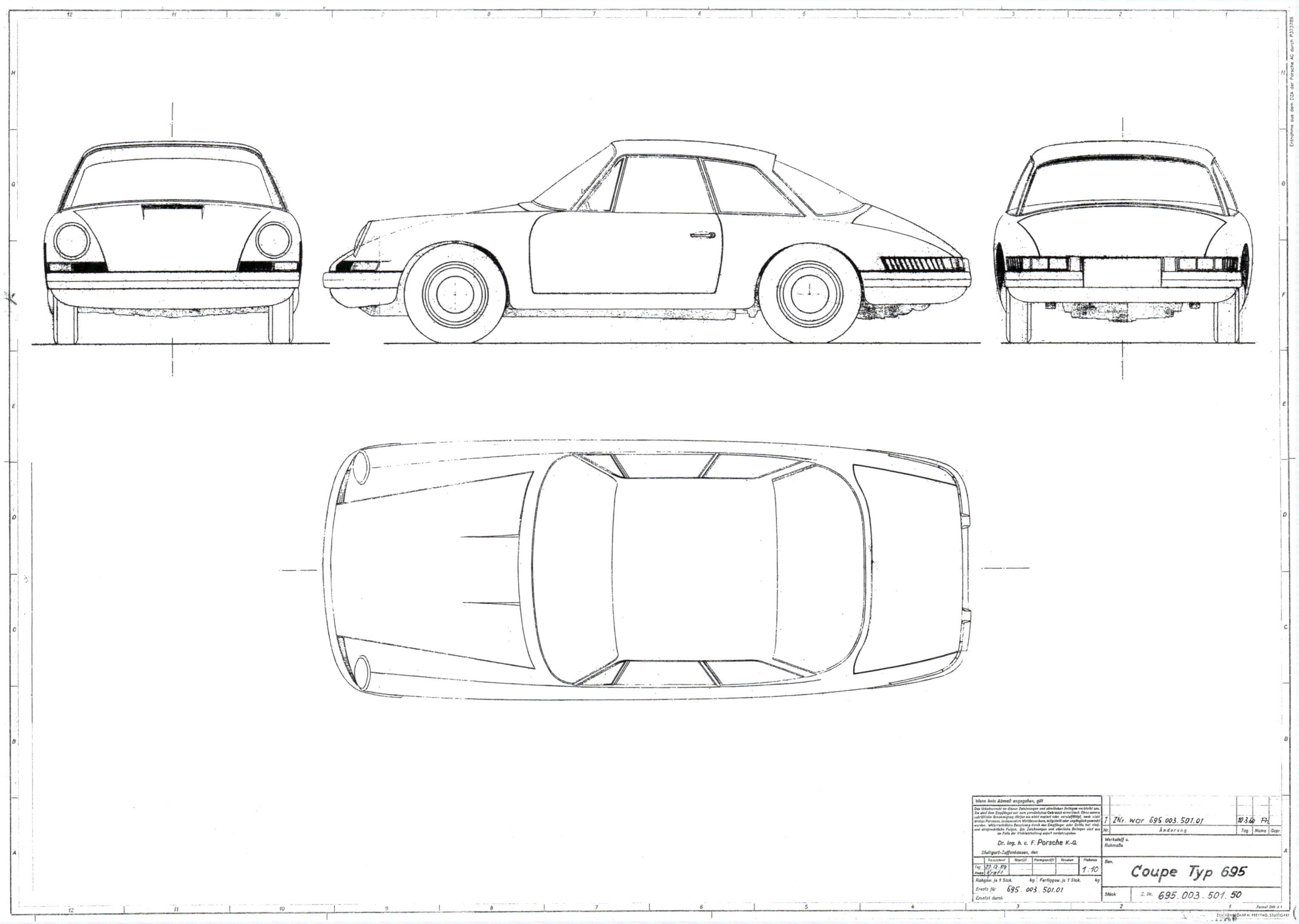

Die konstruktive Urzeichnung des Typ 695 vom 22. Dezember 1959. Sie wird im weiteren Verlauf der Entwicklung noch sehr oft als Grundlage genutzt. Der Trend zum 901 ist unverkennbar.

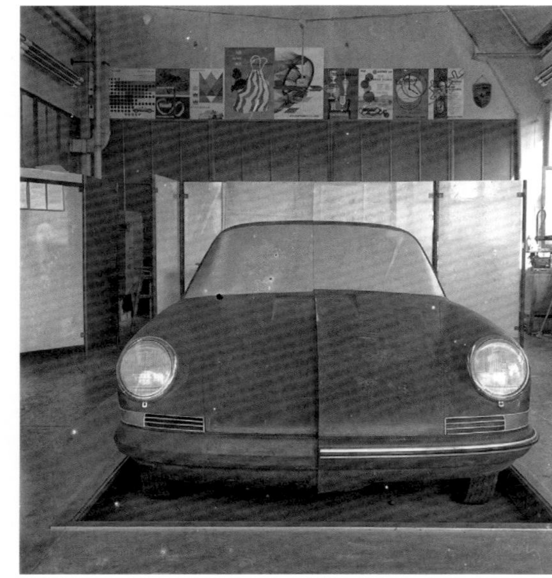

Am 28. Dezember 1959 ist das Plastilinmodell des 695 im Maßstab 1 :1 fertiggestellt.

Ferdinand Alexander Porsche erinnert sich 1992 in einem Beitrag für das Porsche-Kundenmagazin »Christophorus«: »Es war für mich selbstverständlich: Diese Form ist die einzige mögliche. Ich war damals gerade Mitte zwanzig und noch ziemlich naiv, aber ich war total überzeugt [...] Die Familienähnlichkeit zum Vorgängermodell hielt ich zwar für unabdingbar, aber die Verwandtschaft durfte keinesfalls wichtiger sein als die zu erzielende Funktion. Also unterbrach ich einfach das Dach und entschied mich für ein abgesatteltes Heck mit stark gewölbter Scheibe. Der neu entwickelte Sechszylinder-Boxermotor sollte als Unterfluraggregat eingebaut werden. Darüber blieben unter der Heckklappe noch 22 Zentimeter Luft, also Platz genug für einen mittelgroßen Koffer.«

F. A. Porsche ist Designer, kein Techniker. Während er dem Modell den letzten Schliff verleiht, übernimmt Konstrukteur Kraft die Aufgabe, die Formen des Coupés in eine technische Zeichnung zu übertragen. Am 22. Dezember 1959, demselben Tag, an dem das lackierte Modell fertiggestellt wird, signiert Kraft die erste Vier-Seiten-Ansicht des »Coupé 695«. Die Zeichnung mit der Nummer 695.003.501.01 im Maßstab 1 : 10 wird fortan buchstäblich zur Blaupause für die Entwicklung der neuen Sportwagenkarosserie. Leider ist die Originalzeichnung verschollen. Nur sechs Tage später stellen die Modelleure ein 1 : 1 Modell aus Plastilin fertig.

MUSTERWAGEN: DER 695 WIRD ZUM DESIGNMODELL FÜR DAS TECHNISCHE PROGRAMM 7

F. A. Porsche typisiert seinen Entwurf nicht als 754, sondern als 695. Der Grund: Ausgangspunkt ist – wie bei der Auftragsarbeit von Reutter am Konzept eines Viersitzers – ein verlängertes 356-Chassis mit 2.300 Millimeter Radstand. Der Entwurf seines Sohnes gefällt Ferry Porsche so gut, dass er Reutter mit dem Bau eines Musterwagens beauftragt. Das 695-Einzelstück wird zum formalen Vorbild des komplett neu zu entwickelnden Gesamtfahrzeuges vom Typ 754 und damit zum Gesicht von T7. Deswegen wird der 695 auch oft als T7 bezeichnet, was jedoch nur für die Formgebung zutrifft. Technisch bleibt der Musterwagen bis zuletzt größtenteils auf dem Niveau des 356.

Bereits Ende Januar 1960 werden die Planungen zum 754 konkreter. Im Vordergrund steht zunächst die Fahrwerksentwicklung. »Die Versuchsabteilung wird aus dem Wagen ›Gottlieb‹, der die Mercedes-Vorderachse hat, einen Vorläufer-Wagen zur Erprobung der projektierten Hinterachse machen.« Der Mercedes-Benz Typ W120 – landläufig auch Ponton genannt – verfügt über eine Doppel-Querlenkerachse mit Schraubenfedern und Stabilisator, befestigt auf einem elastisch mit der Karosserie verschraubten Fahrschemel. Und wie bei Porsche – bis heute – üblich, erhält der Versuchsträger auch einen passenden Spitznamen, in diesem Fall den Vornamen des Firmengründers Gottlieb Daimler.

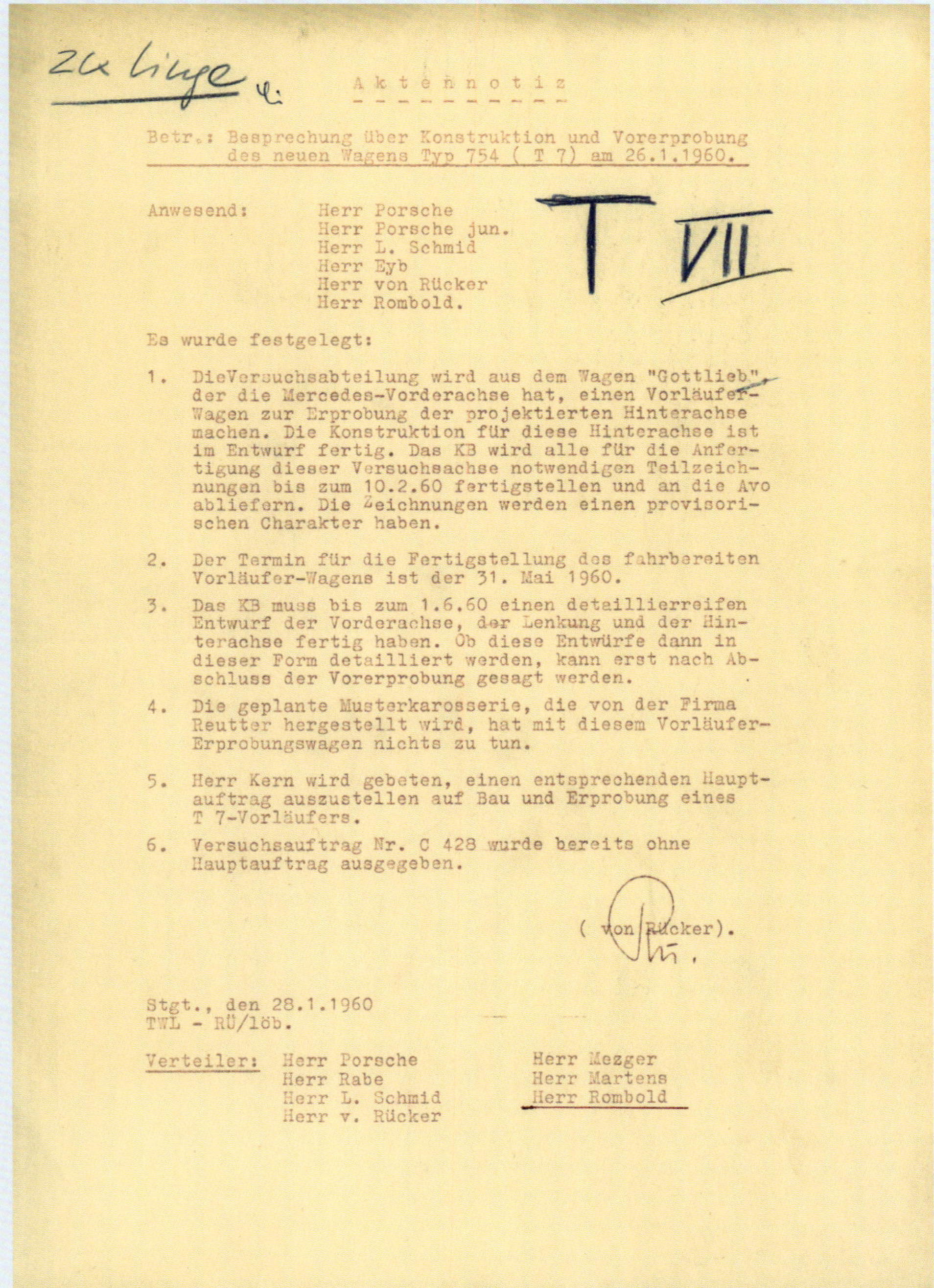

zu Linge Li.

Aktennotiz

Betr.: Besprechung über Konstruktion und Vorerprobung des neuen Wagens Typ 754 (T 7) am 26.1.1960.

Anwesend: Herr Porsche
Herr Porsche jun.
Herr L. Schmid
Herr Eyb
Herr von Rücker
Herr Rombold.

T VII

Es wurde festgelegt:

1. DieVersuchsabteilung wird aus dem Wagen "Gottlieb", der die Mercedes-Vorderachse hat, einen Vorläufer-Wagen zur Erprobung der projektierten Hinterachse machen. Die Konstruktion für diese Hinterachse ist im Entwurf fertig. Das KB wird alle für die Anfertigung dieser Versuchsachse notwendigen Teilzeichnungen bis zum 10.2.60 fertigstellen und an die Avo abliefern. Die Zeichnungen werden einen provisorischen Charakter haben.
2. Der Termin für die Fertigstellung des fahrbereiten Vorläufer-Wagens ist der 31. Mai 1960.
3. Das KB muss bis zum 1.6.60 einen detaillierreifen Entwurf der Vorderachse, der Lenkung und der Hinterachse fertig haben. Ob diese Entwürfe dann in dieser Form detailliert werden, kann erst nach Abschluss der Vorerprobung gesagt werden.
4. Die geplante Musterkarosserie, die von der Firma Reutter hergestellt wird, hat mit diesem Vorläufer-Erprobungswagen nichts zu tun.
5. Herr Kern wird gebeten, einen entsprechenden Hauptauftrag auszustellen auf Bau und Erprobung eines T 7-Vorläufers.
6. Versuchsauftrag Nr. C 428 wurde bereits ohne Hauptauftrag ausgegeben.

(von Rücker).

Stgt., den 28.1.1960
TWL - RÜ/löb.

Verteiler: Herr Porsche
Herr Rabe
Herr L. Schmid
Herr v. Rücker
Herr Mezger
Herr Martens
Herr Rombold

Die technische Entwicklung im Programm T7 beginnt mit Versuchen mit einer Fahrschemel-Vorderachse von Mercedes-Benz. Der Versuchsträger hat mit dem im Aufbau befindlichen Musterwagen des Typ 695 nichts zu tun.

STUTTGARTER KAROSSERIEWERK REUTTER & CO G·M·B·H

21. MRZ. 1960

Firma

Dr.-Ing. h.c.F.Porsche KG.
z.Hd. von Herrn Komenda
Stuttgart-Zuffenhausen

Porsche-Strasse

Ihre Zeichen	Ihre Nachricht vom	Unsere Zeichen	Stuttgart W Augustenstraße 80-82
-	-	91/FS.	16.3.196o

Betr.: Musterwagen Typ 695

Wir kommen leider erst heute dazu, die von Ihrem sehr geehrten Herrn Porsche bei seinem Besuch am 4.3.196o aufgeworfenen Fragen über die zu erwartenden Termine für die Herstellung eines Musterwagens Typ 695 zu beantworten.

Inzwischen hatten wir Gelegenheit, mit Ihrem sehr geehrten Herrn Komenda die Termine persönlich kurz durchzusprechen.

Der Karosserieplan für die Aussenhaut ist fertiggestellt bis 18. März.

Die Vorarbeiten für das Anpassmodell werden dann sofort anschliessend begonnen.

Unsere Reißplatte in der Tischlerei wird zum Aufbau frei ab 28. März.

Mit Rücksicht auf die vor uns liegenden Ostertage ist mit der Fertigstellung des Anpassmodells zu rechnen bis ca. 5. Mai, vorausgesetzt, dass keine Änderungen mehr berücksichtigt werden müssen.

Anschliessend daran kann Meister Sturm in unserer Abt. Musterbau sofort mit den Vorarbeiten beginnen. Wir rechnen vorläufig mit einem Fertigstellungstermin für diese Karosserie von Anfang August. Voraussetzung dafür ist, dass die noch ungeklärten Fragen über die Gestaltung der Innenhaut und der Türen, der Ausstattung mit Sitzen, Armaturentafel u.ä. rechtzeitig geregelt werden, damit wir die Entwicklung ungestört weitertreiben können.

-2-

Fernruf 68056/57 Drahtanschrift: reutterkarosse Fernschreiber: 072/3620 reutter co stgt

STUTTGARTER KAROSSERIEWERK REUTTER & CO G·M·B·H

Firma

Dr.-Ing. h.c.F.Porsche KG.
z.Hd. von Herrn Komenda
Stuttgart-Zuffenhausen

Porsche-Strasse

Blatt 2

16.3.196o
91/FS.

Wir hoffen, Ihnen mit diesem Plan die erforderliche Übersicht gegeben zu haben und begrüssen Sie

mit vorzüglicher Hochachtung
Stuttgarter Karosseriewerk
Reutter & Co.G.m.b.H.

Im Auftrag von Porsche entwickelt Reutter die Prototypkarosserie für den Musterwagen 695 nach dem Design von Ferdinand Alexander Porsche. Im August 1960 soll die Karosserie laut Zeitplan fertiggestellt sein.

Für die T7-Hinterachse existiert erst ein grober Entwurf. In weniger als zwei Wochen sollen die Konstrukteure darauf aufbauend provisorische Zeichnungen entwickeln, anhand derer die Achse hergestellt werden kann. Der Plan sieht vor, dass der entsprechende Vorläufer-Prototyp des 754 bereits am 31. Mai 1960 fahrfertig bereitsteht. Zu diesem Zeitpunkt erwartet man vom Konstruktionsbüro auch einen detaillierteren Entwurf der Lenkung und der Vorderachse. Claus von Rücker differenziert in seiner Aktennotiz ausdrücklich: »Die geplante Musterkarosserie, die von der Firma Reutter hergestellt wird, hat mit diesem Vorläufer-Erprobungswagen nichts zu tun.«

Gemeint ist mit »Musterkarosserie« der von F. A. Porsche entworfene 695. Am 4. März 1960 besucht Ferry Porsche das benachbarte Karosseriewerk, um das Projekt »Musterwagen Typ 695« zu besprechen. Dabei geht es auch um den Zeitplan, den Reutter später mit Komenda als Verantwortlichem für den Karosseriebau vereinbart. Danach soll der Karosserieplan bis zum 18. März 1960 fertiggestellt sein, worauf die Vorarbeiten für das Anpassungsmodell beginnen. Bis zum 5. Mai 1960, so rechnet Reutter, werde das Anpassungsmodell fertig sein. Danach könne die Abteilung Musterbau die Arbeit aufnehmen. »Wir rechnen vorläufig mit einem Fertigstellungstermin für die Karosserie von Anfang August«, schreibt Reutter und fügt hinzu: »Voraussetzung dafür ist, dass die noch ungeklärten Fragen über die Gestaltung der Innenhaut und der Türen, der Ausstattung mit Sitzen, Armaturentafel u. ä. rechtzeitig geregelt werden, damit wir die Entwicklung ungestört weitertreiben können.«

TYP-695-DESIGN TRIFFT TYP-754-TECHNIK

Im Frühjahr 1960 finden die beiden T7-Protagonisten – 695 als Designmuster und 754 als Technikmuster – erstmals auf dem Papier zusammen. Zwei Konstruktionszeichnungen – beide mit 695-Schlüsselnummer – zeigen die Karosserie des 695, einmal mit 644-Unterbau und einmal mit 754-Chassis. Die beiden Dokumente dienen der Innenraumuntersuchung je nach Fahrgestell. Sie tragen jeweils das Datum 10. März 1960 und nutzen die nur in Details veränderte 695-Zeichnung vom 22. Dezember 1959 als Vorlage.

Die Zeichnung mit dem Unterbau des 356 A (Typ 644) entspricht weitgehend dem bei Reutter im Aufbau befindlichen 695-Musterwagen. Unterschiedlich sind die Spurweiten, auf dem Papier vorne auf 1.400 und hinten auf 1.350 Millimeter verbreitert.

Die andere Zeichnung kombiniert die 695-Karosserie mit dem Fahrwerksentwurf 754.003.301.00. Die Hauptgruppe 003 steht dabei für »Typbeschreibung, Package«. Die aufwendige Chassiskonstruktion unterscheidet sich grundlegend vom Unterbau des 356 (→ Fahrwerkentwicklung).

Ende März 1960 erläutert Ferry Porsche in der regelmäßigen Besprechung der Geschäftsleitung die aktuelle Planung. Danach soll der 356 in den Jahren 1960/61 ohne Änderungen in der Produktion laufen. Der Anlauf des T7-Programmes ist für das Frühjahr 1962 vorgesehen. Auf der IAA 1961 sollen dem Publikum bereits ein oder zwei Prototypen vorgestellt werden. Davor sind allerdings noch zahlreiche Hürden zu überwinden. So notiert das Protokoll: »Wenn eine behördliche Vorschrift uns zwingt, den Benzintank zu verlegen, wird eine Änderung eintreten. Es wird auch angestrebt, daß gleiche Teile bei T5 und T7 verwendet werden können.«

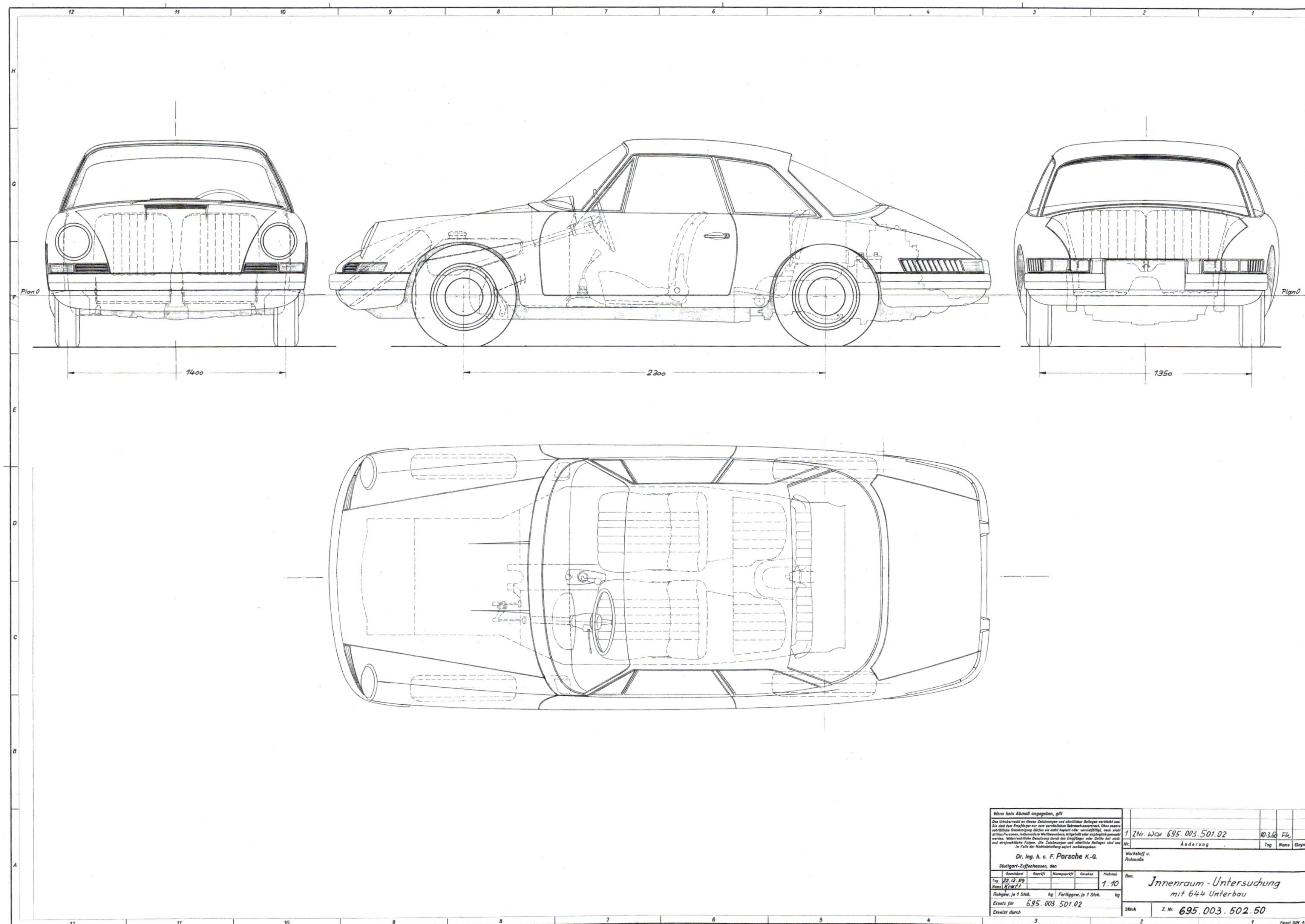

Die Karosserie des 695 wird zur Innenraumuntersuchung zeichnerisch auf zwei Plattformen gesetzt. Hier mit dem Unterbau des 644, wie im Musterwagen verwirklicht.

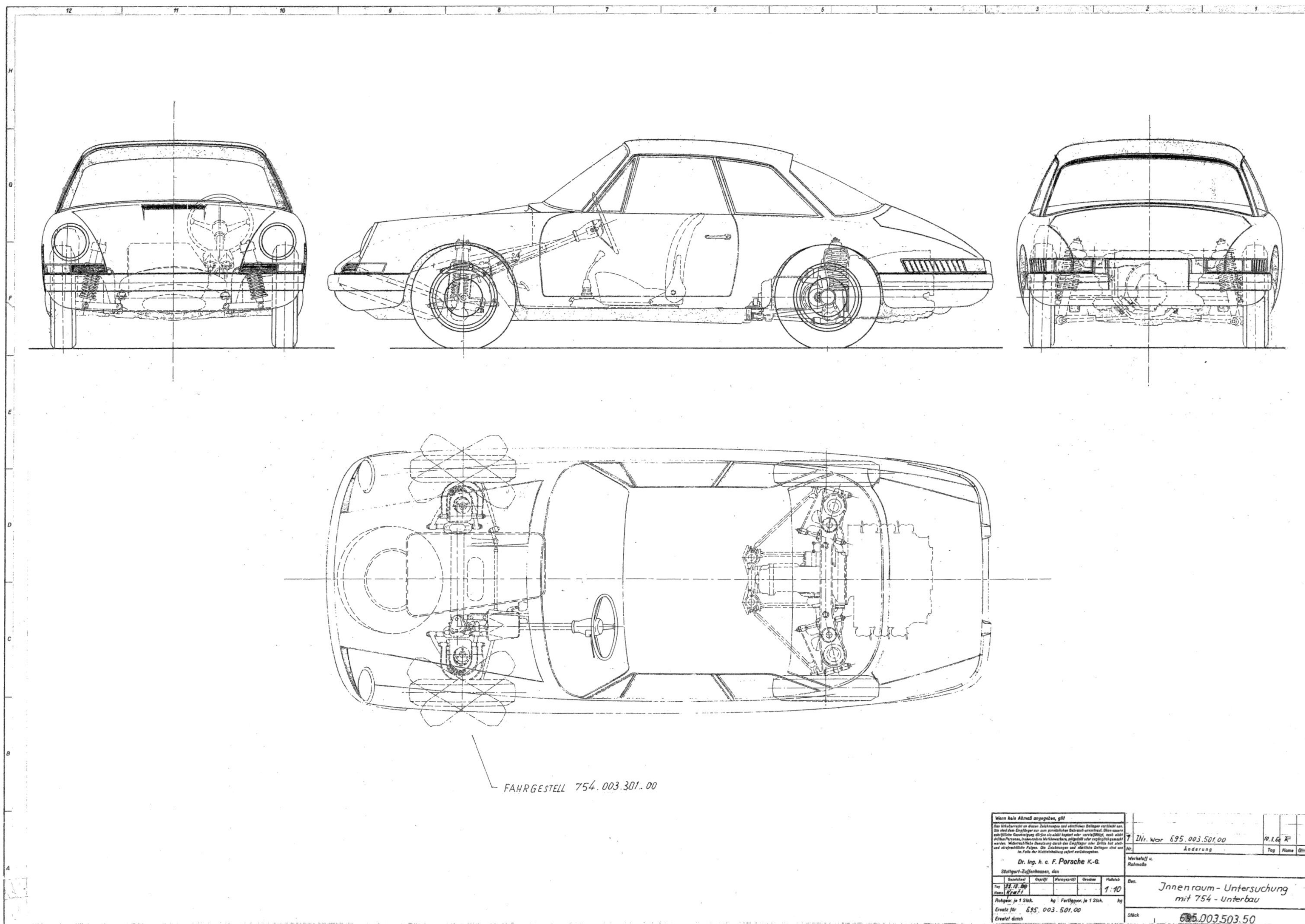

In einer zweiten Package-Zeichnung verbinden die Konstrukteure die 695-Karosserie mit dem geplanten Fahrwerk des 754.

PORSCHE BOOMT: NEUE KAROSSERIEFIRMEN KOMMEN UNTER VERTRAG

Der Wunsch nach Gleichteilen hat nicht nur wirtschaftliche, sondern auch Kapazitätsgründe: Mittlerweile verkauft sich der 356 so gut, dass Reutter an die Grenzen seiner fertigungstechnischen Möglichkeiten stößt. Im Sommer 1960 informiert Porsche deshalb die Geschäftsleitung des Karosserielieferanten, dass man beabsichtige, »die Karosserien für die notwendige Erweiterung unserer Produktion im Jahr 1961 einer dritten Karosseriefabrik in Auftrag zu geben. Die steigende Nachfrage nach unseren Wagen, besonders in USA, zwingt uns hinsichtlich der Erhaltung dieser Märkte zu dieser Maßnahme, die uns auferlegt wird, weil Ihre Kapazität einrichtungs- und personalmäßig erschöpft ist.« Porsche nimmt Verhandlungen mit Karmann in Osnabrück und D'Ieteren in Brüssel auf. Beide Unternehmen kommen für die Fertigung von 356-Karosserien unter Vertrag.

In Absprache mit Reutter soll die Produktion von Cabriolets und Hardtops an die Wettbewerber vergeben werden. »Dadurch fertigen Sie dann nur mehr die Coupés für uns und wir hoffen, daß die heutige Stückzahl gesteigert werden kann«, schreibt Porsche an Reutter. Auch im Hinblick auf den im Technischen Programm 7 projektierten neuen Sportwagen will Porsche mit diesem Schritt zusätzliche Fertigungsmöglichkeiten ausloten.

Die Erweiterung des Zuliefernetzes um zwei weitere Karosseriewerke ist mit einem erhöhten Aufwand an Qualitätsprüfungen verbunden.

Karmann übernimmt die Produktion der 356 Hardtop-Karosserien. Die Sportwagen, die regelmäßig beispielsweise auf korrekte Spaltmaße kontrolliert werden, laufen neben dem Volkswagen Cabriolet und dem Karmann Ghia vom Band.

Bei Reutter werden vereinbarungsgemäß weiterhin die Karosserien für das 356 Coupé produziert. Anders als beabsichtigt bleibt allerdings auch die Herstellung des Cabriolet-Rohbaus bei dem Stammlieferanten in Zuffenhausen. Im Bild die Produktion des 356 C im Jahr 1964.

Zurück ins Frühjahr 1960. Die Arbeiten am 695-Prototyp laufen bei Reutter planmäßig. Im April konstatiert die Porsche-Geschäftsleitung bei einer der periodischen Besprechungen: »Der Prototyp T7 soll von Reutter bis August für die Windkanalversuche zur Verfügung stehen.« Allerdings kommt es im Mai zu Komplikationen. Reutter kann den Termin für die Fertigstellung des Holzmodells nicht einhalten, weil sich die Arbeit durch eine ganze Reihe von Änderungen verzögert. Reutter schreibt weiter: »Wir haben große Sorge, dass wir den ursprünglich vorgesehenen Termin von Anfang August für die Ablieferung der vollständigen Karosserie nicht werden einhalten können. Die Verlängerung und Änderung des Rahmens 356b ist nahezu abgeschlossen. Wir werden in wenigen Tagen den Rahmen für Modell 695 in unseren Versuchsbau bei Meister Sturm geben können.« Gottlob Sturm ist eine Institution im manuellen Bau von Prototypen; unter seinen Händen entstanden die meisten Versuchskarosserien von Porsche.

Am 10. Juni 1960 besprechen Ferry und F. A. Porsche, Karl Rabe, Claus von Rücker, Erwin Komenda, Leopold Schmid und Helmut Rombold Einzelheiten des T7-Lastenheftes. Dabei legt das Gremium die Klassifizierung des neuen Wagens fest, der zwar größer als der 356, aber kein Familienauto sein soll. »Es wurde klar zum Ausdruck gebracht, dass der T-VII-Wagen kein 4-Sitzer sein soll, sondern ein ausgesprochener Zweisitzer mit 2 hinreichend bequemen Notsitzen, etwa so wie beim ›4-sitzigen Cabriolet‹[2]. Zu Gunsten der Kopfhöhe über den Notsitzen kann die Dachkante etwas nach hinten gezogen und die hinteren Dachstreben etwas steiler gestellt werden.« Der im Entstehen begriffene 695-Musterwagen von F. A. Porsche entspricht dieser Beschreibung. In dem Segment der ausgewachsenen sportlichen Viersitzer sieht Ferry Porsche nicht zuletzt wegen der etablierten Konkurrenz der Premiumhersteller nicht den Markt für das künftige Topmodell. Es sind beileibe nicht nur die großen Themen, die in diesem Führungskreis besprochen werden. Auch Details wie die Scheibenkrümmung, das Wischfeld und die Parkstellung der Scheibenwischer werden anhand von Skizzen des Konstruktionsbüros diskutiert.

Leopold Schmid (l., mit Erwin Komenda und Karl Rabe) leitet federführend die Entwicklung des ersten Sechszylindermotors mit Fünfganggetriebe.

[2] Gemeint ist der Typ 530.

Verteiler:

Herrn Porsche
Herrn Rabe
Herrn von Rücker
Herrn Komenda
Herrn L.Schmid
Herrn Rombold

A k t e n n o t i z

über die Besprechung T VII am 10.6.1960.

Anwesend: die Herren Porsche sen. und jr., Rabe, von Rücker, Komenda, L.Schmid, Rombold.

Heizung: Es soll nur eine vorne angeordnete Heizung in Verbindung mit Frischluftzuführung vorgesehen werden.

Scheibenwischer: Die Scheibenwischeranlage soll besser angeordnet werden als bei 356 B, um ein möglichst günstiges Wischfeld zu bekommen. Die Scheibenkrümmung soll geeignet gewählt werden.
Parkstellung rechts wurde diskutiert (ebenso die Schmetterlings-Anordnung vom neuen Mercedes 220), damit das linke Wischerblatt nicht auf dem stark gekrümmten Scheibenteil liegt.
(Beim 356 B ist Parkstellung rechts deshalb unmöglich, weil das linke Wischfeld links viel zu klein wird und außerdem der rechte Wischerarm die Sicht nach rechts verhindert. Parkstellung rechts würde ein Zwischengetriebe links verlangen).
Das KB hat Skizzen vorgelegt mit verschiedenen Wischfeldern.

Anmerkung: Es wäre wünschenswert, den Wischerantrieb außerhalb des Fahrgastraumes zu legen, aus Geräuschgründen.

Wendekreis: Der Wendekreis muß erheblich kleiner werden als bei 356 B. Es soll untersucht werden, die Lenkgeometrie näher an parallel geführte Räder zu legen, um evtl. an Radkastenbreite zu sparen.

Radstand: Es wurde noch kein Maß festgelegt.
Der Radstand darf evtl. 100 mm länger werden als vorgesehen, d.h. 2400 mm unter strikter Beibehaltung der Gesamtlänge des Fahrzeugs und unter Beibehaltung des Oberbaus zu Gunsten der Notsitze.
Es wurde klar zum Ausdruck gebracht, daß der T VII Wagen kein 4-Sitzer sein soll, sondern ein ausgesprochener Zweisitzer mit 2 hinreichend bequemen Notsitzen, etwa so wie beim "4-sitzigen Cabriolet".
Zu Gunsten der Kopfhöhe über den Notsitzen kann die Dachkante etwas nach hinten gezogen und die hinteren Dachstreben etwas steiler gestellt werden.

- 2 -

- 2 -

Türfensterführungen: sollten parallel sein, um den Scheiben bessere Führung zu geben, damit sie nicht rappeln, wie jetzt beim 356 B.

Termine:

Fahrgestell-Zeichnungen: Nach H.L.Schmid sollen alle Fahrgestell-Zeichnungen nach 7 Monaten fertig sein, wenn über die Achsen entschieden und sonst alles klar ist.

Karosserie-Zeichnungen: Herr Komenda fordert 9 - 10 Monate unter denselben Bedingungen.

Werkzeugfertigung: 12 Monate

Anlauf: 2 Monate

Prototypen: müssen Frühjahr 1961 stehen.

2 ltr.Motor: soll auf Bremse sein: Mai 1961
Entwicklungszeit 1 Jahr.

Die Prototyp-Karossen sollen aus Geheimhaltungsgründen bei Reutter gefertigt werden.

Da T VI und T VII für noch nicht abzusehende Zeit und in noch nicht vorauszusehendem Stückzahlverhältnis nebeneinander her gefertigt werden müssen, stellt sich die Platzfrage für Produktionsmöglichkeit und Lager sowohl bei Porsche als auch bei Reutter. Über diese Frage wurde geredet. Eine Lösung des Problems ist noch nicht in Sicht.

Stgt.-Zuffenhausen, 28.6.1960
FV/Ro-scho

(Rombold)

Im Juni 1960 stellt die Konferenz um Ferry Porsche und seinen Sohn Ferdinand Alexander klar, dass der 695 kein Viersitzer, »sondern ein ausgesprochener Zweisitzer mit 2 hinreichend bequemen Notsitzen« werden soll.

ZEITPLAN: ERSTE 754-PROTOTYPEN SOLLEN IM FRÜHJAHR 1961 FERTIG SEIN

Bei der Sitzung vom 10. Juni 1960 wird auch ein erster Zeitrahmen für die technische Entwicklung des 754 umrissen. Sobald über die Ausführungen der Achsen entschieden »und sonst alles klar« ist, sollen alle Fahrgestellzeichnungen nach sieben Monaten fertig sein. Komenda fordert unter denselben Bedingungen neun bis zehn Monate Zeit für die Karosseriezeichnungen. Zwar gilt der 695, den Reutter derzeit aufbaut, als Musterwagen. An seinem von F. A. Porsche entworfenen Design muss sich der 754 nach Vorgabe von Ferry Porsche orientieren. Technisch ist der 695 jedoch weit von einem zukunfts- und serienfähigen Fahrzeug entfernt. Rohbaustruktur und Chassis müssen von den jeweiligen Konstruktionsabteilungen neu entwickelt werden. Die 754-Prototypen, so beschließt das Gremium, »müssen Frühjahr 1961 stehen«. Ihre Karosserien sollen aus Geheimhaltungsgründen bei Reutter gefertigt werden. Weiterhin wird dem Zweiliter-Motor ein Jahr Entwicklungszeit zugestanden, er soll im Mai 1961 auf der Bremse sein. Für die Werkzeugfertigung kalkuliert die Führungsriege zwölf Monate ein, der Produktionsanlauf soll innerhalb von zwei Monaten abgeschlossen sein. Was danach passiert, bleibt am Ende der Konferenz allerdings noch offen: »Da T VI und T VII für noch nicht abzusehende Zeit und in noch nicht vorauszusehendem Stückzahlverhältnis nebeneinanderher gefertigt werden müssen, stellt sich die Platzfrage für Produktionsmöglichkeit und Lager sowohl bei Porsche als auch bei Reutter. Über diese Frage wurde geredet. Eine Lösung des Problems ist noch nicht in Sicht.«

Drei Tage später beschäftigt dieses Thema auch die Geschäftsleitung bei ihrer turnusmäßigen Besprechung. Versuchsleiter Claus von Rücker gibt einmal mehr zu bedenken, dass »die Grundelemente des T7 gegenüber dem T5-Prog. technisch vollkommener ausgelegt sein müssen.« Porsche benötigt die zusätzlichen Produktionskapazitäten dringend für den 754, wenn alles nach Plan laufen soll. Von Rücker rechnet der Geschäftsleitung vor: »Wenn wir auf 40 bis 50 Fahrzeuge täglich kommen wollen und T7 sukzessive neben T5 anlaufen lassen, bedarf das einer Erweiterung der heutigen Lagerräume und einer Produktionshalle mit einer Größe von 1.800 qm.« Auch an den Platzbedarf der Ersatzteilvorräte wird bereits mit Sorge gedacht. Denn die technischen Umrisse des künftigen Topmodells werden im Juni 1960 fast täglich konkreter: Der seit fast genau vor einem Jahr zur Entwicklung beauftragte Sechszylindermotor mit zwei Liter Hubraum und zwei Nockenwellen soll in Kombination mit einem verstärkten Vierganggetriebe den Antrieb des neuen Modells übernehmen. »5 Gänge möglich«, steht in der Aktennotiz über die Besprechung vom 9. Juni, und »billigere Variante: Motor 616 als Unterflur-Motor.« Der Typ 616 ist der Vierzylinder-Boxermotor, der in verschiedenen Varianten im 356 für Vortrieb sorgt. Bei der Fahrwerkentscheidung will man zunächst noch die Ergebnisse des Versuchs abwarten.

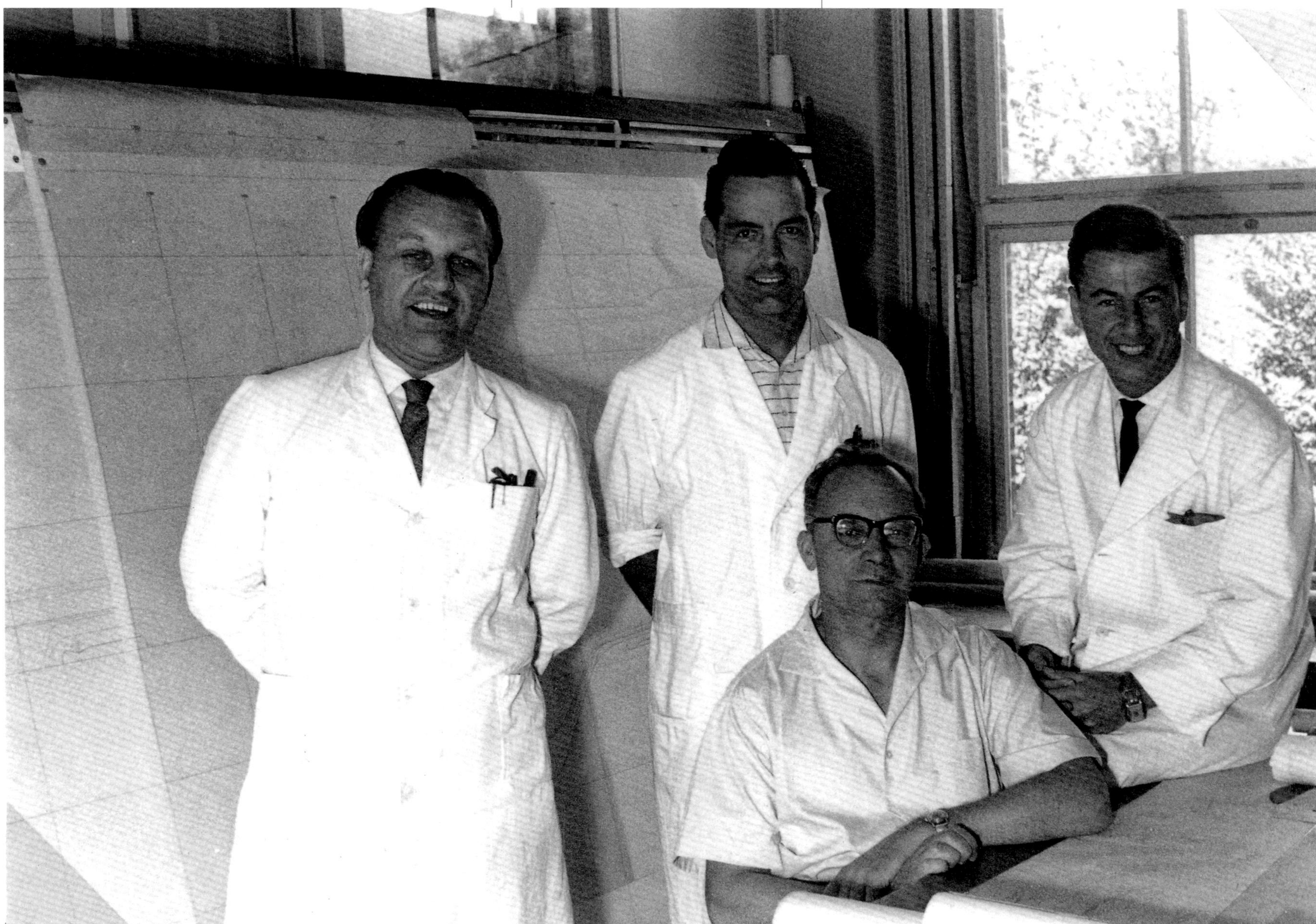

Für die technische Entwicklung des neuen Sportwagens setzt Porsche auf das Know-how kreativer Konstrukteure wie Planer, Epple, Reutter und Pfadenhauer (v. l.).

KOMPETENZGERANGEL: F. A. PORSCHE TROTZT ERWIN KOMENDA DIE DESIGNHOHEIT AB

Derweil zeichnet sich am Horizont ein für Porsche bisher unbekanntes Problem ab: Der Konflikt zwischen Design und Karosseriekonstruktion. Beide Entwicklungsbereiche liegen seit Bestehen der Marke in den Händen von Karosseriechef Erwin Komenda. Jetzt sitzt Ferdinand Alexander Porsche, seit 11. Dezember 1959 gerade einmal 24 Jahre alt, seit Jahresbeginn 1960 bei fast jeder Besprechung zum Thema T7 auf Abteilungsleiterebene an der Seite seines Vaters.

Das Design, das Ferdinand Alexander Porsche (2. v. l.) entwirft, wird von den Konstrukteuren verarbeitet und in technische Zeichnungen umgesetzt. Hier diskutiert er mit den Herren Bamberg und Benner sowie Georg Urbanczik (v. l.).

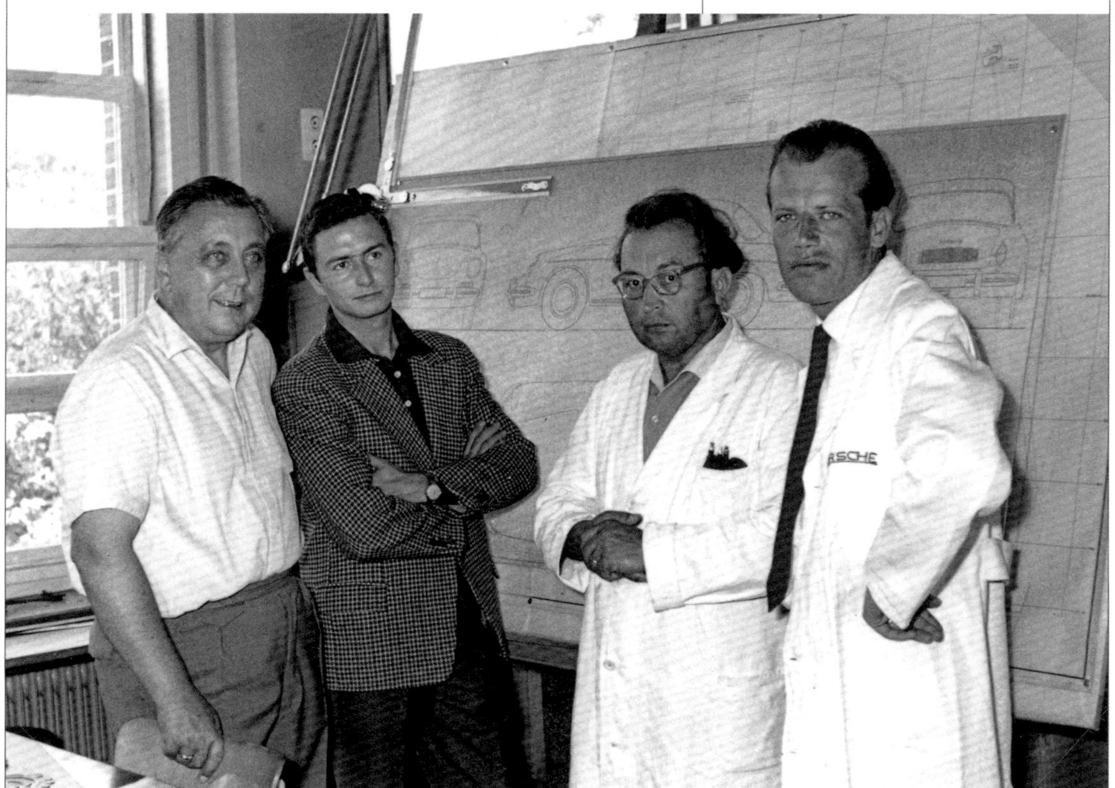

Offiziell arbeitet er »als Konstrukteur in der Modell-Abteilung des väterlichen Betriebs«, wie der »Spiegel« später schreibt. Tatsächlich gewinnt F. A. mit Rückendeckung von Ferry Porsche zunehmend Einfluss auf die formale Entwicklung der Sportwagen. Immerhin ist es sein Karosserieentwurf, der als Typ 695 zu dieser Zeit bei Reutter gebaut wird.

Das bleibt nicht ohne Interessenkonflikte: In einer vertraulichen Aktennotiz über eine Besprechung am 24. Juni 1960 von Vater und Sohn Porsche, Karl Rabe, Erwin Komenda, Getriebekonstrukteur Leopold Schmid, Heinrich Klie, Wilhelm Albrecht und Helmut Rombold ist notiert: »Es entwickelte sich ein langes Gespräch über die Widersprüche zwischen Styling und Fertigungsmöglichkeit der geplanten Karosse, insbesondere an Bug und Heck im Zusammenhang mit den Leuchteneinheiten bzw. Kühllufteinlaß für den Motor. Diese beiden Partien werden vom KB[3] in Zusammenarbeit mit der Modellabteilung gesondert untersucht.« Kompliziert wird die Konstellation zusätzlich dadurch, dass die Modellabteilung, in der F. A. Porsche arbeitet, organisatorisch der Konstruktionsabteilung von Erwin Komenda unterstellt ist. Die Lösung für den Lufteinlass sieht beim 695-Musterwagen so aus, dass mit Lamellen verkleidete Öffnungen seitlich vor den Rückleuchten in den Kotflügeln integriert sind.

Im Vordergrund stehen bei dieser Konferenz jedoch mehr technische Fragen. Neben neuen Richtlinien für die Fahrwerksentwicklung fällt die Entscheidung für den Einbau einer hydraulischen Kupplung. »Vom Versuch wurde erwähnt, daß wir bis jetzt mit der hydraulischen Betätigung nicht glücklich geworden sind. Es wurde zugesagt, sofort Versuche aufzunehmen, da angeblich die Firma Teves Fortschritte mit solchen Betätigungen erzielt habe.«

[3] KB = Konstruktionsbüro.

Vertraulich

Verteiler:
Herrn Porsche
Herrn Rabe
Herrn von Rücker
Herrn Komenda
Herrn L.Schmid
Herrn Klie I
Herrn Rombold

A k t e n n o t i z

über T VII Besprechung am 24.6.1960.

Anwesend: die Herren Porsche sr. und jr. , Rabe, Komenda, L.Schmidt, Albrecht, Klie I, Rombold.

Herr L.Schmid fordert Festlegung der Hauptabmessungen.

Verbindlich festgelegt: Spur vorne 1450 mm
Erwünscht: Spur hinten 1400 mm
Dazu: Es wird untersucht, ob die 1400 mm zu verwirklichen sind ohne wesentliche Änderung der Karosserie-Außenform.

Anzustreben ist: Radstand 2300 mm

Dazu: Der Radstand kann in geringen Grenzen variiert werden unter der Voraussetzung, daß die Gesamtlänge des Fahrzeugs nicht größer wird als bei 356 B + 20 cm.

Größte Höhe: nicht größer als 356 B

Bis jetzt geplant: gleiche Höhe

Räder: 15" ⌀, 5" breit

Reifen: 5,90 - 15 und 165 - 15
Die Rad- bzw. Reifengrößen sind verbindlich.

Hinterachse: Es ist festgelegt, daß die geknickte Hinterachse nicht kommt, weil die Gelenke nicht halten bzw. eine komplizierte und teuere Konstruktion notwendig wäre.

Kupplungsbetätigung: Es ist eine hydraulische Kupplungsbetätigung vorgesehen, weil damit bauliche Vereinfachungen erreicht würden.
Vom Versuch wurde erwähnt, daß wir bis jetzt mit der hydraulischen Betätigung nicht glücklich geworden sind. Es wurde zugesagt, sofort Versuche aufzunehmen, da angeblich die Firma Teves Fortschritte mit solchen Betätigungen erzielt habe.

Karosserie: Es entwickelte sich ein langes Gespräch über die Widersprüche zwischen styling und Fertigungsmöglichkeit der geplanten Karosse, insbesondere an Bug und Heck im Zusammenhang mit den Leuchteneinheiten bzw. Kühllufteinlaß für den Motor. Diese beiden Partien werden vom KB in Zusammenarbeit mit der Modellabteilung gesondert untersucht.
Über weitere T VII Punkte wurde nicht gesprochen.

- 2 -

- 2 -

T VI:

Herr L.Schmid wirft in Zusammenhang mit T VI folgende Fragen auf, da sie in etwa auch T VII tangieren:

1.) Soll der 2 ltr. Motor evtl. auch in den T VI Wagen eingebaut werden?

Herr Porsche schließt diese Möglichkeit nicht aus, je nach den Erfordernissen der Marktlage bzw. dem Einsatz des T VII. Getriebeaufhängung, Wattachse bleibt.

2.) Reicht das jetzige Getriebe für 616/7 auf die Dauer?

Antwort des Versuchs: für den jetzigen 616/7 gerade noch, für den in der Leistung und im Drehmoment verstärkten Einspritzmotor kaum. Also müßte für den Einbau des 2 ltr.Motors in den Wagen T VI eine Variante des neu konstruierten 2 ltr. Getriebes gebaut werden.

Stgt.-Zuffenhausen, 28.6.1960
FV/Ro-scho

(Rombold)

Neben technischen Fragen zum Programm T7 treten die Zielkonflikte zwischen Design und Konstruktion immer deutlicher zutage.

Wenig später präsentiert ein Vertreter von Teves am 7. Juli 1960 Teile der hydraulischen Kupplungsbetätigung für den Mercedes 220 als Beispiel für die serienreife Technik. Porsche hatte bereits im Technischen Programm 2 im 356 eine hydraulisch betätigte Kupplung erprobt, die jedoch nicht überzeugen konnte. Die Porsche-Konstrukteure vereinbaren mit dem Vertreter von Teves für das Technische Programm 7 – und damit für den Typ 754 – eine Neuentwicklung mit genauen Vorgaben: »gewünschter Fuß-druck 10 kg und weniger, Pedalweg 145 mm, Kupplungs-ausrückkraft 120 kg, Ausrückweg 8+2 mm. Auf unsere Bitte versprach er uns in der folgenden Woche einen Satz Versuchsteile [...] zukommen zu lassen.«

Drei Generationen Porsche: Ferry und sein Sohn Ferdinand Alexander unter dem Porträt von Ferdinand Porsche.

ERWEITERTER KAROSSERIEBAU: KARMANN UND REUTTER

Um den drohenden Kapazitätsengpässen durch die gestiegene Nachfrage nach dem 356 und den geplanten Produktionsbeginn des 754 vorzubeugen, vergibt Porsche die Fertigung von 3.000 festgeschweißten Hardtop-Coupé-Karosserien ab 1. Januar 1961 an Karmann. Ende Juni 1960 informiert der kaufmännische Leiter von Porsche, Hans Kern, den Reutter-Direktor Max Müller-Schöll über diese Entscheidung, versichert ihm jedoch, dass von den T7-Wagen »10 Stück täglich vorgesehen würden und 18 Stück auf das heutige T-V-Programm bzw. T-VI-Programm bei REUTTER weiterlaufen« – so vermerkt Kern es in seiner Aktennotiz über das Gespräch. Der Porsche-Manager weist Müller-Schöll dabei darauf hin, dass Reutter seine Kapazitäten für Karosseriefertigung und Lackiererei im geplanten Volumen ausbauen müsse.

Für Max Müller-Schöll klingen die Konkurrenz mit Karmann und der Investitionsstau bedrohlich. Er bittet um die »Zusicherung seiner weiteren Vollbeschäftigung für PORSCHE, worauf ich ihm sagte, daß diese ja durch die langjährige Verbindung an sich gegeben sei, er aber zum Ausdruck brachte, daß KARMANN – wenn die Ghia-Produktion rückläufig werden würde – auch alle Anstrengungen in puncto Preis und Ausführung machen wird, um den neuen Typ zu erhalten.
Ich schlug Herrn Müller-Schöll vor, daß eine festere Bindung zwischen PORSCHE und REUTTER durchaus möglich wäre, wenn er unseren schon vor Jahren gemachten Vorschlag über eine Beteiligung der Firma PORSCHE bei REUTTER in die engere Erwägung ziehen würde«, notiert Kern. Ein Angebot, das wenige Jahre später mit dem Verkauf von Reutter an Porsche enden wird.

Das Porsche Werk 2 hinter dem Karosseriewerk Reutter (mit schwarzem Dach). Hier soll neben der Montage des Typ 356 auch die des neuen Modells erfolgen. Die Aufnahme stammt vom Herbst 1962.

AUGUST 1960: DIE 695-KAROSSERIE KOMMT IN DEN WINDKANAL

Reutter kann beim Bau des 695-Musterwagens die Zeitverzögerung vom Mai aufholen und stellt die Karosserie so rechtzeitig fertig, dass der Prototyp am 11. und 12. August für aerodynamische Tests zur Verfügung steht.

Der 695 ermöglicht es den Konstrukteuren damit, bereits auf Luftwiderstandsmessungen zurückgreifen zu können, lange bevor die technische T7-Entwicklung zu Ergebnissen kommt. »Anschließend an die Windkanalversuche wird die Karosserie bei Reutter fertiggemacht«, so das Besprechungsprotokoll vom 18. Juli 1960.

Erstmals ist bei dieser Konferenz auch »Herr Porsche jun.« auf Seiten der Geschäftsleitung, gemeinsam mit seinem Vater und Karl Rabe, vermerkt. Die Prokuristen sind durch Huschke von Hanstein, Claus von Rücker und Walter Schmidt vertreten. Der Juniorchef berichtet über eine geplante Erprobung einer Eberspächer Fremdheizung bei der benachbarten Kühlerfabrik Behr. Diese Standheizung soll mit T7 einsetzen und im bevorstehenden Winter auch in 20 Porsche-Versuchsfahrzeugen eingebaut werden.

Die Windkanalversuche zeigen, dass das Design von F. A. Porsche auch aerodynamische Qualitäten hat: Bei einer Stirnfläche von 1,728 Quadratmetern ermitteln die Ingenieure für den 659 einen Luftwiderstandsbeiwert von $c_W = 0{,}344$. Damit liegt er zwischen dem 356 B mit $c_W = 0{,}398$ und dem Rennwagen 718/60 GT, dessen Luftwiderstandsbeiwert mit 0,325 gemessen wird.

Die Versuche im Windkanal der Technischen Hochschule Stuttgart verdeutlichen die aerodynamisch günstige Form des 695-Musterwagens.

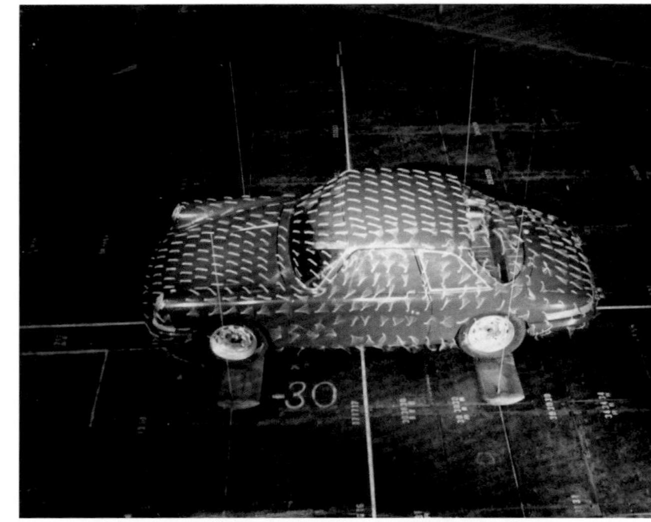

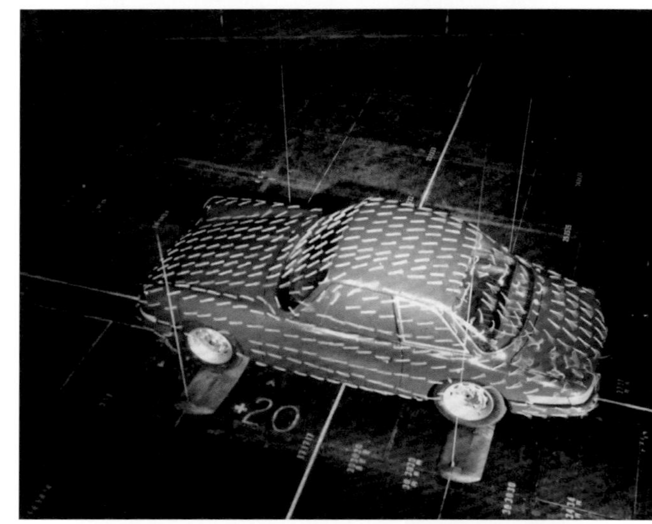

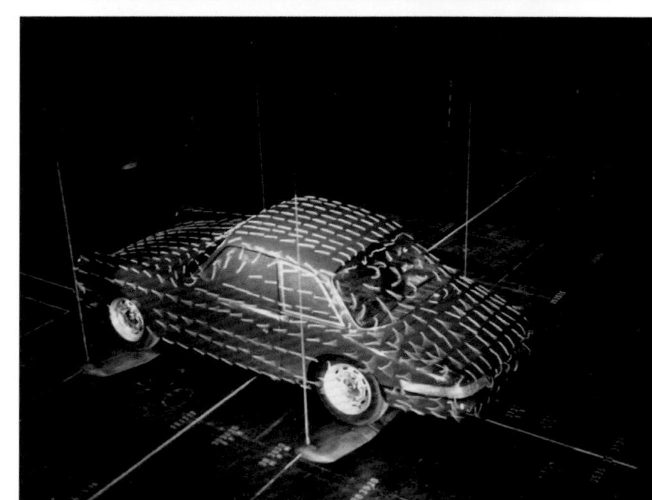

23. GL-Besprechung

AKTENNOTIZ

Betr.: Besprechung der Geschäftsleitung am 18.7.60

Anwesende:

Geschäftsleitung:	Prokuristen:
Herr Rabe	Herr v. Hanstein
" Kern	" v. Rücker
" Porsche jun.	" Schmidt

2.) Am 11. und 12.8.60 soll der Prototyp, Vorläufer T 7, in den Windkanal kommen. Die Montage für die Windkanalversuche führt der Versuch durch. Anschließend an die Windkanalversuche wird die Karosserie bei REUTTER fertiggemacht. — H. Rabe, H.v.Rücker

10.) Herr Porsche jun. teilte mit, daß die Firma BEHR daran interessiert sei, in ihren Versuchsräumen die EBERSPÄCHER Fremdheizung zu erproben. Herr v. Rücker wird sich mit der Fa. BEHR deshalb ins Einvernehmen setzen. Diese Fremdheizung soll erst mit T 7 einsetzen, so daß der kommende Winter für die Erprobung noch zur Verfügung steht. Herr v. Rücker hat die Heizung freigegeben, und es wurde angeregt, daß 20 Fremdheizungen bis Winter-Anfang in unsere Hausfahrzeuge zwecks Erprobung eingebaut werden. Der Preis für 20 Versuchsheizungen ist zu ermitteln. Wenn die Kosten bekannt sind, wird die GL über diese Vorversuche entscheiden.
Sobald der Versuchswagen mit dem Einbau der Fremdheizung nach den Betriebsferien fertiggestellt ist, muß das Kobü die zeichnungsmäßige Erfassung durchführen. — H. Rabe, H. Porsche jr., H. Kern, H.v.Rücker, H. Kirn

Die Karosserie des Musterwagens ist im August 1960 für Windkanalversuche vorgesehen. Deren Designer Ferdinand Alexander Porsche übernimmt erstmals bei einer Sitzung der Geschäftsleitung eine tragende Rolle.

Windkanal-Meßergebnisse der verschiedenen Porsche-Typen

			F (m^2)	c_w	F . c_w
1.)	Porsche Typ 356 B	Coupé, Streckl.	1,611	0,398	0,641
2.)	Porsche Typ 695 Entw.Porsche jun.	Strecklage	1,728	0,344	0,594
3.)	Porsche Carrera	Abarth, Streckl.	1,432	0,376	0,538
4.)	Porsche Typ 718/60 (langer Heckaufsatz)	GT, Streckl.	1,406	0,325	0,459
	kurzer Heckaufsatz		1,406	0,329	0,464
5.)	Porsche Spyder 718/60 (normal) (mit Fahrer, Strecklage)				0,583
	Le Mans-Ausführung (mit Fahrer, Strecklage)				0,535
6.)	Formel II, Normalausführung (mit Fahrer) / Formel II (Entw.Porsche jun.) (mit Fahrer)				0,471

Stgt.-Zuffenhausen, 22.8.1960
FV/Bo-scho

(Bott)

Mit einem Luftwiderstandsbeiwert von c_W=0,344 ist der von Ferdinand Alexander Porsche entworfene Typ 695 deutlich besser als der Typ 356. Spitzenreiter der Vergleichsmessung ist der 718/60 Spyder mit c_W=0,325.

PROTAGONISTEN

WALTER SCHMIDT

Vertrieb
Stellvertretender Kaufmännischer Leiter
1949–1962 bei Porsche

leitet seit Beginn der Fahrzeugproduktion von Porsche in Stuttgart den Gesamtverkauf. Wiederholt drängt er auf neue Modelle, um Porsche am Absatzboom der 1950er und 1960er Jahre zu beteiligen. Er ist eine treibende Kraft bei der Entwicklung des 356-Nachfolgers.

Walter Schmidt, geboren am 13. März 1908, kommt im Oktober 1949 zu Porsche. Als Verkaufsleiter baut er das Händlernetz im In- und Ausland auf. 1955 wird er mit dem zunehmenden Markterfolg von Porsche zum Gesamtprokuristen ernannt. Zu seinem Ressort gehört neben dem gesamten Vertrieb auch die Kundendienstleitung. Dies betrifft nicht nur die Sportwagen, sondern auch den neuen Produktionszweig der Industrie-, Boots- und Flugmotoren.

Im Februar 1960 steigt Walter Schmidt als Stellvertreter des Kaufmännischen Leiters in die Geschäftsleitung auf. In dieser Funktion obliegen ihm neben seinem bisherigen Aufgabenbereich die Marktforschung, die kaufmännische Zentralplanung, das Rechts- und Vertragswesen und der Behördenverkehr sowie die Koordination der Karosserielieferanten. Außerdem wird er mit Sonderaufgaben der Organisation, Rationalisierung und des Finanzwesens betraut.

Seine Personalakte attestiert Walter Schmidt ausgeprägte kaufmännische Fähigkeiten, hohes technisches und juristisches Verständnis sowie besonderes Verhandlungsgeschick. Er sei eine »dynamische Persönlichkeit mit unternehmerischem Schwung und eigener Initiative.«.

Im Herbst 1962 endet die Tätigkeit von Walter Schmidt bei Porsche abrupt. Karl Rabe notiert in seinem Tagebuch: »Walter Schmidt (Verkaufsleiter) ist mit sofortiger Wirkung beurlaubt, Prokura entzogen, verschiedene Vorkommnisse.«

ZWISCHENZEUGNIS

Herr Walter S c h m i d t , geboren am 13.3.1908, ist seit 1.10.1949 in unserer Firma tätig.

Neben seinen kaufmännischen Fähigkeiten kamen ihm sein technisches und juristisches Verständnis, seine Erfahrungen in der Menschenführung und sein Verhandlungsgeschick besonders zugute.
Er ist eine dynamische Persönlichkeit mit lauterem Charakter, unternehmerischem Schwung und eigener Initiative. Mit hoher Intelligenz, Einsatzbereitschaft und Wendigkeit versteht er es, zu überzeugen und sich auch gegen Widerstände durchzusetzen.

Stuttgart-Zuffenhausen,
den 20. Dezember 1962

Dr. Ing. h. c. F. Porsche K.-G.
F. Porsche

Das Zwischenzeugnis für Walter Schmidt fällt trotz seines abrupten Ausscheidens positiv aus.

PROTOTYP UND VORBILD: DER 695-MUSTER-WAGEN VON F. A. PORSCHE

Über den Windkanalversuchen mit der 695-Karosserie und den Betriebsferien ist es Herbst geworden. Der T7-Musterwagen steht vor seiner Vollendung. F. A. Porsche gibt dazu in einem Schreiben vom 27. September genaue Anweisungen. Lackierung und Ausstattung des Wagens 695.50 »ist wie folgt auszuführen:

Lackierung:	reihergrau 6007
Teppich:	Bouclé, schwarz, R3707
Bezug:	Kunstleder schwarz R 332
Polsterstoff:	schwarz-rot kariert, Stoff wird angeliefert
Himmel:	beige-grau«

Exakt diese Innenausstattung hat der 695-Prototyp noch immer: Er steht heute im Porsche Museum, allerdings mit einer anderen – einer grünen – Lackierung. Wahrscheinlich ist dieser Farbwechsel bereits in den 1960er Jahren erfolgt.

An Allerheiligen, dem 1. November 1960, ist der Prototyp des 695 fertig. Technikchef Karl Rabe notiert in seinem Tagebuch: »Ich bin um 10.00 Uhr zur Vorstellung des neuen Modells T7 mit Ferry, Butzi, Herr von Rücker, Hans Kern,

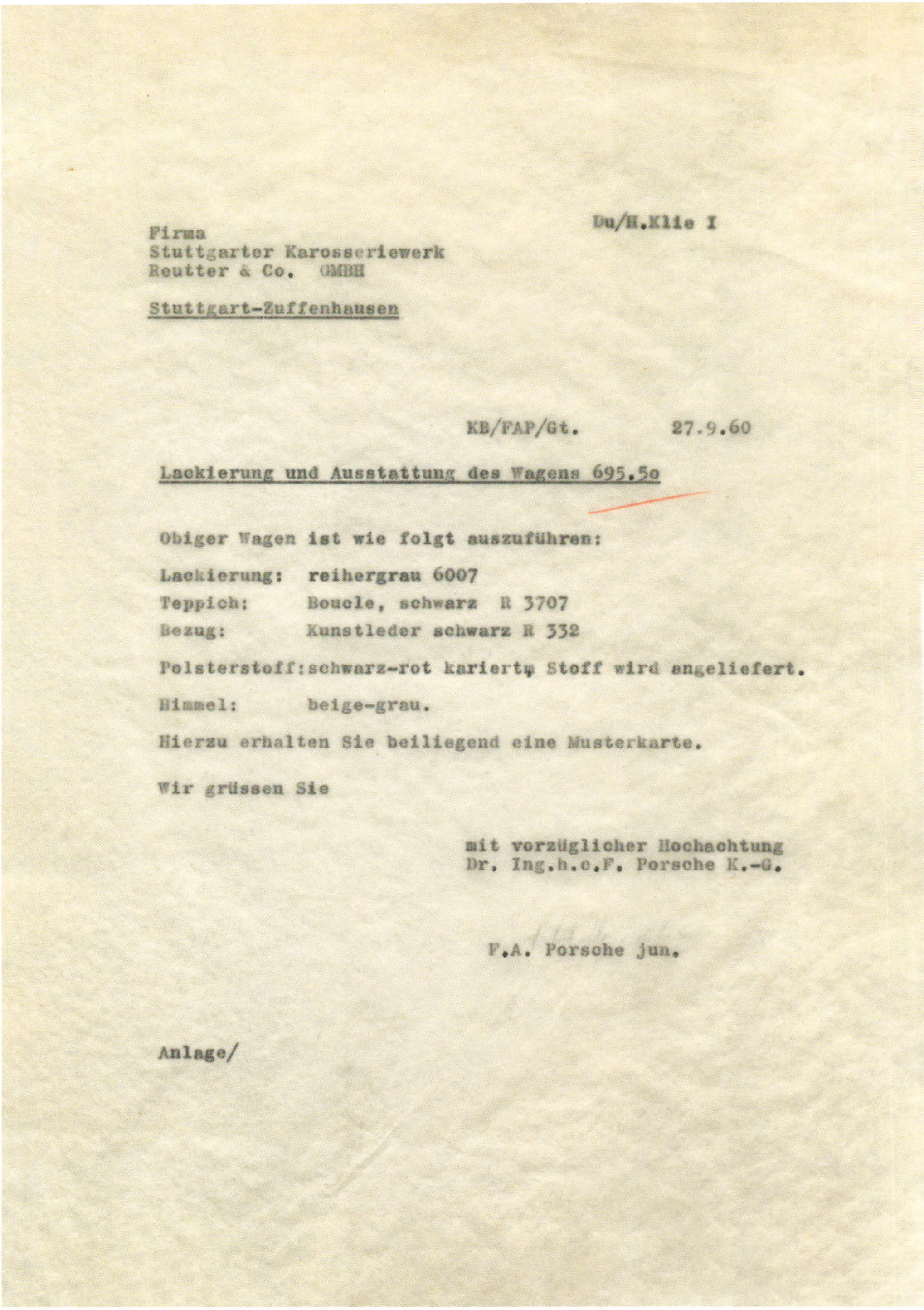

Firma
Stuttgarter Karosseriewerk
Reutter & Co. GMBH

Du/H.Klie I

Stuttgart-Zuffenhausen

KB/FAP/Gt. 27.9.60

Lackierung und Ausstattung des Wagens 695.5o

Obiger Wagen ist wie folgt auszuführen:

Lackierung: reihergrau 6007
Teppich: Boucle, schwarz R 3707
Bezug: Kunstleder schwarz R 332
Polsterstoff: schwarz-rot kariert, Stoff wird angeliefert.
Himmel: beige-grau.

Hierzu erhalten Sie beiliegend eine Musterkarte.

Wir grüssen Sie

mit vorzüglicher Hochachtung
Dr. Ing.h.c.F. Porsche K.-G.

F.A. Porsche jun.

Anlage/

Nach seiner Fertigstellung entspricht der 695-Musterwagen genau den Vorgaben von F. A. Porsche.

Im September 1960 gibt Ferdinand Alexander Porsche bei Reutter Farbe und Ausstattung seines Musterwagens in Auftrag (links).

Walter Schmidt, Erich Hirsch, Leopold Schmid, Kirn, Rombold, Harald Wagner und Wolfgang Raether im Versuch Werk I.« Die Karosserie entspricht dem Modell, das F. A. Porsche vor rund einem Jahr fertiggestellt hatte. Die Verwandtschaft zum späteren 901/911 ist unübersehbar. Nur das Heck unterscheidet sich deutlich: Um den Fondpassagieren die gewünschte Kopffreiheit zu bieten, hat F. A. Porsche das Dach nur leicht abgesenkt, dafür die Heckscheibe steiler gestellt. Um genügend Platz für den Antrieb zu schaffen, gestaltet er das Heck abgesattelt; zwischen Scheibe und Motordeckel entsteht der mit dieser Designlösung verbundene Knick. Die Silhouette ähnelt ab der Wagenmitte damit dem 356 Hardtop. Im Unterschied zu den früheren Konstruktionszeichnungen sind die vorderen Ecken des Heckdeckels nicht trapezförmig oder spitz, sondern abgerundet. Auch die Heckscheibe fügt sich ohne Ecken in den Rahmen ein.

Das Fahrgestell stammt vom 644 und trägt die Nummer 13115. Die beiden ersten Ziffern sind typisch für die Prototypen von Porsche und finden sich später bei den 901-Versuchsfahrzeugen wieder. Die Bodengruppe ähnelt sehr stark dem 356 C, der erst 1963 vorgestellt wird. Größter Unterschied: Der Radstand ist von 2.100 Millimetern beim 644 auf 2.300 Millimeter verlängert. Vorn ist die althergebrachte Kurbellenkerachse verbaut, die einst Ferdinand Porsche für den Volkswagen »Käfer« entwickelt und die sein Sohn Ferry für den 356 übernommen hatte. Die Spurweite des Einzelstücks (alle Maße am Museumsauto gemessen) liegt bei 1.326 Millimetern, 20 Millimeter breiter als beim 356.

Fertigmontage des Musterwagens bei Porsche. Wie rechts oben zu sehen ist, wird ein Vierzylindermotor eingebaut.

Auch die Pendelachse hinten entspricht dem 644. Allerdings sind die Räder etwas näher zusammengerückt, die Spurweite beträgt rund 1.267 Millimeter. Der 356 A hat hier zum Vergleich 1.272 Millimeter. Zahlreiche Komponenten stammen aus der Versuchsabteilung und werden zu diesem Zeitpunkt noch im Rahmen von T6 erprobt. So beispielsweise die Scheibenbremsen an allen vier Rädern. Auch diese gehen erst im 356 C in Serie, allerdings in einer anderen Ausführung und von einem anderen Hersteller.

Die Haube trägt den Schriftzug 1600 Super, ein Hinweis auf die Motorisierung: Als Antrieb des Prototyps 695 dient ein Vierzylindermotor aus dem 356; die Leistungsvariante ist nicht dokumentiert. Der geplante Sechszylinder ist noch nicht so weit – dieser Konstruktionsauftrag wurde erst im Juni 1959 erteilt.

Die fertiggestellte Karosserie des 695-Musterwagens in der Originalfarbe »reihergrau« vor der Komplettierung mit Fahrwerk und Antrieb.

Von der ersten Probefahrt am 1. November 1960 geben viele Veröffentlichungen ein Zitat von Fahrversuchschef Helmuth Bott wieder: »Das Auto können wir vergessen.« Allerdings lässt sich in den Unterlagen des Porsche-Archivs kein Protokoll dieser Fahrt, geschweige denn ein Beleg für das Urteil von Helmuth Bott finden.

Der einzig gebaute und fahrbare 695 dient fortan zwei Zwecken: zum einen als Musterwagen für die Entwicklung des neuen Porsche 2+2-Sitzers 754, zum anderen zeitweilig als Versuchsträger für die Motorenentwicklung. Später verschwindet er aufs Altenteil und wird 2001 aufwendig restauriert.

Der Musterwagen Typ 695 wird nach seiner Fertigstellung von den Konstrukteuren und Modelleuren ausgiebig begutachtet.

Der fertige Prototyp des 695 in der Porsche Versuchsabteilung. Auf der Motorhaube steht der Schriftzug »1600 Super«. Die unterschiedlichen Kennzeichen an Front und Heck sind reine Phantasienummernschilder aus der Karosserieentwicklung.

PORSCHE TYP 695 (T7)

In der zweiten Hälfte der 1950er Jahre intensiviert Porsche die Planungen für einen 2+2-sitzigen Sportwagen. Nach verschiedenen Anläufen kommt der wegweisende Entwurf von Ferry Porsches ältestem Sohn Ferdinand Alexander. Der junge Designer präsentiert 1959 seinen Vorschlag für den Typ 695. Mit der charakteristischen Frontpartie bis zu den A-Säulen und dem Verlauf der Gürtellinie nimmt das Modell bereits Charakterzüge des späteren 901 vorweg. Auf Basis des Entwurfs entsteht dieser Prototyp auf einem um 200 Millimeter verlängerten und abgeänderten Chassis eines 356. Den Antrieb übernimmt ein im Heck positionierter Vierzylindermotor. Seine Jungfernfahrt absolviert dieser 695 am 1. November 1960. Als sogenannter Musterwagen dient er zunächst für die Karosserieentwicklung im Rahmen des Technischen Progammes 7, kurz T7 genannt. Später entwickelt das Designteam unter der Leitung von Ferdinand Alexander Porsche nach diesem Vorbild im Rahmen des T8 den Typ 901. Anschließend nutzt das Unternehmen den Musterwagen als Versuchsfahrzeug bei der Erprobung des Sechszylinder-Boxermotors. Mitte der 1960er Jahre erhält der ursprünglich reihergrau lackierte 695 diesen dunkelgrünen Farbton.

TECHNISCHE DATEN*	
Baujahr:	1960
Motor:	4-Zyl. Boxer
Hubraum:	1966 ccm
Leistung:	96 kW (130 PS)
Höchstgeschwindigkeit:	200 km/h

* Stand heute

PORSCHE

PORSCHE

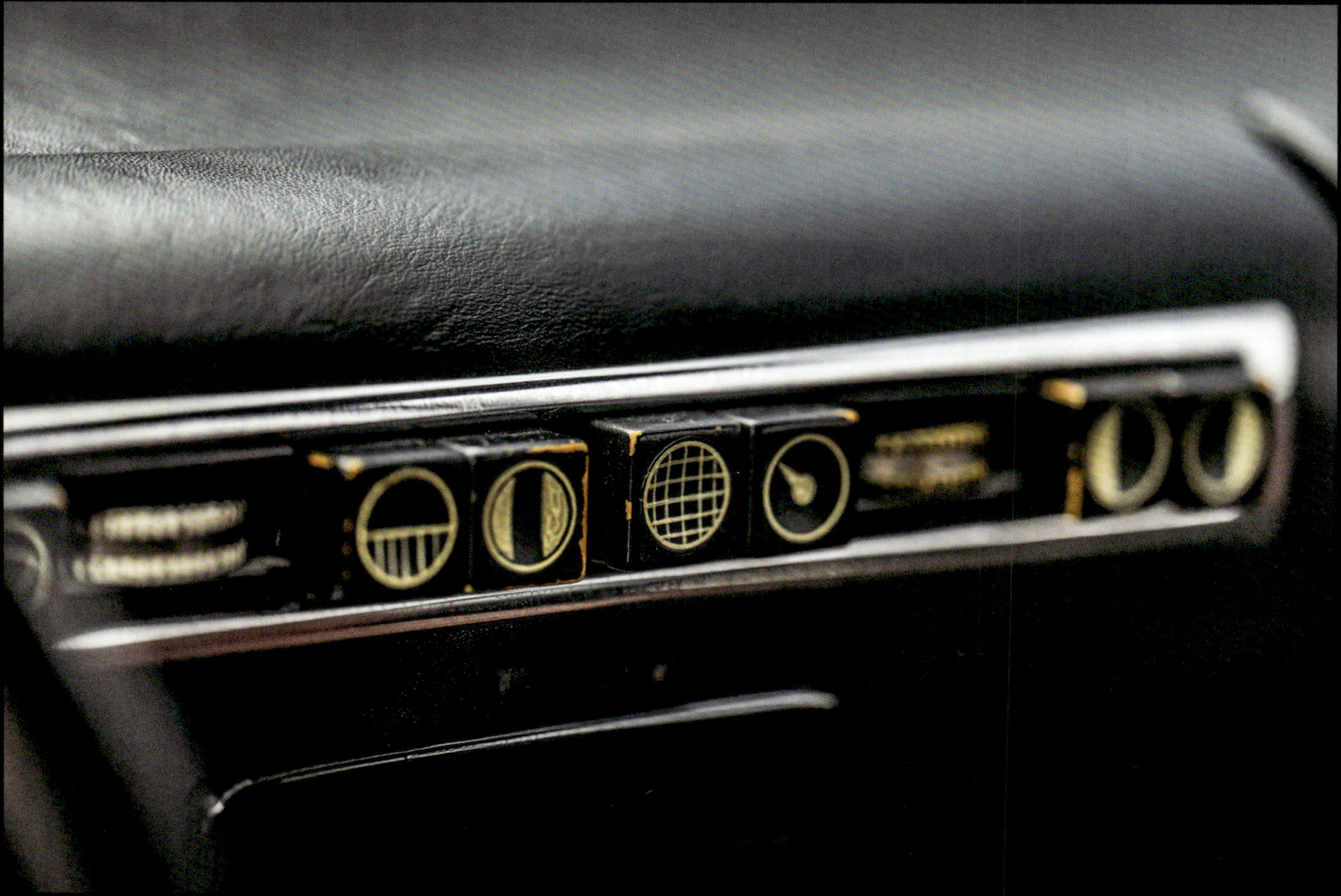

Reutter
KAROSSERIE

12
VOLT

PORSCHE

ERWIN KOMENDA WILL MEHR PLATZ IM T7

F. A. Porsches Entwurf vom künftigen Sportwagenmodell ist nicht unumstritten. Insbesondere Erwin Komenda hat deutlich andere Vorstellungen. Die Kluft zwischen Ferry Porsche und seinen Vertrauten einerseits und dem Chefkonstrukteur der Karosserieabteilung andererseits tritt immer deutlicher zu Tage. In einer Sitzung von Geschäftsleitung und Prokuristen kurz nach Fertigstellung des 695-Musterwagens gibt Chefkonstrukteur Karl Rabe zu Protokoll:

> **»In Zusammenhang mit der Besichtigung der T7-Karosserie teilt Herr Rabe mit, daß Herr Komenda die Ansicht vertrete, daß die Karosserie breiter sein müßte und daß auch zu wenig Platz vorhanden wäre. Hierzu kein Kommentar!«**

Ein schweres Erbe: Der 356 ist 1960 wieder ein weltweiter Verkaufserfolg.

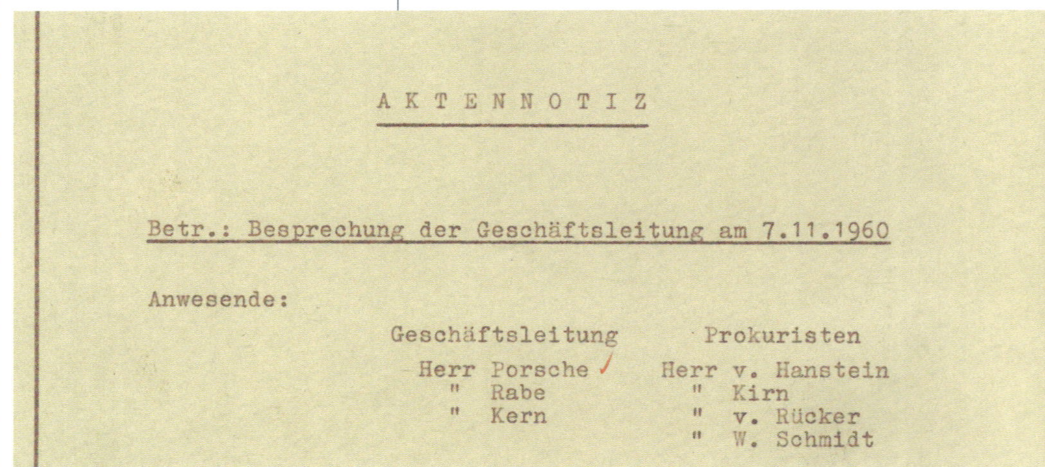

AKTENNOTIZ

Betr.: Besprechung der Geschäftsleitung am 7.11.1960

Anwesende:

Geschäftsleitung	Prokuristen
Herr Porsche	Herr v. Hanstein
" Rabe	" Kirn
" Kern	" v. Rücker
	" W. Schmidt

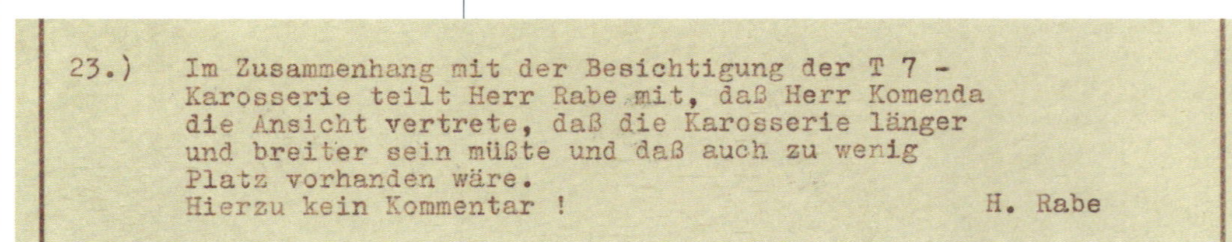

23.) Im Zusammenhang mit der Besichtigung der T 7 - Karosserie teilt Herr Rabe mit, daß Herr Komenda die Ansicht vertrete, daß die Karosserie länger und breiter sein müßte und daß auch zu wenig Platz vorhanden wäre.
Hierzu kein Kommentar ! H. Rabe

Erwin Komenda schwebt eine längere und breitere Karosserie als die des Musterwagens vor, was offenbar auf wenig Zustimmung stößt.

Komenda, der bei dieser Sitzung nicht anwesend ist, will offenbar ein für alle Mal die immer lauter werdende Kundenkritik am 356 beschwichtigen, die der »Spiegel« so formuliert: »Ein Porsche hat nur zwei vollwertige Sitzplätze, und es gilt als ausgemacht, daß ein Porsche-Fahrer mangels ausreichenden Kofferraums bei längeren Reisen sein Gepäck vorausschicken muß.« Das Dilemma liegt darin, dass der so geschmähte Sportwagen nach wie vor ein weltweiter Erfolg ist, was hohe Ansprüche an einen Nachfolger erwarten lässt. Am Jahresende 1960 werden es 7.499 produzierte Fahrzeuge sein und der Umsatz wird erstmals über 100 Millionen D-Mark liegen. Mit 2.950 in den USA verkauften Wagen hat die Marke ihren Anteil auf dem weltgrößten Sportwagen-

Das Schiebedach ist eine der meistgewünschten Sonderausstattungen bei den geschlossenen Sportwagen. Verkaufschef Wolfgang Raether pocht deshalb bei der Entwicklung des T8 darauf, diese Option vorzusehen.

markt gegenüber 1955 verdoppelt. Allerdings steuert die Fahrzeugproduktion nur einen Teil des wirtschaftlichen Erfolges bei: »Porsche beschäftigt weit mehr Ingenieure und Zeichner, als ein Werk dieser Größenordnung für seinen eigenen Bedarf benötigt«, schreibt der »Spiegel«. »Denn 50 Prozent der Kapazität des Porsche-Konstruktionsstabs sind ständig durch Fremdaufträge beansprucht«. 732 Arbeitern stehen 518 Angestellte gegenüber, in der Relation weitaus mehr als bei jedem anderen Automobilhersteller.

Die Diskussion um das Grundkonzept des T7 strapaziert offenbar Ferry Porsches Geduld. Seit Jahren wird an einem neuen Modell gearbeitet und nach den bisherigen Irrwegen soll es endlich vorangehen. Am Nachmittag des 11. November 1960 erhöht der Firmenchef die Schlagzahl und setzt seiner Führungsmannschaft Termine: »Herr Schmid fertigt Unterlagen für das Fahrgestell im Maßstab 1:10 bis zum 26.11. an und übergibt diese dann an Herrn Komenda. Herr Komenda fertigt mit den Unterlagen von Herrn Schmid seine Projektzeichnungen an bis zum 19.12.60.« An diesem Tag ist die nächste Besprechung über das Programm T7 bei dem Firmenchef angesetzt. Die knappen Zeitfenster und die Tonalität der Besprechungsniederschrift lassen vermuten, dass die fortschreitende Rivalität und die unterschiedlichen Vorstellungen über die Produktstrategie in seinem Führungsstab den Fortschritt des T7-Projektes lähmen.

Erfolgssportwagen: Im Geschäftsjahr 1960 durchbricht der Umsatz von Porsche mit 7.499 produzierten Fahrzeugen erstmals die Grenze von 100 Millionen D-Mark.

Blick in eine noch ungewisse Zukunft: Ferry Porsche 1960 an einem Porsche 356 B Coupé in der Abteilung Wagenauslieferung im Fabrikhof Werk 2 in Stuttgart-Zuffenhausen.

DIE INTERIEURVERSUCHE BEGINNEN MIT DEM T7-VORLÄUFERWAGEN

Der im Frühjahr beschlossene Vorläuferwagen des 754 mit der »Gottlieb«-Mercedes-Vorderachse, der als Erprobungsträger für die technische Entwicklung parallel zum 695-Musterwagen entstand, ist jetzt ebenfalls fertig und wird sogleich für Packagetests verplant. Der Versuch wird damit beauftragt, zwei Vordersitze zu besorgen, die zehn Zentimeter breiter als die 356-Sitze sind. Für den Einbau sollen die Seitenholme des Versuchsträgers so schmal gemacht werden, dass die Sitze montiert werden können. »Der Wagen muss trotz der verschwächten Rahmenholme fahrbereit sein, um die Sitzposition, Lenkradposition usw. im Fahrbetrieb beurteilen zu können«, lautet die Vorgabe. »Ebenso muss der Versuch die Lenkung in die zeichnungsmässig richtige Lage bringen.« Als verantwortlichen Sachbearbeiter der Versuchsabteilung für das T7-Projekt bestimmt das Gremium Helmuth Bott. Der Versuchsträger wird entsprechend umgerüstet. Auf welcher Karosserieform er basiert, ist nicht dokumentiert; vermutlich handelt es sich um ein umgearbeitetes 356 Coupé.

Auf der Rennstrecke für die Serie lernen: Fahrversuchsleiter Helmuth Bott (2. v. l.) bei Testfahrten mit dem 718/2 am Nürburgring im Juli 1960.

Zuffenhausen im Aufbruch: Die Hauptverkehrsachse Schwieberdinger Straße im Jahr 1961, rechts das Porsche Werk 1, links Werk 2.

Knapp vier Wochen später zieht Helmuth Bott anlässlich einer Probefahrt am 8. Dezember 1960 eine erste Bilanz: Um die im Technischen Programm 7 beschlossene Lenkradstellung zu erreichen, arbeiteten die Ingenieure zwei Gelenke in die Lenksäule ein. Ferry Porsche ist mit der Anordnung zufrieden, Claus von Rücker und Helmut Rombold haben kleine Änderungswünsche. Da diese aber geringfügig sind, werden am Vorläuferwagen vorerst keine Änderungen an der Sitzposition mehr durchgeführt. Allerdings gibt es andere Kritikpunkte, etwa dass die Heckscheibe keine funktionierende Antibeschlagfunktion hat. Von Rücker schlägt eine Luftabsaugung vor, Ferry Porsche die Beaufschlagung der

Heckscheibe von außen mit warmer Motorluft. Die Nachbesserungsliste wird lang: Zahlreiche Mängel wie Leerlauf, Scheinwerfereinstellung, polternde Hinterachse und laute Heizungsgeräusche sind zu beheben. Zudem wird der sehr unkomfortable Fond bemängelt.

Diese Notsitz-Attrappe ist eines der großen Themen bei der für den 19. Dezember 1960 angesetzten nächsten Sitzung des Führungsgremiums. Die vom Konstruktionsbüro entworfene Lösung kann »hinsichtlich der Kopfhöhe und der für das Gesäß vorhandenen Sitzbreite« nicht überzeugen. Zur Lösung dieses Problems trifft Ferry Porsche eine Entscheidung, die Auswirkungen bis auf die Silhouette des 901 haben wird und zunächst konstruktiv in den Karosserie-Entwürfen für den T7 vorgesehen wird: »Da das Sitzkissen (Gummiroßhaar) nicht mehr weiter abgesenkt werden kann, ohne eine Mindestbodenfreiheit bei voller Durchfederung der Hinterachse (Anschlag Metall auf Metall) zu unterschreiten, entschied Herr Porsche sen., dass die heutige Dachabschlußkante um 30 mm horizontal nach hinten genommen und das Rückwandfenster selbst unter Weglassung des Absaugschlitzes, jedoch unter Beibehaltung des Absatzes angehoben werden soll. Der Absatz selber kann in seiner Höhe auf etwa 15–16 mm verringert werden.« Das Protokoll verweist auf eine Konstruktionszeichnung, die diese Dachverlängerung bereits enthält und am 17. Dezember 1960 von Fritz Blaschka signiert wird. Diese Zeichnung im Maßstab 1:10 mit der Nummer 695.003.504.50 trägt die Bezeichnung »Innenraum-Untersuchung mit Unterbau 754«. Entsprechend der Typschlüsselnummer ist eine vom Musterwagen ausgehend weiterentwickelte 695-Karosserie dargestellt, kombiniert mit einem aufwendigen und modernen Fahrwerk (→ Fahrwerkentwicklung) – und einem Sechszylinder-Boxermotor.

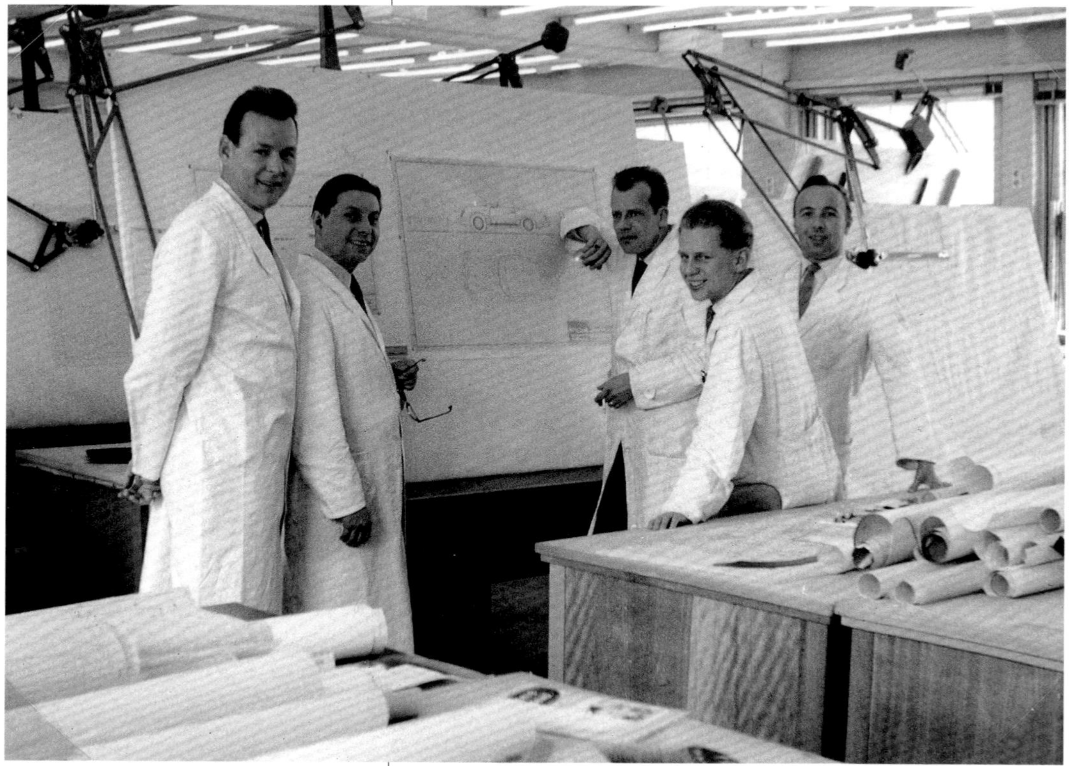

Fünf Konstruktionszeichner aus der Kernmannschaft der Karosserieentwicklung: Willi Vetter, Karl Vettel, Georg Urbanczik, Rudi Maier und Walter Hüttisch (v. l. n. r.).

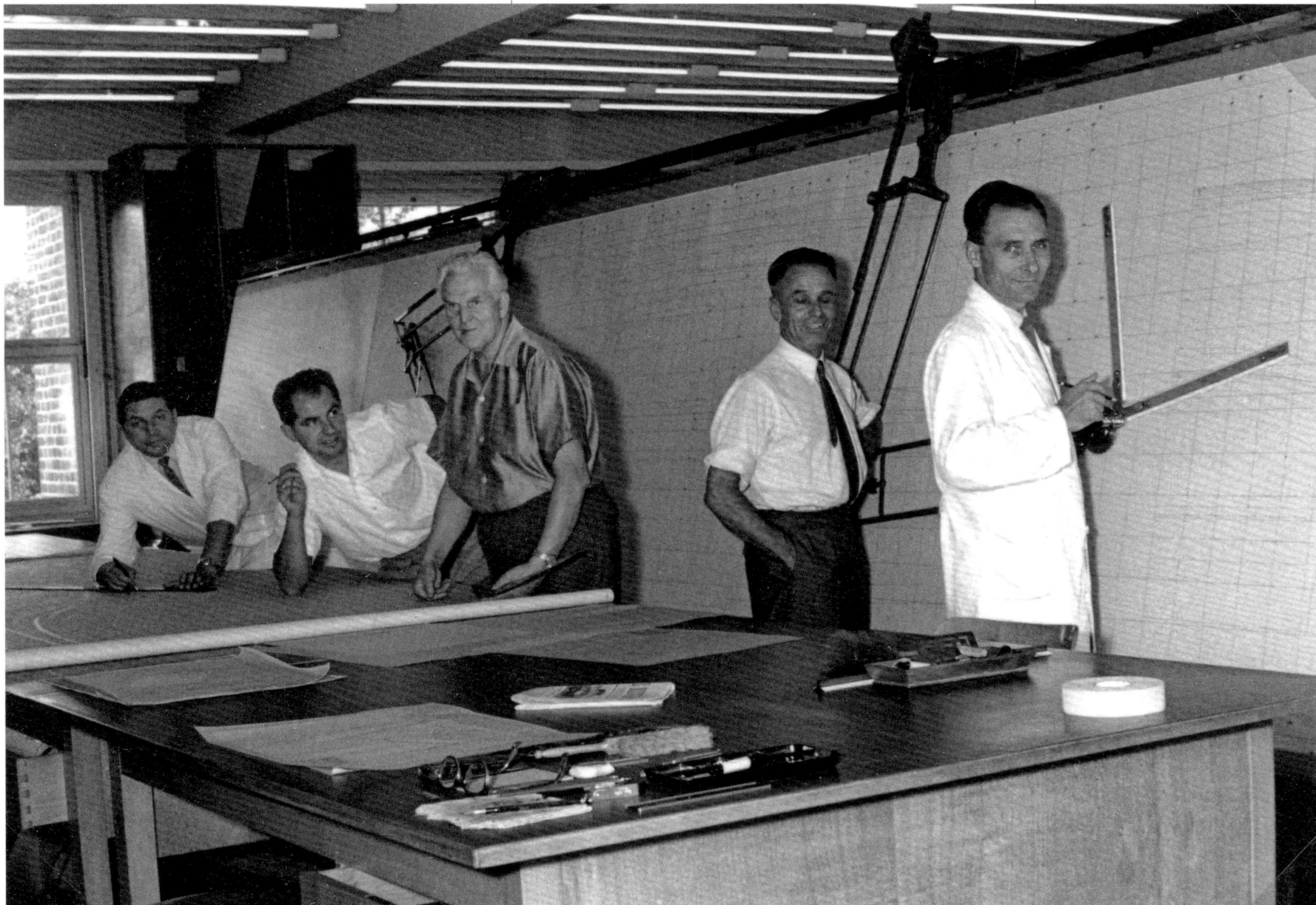

Die Konstruktionsabteilung von Porsche ist nicht nur mit Eigenentwicklungen, sondern auch mit Fremdaufträgen voll beschäftigt. Immer wieder fehlen Fachkräfte.

Eingegangen - TWL
Datum: 23. DEZ. 1960

H. v. Rücker
H. Bott z. k.

A k t e n n o t i z

über Besprechung T 7 am 12. und 13. Dezember 1960

Anwesend: 12.12.6o Herr Porsche sen., Herr Porsche jun.,
Herren Rabe, v.Rücker, L.Schmid, Komenda, Rombold, Mozelt, Blaschka, Rist, Stotz.

13.12.6o Herr Porsche sen.,
Herren Komenda, Schmid, Blaschka, Schröer, Mozelt, Hofmann, Rist, Eyb, Stotz

Betr.: Fahrgestell:

Es wurde folgendes festgelegt:
Der Radstand bleibt mit 232o mm. Spur vorn 1400, Spur hinten 135o.
Zur Verbesserung der Bodenfreiheit soll die Höheneinstellung des Hinterachslenkers an das äußere Lager verlegt werden. Dadurch ist es möglich, den inneren Lagertopf in die Karosserie einzuschweißen.
Stoßdämpfer und Schraubenfedern, vorn und hinten, bilden eine Einheit (Federbein). Das karosserieseitige Stoßdämpfergelenk ist als Puffergelenk ausgebildet und überträgt gleichzeitig die Federkräfte. Detailfragen über die Stoßdämpfer sollen mit den zuständigen Firmen besprochen werden.
Die Aufhängung des Triebwerkes soll vorn am Getriebedeckel (schaltungsseitig) und an der hinteren Stirnseite des Motors (auspuffseitig) angebracht werden.
Die Fahrgestellabteilung verpflichtet sich, innerhalb weniger Tage zusammengezeichnete Unterlagen von Vorderachse und Lenkung der Karosserieabteilung zur Verfügung zu stellen.
Die nächste Besprechung findet am 12.Januar 1961 statt.

Betr.: Karosserie
Gemäß der Aktennotiz vom 17.11.6o fand am 19.12.6o bei Herrn Porsche eine weitere Besprechung über das Programm T 7 statt, in deren Verlauf auch die vom Kobü-A erstellte Notsitz-Attrappe begutachtet wurde. Der Fahrersitzraum selber war auf Grund einer am 8.12. stattgefundenen Probefahrt mit dem T 7 - Vorläufer von Herrn Porsche für gut befunden worden. Nähere Einzelheiten darüber sind in der Aktennotiz vom 15.12. enthalten. Auf Grund dieser Begutachtung werden die Lage der Lenkung, der Pedale und des Fahrersitzes aus dem T 7 - Vorläufer vorläufig ohne Änderungen übernommen.
Die Erprobung der Notsitz-Attrappe ergab einige Beanstandungen hinsichtlich der Kopfhöhe und der für das Gesäß vorhandenen Sitzbreite. Da das Sitzkissen (Gummiroßhaar) nicht mehr weiter abgesenkt werden kann ohne eine Mindestbodenfreiheit bei voller Durchfederung der Hinterachse (Anschlag Metall auf Metall) zu unterschreiten, entschied Herr Porsche sen., dass die heutige Dachabschlußkante um 3o mm horizontal nach hinten genommen und das Rückwandfenster selbst unter Weglassung des Absaugschlitzes, jedoch unter Beibehaltung des Absatzes angehoben werden soll.

-2-

Dr.-Ing. h. c. F. Porsche K.-G. Stuttgart-Zuffenhausen

- 2 -

Der Absatz selber kann in seiner Höhe auf etwa 15 - 16 mm verringert werden. Diese Dachverlängerung ist in der Zeichnung 695.oo3.5o4.5o bereits enthalten.
Zur Verbesserung der Notsitzbreite am Gesäß ergab sich auf Grund der Zeichnungsunterlagen die Möglichkeit, den Getriebetunnel pro Seite um ca. 1o mm zu verschmälern und den Absatz unten wegzulassen. Der dadurch verloren gegangene Platz für Leitungen und Züge ect. soll nach Vorschlag von Herrn Porsche durch eine eventuelle Erhöhung des Tunnels wieder wettgemacht werden, so dass alle Leitungen und Züge oberhalb des Getriebegehäuses zu liegen kommen.
Eine weitere Verbesserung der Notsitzbreite ergibt sich aus der Möglichkeit, den Längsträger um etwa 1o mm zu verschmälern, die dadurch verringerte Drehsteifigkeit soll durch einen Doppelwandträger ersetzt werden,der dadurch gebildet wird, dass der Radeinbau mit der Außenhaut (Hinterkotflügel entlang des Radausschnittes) verschweißt wird. Herr Komenda stimmt dieser Lösung zu, weist jedoch darauf hin, dass die Reparaturkosten dadurch beträchtlich ansteigen werden, was von Herrn Porsche und den Herren des Versuches zur Kenntnis genommen wird.
Die Zeichnung 695.oo3.5o4.5o zeigt auch eine Vergrößerung des hinteren Seitenfensters auf Kosten der Tiefe des Rückwandfensters. Diese Veränderung gegenüber dem Modellwagen wurde vorgeschlagen, um sowohl die Proportion der Seitenwand zu verbessern, als auch die Kosten des sehr tief gebogenen Rückwandfensters zu senken. Herr Porsche lehnte diesen Vorschlag ab und will trotz des verlängerten Daches beim kurzen Seitenfenster entsprechend dem Modellwagen bleiben und ordnete zugleich an, dass die Seitenfenster auf jeden Fall ausstellbar sein müssen. Über die Stellung des Steges zwischen dem Tür- und Seitenfenster wurde nichts gesprochen. Zu einem früheren Zeitpunkt, und zwar gelegentlich der Vorstellung des Fahrzeuges den Herren des Verkaufs, jedoch wurde von den Herren Porsche und Komenda erwähnt, dass dieser Steg entgegen dem Modellwagen eventuell steiler aufgerichtet werden soll. Diese Entscheidung steht noch aus.
Für das Bugteil wurde entschieden, dass eine Spurverbreiterung für den Längsträger keine Verbesserung bringt, weil die Lenkung zur Vermeidung unzulässiger Lenkfehler mit hinausrücken muß und nur dem Tankinhalt, z.Zt. rund 55 l, zuliebe lehnte Herr Porsche jede Verbreiterung ab, damit fällt auch eine Verbreiterung der Hinterspur.
Da es bislang unmöglich erscheint, einen gesunden Längsträger nach vorn zu bringen, weil er durch alle Radführungsteile zerschnitten wird, soll die Lenkung und ihre Teile so weit als möglich abgesenkt werden, um den Längsträger ähnlich 728 oberhalb hinwegzuführen. Eine Verlegung der Lenkung nach oben verbieten die damit verbundenen unzulässigen Lenkfehler.
Die Anordnung der zwei Batterien, des Reserverades, der Fremdheizung und des Kraftstoffbehälters wurde nicht bemängelt.

-3-

Dr.-Ing. h. c. F. Porsche K.-G. Stuttgart-Zuffenhausen

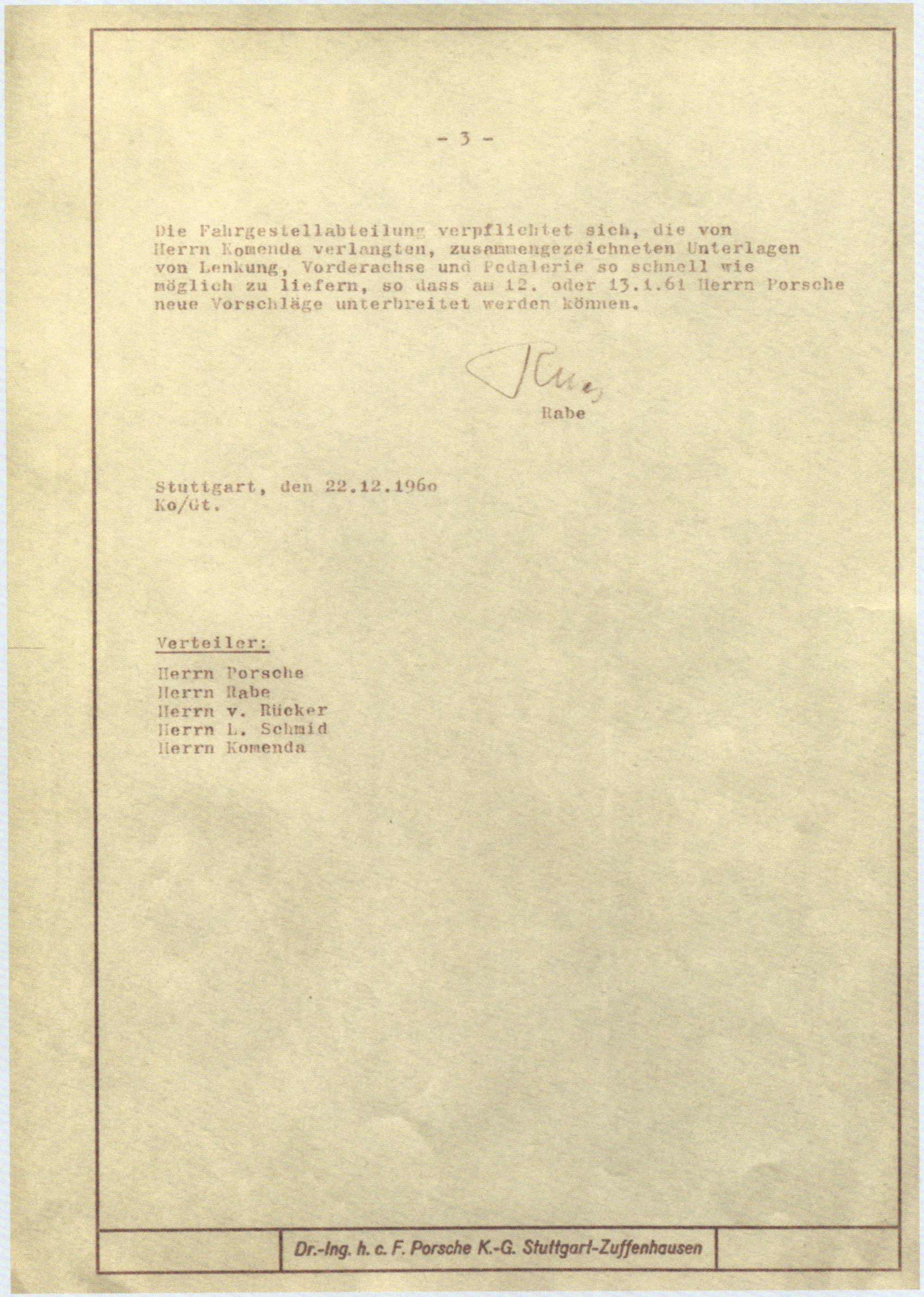

\- 3 -

Die Fahrgestellabteilung verpflichtet sich, die von Herrn Komenda verlangten, zusammengezeichneten Unterlagen von Lenkung, Vorderachse und Pedalerie so schnell wie möglich zu liefern, so dass am 12. oder 13.1.61 Herrn Porsche neue Vorschläge unterbreitet werden können.

Rabe

Stuttgart, den 22.12.1960
Ko/Gt.

Verteiler:

Herrn Porsche
Herrn Rabe
Herrn v. Rücker
Herrn L. Schmid
Herrn Komenda

Dr.-Ing. h. c. F. Porsche K.-G. Stuttgart-Zuffenhausen

Im Dezember 1960 werden die Eckpunkte für Fahrwerk und Interieur des 754 (T7) in einer zweitägigen Besprechung festgelegt.

FONDKOMFORT STEHT GANZ OBEN AUF DER T7-AGENDA

Fondkomfort ist einer der wichtigsten Entwicklungsziele des Technischen Programmes 7 und damit des Typ 754. Dafür greifen die Ingenieure auch tief in die Struktur des Unterbaus ein. So sollen zur Verbesserung der Notsitzbreite sowohl der Getriebetunnel als auch die Längsträger auf jeder Seite um jeweils rund einen Zentimeter verschmälert werden. Die »dadurch verringerte Drehsteifigkeit soll durch einen Doppelwandträger ersetzt werden, der dadurch gebildet wird, dass der Radeinbau mit der Außenhaut (Hinterkotflügel entlang des Radausschnittes) verschweißt wird.« Karosserie-Konstruktionschef Erwin Komenda stimmt zwar zu, weist aber darauf hin, dass die Reparaturkosten dadurch »beträchtlich ansteigen werden«.

Die Konstruktionszeichnung 695.003.504.50 zeigt darüber hinaus ein vergrößertes hinteres Seitenfenster auf Kosten der Tiefe des Rückwandfensters. »Diese Veränderung gegenüber dem Modellwagen wurde vorgeschlagen, um sowohl die Proportionen der Seitenwand zu verbessern als auch die Kosten des sehr tief gebogenen Rückwandfensters zu senken.« Damit ist Ferry Porsche absolut nicht einverstanden. Er will trotz des verlängerten Daches beim kurzen Seitenfenster bleiben. »Er ordnete zugleich an, dass die Seitenfenster auf jeden Fall ausstellbar sein müssen«, so das Protokoll.

Anders als in der Zeichnung vermerkt wird der Radstand von dem Führungsgremium auf 2.320 Millimeter festgelegt. Der Entwurf basiert noch auf einem Achsabstand von 2.300 Millimetern. Alternativ fertigt Fritz Blaschka am gleichen Tag zwei weitere Seitenansichten. Die auf wesentliche Merkmale wie Silhouette und Räder konzentrierte Zeichnung »T7 mit verlängertem Radstand« mit der Nummer 695.003.505.50 visualisiert einen Radstand von 2.350 Millimetern. In der zweiten Zeichnung, Nummer 695.003.506.50, ist der Radstand auf 2.400 Millimeter verlängert. Es sind die letzten Konstruktionszeichnungen für das Programm T7 mit der Typnummer 695.

Im Modellbau kommt Ende der 1950er Jahre zunehmend auch Kunstharz zum Einsatz.

Hans Ploch, Mitarbeiter der Abteilung Karosseriekonstruktion, nutzt am Zeichentisch zur Illustration auch Wasserfarben.

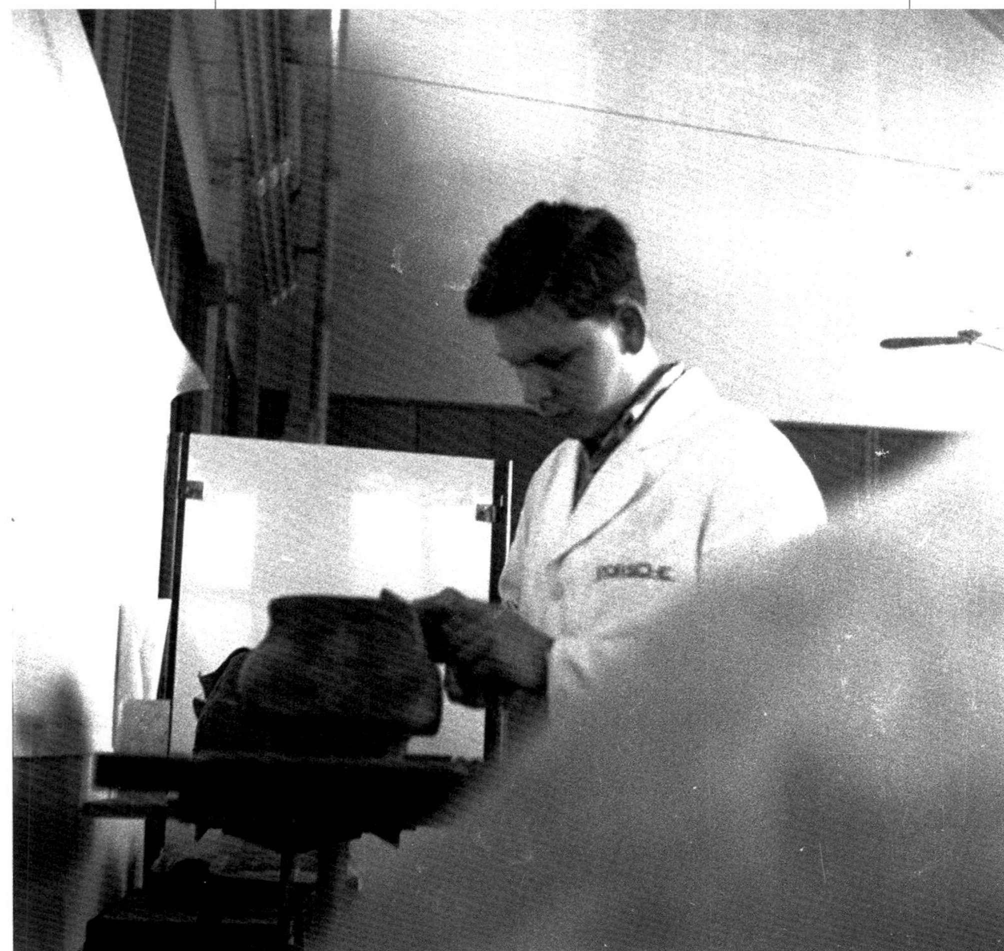

Die Konstruktionszeichnungen werden in der Modellabteilung in dreidimensionale Plastilinmodelle umgesetzt.

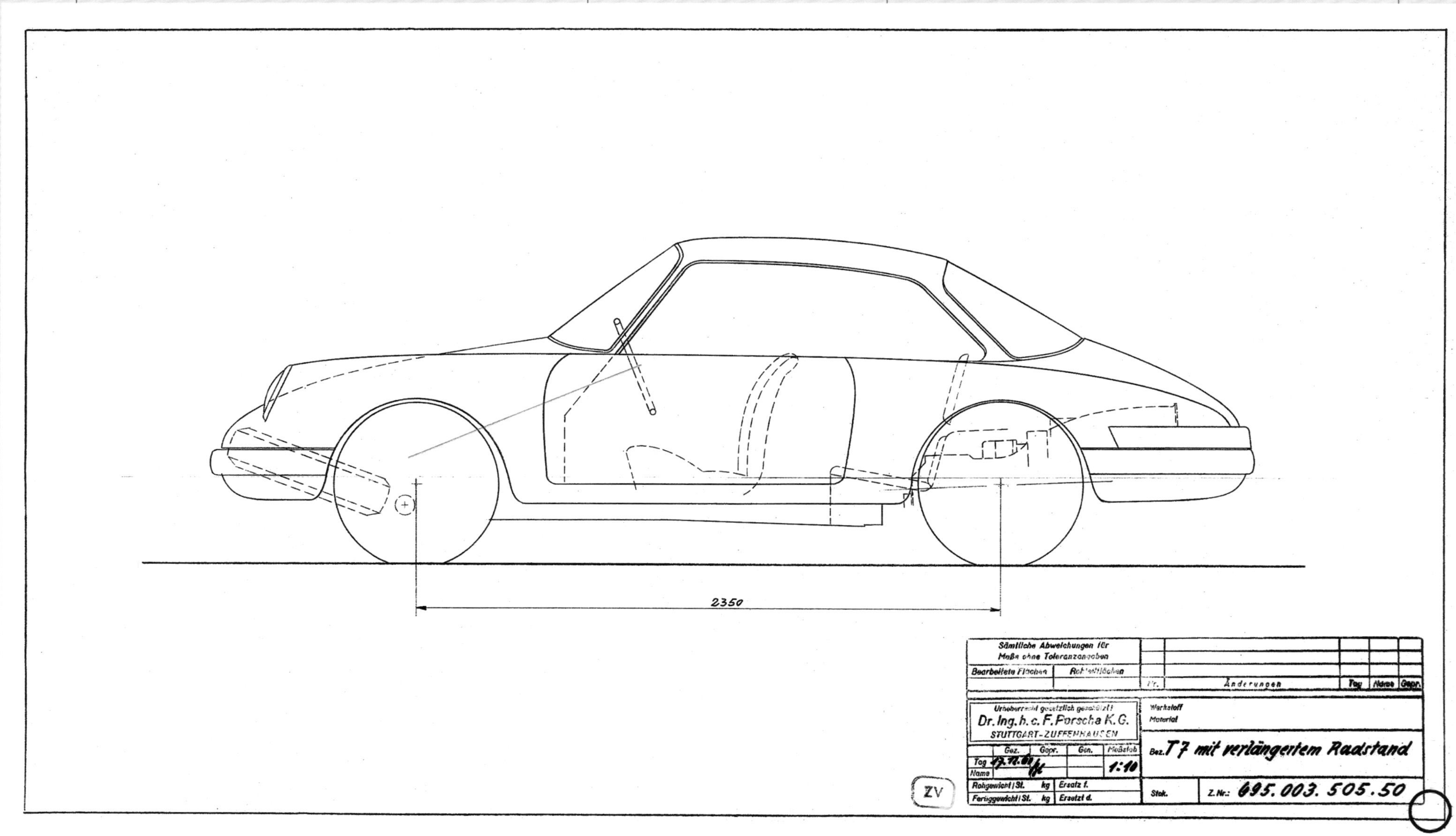

Am Radstand wird lange gefeilt: Diese Zeichnung zeigt einen Achsabstand von 2350 Millimetern. Das sind 50 Millimeter mehr als beim Musterwagen.

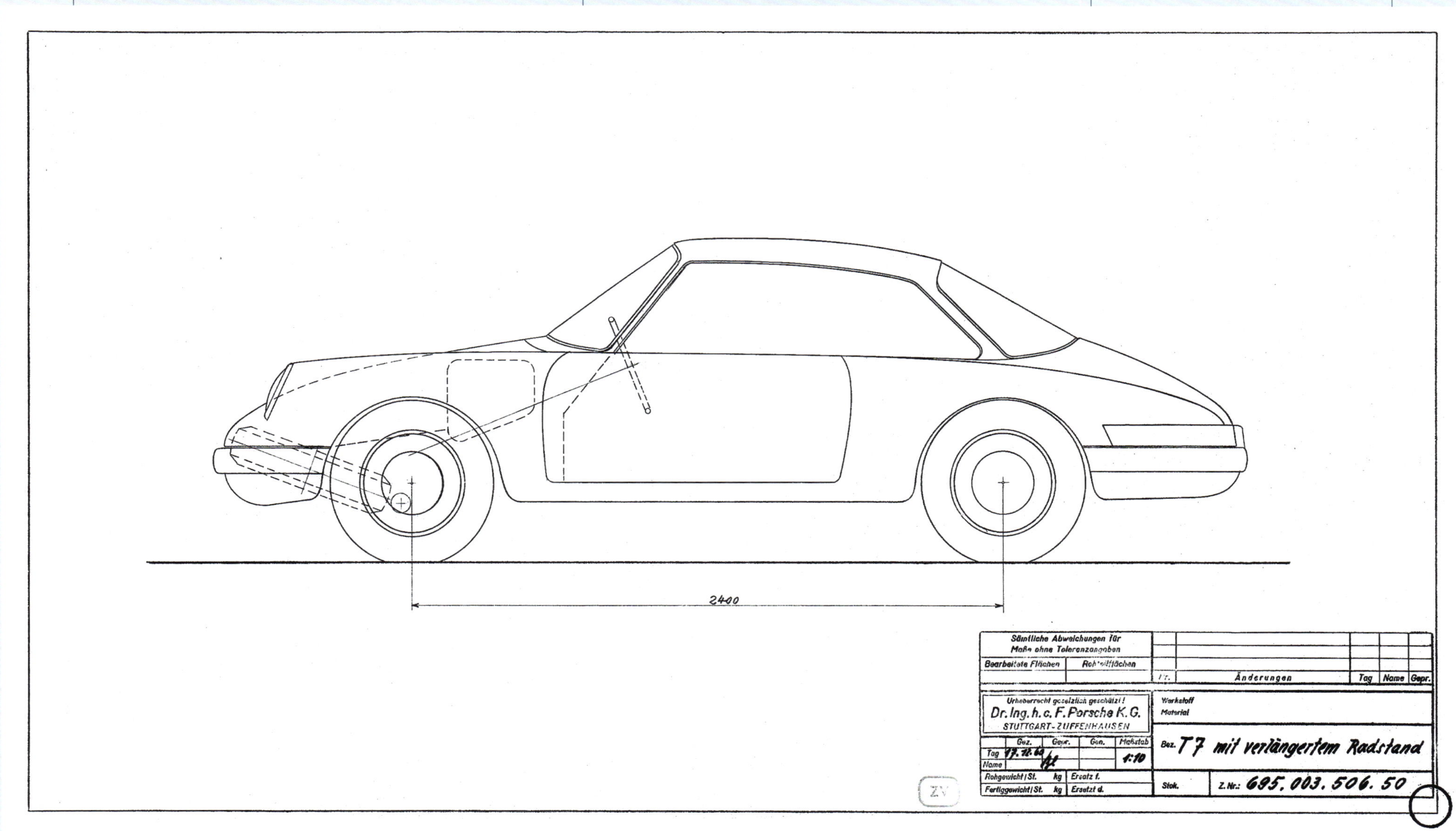

Mit bloßem Auge ist der auf 2400 Millimeter nochmals verlängerte Radstand nicht zu erkennen. Lediglich die Dachlinie erscheint gestreckter.

ÄRGER UM ERWIN KOMENDAS ALLEINGÄNGE

Möglicherweise sind die Abweichungen von den beschlossenen Maßen auf den Einfluss von Karosseriechef Erwin Komenda zurückzuführen. Er versucht zunehmend seine eigenen Vorstellungen durchzusetzen. Gleich zu Jahresanfang 1961 stoßen seine Alleingänge auf starke Missbilligung bei der Geschäftsleitung. In der Besprechung des Führungsgremiums, bei der Komenda nicht anwesend ist, wird er »von mehreren Seiten kritisiert, weil er sich über alle Anordnungen hinwegsetzt und ohne Rücksicht auf Beschlüsse seinen eigenen Weg geht.« Ferry Porsche warnt: »Herr Komenda muß darauf hingewiesen werden, daß er sich an unsere Organisation hält.« Offenbar mit wenig Erfolg, denn Anfang Februar beschwert sich der Einkauf über den Chef der Karosseriekonstruktion, was die Geschäftsleitung mit der Order quittiert: »Herr Komenda kann keine Bestellungen aufgeben!«

Komenda, der mit Ferdinand Porsche eng zusammenarbeitete und unter anderem die Karosserien des Volkswagens und des 356 entwarf, muss seine stilistische Kompetenz zunehmend an Ferdinand Alexander Porsche abgeben, der nur halb so alt wie der 56-jährige Karosseriespezialist ist. Es fällt ihm offenbar schwer, mit diesem Bedeutungsverlust umzugehen. So beschließt das Gremium in seiner Abwesenheit etwa auch, dass die Innenausstattung für T6 nicht von ihm, sondern »von Herrn Porsche jun. möglichst bald ausgearbeitet und vorgelegt« wird. Mit Rundschreiben am 27. März 1961 sorgt Ferry Porsche endgültig für Klarheit: »Herr Ferdinand Porsche jun. übernimmt mit sofortiger Wirkung die Verantwortung über die Modell-Abteilung und erhält die Befugnisse eines Abteilungsleiters mit Handlungsvollmacht. Herr Porsche jun. ist Herrn Porsche sen. direkt unterstellt [...] Die Modell-Abteilung erhält die Bezeichnung ›Studio‹«.

Unterdessen sind die Beanstandungen an dem Vorläuferwagen weitgehend abgearbeitet. Bei einer Probefahrt mit F. A. Porsche, Helmut Rombold, Erwin Mozer und Helmuth Bott gibt der Fahrerarbeitsplatz keinen Grund zur Kritik mehr. Nur die Heizwirkung wird als unzureichend bemängelt: Allerdings, so ist protokolliert, ist es so kalt, dass »alles Stein und Bein gefroren war.«

Am 27. März 1961 geht die Modellabteilung im neu gegründeten »Studio« auf, dessen Leiter Ferdinand Alexander Porsche wird. Zu seinem Stellvertreter ernennt Ferry Porsche den bisherigen Chef der Modellabteilung Heinrich Klie.

Eingegangen
- 4. APR. 1961
Erledigt:........

Herrn
Ferdinand Porsche jun.

im Hause

Stuttgart, den 27. März 1961
Ke/kl.

Sehr geehrter Herr Porsche,

hiermit werden Sie zum Abteilungsleiter der Abteilung "Studio" ernannt.

Für die Führung und die Erfüllung Ihres Aufgabenbereichs erteilen wir Ihnen Handlungsvollmacht.

Sie sind Herrn Porsche sen. direkt unterstellt.

In Ihr Tätigkeitsbereich fallen:

Arbeitsverteilung
Lager für die Modelle
Betreuung Ihrer Mitarbeiter
Einstellung des erforderlichen Personals
Anträge auf Lohn- und Gehaltsregulierungen
Abzeichnung der Leistungsberichte und Reiseabrechnungen sowie Bestellantragswesen für die Beschaffung von Material und Einrichtung für Ihre Abteilung.

Wir hoffen, daß Sie die in Sie gesetzten Erwartungen erfüllen und wünschen Ihnen für Ihre verantwortungsvolle Tätigkeit viel Erfolg.

Wir grüßen Sie

hochachtungsvoll
Dr.Ing.h.c.F. Porsche K.-G.

F. Porsche sen. H. Kern

Rundschreiben

Herr Ferdinand Porsche jun. übernimmt mit sofortiger Wirkung die Verantwortung über die Modell-Abteilung und erhält die Befugnisse eines Abteilungsleiters mit Handlungsvollmacht.

Herr Porsche jun. ist Herrn Porsche sen. direkt unterstellt.
Der Stellvertreter des Herrn Porsche jun. ist Herr Heinrich Klie.

Die Modell-Abteilung erhält die Bezeichnung "Studio".

Damit ist Herr Porsche jun. berechtigt, alle Rechte und Pflichten eines Abteilungsleiters in der Abteilung Studio selbständig auszuüben.

Stuttgart-Zuffenhausen, den 27. März 1961
Ke/kl.

F. Porsche sen. H. Kern

Verteiler:
2 x Gesch.Ltg.
5 x Herren Prokuristen
1 x Herr Porsche jun.

H. Porsche

1. GL-Besprechung 1961

A k t e n n o t i z

über Besprechung der Geschäftsleitung am 2. Januar 1961

Anwesende

Gesch.Ltg.:	Herr Rabe	Herr von Hanstein
	" Kern	" Kirn
		" von Rücker
		" Schmidt
		" Porsche jun.

5.) Herr Komenda wird von mehreren Seiten kritisiert, weil er sich über alle Anordnungen hinwegsetzt und ohne Rücksicht auf Beschlüsse seinen eigenen Weg geht.
Beispiele: Wagenheizung Eberspächer, Notsitzkissen KARMANN, Serienentdröhnung.
Herr Komenda muß darauf hingewiesen werden, daß er sich an unsere Organisation hält.- H. Porsche

15.) Die Innenausstattung für T 6 wird von Herrn Porsche jun. möglichst bald ausgearbeitet und vorgelegt. H. Porsche jr.

Die Alleingänge von Erwin Komenda nehmen einen solchen Umfang an, dass sie Anfang 1961 Thema der Geschäftsleitungssitzung werden.

ERSTE KAROSSERIEENTWÜRFE FÜR DEN 754 IN VERSCHIEDENEN LÄNGEN

Die Karosserieentwicklung tritt im Frühjahr 1961 in eine neue Phase. Am 10. März 1961 überträgt Fritz Blaschka im Zuge der Packageuntersuchungen die Grundform des »T7 mit verlängertem Radstand« des Typ 695 auf einen »T7 mit langem Radstand« des Typ 754. Beiden Entwürfen liegt ein Radstand von 2.350 Millimetern zu Grunde. Der Unterschied offenbart sich vor allem am Heck, das bei der Zeichnung 754.003.502.00 deutlich länger ausfällt. Vermutlich kann dieser recht lange Karosserievorschlag nicht überzeugen, denn bereits am folgenden Tag legt Fritz Blaschka die überarbeitete Variante 754.003.503.00 nach. Diese Zeichnung trägt den Titel »T7 mit langem Radstand und verkürztem Heck u. Dach«.

Der ursprüngliche Terminplan vom Juni 1960 ist längst Makulatur. Eigentlich sollten im März 1961 bereits die ersten Prototypen fertiggestellt sein. Stattdessen konstatiert die Geschäftsleitung bei ihrer Besprechung am 13. März 1961: »Der Prototyp T7 in Serienausführung wird erst ab April 1962 zur Verfügung stehen. 1 Fahrzeug wird in Serienausführung im Oktober 1961 zu sehen sein.« Es hakt vor allem bei der Ausarbeitung der Karosseriekonstruktion: »Die Karosserie-Abtlg. braucht mehr Konstrukteure, um evtl. die Termine zu halten.«

Nach einer Besprechung bei Reutter versucht Komenda diese Vorgaben zu erfüllen und schreibt am 10. April 1961 unter dem Betreff »Typ 754« an Beierbach: »Diese zumeist mit T7 bezeichnete Entwicklung wurde in Ihrem Hause begonnen und wir sind zur Zeit dabei, für diesen Typ die Unterlagen für ein weiteres Alu-beplanktes Anschauungsmodell (möglichst mit Innenausstattung und Sitzraum) und weiterhin für einen Prototyp zu schaffen.« Den Plan für das Außenhautmodell kündigt Komenda für Ende Mai an, bis Anfang Juli soll Reutter das Modellgerippe fertigstellen, bis Ende August die Attrappe. Nach dieser Vorlage ist anschließend der Prototyp geplant, der voraussichtlich im September 1961 karossiert werden soll.

Mit Hilfe von Spezialwerkzeugen wie dieser sogenannten Handfaust bearbeiten die Karosseriebauer kleinste Abweichungen.

Größenvergleich: So unterschiedlich fallen die Karosserieentwürfe für den 754 mit gleichem langen Randstand aus.

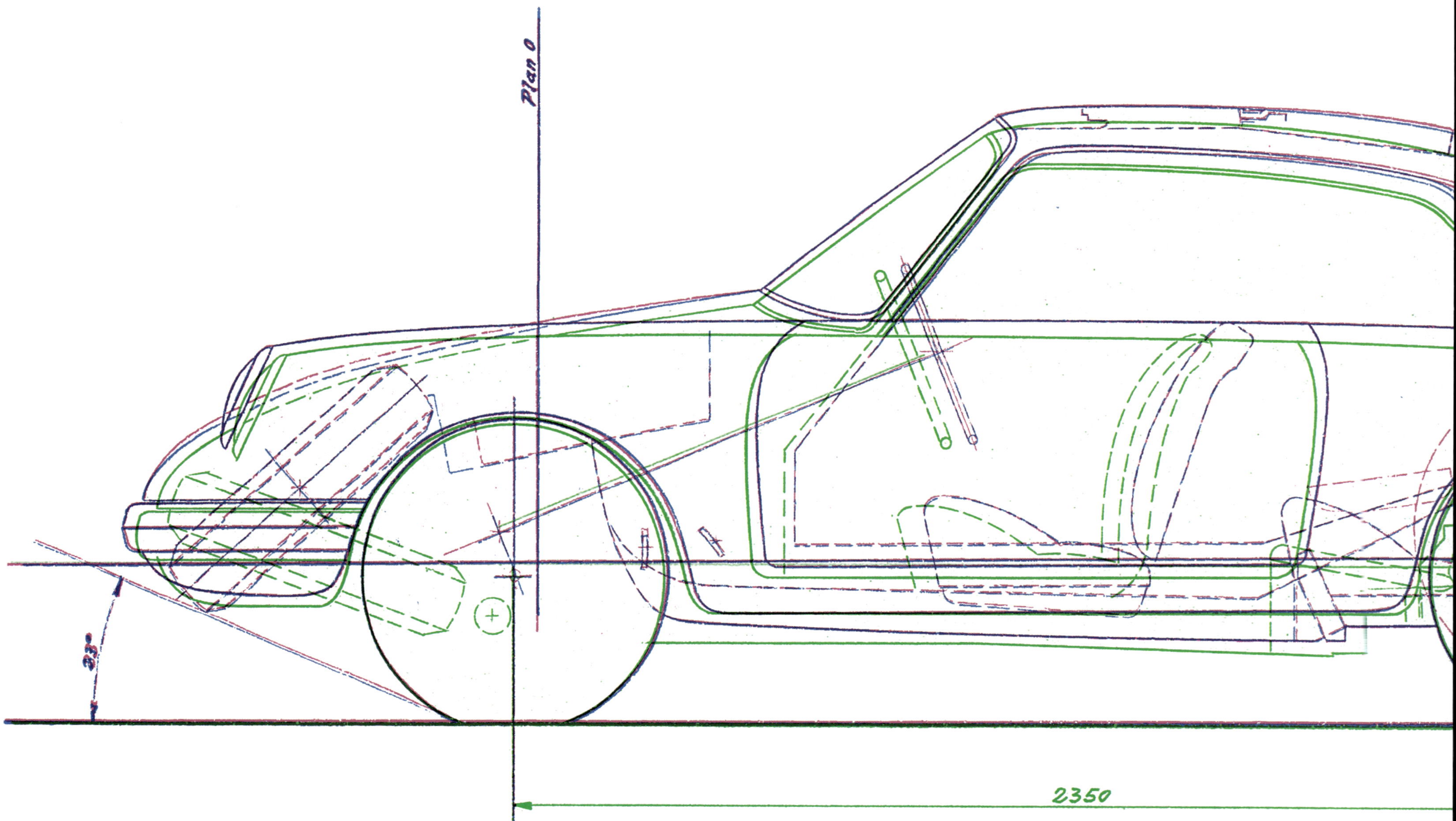

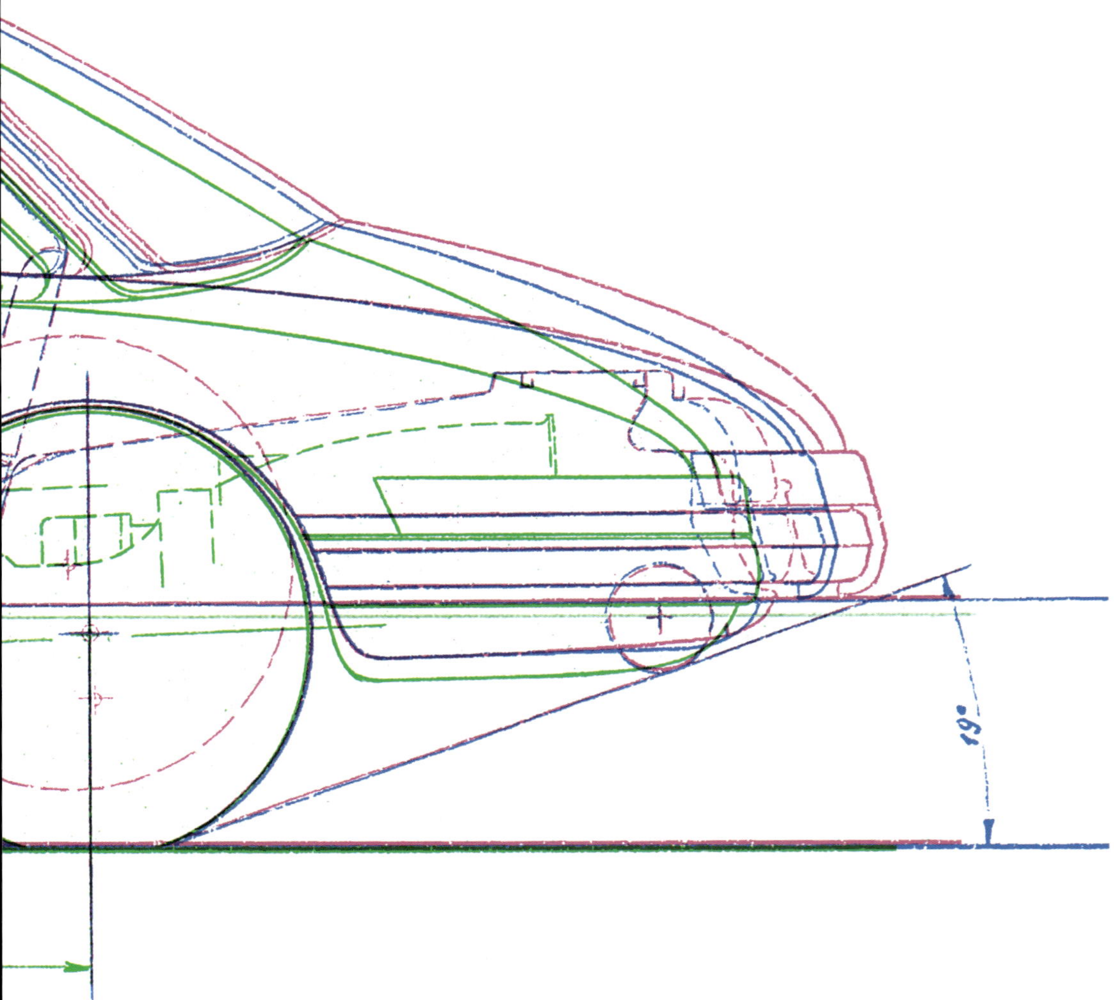
19°

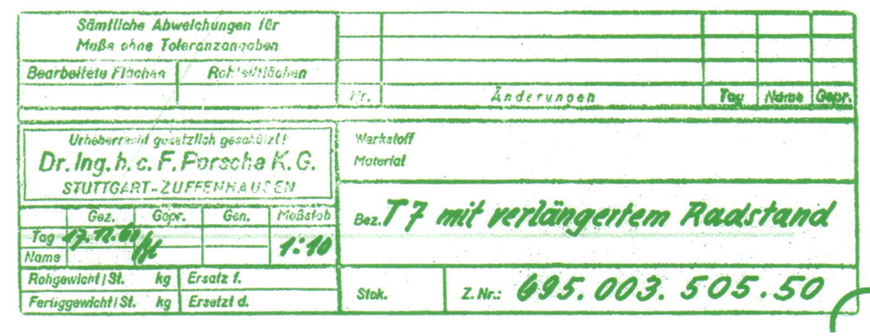
Sämtliche Abweichungen für
Maße ohne Toleranzangaben
Bearbeitete Flächen
Rohteilflächen
Nr.
Änderungen
Tag
Name
Gepr.
Urheberrecht gesetzlich geschützt!
Dr. Ing. h. c. F. Porsche K.G.
STUTTGART-ZUFFENHAUSEN
Gez.
Gepr.
Gen.
Maßstab
Tag 17.11.61
Name
1:10
Rohgewicht/St. kg
Ersatz f.
Fertiggewicht/St. kg
Ersetzt d.
Werkstoff
Material
Bez. T 7 mit verlängertem Radstand
Stck.
Z.Nr.: 695.003.505.50

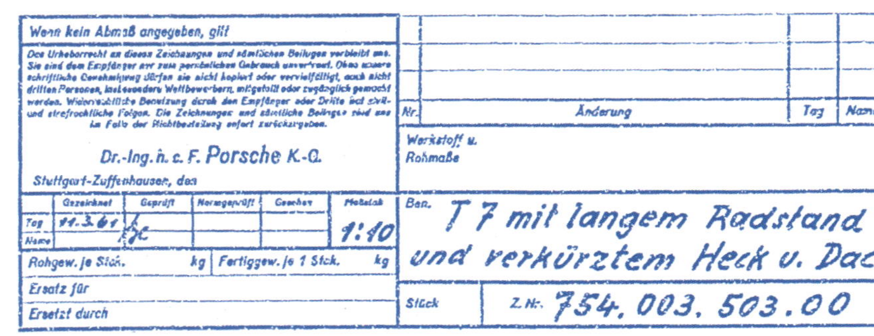
Wenn kein Abmaß angegeben, gilt
Dr.-Ing. h. c. F. Porsche K.-G.
Stuttgart-Zuffenhausen, den
Gezeichnet
Geprüft
Normgeprüft
Gesehen
Maßstab
Tag 11.3.61
Name
1:10
Rohgew. je Stck. kg
Fertiggew. je 1 Stck. kg
Ersatz für
Ersetzt durch
Nr.
Änderung
Tag
Name
Werkstoff u.
Rohmaße
Ben. T 7 mit langem Radstand
und verkürztem Heck u. Dach
Stück
Z.Nr. 754.003.503.00

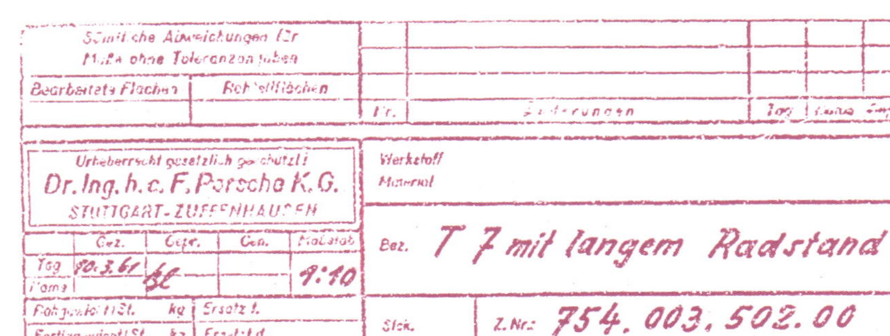
Sämtliche Abweichungen für
Maße ohne Toleranzangaben
Bearbeitete Flächen
Rohteilflächen
Nr.
Änderungen
Tag
Urheberrecht gesetzlich geschützt!
Dr. Ing. h. c. F. Porsche K.G.
STUTTGART-ZUFFENHAUSEN
Gez.
Gepr.
Gen.
Maßstab
Tag 10.3.61
Name
1:10
Rohgewicht/St. kg
Ersatz f.
Fertiggewicht/St. kg
Ersetzt d.
Werkstoff
Material
Bez. T 7 mit langem Radstand
Stck.
Z.Nr.: 754.003.502.00

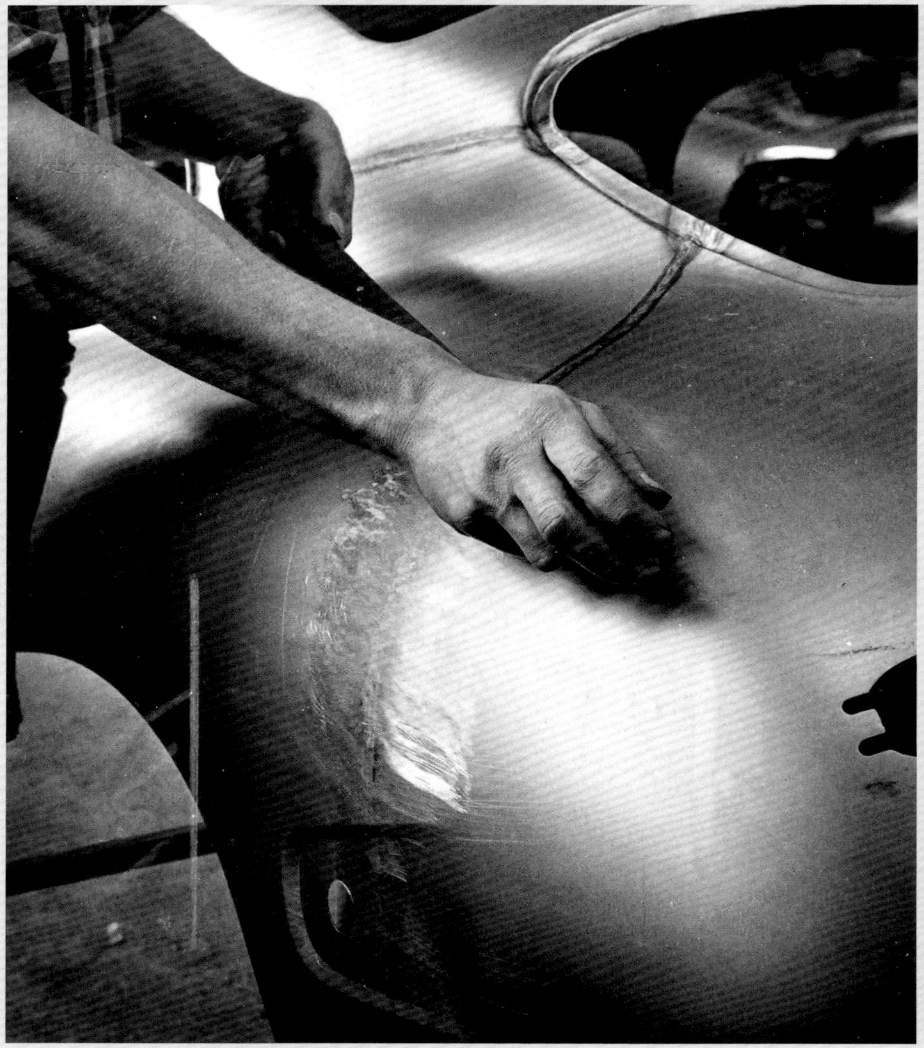

Das Verzinnen und anschließende Feilen von Karosseriefugen oder -unebenheiten ist in den 1960er Jahren Standard.

Mit feinsten Pinseln können Lackfehler ausgebessert werden. In dieser Epoche wird noch Alkydharzlack verarbeitet.

KARMANN SOLL AB JULI 1963 RUND 25 EINHEITEN DES 754 PRODUZIEREN

Für die Serienproduktion ist allerdings nicht Reutter vorgesehen, sondern anfangs Karmann. Nach einem Grundsatzgespräch zwischen Ferry Porsche und Wilhelm Karmann jun. reisen Erwin Komenda und Fritz Blaschka am 31. Mai 1961 nach Osnabrück und schließen mit der Karosseriefabrik eine Vereinbarung über den »Konstruktions- und Werkzeugauftrag zum Typ RIO«. Unter diesem Codenamen läuft bei Karmann die Entwicklung des Porsche 754. Die Übereinkunft besagt, dass Porsche die Planzeichnungen bis Ende Januar 1962 zur Verfügung stellt, anhand derer Karmann die Detailkonstruktionen erarbeitet. »Bei dem Typ RIO handelt es sich um eine selbsttragende Karosserie, bei der also auch die Bodengruppe mit allen Details zu unserem Lieferumfang gehören würde«, bestätigt Karmann in einem Schreiben an Porsche. »Die Firma Porsche will mit dem Fahrzeug zur Automobil-Ausstellung 1963 herauskommen, so daß mit dem Beginn der Serienfertigung von Aufbauten spätestens im Juli 1963 begonnen werden muß.« Komenda beziffert das Volumen auf eine Stückzahl von 25 Fahrzeugen pro Tag mit der Aussicht auf eine Steigerung auf täglich 50 Einheiten.

Endabnahme von 356 Sportwagen im Werk Zuffenhausen.

Das 356 Cabriolet mit Hardtop (vorn) wird von Reutter hergestellt, das Hardtop-Coupé mit fest verschweißtem Dach (hinten) produziert Karmann. Typisch für beide Wagen ist die Absattelung, der Knick zwischen Heckscheibe und Motorhaube.

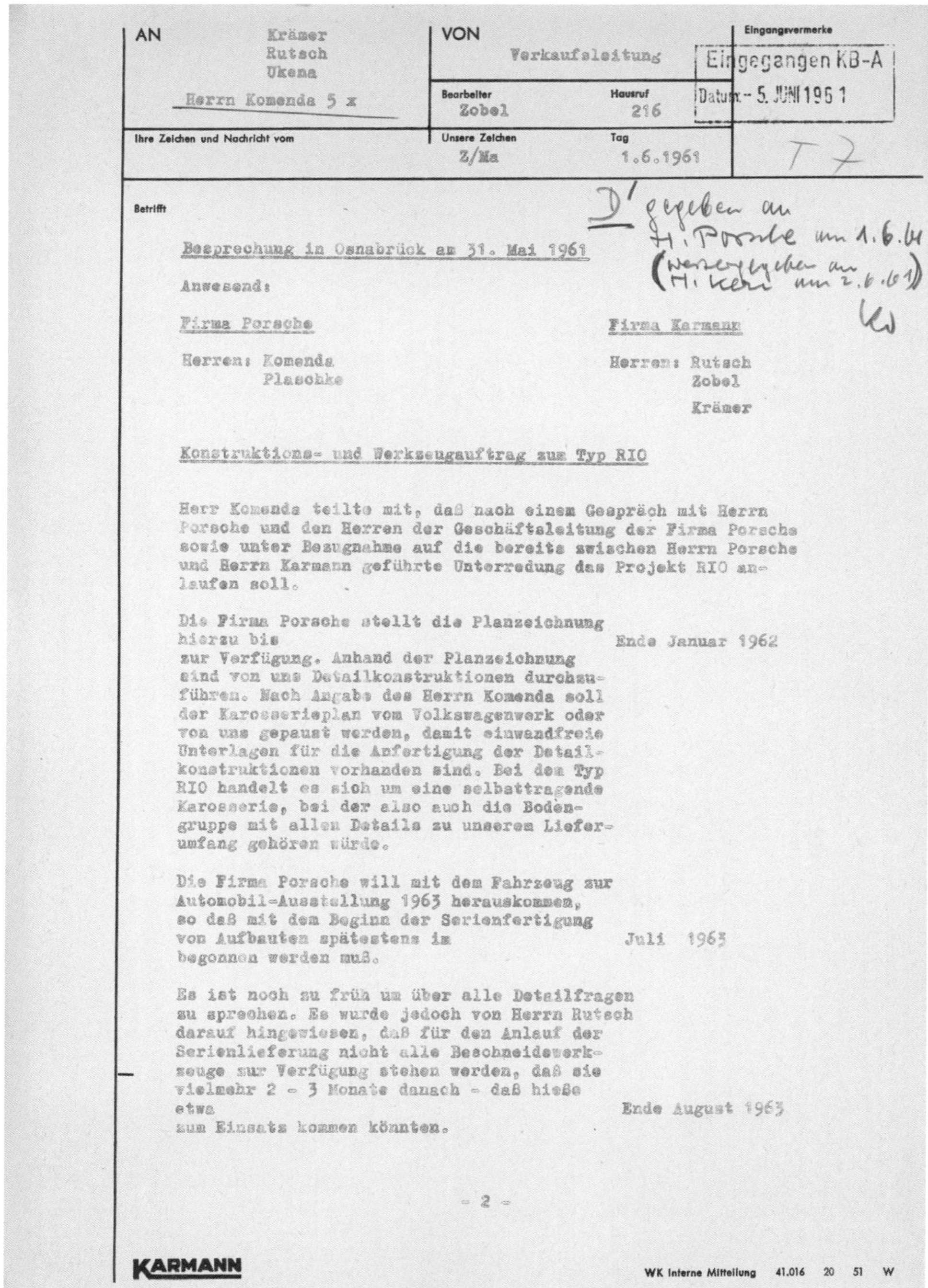

AN Krämer, Rutsch, Ukena, Herrn Komenda 5 x

VON Verkaufsleitung

Eingangsvermerke: Eingegangen KB-A Datum: – 5. JUNI 1961

Bearbeiter: Zobel — Hausruf: 216

Ihre Zeichen und Nachricht vom

Unsere Zeichen: Z/Ma — Tag: 1.6.1961

T 7

D' gegeben an H. Porsche am 1.6.61 (weitergegeben an H. Kern am 2.6.61) Kn

Betrifft

Besprechung in Osnabrück am 31. Mai 1961

Anwesend:

Firma Porsche
Herren: Komenda
Plaschke

Firma Karmann
Herren: Rutsch
Zobel
Krämer

Konstruktions- und Werkzeugauftrag zum Typ RIO

Herr Komenda teilte mit, daß nach einem Gespräch mit Herrn Porsche und den Herren der Geschäftsleitung der Firma Porsche sowie unter Bezugnahme auf die bereits zwischen Herrn Porsche und Herrn Karmann geführte Unterredung das Projekt RIO anlaufen soll.

Die Firma Porsche stellt die Planzeichnung hierzu bis Ende Januar 1962 zur Verfügung. Anhand der Planzeichnung sind von uns Detailkonstruktionen durchzuführen. Nach Angabe des Herrn Komenda soll der Karosserieplan vom Volkswagenwerk oder von uns gepaust werden, damit einwandfreie Unterlagen für die Anfertigung der Detailkonstruktionen vorhanden sind. Bei dem Typ RIO handelt es sich um eine selbsttragende Karosserie, bei der also auch die Bodengruppe mit allen Details zu unserem Lieferumfang gehören würde.

Die Firma Porsche will mit dem Fahrzeug zur Automobil-Ausstellung 1963 herauskommen, so daß mit dem Beginn der Serienfertigung von Aufbauten spätestens im Juli 1963 begonnen werden muß.

Es ist noch zu früh um über alle Detailfragen zu sprechen. Es wurde jedoch von Herrn Rutsch darauf hingewiesen, daß für den Anlauf der Serienlieferung nicht alle Beschneidewerkzeuge zur Verfügung stehen werden, daß sie vielmehr 2 – 3 Monate danach – daß hieße etwa Ende August 1963 zum Einsatz kommen könnten.

– 2 –

KARMANN WK Interne Mitteilung 41.016 20 51 W

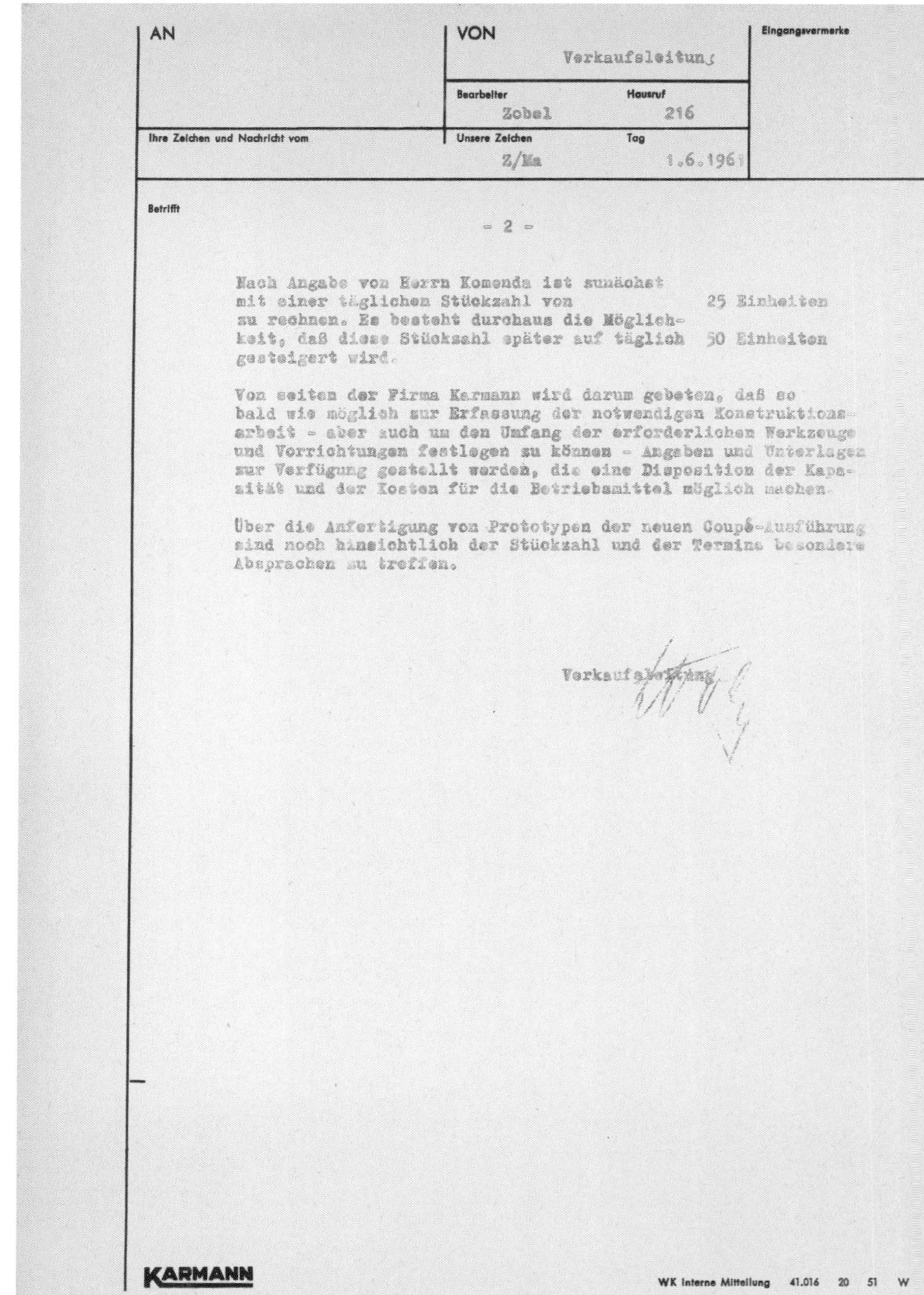

AN

VON Verkaufsleitung

Eingangsvermerke

Bearbeiter: Zobel — Hausruf: 216

Ihre Zeichen und Nachricht vom

Unsere Zeichen: Z/Ma — Tag: 1.6.1961

Betrifft

– 2 –

Nach Angabe von Herrn Komenda ist zunächst mit einer täglichen Stückzahl von 25 Einheiten zu rechnen. Es besteht durchaus die Möglichkeit, daß diese Stückzahl später auf täglich 50 Einheiten gesteigert wird.

Von seiten der Firma Karmann wird darum gebeten, daß so bald wie möglich zur Erfassung der notwendigen Konstruktionsarbeit – aber auch um den Umfang der erforderlichen Werkzeuge und Vorrichtungen festlegen zu können – Angaben und Unterlagen zur Verfügung gestellt werden, die eine Disposition der Kapazität und der Kosten für die Betriebsmittel möglich machen.

Über die Anfertigung von Prototypen der neuen Coupé-Ausführung sind noch hinsichtlich der Stückzahl und der Termine besondere Absprachen zu treffen.

Verkaufsleitung

KARMANN WK Interne Mitteilung 41.016 20 51 W

Unter dem Decknamen »Rio« will Karmann ab Juli 1963 den Typ 754 produzieren.

Bei einer Besprechung der Porsche-Geschäftsleitung im Sommer, an der Komenda nicht teilnimmt, sind die Erwartungen allerdings deutlich verhaltener. Dort geht man von einer Tagesproduktion von 50 Fahrzeugen insgesamt aus. »Anzunehmen ist, dass 10 Wagen T7 und 40 Wagen T6 im Herbst 1963 hergestellt werden, im Frühjahr 1964 T7 auf 15 Wagen gesteigert wird und dass Anfang 1965 eine Produktion nach T7 durchläuft.«

Es geht indes nicht so recht voran mit dem Technischen Programm 7. Nicht nur die Entwicklung des Gesamtfahrzeugs hinkt dem Zeitplan hinterher, auch der Sechszylindermotor für die großen Porsche ist noch immer in Entwicklung. Dennoch plant man großzügig weiter an der Zukunft des 754: Bei ihrer Besprechung am 17. Juli 1961 beschließt die Geschäftsleitung, zwei Hauptaufträge für die »Entwicklung eines Stadtwagens und eines Station-Cars auf Basis T7« zu erteilen. Um sich einen Eindruck über den Stand der Dinge zu machen, fährt Karl Rabe am Abend des 27. Juli 1961 nochmals ins Werk, um eine »Probefahrt mit T7 und 2 normalen Sportwagen« zu unternehmen.

Ferdinand Piëch im Alter von knapp 20 Jahren. Am 4. September 1961 beginnt er ein Praktikum bei Motorenkonstrukteur Hans Hönick.

Obwohl Erwin Komenda offenbar versucht, über die Konstruktionspläne die Entwicklung der 754-Karosserie in seinem Sinne zu beeinflussen, erkennt er die Autorität von F. A. Porsche für den Designbereich offiziell an. So leitet er im Juli 1961 ein Angebot über die Designmitarbeit des Turiner Designers S. Thompson Tjaarda »zuständigkeitshalber« an »Herrn Porsche jr. Studio« weiter. Auch in der Konstruktion zeichnet sich am Horizont ein Generationswechsel an: Am 4. September 1961 beginnt Ferdinand Piëch ein Praktikum bei Motorenkonstrukteur Hans Hönick.

Ferry Porsche ist wenig begeistert über die schleppende Entwicklung. Im September 1961 setzt der Firmenchef fast täglich Konferenzen zum Fortgang des Technischen Programmes 7 an. Im Anschluss an eine Besprechung zum Anlauf des 356 T6 betont er, dass alles darangesetzt werden müsse, das T7-Programm so rasch wie möglich durchzuführen. Angesichts der wachsenden Konkurrenz müsse man dabei besondere Aufmerksamkeit auf nicht zu teure Konstruktionen legen. Erwin Komenda beklagt daraufhin Schwierigkeiten beim Einbau der Sicherheitslenkung. Dies führte zu einer aus heutiger Sicht kuriosen Reaktion: »Herr Porsche war erstaunt darüber, wer so etwas verlange. Wenn die Sache zu teuer wird, wird sie eben nicht eingebaut.«

DIE LAGE WIRD ERNST: ZEIT UND GELD WERDEN KNAPP

Die Zeit drängt. In der regelmäßigen Sitzung der Unternehmensführung am 11. September 1961 beschließt das Gremium, eine technische Besprechung anzusetzen, in der ein überfälliger Zeitplan der Konstruktion und der Versuche für das T7-Programm aufgestellt wird. »Herr Porsche und die anwesenden Herren[4] sind sich darüber im Klaren, daß ›T7‹ spätestens 1963 kommen muß und daß anschließend unser jetziger T6-Wagen verkaufsmäßig zurückfallen wird.« Verkaufschef Wolfgang Raether schätzt, dass dann zehn Einheiten des T7 neben 25 Einheiten des T6 gebaut werden können.

In Handarbeit werden Motor und Fahrwerk stationsweise in die fertigen Karosserien eingebaut.

Auf dem Markt verspürt Porsche jetzt Gegenwind: »In diesem Zusammenhang teilte Herr Porsche mit, daß die derzeitige Verkaufssituation uns zwingt, unsere Produktion auf eine tägliche Ausbringung von 40 Wagen festzulegen, das bedeutet, daß eine Karosserie-Fabrik (D'IETEREN) wird ausscheiden müssen.« Am Ende des Jahres wird Porsche zwar 8.617 Sportwagen verkauft haben, die Aussichten für das kommende Jahr sind jedoch düsterer. Tatsächlich werden 1962 nur noch 6.907 Wagen einen Käufer finden – ein Rückgang um rund 20 Prozent. Dazu kommt, dass das Intermezzo mit D'Ieteren als drittem Karosserielieferanten viel Geld kostet.

[4] Rabe, Kern, Raether, von Rücker, F. A. Porsche

A k t e n n o t i z

über Besprechung der Geschäftsleitung am 11.9.1961

Anwesende:

Geschäftsführer: Herr Porsche
Geschäftsleitung: Herr Rabe, Herr Kern, Herr Kirn, " Raether, " v. Rücker, " Porsche jun.

10.) Im Laufe dieser Woche wird in einer technischen Besprechung die Scheibenbremse für GT entschieden.
Eine weitere techn. Besprechung soll über die Abwicklung der Termine für das T 7 Progr. stattfinden. Es muß ein Zeitplan über die Termine der Konstruktion und der Versuche aufgestellt werden.

.../.

Im besonderen ist die 18-monatige Lieferzeit der Karosserie-Werkzeuge zu berücksichtigen.

Herr Porsche und die anwesenden Herren sind sich darüber im klaren, daß " T 7 " spätestens 1963 kommen muß und daß anschließend unser jetziger T 6 - Wagen verkaufsmäßig zurückfallen wird.
Herr Raether vertritt die Auffassung, daß dann 25 T 6 , überwiegend Coupés, neben T 7, angenommen mit 10 Wagen, täglich gebaut werden können.

In diesem Zusammenhang teilte Herr Porsche mit, daß die derzeitige Verkaufssituation uns zwingt, unsere Produktion auf eine tägliche Ausbringung von 40 Wagen festzulegen, das bedeutet, daß eine Karosserie-Fabrik (D'IETEREN) wird ausscheiden müssen.
Bei KARMANN wird untersucht werden, ob er neben den Hardtops auch Cabriolets (gemeinsamer Unterbau) herstellen kann.

H. Porsche s.
H. Porsche j.
H. Rabe
H. v.Rücker
H. Raether
H. Schmidt
H. Kern

11.) In bezug auf das T 7 Progr. reklamiert Herr von Rücker die der Zentralplanung übergebene Aufstellung über den Maschinenpark und den Bedarf an Räumen.
Hierzu wird ausgeführt, daß die Investitionen für

Reparaturhalle	mit	2.900.000,--
Maschinen und Vorrichtungen für T7	"	1,403.000,--
Anbau und Halle 3	"	600.000,--
Werkzeuge T 7	"	5,0 - 6,0 Mio

einen Umfang annehmen, der mit Eigenkapital nicht finanziert werden kann.
Herr von Rücker und Herr Kern werden sich deswegen noch besprechen. Herr Raether weist auf die Dringlichkeit des Reparaturbaus hin.

H. Kern
H. v. Rücker
H. Schmidt
H. Raether

12.) Herr Mezger soll, soweit es die konstruktiven Unterlagen ermöglichen, eine Vorkalkulation von

4 - 6 Zylinder-Motoren
Getriebe und
Fahrgestellteilen

erstellen.

H. v.Rücker
H. Kern

30.) Herr Raether regt an, daß bei der Entwicklung des T 7 - Wagens schon heute auf einen möglichst wartungsfreien und einfachen Kundendienst Wert gelegt wird. Unsere Kunden erwarten, daß PORSCHE mit seinem Namen in der Entwicklung mit einigen Nasenlängen der Konkurrenz voraus sein sollte.

H. Porsche
H. Raether

Die Kalkulation für die Serienproduktion des 754 ergibt einen Investitionsbedarf, den Porsche aus eigenen Mitteln nicht mehr aufbringen kann.

Vor diesem Hintergrund wiegen die erforderlichen Investitionen für das T7-Programm umso schwerer. Die Zentralplanung rechnet allein für Maschinen und Werkzeuge für den großen Sportwagen mit einem Volumen von rund sieben Millionen D-Mark. Dazu kommen noch weitere 3,5 Millionen für eine Reparaturhalle und Erweiterungen. Diesen Umfang kann Porsche nicht mehr mit Eigenkapital finanzieren.

Bereits an den beiden nächsten Tagen nimmt Ferry Porsche seine Abteilungsleiter bei einer ausführlichen Besprechung zum T7-Programm in die Pflicht. Neben einigen Fahrwerksentscheidungen beschließt das Gremium, dass die Fahrgestellzeichnungen bis Ende November 1961 komplett abgeliefert werden. Die Karosseriezeichnungen sollen Ende Januar 1962 größtenteils fertiggestellt sein. Komenda sagt für April 1962 die erste 754-Karosse zu. Diese soll möglichst kompakt bleiben: »Um eine Verlängerung der Karosse zu vermeiden, wird die Befestigung für die hintere Motoraufhängung am Motor gelöst, so daß auch ein Ausbau des Motors allein, incl. Auspuffanlage, möglich ist.« Von Rücker schätzt, dass der Versuch bis Ende 1962 so weit sein wird, dass er den größten Teil freigeben kann.

Es fehlt nicht an Warnungen im Protokoll der Sitzungstage vom 12. und 13. September 1961: »Da bis Ende Juli 63 mit dem Produktions-Beginn zu rechnen ist, müssen alle Maßnahmen getroffen werden, dieses Ziel zu erreichen [...]. Den beteiligten Stellen wird eine intensive Zusammenarbeit nahegelegt.« Bereits in der nächstfolgenden Sitzung der Geschäftsleitung startet der kaufmännische Leiter von Porsche, Hans Kern, den Countdown, demzufolge bis zur Serieneinführung des T7 nur noch 21 Monate zur Verfügung stehen.

Der technische Leiter Karl Rabe in seinem spartanisch eingerichteten Büro. Seine Verbundenheit zur Familie Porsche zeigt sich in den Portraitfotos auf seinem Schreibtisch. Rabe steht regelmäßig immer noch selbst am Zeichenbrett.

Neun Tage später betont die Unternehmensführung erneut, dass an dem Einsatztermin Juli 1963 »unter allen Umständen festzuhalten« sei. Und unter Punkt 10 der zusammenfassenden Aktennotiz der Besprechung an diesem 28. September 1961 steht ein Satz, der eine neue Ära einläuten wird: »Des weiteren läuft eine Untersuchung bei Reutter wegen einer Karosserieform nach T7 mit dem heutigen T6-Fahrgestell.« In der Teilnehmerliste dieser Geschäftsleitungskonferenz taucht zudem erstmals ein neuer Name auf: Tomala. Hans Tomala kommt von Steyr-Daimler-Puch im österreichischen Graz und ist ab 1. Oktober 1961 der neue technische Leiter von Versuch, Produktion und Zentralplanung für die Konstruktion. Vor allem aber ist Tomala der designierte Nachfolger von Karl Rabe als Technischer Leiter von Porsche. Der mittlerweile 65 Jahre alte Karl Rabe wird sich nach dem Jahreswechsel aus dem Tagesgeschäft zurückziehen, aber weiterhin als persönlicher Berater von Ferry Porsche im Unternehmen bleiben.

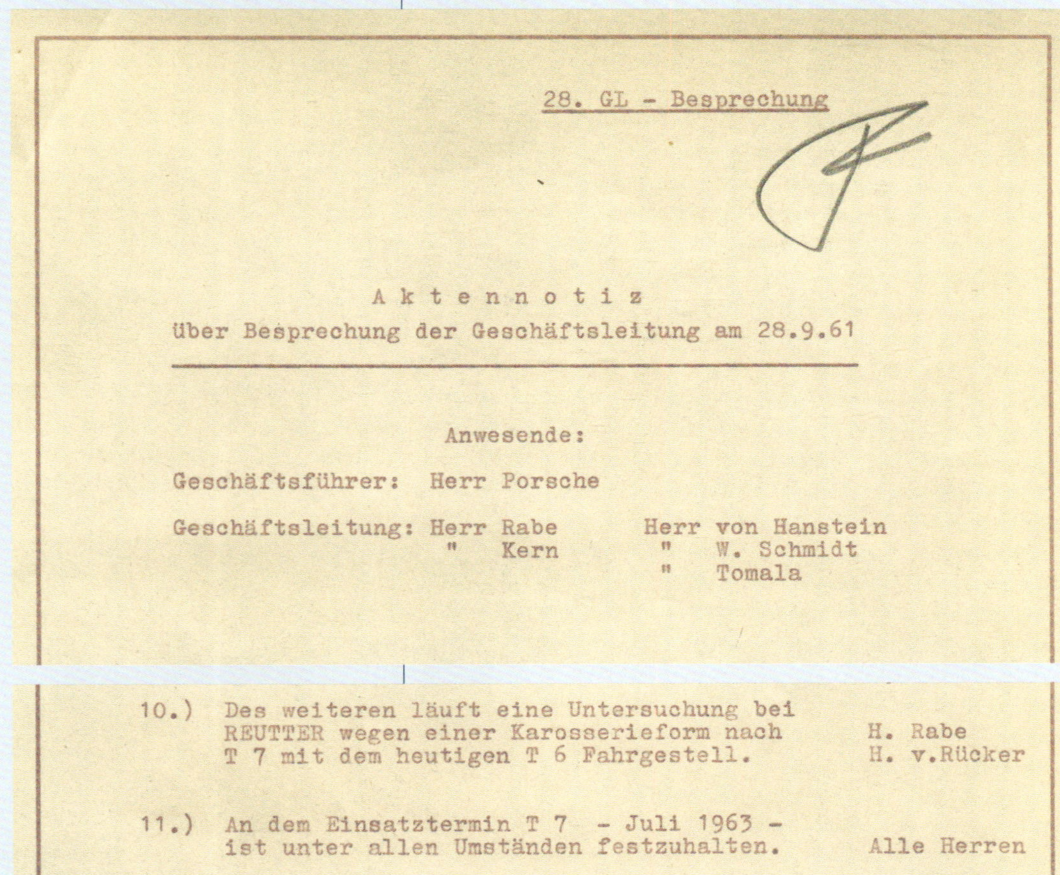

28. GL - Besprechung

A k t e n n o t i z
über Besprechung der Geschäftsleitung am 28.9.61

Anwesende:

Geschäftsführer: Herr Porsche

Geschäftsleitung: Herr Rabe, " Kern, Herr von Hanstein, " W. Schmidt, " Tomala

10.) Des weiteren läuft eine Untersuchung bei REUTTER wegen einer Karosserieform nach T 7 mit dem heutigen T 6 Fahrgestell. — H. Rabe, H. v.Rücker

11.) An dem Einsatztermin T 7 - Juli 1963 - ist unter allen Umständen festzuhalten. — Alle Herren

Im Herbst 1961 beginnt Reutter mit Untersuchungen wie ein Sportwagen im Design des Musterwagens auf dem Chassis eines 356 aussehen könnte – ein Vorbote für das Programm T8.

PROTAGONISTEN

WOLFGANG RAETHER

Vertrieb
Leiter Verkauf
1952–1969 bei Porsche

nimmt als langjähriger Verkaufschef wesentlichen Einfluss auf die Konzepte des 754 und des 901. Mit seinen schonungslosen Analysen legt er mehrmals den Finger in offene Wunden. Seine Initiative trägt dazu bei, dass das Programm T9 aus Kosten- und Zeitgründen eingestellt und dafür der T8 aufgewertet wird.

Wolfgang Raether wird am 1. Mai 1917 geboren. Im Alter von 35 Jahren führt ihn seine berufliche Karriere zu Porsche, wo er ab 1. September 1952 die Position des Verkaufsleiters Inland übernimmt. Als das Exportgeschäft in die USA expandiert und die Unzufriedenheit der Kunden mit dem Service des Importeurs wächst, schickt ihn Ferry Porsche 1954 nach Nordamerika. Dort gestaltet er die bisherige Absatzorganisation um und baut sie aus. Ende 1955 kehrt er nach Deutschland zurück und übernimmt die Leitung des Fahrzeugverkaufs im In- und Ausland.

1961 wird Wolfgang Raether Leiter des gesamten Verkaufsbereiches, Gesamtprokurist und Mitglied der Geschäftsleitung. Er verantwortet jetzt auch Marketing, Kundendienst, Ersatzteilwesen, Versand und Industriemotorenverkauf. Unter seiner Verantwortung wird der 901 im Händlernetz eingeführt und als 911 zum Verkaufserfolg.

Als Wolfgang Raether 1969 Porsche verlässt und zu Volkswagen wechselt, steht in seinem Arbeitszeugnis: »Der systematische Ausbau unserer Verkaufsorganisation ist zu einem beachtlichen Teil sein Verdienst. Welche sprunghafte Entwicklung dabei zu bewältigen war, mag am besten aus den Fahrzeugverkaufszahlen hervorgehen, die 1952 1.303 Stück (davon Inland 609) und 1968 14.133 Stück (davon Inland 3.028) betrugen.«

Verkaufsleiter Wolfgang Raether (2. von links) begleitet Ferry Porsche (2. von rechts) bei einem Besuch des Ford-Museums anlässlich einer USA-Reise. Rechts Otto Erich Filius, seit 1955 erster ständiger Porsche-Repräsentant in den Vereinigten Staaten. Ganz links Ferdinand Alexander Porsche.

PROTAGONISTEN

HANS TOMALA

Diplom-Ingenieur
Chefkonstrukteur und Technischer Leiter
1961–1966 bei Porsche

legt als Technischer Leiter und Nachfolger von Karl Rabe bei Porsche den Grundstein für den Erfolg des 901. So bricht er die Entwicklung des Sechszylindermotors mit unten liegenden Nockenwellen ab und setzt auf den moderneren Motor mit Trockensumpfschmierung. Auch am Wechsel vom großen 754 auf den kompakteren 901 hat er wesentlichen Anteil.

Hans Tomala kommt am 6. Juli 1915 in Graz zur Welt. Nach seiner Schulzeit studiert er ab 1934 an der Technischen Hochschule in seiner Heimatstadt, die er 1940 als Diplom-Ingenieur abschließt.

Sein Interesse gilt zunächst der Luftfahrt. »Neben dem Studium war ich Mitglied, später Leiter der akademischen Fliegergruppe Graz. Wir konstruierten und bauten Segel- und Motorflugzeuge«, schreibt er in seinem Lebenslauf.

Nach seiner Militärzeit bei der Luftwaffe kommt Tomala 1944 an das Grazer Institut zurück und arbeitet als Forschungsingenieur an verschiedenen Motorenkonzepten und Einspritzsystemen. Er wechselt 1947 in die Privatwirtschaft und macht sich vorübergehend mit der Herstellung elektrischer Rasierapparate selbstständig. 1954 zieht »es mich zum Motorenfach zurück«, schreibt er in seinem Lebenslauf. Er wird bei Steyr Leiter der Versuchsabteilung.

Nachdem die ihm vertrauten Ingenieure Ende der 1950er Jahre Steyr verlassen haben, sucht Hans Tomala eine neue Aufgabe. Anfang 1961 erhält Karl Rabe einen Anruf »wegen eines Steyr-Technikers«. Für das Konstruktionsbüro Porsche ist ein hochkarätiger Ingenieur mit einem derart vielfältigen Hintergrund von höchstem Interesse.

Am 1. Oktober 1961 wechselt Hans Tomala als Technischer Leiter der Abteilung Zentralplanung zu Porsche nach Zuffenhausen. Sein Arbeitsbereich umfasst die Konstruktion, den Versuch und die Produktion. Bereits ein Vierteljahr später wird er am 2. Januar 1962 Nachfolger von Karl Rabe als Technischer Leiter von Porsche insgesamt. Sein Bereich erweitert sich damit auf die Abteilungen Styling, Inspektion und Patente. Zudem erhält er Prokura.

Unter Tomala wird der 901 zur Serienreife entwickelt. Er verantwortet die technische Entwicklung des 911 Targa und auch zeitgenössische Rennsportwagen wie den 904 Carrera GTS. Mit Ferdinand Piëch, der 1963 bei Porsche seine Arbeit aufnimmt, entsteht bald ein Spannungsverhältnis, das 1966 mit Hans Tomalas Weggang von Porsche endet.

Hans Tomala (rechts) mit Ferry Porsche (Mitte), Helmuth Bott und Ghislaine Kaes bei der Besichtigung des Prüffeldes in Weissach.

Ferry Porsche drücken 1962 ernste Sorgen: Der Absatz wurde zu hoch eingeschätzt, die Verkäufe des 356 gehen um rund 20 Prozent zurück.

ALTERNATIVLÖSUNG PLAN B: 356/644 IM 695-DESIGN

Das Technische Programm 7, vertreten durch den Typ 754, gerät durch die unterschiedlichen Auffassungen über Design und Auslegung immer mehr ins Stocken. Von der geforderten »intensiven Zusammenarbeit« ist man weit entfernt. Nicht zuletzt deshalb rückt die Idee eines alternativen Sportwagens, der preiswerter und schneller in Serie gehen könnte, zunehmend ins Blickfeld. Um erneuten Meinungsverschiedenheiten und damit Zeitverlusten vorzubeugen, erteilt Ferry Porsche dem Stuttgarter Karosseriewerk Reutter den Auftrag, eine »Karosserieform nach T7 mit dem heutigen T6-Fahrgestell« zu untersuchen.

Tatsächlich läuft es gar nicht gut in der Entwicklungsabteilung. Schon bei der nächsten Sitzung der Unternehmensführung am 9. Oktober 1961 konstatiert das Gremium: »Da noch zu viel verschiedene Auffassungen über das künftige T7-Programm vorhanden sind, sollen alle Herren noch diese Woche bis spätestens Freitag ihre Vorschläge für das T7-Programm an die Zentr. Plg. geben, die sie für einen Vortrag bei der GL[5] abstimmt. Eine Festlegung der allgemeinen Planung soll in der nächsten GL am 16. Oktober erfolgen, so daß in derselben Woche die einzelnen Besprechungen für die Durchführung der Planung aufgenommen werden können.

Dabei stehen in erster Linie folgende Fragen zur Debatte:
a) Neues T7-Modell wie der im Herbst 1960 vorgestellte Prototyp[6], Form oder wesentliche Veränderung? Späterer Einsatztermin? Preis?

[5] Geschäftsleitung

[6] 695-Musterwagen

b) T7-Karosse auf T6-Fahrgestell oder Karosse eines T6-Modelles – wobei die Werkzeuge so verbessert werden sollen, daß die Karosse erheblich billiger wird.« Angestrebt wird für diese Ausführung ein Verkaufspreis von 11.500 D-Mark in Deutschland und 3.500 Dollar in den USA. Als Entscheidungsgrundlage sollen die Preise und Verkaufszahlen des Wettbewerbs herangezogen werden.

Reutter-Werbung mit einem 356 Hardtop Cabriolet.

A k t e n n o t i z

über Besprechung der Geschäftsleitung am 9.10.61

Anwesende:

Geschäftsführer: Herr Porsche

Geschäftsleitung: Herr Rabe

Herr Kirn
" Porsche jr.
" Raether
" v.Rücker
" Schmidt
" Tomala

6.) T 7 - Programm

Da noch zu viel verschiedene Auffassungen über das künftige T 7 Programm vorhanden sind, sollen alle Herren noch diese Woche, bis spätestens Freitag, ihre Vorschläge für das T 7 Programm an die Zentr.Plg. geben, die sie für einen Vortrag bei der GL abstimmt. Eine Festlegung der allgemeinen Planung soll in der nächsten GL, am 16.Oktober, erfolgen, so daß in derselben Woche die einzelnen Besprechungen für die Durchführung der Planung aufgenommen werden können.

Es stehen in erster Linie folgende Fragen zur Debatte:

a) Neues T 7 Modell wie der im Herbst 1960 vorgestellte Prototyp, Form oder wesentliche Veränderung ? Spätester Einsatztermin ? Preis ?

b) T 7 Karosse auf T 6 Fahrgestell oder Karosse eines T 6 Modelles - wobei die

.../.

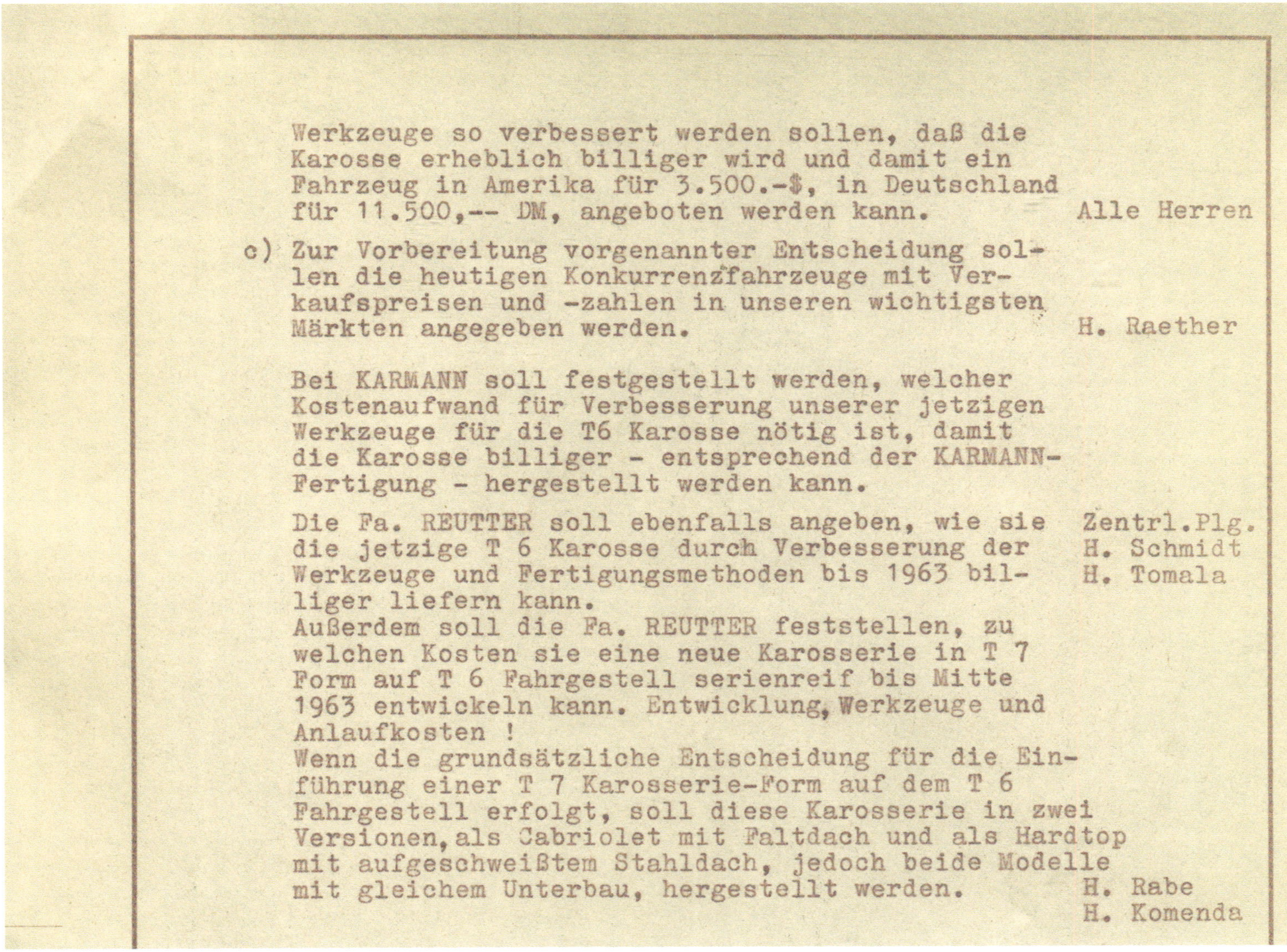

Werkzeuge so verbessert werden sollen, daß die Karosse erheblich billiger wird und damit ein Fahrzeug in Amerika für 3.500.-$, in Deutschland für 11.500,-- DM, angeboten werden kann. — Alle Herren

c) Zur Vorbereitung vorgenannter Entscheidung sollen die heutigen Konkurrenzfahrzeuge mit Verkaufspreisen und -zahlen in unseren wichtigsten Märkten angegeben werden. — H. Raether

Bei KARMANN soll festgestellt werden, welcher Kostenaufwand für Verbesserung unserer jetzigen Werkzeuge für die T6 Karosse nötig ist, damit die Karosse billiger - entsprechend der KARMANN-Fertigung - hergestellt werden kann.

Die Fa. REUTTER soll ebenfalls angeben, wie sie die jetzige T 6 Karosse durch Verbesserung der Werkzeuge und Fertigungsmethoden bis 1963 billiger liefern kann. — Zentrl.Plg., H. Schmidt, H. Tomala

Außerdem soll die Fa. REUTTER feststellen, zu welchen Kosten sie eine neue Karosserie in T 7 Form auf T 6 Fahrgestell serienreif bis Mitte 1963 entwickeln kann. Entwicklung, Werkzeuge und Anlaufkosten !

Wenn die grundsätzliche Entscheidung für die Einführung einer T 7 Karosserie-Form auf dem T 6 Fahrgestell erfolgt, soll diese Karosserie in zwei Versionen, als Cabriolet mit Faltdach und als Hardtop mit aufgeschweißtem Stahldach, jedoch beide Modelle mit gleichem Unterbau, hergestellt werden. — H. Rabe, H. Komenda

Im Herbst 1961 stellt die Geschäftsleitung die Preisfrage: Neues Modell nach Vorbild des Musterwagens oder T7-Karosserie auf einem T6-Fahrgestell.

Dieser buchstäbliche »Plan B« von der weiterentwickelten 695-Karosserie auf einem 356-Chassis – wie im Musterwagen von F. A. verwirklicht – gewinnt weiter an Bedeutung. Die Firma Reutter solle feststellen, »zu welchen Kosten sie eine neue Karosserie in T7-Form auf T6-Fahrgestell serienreif bis Mitte 1963 entwickeln kann [...] Wenn eine grundsätzliche Entscheidung für die Einführung einer T7-Karosserie-Form auf dem T6-Fahrgestell erfolgt, soll diese Karosserie in zwei Versionen, als Cabriolet mit Faltdach und als Hardtop mit aufgeschweißtem Stahldach, jedoch beide Modelle mit gleichem Unterbau, hergestellt werden.«

ZWEI MODELLE DES 754 SIND PRÄSENTATIONSREIF – UND FALLEN DURCH

Derart unter Zugzwang geraten präsentiert die Karosserieabteilung Mitte Oktober endlich zwei Modelle des 754. Die Präsentation vor den Entscheidungsträgern des Unternehmens erregte überwiegend Missfallen und endet mit einer tiefgreifenden Änderungsliste. Das Protokoll vom 17. und 18. Oktober 1961 vermerkt in knappen Worten:

»Bei der Überprüfung der Form von Modell 1 und 2 sowie der Platzverhältnisse für das Antriebsaggregat wurde beschlossen:

1.) Der Heckkofferraum entfällt.
2.) Die Heckpartie beim Modell 1 und 2 wird um 50 mm gekürzt.
3.) Durch den fehlenden hinteren Kofferraum soll der Benzintank vor dem Motor im Heck eingebaut werden (Inhalt ca. 60 L), wodurch ein geräumiger vorderer Kofferraum entsteht.
4.) Die Spurweite der Hinterachse wird auf 1350 mm geändert, um den Seitenzug der Karosse schlanker zu gestalten.
5.) Die Heckpartie von Modell 1 wird ähnlich der Vorläuferkarosse von Herrn Porsche jun. gestaltet.
6.) Die Lufteintrittsschlitze im Deckel Modell 1 sollen quer angeordnet sein.
7.) Der Motor wird mit Fallstromvergasern ausgerüstet. Das Gebläse rückt höher, wodurch eine Verkürzung des Motors erzielt wird.«

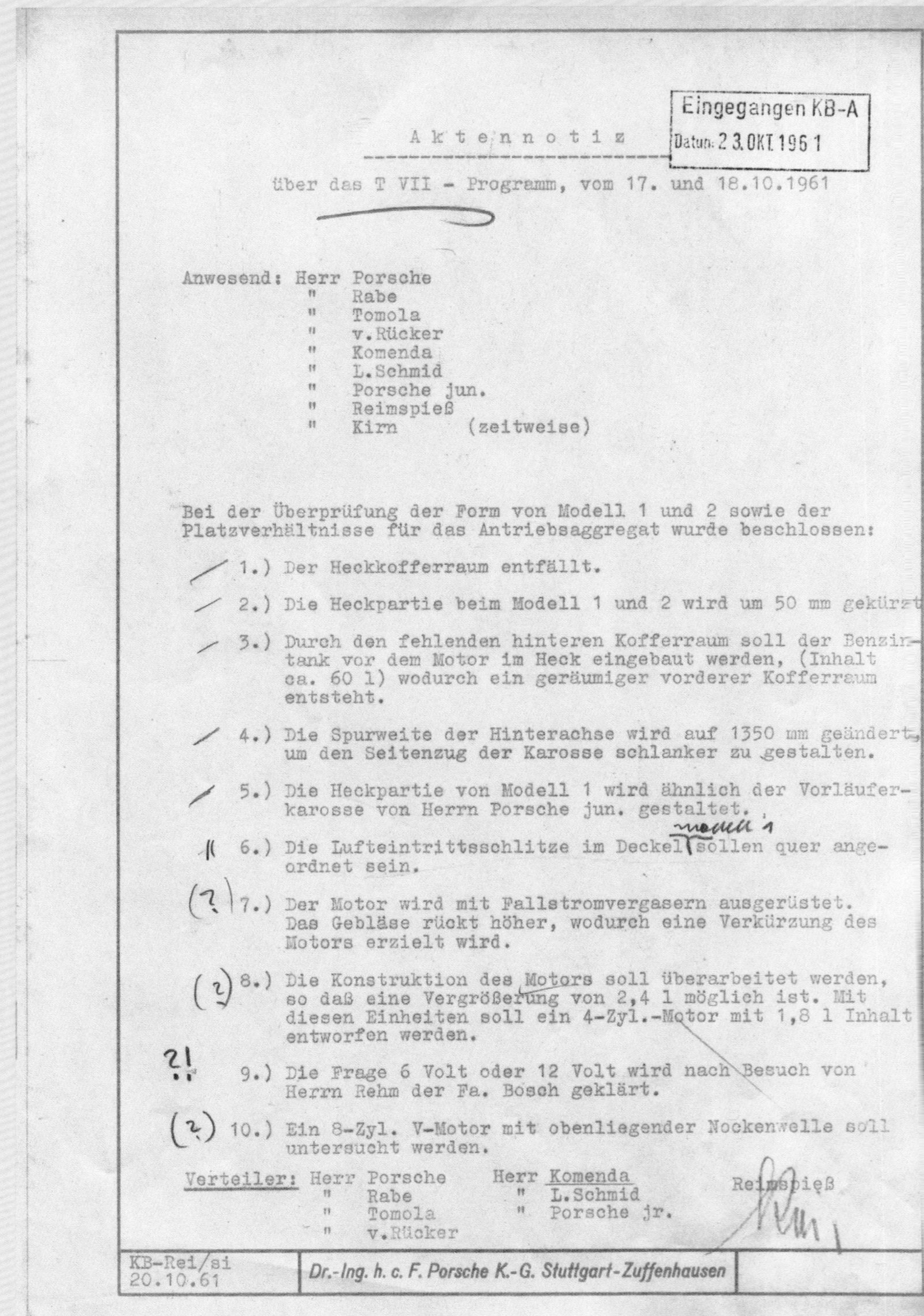

Eingegangen KB-A
Datum: 23. OKT. 1961

A k t e n n o t i z

über das T VII - Programm, vom 17. und 18.10.1961

Anwesend: Herr Porsche
" Rabe
" Tomola
" v.Rücker
" Komenda
" L.Schmid
" Porsche jun.
" Reimspieß
" Kirn (zeitweise)

Bei der Überprüfung der Form von Modell 1 und 2 sowie der Platzverhältnisse für das Antriebsaggregat wurde beschlossen:

1.) Der Heckkofferraum entfällt.
2.) Die Heckpartie beim Modell 1 und 2 wird um 50 mm gekürzt.
3.) Durch den fehlenden hinteren Kofferraum soll der Benzintank vor dem Motor im Heck eingebaut werden, (Inhalt ca. 60 l) wodurch ein geräumiger vorderer Kofferraum entsteht.
4.) Die Spurweite der Hinterachse wird auf 1350 mm geändert, um den Seitenzug der Karosse schlanker zu gestalten.
5.) Die Heckpartie von Modell 1 wird ähnlich der Vorläuferkarosse von Herrn Porsche jun. gestaltet.
6.) Die Lufteintrittsschlitze im Deckel Modell 1 sollen quer angeordnet sein.
7.) Der Motor wird mit Fallstromvergasern ausgerüstet. Das Gebläse rückt höher, wodurch eine Verkürzung des Motors erzielt wird.
8.) Die Konstruktion des Motors soll überarbeitet werden, so daß eine Vergrößerung von 2,4 l möglich ist. Mit diesen Einheiten soll ein 4-Zyl.-Motor mit 1,8 l Inhalt entworfen werden.
9.) Die Frage 6 Volt oder 12 Volt wird nach Besuch von Herrn Rehm der Fa. Bosch geklärt.
10.) Ein 8-Zyl. V-Motor mit obenliegender Nockenwelle soll untersucht werden.

Verteiler: Herr Porsche, " Rabe, " Tomola, " v.Rücker, Herr Komenda, " L.Schmid, " Porsche jr.

Reimspieß

KB-Rei/si 20.10.61 | Dr.-Ing. h. c. F. Porsche K.-G. Stuttgart-Zuffenhausen

Ferry Porsche attestiert seinem Sohn: »Butzi zeigte sehr bald ein beachtliches Talent für das Styling«.

Motor und Heck des 754 sollen kürzer werden sowie der hintere Kofferraum entfallen. Selbst an einen V8-Motor wird gedacht (links).

Zwei weitere Punkte betreffen die Entwicklung eines Motorbaukastens für Vier- und Sechszylinder sowie die offene Entscheidung zwischen 6 und 12 Volt Bordnetzspannung. Dass der 754 auch auf den lukrativen US-Markt zielt, lässt sich am letzten Punkt erkennen:

»Ein 8-Zyl. V-Motor mit obenliegender Nockenwelle soll untersucht werden.«

Die umfangreiche Liste an Änderungen setzt die Konstrukteure noch mehr unter Zeitdruck. In einer Notiz an Leopold Schmid im Oktober 1961 warnt Konstrukteur Erich Stotz:

»Infolge der Änderungen am Typ T7 wie Verlegung des Kraftstofftanks nach hinten, die Verkleinerung der hinteren Spurweite und der Übergang von hängenden zu stehenden Pedalen ist es nicht möglich, die Detailzeichnungen der Baugruppen Handbremse, Schaltung und Fußhebelwerk bis zum vorgesehenen Termin, Ende November, fertigzustellen. Da obige Baugruppen stark von der Aufbaukonstruktion abhängen, dort jedoch laufend geändert wird, ist es nicht möglich, einen genauen Termin zu nennen. Vorsichtig geschätzt kann frühestens Ende des Jahres mit den Detailzeichnungen gerechnet werden.«

In seinen Memoiren beschreibt Ferry Porsche:

»Das Auto wurde immer größer und schwerer. Es kamen Argumente wie: ›Die ganze Menschheit wird größer, das Auto muss auch größer werden.‹ Die elegante Linie, wie sie bei dem von meinem Sohn geschaffenen Prototyp vorhanden war, wurde stark verfälscht. Es geschah meiner Meinung nach etwas ganz Natürliches: Manche Karosseriekonstrukteure sind in ihrem Innersten davon überzeugt, sie seien hervorragende Stylisten, während auf der anderen Seite manchmal Stylisten glauben, sie seien hervorragende Konstrukteure. Diese innerbetrieblichen Kämpfe führten dazu, daß die Zeit verging, ohne daß ein Nachfolger für unseren 356 entstand.«

Der Firmenchef hat von den internen Querelen genug und setzt Plan B vom 9. Oktober in die Tat um. Die Kombination von 356 (T6)-Technik und 695-Design läuft unter einem eigenen Projektnamen: T8. Das Technische Programm 8 liegt schon länger in der Luft. Nachdem der 356 in der Entwicklungsstufe T6 seine Serienreife erlangt hatte, begannen die Überlegungen für die Folgegeneration. T7 ist bereits reserviert, folgerichtig rangieren die Überlegungen unter dem Namen T8. Bereits am 19. März 1961 stellte der Fahrversuch eine siebenseitige Wunschliste mit »Vorschlägen für T8« zusammen – der Weg zum 901 beginnt.

AUGUST ACHLEITNER

startete seine Laufbahn im Jahr 1983 in der Porsche-Fahrwerkentwicklung. Von 1989 bis 2000 leitete der Maschinenbauingenieur die Abteilung Technische Produktentwicklung, Fahrzeugkonzepte und Package. Im Jahr 2001 übernahm er die Verantwortung für die Baureihe 911. Mit Einführung des dritten unter seiner Regie entstandenen Elfers der Generation 992 wechselte »Mister 911« 2018 in den Ruhestand.

AUGUST ACHLEITNER ÜBER

WIE PORSCHE LASTENHEFTE ENTSTANDEN

Zum Verständnis, warum diese Liste vom »Fahrversuch« kam, muss man wissen, dass es in den früheren Zeiten bei Porsche (so kenne selbst ich es noch) keinen Gesamtfahrzeugbereich gab und allgemeine und gesamtheitliche Themen und Anforderungen an ein Fahrzeug vom Fahrversuch, teilweise auch von der Fahrwerkskonstruktion und der Karosseriekonstruktion zusammen, beschrieben wurden. Erst Ende der 1980er Jahre wurde ein entsprechender Gesamtfahrzeugbereich/eine Fahrzeugkonzeption eingeführt. Diesen habe ich 1989 bis 2000 geleitet.

Auch heute noch werden die ersten Fahrzeugbeschreibungen und Anforderungen prosaisch in einem »Steckbrief« festgehalten, der im Gesamtfahrzeugbereich entsteht – bei Nachfolgern zusammen mit der zuständigen Baureihe. Er ist etwas weitgesteckter und allgemeiner, wenn es sich um eine gänzlich neue Baureihe ohne Vorgänger handelt (wie beim Taycan), oder etwas präziser, wenn es sich um einen Nachfolger eines bestehenden Fahrzeugs handelt (zum Beispiel die Elfergeneration 992). So wie hier auch mit dem 356 als Vorgänger. Diesen Vorgänger kennt man genau und weiß für viele Bereiche relativ exakt, was verbessert oder geändert werden muss. Kleine emotionale Abdriftungen in der Beschreibung unterstreichen die Wichtigkeit der Anforderung, siehe Anforderung an die Türtaschen.

Sehr interessant finde ich die Anmerkungen zur Instrumentierung, die für Porsche meines Erachtens tatsächlich fast von historischer Bedeutung sind:

Instrumente: Drehzahlmesser, Geschwindigkeitsmesser, Zeituhr
sachliche Zifferblätter. Vorbild: Flugzeuggeräte.
Kombinat.Gerät (Öltemperatur, Benzinuhr und Kontroll-Leuchten) unschön. Ev. Auflöseh. Kontroll-Leuchten
zu Leiste zusammenfassen und nicht überall verstreuen.

Daraus resultierte DAS klassische Instrumentenlayout des 911, Vorbild für Generationen und typisch Porsche bis hin als Vorbild zur Ikone des Porsche Design Chronographen in den 70ern.
Vieles in der Wunschliste ist auch heute noch in Ordnung beziehungsweise ist einfach in der technischen Entwicklung dem damaligen Stand der Technik, dem Zeitgeist (stilistische Anmerkungen) und dem Vorgänger geschuldet.

Vorschläge für T8 des Fahrversuches

Vorwort

Die Vorschläge sind zusammengestellt ohne allzugrosse Rücksicht auf Kosten bezw. Realisierbarkeit. Der eine oder andere kann von vorneherein für eine spätere Einführung eingeplant werden, ohne dass andere Teile später geändert werden müssen.

Weiterhin steht für den Versuch die Funktion im Vordergrund und nicht das Stilistische. Neben aller stilistischen Eleganz ist ein Auto ein Gebrauchsgegenstand, das aus seinem Zweck und seiner Funktion, d.h. aus seinem technischen Innenleben heraus, entwickelt sein muss. (Citroën) Nicht umsonst werden die "Old-timer" heute noch schön empfunden, da sie dies mit den technischen Möglichkeiten ihrer Zeit erfüllten.

Allgemeine Betrachtungen bezw. Forderungen, unabhängig vom Gesamtkonzept.

Unsere Wagen müssen sportlich sein im Aussehen und ihren Eigenschaften, ohne auf hinreichenden Reisekomfort zu verzichten. Sie müssen aus dem allgemeinen Rahmen fallen, hohe Fahrleistungen bieten und sich leicht, sicher und mühelos fahren lassen. In diesen Punkten müssen wir aufholen.

Wir können keinen modischen Wagen bauen mit unnötigem Zierrat, wie z.B. schwülstigen Instrumenten, sondern müssen funktionsbetonte, schlichte Eleganz anstreben und die gewählte Bauweise sinnvoll ausformen und nicht zu verstecken versuchen. Ausserdem müssen wir bis in Kleinigkeiten hinein das Auto so gut als möglich dem Menschen anpassen und nicht das Umgekehrte verlangen.

Es ist auch unsere Aufgabe, dem Fahrzeug so viel Fahrsicherheit als möglich zu geben, nicht, um noch schneller zu fahren, sondern um Reserve in kritischen Situationen zu bieten, d.h. ein Auto, das auch Fahrfehler nicht übel nimmt.

Um die Gebrauchstüchtigkeit zu erhöhen oder den Pflegebedarf nach Zeit und Geld zu lenken, muss auch von einem sportlich betonten Wagen Wartungsarmut verlangt werden und hohe Lebensdauer aller Teile. Dazu gehört auch, dass unsere teuer zu reparierende Karosse durch funktionsgerechte Stoßstangen geschützt wird. Das ist besonders für den wichtigen USA-Markt wichtig und wird es bei uns mehr und mehr. Hier können wir uns etwas einfallen lassen und mit gutem Beispiel vorangehen. Zugunsten des Wohlbefindens und Wohlergehens der Insassen müssen wir über unseren jetzigen Stand hinauskommen bezüglich innerer Sicherheit-Lüftung-Heizung-Geräusch-Sitze und Bedienung.

-2-

T8

FAHRGESTELL.

Unabhängig von gewählter Vorderachse usw. auf
Gewichtserleichterung
Fertigungsvereinfachung der Teile durcharbeiten, ebenso auf
Verringerung der Zahl der Normteile,
d.h. vereinfachter Einkauf - Lagerhaltung - Ausfassen für Montage.

Federweg vorne: grösser

Vorderachse: Wenn aus Zeitgründen keine McPherson-Achse, dann "Kugelachse" statt Bundbolzen (Komfort!), mit

Sturz einstellbar

Traghebel innen statt Büchse Nadellager Komfort !

Lenkung: Wenn irgend möglich nicht Zahnstange (andere verlassen sie wieder)!
- a) um Entwicklung zu sparen
- b) Werkzeug- und Einrichtungskosten zu sparen
- c) um mit Gemmer- oder Einfingerlenkung veränderliche Steigung zu verwirklichen wegen besserem Geradeauslauf, bessere Korrektur bei Seitenwind usw.

Anordnung der Lenkgetriebe in Mitte Fahrzeug ergibt
- a) gleiches Fahrgestell für Links- und Rechtslenker
- b) geknickte, unfallsichere Lenksäule. Lenkrad kann noch etwas steifer stehen.

Radeinschlag: Grösser. Klein-Wendekreis.

Spurstangen: Möglichst spielfrei, wartungsfrei. Spielfreiheit bringt besseren Geradeauslauf und präzisere Korrektur, besonders bei Böen.

Gaspedal: Besseres Scharnier

Hebelei: dazu vereinfachen, und

Handgaszug wegfallen lassen.

Fusshebelei erleichtern (Alu!) auf Verstellbarkeit verzichten, für Rechtslenker anpassen. (Bremspedal und Gaspedal müssen so stehen, dass man auf dem Absatz von einem zum anderen schwenken kann. Kupplungspedal so, dass mit angenehm gestreckten Bein voll ausgekuppelt werden kann, wenn Sitz so gestellt, dass rechtes Bein bequem die anderen Pedale bedienen kann.

Eine der Kernforderungen auf der Wunschliste des Fahrversuchs zum Technischen Programm 8 gilt bis heute.

-3-

Kupplungsschaltung: Beibehalten

Schaltwege: Nicht grösser als T6, man muss jetzt schon für R I II den Arm ganz strecken. Hakende Schaltung wird mit der Zeit überwunden, denn es gibt jetzt schon spielend leichtgängige Schaltungen.

Sitzstellung: zu Fusshebelei und Lenkrad wird immer wieder gut gefunden.

Lenkrad: Könnte noch ~ 20- 30 mm weiter vorne sein, besonders wenn es steiler gestellt werden muss wegen geknickter Lenksäule.

Getriebe 741: Reicht für 2 l 6 Zyl. nicht aus, mindestens nicht für genügende Lebensdauer; besonders kritisch sind Differential und Gleitsteine, sowie alle Wälzlager der Wellen.

Mindestforderung für 741: Neues Differential, Zwangsschmierung der Gleitsteine, Festerer Sitz des trieblingsseitigen Rollenlagers. Besseres Achswellenlager einschliesslich Lagerung desselben im Flnasch.

Vorschlag: Sofort bei T8 Getriebe 754 mit geändertem Differential und Gelenk (Skizze Hetmann).

Lagerung des Motorgetriebeblockes breitspurig un weichen volumin. Gummilagern zur Verringerung der Geräuschübertragung (Vorschlag Tomala).

Bremsen: Porsche Scheibenbremse, nicht zuletzt um den Namen Porsche in den Vordergrund zu schieben. 2-Kreisbremse; jeder Kreis auf beiden Achsen wirkend).

Kupplung: Mindestens 12-er Kupplung.Peugot 404 hat 16er, dafür ist sie auch unverwüstlich. Wir sollten für den 6 Zylinder auch eine grosse Kupplung vorsehen und axial etwas mehr Platz, um eine gute Mitnehmerscheibe (Torsionsfeder und Dämpfung) bauen zu können. (Getriebegeräusche).

Handbremse: Warum nicht auf Vorderräder wirkend, könnte vielleicht mit Stockbremse billiger werden. Handbremshebel zwischen die Sitze wird leichter und billiger, besonders bei Mc Pherson-Achse.

-4-

Elektrik - Licht - Instrumente .

Spannung: 12 Volt

Lichtmaschine: Mehr Leistung (mindestens beim 6 -Zylinder) Der Bedarf an elektrischer Leistung steigt ständig.

Scheinwerfergläser: senkrecht, ev. Vorsatzscheibe, die für USA weggelassen werden kann. (Styling).

Nebelscheinwerfer: rund, 130 Ø (Weitstrahler wo zugelassen) organisch in Karosse oberhalb Soßstange eingefügt.

Heckleuchten / **Bremsleuchten**: wasserdicht, grösser.

Rückstrahler Grösse allen Vorschriften entsprechend; organisch eingefügt.

Parkleuchten

Kofferraumbeleuchtung z.B. Peugot 404

Motorraumbeleuchtung

Kabelsatz übersichtlich verlegt

Flachstecker

Sicherungskasten möglichst im Innenraum.

Scheibenwischerantrieb im Bugraum aus Geräuschgründen.

Instrumente: Drehzahlmesser, Geschwindigkeitsmesser, Zeituhr sachliche Zifferblätter. Vorbild: Flugzeuggeräte. Kombinat.Gerät (Öltemperatur, Benzinuhr und Kontroll-Leuchten) unschön. Ev. Auflösen. Kontroll-Leuchten zu Leiste zusammenfassen und nicht überall verstreuen.

Schalter: Griffgerecht und blindlings fehlerfrei zu betätigen.

Zusatzgeräte: Sonderwünsche wie Speedpilot, Stoppuhren, -Einbaumöglichkeit einplanen, ebenso Kartenleselampe.

Instrumentenbeleuchtung / **Kontroll - Leuchten**: einheitliche Glühlampen.

-5-

-5-

Heizung - Lüftung.

Motorabhängige Heizung für Serie.
Fremdheizung für Sonderwunsch wird aus Preisgründen bleiben.

Heizluft:	muss bei T8 - besonders bei neuem Motor - aus dem Freien und nicht aus dem Motorraum angesogen werden.
Frendgebläse	würde das erleichtern (Kalkulationsfragen!)
Innenbelüftung	bei T6 entspricht nicht den heutigen Forderungen und reicht nicht aus. Vorbild: Citroen DS 19, Peugot 404.
Warmluft	unten bezw. Mitschung mit
Frischluft	oben muss möglich sein.
Türscheiben	sollten auch bestrichen werden.
Lufteintritt vor	Windschutzscheibe muss abgedeckt sein (Hutze) gegen Schnee
Düsen	einwandfrei geformt und gefertigt und so montiert, dass ausströmende Luft nicht abgelenkt wird.
Heckscheiben-Heizung	verbessern.

Karosse

Windempfindlichkeit:	Ehe die Bugform endgültig festgelegt wird, eingehende Windkanalmessungen am Modell ~ 1:3 um Auftrieb vorne und abtreibendes Moment so klein als möglich zu halten.
Deckel vorne	besserer Wasserablauf und bessere Dichtung;
Deckel hinten	gross, damit Motor gut zugänglich.
Motorraum	so gross, dass gute Ansauggeräuschdämpfungunterge-bracht werden können. (Ansauggeräusch ist eine grosse Lärmquelle).
Lufteintritt	nicht in Schmutzzone legen. Braucht nicht versteckt zu werden. Wassergekühlte Frontmotoren haben auch ein Kühlermaul oder Gitter. Also warum nicht gegen den Luftstrom offene breite niedere Hutze?
Gürtellinie	tiefer
Scheiben	grösser
Kopfhöhe	etwas mehr als T6. Die Menschen sind heute im Mittel grösser als vor 20 Jahren.
Einstieg	grösser
Dach	flacher.

-6-

Frischlufteintritt	siehe Heizung - Lüftung.
Leuchten	siehe Elektrik
Innere Sicherheit:	Von Anfang an bei jedem Knopf und Griff usw.usw. daran denken. Abdeckungen, Rundungen, Polsterungen. Richtige Lage der Anlenkpunkte der Bauch-Schulter bezw. kombinierten Bauch/Schulter - Gurte. Schrägschultergurt soll von Schulter schräg aufwärts und nicht abwärts gehen, also am Dach oder Pfosten befestigen.
Tote Sichtwinkel	möglichst klein.
Lehnenverstellung	möglichst stetig und nicht so grob wie T6.
Lehnenverriegelung	Lösen durch Öffnen der Türe (VW 1500 !)
Lehne	Nicht so stark nach hinten schweifen, dafür seitlich ausgeprägtere Wülste.
Armlehnen	gleichzeitig Zuziehgriff. Jetzige weglassen (Vers. Bericht B 416/1).
Türabdichtung	umkonstruieren. Voluminösere Dichtung.
Türschloss	Sicherer, moderner, nicht einfrierend. Leiser und leichter schliessende Türen.
Türgriff innen	Ähnlich DB und andere. Unserer ist unfalltröchtig.
Türtaschen	mit mehr Stauram. Unsere sind ein schlechter Witz (Vers.Ber. B 416/1). Überhaupt so viel als möglich Stauräume für Kleinzeug schaffen, z.B. auch Taschen an Stirnseite der Sitze praktisch.
Haltegriffe für Beifahrer	verbessern. (Vers.Bericht B 416/2).
Türfenster	Leichtgängig auch bei Nässe bei wenig Kurbelumdrehungen. Beispiel DB.
Fensterkurbeln	und ähnliches klapperfrei; natürlich auch Kurbelapp-
Fenstergummi	Lichtrissbeständig.
Instrumente	So anordnen, dass sie sich nicht in der Windschutzscheibe spiegeln, und dass sich nicht die durch's Heckfenster scheinende Abendsonne in ihnen spiegelt. Schlechtes Beispiel: Roadster.
Drehzahlmesser	Mmmk gross, hoch über Mitte Lenksäule. Tacho kleiner und rechts davon. Etwa senkrecht stellen und nicht senkrecht zur Blickrichtung. Ist bei "flachen" Geräten gut möglich, nicht aber bei tiefen(BMW

-7-

Gurte: Ablegmöglichkeit in Taschen seitlich an Sitzen, oder aufhängen am Dach (Volvo). Dreckige Gurte legt niemand an.

Armaturenbrett: Platz lassen für Sonderwunschgeräte wie Speed-pilot, Stoppuhren, Öldruckmesser (Rallye)!

Klappern und Schettern "Porsche-üblich" laut"Motor und Sport". Von Anfang an daran denken und nicht hinterher erfolglos zu entklappern versuchen.

Stoßstangen Müssen ohne Schaden an ihnen selbst bezw. am Fahrzeug Stösse auffangen wie sie mehr und mehr im dichten Verkehr, beim Rangieren und Parken auftreten. Hier kann Porsche mit gutm Beispiel vorangehen. (Vergl. "Motor und Sport" Heft 2, S. 23 (1962) oben rechts.)

Sonnenblende aus Dach herausziehbar, mindestens nach der Seite schwenkbar. Die erste Möglichkeit hat auch den Vorteil, dass die ganze Scheibe abgedeckt und senkrechte Sonneneinstrahlung verhindert wird, was bei der höheren, ffacheren Scheibe mehr als jetzt nötig ist.

Kabrioverdeck möglichst ganz versenkbar

Verdeckgriffe sind unfallträchtig und sollten durch etwas besseres ersetzt werden (Vergleiche Verbesserungsmeldung)

Verdeckspanner ebenfalls unfallträchtig. Links und rechts davon Wulst anordnen.

Seitenfenster ausstellbar besser.

(Rombold)

TL - RO/löb.
19.3.61

PLAN B KOMMT: T8-KAROSSERIE AUF T6-FAHRGESTELL

Am 20. Oktober 1961 besucht Ferry Porsche an der Spitze einer sechsköpfigen Abordnung das benachbarte Karosseriewerk. Mit dabei sind Walter Schmidt, Hans Tomala und Heinrich Klie sowie zeitweise F. A. Porsche und Erwin Komenda. Die Aktennotiz hält fest:

> **»Die Fa. Reutter hat sich damit einverstanden erklärt, verantwortlich die Konstruktion einer T8-Karosse auf dem jetzigen T6-Fahrgestell zu übernehmen. Verbindlicher Termin: Der neue T8-Wagen muss in Serienfertigung im Juli 1963 anlaufen. Der Karosseriepreis darf keinesfalls höher liegen als der Preis der jetzigen T6-Karosserie. Der Markt erfordert wenn möglich sogar eine erhebliche Reduzierung des Preises durch rationellere Fertigung. Kobü[7], Herr Komenda, stellt an Reutter unverzüglich eine Führungskraft – möglichst Herrn Schröder – und nach Möglichkeit eine weitere Kraft ab. Die neue T8-Karosserie soll auf dem unveränderten Fahrgestell T6 mit Bodengruppe 644 (T6) aufgebaut werden.«**

Dass der T 8 zunächst als Einsteiger-Sportwagen gedacht ist, lässt sich an der geplanten Motorisierung erkennen:

> **»Der Einbau eines Carrera-Motors braucht nicht berücksichtigt werden.«**

Als Sparausführung soll

> **»die Innenhaut des Typ 644 T6 […] nur dort verändert werden, wo es die Anschlusspunkte erfordern. Die Außenhaut soll in Anlehnung an den von Reutter hergestellten Prototyp T7[8] konstruiert werden.«**

[7] Kobü = Konstruktionsbüro

[8] 695-Musterwagen

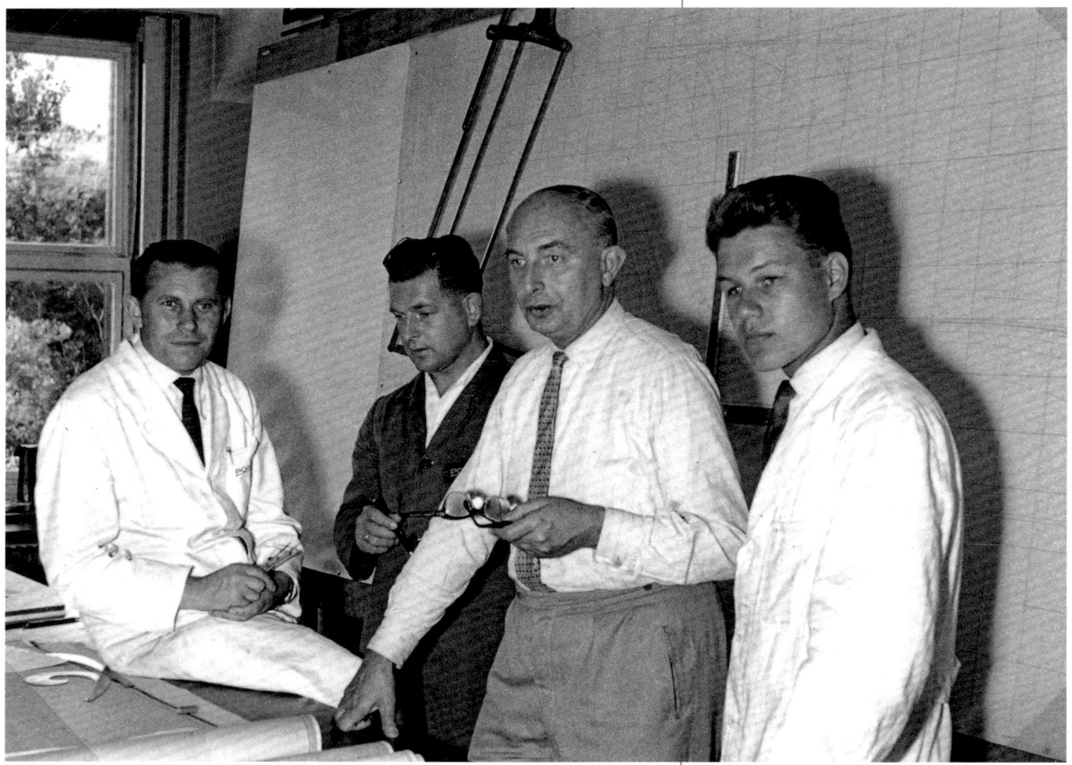

Gerhard Schröder (2. v. l.) setzt das Design von Ferdinand Alexander Porsche in Konstruktionszeichnungen des T8 um und begleitet die Entwicklung der Karosserie bei Reutter. Hier mit seinen Porsche-Kollegen Collel, Alfred Kühn und Stickel (v. l.).

Erstmals ist von zwei Varianten die Rede:

> **»Hierbei soll berücksichtigt werden, dass das Fahrzeug auch als offener Wagentyp gebaut werden kann.«**

Der Weg zum 911 Targa dauert zwar länger, aber er beginnt in diesen Herbsttagen 1961.

> **»Die Arbeiten müssen in Anbetracht des kurzen Termins (20 Monate) sofort beginnen. Als erstes stellt Reutter ein Stufenprogramm auf, das vom Endtermin her (Serienanlauf Juli 63) aufgebaut ist.«**

Das Vorhaben ist angesichts der angespannten Zeit- und Kostensituation riskant. Deshalb erklärt sich Reutter auf Bitten von Porsche bereit »zu überlegen, inwieweit es sich an der Finanzierung der Kosten unter Umlage auf den Karosseriepreis beteiligen kann.« Ein Ansinnen, das zwei Jahre später ins Gegenteil umschlagen wird und mit dem Verkauf von Reutter an Porsche am 1. Dezember 1963 endet.

Erwin Komenda ist offenbar überrascht und verwirrt von dieser Vereinbarung. Da er nur zeitweise an der Besprechung teilnimmt, sind ihm möglicherweise Kernpunkte entgangen. Jedenfalls streicht er in der Aktennotiz handschriftlich die Typbezeichnung T8 durch und überschreibt sie mit T7. Seinen weiteren Anmerkungen zufolge handelt es sich in seinen Augen um die Entwicklung einer T7-Karosserie auf 644-Chassis – getreu dem Auftrag an Reutter. Sein eigenes Projekt, den 754, setzt er mit dem Kürzel T9 gleich. Eine Namensänderung, die wenig später offiziell bestätigt wird.

Ferry Porsche schreibt in seinen Erinnerungen: »In dieser verfahrenen Situation mußte ein Machtwort gesprochen werden. Mein Sohn bekam den Auftrag, sein Styling des Typ 7 zu verwenden, aber den Radstand zu verkürzen.« Sein Konstruktionsauftrag an Reutter »war für die Karosseriekonstrukteure im Haus natürlich ein Schock; sie bewirkte aber, daß nach ganz kurzer Zeit alle Herren hundertprozentig in dieser Richtung mitzogen.«

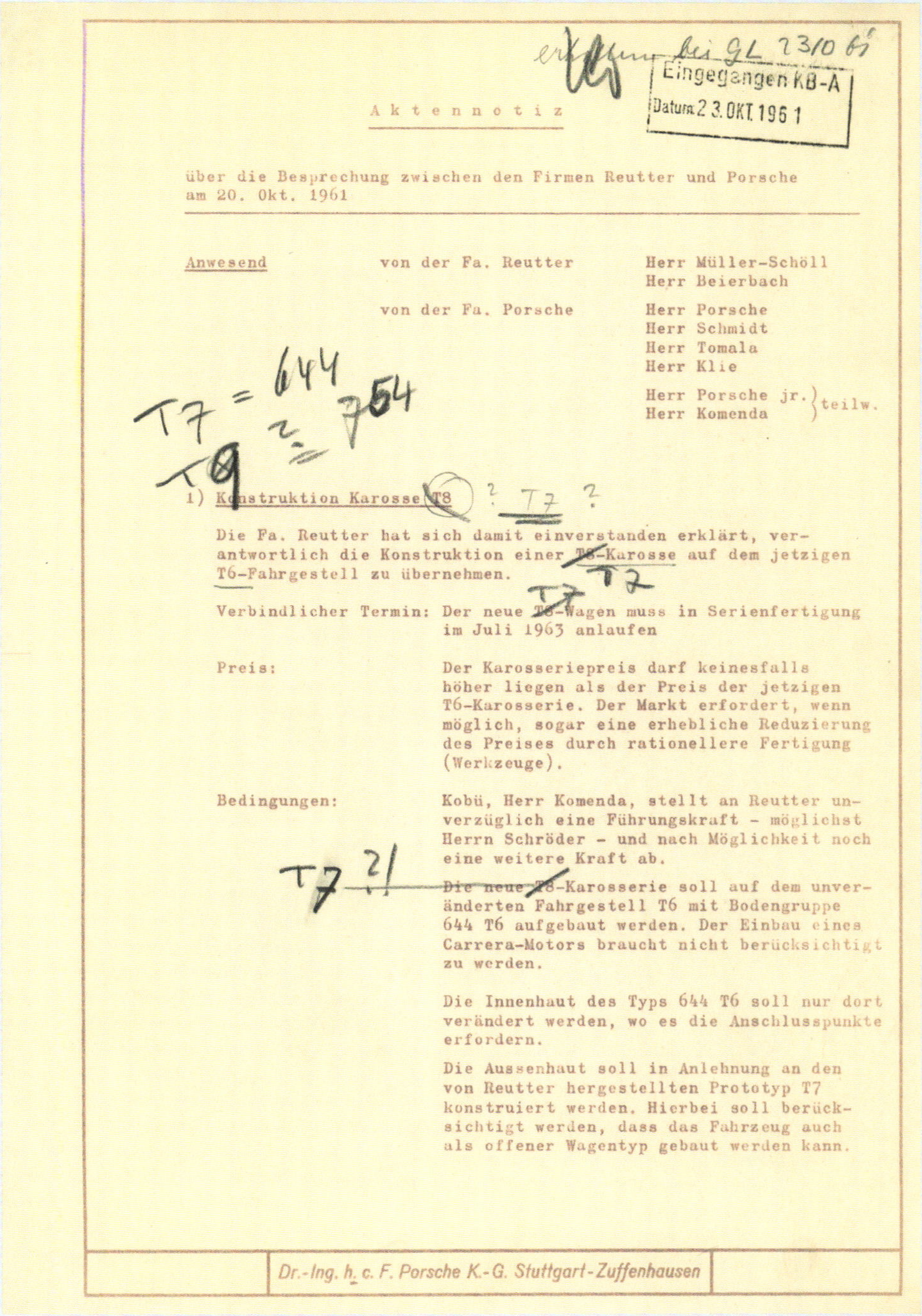

erledigt bei GL 23/10 61

Eingegangen KB-A
Datum: 23. OKT. 1961

A k t e n n o t i z

über die Besprechung zwischen den Firmen Reutter und Porsche
am 20. Okt. 1961

Anwesend	von der Fa. Reutter	Herr Müller-Schöll Herr Beierbach
	von der Fa. Porsche	Herr Porsche Herr Schmidt Herr Tomala Herr Klie Herr Porsche jr. } teilw. Herr Komenda } teilw.

T7 = 644
T9 = 754

1) Konstruktion Karosse T8 ? T7 ?

Die Fa. Reutter hat sich damit einverstanden erklärt, verantwortlich die Konstruktion einer ~~T8~~-Karosse auf dem jetzigen T6-Fahrgestell zu übernehmen. T7

Verbindlicher Termin: Der neue ~~T8~~-Wagen muss in Serienfertigung im Juli 1963 anlaufen T7

Preis: Der Karosseriepreis darf keinesfalls höher liegen als der Preis der jetzigen T6-Karosserie. Der Markt erfordert, wenn möglich, sogar eine erhebliche Reduzierung des Preises durch rationellere Fertigung (Werkzeuge).

Bedingungen: Kobü, Herr Komenda, stellt an Reutter unverzüglich eine Führungskraft – möglichst Herrn Schröder – und nach Möglichkeit noch eine weitere Kraft ab.

T7 ?!

~~Die neue T8-Karosserie~~ soll auf dem unveränderten Fahrgestell T6 mit Bodengruppe 644 T6 aufgebaut werden. Der Einbau eines Carrera-Motors braucht nicht berücksichtigt zu werden.

Die Innenhaut des Typs 644 T6 soll nur dort verändert werden, wo es die Anschlusspunkte erfordern.

Die Aussenhaut soll in Anlehnung an den von Reutter hergestellten Prototyp T7 konstruiert werden. Hierbei soll berücksichtigt werden, dass das Fahrzeug auch als offener Wagentyp gebaut werden kann.

Dr.-Ing. h. c. F. Porsche K.-G. Stuttgart-Zuffenhausen

Der Auftrag an Reutter über die Konstruktion einer T8-Karosserie auf einem 356-Fahrgestell sorgt bei Erwin Komenda für Verwirrung wie seine handschriftlichen Anmerkungen zeigen. Offenbar ist er über das Projekt T8 nur schlecht informiert.

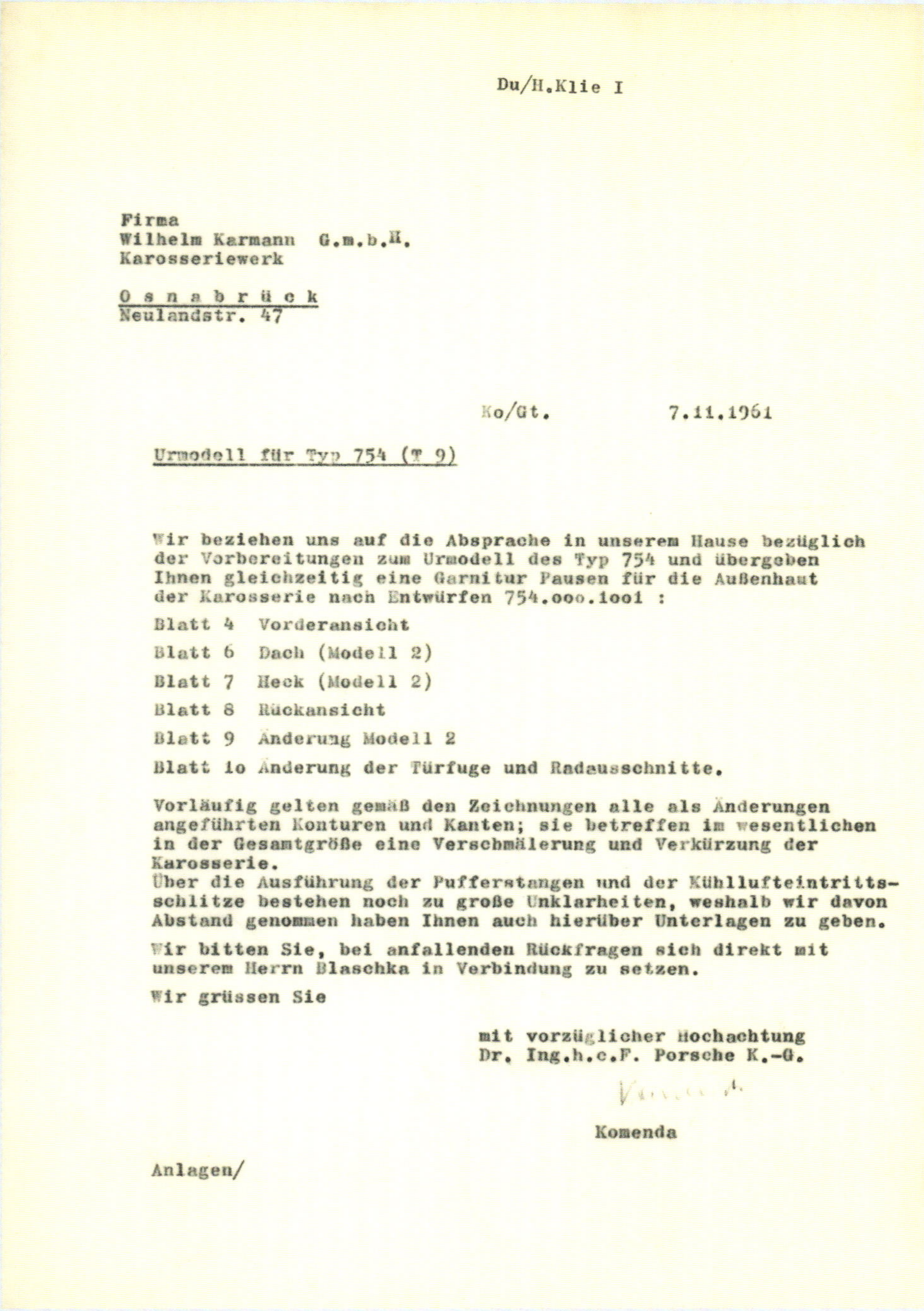

Du/H.Klie I

Firma
Wilhelm Karmann G.m.b.H.
Karosseriewerk

O s n a b r ü c k
Neulandstr. 47

Ko/Gt. 7.11.1961

Urmodell für Typ 754 (T 9)

Wir beziehen uns auf die Absprache in unserem Hause bezüglich der Vorbereitungen zum Urmodell des Typ 754 und übergeben Ihnen gleichzeitig eine Garnitur Pausen für die Außenhaut der Karosserie nach Entwürfen 754.ooo.1oo1 :

Blatt 4 Vorderansicht
Blatt 6 Dach (Modell 2)
Blatt 7 Heck (Modell 2)
Blatt 8 Rückansicht
Blatt 9 Änderung Modell 2
Blatt 1o Änderung der Türfuge und Radausschnitte.

Vorläufig gelten gemäß den Zeichnungen alle als Änderungen angeführten Konturen und Kanten; sie betreffen im wesentlichen in der Gesamtgröße eine Verschmälerung und Verkürzung der Karosserie.
Über die Ausführung der Pufferstangen und der Kühllufteintrittsschlitze bestehen noch zu große Unklarheiten, weshalb wir davon Abstand genommen haben Ihnen auch hierüber Unterlagen zu geben.

Wir bitten Sie, bei anfallenden Rückfragen sich direkt mit unserem Herrn Blaschka in Verbindung zu setzen.

Wir grüssen Sie

mit vorzüglicher Hochachtung
Dr. Ing.h.c.F. Porsche K.-G.

Komenda

Anlagen/

Im November 1961 sind einige Details der 754-Karosserie noch völlig unklar. Dennoch soll Karmann bereits mit den Vorbereitungen für das Urmodell beginnen.

NEUE DESIGN-FAMILIE: 644 (T8) UND 754 (T9) IM STIL DES 695

Hans Tomala, seit 1. Oktober 1961 offiziell als Technischer Leiter der Abteilung Zentralplanung geführt, versucht in einer Aktennotiz, die beiden Fahrzeugprogramme gegeneinander abzugrenzen und miteinander zu versöhnen: Er attestiert den beiden 754-Modellen eine »ansprechende und zeitlose Form [...] Leistungsmäßig kann das Fahrzeug mit einem auf das Leergewicht bezogenen Wert von etwa 7,5 kg pro PS sich gut in der vorgesehenen Preisklasse behaupten.« Eine sportliche Version mit Sechszylinder-Einspritzmotor sei angedacht, deren Karosserie »unter Verwendung eines gekürzten Bodenrahmens in Kleinserienbau hergestellt werden« könnte. Allerdings weist er auch darauf hin, dass das neue Modell frühestens im Frühjahr 1964 auf den Markt kommen kann, »da bisher noch nicht einmal mit der Herstellung der Prototypen begonnen werden konnte [...] Um die nötige Zeit für den korrekten Anlauf des neuen Typs zu erhalten sowie die Serienreife zu ermöglichen, ist es notwendig, das alte Fahrzeug mit einer neuen Karosserie zu versehen.« Genau diesen Plan verfolgt Porsche mit der T7-ähnlichen Karosserie auf T6-Rahmen, dem T8.

H. Rabe

Eingegangen KB-F
Datum: 26. OKT. 1961

Aktennotiz

Betr.: Programm T7 (siehe GL vom 9.10.61)

Das Modell T7, dessen Prototyp vorgestellt wurde, zeigt eine ansprechende und zeitlose Form. Es stellt eine Abkehr von der bisherigen Porsche-Linie dar, die das Grundmodell für sämtliche heute erfolgreichen Grand Turismo-Typen war, wobei ich an die Marken Porsche, Lancia, Abrilla, Alfa Sprint, Ferrari, Aston Martin, usw. denke. Ob diese Abkehr ein Nachteil ist, kann nur der Verkauf entscheiden. Nach Zweckmässigkeit und Aussehen muss ich persönlich diese Frage verneinen.

Als Einsatztermin für das neue Modell kommt frühestens Frühjahr 64 in Frage, da bisher noch nicht einmal mit der Herstellung der Prototypen begonnen werden konnte. Eine genauere Übersicht werden die nächste Woche stattfindenden Terminbesprechungen ergeben.

Leistungsmässig kann das Fahrzeug mit einem auf das Leergewicht bezogenen Wert von etwa 7,5 kg pro PS sich gut in der vorgesehenen Preisklasse behaupten. Ich glaube, dass die Leistung bei nicht zu stark vergrössertem Hubvolumen durch entsprechende Motorkonstruktion erreicht werden soll. Der von aussen zugängliche Gepäckraum soll an einer Stelle leicht zugänglich (vorderer Gepäckraum) vorhanden ~~sind~~ sein.

Das Fahrzeug soll eine sportliche Version mit 2 l 6 Zyl.-Motor unter Verwendung möglichst vieler Serienteile ermöglichen. Die Karosserie könnte unter Verwendung eines gekürzten Bodenrahmens im Kleinserienbau hergestellt werden. Der Motor soll in beiden Versionen möglichst elastisch sein und das Getriebe zur günstigen Ausnützung 5 Gänge erhalten. Zumindest die sportliche Version soll mit Benzineinspritzung ausgerüstet sein.

Um die nötige Zeit für den korrekten Anlauf des neuen Typs zu erhalten sowie die Serienreife zu ermöglichen, ist es notwendig das alte Fahrzeug mit einer neuen Karosserie zu versehen. Diese Karosserie sollte nach meiner Auffassung den anfangs beschriebenen Gran Turismo-Charakter zeigen. Es ist ausserdem notwendig, in der nächsten Zeit an der Verbesserung des Motors zu arbeiten, wobei wegen der Ersatzteilehaltung möglichst auf Austauschbarkeit geachtet werden soll. Ich glaube, dass eine gute Lösung mit den eingeleiteten Verbesserungen und der Einführung einer Benzineinspritzung beim leistungsstärksten Typ zu erreichen ist.

Das Hubvolumen des Motors soll – damit nicht neuerlich Schwierigkeiten auftreten – bis zur Einführung des zum 6-Zylinder analogen 4-Zylinders nicht mehr verändert werden.

Stuttgart, den 23.10.61
To/pa

Tomala

Hans Tomala sieht den T7-Entwurf im Herbst 1961 als »Abkehr von der bisherigen Porsche-Linie. Ob diese Abkehr ein Nachteil ist, kann nur der Verkauf entscheiden.«

Am 23. Oktober 1961 bestätigt die Geschäftsleitung die Vereinbarung mit Reutter über das Projekt T8. Mit einer Einschränkung: »Erst nach Bekanntgabe des entstehenden Aufwandes und des Karosserie-Preises kann über den Auftrag entschieden werden.« Der T7 kommt währenddessen immer noch nicht voran. Hans Tomala hat die Wünsche der »Herren Prokuristen« abgefragt, die von einem größeren Gepäckraum über die »Möglichkeit der Besetzung des Wagens von vier Personen im Stadtverkehr« bis zur Geräuschdämmung reichen. Die Konsequenz: »Der Anlauf T7 muß aus Termingründen bis zum Frühjahr 1964 zurückgestellt werden«.

Am 24. Oktober 1961 gibt Ferry Porsche zu Beginn einer Besprechung offiziell bekannt, dass »das Fahrzeug mit geänderter Karosserie auf dem Fahrgestell T6 die Typen-Nr. T8 erhält, während das neue Fahrzeug, das doch wesentliche Abweichungen gegenüber dem Modell T7 aufweist, unter der Typenbezeichnung T9 läuft.« Für die weiterhin werksinterne Entwicklung des T9, von Komenda handschriftlich mit »754« ergänzt, setzt der Firmenchef enge Terminvorgaben. Zeichnungen über Motor und Fahrwerk sind im November 1961 abzuliefern. Die Karosserie von Modell 1 soll bis Ende November fertiggestellt werden, Modell 2 bis Mitte Dezember. Der Termin für die Zeichnungen des Tragwerks der Karosserie liegt bei Ende Januar, für die Außenhaut bei Ende April.

Erwin Komenda ist damit offenbar nicht ganz einverstanden, er setzt in seiner Kopie der Aktennotiz vor die beiden letztgenannten Punkte ein Fragezeichen und schwächt die Vorgaben mit den Worten »Lieferbeginn« für die Tragwerkszeichnungen und »Plan« für die Außenhaut ab. Weiter schreibt das Protokoll vor: »Die anschließende Detaillierung soll gemeinsam mit der Fa. Karmann durchgeführt werden. Unter Festlegung der vorgesehenen Frist von 18 Monaten für die Fa. Karmann würde sich ein Endtermin für die Karosserie von Ende Oktober 1963 ergeben.«

Drei Versuchsfahrzeuge mit Tarnkarosserie will Porsche selbst herstellen und für Fahrversuche nutzen. Drei weitere Prototypen mit Vorserienkarosserien »sind unbedingt bei Karmann zu fertigen.« Zwei der Tarnfahrzeuge sind für Ende Mai geplant, das dritte für Ende Juni. Die Lieferung der Vorserien-Prototypen von Karmann soll Ende September beginnen. »Der abschließende Versuchsbericht bzw. die Versuchsfreigabe erfolgt Dezember 1962.«

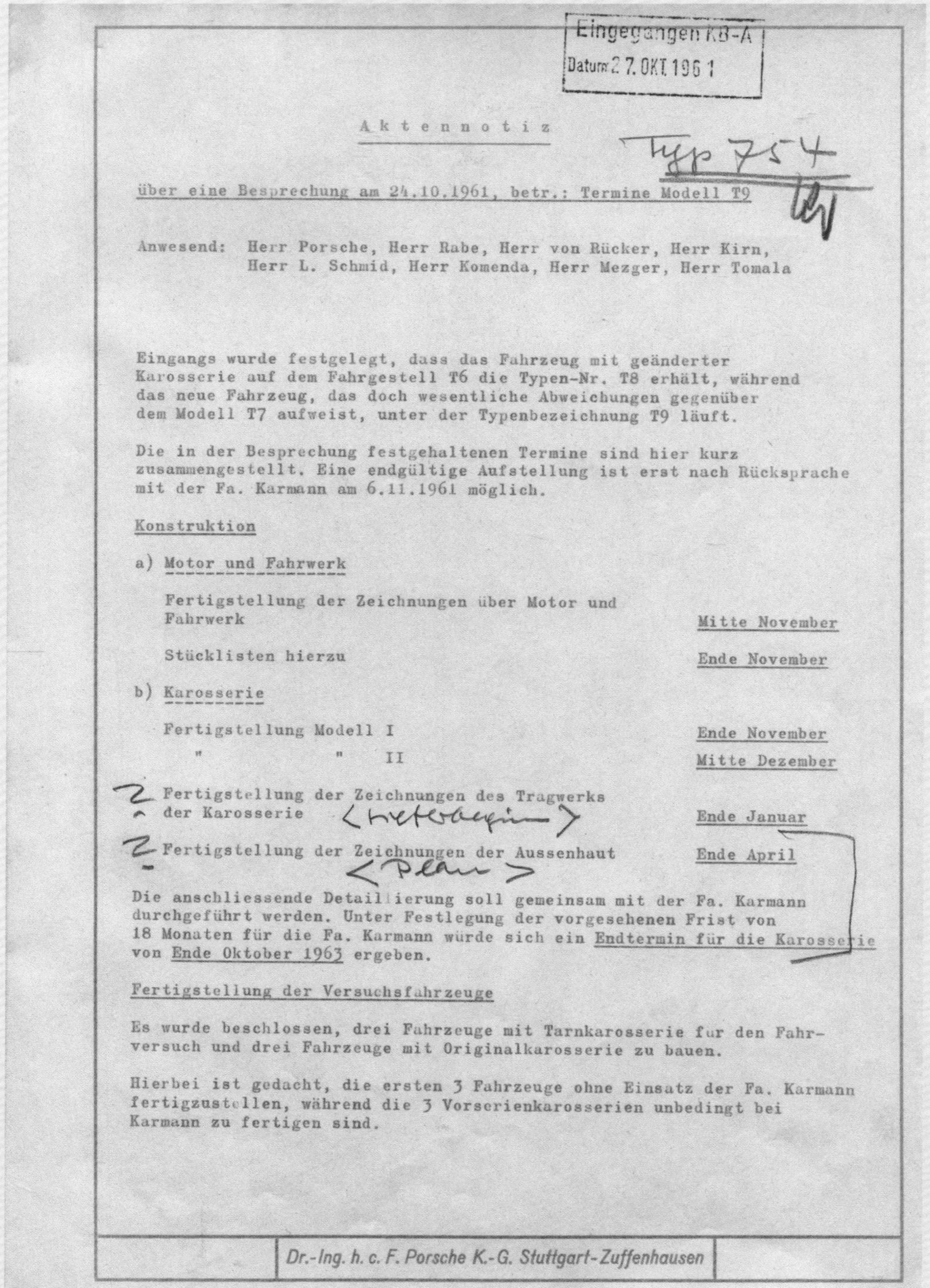

Eingegangen KB-A
Datum 27. OKT. 1961

A k t e n n o t i z

Typ 754

über eine Besprechung am 24.10.1961, betr.: Termine Modell T9

Anwesend: Herr Porsche, Herr Rabe, Herr von Rücker, Herr Kirn,
Herr L. Schmid, Herr Komenda, Herr Mezger, Herr Tomala

Eingangs wurde festgelegt, dass das Fahrzeug mit geänderter Karosserie auf dem Fahrgestell T6 die Typen-Nr. T8 erhält, während das neue Fahrzeug, das doch wesentliche Abweichungen gegenüber dem Modell T7 aufweist, unter der Typenbezeichnung T9 läuft.

Die in der Besprechung festgehaltenen Termine sind hier kurz zusammengestellt. Eine endgültige Aufstellung ist erst nach Rücksprache mit der Fa. Karmann am 6.11.1961 möglich.

Konstruktion

a) Motor und Fahrwerk

Fertigstellung der Zeichnungen über Motor und Fahrwerk	Mitte November
Stücklisten hierzu	Ende November

b) Karosserie

Fertigstellung Modell I	Ende November
" " II	Mitte Dezember
Fertigstellung der Zeichnungen des Tragwerks der Karosserie	Ende Januar
Fertigstellung der Zeichnungen der Aussenhaut	Ende April

Die anschliessende Detaillierung soll gemeinsam mit der Fa. Karmann durchgeführt werden. Unter Festlegung der vorgesehenen Frist von 18 Monaten für die Fa. Karmann würde sich ein Endtermin für die Karosserie von Ende Oktober 1963 ergeben.

Fertigstellung der Versuchsfahrzeuge

Es wurde beschlossen, drei Fahrzeuge mit Tarnkarosserie für den Fahrversuch und drei Fahrzeuge mit Originalkarosserie zu bauen.

Hierbei ist gedacht, die ersten 3 Fahrzeuge ohne Einsatz der Fa. Karmann fertigzustellen, während die 3 Vorserienkarosserien unbedingt bei Karmann zu fertigen sind.

Dr.-Ing. h. c. F. Porsche K.-G. Stuttgart-Zuffenhausen

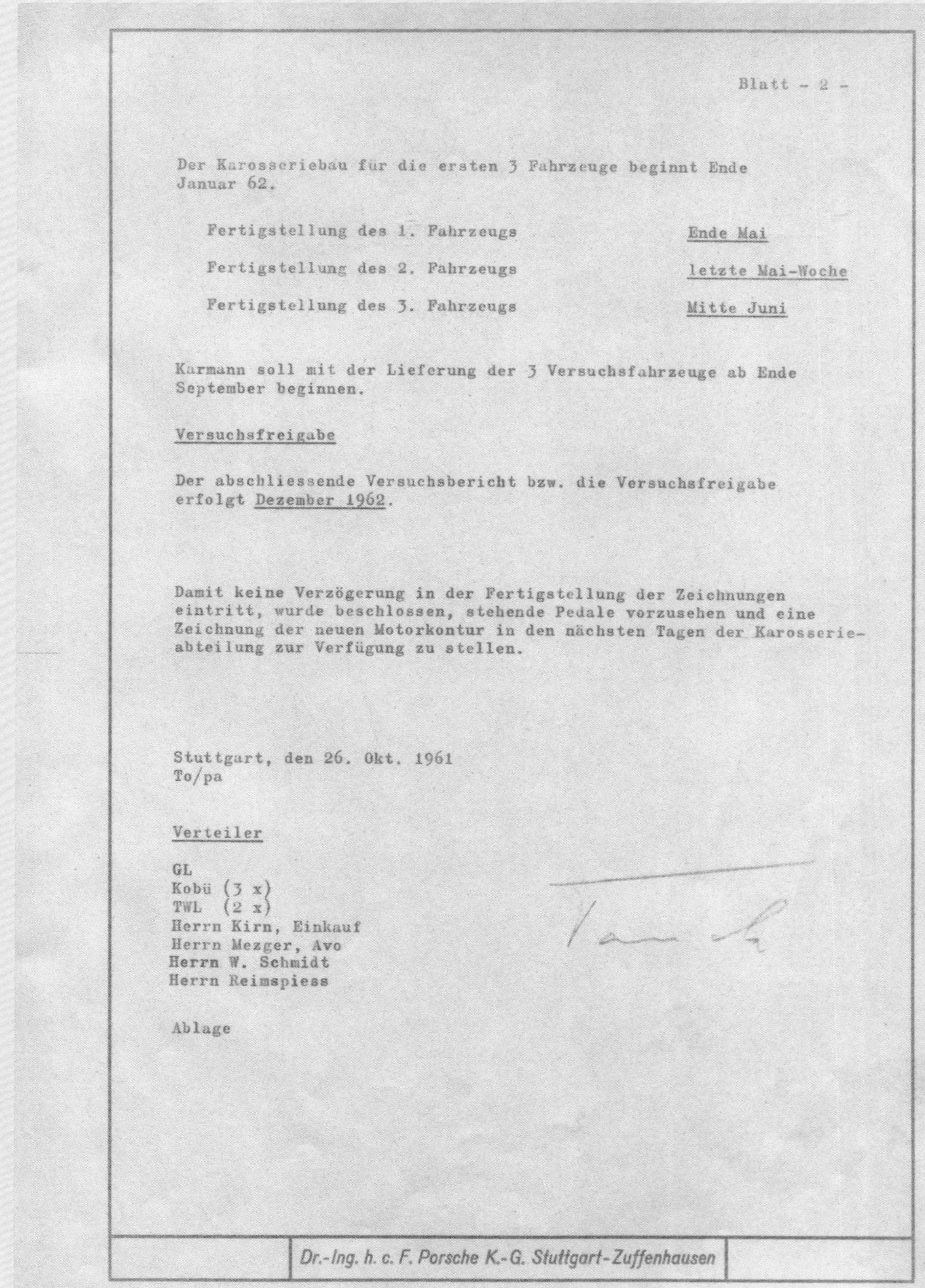

Blatt - 2 -

Der Karosseriebau für die ersten 3 Fahrzeuge beginnt Ende Januar 62.

Fertigstellung des 1. Fahrzeugs	Ende Mai
Fertigstellung des 2. Fahrzeugs	letzte Mai-Woche
Fertigstellung des 3. Fahrzeugs	Mitte Juni

Karmann soll mit der Lieferung der 3 Versuchsfahrzeuge ab Ende September beginnen.

Versuchsfreigabe

Der abschliessende Versuchsbericht bzw. die Versuchsfreigabe erfolgt Dezember 1962.

Damit keine Verzögerung in der Fertigstellung der Zeichnungen eintritt, wurde beschlossen, stehende Pedale vorzusehen und eine Zeichnung der neuen Motorkontur in den nächsten Tagen der Karosserieabteilung zur Verfügung zu stellen.

Stuttgart, den 26. Okt. 1961
To/pa

Verteiler

GL
Kobü (3 x)
TWL (2 x)
Herrn Kirn, Einkauf
Herrn Mezger, Avo
Herrn W. Schmidt
Herrn Reimspiess

Ablage

Dr.-Ing. h. c. F. Porsche K.-G. Stuttgart-Zuffenhausen

Am 24. Oktober 1961 fällt der Beschluss, das neue Modell auf Basis des 356 (T6) als T8 zu typisieren und den 754 nicht mehr unter dem Programm T7, sondern unter T9 weiter zu entwickeln.

AUFWENDIGE PARALLELENTWICKLUNG: 644 (T8) UND 754 (T9)

Nach dem Machtwort von Ferry Porsche verlaufen ab November 1961 zwei Entwicklungsstränge parallel: Zum einen arbeitet die Karosseriekonstruktion unter Erwin Komenda am 754, der im Rahmen des Technischen Programmes 7 aus der Form des 695-Musterwagen abgeleitet wurde. Wegen zahlreicher Änderungen hat man den viersitzigen Porsche mittlerweile zum T9 hochgestuft. Der 2+2-Sitzer ist mit selbsttragender Karosserie konzipiert und soll bei Karmann gebaut werden. Für den 754 (T9) sind ein Sechszylinder-Boxermotor und ein komplett neues Fahrwerk mit Federbein-Vorderachse und Längslenker-Hinterachse in Entwicklung.

Zum anderen entsteht der kompakte T8, der auf dem Chassis des 356 B (intern Typ 644) basiert und als Coupé sowie als Cabriolet geplant ist. Für den projektierten Zweisitzer entwickelt F. A. Porsche eine Außenhaut ebenfalls auf der Designbasis des 695-Musterwagens, den er 1959 selbst geschaffen hat. Da der Radstand des 356 bei 2.100 Millimetern liegt, der Achsabstand des 695-Musterwagens jedoch 20 Zentimeter länger ist, muss die Karosserie entsprechend kürzer ausfallen. Konstruktion und Umsetzung sowie Produktion liegen bei Reutter. Technisch soll der T8 aus Zeit- und Kostengründen möglichst nah am 356 B bleiben und ist als Einstiegsmodell gedacht.

Das erste bekannte Modell des noch namenlosen T8 mit dem Radstand eines 356 vom Dezember 1961.

DER REUTTER-STUFENPLAN FÜR DEN T8

Beim T8 soll alles anders laufen als beim T9, termintreuer und ohne Hemmnisse durch Porsche-interne Querelen. Dazu legt Reutter am Freitag, dem 3. November 1961 wie vereinbart den detaillierten Stufenplan für die Entwicklung der T8-Karosserie vor. Bereits am Montag, dem 13. November 1961, so das Anschreiben, soll der zur Unterstützung angeforderte Porsche-Konstrukteur, »wenn irgend möglich Herr Schröder«, bei Reutter seine Arbeit aufnehmen. Der Startschuss für die Konstruktion soll am Mittwoch, dem 15. November 1961 fallen. Am 10. Juni 1963 ist die erste Nullserie vorgesehen, Produktionsbeginn ist für den 1. August 1963 geplant. Im Begleitschreiben erinnert Reutter daran, dass das Karosseriewerk unverzüglich die konstruktiven Ausgangspunkte benötigt, vor allem die Zeichnung »des T7-Wagens, dem die T8-Karosse nachgebildet werden soll.«

Ganz glücklich ist Reutter mit dem Auftrag allerdings nicht. In der Sitzung des Gesellschafterrats am Montag, dem 6. November 1961 berichtet Geschäftsführer Max Müller-Schöll von den Porsche-Plänen, »aus dem bei Reutter gebauten Prototyp T7 (des jungen Herrn Porsche) einen neuen Wagen mit der Modell-Bezeichnung T9 zu entwickeln [...] Da der jetzige Porsche-Wagen (T6) in seiner äusseren Form nur noch bis zur Ausstellung 1963 laufen soll, will man Reutter den Auftrag erteilen, eine Karosserie auf dem bisherigen Rahmen als ›kleinen Bruder‹ des großen Wagens unter der Modell-Bezeichnung T8 serienreif zu entwickeln.« Während vom T9 bei Karmann täglich 15 Einheiten vom Band laufen sollen, seien vom T8 bei Reutter 25 Wagen angepeilt. Der Auftrag gebe Reutter Arbeit für zwei Jahre, aber »ist neben der laufenden Produktion nur mit den grössten Anstrengungen und nur mit Hilfe der Firma Porsche durchzuführen.« Müller-Schöll bedauert »die daraus sich ergebende noch stärkere Bindung an Porsche«, aber man habe diesen Auftrag »nicht ablehnen« können.

Bild 9.1

Bild 9.2

Bild 9.3

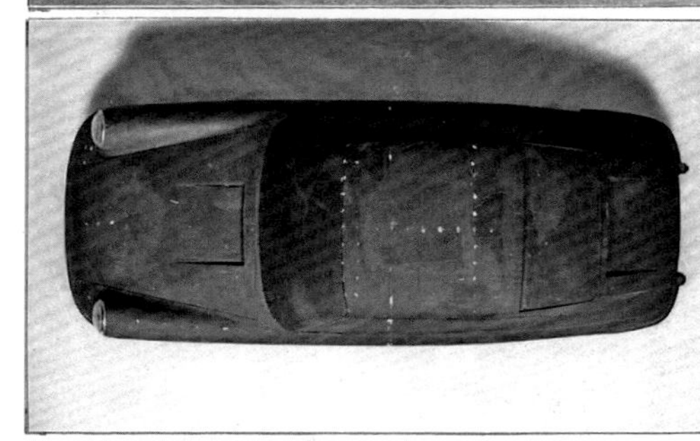

Bild 9.4

Bild 9: Porsche Sportwagen-Modelle
M 1:7,5 Typ 644 T8-02
Verschiedene Ansichten des Fahrzeuges.

Im Januar 1962 modelliert das Studio unter der Leitung von F. A. Porsche das zweite Modell des 644 (T8) im Maßstab 1 : 7,5. Der Radstand bei diesem Modell liegt umgerechnet bei 2.200 Millimetern.

23.10.61

Aktennotiz

über die Besprechung zwischen den Firmen Reutter und Porsche am 20. Okt. 1961

Anwesend	von der Fa. Reutter	Herr Müller-Schöll Herr Beierbach
	von der Fa. Porsche	Herr Porsche Herr Schmidt Herr Tomala Herr Klie Herr Porsche jr. } teilw. Herr Komenda }

1) Konstruktion Karosse T8

Die Fa. Reutter hat sich damit einverstanden erklärt, verantwortlich die Konstruktion einer T8-Karosse auf dem jetzigen T6-Fahrgestell zu übernehmen.

Verbindlicher Termin: Der neue T8-Wagen muss in Serienfertigung im Juli 1963 anlaufen

Preis: Der Karosseriepreis darf keinesfalls höher liegen als der Preis der jetzigen T6-Karosserie. Der Markt erfordert, wenn möglich, sogar eine erhebliche Reduzierung des Preises durch rationellere Fertigung (Werkzeuge).

Bedingungen: Kobü, Herr Komenda, stellt an Reutter unverzüglich eine Führungskraft - möglichst Herrn Schröder - und nach Möglichkeit noch eine weitere Kraft ab.

Die neue T8-Karosserie soll auf dem unveränderten Fahrgestell T6 mit Bodengruppe 644 T6 aufgebaut werden. Der Einbau eines Carrera-Motors braucht nicht berücksichtigt zu werden.

Die Innenhaut des Typs 644 T6 soll nur dort verändert werden, wo es die Anschlusspunkte erfordern.

Die Aussenhaut soll in Anlehnung an den von Reutter hergestellten Prototyp T7 konstruiert werden. Hierbei soll berücksichtigt werden, dass das Fahrzeug auch als offener Wagentyp gebaut werden kann.

Dr.-Ing. h. c. F. Porsche K.-G. Stuttgart-Zuffenhausen

Kostendämpfung: Die T8-Karosserie soll möglichst wirtschaftlich herzustellen sein.

STUTTGARTER KAROSSERIEWERK REUTTER & CO G·M·B·H

Stufenprogramm für T 8

15.11.1961	Konstruktionsbeginn	
15. 1.1962	1. Linienplan für aussen	fertig
15. 1.1962	Klopfmodell für Aussenhaut	Anfang
1. 3.1962	Klopfmodell für Aussenhaut	Ende
1. 3.1962	1. und 2. Prototyp	Anfang
15. 5.1962	1. Prototyp	Ende
15. 6.1962	2. Prototyp	Ende
15. 6.1962	Urmodell Holz/Kunstharz	Anfang
16. 6.1962	Versuche und Kritik	Ende
1. 8.1962	2. Linienplan	
1. 9.1962	Urmodell Holz/Kunstharz	Ende
1. 9.1962	letzte Werkzeugfreigabe für Aussenhaut	
1. 10.1962	letzte Werkzeugfreigabe für Innenhaut	
1.11.1962	Einkauffreigabe für Zubehör	
1.11.1962	" " Halbzeug	
1. 1.1963	" " Rohmaterial	
1. 3.1963	Freigabe der Ausstattung	
1. 3.1963	Freigabe der Farben	
1. 5.1963	Umformwerkzeug	fertig
1. 6.1963	Bauvorrichtungen	fertig
10. 6.1963	Nullserie	Anlauf
1. 7.1963	Nullserie	Ende
1. 7.1963	Beschneidewerkzeuge	fertig
1. 8.1963	Serienanlauf	

2.11.1961
91/FS

STUTTGARTER KAROSSERIEWERK REUTTER & CO., G.m.b.H.

Der Stufenplan von Reutter zur Karosserieentwicklung des T8. Die Serienfertigung soll am 1. August 1963 anlaufen.

Protokoll

über die Sitzung des Gesellschafterrats am 6. November 1961 um 17 Uhr in der Augustenstrasse 80–82

anwesend: sämtliche Mitglieder

der Geschäftsführer Herr Müller-Schöll

Herr B.W. Müller weist darauf hin, dass an verschiedenen Stellen im Bereich der Automobilindustrie Umsatzrückgänge sich abzuzeichnen beginnen, und dass ein Umsatzgewinn von 3,8%, wie er im 3. Quartal erzielt wurde, auf längere Sicht selbstverständlich zu niedrig sei. Er stellt mit Befriedigung fest, dass alle rückständigen Steuern bezahlt und dass die Steuervorauszahlungen des Jahres 1961 durchgeführt sind, so dass von dieser Seite irgendwelche Schwierigkeiten nicht zu erwarten, sondern im Gegenteil Steuerrückvergütungen für das Jahr 1961 zu erhoffen sind.

Herr Müller-Schöll berichtet dann über die Verhandlungen mit Porsche und über die neueste Lage, wonach D'Ieteren, Brüssel, als Karossier von Porsche wieder aufgegeben wurde (was Porsche sehr viel Geld gekostet hat) und nur noch Karmann neben Reutter Karosserien für Porsche liefern soll. Die Stückzahl von Reutter soll nicht gesenkt, sondern auf der bisherigen Höhe von 25 Karosserien gehalten werden (davon etwa 7 Cabriolets), während Karmann ab Februar 1962 nicht mehr den Hardtop mit fest verschweisstem Dach, sondern ebenfalls Coupés herstellen soll. Leider sind alle Bemühungen in den Verhandlungen mit der Firma Porsche ohne Erfolg geblieben, die darauf abzielten, der Firma Karmann die Fertigung der Cabriolets zuzuschieben. Die glaubwürdige Erklärung von Porsche ist, dass Karmann unter einer Stückzahl von 15 täglich die Produktion nicht aufnehmen könne, und dass man für 15 Cabriolets täglich keine Verwendung habe. Es wurde aber von Herrn Porsche persönlich wiederholt versichert, dass Karmann sich darüber klar sei, es werde Reutter immer an erster Stelle als Karosserielieferant stehen.

In diesem Zusammenhang erwähnt Herr Müller-Schöll auch die neuen Pläne der Firma Porsche, die darauf hinauslaufen, aus dem bei Reutter gebauten Prototyp T 7 (des jungen Herrn Porsche) einen neuen grossen

- 2 -

- 2 -

Wagen mit der Modell-Bezeichnung T 9 zu entwickeln, der durch die Konstrukteure der Firma Porsche serienreif gemacht werden soll. Ziel: Ausstellung eines Prototyps 1963 in Frankfurt, serienmässige Lieferung ab Sommer 1964.

Da der jetzige Porsche-Wagen (T 6) in seiner äusseren Form nur noch bis zur Ausstellung 1963 laufen soll, will man Reutter den Auftrag erteilen, eine Karosserie auf dem bisherigen Rahmen als "kleinen Bruder" des grossen Wagens unter der Modell-Bezeichnung T 8 serienreif so zu entwickeln, dass ab Automobilausstellung 1963 mit der Lieferung begonnen werden kann. Stückzahlen: T 9-Modell durch Karmann 15 Stück, T 8-Modell Reutter 25 Stück. Der Auftrag gibt Reutter Arbeit für volle 2 Jahre und ist neben der laufenden Produktion nur mit den grössten Anstrengungen und nur mit Hilfe der Firma Porsche durchzuführen. Bei den Verhandlungen hat Herr Müller-Schöll hervorgehoben, dass Reutter diesen Auftrag nur übernehmen könne, wenn die letzte Verantwortung für seine Durchführung bei Reutter liege. Porsche ist angeblich dazu bereit. Ein schriftlicher Auftrag, der zugesagt ist, muss klarstellen, ob Porsche zu seinem Wort steht.

Der Gesellschafterrat nimmt von dieser Darstellung Kenntnis. Herr B.W. Müller bedauert, wie Herr Müller-Schöll, die daraus sich ergebende noch stärkere Bindung an Porsche, ist aber auch der Meinung, dass man eine Erhöhung der Stückzahlen durch Einschalten der Firma Karmann nicht habe verhindern und den Entwicklungsauftrag für das T 8-Modell nicht habe ablehnen können.

Reutter-Geschäftsführer Max Müller-Schöll stellt im Herbst 1961 dem Gesellschafterrat des Unternehmens detailliert die Pläne von Porsche zum künftigen Modellprogramm vor. Danach soll der T8 den 356 (T6) im Sommer 1963 ablösen.

SPÄTER UND IMMER SPÄTER: NEUE ZEITPLÄNE FÜR DEN T9 – ALS NISCHENFAHRZEUG

An ebendiesem Montag, an dem Max Müller-Schöll seine Gesellschafter informiert, trifft sich Hans Kern, Kaufmännischer Leiter von Porsche, mit Wilhelm Karmann zum Thema T9. Erneut werden die Termine nach hinten verschoben. »Herr Karmann hat seine konstruktive Hilfe bei der Entwicklung T9 zugesagt und sich bereit erklärt, 15.000 Konstruktionsstunden (6–8 Mann) zur Verfügung zu stellen«, vermerkt Kern in einer Aktennotiz über das Gespräch an diesem 6. November 1961. Danach sollen die beiden Modelle des 754, die bei Porsche Mitte November in Überarbeitung sind, Ende Dezember 1961 als 1:1-Studien in Holz und Blech vorliegen. Für den 15. Januar 1962 ist eine Modellbesichtigung in Stuttgart vorgesehen. »Anschließend Lieferung des Modells und Aussenhaut-Entwurfs des ausgewählten Modells nach Osnabrück.« Ende April sollen der Rahmenplan sowie die Entwürfe von Tür, Deckel und Schalttafel fertiggestellt sein. Ab April geht es an die Detaillierung der Außenhaut in Osnabrück und ab Juli der Innenbleche in Stuttgart. »Der erste Prototyp wird Ende Oktober 1962 angeliefert. Die nächsten zwei Prototypen kommen im November und Dezember.«

Die Stückzahlen werden eher vorsichtig angesetzt: »Bei der Planung und Kalkulation der Werkzeuge soll von einer Leistung von 20.000 Karossen ausgegangen werden.« Pro Tag sind im Produktionsanlauf zehn Karossen in Planung, Ziel sind 15 Einheiten täglich. Das ist weniger als die Hälfte der Stückzahlen, die Komenda noch im Mai 1961 Karmann in Aussicht gestellt hatte. Zur Erinnerung: Damals war von 25 Wagen pro Tag mit der Aussicht auf 50 Einheiten bei Vollauslastung die Rede. Offenbar schwindet der Glaube an einen Markterfolg des 754 als Volumenmodell und macht einer Nischenlösung Platz.

Vor diesem Hintergrund will Porsche die erforderlichen Investitionen nicht alleine stemmen. Der Finanzaufwand für die Vorarbeiten für die Serienproduktion der 754-Karosserie wird mit 8,63 Millionen D-Mark kalkuliert. »Herr Karmann wird uns noch Bescheid geben, in welcher Form er sich an der Finanzierung der Werkzeuge beteiligt«, notiert Hans Kern. »Porsche übernimmt die Bezahlung der Konstruktionskosten und der 3 Prototypen voll, während der übrige Aufwand von den anderen beiden Firmen je zur Hälfte finanziert werden soll. Die Finanzierung soll auf 20.000 Karosserien umgelegt werden. Sie soll in Form eines Darlehens gegeben werden, ohne in der Verrechnung direkt den Karosserie-Preis zu belasten.«

DIE ERSTE ÜBERSICHTSZEICHNUNG DES T8

Es geht Schlag auf Schlag in diesen ersten Novembertagen 1961. Mit Elan wird das Projekt T8 in Angriff genommen. Am Dienstag, dem 7. November 1961 vereinbaren die Geschäftsführer von Porsche, Reutter und Karmann bei einer großen Besprechung in Zuffenhausen, dass »Reutter beabsichtigt, 5 Konstrukteure einzusetzen, von uns kommt Herr Schröder dazu. Die Konstruktionsarbeiten werden im Büro der Fa. Reutter in der Augustenstraße durchgeführt«. Gastgeber Hans Kern notiert weiterhin:

»Ausgang für die Konstruktionsarbeiten sind:
unsere technische Beschreibung
vorhandene Studien
ein kleines Modell.

Fa. Karmann erklärt sich bereit, bei der Werkzeugherstellung für den T8 durch Zurverfügungstellung von Werkzeugkapazitäten zu helfen.«

Bereits am folgenden Mittwoch, dem 8. November 1961 signiert Schröder einen »Entwurf Coupé T8«. Die Zeichnung mit der Nummer 644.000.1001 mit ungefähren Maßangaben zeigt ein rund vier Meter langes, 1,60 Meter breites und 1.290 Millimeter hohes Coupé. Die Führungszahl 644 weist auf die Plattform des 356 hin, auf der die Karosserie aufbaut. Die Drei-Seiten-Ansicht ist die erste bekannte Darstellung des neuen Sportwagens – und unverkennbar der Stammvater des 901: Im Unterschied zu 695 und 754 hat der Entwurf ein Fließheck; die Linie ist nicht mehr durch den Knick der Absattelung unterbrochen.

Zuständig für das Design ist das noch junge Studio unter F. A. Porsche. In einer schriftlichen Retrospektive beschreiben F. A. Porsche und sein Stellvertreter Heinrich Klie: »Aufgabenstellung und Terminlage führten bei der Formgebung der Karosserie T8 dazu, die bereits entwickelte und ansprechende Form des Prototyps 695 (T7) weitgehendst zu übernehmen, um damit den schon herausgearbeiteten Porsche-Charakter in einer neuen, aber möglichst zeitlosen Form zu erhalten, jedoch mit einer abgesetzten Dachkante, aber im Ganzen durchgehenden Heckform [...] Gleichzeitig wurde bei der Formgebung angestrebt, den Luftwiderstand gegenüber unseren heutigen Wagen Typ 356 B zu verringern.«

T8

A k t e n n o t i z

über Besprechung mit der Fa. REUTTER und Fa.KARMANN
am 7. November 1961

Anwesende:

Fa. REUTTER	Fa. PORSCHE	Fa. KARMANN
H. Müller-Schöll	H. Porsche	H. Karmann
H. Beierbach	H. Kern	H. Krämer
	H. Schmidt	H. Zobel
	H. Komenda	H.Rutsch
	H. Klie I	
	H. Tomala	

Der Fa. REUTTER wird zugestimmt, daß sie die Konstruktionsarbeiten für T8 während der ersten drei Monate auf Nachweis verrechnet.

REUTTER beabsichtigt, 5 Konstrukteure einzusetzen; von uns kommt Herr Schröder dazu.

Ausgang für die Konstruktionsarbeiten sind:

unsere technische Beschreibung
vorhandene Studien und
ein kleines Modell.

Die Konstruktion wird im Büro der Fa. REUTTER in der Augustenstraße durchgeführt.

Mit Schreiben vom 3. November 1961 hat die Fa. REUTTER uns das Stufen-Programm für T8 übergeben, in welchem der Ablauf bis zum Serienanlauf festgelegt ist.

Fa. KARMANN erklärt sich bereit, bei der Werkzeugherstellung für T8 durch Zurverfügungstellung von Werkzeugkapazitäten zu helfen. Fa. KARMANN macht den Vorschlag, das Urmodell und die Außenhaut-Werkzeuge in Osnabrück herzustellen, während die übrigen Werkzeuge durch die Fa. REUTTER selbst oder durch ihre Zulieferanten hergestellt werden sollen.

./ 2

AN über Besprechung mit
REUTTER und KARMANN am
7.11.1961 bei uns

- Blatt 2 -

Fa. REUTTER ist der Auffassung, daß das Urmodell in Holz und Kunstharz von ihr hergestellt werden muß und daß sie Teile der Außenhaut auswärts vergeben möchte.

Da die Werkzeuge erst nach Fertigstellung des Urmodelles aufgegeben werden können, wird der Termin für die Fertigstellung des Urmodelles auf 15.5.1962 vorverlegt.

Fa. REUTTER beabsichtigt, außer ihrer Kapazität auch die Werkzeug-Firmen KARMANN, LÄPPLE und ALLGAIER einzuschalten.
Die Bauvorrichtung wird von der Fa. REUTTER hergestellt.

Die Fa. KARMANN schätzt, daß sie in diesem Zeitraum 100.000 Std. für die Werkzeuge reservieren kann, will aber noch genaue Angaben machen. REUTTER ist mehr dafür, daß KARMANN die Türen mit den Innenblechen, evtl. die vordere Brille oder das Heck als Werkzeug ausführt.

Sobald der Linienplan am 15. Januar 1962 fertiggestellt ist, wird REUTTER einen Plan für die Werkzeug-Aufteilung vorlegen.

Die Werkzeugauslegung muß für den günstigen Karosserie-Preis ausschlaggebend sein.

Fa. REUTTER gibt die Kosten für das Urmodell mit 80.000,-- bis 100.000,-- DM an.

Die Werkzeuge müssen in der Zeit vom 15.5.1962 - 1.5.1963 komplett erstellt sein.

Fa. KARMANN verlangt verbindliche Bestimmungen für die Endabnahme durch Abgüsse vom Urmodell. Fa. KARMANN wird ihre Bereitschaft unter Angabe des Umfanges der zur Verfügung stellenden Werkzeug-Stunden bis zum 15. November bekanntgeben.
Fa. KARMANN versichert der Fa. REUTTER, daß sie keinen Wert auf die Abpressung legt. Fa. KARMANN erhält eine Skizze des T8 Progr.; sie wird eine Kostenschätzung für die Werkzeuge für die Außenhaut und das Urmodell abgeben.

Grundlage für die ZENTRALPLANUNG ist die beigefügte Pause des Stufenprogrammes T8 der Fa. REUTTER.

Die Firmen REUTTER und KARMANN werden unseren Vorschlägen entsprechend sich wegen der Einkaufspreise abstimmen.

./ 3

Konzertierte Aktion: Fünf Reutter-Konstrukteure entwickeln zusammen mit Gerhard Schröder von Porsche die T8-Karosserie, Karmann hilft bei der Herstellung der Produktionswerkzeuge.

Mitarbeiter im Reutter-Konstruktionsbüro.
Hinten v. l. n. r.:
Hägele, Kleiner, Zweigart, Theodor Bauer.
Vorne v. l. n. r.: Neunhöfer, Sylvester von Sass, Walz.

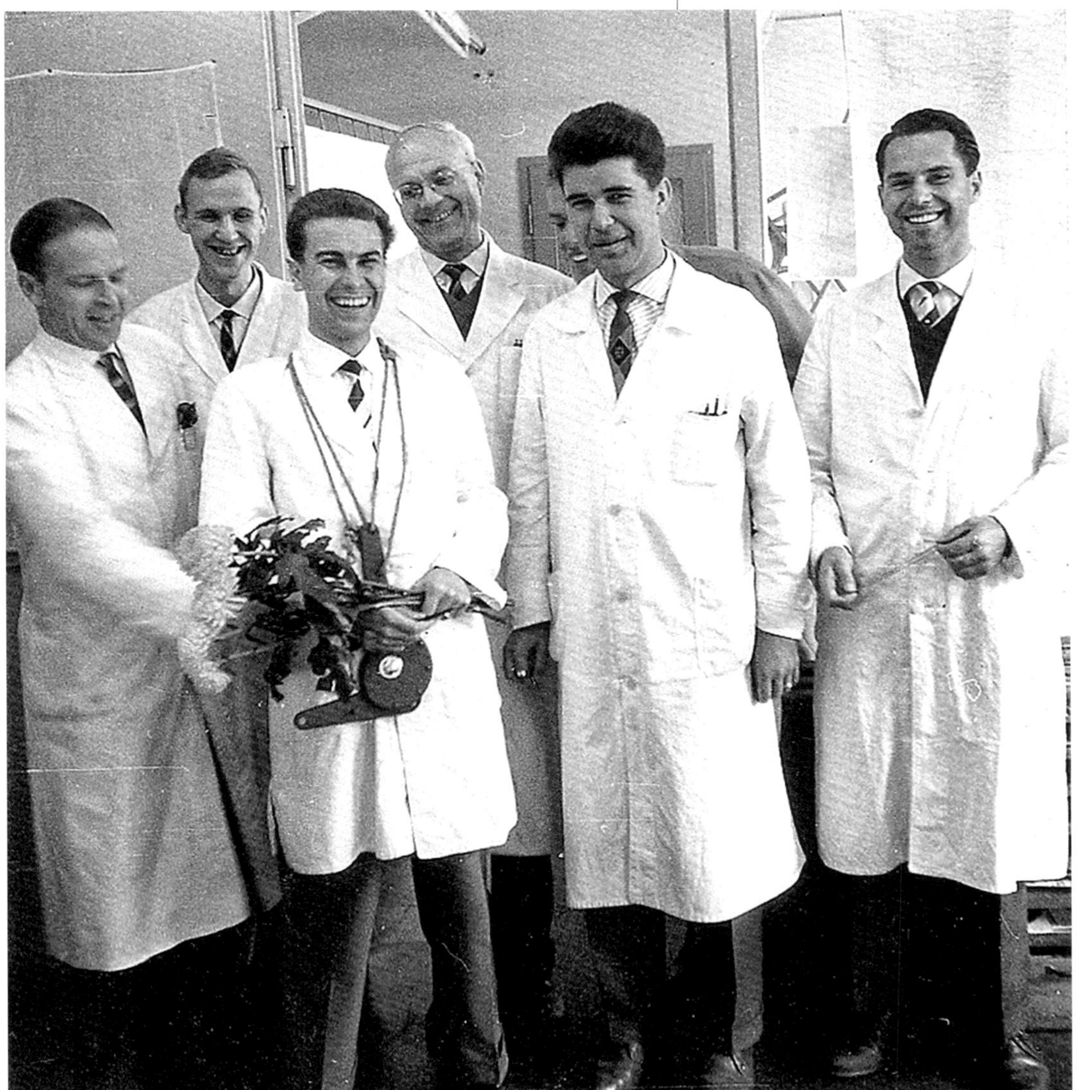

Komplett neue Sitze sollen für klassenüblichen Sitzkomfort sorgen. Dazu entwickelt die Abteilung Liegesitzbeschlag-Konstruktion von Reutter eine neue Mechanik.

Gleich am nächsten Tag, am Donnerstag, dem 9. November 1961, schickt Erwin Komenda Schröders »Entwurf Coupé 644.000.1001« umgehend an Reutter »zum Vorstudium des Projektes T8«. Gleichzeitig kündigt er die von Reutter gewünschte Unterstützung an: »Für die Ausarbeitung der Entwürfe 1:1 und der Studien zum Vormodell stellen wir Ihnen unsererseits Herrn Schröder ab Montag, 13.11.61 für die Konstruktion vorübergehend zur Verfügung.«

Ein zweiter Umschlag von Erwin Komenda geht an diesem 9. November 1961 nach Osnabrück an Karmann. Inhalt: Zum einen eine weitere Kopie der Übersichtszeichnung 644.000.1001 zwecks »Werkzeugstudien für die Außenhaut«. Mit Einverständnis von Reutter soll Karmann bei der Entwicklung der Karosseriewerkzeuge für den T8 unterstützen. Zum anderen schickt Komenda die Übersicht 754.000.1007 des T9-Modells 2 als Vorlage für die »Komplettfertigung der Limousine«. Allein die Wortwahl lässt Rückschlüsse darauf zu, wie Komenda den 754 gerne auslegen möchte: als repräsentativen Viersitzer. Er schränkt allerdings ein, dass beide Entwürfe »selbstverständlich vor Ausarbeitung eines Ansichtsmodells nicht endgültig« sind. Variablen seien noch die Größe »in kleinen Grenzen« sowie die Fugenverläufe.

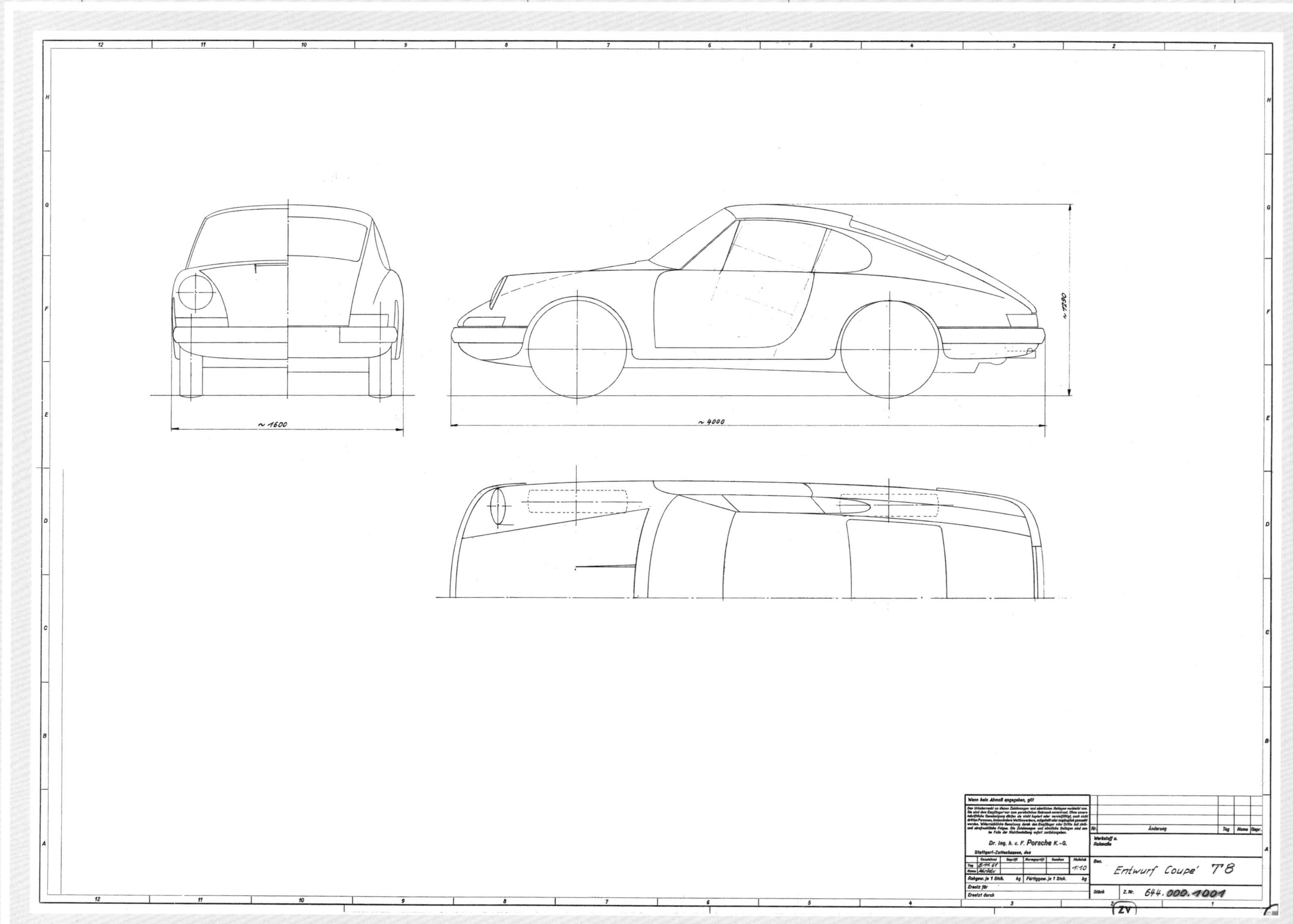

Gerhard Schröder fertigt diese Übersichtszeichnung des T8-Entwurfs mit der Typnummer 644, also auf Basis des 356 mit 2.100 Millimeter Radstand und rund vier Meter Gesamtlänge. Es ist die erste bekannte Zeichnung mit dem neuen Fließheck.

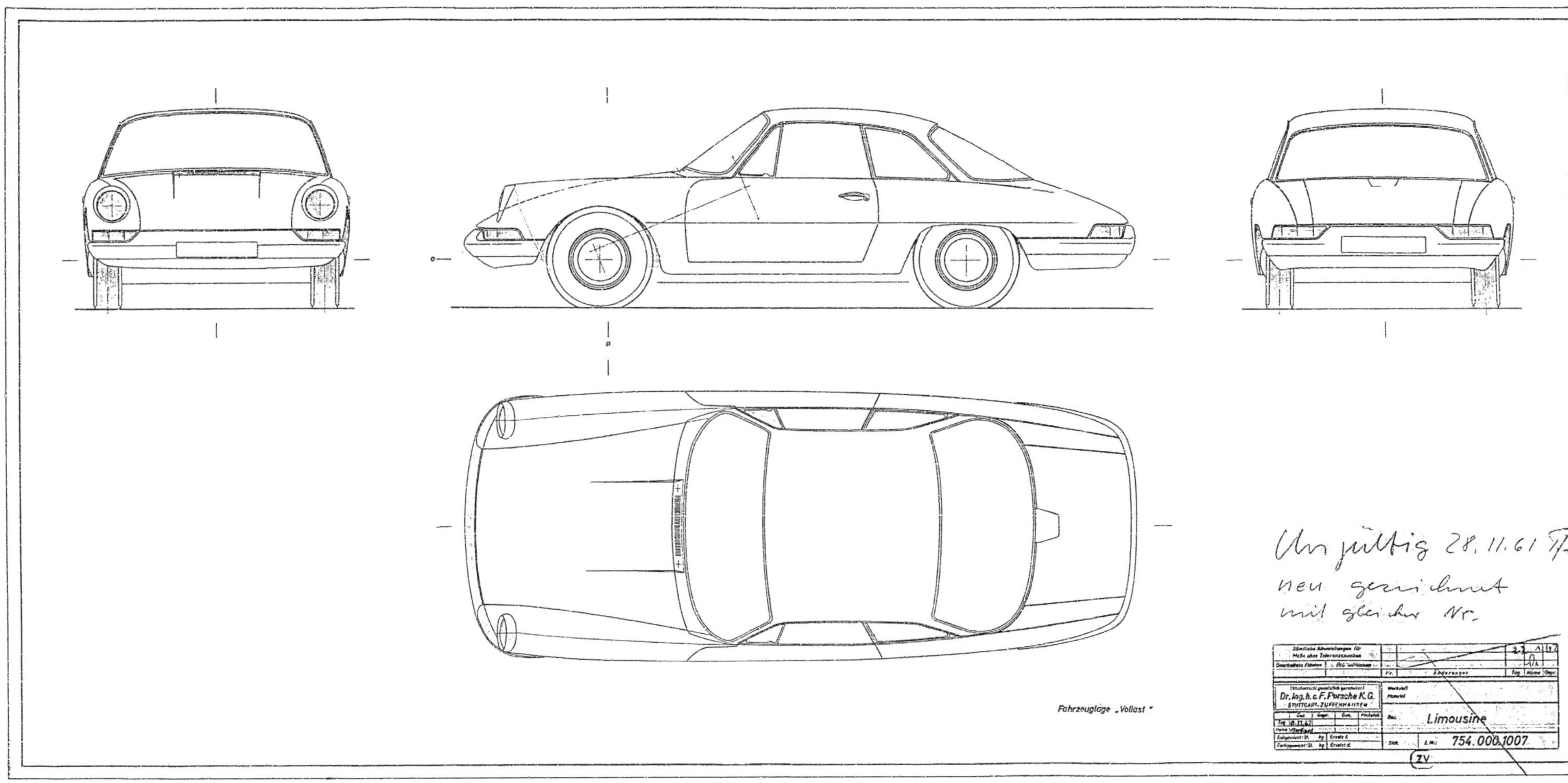

Die Frontansicht des 754 zeigt unverkennbar das gleiche Design wie der T8, die Seitenlinie wirkt dagegen weitaus weniger dynamisch.

TYPBESCHREIBUNG MODELL T8 VON HANS TOMALA

Hans Tomala fasst den Entwurf für den neu projektierten Sportwagen einen weiteren Tag später in Worte und signiert am 10. November 1961 eine knappe Typ-Beschreibung Modell T8:

> **»Das Modell T6[9] soll mit einer neuen Karosserie versehen werden, wobei der Bodenrahmen möglichst erhalten bleiben soll und Fahrgestell, Getriebe und Motor unverändert übernommen werden. An der Karosserie werden folgende Änderungen berücksichtigt werden: Das Modell ist als 2-Sitzer vorgesehen, wobei der durch die beiden Hintersitze freiwerdende Platz unter dem Gepäckraum für den Tank vorgesehen ist. Dadurch soll vorne ein wesentlich größerer, von aussen frei zugängiger Gepäckraum entstehen. Ausserdem ist vorgesehen, das Heckfenster als öffenbare Klappe zu machen, wodurch auch der rückwärtige Gepäckraum von aussen leicht zugänglich ist. Diese Klappe soll zur Belüftung etwas ausstellbar sein, damit auf die seitlichen Ausstellfenster verzichtet werden kann.«**

Je deutlicher sich der T8 am Horizont abzeichnet und den T9 in den Hintergrund drängt, desto gereizter wird die Stimmung in der Führungsebene. So vermerkt Karl Rabe in seinem Tagebuch am 15. November 1961: »Ich habe Gespräche mit Ferry, Tomala, Leopold Schmid, Komenda wegen Typ 764[10] und T8, T9, teils sehr heftig und erregt.«

[9] 356 B

[10] Projekt für Volkswagen, identisch mit Typ 1764

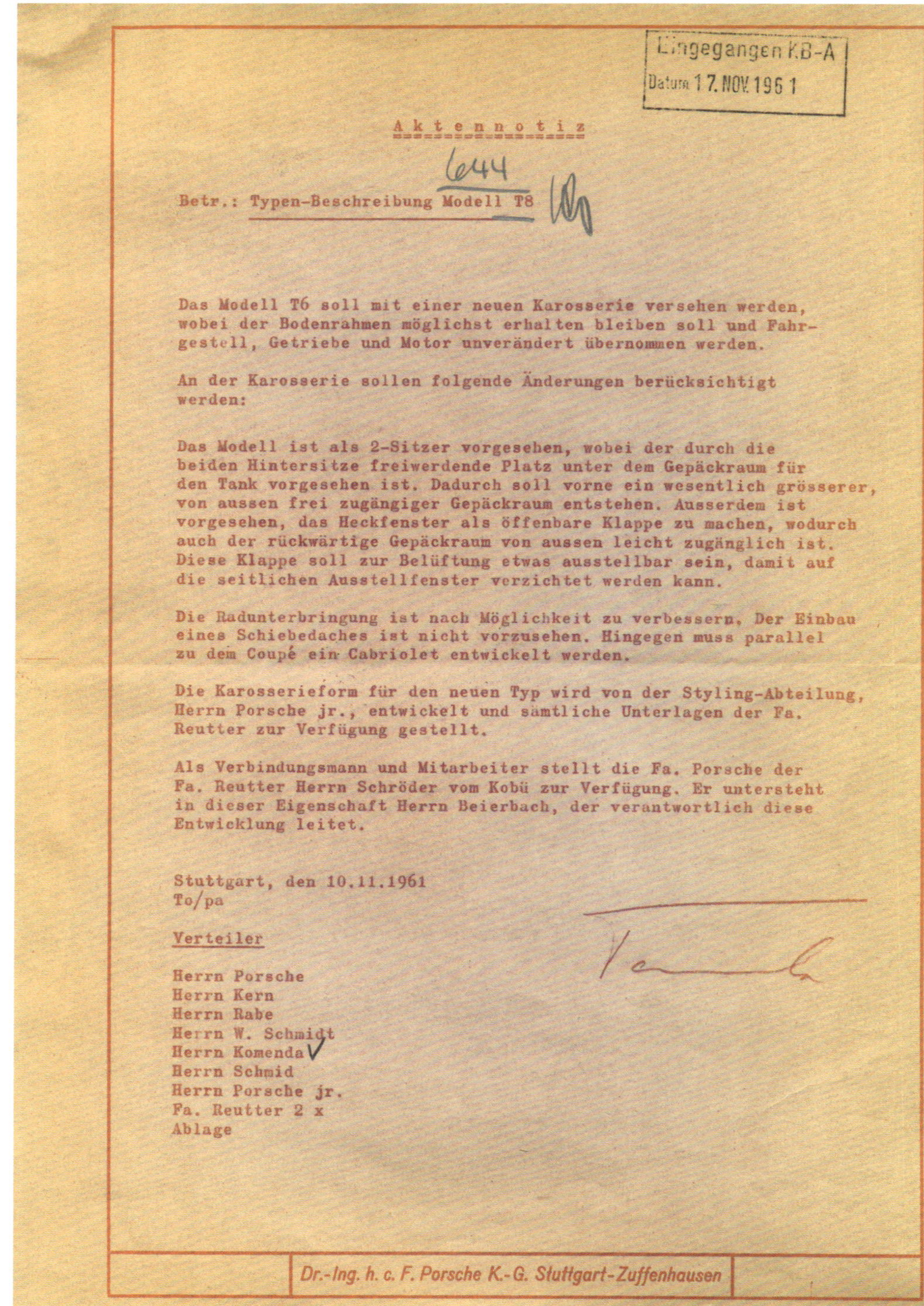

Eingegangen KB-A
Datum 17. NOV. 1961

Aktennotiz

Betr.: Typen-Beschreibung Modell T8

Das Modell T6 soll mit einer neuen Karosserie versehen werden, wobei der Bodenrahmen möglichst erhalten bleiben soll und Fahrgestell, Getriebe und Motor unverändert übernommen werden.

An der Karosserie sollen folgende Änderungen berücksichtigt werden:

Das Modell ist als 2-Sitzer vorgesehen, wobei der durch die beiden Hintersitze freiwerdende Platz unter dem Gepäckraum für den Tank vorgesehen ist. Dadurch soll vorne ein wesentlich grösserer, von aussen frei zugängiger Gepäckraum entstehen. Ausserdem ist vorgesehen, das Heckfenster als öffenbare Klappe zu machen, wodurch auch der rückwärtige Gepäckraum von aussen leicht zugänglich ist. Diese Klappe soll zur Belüftung etwas ausstellbar sein, damit auf die seitlichen Ausstellfenster verzichtet werden kann.

Die Radunterbringung ist nach Möglichkeit zu verbessern. Der Einbau eines Schiebedaches ist nicht vorzusehen. Hingegen muss parallel zu dem Coupé ein Cabriolet entwickelt werden.

Die Karosserieform für den neuen Typ wird von der Styling-Abteilung, Herrn Porsche jr., entwickelt und sämtliche Unterlagen der Fa. Reutter zur Verfügung gestellt.

Als Verbindungsmann und Mitarbeiter stellt die Fa. Porsche der Fa. Reutter Herrn Schröder vom Kobü zur Verfügung. Er untersteht in dieser Eigenschaft Herrn Beierbach, der verantwortlich diese Entwicklung leitet.

Stuttgart, den 10.11.1961
To/pa

Verteiler

Herrn Porsche
Herrn Kern
Herrn Rabe
Herrn W. Schmidt
Herrn Komenda
Herrn Schmid
Herrn Porsche jr.
Fa. Reutter 2 x
Ablage

Dr.-Ing. h. c. F. Porsche K.-G. Stuttgart-Zuffenhausen

Ursprünglich plant Porsche den T8 als reinen Zweisitzer mit Heckklappe und möglichst unveränderter Plattform des 356 (T6). Der Designauftrag geht an F. A. Porsche.

Am 17. November 1961 besiegeln Porsche und Reutter das Projekt T8. Der Sportwagenhersteller tritt dabei auch die Verantwortung an die Karosseriefirma ab: »Die Konstruktion soll nach unserem Entwurf unter Ihrer ausschließlichen Verantwortlichkeit [...] durchgeführt werden. Unser Konstruktionsbüro steht dazu auf Wunsch beratend zur Seite.« Änderungen an der 356-Bodengruppe bleiben Sache von Porsche, auch die Form bleibt »unser geistiges Eigentum«. Reutter setzt Werner Strien, Leiter der Konstruktionsabteilung von Reutter, an die Spitze des Konstrukteursteams. Ihm wird der von Porsche abkommandierte Gerhard Schröder unterstellt. Ansprechpartner sind auf Seiten von Porsche Ferrys Sohn F. A. und Hans Tomala – Erwin Komenda bleibt beim T8 außen vor. Bereits am 23. November 1961 legt Gerhard Schröder nach und fertigt mit dem »Übersichtsblatt T8« 644.500.1007 eine bereits detaillierte Vorlage für den neuen Sportwagen. Zusammen mit dem »Übersichtsblatt T6« 644.500.1006, das den 356 B zeigt, dient es Reutter als Muster für die Karosserieentwicklung.

Das T8 Coupé soll dem von Reutter vorgelegten Zeitplan entsprechend am 1. August 1963 in Serie gehen, das Cabriolet spätestens am 1. März 1964. Das finanzielle Risiko mittragen, wie von Porsche am 20. Oktober 1961 vorgeschlagen, will Reutter jedoch vorerst nicht: Die Unternehmen vereinbaren, den ersten Teil der Konstruktionsarbeiten bis Januar 1962 auf Nachweis abzurechnen. »Wir sind jedoch daran interessiert, von Ihnen baldmöglichst einen Kostenvoranschlag für die gesamte Konstruktion und für die Werkzeuge zu erhalten«, schreibt Porsche. Um den strammen Zeitplan zu schaffen, holt Reutter nicht nur Karmann ins T8-Boot, sondern auch die Firmen Läpple und Allgaier. Sie sollen bei der Herstellung der Produktionswerkzeuge helfen. Gemeinsam mit Karmann sollen zudem effizientere Fertigungsmethoden entwickelt werden.

Auch F. A. Porsche und seine Mitarbeiter im Studio verlieren keine Zeit. Um die gewünschte Transformation des 695-Designs auf den 644-Unterbau vorzubereiten, werden zunächst die Schnittbilder des 356 B und des Modellwagens untersucht. Danach entsteht ein erstes Modell im Maßstab 1:75 aus Plastilin. Dieser Grundkörper, der maßstabsgetreu den Radstand der 356-Plattform von 2.100 Zentimetern abbildet, dient im Dezember zu ersten Windkanalversuchen.

Anschauungsmodell: An diesem 356 im Längsschnitt ist die Bauweise mit Kastenrahmen erkennbar. Diese soll für den T8 zunächst übernommen werden.

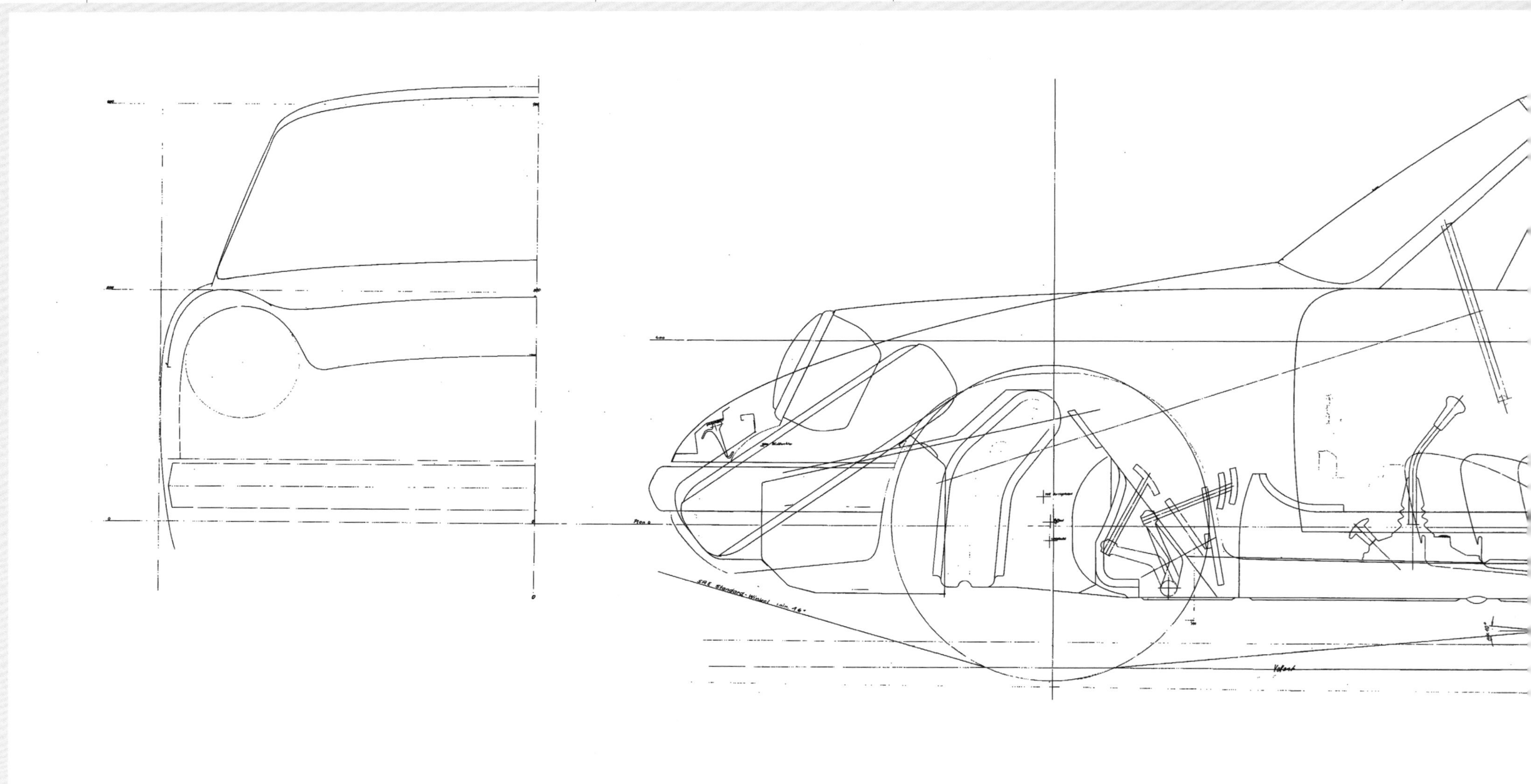

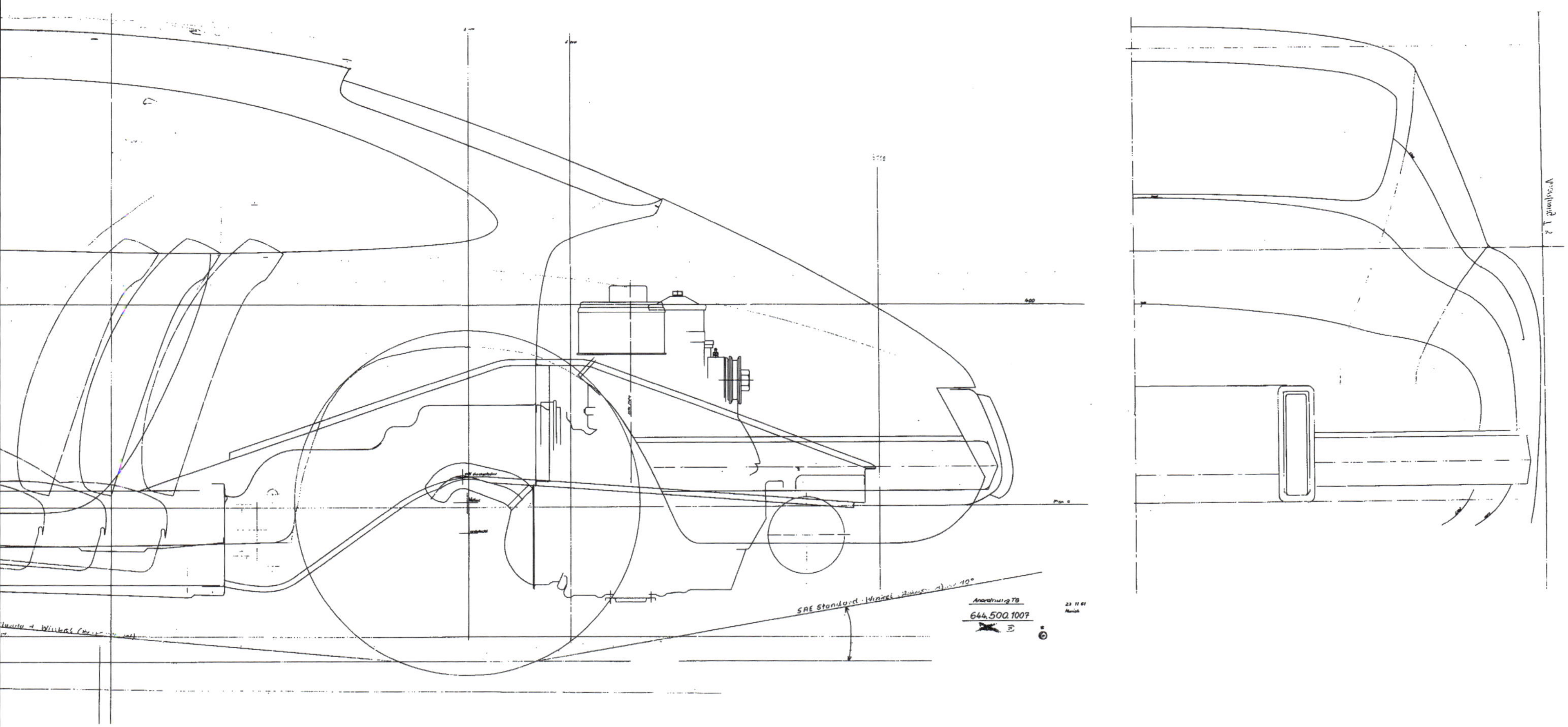

Zwei Sitze und Vierzylindermotor: Schnittzeichnung des T8 mit dem typischen Rahmen des 356.

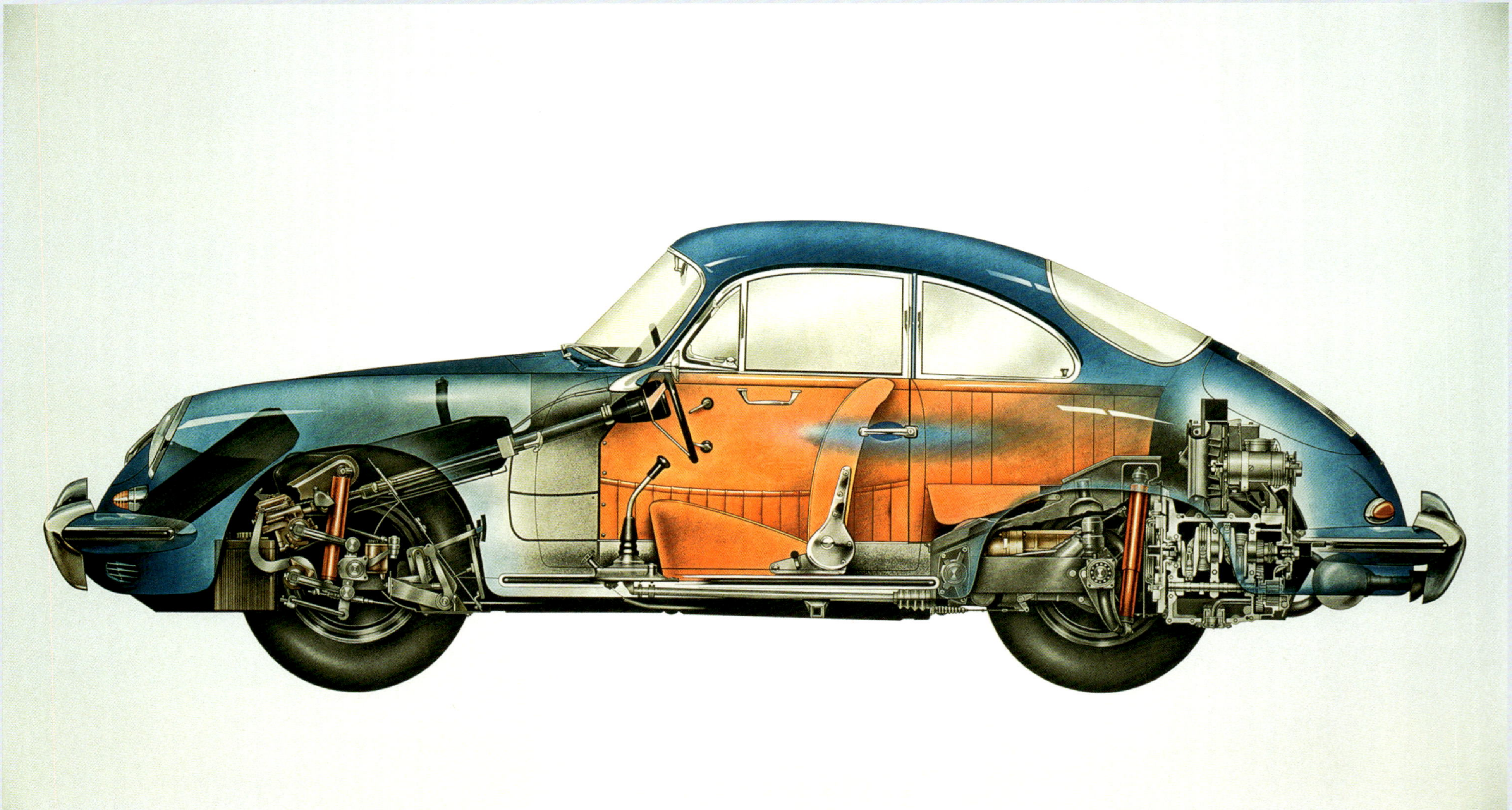

Das Schnittbild des 356 zeigt deutlich die Verwandtschaft des Unterbaus zum projektierten T8.

BRANDBRIEF DES VERKAUFS

Verkaufschef Wolfgang Raether jedenfalls ist alarmiert, zumal er auch an den aktuellen Zeitplan nicht mehr glaubt. Am 6. Dezember 1961 schreibt er an die Geschäftsleitung sowie an Hans Tomala und Walter Schmidt:

»Die gegenwärtige Entwicklung in Bezug auf die endgültige Programmgestaltung fordert vom Verkauf eine erneute Stellungnahme.
Bei der ursprünglichen Programmierung wurde dem damaligen T7-Programm, welches heute als T9-Programm bekannt ist, eine Konzeption zugedacht, welche folgerichtig die bisherigen Erfahrungen mit den Marktentwicklungen der Zukunft zu verbinden trachtete. Das Fahrzeug sollte geräumiger werden – im Wesentlichen also mehr Gepäck aufnehmen können – und auch die Gestaltung der rückwärtigen Notsitze sollte gegenüber der heutigen Notsitzgestaltung etwas mehr Raum bieten. Trotzdem sollte das Fahrzeug ein echter Touren-Sportwagen bleiben – es war also nicht daran gedacht, in die bekannten größeren Wagenklassen vorzudringen. Mit dieser Konzipierung wollte man auch noch den Kundenkreis erfassen, der uns in beträchtlichem Umfang nach jahrelangem Porsche-Besitz verläßt, um sich ein geräumigeres Fahrzeug zuzulegen.

Bei keiner anderen Marke ist die Kundenbindung stärker: Ferry Porsche mit einer Abordnung des Porsche Club of America bei einem Werksbesuch, rechts Verkaufschef Wolfgang Raether.

An eine Aufgabe des derzeitigen Modells war seinerzeit noch nicht gedacht; diese Überlegung kam erst, als es sich herausstellte, daß die ursprünglich fixierten Termine für den T9, d. h. Anlauf Herbst 1963, nicht gehalten werden konnten. Man entschloß sich daraufhin, auf das heutige Fahrgestell ein neues Kleid, angelehnt an den Entwurf des T9, auszubringen. Hierdurch erschien es möglich, den Termin Automobilausstellung 1963 einzuhalten.
Diese Überlegung wurde ergänzt durch das Vorhaben, das T9-Modell als Prototyp auf der Ausstellung 1963 der Öffentlichkeit vorzustellen und die Produktion desselben im Frühjahr 1964 anlaufen zu lassen.

Von dieser Situation ausgehend, hat der Verkauf für die Gestaltung des T8-Modells 2 Konzessionen eingeräumt:

1. Entfall der bisher üblichen Notsitze

2. Entfall des möglichen Schiebedacheinbaus

sowie weitere technische Vereinfachungen, welche die Herstellungskosten reduzieren.
Damit sollte dieser Fahrzeugtyp noch mehr sportlichen Charakter tragen und insbesondere dem jüngeren Käuferpublikum zugänglich gemacht werden. Dies entspricht dem Trend, der von der britischen und italienischen Sportwagenindustrie in der uns tangierenden Preiskategorie verfolgt wird.
Die Sachlage hat sich inzwischen geändert. Kaufmännische und vielleicht auch technische Überlegungen ermöglichen nach Angabe der GL[11] den Produktionsanlauf des T9-Programmes nicht vor dem Zeitpunkt Januar 1965. Dies würde bedeuten, daß wir praktisch ab Herbst 1963 ausschließlich auf das T8-Programm mit max. 25 Einheiten, produziert durch die Firma Reutter, angewiesen sind.

Die ursprünglich vom Verkauf konzedierten Punkte am T8-Programm bezüglich Entfalls verschiedener Ausstattungsteile werden damit fragwürdig, da sie auf der Tatsache basierten, daß einige Monate nach dem Anlauf des T8-Programmes das T9-Programm als voll gültige Ergänzung des Verkaufsprogrammes zur Verfügung steht. Mit anderen Worten: Nur wenn nach einem angemessenen Zeitabschnitt das T8-Programm eine Ergänzung durch ein Modell mit entsprechender Komfortausstattung – die den heutigen Ansprüchen unseres Publikums Rechnung trägt – findet, kann auf die vorhergenannte Innenausstattung am T8-Programm verzichtet werden.

[11] GL = Geschäftsleitung

Verkauf weist darauf hin, daß wir mit dem T8-Programm zwar im Export, schon wegen der Preisgestaltung, einen substantiellen Marktanteil halten können, jedoch den echten Porsche-Kundenkreis, insbesondere im Inland und übrigen Europa, nicht mehr im beabsichtigten Umfang bedienen können.

Eine Kompromißlösung wäre der Anlauf des T9-Programmes im Herbst 1964, d. h. eine max. Zeitspanne von 12 Monaten gegenüber dem Anlauf T8. Unter diesen Umständen würden wir zwar zunächst einen erheblichen Teil unserer Kunden verlieren, die schon längere Zeit auf den geräumigeren Porsche mit dem stärkeren Motor gewartet haben, jedoch ließe sich das nach Anlauf der T9 wieder aufholen.

Eine längere Zeitspanne scheint dem Verkauf untragbar und würde zweifellos auch zu einer Neukonzipierung des T8-Programmes zwingen.«

Die anhaltenden Meinungsverschiedenheiten führen in diesem Dezember wiederholt zu Konfrontationen, wie der scheidende Technikchef Karl Rabe in seinem Tagebuch notiert. So schreibt er am 15. Dezember 1961: »Ich bin um 11.45 Uhr im Betrieb und habe ein langes Gespräch mit Tomala und Komenda, sehr ungut.« Eine Woche später halten die Spannungen unverändert an, wie Rabe registriert: »Ich habe von 17.00 Uhr bis 18.30 Uhr eine lange Besprechung wegen T9 bei Komenda mit Ferry und Reimspieß, sehr negativ.«

H. Tomala

Aktennotiz

Betr.: Programm T 8 - T 9

Die gegenwärtige Entwicklung in Bezug auf die endgültige Programmgestaltung fordert vom Verkauf eine erneute Stellungnahme.

Bei der ursprünglichen Programmierung wurde dem damaligen T 7 Programm, welches heute als T 9 Programm bekannt ist, eine Konzeption zugedacht, welche folgerichtig die bisherigen Erfahrungen mit den Marktentwicklungen der Zukunft zu verbinden trachtete. Das Fahrzeug sollte geräumiger werden - im wesentlichen also mehr Gepäck aufnehmen können - und auch die Gestaltung der rückwärtigen Notsitze sollte gegenüber der heutigen Notsitzgestaltung etwas mehr Raum bieten. Trotzdem sollte das Fahrzeug ein echter Touren-Sportwagen bleiben - es war also nicht daran gedacht, in die bekannten größeren Wagenklassen vorzudringen. Mit dieser Konzepierung wollte man auch noch den Kundenkreis erfassen, der uns in beträchtlichem Umfang nach jahrelangem Porsche-Besitz verläßt, um sich ein geräumigeres Fahrzeug zuzulegen.

An eine Aufgabe des derzeitigen Modells war seinerzeit noch nicht gedacht; diese Überlegung kam erst als es sich herausstellte, daß die ursprünglich fixierten Termine für den T 9, d.h. Anlauf Herbst 1963, nicht gehalten werden konnten. Man entschloß sich daraufhin, auf das heutige Fahrgestell ein neues Kleid, angelehnt an den Entwurf des T 9, aufzubringen. Hierdurch schien es möglich, den Termin Automobilausstellung 1963 einzuhalten.

Diese Überlegung wurde ergänzt durch das Vorhaben, das T 9 Modell als Prototyp auf der Ausstellung 1963 der Öffentlichkeit vorzustellen und die Produktion desselben im Frühjahr 1964 anlaufen zu lassen.

Von dieser Situation ausgehend, hat der Verkauf für die Gestaltung des T 8 Modells 2 Konzessionen eingeräumt:

1. Entfall der bisher üblichen Notsitze
2. Entfall des möglichen Schiebedacheinbaus,

sowie weitere technische Vereinfachungen, welche die Herstellungskosten reduzieren.

- 2 -

- 2 -

Damit sollte dieser Fahrzeugtyp noch mehr sportlichen Charakter tragen und insbesondere dem jüngeren Käuferpublikum zugänglich gemacht werden. Dies entspricht dem Trend, der von der britischen und italienischen Sportwagenindustrie in der uns tangierenden Preiskathegorie verfolgt wird.

Die Sachlage hat sich inzwischen geändert. Kaufmännische und vielleicht auch technische Überlegungen ermöglichen nach Angabe der GL den Produktionsanlauf des T 9 Programmes nicht vor dem Zeitpunkt Januar 1965. Dies würde bedeuten, daß wir praktisch ab Herbst 1963 ausschließlich auf das T 8 Programm mit max. 25 Einheiten, produziert durch die Firma Reutter, angewiesen sind.

Die ursprünglich vom Verkauf konzedierten Punkte am T 8 Programm bezüglich Entfall verschiedener Ausstattungsteile werden damit fragwürdig, da sie auf der Tatsache basierten, daß einige Monate nach Anlauf des T 8 Programmes das T 9 Programm als voll gültige Ergänzung des Verkaufsprogrammes zur Verfügung steht. Mit anderen Worten: nur wenn nach einem angemessenen Zeitabschnitt das T 8 Programm eine Ergänzung durch ein Modell mit entsprechender Komfortausstattung - die den heutigen Ansprüchen unseres Publikums Rechnung trägt - findet, kann auf die vorhergenannte Innenausstattung am T 8 Programm verzichtet werden.

Verkauf weist darauf hin, daß wir mit dem T 8 Programm zwar im Export, schon wegen der Preisgestaltung, einen substantiellen Marktanteil halten können, jedoch den echten Porsche-Kundenkreis, insbesondere im Inland und übrigen Europa, nicht mehr im beabsichtigten Umfang bedienen können.

Eine Kompromißlösung wäre der Anlauf des T 9 Programmes im Herbst 1964, d.h. eine max. Zeitspanne von 12 Monaten gegenüber dem Anlauf T 8. Unter diesen Umständen würden wir zwar zunächst einen erheblichen Teil unserer Kunden verlieren, die schon längere Zeit auf den geräumigeren Porsche mit dem stärkeren Motor gewartet haben, jedoch ließe sich das nach Anlauf des T 9 wieder aufholen.

Eine längere Zeitspanne scheint dem Verkauf untragbar und würde zweifellos auch zu einer Neukonzepierung des T 8 Programmes zwingen.

W. Raether

6.12.61
VKL-Rae/ib

Verteiler: GL, Herrn Tomala,
Herrn Schmidt

Da der 754 frühestens im Januar 1965 anlaufen kann, droht eine große Lücke in der Verkaufsplanung. Damit steht das ursprüngliche T8-Konzept eines spartanisch ausgestatteten Sportwagens in Frage.

1962: DIE HAUPT- UND KONSTRUKTIONS-AUFTRÄGE WERDEN VERGEBEN

Gleich nach dem Jahreswechsel vergibt die Unternehmensleitung eine Reihe von Haupt- und Konstruktionsaufträgen zur Weiterentwicklung der beiden Projekte T8 und T9: Unter dem Kürzel E 11 wird die Abteilung von Leopold Schmid mit der »Konstruktion eines 2l/6-Zyl. Motors« der Typnummer 745 beauftragt, »welcher in die Typen T8 und T9 einbaubar ist«. Gewünschter Termin ist Ende September 1962. Nachdem sich das Konzept des 745-Motors als untauglich erweist, wird der Hauptauftrag schon bald auf die Neuentwicklung 821 umgeschrieben.

Hauptauftrag E 12 ordnet die »Herstellung von 3 Muster-Fahrzeugen T9, beinhaltend 3 Vorserien-Karosserien (Hersteller Fa. Karmann), 5 Garnituren Fahrgestellteile, 2 Bodenrahmen zum Aufbau von Tarn-Karossen« an. Verantwortlich ist die Versuchsleitung, namentlich Helmut Rombold. Als Wunschtermin für die Fertigstellung ist der Oktober 1962 verzeichnet.

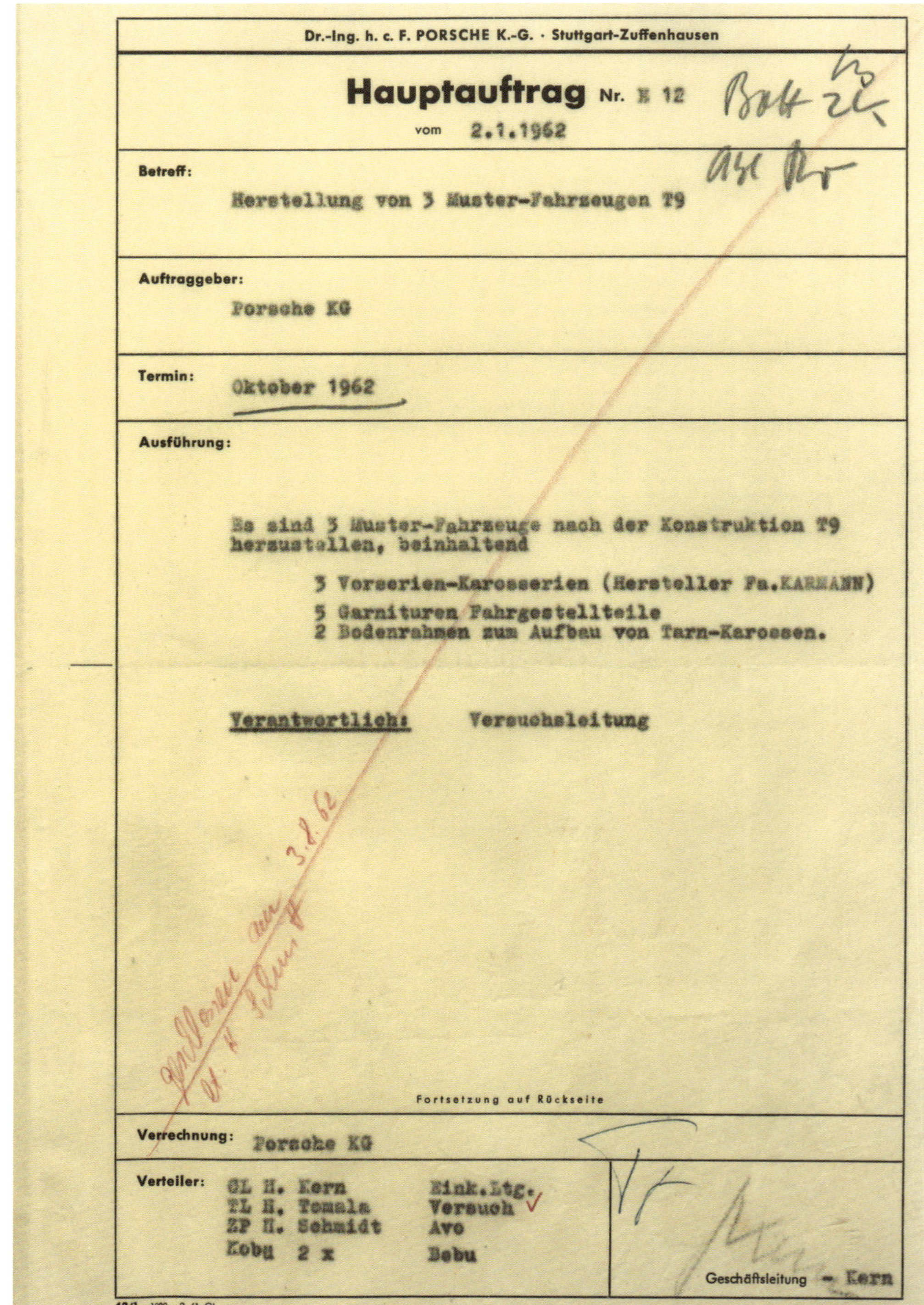

Dr.-Ing. h. c. F. PORSCHE K.-G. · Stuttgart-Zuffenhausen

Hauptauftrag Nr. E 12

vom 2.1.1962

Betreff: Herstellung von 3 Muster-Fahrzeugen T9

Auftraggeber: Porsche KG

Termin: Oktober 1962

Ausführung:

Es sind 3 Muster-Fahrzeuge nach der Konstruktion T9 herzustellen, beinhaltend

3 Vorserien-Karosserien (Hersteller Fa. KARMANN)
5 Garnituren Fahrgestellteile
2 Bodenrahmen zum Aufbau von Tarn-Karossen.

Verantwortlich: Versuchsleitung

Fortsetzung auf Rückseite

Verrechnung: Porsche KG

Verteiler: GL H. Kern, TL H. Tomala, ZP H. Schmidt, Kobu 2 x, Eink.Ltg., Versuch, Avo, Bebu

Geschäftsleitung – Kern

42/1 · 1000 · 2. 61 Gl.

Anfang 1962 ergeht an den Versuch der Hauptauftrag E 12 zur Herstellung von drei Musterfahrzeugen des Typ 754 (T9) mit Karosserien von Karmann. Bereits drei Monate später wird die konstruktive Entwicklung eingestellt.

Hauptauftrag E 13 betrifft die »Konstruktion eines Wagens T8«, die in den Zuständigkeitsbereich von Hans Tomala fällt. In der Folge erteilt Erwin Komenda seinen Konstrukteuren Auftrag E 116: »Nach den festgelegten Richtlinien ist in Zusammenarbeit mit der Fa. Reutter die Konstruktion einer T8-Karosserie durchzuführen. Nach Fertigstellung der Konstruktion wird die Anzahl der zu bauenden Prototypen aufgegeben.« Die dem Hauptauftrag zugeteilte Typnummer lautet 644 (T8) und wird später handschriftlich zunächst in 901 und dann in 911/912 umgeändert. Leopold Schmid seinerseits gibt den Konstruktionsauftrag E 115 »Konstruktive Änderungen am Fahrgestell T6 für Fahrgestell T8« in Auftrag. Gewünschter Termin ist der Juli 1963. Angesetzt sind zunächst 15.000 Konstrukteursstunden.

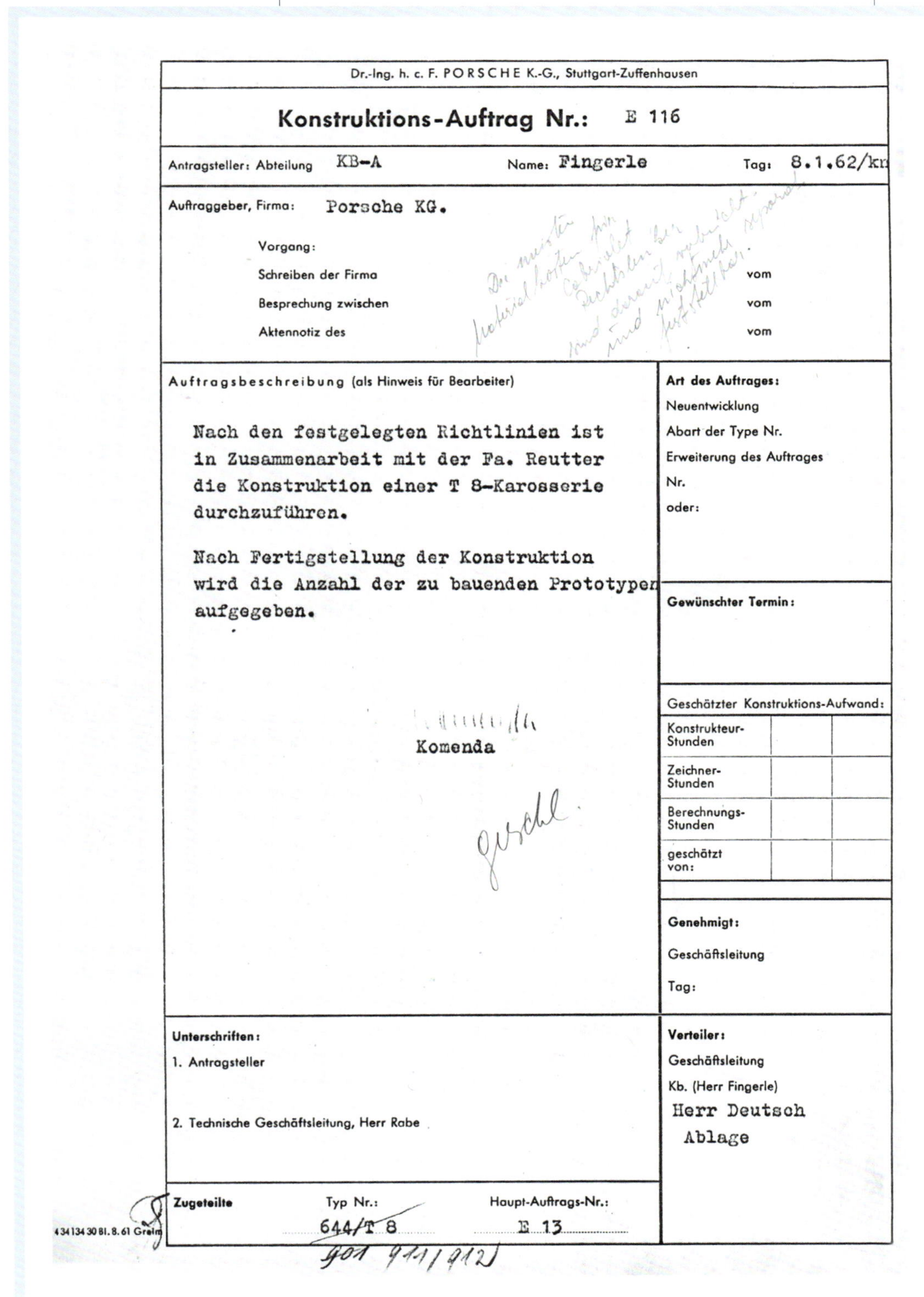

Dr.-Ing. h. c. F. PORSCHE K.-G., Stuttgart-Zuffenhausen

Konstruktions-Auftrag Nr.: E 116

Antragsteller: Abteilung KB-A Name: Fingerle Tag: 8.1.62/kr

Auftraggeber, Firma: Porsche KG.

Vorgang:
Schreiben der Firma vom
Besprechung zwischen vom
Aktennotiz des vom

Auftragsbeschreibung (als Hinweis für Bearbeiter)

Nach den festgelegten Richtlinien ist in Zusammenarbeit mit der Fa. Reutter die Konstruktion einer T 8-Karosserie durchzuführen.

Nach Fertigstellung der Konstruktion wird die Anzahl der zu bauenden Prototypen aufgegeben.

Komenda

Art des Auftrages:
Neuentwicklung
Abart der Type Nr.
Erweiterung des Auftrages
Nr.
oder:

Gewünschter Termin:

Geschätzter Konstruktions-Aufwand:

Konstrukteur-Stunden		
Zeichner-Stunden		
Berechnungs-Stunden		
geschätzt von:		

Genehmigt:
Geschäftsleitung
Tag:

Unterschriften:
1. Antragsteller
2. Technische Geschäftsleitung, Herr Rabe

Verteiler:
Geschäftsleitung
Kb. (Herr Fingerle)
Herr Deutsch
Ablage

Zugeteilte Typ Nr.: 644/T 8 Haupt-Auftrags-Nr.: E 13

901 911/912

4 34 134 30 81. 8. 61 Greim

Ein Konstruktionsauftrag, der bei Porsche für Aufregung sorgt: Die Karosserie des T8 soll bei Reutter entwickelt werden.

JANUAR 1962: DER T8 WIRD GRÖSSER

Der Brandbrief des Verkaufsleiters hat Folgen. Bereits Anfang des Jahres 1962 beschließt die Geschäftsleitung, »daß der Wagen um 10 cm länger wird, damit mehr Innenraum gewonnen wird. Unabhängig von der laufenden Konstruktion wird eine neue Vorderachse untersucht, die eine Vergrößerung des vorderen Kofferraumes bringen soll. Diese Untersuchung tangiert vorerst die Konstruktionsarbeiten T8 bei Reutter nicht [...] Das größte Augenmerk wird auf Gewichtseinsparung gelegt.« Der erste zeichnerische Entwurf für den T8 ist damit gerade einmal zwei Monate alt, als schon die ersten substanziellen Änderungen an Maßkonzept und Technik vorgenommen werden.

Technikchef Hans Tomala vertieft die neue Marschrichtung in einer Aktennotiz Ende Januar: »Das Modell ist ein 2+2-Sitzer, wobei der Tank wieder im Vorderteil des Wagens untergebracht werden muss. Auf die Möglichkeit des Öffnens der Heckfenster wird verzichtet. Die Zugänglichkeit zum rückwärtigen Gepäckraum wird durch die Vergrösserung der Tür ausreichend verbessert [...] Die rückwärtigen, seitlichen Ausstellfenster zur guten Durchlüftung sind vorzusehen.« Vermutlich richtet sich das Schreiben auch an Reutter, denn Hans Tomala geht auch auf die Entwicklung der McPherson-Achse ein, »die einen günstigeren Gepäckraum ermöglichen soll. Unterlagen hierfür werden nach Fertigstellung der Entwürfe an die Firma Reutter weitergeleitet.« Zudem delegiert Tomala seine Funktion als Ansprechpartner für die Karosseriebaufirma: »Als Verbindungsmann zum Konstruktionsbüro der Firma Porsche wird Herr Oberingenieur Reimspiess ernannt.« Weiterhin stellt Porsche Reutter ab dem 18. Januar 1962 den Konstrukteur Hans Herzog »für die Vorstudien des Projektes T8« zur Verfügung, eine Woche später stößt noch Nothacker dazu.

Die Entscheidung, das Chassis zu verlängern, erfordert vom Studio ein neues Modell. Noch im Januar gestalten die Designer eine neue Variante, wieder im Maßstab 1:7,5, diesmal proportional zum Radstand von 2.200 Millimetern. Auch dieses Plastilinmodell kommt zum Vergleich in den Windkanal. Die Messungen ergeben, »daß grundsätzlich eine Verbesserung des c. W. gegenüber dem heutigen Wagen 356 B zu erwarten ist und daß die Verlängerung der Karosserie um 100 mm sich dabei noch günstiger erwies«, beschreibt F. A. Porsche.

Der T8 rückt mit dieser Entscheidung sowohl in Technik als auch im Format näher an den T9 und rangiert jetzt zwischen dem kompakteren 356 und dem größeren 754. Eine Synthese, die den Vorstellungen, Vorgaben und Wünschen von Ferry Porsche vom künftigen Sportwagen der Marke sehr genau entspricht.

Bereits Anfang 1962 weicht Porsche vom T8 auf Basis des 356 ab. Um mehr Platz für Passagiere und Gepäck zu schaffen, soll die Karosserie um 100 Millimeter verlängert und eine neue Vorderachse untersucht werden.

1. GL - Besprechung 1962

A k t e n n o t i z

über Besprechung der Geschäftsleitung am 8.1.1962

Anwesende:

Geschäftsführer: Herr Porsche F.

Geschäftsleitung: Herr Kern, Herr Rabe, Herr Tomala, Herr Schmidt, Herr v. Hanstein, Herr Kirn, Herr Porsche jun., Herr Raether

1.) Bei der Konstruktion T8 ist vorgesehen, daß der Wagen um 10 cm länger wird, damit mehr Innenraum gewonnen wird.

Unabhängig von der laufenden Konstruktion wird eine neue Vorderachse untersucht, die eine Vergrößerung des vorderen Kofferraumes bringen soll.

Diese Untersuchung tangiert vorerst die Konstruktionsarbeiten T8 bei REUTTER nicht, so daß der bestehende Stufenplan nicht verändert wird.

Das größte Augenmerk wird auf Gewichtseinsparung gelegt.

Der 2 Ltr. 6 Zylinder-Motor ist in T8 einbaubar. — H. Tomala, H. Schmidt, H. Raether

18.) Herr Schmidt wird sich mit Herrn KARMANN wegen Terminverschiebung der Besprechung 15.1. über Wagen T9 telefonisch ins Einvernehmen setzen. — H. Schmidt, H. Kern

ZWEI ATTRAPPEN IM INTERNEN SCHEINWERFERLICHT: SHOWDOWN FÜR DEN 754

Mittlerweile hat das Konstruktionsbüro die Karosseriezeichnungen für die zwei Modellvarianten des 754 erstellt, nach denen jeweils eine Attrappe gebaut wird. Ende Januar ist Modell 2 in Originalgröße endlich fertig. Modell 1 verspätet sich weiter und braucht noch 14 Tage. Ursprünglich ist die Präsentation bereits für den 15. Januar geplant, muss jedoch auf den 30. Januar 1962 verschoben werden. An diesem Dienstag will die Geschäftsleitung zusammen mit leitenden Angestellten die Attrappe aus Holz und Blech im Versuch besichtigen. Zum ersten Termin war auch Karmann eingeladen, doch dieser Besuch kommt offenbar diesmal nicht zustande. Jedenfalls protokolliert Fritz Blaschka 15 Teilnehmer ausschließlich von Porsche. Zum Vergleich mit dem 754-Modell 2 werden auch der 695-Musterwagen aus dem Technischen Programm 7 – in der Aktennotiz kurz als T7 bezeichnet – und ein 644/356 B aus Serienproduktion »zur Besichtigung und Beurteilung aufgestellt.«

Beide 754-Modelle basieren auf 2.350 Millimeter Radstand, 1.407 mm Spurweite vorn und 1.350 mm Radabstand hinten. In ihren Karosserieabmessungen unterscheiden sie sich jedoch deutlich:

	Modell 1	Modell 2	695-Musterwagen
Länge	4.340 mm	4.290 mm	4.150 mm
Breite	1.730 mm	1.700 mm	1.760 mm
Höhe	1.350 mm	1.335 mm	1.295 mm

Durchsichtszeichnung eines 754 mit Interieur. Die Lehne der Fondsitze ist umklappbar, dahinter verbirgt sich ein kleiner Kofferraum. Der Sechszylindermotor ist deshalb als flaches Unterflurtriebwerk vorgesehen.

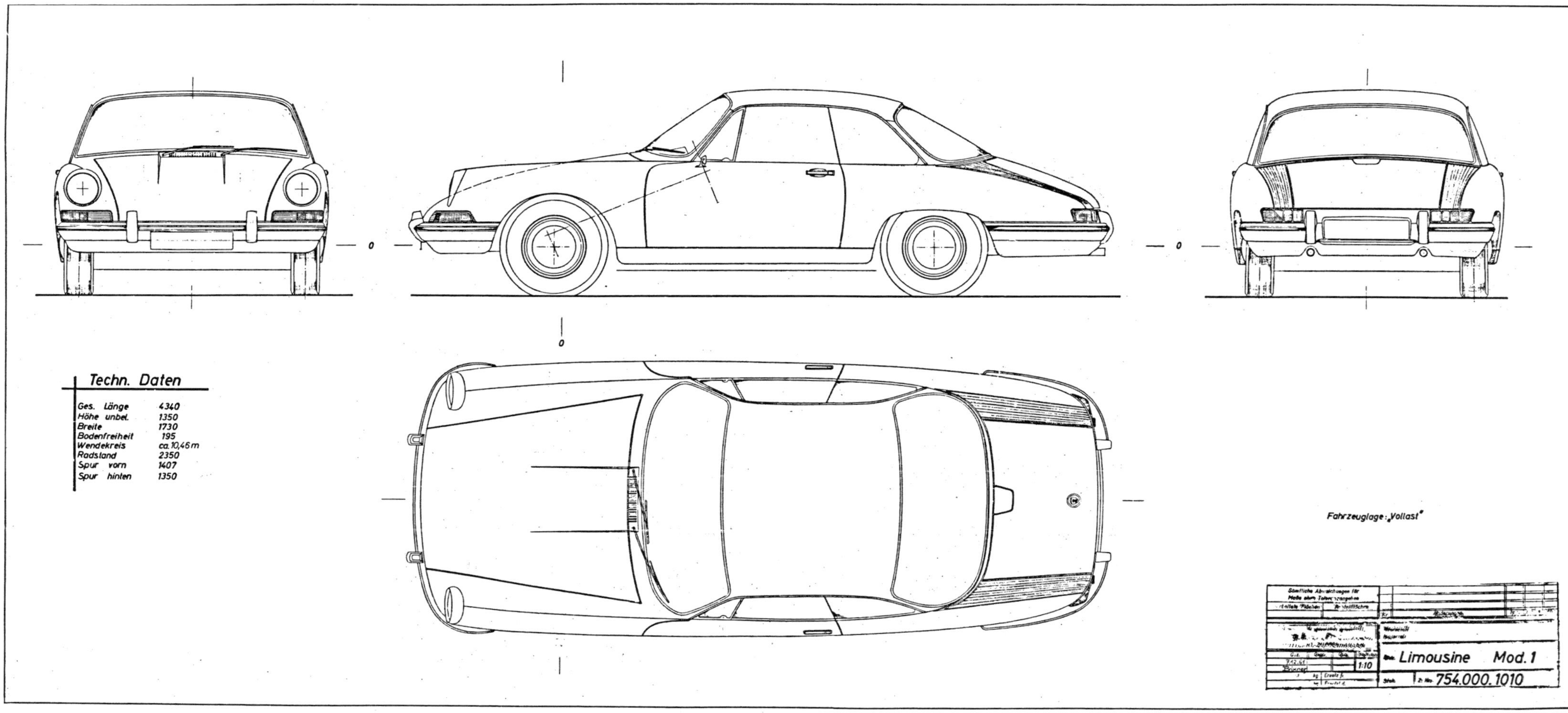

Vierseitenansicht des 754 Modell 1. Der Entwurf ist länger, breiter und höher als das Modell 2.

Beide Entwürfe überragen den 695-Musterwagen von F. A. Porsche in Länge und Höhe deutlich. In der Seitenansicht unterscheiden sich die beiden 754-Modelle signifikant durch die Form der Kurbelfenster, die beim Modell 1 schräg nach vorn verlaufen. Oberhalb des Stoßfängers weist Modell 2 eine Chromleiste auf, die Blinker sind anders integriert. Während die seitlichen Kanten der Fronthaube bei Modell 1 gerade verlaufen, sind sie bei Modell 2 leicht gekrümmt. Selbst im Porsche-Schriftzug differenzieren sich die beiden Entwürfe: Während bei Modell 2 die Buchstaben weiter auseinander stehen und mit einem Unterstrich verbunden sind, stehen sie bei Modell 1 frei, enger aneinander und wirken moderner. Beiden gemeinsam sind die auffälligen Lufteinlässe für den Motor: Zwischen Heckscheibe und Fahrzeugende verlaufen zwischen Kotflügeln und Motorhaube angeordnete Lamellen.

Ferry Porsche ist mit der »Außenformattrappe T9/II« nicht sehr zufrieden. Fast über zwei Seiten lang protokolliert Fritz Blaschka die Änderungswünsche des Firmenchefs. So ist der üppige Zierrat überhaupt nicht nach seinem Geschmack. »Chrom ist so sparsam wie möglich zu verwenden« lautet seine Direktive. Insgesamt missfällt Ferry Porsche die eher wuchtige Erscheinung des 754. Er wünscht sich die Karosserie deutlich schlanker, sportlicher: »Der Ablauf der Seitenwand vom Scheinwerferring weg soll so straff wie möglich

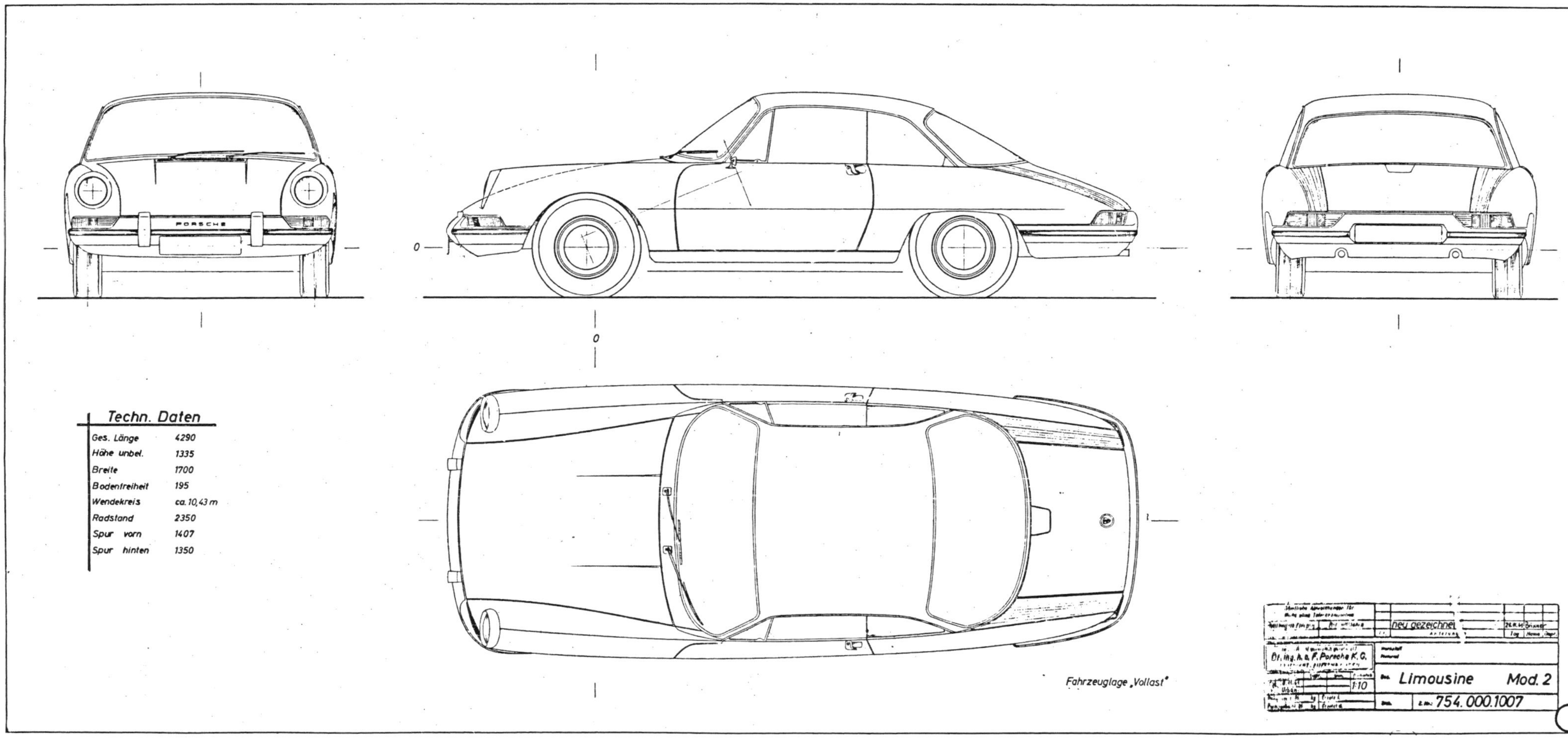

sein, damit der Kotflügel möglichst schlank wird.« Es soll versucht werden, »bei gleicher Kotflügelhöhe die Wagenbreite von T7 [12] zu erreichen. Das Heck soll nicht mehr so viel eingezogen werden wie bei T9/II (ca. 25 mm pro Seite weniger). Mit dem Einzug muss ab weiter vorn begonnen werden, und zwar bereits im vorderen Drittel der Tür. Da der Unterwagen somit im Ganzen schmaler wird, das Oberteil hingegen bleibt, werden die Türen nicht mehr so bauchig, sondern ähnlich T7. Die Spurweiten können hierdurch eventuell wieder auf die Ursprungsmaße gebracht werden: Vorderachse 1.407 mm, Hinterachse 1.370 mm.«

Schnittzeichnung des 754 Modell 2, das Erwin Komenda als »Limousine« bezeichnet.

[12] 695-Musterwagen

Das Modell 1 des 754 hat eine schlichtere Front mit geraden Linien und eine glatte Motorhaube. Auch der Schriftzug ist unterschiedlich.

Oberhalb des Stoßfängers weist das 754 Modell 2 eine Chromleiste auf, die Haube hat eine breite Sicke bis zum Lufteinlass.

PORSCHE

PORSCHE

Auch soll »die Bugnase strömungsgünstiger gestaltet werden, wobei versucht werden soll, die Pufferstangen optisch zierlicher zu halten. Es soll also die Kante samt Absatz an der vorderen Deckelquerfuge entfallen, ebenso der darunterliegende dicke Chromstab.« Die gesamte Scheinwerferpartie samt Blinkleuchten sagt Ferry Porsche ebenfalls nicht zu, sie solle sich an dem Musterwagen und dem noch nicht ganz fertiggestellten 754-Modell 1 orientieren. Während Windschutzscheibe, Seiten- und Heckfenster unverändert bleiben können, soll das Dachende »um 20 bis 30 mm angehoben, also flacher werden, wobei die entstehende Stufe als Entlüftung ausgebildet werden soll.« Beim Lufteinlass im hinteren Deckel plädiert er für ein längs orientiertes Gitter. Schließlich moniert der Firmenpatriarch auch die Geometrie der Fugen, so soll beispielsweise »die Deckel-Längsfuge, wenn möglich, nicht gebogen, sondern gerade verlaufen.« Grundsätzlich seien alle Änderungen, so sein Wunsch, möglichst im noch nicht fertiggestellten Modell 1 zu berücksichtigen.

An den Attrappen im Maßstab 1 : 1 werden die Unterschiede der beiden 754-Modelle an Front und Heck deutlich sichtbar.

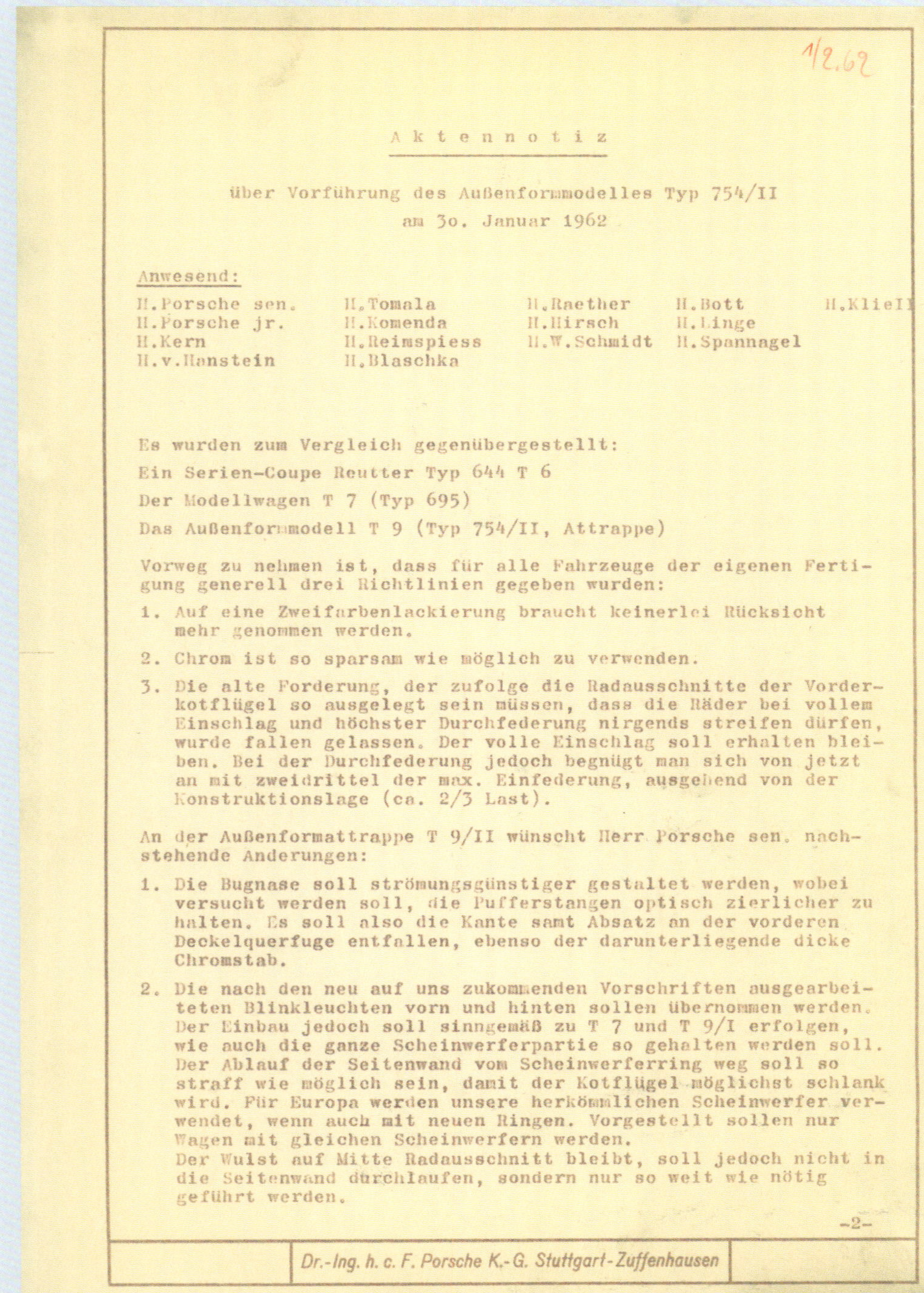

1/2.62

A k t e n n o t i z

über Vorführung des Außenformmodelles Typ 754/II
am 3o. Januar 1962

Anwesend:

H.Porsche sen. H.Tomala H.Raether H.Bott H.KlieI
H.Porsche jr. H.Komenda H.Hirsch H.Linge
H.Kern H.Reimspiess H.W.Schmidt H.Spannagel
H.v.Hanstein H.Blaschka

Es wurden zum Vergleich gegenübergestellt:

Ein Serien-Coupe Reutter Typ 644 T 6

Der Modellwagen T 7 (Typ 695)

Das Außenformmodell T 9 (Typ 754/II, Attrappe)

Vorweg zu nehmen ist, dass für alle Fahrzeuge der eigenen Fertigung generell drei Richtlinien gegeben wurden:

1. Auf eine Zweifarbenlackierung braucht keinerlei Rücksicht mehr genommen werden.
2. Chrom ist so sparsam wie möglich zu verwenden.
3. Die alte Forderung, der zufolge die Radausschnitte der Vorderkotflügel so ausgelegt sein müssen, dass die Räder bei vollem Einschlag und höchster Durchfederung nirgends streifen dürfen, wurde fallen gelassen. Der volle Einschlag soll erhalten bleiben. Bei der Durchfederung jedoch begnügt man sich von jetzt an mit zweidrittel der max. Einfederung, ausgehend von der Konstruktionslage (ca. 2/3 Last).

An der Außenformattrappe T 9/II wünscht Herr Porsche sen. nachstehende Anderungen:

1. Die Bugnase soll strömungsgünstiger gestaltet werden, wobei versucht werden soll, die Pufferstangen optisch zierlicher zu halten. Es soll also die Kante samt Absatz an der vorderen Deckelquerfuge entfallen, ebenso der darunterliegende dicke Chromstab.
2. Die nach den neu auf uns zukommenden Vorschriften ausgearbeiteten Blinkleuchten vorn und hinten sollen übernommen werden. Der Einbau jedoch soll sinngemäß zu T 7 und T 9/I erfolgen, wie auch die ganze Scheinwerferpartie so gehalten werden soll. Der Ablauf der Seitenwand vom Scheinwerferring weg soll so straff wie möglich sein, damit der Kotflügel möglichst schlank wird. Für Europa werden unsere herkömmlichen Scheinwerfer verwendet, wenn auch mit neuen Ringen. Vorgestellt sollen nur Wagen mit gleichen Scheinwerfern werden.
   Der Wulst auf Mitte Radausschnitt bleibt, soll jedoch nicht in die Seitenwand durchlaufen, sondern nur so weit wie nötig geführt werden.

-2-

Dr.-Ing. h. c. F. Porsche K.-G. Stuttgart-Zuffenhausen

Bei der Begutachtung des 754 im Vergleich zum 695-Musterwagen und zu einem 356 Seriensportwagen beanstandet Ferry Porsche signifikante Details, die in elf Kritikpunkten zusammengefasst werden.

- 2 -

Die Anschlußfuge am Windlauf soll weder nach T 7 noch nach T 9/II ausgeführt werden, sondern in Verlängerung der Deckel-Längsfuge bis zur Windschutzscheibe und dort entlang derselben bis zum Ende der Regenleiste bezw. Einlauf der oberen Türfugen. Die Deckel-Längsfuge soll, wenn möglich, nicht gebogen, sondern gerade verlaufen.

3. Windschutzscheibe, Seitenfenster und Rückwandfenster bleiben in jeder Hinsicht erhalten. Das hintere Dachende dagegen soll um 2o bis 3o mm angehoben, also flacher werden, wobei die entstehende Stufe als Entlüftung ausgebildet werden soll. Die verchromte Regenleiste bleibt erhalten.

4. Die Chromleisten an den Türen am Windlauf und am Seitenfenster entfallen, soweit sie nicht für die Fassung der Fensterdichtungen erforderlich sind.

5. Die Türfuge an der Schloßseite soll im Prinzip bleiben, im oberen Bereich soll sie als Gegenstück zum vorderen Auslauf ausgebildet werden.

6. Die Seitenwand unten (Einstiegverkleidung) soll neu versucht werden, möglichst abnehmbar. Die Anbringung einer Zierleiste, wie bei T 6, als Schmutzabweiser kann erwogen werden.

7. Der Radausschnitt Hinterkotflügel soll ähnlich der rechten Modellseite geformt werden. Wulst wie vorne.

8. Entsprechend den neuen Richtlinien über die Ermittlung des Radausschnittes im Vorderkotflügel soll versucht werden, bei gleicher Kotflügelhöhe die Wagenbreite vom T 7 zu erreichen. Das Heck soll nicht mehr so viel eingezogen werden wie bei T 9/II (ca. 25 mm pro Seite weniger). Mit dem Einzug muß aber weiter vorn begonnen werden, und zwar bereits im vorderen Drittel der Tür. Da der Unterwagen somit im Ganzen schmaler wird, das Oberteil dagegen bleibt, werden die Türen nicht mehr so bauchig, sondern ähnlich T 7.

9. Die Spurweiten können hierdurch eventuell wieder auf die Ursprungsmaße gebracht werden:

   Vorderachse 14o7 mm
   Hinterachse 137o mm.

1o. Der Kühllufteintritt im hinteren Deckel gemäß Vorschlag "1" (Längsgitter) soll bleiben, die Gitter an ihrem hinteren Ende jedoch besser nach der neuen Lage der Heckleuchten ausgerichtet werden. Eine Variante "2" / "3" wird mit vertieft angeordneten Querkiemen versucht.

11. Über die endgültige Heckgestaltung soll erst nach Fertigstellung der Außenformattrappe T 9/I entschieden werden.

-3-

Dr.-Ing. h. c. F. Porsche K.-G. Stuttgart-Zuffenhausen

- 3 -

12. Zum eingebauten Schalttafelmuster wurde mangels genügender Beleuchtung nicht Stellung genommen.

Alle oben genannten Änderungen sollen nach Möglichkeit bei T 9/I berücksichtigt werden, soweit das nicht schon geschehen ist. Beim Modell T 9/II sollen sie auf jeden Fall durchgeführt werden.

Blaschka

Blaschka

Stgt., den 1.2.1962
KB/Bla/Gt.

Verteiler:
Herrn Porsche sen.
Herrn Porsche jr.
Herrn Tomala

Dr.-Ing. h. c. F. Porsche K.-G. Stuttgart-Zuffenhausen

ZEITVERZUG AUCH BEIM T8: LÄNGERER RADSTAND ERFORDERT NEUEN LINIENPLAN

Bei der Entwicklung des T8 hat laut Reutter »die Verlängerung des Radstandes um 100 mm die Anfertigung eines ganz neuen Linienplanes erforderlich gemacht, was uns sehr aufgehalten hat.« Der gesamte Zeitplan muss deshalb um drei Wochen nach hinten verschoben werden. Dennoch bitten die Karosseriespezialisten in dem Schreiben vom 7. Februar 1962 an Hans Tomala »um Ihr Einverständnis [...], sofort mit der Herstellung eines einfachen Prototyps beginnen zu können. Dieser soll gestatten, die Formgebung und Linienführung der Aussenhaut in natürlicher Grösse zu beurteilen, um gegebenenfalls Änderungen zu veranlassen. Weiterhin gibt er die Möglichkeit, die Sitzposition zu überprüfen. Dagegen soll dieser 1. Prototyp nicht fahrfähig sein, weil durch das Fehlen der Vorderachse die Gestaltung des Rahmen-Vorderteils und der Innenhautbleche noch völlig offen ist.« Die neue, selbsttragende Karosserie und deren Serienfertigung birgt für die damit unerfahrenen Reutter-Ingenieure offene Fragen, die man mithilfe eines Schweißfachingenieurs zu lösen sucht, »der uns über die günstigsten Verhältnisse bei Schweißverbindungen der gesamten Karosserie beraten soll.« Auch für F. A. Porsche verläuft die Entwicklung nicht ganz nach seinen Wünschen. Am 23. Februar 1962 verbringt er am Nachmittag lange Zeit bei Karl Rabe, der ihn als »sehr verstimmt wegen T8« erlebt.

Rechts: Das Tor zum Porsche Werk 2. Hier wird der 901 im sogenannten Gutbrod-Bau, benannt nach dem Architekten der Werkhalle, montiert.

DAS ENDE: T9 WIRD EINGESTELLT

Am 19. und 20. März 1962 kommt es in Zuffenhausen zu einem Krisentreffen mit einer Delegation aus Osnabrück unter der Leitung von Wilhelm Karmann. Anlass sind Lieferschwierigkeiten des Karosseriebauers, der wegen Problemen mit der Lackierung mit 76 Rohbauten des 356 im Rückstand ist. Dabei kommt auch das Thema T9 zur Sprache, das weiter an Priorität einbüßt:

> **»Wir haben alle Konstruktionskräfte auf die Fertigstellung T8 konzentriert, so daß zur Zeit an T9 konstruktiv nicht gearbeitet wird. Es ist anzunehmen, daß ab Juni Konstruktionskapazität frei wird und daß an T9 weitergearbeitet werden kann.**
>
> **Karmann ist bereit – wie ursprünglich vorgesehen –, konstruktiv mitzuarbeiten, und es wurde abgesprochen, daß im Herbst d. J. wegen T9 eine Besprechung stattfindet.**
> **Wenn T9 im Jahre 1965 zur Automobil-Ausstellung kommen soll, müßte die Werkzeug-Kapazität ab Frühjahr 1964 eingesetzt werden. Im Januar 1963 müßte mit der Konstruktionsarbeit begonnen werden, so daß Mitte 1963 die Prototypen zur Verfügung stehen«**

schreibt Hans Kern in einer Aktennotiz.

A K T E N N O T I Z

über Besprechung der Geschäftsleitung am 21.5.62

Anwesende:

Geschäftsführer: Herr Ferdinand Porsche

Geschäftsleitung: Herr Rabe, " Tomala, " Schmidt; Herr Kirn, " Porsche jr., " Raether

4.) Eine nochmalige Besprechung über die Ausführung des T8 soll nach Rückkehr von Herrn Kern stattfinden unter der Voraussetzung, daß in Anbetracht der für T8 notwendigen hohen Investitionen in absehbarer Zeit ein größeres T9 - Modell nicht in Serie gebracht werden kann. Es wird vor allem von der Marktseite etwas mehr Sitzhöhe im Fond des T8 - Modelles gefordert (für Notsitze).

Herr Porsche jun. erklärt, daß bei dem neuen Modell bereits 1 1/2 cm gewonnen werden; auch in der Polsterung kann noch etwas gewonnen werden.

H. Porsche
H. Porsche jr.
H. Kern
H. Schmidt
H. Tomala
H. Raether

Mit den Ansprüchen an den T8 wächst der Investitionsbedarf. Der T9 muss weiter zurückgestellt werden.

Ein zweites Protokoll dieser Konferenz zitiert Ferry Porsche, der sagt,

> **»daß die Serieneinführung T9 auf 1965 zurückgestellt werden muß. Eine Abstimmung über die Konstruktion soll zwischen den Betriebsferien der Firmen Porsche/ Karmann, d. h. Ende Juli/Anf. Aug., stattfinden. Die Konstruktionsarbeiten bei Karmann sollen nicht vor dem 1.1.63 beginnen.«**

Damit ist eine weitere Verzögerung programmiert – und das Ende des T9 in Sicht. Tatsächlich dauert es bis Ende März, bis die geänderte 754-Attrappe fertiggestellt wird. In einer handschriftlichen Notiz bezeichnet Erwin Komenda das modifizierte T9-Modell 1 als »T9/III«, das laut einem Telefonat zwischen Hans Tomala und dem Reutter-Geschäftsführer Walter Beierbach am 10. April 1962 eingestellt wird. Und dies, so bedauert der Karosseriekonstrukteur, obwohl »keinerlei Hemmungen für T8 entstünden [...] und ca. 80 % vorbereitet sind.« Am 21. Mai 1962 beschließt die Geschäftsleitung letztendlich, dass »in Anbetracht der für T8 notwendigen hohen Investitionen in absehbarer Zeit ein größeres T9-Modell nicht in Serie gebracht werden kann.« Den Schlussstrich zieht später eine Hausmitteilung von Walter Schmidt vom 3. August 1962 an Hans Tomala: »Nachdem die Konstruktionsarbeiten des T9, Typ 754, eingestellt sind, ist der Hauptauftrag E 12 ab sofort zu schließen.«

Damit ist das Technische Programm 9 Geschichte, ohne dass jemals ein fahrbarer Prototyp mit 754-Karosserie fertiggestellt wurde.

\- 4 -

T 8-Rahmen nicht neu hergestellt, sondern geändert werden sollen, was eine Bevorratung von Rahmen-Pressteilen für die weiterlaufende T 6-Produktion notwendig machen würde.

Demgegenüber erklärt H. Porsche, daß alle Teile für den T 8-Rahmen sich gegenüber dem T 6-Rahmen derart ändern werden, daß alle Werkzeuge neu erstellt werden müssen.

Karmann würde es begrüssen, gleichzeitig mit der Firma Reutter auf T 8 umzustellen.
Diese Frage kann heute noch nicht entschieden werden.

6.) <u>T 9 - Rio</u>

H. Porsche erklärt, daß die Serieneinführung T 9 auf 1965 zurückgestellt werden muß. Eine Abstimmung über die Konstruktion soll zwischen den Betriebsferien der Firmen Porsche/Karmann, d.h., Ende Juli/Anf. Aug., stattfinden.
Die Konstruktionsarbeiten bei Karmann sollen nicht vor dem 1.1.63 beginnen.
Werkzeugkapazität ab Frühjahr 1964.

7.) <u>Heizung nach den neuen gesetzlichen Bestimmungen</u>

Im Interesse der Verkaufs-Disposition wäre anzustreben, daß der Einsatztermin der neuen Heizung bei Reutter und bei Karmann nicht zu weit auseinander liegt. Zumindest sollten die Rahmenveränderungen bei beiden Firmen gleichzeitig durchgeführt werden. Die veränderten Rahmen erlauben sowohl den Einbau der alten als auch der neuen Heizung.
Diese Frage soll endgültig noch anlässlich des Besuches von H. Rutsch und der Technischen Leitung sowie der Kar.-Abt. geklärt werden.

8.) <u>Kontrolle der Zulieferteile, die von Porsche bestellt und von Karmann abgerufen werden</u>

Karmann ist bereit, eine Stichprobenkontrolle durchzuführen und erwartet von uns Kontroll-Richtlinien.
Außerdem sollen eventuelle Liefer-Vorschriften bei den Lieferanten nach VW-Muster genauer präzisiert werden.
Unser Verkauf soll mit den Lieferanten abstimmen, daß beide abrufenden Karosserie-Fabriken berechtigt sind, Reklamationen direkt mit den Lieferanten zu erledigen.
Als Beispiel für Qualitätsmängel infolge ungenauer Liefervorschriften wurden genannt:

Zündschloß
Chromteile
Scheibenwischer

\- 5 -

Dr. Ing. h. c. F. Porsche K.-G. Stuttgart-Zuffenhausen

Bei einer Konferenz der Geschäftsleitungen von Porsche und Karmann erklärt Ferry Porsche, dass die Serieneinführung des 754 auf 1965 verschoben werden muss.

DER T8 BEKOMMT EINEN NAMEN: 901

Zurück ins Frühjahr 1962. Ab diesem Zeitpunkt konzentriert sich Porsche auf das Projekt T8. In der Geschäftsleitungssitzung am 5. März 1962 versucht Hans Tomala, erste Zweifel auszuräumen, ob der Anlauf im Juni 1963 überhaupt gehalten werden kann. Voraussetzung sei allerdings, dass die Karosseriepläne im Juni 1962 fertiggestellt sind, da die Herstellung der großen Werkzeuge etwa ein Jahr in Anspruch nimmt.

Auch aus den USA kommen positive Signale für den Übergang vom 363 B zum T8, dessen Karosserie noch keine Typnummer erhalten hat. Nach einer Umfrage von Verkaufsleiter Walter Schmidt bei den Importeuren »wurde die Meinung vertreten, daß T6 und T8 eine kurze Zeit zusammen verkauft werden können, wenn das T6-Modell preisgünstiger und das T8-Modell im Preis angehoben wird. Hieraus ergibt sich die Möglichkeit, daß die Fa. Reutter und die Fa. Karmann nicht gemeinsam anlaufen müssen, sondern daß Karmann das T6-Coupé eine gewisse Zeit länger als Reutter in Produktion hat.« Eine ähnliche Überlegung hatte man bereits bei einer Geschäftsleitungssitzung im Herbst 1961 diskutiert. Damals rechnete der Verkauf damit, »daß zwischen Anlauf T8 und Anlauf T9 ungefähr 2.000 Coupés T6 nicht verkauft werden können. Eine Preisdifferenzierung zwischen T6 und T8 durch Anhebung des Preises bei T8 um 1.000,-- DM würde den Absatz des T6 vielleicht günstig beeinflussen. Aber bei der Ausrichtung unserer Kunden ist anzunehmen, daß auch bei diesem Preisunterschied T8 vorgezogen wird.« Mit dem Ende des Projektes T9 bekommt dieser Einwand nochmals zusätzliches Gewicht.

Die T8-Planungen sind mittlerweile so weit fortgeschritten, dass der künftige Sportwagen nicht mehr auf der Plattform 644 (356 B) weiterentwickelt wird, sondern seine eigene Typnummer erhält. Am 11. März 1962 wird der Hauptauftrag E 13 um die Typnummer 901 erweitert. Zwei Tage später informieren Tomala und Komenda Reutter über den Beschluss: »Gemäß Festlegung der technischen Geschäftsleitung erhalten die Porschewagen der T8-Serie die Typen-Nr. 901.« Die Geburtsstunde des heutigen Porsche 911.

D/Herr Tomala

Firma
Stuttgarter Karosseriewerk
Reutter & Co. G.m.b.H.

Stuttgart 1
Postfach 971

KB-Ko/se 13. März 1962

Betr.: Porsche T 8

Gemäß Festlegung der technischen Geschäftsleitung erhalten die Porschewagen der T 8 Serie die Typen-Nr. 901.

Wir bitten um Kenntnisnahme.

Mit freundlichen Grüßen

Dr.Ing.h.c. F. Porsche KG.

ppa.

Tomala Komenda

Am 13. März 1962 schlägt mit der Bekanntgabe der Typnummer die Geburtsstunde des 901.

TYPENVERZEICHNIS

Typ	Bezeichnung	Auftraggeber	Haupt-Auftrags-Nr.	Konstr. Auftrags-Nr.	Datum
901	6-Zyl.Porsche-Wagen T8-Ausführung (extern: Typ 911)	PORSCHE MIKROVERFILMT	E 13 H01/02/04	E 115 E 116 H 100-110	11.3.62 20.1.65
902	Porsche-Wagen mit 4-Zyl. Motor 616/36 (extern: Typ 912)	PORSCHE MIKROVERFILMT	G 30 H01/02/04	G 137 H 100-110	28.4.64 20.1.65
903	Wandler-Getriebe für Porsche-Sportwagen	PORSCHE MIKROVERFILMT	E 13	E 160	13.7.62
904	Rennsport-u-GT-Wagen 1963/64	PORSCHE MIKROVERFILMT	E 48	E 159	16.7.62
905	Dreigangschaltgetriebe m. Wandler für Typ 911	PORSCHE MIKROVERFILMT	H 28	H 143	16.2.65
906	Einbau d.6-Zyl.Motors 901 i.d.Rennsport-GT-Wag. 904	PORSCHE MIKROVERFILMT	G 32	G 138 G 139 G 146	28.4.64 28.4.64 17.7.64
907	Einsatzfahrzeug für Rennsaison 1967	PORSCHE MIKROVERFILMT	H 64	J 322 J 408 J 510	13.7.66 " "
908	3 Lh. Rennsportwagen 1968				
909	Berg-Rennwagen 1968				
910	Entwicklung ein.Berg-Rennwagens (Saison 1966)	PORSCHE MIKROVERFILMT	H 59	H 180	22.11.6[illegible]
911	6-Zyl.Porsche-Wagen T8-Ausführung (intern: Typ 901)	MIKROVERFILMT PORSCHE	[illegible] E 13 H01/02/04	J 512 E 115 E 116 H 100-110	[illegible] 11.3.6[illegible] 20.1.6[illegible]
912	Porsche-Wagen mit 4-Zyl. Motor 616/36 (intern :Typ 902)	MIKROVERFILMT PORSCHE	G 30 H01/02/04 H 40	G 137 H100-110 H 157	28.4.64 20.1.65 28.5.65
		MIKROVERFILMT			
914	Anfertig.v.Entwürfen für Roadster m.verschiedenen Sitzanordnung	PORSCHE	H 67	H 187	[illegible]6.12.[illegible]

TN/Fge [illegible] | Dr. Ing. h. c. F. Porsche K.-G. Stuttgart-Zuffenhausen | Blatt 1

Die ersten drei 900er-Nummern sind für den neuen Sportwagen reserviert: 901 mit Sechszylindermotor, 902 mit Vierzylindermotor und 903 für ein passendes Automatikgetriebe.

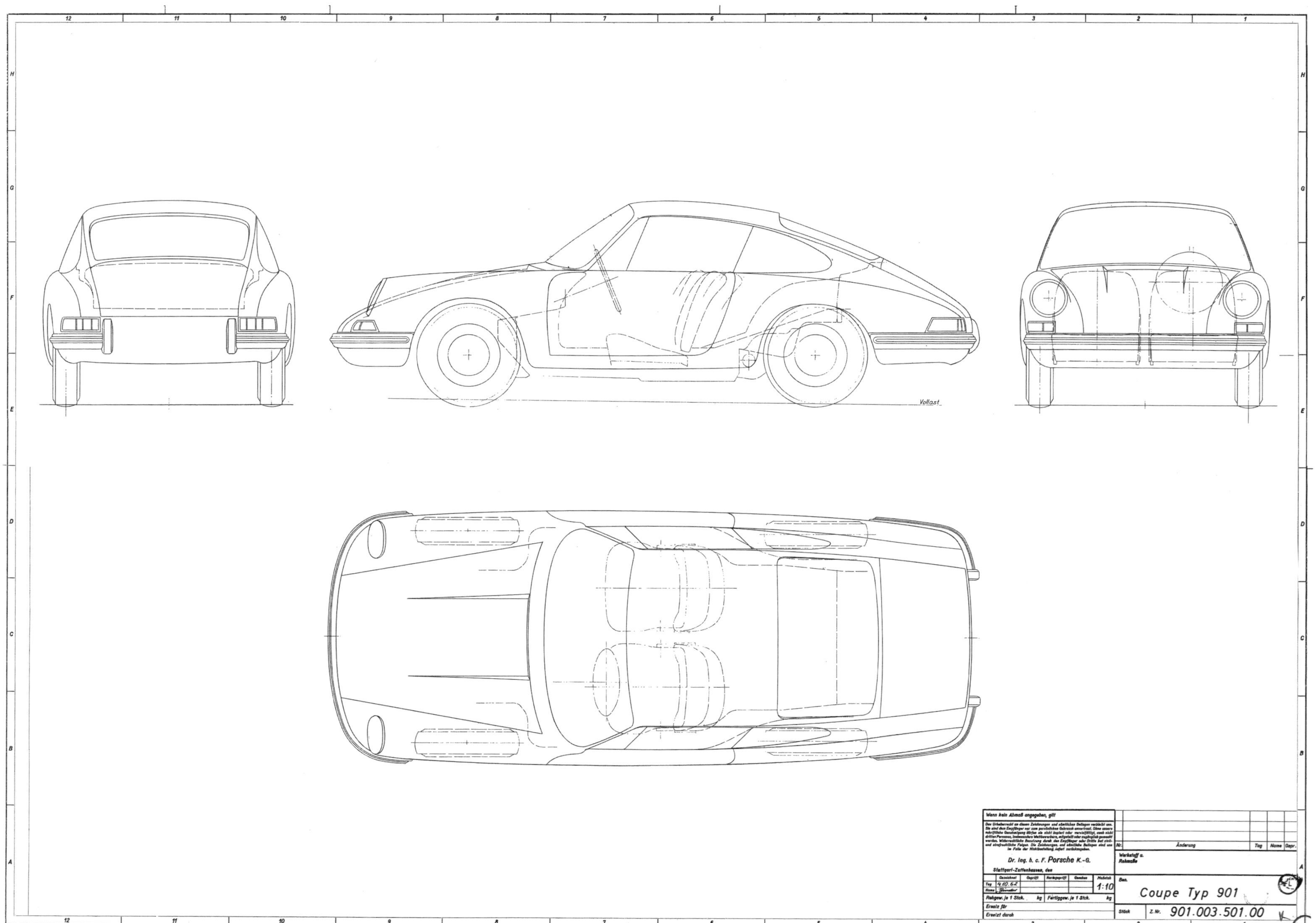

Eine der ersten gezeichneten Vierseitenansichten mit der Typnummer 901 vom Oktober 1962.

GETEILTES ECHO: T8-VORSTELLUNG VOR GROSSHÄNDLERN

Nach dem ursprünglichen Stufenplan von Reutter vom Herbst 1961 sollte das erste Klopfmodell des T8 aus Holz und Blech in Originalgröße bereits am 1. März 1962 fertiggestellt sein. Vermutlich infolge der Änderungen von Radstand und Konzept wird es jedoch Mitte April, bis die Attrappe präsentiert werden kann. So hatte Reutter erst am 9. März 1962 Hans Tomala zwei Konstruktionszeichnungen mit dem Titel »Entwurf Vorderpartie T8« präsentiert. Jedenfalls beruft Porsche für den 16. April 1962 kurzfristig eine Großhändler-Tagung ein, bei der es unter anderem auch den 50.000. Porsche zu feiern gibt und bei der die Vertriebspartner mit dem 1:1-Modell des T8 als Bonbon der Veranstaltung überrascht werden.

Porsche feiert am 16. April 1962 den 50.000. Sportwagen der Marke. Zu diesem Anlass lädt das Unternehmen seine Großhändler ein.

»Die Vorstellung des blechüberkleideten Holzmodells erfolgte in der Absicht, unseren Partnern neben dem unpopulären Thema der Preiserhöhung und Rabattkürzung einen Einblick in unsere künftige Entwicklung zu verschaffen, zumal man davon ausging, daß Geschäftspartner, welche ins Vertrauen gezogen werden, unausweichlichen Problemen mehr Verständnis entgegenbringen«, schreibt Verkaufschef Wolfgang Raether in einer Aktennotiz. Indes: »Die Reaktion bei Besichtigung des Modells war unterschiedlich und reichte von unumwundener Anerkennung bis zu entschiedener Ablehnung.« Da dies »Geschmacksauffassungen« seien, »war das Urteil nicht entscheidend. Schwerwiegender waren sachliche Kritiken, bei denen, ohne vorherige Absprache, weitgehend Übereinstimmung herrschte.« So werden einhellig die Sitzverhältnisse der Notsitze bemängelt, die schlechter als beim 356 seien. Da die Gäste den Verlauf der Dachlinie zudem als zu flach beanstanden, wird vorgeschlagen, durch eine Anhebung um rund drei Zentimeter »günstigere Innenraumverhältnisse für die Notsitze« zu schaffen. »Man stellte mit Recht fest, daß ohne eine Verbesserung der Sitzverhältnisse hinten die Verlängerung des Fahrzeugs um ca. 10 cm zwischen den Achsen unwichtig ist.« Dabei ist von vollwertigen Sitzen keine Rede, die Fondpassagiere sollen einfach drei bis vier Zentimeter mehr Kopffreiheit als im 356 haben.

Die Händler stellen eine recht umfangreiche und detaillierte Wunschliste zusammen. Da geht es um einen Haltegriff für den Beifahrer, einen breiteren Rückspiegel, eine gepolsterte Unterkante des Armaturenbretts. Ausstellfenster hinten sind für die Verkäufer ein Muss. Der Stoßfänger solle eine echte Stoßstangenfunktion haben und dennoch preiswert zu reparieren sein. Sie empfehlen eine andere Sitzgestaltung, um weiteren Beinraum zu gewinnen; »Beispiel: verschiedene italienische Sitze«. Das Fazit: »Die Gelegenheit, die Innengestaltung des Fahrzeugs abweichend von der heutigen neu festzulegen, sollte voll ausgenutzt werden. Die bezieht sich sowohl auf die Verwendung der Polstermaterialien (atmungsaktives Kunstleder) wie auch auf die zur Verwendung gelangenden Beschläge (Türgriffe mit Sicherung usw.)«.

Für Wolfgang Raether geht es jedoch um weit mehr als um Details der Inneneinrichtung oder optische Retuschen. »Nach meiner persönlichen Auffassung handelt es sich bei der endgültigen Gestaltung des Modells T8 um unsere Lebensfrage, die nur durch eine echte Zusammenarbeit aller im Haus gelöst werden kann. Das gelegentlich beobachtete Nebeneinanderherarbeiten, welches noch zusätzliche Hemmungen durch Kompetenzfragen erfuhr, wird innerhalb des gesteckten Zeitplanes nicht zum Ziele führen.« Der Verkaufschef spricht damit offen die Querelen zwischen dem jungen Chef des Styling-Studios, Ferdinand Alexander Porsche, und dem arrivierten Karosseriekonstrukteur Erwin Komenda sowie dessen gerügte Alleingänge an. Eine Situation, die Ferry Porsche mit der Vergabe der T8-Konstruktion an Reutter zu lösen versucht.

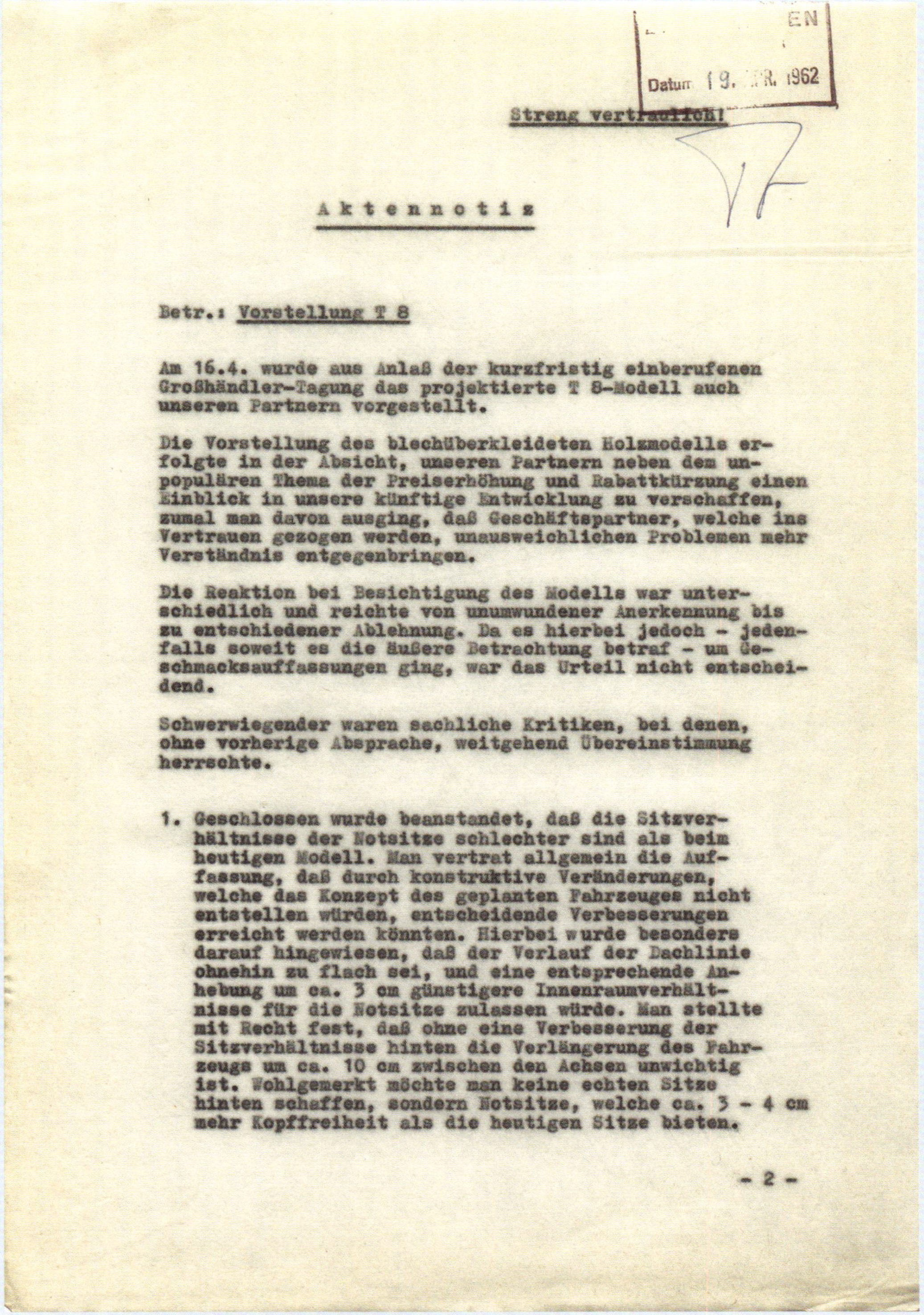

EN

Datum 19. APR. 1962

Streng vertraulich!

Aktennotiz

Betr.: Vorstellung T 8

Am 16.4. wurde aus Anlaß der kurzfristig einberufenen Großhändler-Tagung das projektierte T 8-Modell auch unseren Partnern vorgestellt.

Die Vorstellung des blechüberkleideten Holzmodells erfolgte in der Absicht, unseren Partnern neben dem unpopulären Thema der Preiserhöhung und Rabattkürzung einen Einblick in unsere künftige Entwicklung zu verschaffen, zumal man davon ausging, daß Geschäftspartner, welche ins Vertrauen gezogen werden, unausweichlichen Problemen mehr Verständnis entgegenbringen.

Die Reaktion bei Besichtigung des Modells war unterschiedlich und reichte von unumwundener Anerkennung bis zu entschiedener Ablehnung. Da es hierbei jedoch - jedenfalls soweit es die äußere Betrachtung betraf - um Geschmacksauffassungen ging, war das Urteil nicht entscheidend.

Schwerwiegender waren sachliche Kritiken, bei denen, ohne vorherige Absprache, weitgehend Übereinstimmung herrschte.

1. Geschlossen wurde beanstandet, daß die Sitzverhältnisse der Notsitze schlechter sind als beim heutigen Modell. Man vertrat allgemein die Auffassung, daß durch konstruktive Veränderungen, welche das Konzept des geplanten Fahrzeuges nicht entstellen würden, entscheidende Verbesserungen erreicht werden könnten. Hierbei wurde besonders darauf hingewiesen, daß der Verlauf der Dachlinie ohnehin zu flach sei, und eine entsprechende Anhebung um ca. 3 cm günstigere Innenraumverhältnisse für die Notsitze zulassen würde. Man stellte mit Recht fest, daß ohne eine Verbesserung der Sitzverhältnisse hinten die Verlängerung des Fahrzeugs um ca. 10 cm zwischen den Achsen unwichtig ist. Wohlgemerkt möchte man keine echten Sitze hinten schaffen, sondern Notsitze, welche ca. 3 - 4 cm mehr Kopffreiheit als die heutigen Sitze bieten.

- 2 -

Die Vorstellung des blechverkleideten T8-Holzmodells stößt bei den Händlern auf ein geteiltes Echo. Insbesondere die Sitzverhältnisse im Fond werden einhellig bemängelt.

Nach dem Sneak Preview für die Großhändler gibt die Geschäftsleitung das T8-Modell zur Besichtigung durch den Verkauf frei. Am Mittwoch, dem 25. April 1962, fällt nachmittags um 15 Uhr im Konstruktionsbüro von Reutter erstmals der Vorhang für die Verkäufer. Bei dieser Gelegenheit will Raether das Thema Innenausstattung anhand eines Konzeptes der Modellabteilung aufgreifen und unter anderem mit Erwin Komenda und Walter Schmidt diskutieren. Die Innenausstattung ist noch nicht gezeigt, soll aber mit dem ersten Fahrwagen vorgestellt werden. Lediglich das Schalttafelmodell mit Lenkung und Pedalerie soll einen ersten Eindruck der Sitzposition vermitteln.

In einer unsignierten Notiz anlässlich dieser Präsentation wird festgehalten:

»Nach dem gezeigten Modellstand ist folgende Beurteilung von Interesse und von Wichtigkeit für eine weitere Beschlussfassung:

1. Ist das gezeigte Modell in seiner Gesamtheit als künftiger Porsche-Sportwagen ansprechend?
2. Ist die Größenordnung des Wagens
2 plus 2 Sitze
Gepäckraum im Wagen-Inneren
Gepäckraum im Bug
als zufriedenstellend anzusehen?
3. Ist der vorgesehene Einbau der verschiedenen Motortypen zufriedenstellend?«

Gleichzeitig ist dem Verkaufschef bewusst, dass mit dieser erneuten Präsentation die Geheimhaltung über die Entwicklung des T8 zunehmend schwieriger wird. Anfragen bei der Zubehörindustrie und Werkzeugbestellungen kommen hinzu. An Reutter ergeht der Hinweis, dass das Karosseriebauunternehmen bei Verhandlungen mit Lieferanten »bezüglich des T8-Programmes und dessen Geheimhaltung Vorsichtsmaßnahmen ergreifen soll.« Ferry Porsche schlägt deshalb in der Sitzung als Ablenkungsmanöver vor, »daß zunächst in einer Pressemitteilung auf die Entwicklung des Carrera 2 hingewiesen werden soll.«

Während der 901 noch etwas Reifezeit benötigt, setzt Porsche den 356 Carrera 2 an die Spitze des Modellprogramms. Es ist der erste Seriensportwagen mit Scheibenbremsen, exklusiv in der innen umgriffenen Version von Porsche.

OPTIMISTISCHER ZEITPLAN: T8-SERIENPRODUKTION AB AUGUST 1963

Bezüglich der Terminlage sieht sich die Geschäftsführung auf einem guten Weg. Im August 1963 soll während der Betriebsferien von Reutter die dortige Produktion auf das T8-Coupé umgestellt werden. Das 356 Cabriolet soll noch sechs Monate länger in T6-Ausführung (356 B) laufen, Karmann solle einige Monate nach Reutter auf T8 umstellen. Um den Verkauf des 356 anzukurbeln, strebt man eine Preissenkung an, derweil der T8 etwas teurer werden soll. Die verlängerte Laufzeit des 356 Cabriolet gibt der Abteilung Styling von F. A. Porsche mehr zeitlichen Spielraum für die Entwicklung des 901 Cabriolets. So steht in der unsignierten Notiz vom 25. April 1962: »Vorschläge für eine Cabriolet-Ausführung werden gleichzeitig mit dem ersten Fahrwagen in Form von Modellentwürfen vorgestellt.«

Einen Tag später besuchen Hans Tomala und Wilhelm Albrecht Karmann in Osnabrück zu einer Besprechung über die Herstellung der Produktionswerkzeuge für den T8. Die Karmann-Manager drücken dabei gleich aufs Tempo, »wenn der in Aussicht genommene Einsatztermin für die Serienlieferung ab Ausstellung 1963 eingehalten werden soll.« Tomala kündigt den endgültigen Außenhautplan für Mitte Juni 1962 an. Um keine Zeit zu verlieren, will Karmann in der Zwischenzeit auf der Basis eines unkorrigierten Linienplanes bereits mit der Anfertigung von Vormodellen beginnen. Von diesen will man »über Gipsabgüsse Kunststoffteile anfertigen lassen, die zum Außenhautkopiermodell zusammengestellt werden. Es wäre dann nach der Übergabe des endgültigen Linienplanes bzw. nach dem Erstellen der Schablonen sofort

Das Studio und seine Designer: Heinrich Klie, Hans Ploch, Hans Springmann, Ernst Bolt, Ferdinand Alexander Porsche und Heinz Unger (v. l. n. r.).

möglich, diese Außenhaut-Kunstharzmodelle auf die endgültige Form zu bringen.« Zum Gesamtauftrag Kopiermodelle gehören auch die Modelle für die Innenhaut und die neuen Rahmenteile aus Mahagoni. Damit sie sich ein endgültiges Bild von dem T8 machen können, lädt Hans Tomala die Karmann-Manager nach Stuttgart zur Besichtigung des »nun fertiggestellten« Modells ein. Diese erste – nicht fahrfähige – T8-Karosserie geht in Zuffenhausen umgehend in die Styling-Abteilung, um die Innenausstattung zu montieren.

Die Karosseriespezialisten nehmen die Einladung an. Mit dabei an diesem 10. Mai 1962 ist auch Wilhelm Karmann. Die Gastgeber sind durch nahezu die gesamte Geschäftsführung vertreten: Ferry und F. A. Porsche, der kaufmännische Leiter Hans Kern, Technikchef Hans Tomala, Verkaufsleiter Walter Schmidt sowie die Konstrukteure Erwin Komenda und Gerhard Schröder. Nach der Besichtigung des ersten T8-Modells wird der nächste Arbeitstermin für den kommenden Montag vereinbart. »Vor allem sind wir bestrebt«, schreibt Hans Tomala in einer Aktennotiz, »endlich einen Überblick über die Kosten der Karosserieeinrichtung zu bekommen. Alle Herren sind der Ansicht, dass die Termine äusserst knapp sind und dass versucht werden muss, den Anschluss an den ursprünglichen Terminplan von Herrn Beierbach wieder herzustellen. Der Engpass liegt bei der Konstruktion des Rahmens und des Vorderbaus, die bei Herrn Komenda durchgeführt werden.« Erneut handelt sich der Chef der Porsche-Karosserieentwicklung eine indirekte Rüge ein. Knackpunkte sind beide Achsen einschließlich der Lenkung. Noch in Arbeit ist auch das Interieur, das unter der Leitung von F. A. Porsche entsteht. Insbesondere die Forderung nach mehr Sitzhöhe im Fond bleibt ein Reizthema, dem sich auch die Geschäftsleitung widmet. F. A. Porsche erklärt dazu in der Managementkonferenz, dass »bei dem neuen Modell bereits 1 ½ cm gewonnen werden; auch in der Polsterung kann noch etwas gewonnen werden.«

Wie vereinbart erstellt die Karmann-Abordnung am 14. Mai 1962 gemeinsam mit den Kollegen von Porsche und Reutter eine erste Grundlage für Kalkulation und Werkzeugfertigung des Projektes T8. Die Skizzen für Außen- und Innenhaut stehen bereits vollständig zur Verfügung, nur die Zeichnungen für den Unterbau sind weiterhin nicht komplett. Zwar ist im Protokoll noch eingangs von »Rahmen-Zeichnungen« die Rede, über der detaillierten Auflistung der Zeichnungsnummern steht jedoch bereits »Bodengruppe«. Auch die über 20 einzeln benannten Komponenten des Rohbaus sind eindeutig: Der T8 ist mit selbsttragender Karosserie konstruiert. Nicht zuletzt tragen jetzt alle Zeichnungen die Typnummer 901; die Ausgangsbasis 644 (356) ist endgültig passé.

ENTLASTUNG FÜR REUTTER: LÄPPLE SOLL DIE BODENGRUPPE LIEFERN

Um die Verzögerungen bei der Entwicklung der Plattform aufzufangen, will Porsche den Karosserie-Zulieferer Läpple mit ins Boot holen. »Um die Firma Reutter zu entlasten«, schreiben Hans Tomala und Erwin Komenda am 19. Juni 1962 in einer Anfrage an die Heilbronner Firma, wolle man »eventuell die Bodengruppe unseres Typs 901 als Anliefergruppe komplett vergeben.« Läpple erhält die nach wie vor lückenhaften Konstruktionszeichnungen für den Unterbau des 901 mit der Zusage, die fehlenden Skizzen umgehend nachzuliefern, und dem Hinweis: »Wir möchten Sie darauf aufmerksam machen, daß die Lieferung der Bodengruppe im Juni 1963 beginnen muß.«

Trotz der ungelösten Chassiskonstruktion wird es höchste Zeit für die baldige praktische Gesamtfahrzeug-Erprobung, will man den Zeitplan einhalten. Deshalb legen Porsche und Reutter am 22. Juni 1962 die Termine für die ersten Prototypen fest. »Für den Musterwagenbau versprach Herr Komenda, die fehlenden Zeichnungen für das Rahmen-Vorderteil bis ungefähr Ende erster Juliwoche bereitzustellen. Die Karosserie-Zeichnungen werden ungefähr zum gleichen Zeitpunkt fertig sein«, wird in der Aktennotiz protokolliert. Bis zum 14. September 1962, so sagt Reutter-Betriebsleiter Beierbach zu, soll die Karosserie für den ersten Fahrwagen fertig sein, die zweite bis 12. Oktober. »Die Karosserien für die Fahrwagen 1 und 2 werden rahmenseitig nach den teilweise jetzt schon übergebenen Unterlagen gefertigt.«

Damit sich der Bau der Versuchsfahrzeuge nicht noch mehr verzögert, werden die beiden Wagen mit provisorischen Achsen ausgerüstet (→ Fahrwerkentwicklung). Die zwei ersten Prototypen verfügen somit neben der 901-Karosserie über die neue Dämpferbein-Vorderachse mit Zahnstangenlenkung und Fahrschemel, neue Scheibenbremsen von Girling oder Teves, jedoch noch abgeänderte Hinterachsen aus dem 356. Für den Antrieb ist ein aktueller Vierzylindermotor mit einem ebenfalls aktuellen Getriebe vorgesehen. Erst die späteren Prototypen, über die zu diesem Zeitpunkt noch keine detaillierten Beschlüsse gefasst werden, sollen mit der Längslenker-Hinterachse und neuem Differenzial ausgestattet werden.

»Um vor Beginn der Serienfertigung und vor Erstellung der Werkzeuge ein serienmäßiges Fahrzeug erproben zu können, ist es erforderlich, bei der Firma Reutter die Karosserie für einen dritten Fahrwagen zu bestellen«, wird bei der Besprechung am 22. Juni 1962 weiter beschlossen. »Für die dritte Karosserie werden die endgültigen Zeichnungen des Rahmens sowie die Zeichnungen der Innenhautteile bis 12.10.1962 bereitgestellt. Die Lieferung dieser dritten Karosserie erfolgt durch die Firma Reutter Mitte Januar 1963.« Porsche bietet Reutter an, Blechteile für die Musterkarosserien selbst herzustellen und an das Karosseriewerk zu liefern. Die Qualität aus Zuffenhausener Werkstätten scheint jedoch nicht sehr passgenau zu sein. Jedenfalls lehnt Reutter ab mit der Begründung, »daß aufgrund früherer Erfahrungen diese Teile doch nicht verwendet werden könnten und von der Abteilung des Herrn Sturm neue angefertigt werden müßten.« Der Reutter-Meister Sturm ist eine Legende in der Anfertigung von Einzelkarosserien.

Zudem verspricht Reutter, eine Attrappe aus Leichtmetallblech »für Auskleidungs- und Ausstattungsversuche« bis zum 23. November 1962 zu liefern. In der Diskussion ist hier eine »Seitenscheibenheizung ähnlich Mercedes-Benz«, die Raumaufteilung hinter der Schalttafel ist noch unklar und auch die Sitzkonstruktion mit der Rücklehnen-Verriegelung ist noch zu konstruieren.

Porsche hat Anfang der 1960er Jahre zunehmend mit Platzproblemen sowohl für die fertigen Fahrzeuge als auch für Produktion und Logistik zu kämpfen.

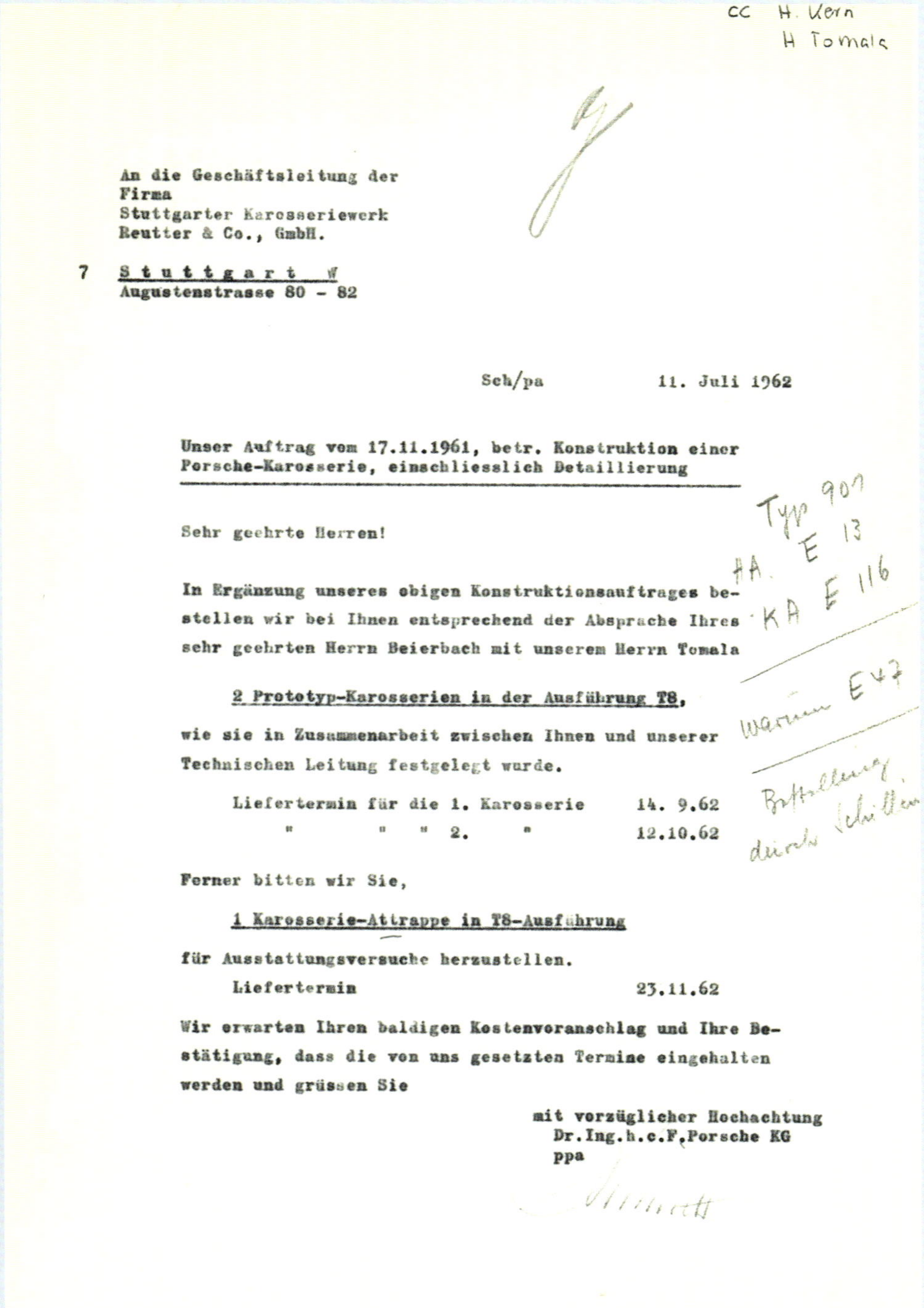

cc H. Kern
H. Tomala

An die Geschäftsleitung der
Firma
Stuttgarter Karosseriewerk
Reutter & Co., GmbH.

7 Stuttgart W
Augustenstrasse 80 - 82

Sch/pa 11. Juli 1962

Unser Auftrag vom 17.11.1961, betr. Konstruktion einer Porsche-Karosserie, einschliesslich Detaillierung

Typ 901

Sehr geehrte Herren!

In Ergänzung unseres obigen Konstruktionsauftrages bestellen wir bei Ihnen entsprechend der Absprache Ihres sehr geehrten Herrn Beierbach mit unserem Herrn Tomala

2 Prototyp-Karosserien in der Ausführung T8,

wie sie in Zusammenarbeit zwischen Ihnen und unserer Technischen Leitung festgelegt wurde.

Liefertermin für die 1. Karosserie 14. 9.62
" " " 2. " 12.10.62

Ferner bitten wir Sie,

1 Karosserie-Attrappe in T8-Ausführung

für Ausstattungsversuche herzustellen.

Liefertermin 23.11.62

Wir erwarten Ihren baldigen Kostenvoranschlag und Ihre Bestätigung, dass die von uns gesetzten Termine eingehalten werden und grüssen Sie

mit vorzüglicher Hochachtung
Dr.Ing.h.c.F.Porsche KG
ppa

Bestellung: Die beiden ersten Prototyp-Karosserien des T8 sollen im Herbst 1962 von Reutter an Porsche geliefert werden.

NEUES INTERIEUR FÜR DEN T8

F. A. Porsche obliegt nicht nur die Entwicklung der äußeren Form des T8, sein Studio ist auch für die Ausgestaltung des Interieurs zuständig. In der Retrospektive mit Heinrich Klie beschreibt er:

»Bei der Gestaltung des Innenraumes wurde angestrebt, diesen so geräumig als möglich zu halten und in der Gesamtheit ruhig wirken zu lassen, um den Fahrkomfort zu erhöhen und die erforderliche Konzentration bei sportlich schnellem Fahren zu unterstützen. Dabei wurde der Sicherheit durch Vorsehen von Polsterkanten besondere Beachtung geschenkt.

Der eigentliche Schalttafelkörper ist durchgehend gepolstert und setzt sich in Form einer Schlüsselleiste an den Türen und zum hinteren Innenraum fort. Ein Teil der Schalttafel ist als vertiefte Ablagefläche ausgebildet für Karten, Notizblock, Sonnenbrille, Zigaretten usw. Eine weitere, noch größere Ablagefläche für Hüte, Schirme usw. ist unterhalb des Heckfensters mit Hilfe der schon erwähnten Schlüsselleiste vorhanden.

Zwei große Instrumente (Drehzahlmesser + Tachometer) wurden gut sichtbar so angeordnet, daß der Blickwinkel von der Fahrbahn zu den Instrumenten klein gehalten ist. Die stutzenartige Abschirmung über den Instrumenten verhindert das Spiegeln derselben in der Windschutzscheibe.

Für zusätzliche Instrumente wurde unter dem eigentlichen Schalttafelkörper ein bis zur Lenksäule reichendes offenes Ablagefach mit Knieschutzwulst vorgesehen, in das je nach Wunsch mit Hilfe von Einbaublenden (Baukastensystem) zusätzliche Instrumente oder Schalterbetätigungen eingebaut werden können. Heizungsbetätigung und Zeituhr wurden auf diese Weise fest eingebaut.

Um der Tür-Innenfläche eine ruhige Note zu geben, wurde ein neuartiger Zuziehgriff entworfen, der zugleich Armlehne und Türöffner mit Sicherung, letztere in Form einer Taste, ist.«

Ein Musterbeispiel an Ergonomie und Übersichtlichkeit: Das 901-Cockpit dient bis heute als Vorbild und Maßstab für jede neue Porsche-Generation.

SOMMER 1962: ERSTE VORBEREITUNGEN FÜR DIE T8-SERIENFERTIGUNG

Nach dem endgültigen Aus für den T9 konzentriert sich die Neufahrzeug-Entwicklung auf den T8/901. Zwar hapert es weiterhin an manchen Stellen, doch die Dynamik ist ungleich höher als bei den Vorläuferprojekten. Bereits am 28. Juni 1962 übermittelt Karmann eine erste Kalkulation für die »Werkzeugneuanfertigungskosten für die Außenhautteile der Fahrzeugtype T8«. Entsprechend den vorliegenden Konstruktionszeichnungen rechnet der Osnabrücker Karosseriebauer mit einem Aufwand von 3,8 Millionen D-Mark. »Wie von Ihnen gewünscht haben wir die Alternativ-Ausführungen des Dachbleches mit Pfostenrahmen vorn und hinten, links/rechts, außen und innen sowie Windlauf- und Heckoberteilen jeweils kalkuliert.« Die Werkzeuge für die drei Alternativlösungen sind durchweg kostengünstiger und liegen um bis zu 230.000 D-Mark niedriger. Zum Schluss des Angebotes betont Karmann erneut den Zeitdruck: »Gestatten Sie uns jedoch, an dieser Stelle ausdrücklich darauf hinzuweisen, daß eine Entscheidung über die Vergabe von Werkzeugen an uns sofort erfolgen müßte, um den von Ihnen geforderten Termin – Fertigstellung der Werkzeuge Juni 1963 – garantieren zu können.«

Wenige Tage später legt Karmann mit einer überarbeiteten Kostenrechnung nach. In einem neuen Angebot beziffert Karmann die Aufwendungen für die Außenhautwerkzeuge auf jetzt 4,1 Millionen D-Mark – ein Plus von 24 Prozent. »Diese Kostenerhöhung ist für Porsche untragbar, nachdem bei der letzten Besprechung von allen Teilnehmern eher mit einer Kostensenkung gerechnet wurde.« Um Kosten einzusparen, sollen die einzelnen Positionen mit den Angeboten der Werkzeugfabrikanten Läpple und Allgaier verglichen werden. »Ferner soll überprüft werden, auf welche Werkzeuge für den Anlauf unter Umständen verzichtet werden kann.« Und weiter heißt es in der Aktennotiz: »Bei einer parallelen Steigerung der Kosten für die rechtlichen Werkzeuge Innenhaut, Rahmen sowie Vorrichtungen würden sich die Gesamtkosten von 10,5 auf 14 Mio. steigern. Dies ist für Porsche untragbar.«

Zusätzlicher Entwicklungsdruck kommt vom Markt. Bei der Sitzung der Geschäftsleitung am 9. Juli 1962 weist F. A. Porsche darauf hin, »dass heute schon Kunden auf den angeblich zur Automobil-Ausstellung 1963 herauskommenden Porsche-Wagen warten.« Nach dem entsprechenden Beschluss der Geschäftsführung erteilt Hans Tomala am 11. Juli den Hauptauftrag E 47 zum Bau von Versuchsfahrzeugen des Typ T8. Mit gleichem Datum bestellt er bei Reutter »zwei Prototyp-Karosserien in der Ausführung T8, wie sie in Zusammenarbeit zwischen Ihnen und unserer Technischen Leitung festgelegt wurde.« Den Auftrag für das Urmodell, an dem die Negativformen für die Karosseriewerkzeuge abgenommen werden, erhält allerdings nicht Reutter, sondern Karmann. In einem einseitigen Schreiben präzisiert Reutter-Manager Walter Beierbach sicherheitshalber in einer »Technische[n] Beschreibung über den Lieferungsumfang des Urmodells T8«, welche Ausführung von Karmann erwartet wird.

Wieder kann Erwin Komenda seine Zusage an Reutter über die zeitnahe Lieferung von Konstruktionszeichnungen nicht halten. Dadurch kommt der T8-Zeitplan erneut ins Wanken. Am 19. Juli 1962 moniert Walter Beierbach: »Nachdem wir heute, also 2 Wochen später, diese Unterlagen nicht oder nur bruchstückhaft besitzen, sind diese Termine nicht zu halten [...] Nachdem die Gestaltung der Prototyp-Karosserien uns an entscheidenden Punkten noch unbekannt ist, können wir Ihnen leider auch keinen Kostenvoranschlag zur Zeit zur Verfügung stellen.« Die noch ausstehenden Unterlagen sind elementar: Unter anderem fehlen die Zeichnungen für Rahmenvorderteil, Kofferboden, Benzintank, Lenkanschluss, Rahmenzusammenstellungsplan und Armaturentafel. Damit nicht genug: »Auch müssen wir darauf hinweisen«, schreibt Beierbach, »daß die uns in den letzten Tagen übergebenen Änderungen die bisher geleisteten Arbeiten im Musterbau wertlos machen.« So wurden der Tunnel um 20 Millimeter verbreitert, die Längsträger erneut gekürzt und die Verstärkungsträger beidseitig umkonstruiert.

Jeder Eingriff in die aktuelle Konstruktion zieht in aller Regel auch Änderungen an anderer Stelle nach sich. So ist die Verbreiterung des Tunnels der »Verlegung der Handbremsbetätigung ab Mitte Tunnel« geschuldet, wie Hans Tomala und Erwin Komenda in einem Schreiben an Reutter erklären. Dies bedeutet, dass die bisher vorgesehene Breite von Fahrer- und Beifahrersitz um jeweils zehn Millimeter zurückgenommen werden muss. Dies hat wiederum zur Folge, dass man von Liegesitzen mit Seilzugbetätigung Abstand nimmt, weil derartige Beschläge »insgesamt eine Verschmälerung der Sitze« bedingen. Zufrieden sind die Porsche-Konstrukteure damit aber nicht und bitten Reutter, »Ihrerseits zu versuchen, zu einer dem Fahrzeug entsprechenden Lösung dieser Angelegenheit beizutragen«.

Ferry Porsche ist mit der Arbeit von Erwin Komenda am Projekt T8 seit Monaten unzufrieden. In einer Besprechung mit Karl Rabe und Hans Tomala Ende Juni kommen die Differenzen mit Komenda ebenso zur Sprache wie bei einer Konferenz dieser Dreiergruppe mit Franz Xaver Reimspieß am 1. August 1962. Über die Diskussion zum Thema Rahmen T8 notiert Karl Rabe: »Komenda wird von Ferry stark kritisiert«.

Die Terminprobleme der Porsche-Konstrukteure liegen nicht nur an den häufigen Änderungen, sondern auch an ihrer Arbeitsbelastung: Im Konstruktionsbüro arbeiten im Sommer 1962 insgesamt 95 Konstrukteure und Zeichner knapp 17.000 Stunden pro Monat. Für 29 Porsche-Aufträge sind am 20. August 1962 über 40.000 Stunden aufgelaufen. Damit rangieren die Eigenentwicklungen jedoch nur an dritter Stelle: Über 51.000 Stunden haben drei Aufträge von Volkswagen mittlerweile verschlungen, knapp 59.000 Stunden kamen für sechs weitere Fremdaufträge zusammen.

Während die erste Prototyp-Karosserie »Typ 644 T8 [...] aus Stahlblech, weitgehend aus den bereits vorhandenen Teilen« – wie Erwin Komenda schreibt – bei Reutter aufgebaut wird, verfeinern die Entwickler Konstruktion und Fertigungsprozesse. Dabei geht es beispielsweise um die »rationelle Fertigung des Rahmens«, da man mit der Serienproduktion selbsttragender Karosserien noch keine Erfahrungen hat. Materialstärken an der Stoßdämpferlagerung sind dabei ebenso ein Thema wie die Ausführung von Rohbauteilen für den Einsatz rationeller Punktschweißtechnik. Mitte September sind die »Klopfmodelle für die Teile des Bodengruppen-Rohbaues nach ziehtechnischen Gesichtspunkten überholt, so daß für die Bodengruppe des Prototypen Nr. 2 die Einzelteile gefertigt werden können«, schreibt Hans Tomala an

Reutter. »Wir haben uns hierzu jedoch vorgenommen, nochmals die Stahlblech-Dicken und -Qualitäten für alle Teile im Hinblick auf leichtere Fertigung, bessere Schweißbarkeit, und vor allem um eventuell noch Gewicht einzusparen, zu prüfen.«

Um die Verbesserungen möglichst frühzeitig am fertigen Objekt überprüfen zu können, bittet Hans Tomala Reutter, die Bodengruppe des Prototyps 2 früher als vorgesehen fertig zu stellen. Vor dem Aufsetzen der Karosserie will Porsche prüfen, ob Gewicht und Torsionssteifigkeit den Berechnungen entsprechen. Die komplettierte Rohkarosserie des zweiten Versuchswagens soll anschließend einschließlich Türen und Deckeln zu Belastungsprüfungen herangezogen werden.

Die Rohkarosserien von Karmann kommen per Lkw aus Osnabrück und werden im Porsche Werk 2 komplettiert.

Die mit den Fahrgestellnummern markierten Rohbauten warten bei Reutter auf ihre Weiterverarbeitung.

In der Anlage zum Stücklistenverzeichnis, das in ersten Teilen am 11. September 1962 an Reutter geht, erklärt Hans Tomala die Systematik: »Die im Stücklistenverzeichnis unter 644 ausgewiesenen Baugruppen sind unverändert von den bisherigen Serienlieferungen übernommen. [...] Selbstverständlich sind die aus der laufenden Serie übernommenen Teile in der Stückliste für Typ 901 mit den bisherigen Zeichnungsnummern versehen [...] Die Stückliste ist weitgehend entweder funktionell oder nach Montagefolge aufgebaut wie bisher üblich.« Allerdings erklärt Tomala diese Stückliste einen Monat später weitgehend zu Makulatur. Die Unterlagen »wurden hinsichtlich ihrer Gültigkeit reduziert auf den Prototyp Nr. 1 des Typ 901, weil zwischenzeitlich eine andere Ausführung ab Prototyp Nr. 2 beschlossen wurde.« Basiert der erste Prototyp noch auf dem 644 (356 B), so sind die nachfolgenden Versuchswagen insbesondere in Bodengruppe und Fahrwerk bereits entscheidend weiterentwickelt.

Bei allem Zeitdruck muss Porsche die Kosten im Auge behalten. Am 13. September 1962 vereinbaren Ferry und F. A. Porsche mit Karmann die Anfertigung von Werkzeugen für die Außenhaut T8. »Aus Kostengründen« wird ein Teil der Werkzeuge jedoch zurückgestellt, »die Ergänzung wird später nach Notwendigkeit erfolgen.« Dennoch bleibt es bei der ursprünglichen Terminplanung für die Lieferung der Werkzeuge, da beabsichtigt ist, »den für die Automobil-Ausstellung vorgesehenen einen Prototyp mit 6-Zyl.-Motor und die 2 bis 3 Vorführungswagen, schon aus Preßteilen dieser Werkzeuge, herzustellen.«

Die weitere Zeitplanung sieht vor, dass Karmann erst in den Betriebsferien Juli/August 1964 die Produktion vom 356 (T6) auf den 901 (T8) umstellt. »Es soll vermieden werden, daß durch die gleichzeitige Umstellung beider Karosserie-Fabriken ein Absinken der Stückzahlen erfolgt.« Ferry Porsche erklärt dazu, dass »die Fa. Reutter mit einer Produktion von 5 Karossen pro Tag (T8) beginnt und erst im Juli/August die Fa. Karmann mit der Lieferung T8 anfängt. Damit sind wir in der Lage, Anfangsschwierigkeiten leichter zu beheben (Reutter liegt in unserer Nähe), um beim echten Anlauf möglichst keine Störungen zu haben.« Karmann möchte diese Startreihenfolge gern umdrehen, aber Ferry lehnt ab, da zudem »Reutter die bessere Qualität liefert.« Und: »Wir haben die Absicht, ab 1.1.1964 mit der Lieferung der 2-Ltr.-6-Zyl.-T8-Wagen (Stückzahl tägl. 5 Wagen) zu beginnen.«

Noch ohne Automatisierung: Die Porsche-Karosserien werden für die Endmontage auf Fahrgestellen durch die Werkhalle transportiert und von Hand komplettiert.

UNENTSCHIEDEN: DREI VARIANTEN DES 901 CABRIOLETS

Der Firmenchef regt bei dieser Konferenz mit Karmann darüber hinaus an, »daß das Cabriolet T8 zu derselben Zeit wie das Coupé anlaufen soll.« Von Anfang an ist es beschlossene Sache, dass der 901 auch als Cabriolet auf den Markt kommen soll. Am 25. und 26. September 1962 empfangen Hans Tomala, F. A. Porsche und Gerhard Schröder Delegationen von Reutter und Karmann, um die Ausführung des offenen Sportwagens zu diskutieren. Von der Styling-Abteilung liegt bereits ein Vorschlag in Form eines Cabriolet-Modells im Maßstab 1:75 vor, das jedoch »hinsichtlich seiner Größe nicht verbindlich ist.« Es kann »nach den Erfordernissen der konstruktiven Untersuchungen variiert werden. Es gibt lediglich ein Bild über die Vorstellung unserer Styling-Abteilung für ein geplantes Cabriolet.« Dieses Modell ist verschollen. Es dürfte sich aber um ein Vormodell des 911 Targa handeln. Denn nach einer späteren Beschreibung von Fritz Blaschka ging es um einen Entwurf mit abgestuftem Heck, möglicherweise auch bereits mit Überrollbügel.

Jedenfalls ergeht nach diesem Mittwoch der Auftrag an die Karosseriewerke:

»Seitens unseres Herrn Porsche geht der Wunsch dahin, das Cabriolet in drei Varianten zu untersuchen, und zwar

a) ein Normal-Cabriolet mit Vollscherendach, Bezug wattiert, Heckscheibe aus Polyglas, gegebenenfalls mit Reißverschluß lösbar. Das gesamte Verdeck nach dem Umlegen möglichst versenkt.

**b) Umlegbare Ausführung mit unvollständigem Spriegelwerk, jedoch gebunden durch eine Verdeckschere umlegbar, versenkt (nach dem Abkippen evtl. durch knöpfbare Verkleidungen zu verdecken). Der Verdeckbezug würde hierbei völlig abgenommen.
Diese Ausführung würde etwa dem Roadster des Triumph TR 4 Cabriolet entsprechen und wäre eigentlich eine Roadster-Ausführung.**

c) Der Hauptspriegel des Verdecks würde als Schutzbügel (Roll Bar) fest bleiben oder umlegbar sein, evtl. lackiert, wogegen der Heckteil und das Vordach des Verdecks abnehmbar wären.«

Mit dieser dritten Variante schlägt die Geburtsstunde des späteren 911 Targa.

Hans Tomala und Erwin Komenda beauftragen Karmann im Namen von Ferry Porsche mit drei Studien für ein 901 Cabriolet mit der Maßgabe, möglichst viele Gleichteile zum Coupé vorzusehen. Als Orientierungshilfe erhält das Karosseriewerk das Modell eines offenen 901.

Du/H.Tomala

Firma
Wilhelm Karmann G.m.b.H.
zu Hd. Herrn Dir. Krämer

<u>O s n a b r ü c k</u>
<u>Postfach 1613</u>

K$_o$/Gt. 9.1o.1962

<u>Typ 901 - Cabriolet</u>

Sehr geehrter Herr Dir. Krämer!

Wir bestätigen den Besubh Ihres sehr geehrten Herrn Peichel in unserem Hause am 25. u. 26.9.62, welcher zur Aussprache über das beabsichtigte Cabriolet Typ 901 erfolgte.
Über die verschiedenen Ausführungsmöglichkeiten wurde im Beisein der Herren Tomala, Porsche jr., Schröder und von der Firma Reutter die Herren Beierbach und Bauer diskutiert.

Sie erhielten zur Unterstützung:

1 Modell 1:7,5, mit Lieferschein Nr. 870 255

3 Pausen im Maßstab 1:10, mit Lieferschein Nr. 87o 257

Seitens unseres Herrn Porsche geht der Wunsch dahin, das Cabriolet in drei Varianten zu untersuchen, und zwar

a) ein Normal-Cabriolet mit Vollscherendach, Bezug wattiert, Heckscheibe aus Polyglas, gegebenenfalls mit Reißverschluß lösbar. Das gesamte Verdeck nach dem Umlegen weitmöglichst versenkt.

b) Umlegbare Ausführung mit unvollständigem Spriegelwerk, jedoch gebunden durch eine Verdeckschere umlegbar, total versenkt (nach dem Abkippen evtl. durch knöpfbare Verkleidungen zu verdecken). Der Verdeckbezug würde hierbei völlig abgenommen.

Diese Ausführung würde etwa dem Roadster des Triumph TR 4 - Cabriolet entsprechen und wäre eigentlich eine Roadster-Ausführung.

c) Der Hauptspriegel des Verdecks würde als Schutzbügel (Roll Bar) fest bleiben oder umlegbar sein, evtl. lackiert, wogegen der Heckteil und das Vordach des Verdecks abnehmbar wäre.

-2-

2

9.1o.62 Firma Wilhelm Karmann, Osnabrück

Die Verstauung der losen Teile nach Ausführung a) und b) müßte im Bug-Gepäckraum erfolgen.

Das Cabriolet-Modell im Maßstab 1:7,5 ist hinsichtlich seiner Größe nicht verbindlich und kann nach den Erfordernissen der konstruktiven Untersuchungen variiert werden. Es gibt lediglich ein Bild über die Vorstellung unserer Stiling-Abteilung für ein geplantes Cabriolet.
Die Zeichnungen der Limousine im Maßstab 1:10 können Ihnen im gewissen Umfang die Raumverhältnisse angeben, für genauere Untersuchungen bitten wir Sie die bei Ihnen befindlichen 1:1 Pläne und Zeichnungen der Karosserie Typ 901 heranzuziehen.

Wie mit Ihrem sehr geehrten Herrn Peichel besprochen sollen weitmöglichst die für das Coupe vorgesehenen Pressteile, möglichst unverändert, übernommen werden. Dies trifft insbesondere zu für alle Bugteile und Seitenwandteile bis zur hinteren Türfuge. Die Hinterkotflügel und die Heckabdeckung müssen dem Cabriolet-Charakter gemäß gewandelt werden, wogegen die Heckabschlußteile (Pufferstangen usw.) wahrscheinlich beibehalten werden können.
Die Größe der Windschutzscheibe soll coupegleich bleiben, die beim Cabriolet rahmenlos werdenden Kurbelfenster in den Türen unterliegen mutmaßlich Ihrer Abstimmung für das Cabriolet.

Wir bitten Sie, für die Auslegung der Innenräume bezüglich der Unterbringung der Verdeckscherenteile und der übrigen zu verstauenden Teile darauf Rücksicht zu nehmen, dass die Vordersitze insgesamt und auch in ihrer Verstellmöglichkeit unverändert bleiben.

Wir bitten Sie ferner um Mitteilung, in welcher Form unsere Anfrage bezüglich der Ausarbeitung der Cabriolet-Entwürfe und evtl. eines Cabriolet-Musters (nach Zwischenrücksprachen) an Sie bezüglich einer Auftragserteilung hierzu richten können und grüssen Sie

mit vorzüglicher Hochachtung
Dr. Ing.h.c.F. Porsche K.-G.
ppa.

Tomala Komenda

Konzeptzeichnungen für ein 901 Cabriolet mit detaillierten Unterschieden: oben mit fast vertikaler Hinterkante des Türfensters, unten mit schräg nach hinten abgewinkeltem Fenster.

Oben ein Entwurf mit sehr schmaler C-Säule und großem Heckfenster, unten eine Variante mit höherem Stoffanteil. Unterschiedlich sind weiterhin die angedeuteten Dachgestänge.

Den Zuschlag erhält schließlich die Lösung mit festem Schutzbügel. Die Vorteile: Die meisten Gleichteile, keine nennenswerten Verstärkungsmaßnahmen gegen Verwindung. Der Name für das Konzept wird erst viel später gefunden: Targa.

Grundsätzlich legt Porsche jedoch Wert darauf, dass »weitmöglichst die für das Coupé vorgesehenen Pressteile, möglichst unverändert, übernommen werden. Dies trifft insbesondere zu für alle Bugteile und Seitenwandteile bis zur hinteren Türfuge. Die Hinterkotflügel und die Heckabdeckung müssen dem Cabriolet-Charakter gemäß gewandelt werden, wogegen die Heckabschlußteile (Pufferstangen usw.) wahrscheinlich beibehalten werden können. Die Größe der Windschutzscheibe soll coupégleich bleiben; die beim Cabriolet rahmenlos werdenden Kurbelfenster in den Türen unterliegen mutmaßlich Ihrer Abstimmung für das Cabriolet.« Auch die Sitze sollen unverändert übernommen werden. Gut drei Wochen später benachrichtigt Karmann Porsche, dass die drei zur Debatte stehenden Cabrio-Entwürfe »inzwischen in Angriff genommen« wurden und »bis zur Entwurfskonstruktion fertiggestellt« werden. »Nach der Vorstellung wird von Ihnen entschieden, welche Ausführung verwendet werden soll.«

Ferdinand Alexander Porsche mit drei seiner Entwürfe: einem Vormodell des Targa mit abgesatteltem Heck, einem Targa und einem Coupé.

Im Herbst 1962 arbeiten die Entwickler mit Hochdruck an allen Details. So stellt Bosch Anfang November die erste Mustergarnitur für die Beleuchtung des 901 vor, die jedoch noch nicht so ganz den Vorstellungen von F. A. Porsche entspricht und weiter überarbeitet werden muss. Um Patentverletzungen auszuschließen, untersucht die Patentabteilung die Konstruktion der Karosserie auf Konfliktpotenzial. Während die Bodengruppe nach Urteil der Experten keine Schutzrechte verletzt, kollidiert der Entlüftungsschlitz oberhalb der Heckscheibe mit einem Gebrauchsmuster von Daimler Benz. Ein ähnliches Patent existiert von Citroën, das jedoch auf einem anderen Wirkprinzip beruht. Um allen Interessenskonflikten aus dem Weg zu gehen, werden die betroffenen Konstruktionsdetails abgeändert.

NOVEMBER 1962: DER ERSTE 901-PROTOTYP

Am Freitag, dem 9. November 1962 ist es so weit: Der erste Prototyp des 901 mit der Fahrgestellnummer 13 321 ist fahrbereit. Es ist eine Nummer aus einer Reihe von Reutter, die für Ersatz- und Versuchskarossen verwendet wird. Für die T8-Vorläufer sind die Nummern bis 13 330 reserviert. Kostenpunkt für die Karosserie: 263.615,90 D-Mark laut Rechnung von Reutter. Das weiß lackierte Coupé startet zur Jungfernfahrt. Fahrversuchs-Chef Helmuth Bott schreibt in der Aktennotiz: »Sichtverhältnisse und Sitzposition sind gut. Das Fahrzeug ist handlich und hat den Charakter des sportlichen Wagens voll beibehalten. Die Fahreigenschaften entsprechen denen unserer T8-Vorläufer mit T6-Karosse, d. h. das Fahrzeug übersteuert noch zu viel und spricht zu giftig an auf Lenkeinschläge, in Wechselkurven noch nicht befriedigend. (Federabstimmung noch nicht endgültig, fehlende neue Hinterachse).« Wie am 22. Juni beschlossen ist dieser erste Prototyp noch mit einer abgeänderten Hinterachse des 644/356 ausgerüstet.

Allerdings ist laut Bott eines der großen Ziele des 901, den Platzkomfort im Fond des 2+2-Sitzers zu verbessern, offenbar noch nicht erreicht:

> **»Armaturen sind gut zu sehen, Sitze sind angenehm.**
> **Auf den Rücksitzen hat man nicht den Eindruck, besser untergebracht zu sein als im 356 B.**
> **Stand-, Brems- und Blinkleuchten sind gut sichtbar.**
> **Rückfahrscheinwerfer ergeben helles Licht und gute Streuung.**
> **Vom Begleitfahrzeug aus wirkt das Fahrzeug von hinten fremd. Man hat den Eindruck, als ob die Heckscheibe trapezförmig nach hinten zusammenliefe. Das Fahrzeug wirkt zierlich und klein.**
> **Gut ist auch die Abdeckung von Auspuff und Motor, wobei evtl. die Begleiterscheinung, daß die Entdröhnpappe am Motorblech schon nach der ersten kurzen Fahrt sehr weich wurde, mit der schlechteren Kühlung des Topfes durch den Fahrtwind zusammenhängen mag.«**

Bott listet weiterhin eine Reihe von Beanstandungen auf, die für einen in Handarbeit hergestellten ersten Prototyp eher normal sind: klappernde Türen und Kurbelfenster, laute Fahrgeräusche, schnell beschlagende Scheiben, uneinheitliche Schlüssel. Ernster ist die Kritik am Verhalten des neuen Fahrgestells (→ Fahrwerkentwicklung). Mit dem Vierzylinder aus dem 356 erreicht der Prototyp immerhin 173 km/h Höchstgeschwindigkeit, wie Bott misst. Er legt auch sogleich die Aufgaben für das Montageprogramm in der folgenden Woche fest. So sind neben Arbeiten am Fahrwerk unter anderem die Lenkradstellung zu berichtigen, ein Bodenbrett für den Beifahrer anzubringen und der Drehzahlmesser zu eichen.

Eingegangen KB-A
Datum 12. NOV. 1962

Verteiler:
Herrn Porsche
Herrn Porsche jr.
Herrn Tomala
Herrn Rombold
Herrn Reimspieß
Herrn Komenda
Herrn Linge
FV

A k t e n n o t i z

Betr.: Erste Probefahrt mit Prototyp 901 am Freitag, 9.11.1962.

z.K. H. Kühn

A. Grundsätzliches

Sichtverhältnisse und Sitzposition sind gut.
Das Fahrzeug ist handlich und hat den Charakter des sportlichen Wagens voll beibehalten. Die Fahreigenschaften entsprechen denen unserer T 5 Vorläufer mit T 6 Karosse, d.h. das Fahrzeug übersteuert noch zu viel und spricht zu giftig an auf Lenkeinschläge, in Wechselkurven noch nicht befriedigend. (Federabstimmung noch nicht endgültig, fehlende neue Hinterachse).
Armaturen sind gut zu sehen, Sitze sind angenehm. Auf den Rücksitzen hat man nicht den Eindruck, besser untergebracht zu sein, als im 356 B.
Stand- Brems- und Blinkleuchten sind gut sichtbar. Rückfahrscheinwerfer ergeben helles Licht und gute Streuung.

Vom Begleitfahrzeug aus wirkt das Fahrzeug von hinten fremd. Man hat den Eindruck, als ob die Heckscheibe trapezförmig nach hinten zusammenliefe. Das Fahrzeug wirkt zierlich und klein.

Gut ist auch die Abdeckung von Auspuff und Motor, wobei evtl. die Begleiterscheinung, daß die Entdröhnpappe am Motorblech schon nach der ersten kurzen Fahrt sehr weich wurde, mit der schlechteren Kühlung des Topfes durch den Fahrtwind zusammenhängen mag.

B. Karosseriebeanstandungen

Türen klappern.
Fenster klappern. (Behelfsanordnung).
Handschuhkastendeckel springt auf.
Fahrzeug ist insgesamt laut (nicht Antidröhn gespritzt)
Scheiben beschlagen sehr stark (reicht für Winterbetrieb Düsenquerschnitt aus?).
Motorraumbeleuchtung leuchtet durch Deckelkiemen (andere Anbringung möglich?).
Warum kein symmetrischer Schlüssel für Tür- und Lenkschloß?

C. Fahrgestellbeanstandungen

Lenkung ist vor allem in Mittelstellung zäh und träge, trotzdem bei Korrekturen giftig. hat in Mittelstellung etwas Spiel.
Fahrzeug übersteuert wie Wagen 109.
Heizung stinkt.
Getriebe heult.
Vorderachse falsch eingestellt, Fahrzeug hat zu wenig Bodenfreiheit.
Quertrennfugen kommen durch, als ob Gummipuffer anstünden.
Vorderachse schlägt durch.
Lenkrad sitzt nicht in Mittelstellung.
Drehzahlmesser zeigt wahrscheinlich zu viel an.
Bremse hat starke Pedalwegänderungen. Nach einigen km Fahrt ohne Bremsung ist man am Bodenbrett. Durch Pumpen kommt das Pedal wieder zurück.

- 2 -

- 2 -

D. Sonstiges

Licht gut, Schaltung gut.
V_{max} Tunnel bei Behinderung 20,8 = 173 km/h. Anzeige Drehzahlmesser 6100 U/Min.

E. Montageprogramm für 12. und 13.10.62.

Lenkradstellung berichtigen.
Handschuhkastendeckel-Befestigung ändern.
Bodenbrett für Beifahrer anbringen.
Abstand Auspufftopf - Motorblech kontrollieren (Temperatur!).
Drehzahlmesser eichen.
Getriebe ausbauen und Tachometerantrieb einbauen.
Wenn Drehzahlmesser nicht korrigiert werden kann, zusätzlicher Einbau Hartmann & Braun-Gerät.
Raderhebungen aufnehmen, Rahmenelastizität- und Lenkelastizität messen.
Vorderachse richtigstellen.
Handbremse einbauen.
Bremse entlüften und untersuchen.

Stgt.-Zuffenhausen, 12.11.1962
FV/Bo-scho

(Bott)

Am 9. November 1962 startet Fahrversuchsleiter Helmuth Bott zur ersten Probefahrt mit dem 901 und urteilt, dass der Prototyp »den Charakter des sportlichen Wagens voll beibehalten« hat. Noch fehlen unter anderem die neue Längslenker-Hinterachse und der Sechszylindermotor.

Bereits am folgenden Mittwoch, dem 14. November 1962, sind die Arbeiten erledigt und um 21 Uhr startet der Chef des Fahrversuchs zur zweiten Probefahrt. Diesmal erreicht er am Leonberger Engelbergtunnel der heutigen A 81, der damals noch auf halber Höhe des Berges lag, eine Höchstgeschwindigkeit von »188 km/h bei Bremsleistung des Motors 88,7 PS«. Mit dem eingebauten Vierzylinder ist Bott allerdings weniger zufrieden, dieser »hatte einen sehr schlechten Leerlauf. Starke Vibrationen wurden im Leerlauf auf den Wagen übertragen. Im Gegensatz zu guten Serienmotoren fiel die Drehzahl bei leichten Steigungen stark zurück.« Das vorzeitige Ende der Testfahrt liegt allerdings nicht am Motor, sondern an der Lenkung, die »so stark klebte, daß das Fahrzeug nicht mehr betriebssicher war.« Bott zählt ein Elf-Punkte-Programm auf, das neben Fahrwerksaufgaben unter anderem die Überarbeitung von Motor und rupfender Kupplung, die Verbesserung der Lenkschlosszugänglichkeit und die Montage der Außenspiegel umfasst.

Die dritte Probefahrt ist für den 21. November geplant, wird jedoch auf den 27. November 1962 verschoben. Neben Bott sind diesmal Helmut Rombold und Bremsenspezialist Hans Spannagel dabei. Nach haptischen Tests an Ausstattung, Griffen, Armaturenbrett und Handschuhkasten in der Versuchsabteilung steht diesmal die Karosserie im Mittelpunkt. Insbesondere die Schwachstelle der Porsche-Sportwagen, der Komfort im Fond, scheint nicht erfolgreich beseitigt: »Kopfraum und Knieraum auf Rücksitzen erscheinen geringer als im Serienfahrzeug.« Die drei Ingenieure gehen bis ins Detail und notieren eine einseitige Mängelliste. Komponenten wie Ausstellfenster, Fensterheber, Rückenlehnenverstellung, Zündschloss und Heizungsregelung sind schlecht zu bedienen. Zudem scheppern die rechte Türe und der Motordeckel des Prototyps, durch die Öffnung für den Zigarrenanzünder zieht es in den Innenraum und das Abblendlicht ist zu kurz eingestellt.

Während die Erprobung des ersten Prototyps anläuft, stellt Karmann die Urmodelle für die Karosseriekomponenten des 901 fertig. Der Karosseriehersteller vermerkt anlässlich der Abnahme in Osnabrück stolz in seiner Aktennotiz: »Bei der Besichtigung wurde festgestellt, daß die Urmodelle sehr sorgfältig gearbeitet wurden und den Wünschen der Fa. Porsche entsprechen.« Wie zuvor verlangt präsentiert Karmann die Karossen »schwarz lackiert, poliert, in einem gut beleuchteten Raum, jedoch nicht auf einem Podest, sondern in Leerstellung.« Obwohl die Urmodelle bereits einen guten Stand haben, sind noch einige Änderungen notwendig. Da die Ausführung der äußeren Türgriffe noch nicht feststeht, werden die Außenhautwerkzeuge für die Türblätter zunächst ohne Einprägung und Lochung ausgelegt. Der optische Eindruck der Anschlussfuge zwischen Kotflügel und Windlauf missfällt F. A. Porsche, der die Delegation aus Zuffenhausen anführt; der Spalt soll verbreitert werden. Heckdeckel und hintere Stoßstange weisen Abplattungen auf, die noch auszugleichen sind. Die Einprägung für die Scheibenwischer entspricht nicht ganz den Erwartungen und am Fondseitenteil sowie der vorderen Dachkante gibt es Zweifel an der Symmetrie. Alles in allem sind die Änderungswünsche indes zügig erfüllbar: »Soweit es bis jetzt zu übersehen ist, dürften diese Korrekturen bis zum 28.11.1962 durchgeführt sein«, vermerkt das Karmann-Protokoll. »Freigegeben für die Anfertigung der formgebenden Werkzeuge – entsprechend der Bestellung der Fa. Porsche – sind bis jetzt die Urmodelle der linken und rechten Türaußenhaut (nach Berichtigung der Türgriffmulde) sowie das Urmodell der Außenhaut für den vorderen Deckel. Die Freigabe der restlichen Außenhautmodelle erfolgt schriftlich durch die Fa. Porsche.«

Am 3. Dezember 1962 erteilt Hans Tomala diese Freigabe, allerdings mit Einschränkungen. Sie gilt noch nicht für die Außenhaut der Schweller, für das hintere Abschlussblech und für »die Schlitze im hinteren Deckel«. Die Styling-Abteilung hat dazu mehrere Varianten im Blick, eine Entscheidung ist wie in vielen Details noch nicht getroffen. So plädiert Wolfgang Raether dafür, ein Schiebedach als Option für das T8-Coupé vorzusehen. »Von der Verkaufsseite her ist es undenkbar, daß das Schiebedach beim Coupé wegfällt, weil schon die kleineren Ford- und Opel-Wagen Schiebedächer besitzen. Der Absatz zeigt, daß die Schiebedächer ziemlich gefragt sind und wir dies berücksichtigen müssen. Das Schiebedach kann eingebaut werden. Es ist praktisch eine Zeitangelegenheit.« In der Überlegung sind weiterhin die Motorisierungsvarianten und deren Kosten. So beziffert Karl Mezger aus dem Versuchsbereich Arbeitsvorbereitung und Kalkulation die Selbstkosten mit Montage beim neuen Sechszylindermotor Typ 901 mit 2.702 D-Mark, bei einem daraus abgeleiteten Vierzylindertriebwerk mit 2.035 D-Mark und beim bisherigen Vierzylinder-Stoßstangenmotor mit rund 1.800 D-Mark.

Im Studio experimentieren die Designer ausgiebig mit verschiedenen Formen des Lufteinlasses in der Motorhaube. Manche Ideen werden viele Jahre später wieder aufgegriffen.

Während der erste Prototyp des 901 wie geplant vor dem Jahreswechsel 1962/1963 zur Verfügung steht, verzögert sich die Fertigstellung der beiden nächsten Versuchsfahrzeuge. Der zweite Fahrwagen sollte ursprünglich laut Hauptauftrag E 47 vom 11. Juli 1962 ab 31. Oktober 1962 einsatzbereit sein. Bei der turnusmäßigen Besprechung der Geschäftsleitung am 3. Dezember 1962 stellt Hans Tomala klar, dass der »zweite Versuchswagen erst im Februar 1963 und der dritte im März 1963 zur Versuchserprobung angeliefert wird.« Damit gerät Verkaufschef Wolfgang Raether unter Druck, der eigentlich ab März Bedarf an einem 901 zur »Untersuchung zwecks Zusammenstellung der erforderlichen technischen Literatur« anmeldet, die für die Premiere zur IAA 1963 in Frankfurt benötigt wird.

Die Entwicklung des 901 Coupés bindet die Kapazitäten von Porsche jetzt derart, dass die Entwicklung des Cabriolets vorerst auf Eis gelegt wird. Dem kommt entgegen, dass Karmann – entgegen der Nachricht von Anfang Oktober – mit den Untersuchungen noch nicht begonnen hat, wie Gerhard Schröder bei einem Besuch in Osnabrück feststellen muss. »Wir bitten Sie deshalb, den Auftrag auf die Entwurfskonstruktion des Cabriolets zu stornieren, da wir aus Termingründen die Konstruktion zurückgestellt haben«, schreibt Hans Kern am 4. Dezember 1962 an Karmann. Allerdings, so Karmann im Antwortschreiben, habe man von Porsche trotz Zusagen keine aussagekräftigen Konstruktionsunterlagen erhalten: »Eine der wesentlichsten Grundlagen für eine Verdeckkonstruktion bildet bekanntlich die Bodengruppe mit ihren Radeinbauten, worüber wir bis zur Stunde noch keine definitiven Unterlagen in Händen haben.«

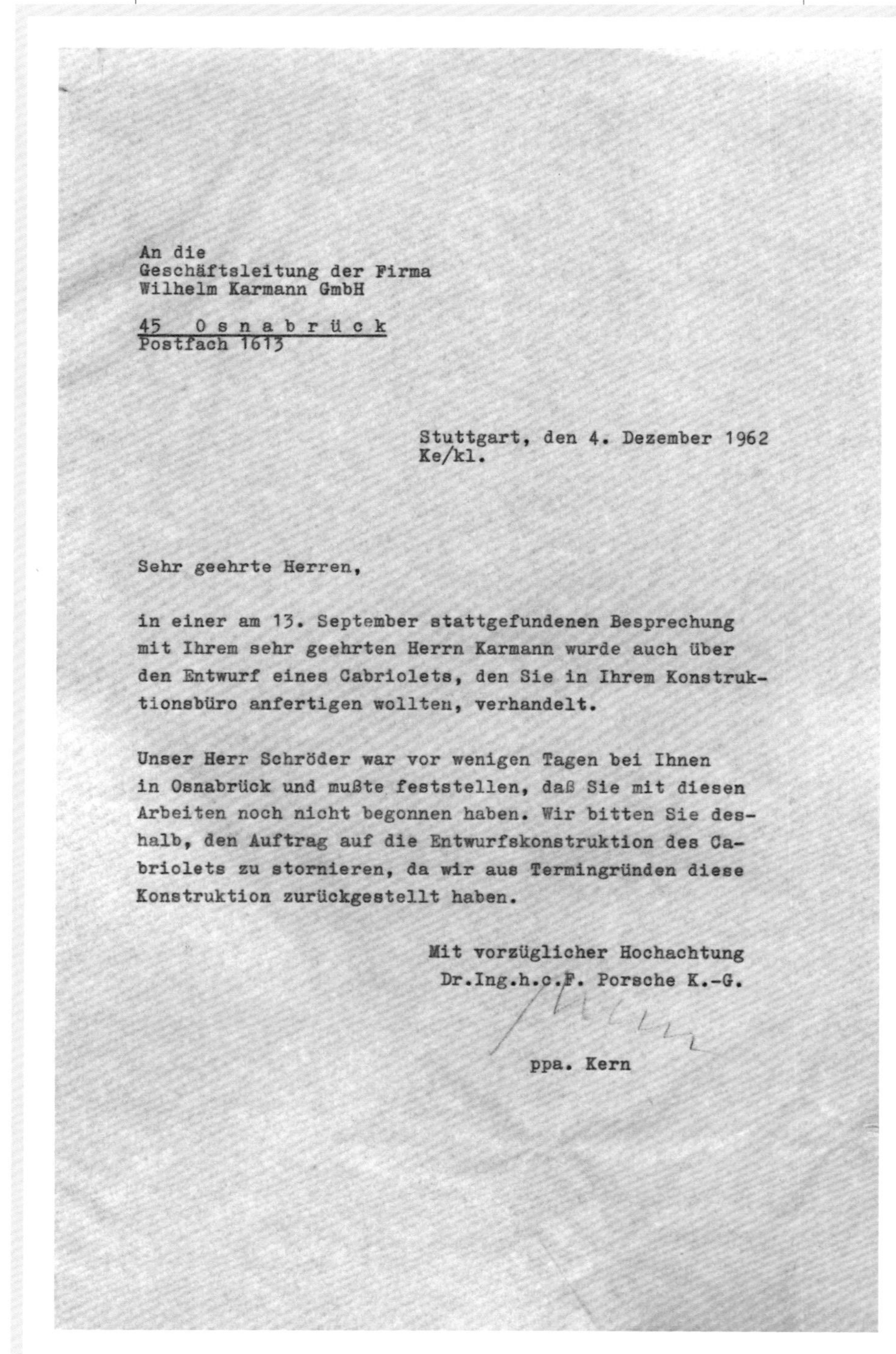

An die
Geschäftsleitung der Firma
Wilhelm Karmann GmbH

45 O s n a b r ü c k
Postfach 1613

Stuttgart, den 4. Dezember 1962
Ke/kl.

Sehr geehrte Herren,

in einer am 13. September stattgefundenen Besprechung mit Ihrem sehr geehrten Herrn Karmann wurde auch über den Entwurf eines Cabriolets, den Sie in Ihrem Konstruktionsbüro anfertigen wollten, verhandelt.

Unser Herr Schröder war vor wenigen Tagen bei Ihnen in Osnabrück und mußte feststellen, daß Sie mit diesen Arbeiten noch nicht begonnen haben. Wir bitten Sie deshalb, den Auftrag auf die Entwurfskonstruktion des Cabriolets zu stornieren, da wir aus Termingründen diese Konstruktion zurückgestellt haben.

Mit vorzüglicher Hochachtung
Dr.Ing.h.c.F. Porsche K.-G.

ppa. Kern

Im Dezember 1962 storniert der Kaufmännische Leiter von Porsche, Hans Kern, aus Zeitgründen den Auftrag über die Cabriolet-Studien an Karmann.

Um den Kunden ein erweitertes Frischluftvergnügen in Form eines Schiebedaches anzubieten, entwerfen die Karosseriekonstrukteure mehrere Vorschläge.

Modell des Typ 1764, einem Entwurf im Auftrag von Volkswagen. Die Attrappe führt zum Großauftrag über die Entwicklung einer viertürigen Limousine.

Konkurrenzmodell einmal anders: Die Arbeiten für den Volkswagen-Prototyp binden einen Großteil der Kapazitäten von Porsche. Das Konstruktionsbüro benötigt deshalb möglichst schnell die für die T8-Entwicklung bei Reutter abgestellten Ingenieure zurück.

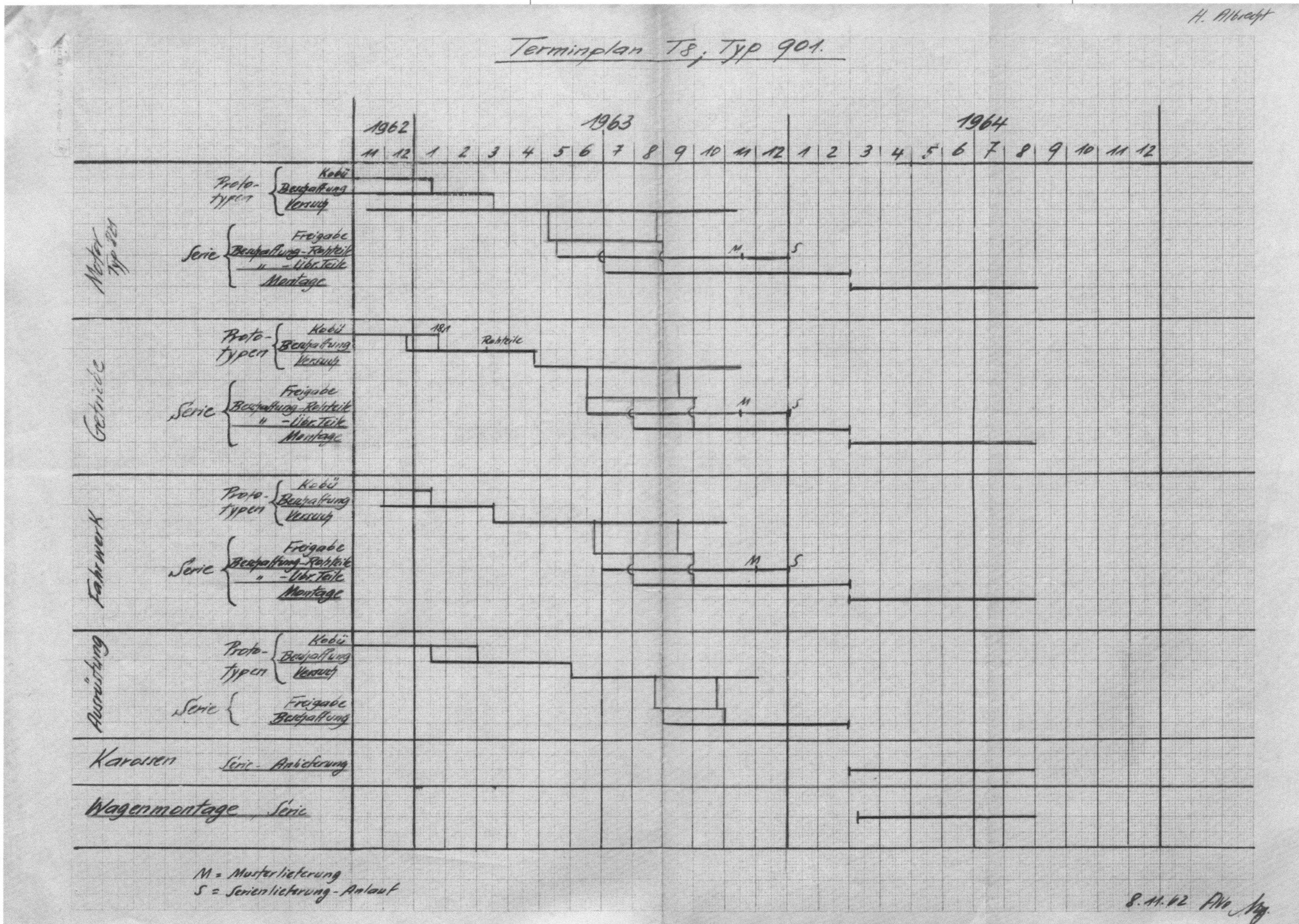

Nach wie vor ist zum Jahresende 1962 die Arbeitsbelastung im Porsche-Konstruktionsbüro kritisch. Vor allem der Großauftrag von Volkswagen über die Konstruktion eines Prototyps mit der Typnummer 1764 verschlingt viel Zeit und kollidiert mit dem T8-Programm. Schließlich handelt es sich um die komplette Entwicklung einer viertürigen Limousine einschließlich Fahrwerk und 1,8 Liter großem Sechszylindermotor. Anlässlich einer Besprechung mit Reutter am 17. Dezember 1962 bittet Hans Tomala deshalb um Prüfung, wann die für die Entwicklung des T8 abgestellten Konstrukteure »mit Rücksicht auf die Dringlichkeit des Typ 1764« wieder frei werden könnten. »Nach nochmaliger Überprüfung«, so antwortet Reutter-Manager Walter Beierbach, »sind wir zu der Überzeugung gekommen, dass eine rasche Unterbrechung der Arbeiten am T8 dieses Programm ernstlich gefährden würde.« Reutter könne dann die Termine für die Prototypen, für die IAA-Musterwagen und den Serienanlauf nicht mehr garantieren.

Grafischer Terminplan für die Entwicklung des 901 vom November 1962. Im März 1964 soll danach die Serienfertigung anlaufen.

Für die Reutter Konstrukteure Neunhöfer, Zweigart und Kleiner (v. l.) liegt das Porsche Werk 1 fast in Sichtweite auf der anderen Straßenseite. Die kurzen Wege vereinfachen die gemeinsame Entwicklung des T8.

ANFANG 1963: VERZÖGERUNG BEI PROTOTYPEN UND PLANUNG FÜR PREMIEREN

Ende Januar 1963 legt die Geschäftsleitung die Planung für die Prototypen und die Premiere des 901 fest. Drei Wagen sind für die Weltpremiere auf der IAA 1963 vorgesehen. »Nach Ausstellungsende gehen davon zwei Wagen zur Pariser Ausstellung (3.10.) und ein Wagen nach London (16.10.). Für die Turiner Ausstellung (30.10.) muß auch ein Wagen zur Verfügung stehen. Versuch braucht 2 Wagen, Verkauf 2 Ausstellungswagen und 2 Vorführungswagen. Herr Tomala wird bei Karmann anfragen, ob diese Firma einen Prototyp evtl. als Ausstellungs-Attrappe herstellen kann.« Vorerst müssen die Versuchswagen jedoch noch Tarnung tragen. Die Prototypen zwei und drei, die Ende Februar und im März auf die Straße kommen, »sollen durch fleckigen Anstrich getarnt werden«, beschließt die Geschäftsführung. »Sollte die Presse auf diese Fahrzeuge zu sprechen kommen, dann gilt als Sprachregelung, daß die Versuche mit der Entwicklung des GT[13], der 1964 kommen soll, in engstem Zusammenhang stehen.«

Verkaufschef Wolfgang Raether formuliert daraufhin am 11. Februar 1963 eine Pressemitteilung, in der erstmals das Projekt T8 offiziell bestätigt wird: »Richtig ist, daß sich Porsche seit längerer Zeit mit der Entwicklung eines Fahrzeugtyps befaßt, der einen 6-Zyl.-Motor erhalten soll und dessen Prototyp in Frankfurt ausgestellt wird.« Gleichzeitig erteilt er allen Gerüchten, die sich um den Typ 754 ranken, eine Absage: »Alle Mutmaßungen und Spekulationen, nach denen Porsche ein 4-sitziges Modell herauszubringen beabsichtigt, sind unbegründet.«

[13] der 904 Carrera GTS

PROTAGONISTEN

THEODOR BAUER

Karosseriekonstrukteur
Leitender Konstrukteur bei Reutter
1957–1963 bei Reutter
1963–1969 bei Porsche

leitet im Karosseriewerk Reutter die Arbeitsgruppe Karosseriekonstruktion für Entwicklungen. In Zusammenarbeit mit Ferdinand Alexander Porsche ist er maßgeblich an der Vorbereitung und Konstruktion des 901 beteiligt.

Theodor Bauer, geboren am 9. Februar 1925, geht nach der Schulzeit zur Luftwaffe und wird als Jagdflieger eingesetzt. Nach Ende des Zweiten Weltkrieges besucht er die Wagenbauschule in Hamburg, eine der größten Berufsschulen für Kraftfahrzeugtechnik in Deutschland. Sein Talent für den Karosseriebau führt ihn zu Baur und Auwärter nach Stuttgart, zu Deutz nach Köln und zum Karosseriewerk Weinsberg.

Theodor Bauer (vorn) mit seinem Kollegen Neunhöfer. Beide arbeiten als Karosseriekonstrukteure bei Reutter.

Mit knapp 32 Jahren tritt Theodor Bauer zum Jahresbeginn 1957 eine Stelle als leitender Konstrukteur im Werk 1 von Reutter im Stuttgarter Westen an. Seiner kreativen Begabung entsprechend überträgt man ihm die Leitung der Arbeitsgruppe Karosseriekonstruktion für Entwicklungen. Unter ihm entstehen beispielsweise die »Scimitar«-Prototypen auf Chrysler-Basis, darunter ein Hardtop-Cabriolet, und die viertürige Cabriolet-Variante des Citroën DS 19. Bauer spezialisiert sich auf Cabriolet-Verdecke, von ihm stammt etwa das sogenannte S-Verdeck. Ein weiteres Patent bezieht sich auf die Integration eines Verdeckrückfensters.

1960 übernimmt Theodor Bauer bei Reutter die Überarbeitung der Karosserie des Porsche 356. In der Folge beteiligt er sich auch an der Entwicklung des 901 zur Serienreife. Nach dem Verkauf des Stuttgarter Karosseriewerk Reutter an Porsche 1963 wird Theodor Bauer mit übernommen. Später wechselt er zu Daimler-Benz und übernimmt eine leitende Position in der Konstruktion von Cabriolets, insbesondere von Verdecken.

REUTTER MAHNT ENTSCHEIDUNGEN AN

Die Entwicklung zur Serienreife kommt im Frühjahr 1963 nur schleppend voran. Auf dem Programm steht unter anderem die Vorerprobung von Heizung und Belüftung. Anhand des dritten Prototyps erörtern die Fachleute von Porsche und Reutter die Möglichkeiten der Serienfertigung der neuen selbsttragenden Plattform. Einige Detailkonstruktionen sind noch immer offen. Am 7. März 1963 mahnen die Konstrukteure von Reutter die Klärung der Punkte »zur Erstellung und Vervollständigung der zeichnerischen Unterlagen für die T8-Serien-Karosserie [...] baldmöglichst« an. Punkt 1 betrifft den Tank-Einfüllstutzen, der in den linken Vorderkotflügel integriert werden soll. »Es bestehen 2 Ausführungen. Die eine ist in dem Prototyp I, die andere im Prototyp II eingebaut.« Ohne eine klare Entscheidung kann der Werkzeugbau von Reutter die entsprechende Pressform nicht herstellen. Konkrete Angaben fehlen außerdem zum Ziergitter für den Lufteinlass unter der Frontscheibe und im Motordeckel, für die Unterbringung der Lautsprecher, die Betätigung der Ausstellfenster und die inneren Türöffner. Weiterhin wünscht die Konstruktion »die Festlegung, ob das Fondseitenfenster als Ausstellfenster oder fest eingeglast ausgeführt werden soll.« Noch immer ungeklärt ist die Patentfrage bezüglich der Entlüftung über der Heckscheibe und »ob die für T8 vorgesehene Ausführung auch für die Serie Gültigkeit haben kann. (Ähnlichkeit mit Mercedes-Entlüftung).«

Ein anschließendes Treffen zwischen hochrangigen Vertretern von Porsche, darunter Hans Tomala, Erwin Komenda und Helmut Rombold, mit den Reutter-Managern Walter Beierbach und Theodor Bauer führt nur in wenigen Punkten zur Klärung. Die »Entlüftung über der Rückwandscheibe wird in der bisher gezeigten Form beibehalten«, notiert das Protokoll, und das »Fond-Seitenfenster wird fest eingeglast.« Für die Lösung aller weiteren Fragen sollen Vorschläge erarbeitet werden. In der Pflicht steht vor allem einmal mehr Erwin Komenda, der »sukzessive die endgültigen Zeichnungsunterlagen der Bodengruppe« sowie den Hutboden und die Deckelscharniere an Reutter liefern soll. Allerdings muss Hans Tomala die Entscheidung der Heckscheibenbelüftung später revidieren. Aufgrund des Einspruchs der Patentabteilung »darf die von Ihnen entworfene Belüftungsvorrichtung nicht gebaut werden«, schreibt er im April an Reutter.

BEGINN DER SERIENFERTIGUNG VERZÖGERT SICH WEITER

Die Entwicklung des 901 hinkt mittlerweile dem ursprünglichen Terminplan so weit hinterher, dass die Serienfertigung »ab Ausstellung 1963« – wie einst vorgesehen – nicht mehr einzuhalten ist. »Der T8-Wagen wird auf der Frankfurter Automobilausstellung ausgestellt, auch wenn er erst später geliefert werden kann«, beschließt die Geschäftsleitung auf ihrer turnusmäßigen Besprechung am 11. März 1963. »Dadurch soll das Interesse unserer Kunden am Porsche-Fabrikat wachgehalten werden.« Schließlich sind es nur noch rund sechs Monate bis zur Eröffnung der IAA am 12. September 1963. Und erst jetzt ist die Bodengruppe des selbsttragenden 901 so weit, dass »die Urmodelle bei Karmann aufgegeben« und Werkzeugteile bestellt werden können. »Diese Bestellungen müssen raschest durchgezogen werden, weil die Termine äußerst knapp sind.«

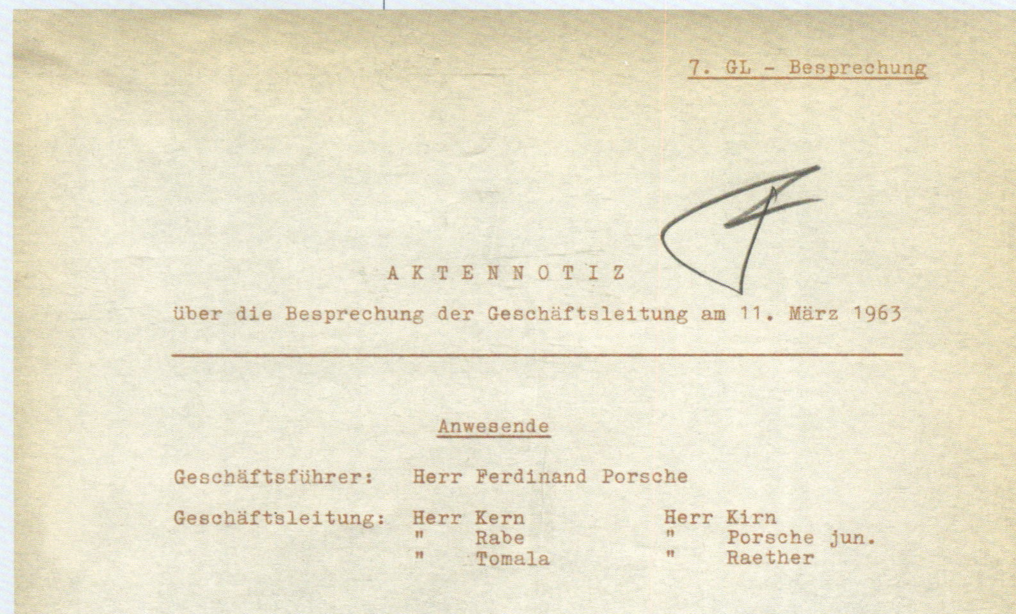

7. GL - Besprechung

A K T E N N O T I Z

über die Besprechung der Geschäftsleitung am 11. März 1963

Anwesende

Geschäftsführer: Herr Ferdinand Porsche

Geschäftsleitung: Herr Kern, " Rabe, " Tomala, Herr Kirn, " Porsche jun., " Raether

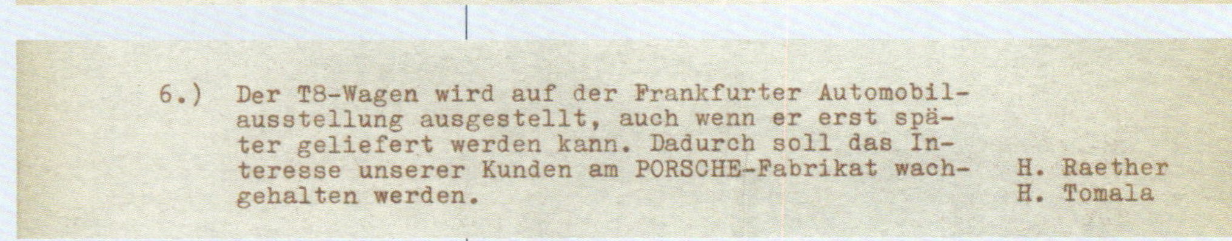

6.) Der T8-Wagen wird auf der Frankfurter Automobilausstellung ausgestellt, auch wenn er erst später geliefert werden kann. Dadurch soll das Interesse unserer Kunden am PORSCHE-Fabrikat wachgehalten werden. — H. Raether, H. Tomala

Um den Markt vorzubereiten, beschließt die Geschäftsleitung im März 1963 den 901 auf der IAA vorab dem Publikum zu präsentieren.

DER ERSTE 901-PROTOTYP MIT SECHS-ZYLINDERMOTOR

In der Erprobung steht Ende März der nächste große Entwicklungsschritt an: Erstmals wird ein 901-Prototyp mit dem neuen Sechszylinder-Boxermotor ausgerüstet. Am 15. März 1963 vermerkt der Wochenbericht der Motorenentwicklung für den 901-Motor Nummer 3, dass dieser »auf Anweisung der TL[14] sofort in ein Fahrzeug T8 eingebaut werden soll.« Da das neue 901-Getriebe mit fünf Gängen noch nicht zur Verfügung steht, wird der Sechszylinder mit dem 741-Getriebe aus dem 356 T5 kombiniert. Auch im Interieur geht es Schritt für Schritt voran. »Am 11. April hat sich Herr Porsche sen. in Gegenwart der Herren Porsche jun., Piëch, von Hanstein, Komenda und Zirpins für die Instrumenten-Ausführung mit profiliertem Zifferblatt, grünen Zahlen und roten Zeigern entschieden«, vermerkt eine Aktennotiz des Konstruktionsbüros.

[14] Technische Leitung

Ein 356 Carrera 2 Cabriolet bei der Endmontage im Werk 2, erkennbar an der innen umgriffenen Bremsscheibe.

Der Zusammenbau der Motoren ist eine Arbeit für Könner. Porsche schult seine Mitarbeiter speziell für diese Aufgabe.

Die ersten Versuchsfahrten der 901-Prototypen führen über einsame Landstraßen in der Umgebung von Stuttgart. Wegen seiner auffälligen Tarnung trägt der Prototyp Nummer 2 den Spitznamen »Fledermaus«.

Je näher die Premiere des 901 rückt, desto intensiver wird die Suche nach der besten Strategie zur Markteinführung. Vor allem fürchten manche Marktstrategen negative Effekte für den Absatz des neuen 356 C, der im Sommer 1963 auf den Markt kommt. Bei der Geschäftsleitungskonferenz am 23. April 1963 werden die Bedenken der Verkäufer erörtert. So wünscht der englische Importeur John Aldington »eine Presse-Mitteilung, aus welcher hervorgeht, daß das 356-C-Modell weiter in Fertigung bleibt und daß neben diesem der Typ 901 mit dem 6-Zyl.-Motor als zweites Modell erscheint.« Sein Kollege Gerhard Gumpert vom Porsche-Vertrieb fordert gar, »den Typ 901 möglichst nicht auszustellen und zunächst auch keine Presse-Propaganda mit diesem Fahrzeug zu machen.« Immerhin muss der in die Jahre gekommene 356 nach aktueller Planung zwischen der Weltpremiere des 901 im September 1963 und dem vorgesehenen Auslieferungsbeginn Anfang 1964 noch die Absatzzahlen stützen. Die Verkaufsleitung sieht die internationalen Marktchancen allerdings deutlich positiver. Sie wünscht sich für das kommende Jahr »12000 Wagen und ist der Auffassung, daß diese Stückzahl infolge der Absatzlage – spez. in USA – durchaus vertreten werden kann. Die Importeure wollen ihre monatlichen Lieferquoten erhöht haben, um ihren Händlern die verlangten größeren Stückzahlen geben zu können, damit für sie das Geschäft interessant wird und ein grösserer Anreiz zu Investitionen geboten ist.«

Montagearbeiten unter freiem Himmel sind aufgrund des Platzmangels keine Seltenheit.

Dazu müsste die Produktion über die aktuellen Grenzen hinaus erweitert werden. Im Bestfall liefern Reutter und Karmann derzeit rund 42 Karosserien pro Tag, entsprechend einer theoretischen Jahresproduktion von rund 10.000 Fahrzeugen. Für 1964 scheint die höhere Quote mit viel Optimismus erreichbar: »Wenn wir unterstellen, daß im

	356 C	**901**
I. Quartal	3.000	–
II. Quartal	2.400	200
III. Quartal	2.400	400
IV. Quartal	2.400	600

Karossen zur Verfügung stehen, dann wäre dies durchführbar.«

Damit Haube und Rohbau zueinander passend montiert werden, tragen sie eine Nummer. Hier wartet die Haube 316 (oben) auf den Einbau in die vorgesehene Karosserie (ganz rechts).

Der Produktionsstart des 901 ist wegen der Verzögerungen mittlerweile auf das Frühjahr verschoben. Dementsprechend sieht die Planung des Managements jetzt so aus: »Sobald T8 im II. Quartal anläuft, sollen von 356 C 40 Fahrzeuge pro Tag hergestellt werden. Wenn Karmann auf 20 Einheiten steigern kann, müßten auch bei Reutter 20 Karossen hergestellt werden. Dieses Lieferungssoll bei Reutter wird aber mit der steigenden Produktion von 901 weiter sinken. Diese Planung muß noch gut durchdacht und mit den Beteiligten abgestimmt werden. Für den Typ 901 ist zunächst das gleiche Farb-Programm – wie bei 356 C – vorgesehen.« Immerhin sind die Karosserien mittlerweile so gut gelungen, dass für den 3. Mai 1963 das erste Fotoshooting des 901 in der Styling-Abteilung angesetzt wird.

Im Mai 1963 beherrscht Porsche jedoch ein ganz anderes Thema: Am 17. Mai 1963 gibt der Sportwagenhersteller bekannt, dass er »die gesamten GmbH-Anteile der Firma Reutter übernimmt und demzufolge die Porsche-Karossen in eigener Regie produziert.« Sowohl die finanzielle Belastung als auch die Anspannung im Management ist groß. Trotz des bevorstehenden firmeninternen Kraftaktes hält Porsche aber am Premierentermin des 901 fest.

A K T E N N O T I Z

über die Besprechung der Geschäftsleitung am 23. April 1963

Anwesende

Geschäftsführer: Herr Ferdinand Porsche

Geschäftsleitung: Herr Kern, " Rabe, " Tomala; Herr Kirn, " Porsche jun., " Raether

12.) VKL wünscht sich für das Jahr 1964 12000 Wagen und ist der Auffassung, daß diese Stückzahl infolge der Absatzlage - spez. in USA - durchaus vertreten werden kann. Die Importeure wollen ihre monatlichen Lieferquoten erhöht haben, um ihren Händlern die verlangten grösseren Stückzahlen geben zu können, damit für sie das Geschäft interessant wird und ein grösserer Anreiz zu Investitionen geboten ist. Um diese Stückzahlen zu erreichen, wird eine Tagesproduktion von 50 Einheiten erforderlich werden; günstigstenfalls werden heute von beiden Karosserie-Fabriken ca. 42 Karossen angeliefert, dies entspricht einer Produktion von ungefähr 10.000 Fahrzeugen.

Wenn wir unterstellen, daß im

	356 C	901
I. Quartal	3.000	-
II. "	2.400	200
III. "	2.400	400
IV. "	2.400	600

Karossen zur Verfügung stehen, dann wäre dies durchführbar.
VKL teilt diesen Optimismus nicht und die Beteiligten sich auch im klaren darüber, daß diese Planung von optimalen Annahmen ausgeht.

Sobald T 8 im II. Quartal anläuft, sollen von 356 C 40 Fahrzeuge pro Tag hergestellt werden. Wenn KARMANN auf 20 Einheiten steigern kann, müßten auch bei REUTTER 20 Karossen hergestellt werden. Dieses Lieferungssoll bei REUTTER wird aber mit der steigernden Produktion von 901 weiter sinken. Diese Planung muß noch gut durchdacht und mit den Beteiligten abgestimmt werden.
Für den Typ 901 ist zunächst das gleiche Farb-Programm - wie bei 356 C - vorgesehen.
Mit der VKl sind noch die Farben für die Ausstellungswagen in Frankfurt abzustimmen.

H. Raether
H. Tomala
H. Kirn
H. Kern

./.

Für 1964 kalkuliert der Verkauf mit einer Produktion von 1.200 Einheiten des 901 und 10.200 Sportwagen des Typ 356.

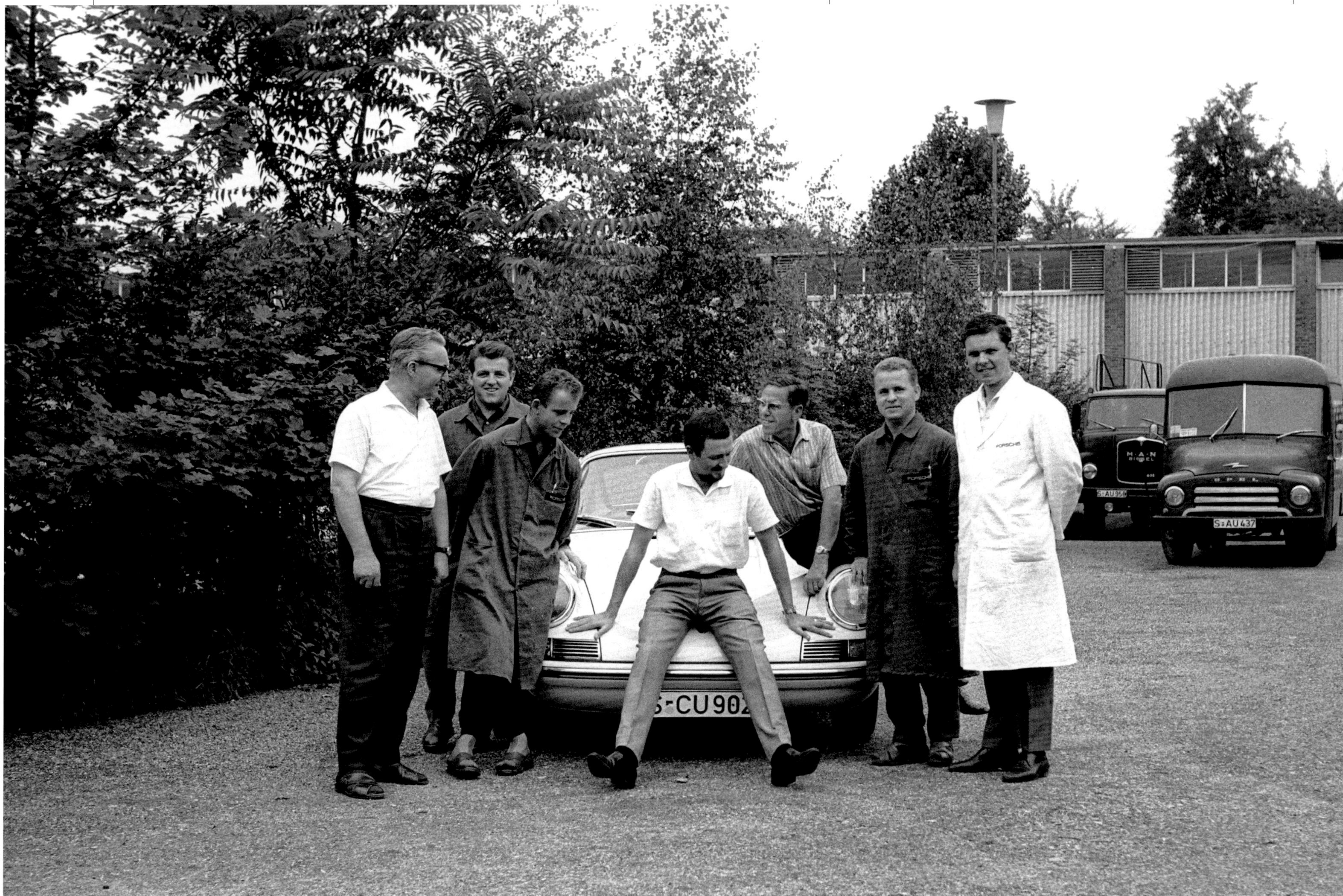

Ferdinand Alexander Porsche (Mitte) und sein Team des Studios mit ihrem Meisterwerk: Heinrich Klie, Heinz Unger, Hans Springmann, F. A. Porsche, Hans Ploch, Ernst Bolt und Horst Handke (v. l.).

S-CU902

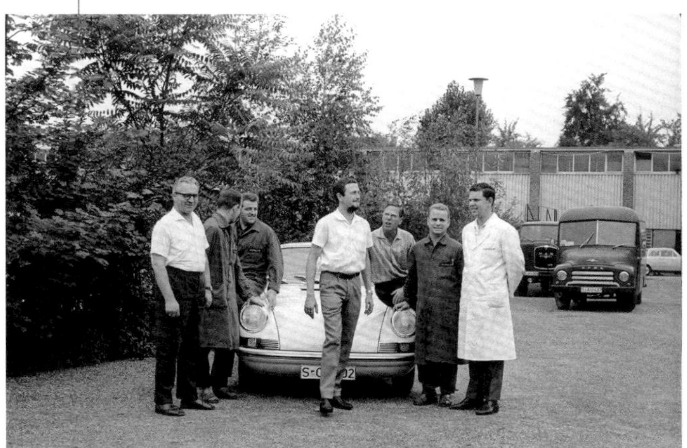

S-CU902

S-CU902

Schon als Prototyp ist der 901 aus jeder Perspektive ein beliebtes Fotoobjekt. Dem Fantasie-Kennzeichen nach handelt es sich um ein Fahrzeug des Studios.

Ein Team und sein Werk: Ganz vorne Ferry Porsche, dahinter von links Hans Tomala, Ferdinand Piëch und Ferdinand Alexander Porsche.

Die Mitarbeiter im Hintergrund sind nach ihrer Abteilung gruppiert: Links die Motorenkonstrukteure mit Karl Ruoff, Richard Hetmann, Leopold Jäntschke, Erich Stotz, Robert Binder, Rudolf Hofmann, Hans Herzog, Hans Hönick (hintere Reihe von links). Links vorne Franz Xaver Reimspieß.

In der Mitte Mitarbeiter der Karosserieentwicklung mit Alfred Kühn, Theodor Bauer, Heinrich Klie, Edgar Tengler (hinten von links), Technischer Betriebsleiter von Reutter Walter Beierbach, Erwin Komenda, Wilhelm Albrecht, Reutter-Meister Gottlob Sturm, Gerhard Schröder, Karl Mozelt (vorne von links).

Die rechte Gruppe setzt sich aus Versuchsmitarbeitern zusammen: Ganz links Hans Mezger, hinten von links Ernst Weyersberg, Kurt Körzer; mittlerere Reihe von links Karl Mezger, Hans Martens, Helmuth Bott, Adolf Schneider; vordere Reihe von links Herbert Linge, Karl Schilling, Eberhard Storz und Helmut Rombold.

NOCH IMMER NICHT ENTSCHIEDEN: WIE SOLL DER OFFENE 901 AUSSEHEN?

Zwar ist ein offener 901 in Planung, Ergebnisse der Aufträge an Reutter und Karmann vom September 1962 stehen im Frühjahr 1963 offenbar aber noch aus. Jedenfalls beschäftigt sich Fritz Blaschka am 28. Mai 1963 erneut ausführlich mit den drei Konzepten, die die Karosseriefirmen untersuchen sollten:

»Betr.: Überlegungen für 901 – Cabriolet

1. Einfaches Rolldach, ähnlich den Opel-Cabrio-Limousinen von 1933–35, Wunsch des Herrn Tomala.

Vorteile:
Vollständige Beibehaltung des Gepäck- und Fahrgastraumes, einschl. der Notsitze wie beim Coupé, vollständige Beibehaltung des gesamten Geripperohbaues wie beim Coupé, ebenso der Außenhaut mit Ausnahme des vorderen Dachteiles, der durch Verdeckstoff überspannt werden soll.

Neu hinzu kommt also nur der feststehende Rollbügel, je ein Spannbügel vorn und hinten, an denen der Stoff befestigt ist und die den Anschluß an Frontscheibe und Rollbügel herstellen samt dazugehörigen Spannverschlüssen und Dichtungen sowie einige (2–3) im Stoff eingenähte und mit diesem einrollende Drahtspriegel. Die Dachholme werden vom Coupé übernommen, so dass die Türfenster ihre Dichtung behalten. Das Heckfenster kann entweder aus Glas und fest verbaut sein oder aus flexiblem Material und durch Reißverschluss trennbar.

Nachteile:
Starr stehenbleibende Seitenwände im Hauptsitzbereich, nur kleine freie Dachöffnung, umständliche und wegen des außen schmutzigen Verdeckstoffes unsaubere Handhabung nur bei stehendem Wagen, die von einer einzelnen Person nicht leicht bewerkstelligt werden kann, Beschmutzung des inneren Himmelstoffes beim Aufrollen, bei vollem vorderen Kofferraum schlechte Verstaumöglichkeit des zusammengerollten Verdeckstoffes samt Spannbügel und Drahtspriegel, Windschutzsäulen müssen verstärkt werden, um die Stoffspannung aufnehmen zu können.

Soll an Stelle des durchlaufenden Coupé-Hecks das vom Studio vorgeschlagene Stufenheck nach dem beigestellten Modell ausgeführt werden, sind trotz der primitiven Lösung der Verdeckfragen umfangreiche Änderungen nötig. Außerdem werden die Notsitze unbrauchbar. Dem unverhältnismäßig großen Aufwand steht also ein nur mäßiger Erfolg gegenüber, den der Käufer außerdem noch mit dem Verlust der Notsitze zahlen muß.

2. Starres, jedoch von Hand leicht lösbares Blechdach, von der Frontscheibe bis zum feststehenden Rollbügel reichend nach Gebrauchsmuster von Herrn Porsche jr.

Vorteile:
Wie bei Ausführung 1, jedoch nur dann, wenn die Coupé-Form mit durchlaufendem Heck beibehalten wird. Soll das vom Studio vorgeschlagene Stufenheck entsprechend dem beigestellten Modell zugrunde gelegt werden, muß man das Heck weitgehend ändern. Ebenso würden die

Notsitze unbrauchbar. Das Heckfenster kann wie bei Ausführung 1 entweder starr oder flexibel vorgesehen werden.

Nachteile: Auch hier starr stehenbleibende Seitenwände im Hauptsitzbereich, nur kleine, freie Dachöffnung, umständliche Handhabung nur bei stehendem Wagen im Gegensatz zu einem regulären Stahl-Schiebedach, bei dem der freie Dachausschnitt allerdings noch kleiner ist. Bei vollem vorderen Kofferraum überhaupt keine Verstaumöglichkeit für das abgenommene Blechdach, Beschmutzung des Kofferraumes durch das darin befindliche verstaubte Dach. Fixierungspunkte im Kofferraum für das abgenommene Blechdach müßten vorgesehen werden, um Lackschäden daran und Klappern zu vermeiden.

3. Normales Klapp-Cabriolet mit allseitig und weitgehend versenkbaren Bauteilen.

Vorteile:
Alle Annehmlichkeiten, die eben nur ein reguläres vollwertiges Cabriolet bieten kann. Wird die Coupéform mit durchlaufendem Heck beibehalten, kann auch hier der Geripperohbau sehr weit beibehalten werden, desgleichen alle in Betracht kommenden Außenhautteile, wenngleich naturgemäß nicht im gleichen Umfang wie bei Ausführung 1 und 2. Wird das mehrfach erwähnte eingesattelte Stufenheck ausgeführt, fallen entsprechend der anderen Heckform weitere Änderungen an.

Nachteile:
Die Notsitze sind nur bei geschlossenem Verdeck und durchlaufendem Heck nach der Coupéform voll verwendbar, bei offenem Verdeck dagegen vielleicht noch für Kinder. Beim Stufenheck sind sie auf jeden Fall unverwendbar. Da man beim Entwurf des Coupés keine Rücksicht auf ein Cabriolet genommen hat, sind nun Änderungen bzw. Nacharbeiten an Türen, Türfenstern und am Heckdeckel erforderlich, um den Rollbügel vollständig versenken zu können.«

F. A. Porsche und Heinrich Klie schreiben dazu in ihrer Retrospektive:

»Parallel [...] wurde am Entwurf eines Cabriolets T8 gearbeitet, dessen besondere Merkmale folgende sind:
1. geringfügig geänderte Karosserie des Coupé T8;
2. umlegbarer oder fester Bügel unmittelbar hinter dem Türausschnitt;
3. abnehmbares, aber in sich festes Dachteil aus Blech oder Kunststoff, welches im Bugraum untergebracht werden kann, oder Stoffverdeck einrollbar;
4. Heckscheibe aus Klarsichtfolie mit Reißverschlussbefestigung am Bügel;
5. Heckoberteil bis zum Kotflügelanschluß und hinterem Deckel so verändern, daß eine abgesattelte Form entsteht.«

Notiz

Betr.: Überlegungen für 901 - Cabriolet

1. Einfaches Rolldach, ähnlich den Opel-Cabrio-Limousinen von 1933-35, Wunsch des Herrn Tomala.

   Vorteile:
   Vollständige Beibehaltung des Gepäck- und Fahrgastraumes, einschl. der Notsitze wie beim Coupe, vollständige Beibehaltung des gesamten Geripperohbaues wie beim Coupe, ebenso der Außenhaut mit Ausnahme des vorderen Dachteiles, der durch Verdeckstoff überspannt werden soll.
   Neu hinzu kommt also nur der feststehende Rollbügel, je ein Spannbügel vorn und hinten, an denen der Stoff befestigt ist und die den Anschluß an Frontscheibe und Rollbügel herstellen samt dazugehörigen Spannverschlüssen und Dichtungen sowie einige (2 - 3) im Stoff eingenähte und mit diesem einrollende Drahtspriegel.
   Die Dachholme werden vom Coupe übernommen, so dass die Türfenster ihre Dichtung beibehalten. Das Heckfenster kann entweder aus Glas und fest eingebaut sein oder aus flexiblem Material und durch Reißverschluß trennbar.

   Nachteile:
   Starr stehenbleibende Seitenwände im Hauptsitzbereich, nur kleine freie Dachöffnung, umständliche und wegen des außen schmutzigen Verdeckstoffes unsaubere Handhabung nur bei stehendem Wagen, die von einer einzelnen Person nicht leicht bewerkstelligt werden kann, Beschmutzung des inneren Himmelstoffes beim Aufrollen, bei vollem vorderen Kofferraum schlechte Verstaumöglichkeit des zusammen gerollten Verdeckstoffes samt Spannbügel und Drahtspriegel.
   Windschutzsäulen müssen verstärkt werden um die Stoffspannung aufnehmen zu können.
   Soll an Stelle des durchlaufenden Coupe-Hecks das vom Studio vorgeschlagene Stufenheck nach dem beigestellten Modell ausgeführt werden sind trotz der primitiven Lösung der Verdeckfragen umfangreiche Änderungen nötig. Außerdem werden die Notsitze unbrauchbar. Dem unverhältnismäßig großen Aufwand steht also ein nur mäßiger Erfolg gegenüber, den der Käufer außerdem noch mit dem Verlust der Notsitze zahlen muß.

2. Starres, jedoch von Hand leicht lösbares Blechdach, von der Frontscheibe bis zum feststehenden Rollbügel reichend nach Gebrauchsmuster von Herrn Porsche jr..

   Vorteile:
   Wie bei Ausführung 1, jedoch nur dann, wenn die Coupe-Form mit durchlaufendem Heck beibehalten wird. Soll das vom Studio vorgeschlagene Stufenheck entsprechend dem beigestellten Modell zugrunde gelegt werden muß man das Heck weitgehend ändern. Ebenso würden die Notsitze unbrauchbar. Das Heckfenster kann wie bei Ausführung 1 entweder starr oder flexibel vorgesehen werden.

   Nachteile:
   Auch hier starr stehenbleibende Seitenwände im Hauptsitzbereich, nur kleine, freie Dachöffnung, umständliche Handhabung nur bei stehendem Wagen im Gegensatz zu einem regulären Stahl-Schiebedach, bei dem der freie Dachausschnitt allerdings noch kleiner ist.

-2-

- 2 -

   Bei vollem vorderen Kofferraum überhaupt keine Verstaumöglichkeit für das abgenommene Blechdach. Beschmutzung des Kofferraumes durch das darin befindliche verstaubte Dach. Fixierungspunkte im Kofferraum für das abgenommene Blechdach müßten vorgesehen werden, um Lackschäden daran und Klappern zu vermeiden.

3. Normales Klapp-Cabriolet mit allseitig und weitgehend versenkbaren Bauteilen.

   Vorteile:
   Alle Annehmlichkeiten, die eben nur ein reguläres vollwertiges Cabriolet bieten kann. Wird die Coupeform mit durchlaufendem Heck beibehalten, kann auch ~~für~~ hier der Gerippe-Rohbau sehr weit beibehalten werden, desgleichen alle in Betracht kommenden Außenhautteile, wenngleich naturgemäß nicht im gleichen Umfang wie bei Ausführung 1 und 2. Wird das mehrfach erwähnte eingesattelte Stufenheck ausgeführt fallen entsprechend der anderen Heckform weitere Änderungen an.

   Nachteile:
   Die Notsitze sind nur bei geschlossenem Verdeck und durchlaufendem Heck nach der Coupeform voll verwendbar, bei offenem Verdeck dagegen vielleicht noch für Kinder. Beim Stufenheck sind sie auf jeden Fall unverwendbar. Da man beim Entwurf des Coupes keine Rücksicht auf ein Cabriolet genommen hat sind nun Änderungen bezw. Nacharbeiten an Türen, Türfenstern und am Heckdeckel erforderlich, um den Rollbügel vollständig versenken zu können.

28.5.1963
KB/Bla/Gt.

Verteiler:
Herrn Porsche jr.

Konstrukteur Fritz Blaschka schildert in seiner Notiz vom Mai 1963 die Vor- und Nachteile der drei Cabriolet-Konzepte aus seiner Sicht. Der Adressat: Ferdinand Alexander Porsche.

Wie bei der Transformation vom 695 zum 901 wird die abgesattelte Form – also der Knick zwischen Heckscheibe und Motordeckel – später so geglättet, dass der Targa die ununterbrochen fließende Linie des Coupés übernimmt. Diese Lösung hat zudem wirtschaftliche Vorteile: Kotflügel, Türen und Hauben können unverändert vom Coupé übernommen werden. Der breite Bügel sorgt überdies für ausreichende Steifigkeit des gesamten Rohbaus.[15]

Am 10. Juni 1963 sind es nur noch drei Monate bis zur Eröffnung der IAA in Frankfurt. Längst hat es sich in der Autobranche herumgesprochen, dass Porsche ein komplett neues Modell entwickelt hat und auf der Automesse erstmals der Öffentlichkeit präsentieren will. Auf ihrer turnusmäßigen Besprechung an diesem Tag wird die Geschäftsleitung darüber informiert, dass die Quick, Deutschlands erste Illustrierte der Nachkriegszeit, »zur Zeit der Frankfurter Automobil-Ausstellung auf der Titelseite unseren T8-Wagen zeigen« wird. »Die Innenausstattung des Wagens Nr. 1 soll farblich für die Aufnahmen des T8 hergerichtet werden. Die Styling-Abtlg. wird die Ausstattung festlegen. Für die Ausführung des rückwärtigen Deckels muß noch eine Lösung gefunden werden. Das Fahrzeug soll ab Anfang August für die Foto-Aufnahmen zur Verfügung stehen.«

[15] Die oft als Ursache des Targa-Konzeptes zitierte Diskussion über Fahrzeugsicherheit in den USA, verbunden mit einem möglichen Verbot klassischer Cabriolets, ist angesichts der zeitlichen Unterschiede zweifelhaft: Während der Targa bereits 1962 als Lösungsvorschlag existiert, erscheint erst drei Jahre später das Buch »Unsafe at Any Speed«. In diesem Buch klagt Verbraucheranwalt Ralph Nader unter anderem die Unsicherheit von klassischen Cabriolets an. 1966 löst das Buch Anhörungen im US-Kongress aus, die schließlich zum freiwilligen Verzicht der US-Hersteller führen, zwischen 1976 und 1982 Cabriolets herzustellen. Unabhängig davon spielte der Sicherheitsgedanke bei der Konzeption des Targa dennoch eine Rolle.

KONZEPTÜBERLEGUNG WIE EINST BEIM T7: 901 STATION-CAR

Form und Grundkonzept des 901 Coupés stehen jetzt fest. Die weitere Entwicklung konzentriert sich auf die neue Technik mit den Schwerpunkten Antrieb und Fahrwerk. Die offene Version des 901 ist in Untersuchung, welches der drei zur Diskussion stehenden Konzepte den Zuschlag erhält. Doch damit sind die Ideen rund um den 901 noch nicht erschöpft. So beschließt das Management am 24. Juni 1963: »Wenn unsere vordringlichen Entwicklungsaufgaben T8 abgeschlossen sind, soll die Styling-Abteilung die Möglichkeit eines sportlichen Station-Cars auf dem Fahrgestell T8 untersuchen.« Schon jetzt denkt Porsche offenbar an eine Erweiterung der Modellpalette um eine familientaugliche Variante des künftigen Sportwagens. Und Kombis verzeichnen in den USA stetige Zuwächse. Auch hierzulande bricht die Autoproduktion alle Rekorde: 1,2 Millionen Fahrzeuge werden im ersten Halbjahr 1963 in Deutschland hergestellt – eine Steigerung um rund 16 Prozent gegenüber 1962 und ein neuer Rekord. Der Export steigt sogar um 19 Prozent. An diesem Boom will Porsche teilhaben.

Bereits vor der Weltpremiere des 901 beginnen Überlegungen für weitere Varianten. Neben dem Cabriolet steht ein Station Car zur Diskussion. Dazu passt dieses Modell eines Shooting Brake.

PROTOTYPEN FÜR DIE MESSEN

Im Juli verdichten sich die Vorbereitungen für die Weltpremiere des 901 auf der IAA. Zunächst fasst Erwin Komenda am 3. Juli 1963 die Fakten der unter seiner Leitung technisch durchkonstruierten Karosserie im Entwurf einer Kurzbeschreibung zusammen. Wenige Tage später beschließt die Geschäftsführung, der Ausstellungswagen T8 soll »eine Luxusausstattung erhalten, möglichst perforiertes Leder [...] eventuell auf Wunsch Stoffausstattung.« Allerdings hapert es noch mit der Fertigstellung des Schaustücks. Für die Weltpremiere auf der IAA vorgesehen ist der Prototyp mit der Karosserienummer 5 und der Fahrgestellnummer 13 325. Er wurde zeitgleich mit Prototyp 6, der auf dem Chassis 13 326 entsteht, bei Karmann in Auftrag gegeben. Es sind die ersten Karosserien, die Karmann beisteuert. Hans Tomala schreibt am 17. Juli 1963 an Karmann: »Bei der Bestellung dieser beiden Karosserien wurde von uns gewünscht, daß sie so rechtzeitig fertig sind, daß sie auf der Ausstellung in Frankfurt gezeigt werden können. Nachdem es uns nicht möglich war, Ihnen alle Unterlagen, Modelle und Teile so termingerecht zu übersenden, daß Sie ohne Aufenthalt an diesen Karosserien arbeiten hätten können, wird nur die Karosserie Nr. 5 bzw. der mit dieser Karosserie komplettierte Wagen in Frankfurt ausgestellt.« Die fehlenden Komponenten sollen umgehend nachgeliefert und die Karosserie in Zusammenarbeit mit einem Porsche-Konstrukteur für den Einbau der Kabelbäume vorbereitet werden. Denn die Zeit wird immer knapper: »Wir bitten Sie nochmals, alles daran zu setzen, daß die Karosserie Nr. 5 am 27.7.1963 zu uns überführt werden kann, damit wir diese Karosserie vor den Betriebsferien der Firma Reutter lackiert bekommen und während unseren Betriebsferien Fahrwerk und Motor montieren können.« Die Karosserie Nr. 6 ist für den Pariser Salon bestimmt, der am 3. Oktober 1963 beginnt.

Prototyp Nummer 3, Spitzname »Blaumeise«, dient anfangs der Fahrwerkerprobung.

Die Vorbereitungszeit ist dringend nötig, denn bei den ersten Montageversuchen zur Vorbereitung der Serienfertigung stehen die Mechaniker noch vor vielen Baustellen. Testobjekt ist der dritte Prototyp des 901 mit der Fahrgestellnummer 13 323. Die beiden ersten Fahrzeuge wurden von Reutter aufgebaut. Anfang Juli beschreibt Rolf Wütherich vom Fahrversuch in einer Aktennotiz »vorläufige Montageschwierigkeiten« beim 901 Nummer 3. Neben dem Zeitaufwand für den Austausch von Teilen und nicht passenden Aufhängungspunkten an der Karosserie beklagt er auch Mängel in der Konstruktion. Große Probleme macht etwa der Einbau des vorderen Federbeines. »Begründung: Oberer Stoßdämpfergummi hat zu große Vorspannung, das Gewinde an der Stoßdämpfer-Kolbenstange ist zu kurz, darf aber nicht länger sein, weil sonst die vordere Haube nicht schließt.« An manchen Stellen hilft dann nur noch »Kaltverformung«.

Der fünfte Prototyp des 901 mit der Fahrgestellnummer 13325 erhält die erste von Karmann gelieferte Karosserie. Sein Fahrwerk verfügt bereits über die Vorderachse mit Hilfsrahmen und die Längslenker-Hinterachse.

Entwurf

Kurzbeschreibung

der Porsche-Karosserie Coupe 901.
Linkslenker-Ausführung Typ 901

1. Rohbau: Ganzstahlausführung mit festem Dach. Selbsttragender Verbundbau mit Bodenrahmen. Durchlaufende Einschalen-Außenhaut vom Windschutz bis zum Heckende. Vorderkotflügel abnehmbar.

2. Türen: Ganzstahlausführung, je eine Tür links und rechts, Scharnierseite vorn, Schloßseite hinten. Die Türaußengriffe mit Druckknopf-Betätigung und von außen mit gleichen Schlüsseln abschließbar. Innensicherung durch Knopfbetätigung auf der Türschlüsselleiste. Das Türhauptschloß ist ein Kniehebelschloß mit Schließkeil und Türführung. Ein verdeckter Türhalter mit Bremse, Armlehne als Zuziehgriff und Innendrücker darunter sind eingebaut.

3. Deckel: Bug- und Heckdeckel sind mit innen liegenden Scharnieren ausgestattet und mit Gewichtsausgleich zum Offenhalten der Deckel. Die eingebauten Schlösser sind nur vom Wageninnern aus durch Drahtzug zu öffnen.
(Die Schloßsperrung des Bugdeckels öffnet sich wenn der Deckelzug reißt).
Der Bugdeckel ist gegen Aufspringen besonders gesichert.
Der Heckdeckel trägt die Belüftungsgitter.

4. Fenster:
4.1 Die Windschutzscheibe ist eine einteilige, gebogene Rundsichtscheibe aus Schichtglas und in Gummiprofil mit Metallzierleiste gelagert.
4.2 Die Türscheiben bestehen aus gebogenem Hartglas und sind mittels Fensterkurbelapparat versenkbar. Sie sind in verchromten Messingrahmen mit Plüschprofil geführt.
4.3 Das Drehfenster in der Tür ist aus Hartglas mit verchromtem Rahmen. Es wird durch eine Bremse in jeder Stellung gehalten und in geschlossenem Zustand durch einen mit Sicherung versehenen Riegel verschlossen.
4.4 Die hinteren Seitenscheiben sind aus gebogenem Hartglas mit verchromtem Rahmen
4.5 Die Rückwandscheibe ist sphärisch, aus Hartglas und im Gummiprofil mit Metallzierleiste gelagert.

-2-

3-7-63 KB/Kü/Gt.	Dr.-Ing. h. c. F. Porsche K.-G. Stuttgart-Zuffenhausen	901.002.501.00 Blatt 1

- 2 -

5. Schalttafel:

Die Schalttafel ist mittragend verschweißt und enthält die Aufnahmeöffnungen für Instrumente und Betätigungen sowie einen Ablagekasten mit abschließbarem Klappdeckel. Abschluß der Schalttafel nach oben durch eine nicht spiegelnde Abdeckung mit gepolsterter Wulsthinterkante.
Eingebaut sind:
1 Drehzahlmesser mit Öltemperatur- und Öldruckanzeige, Kontrolleuchten für Batterieladung und Blinkleuchten.
1 Geschwindigkeitsmesser mit Wegstreckenzähler und Tageszähler, Kraftstoffanzeige mit Reservewarnleuchte, Fernlicht- und Handbremskontrolleuchten sowie Begrenzungslicht- und Nebellichtkontrollleuchten.
1 Lichtschalter mit Regler für Instrumentenbeleuchtung
1 elektr. Zigarrenanzünder
1 Handschuhkastenleuchte mit selbsttätigem Schaltkontakt
2 Türkontaktschalter für Innenleuchten
1 Schalter für Frischluftklappenbetätigung
1 Aschenbecher
1 Haltegriff für Beifahrer neben dem Ablagekasten.
1 Radioblende (Einbau eines Radiogerätes auf Sonderwunsch).

6. Elektr. Einrichtung:

Der Kabelsatz wird mit Sicherungsdose, Relais usw. anschlußfertig verlegt. Angeschlossen sind die in der Schalttafel befindlichen Einrichtungen (siehe oben), sowie Anschlüsse zu Batterie und Anlasser, Radio, Nebelscheinwerfer und anderen elektrischen Geräten.
Sämtliche Leuchten und die Scheinwerfer sind mit Glühlampen versehen.
Asymmetrische "ES"-Scheinwerfer mit Fern- und Abblendlicht.
1 Paar vordere Blink-Begrenzungsleuchten. Begrenzungsleuchte als Parkleuchte schaltbar.
1 Paar Heckleuchten; jede Leuchte enthält Brems-, Schluß- und Rückleuchte und Rückstrahler (Schlußleuchte als Parkleuchte schaltbar.
1 Anlasser-Batterie

Am Schaltblock des Lenkradlagers:
1 Einhebelschalter linksseitig für Blinker-, Abblend- u. Lichthupenbetätigung
1 Einhebelschalter rechtsseitig für Scheibenwischer- und Scheibenwascherbetätigung
1 Zündanlaß-Lenksperrschloß (mit Anlaßwiederholsperre), rechtsseitig.

1 Druckknopf für Signalhorn auf der Lenkrad-Nabe
2 Kennzeichenleuchten
1 Tandem-Scheibenwischeranlage, dreistufig schaltbar
1 Paar Starktonhörner (Zweiklang)
2 Innenleuchten am Dachrahmen links und rechts
1 Scheibenwaschanlage

-3-

3.7.63 KB/Kü/Gt.	Dr.-Ing. h. c. F. Porsche K.-G. Stuttgart-Zuffenhausen	901.002.501.00 Blatt 2

Erwin Komenda, Leiter der Karosseriekonstruktion, fasst im Juli 1963 die Eigenschaften der 901-Karosserie einschließlich elektrischer Anlage und Interieur in einer Kurzbeschreibung zusammen.

- 3 -

1 Schaltkontakt zur Handbremskontrolle
1 Rückfahrleuchtenschalter am Getriebe
1 Kofferraumleuchte mit selbsttätigendem Schaltkontakt

7. Heizung und Lüftung:

Für die Karosserie sind folgende Varianten von Heizung und Lüftung vorgesehen:

7.1 Motorheizung mit Temp.Regelung durch Frischluftzufuhr vom Motorgebläse

7.2 Frischluftzufuhr von vorn durch Luftschlitze im Windlauf.

Die Rohkarosserie ist grundsätzlich für den Einbau der Motorheizung vorgesehen.
Es sind alle Kanäle, Rohre, Anschlußlöcher usw. für den Einbau der Heizung und Lüftung vorhanden.

zu Punkt 7.1
Warmluftzuführung vom Motor durch Kanäle in den Längsträgern zum Wageninnern, zur Windschutzscheibe, Rückwandscheibe und Türscheiben. Die Betätigung für die Motorheizung befindet sich auf dem Mitteltunnel vor dem Schalthebel und kann beliebig ganz oder teilweise geöffnet werden.
Die Warmluftöffnungen zur Beheizung des Wageninnern können durch Schieber an den Längsträgern (vorn links und rechts) ganz oder teilweise geschlossen werden.

zu Punkt 7.2
Für die Frischluftzuführung von vorn sind im Windlauf vor der Windschutzscheibe Lufteintrittsschlitze angebracht, Darunter ist ein Luftfangtrichter, der das mit der Luft eintretende Wasser im Wasserkasten abscheidet. Das Wasser wird durch einen Schlauch abgeleitet. Die Frischluft tritt nur aus einer in der Mitte der Windschutzscheibe angebrachten Düse in das Innere der Karosserie. Die Menge kann durch eine Regulierklappe im Wasserkasten eingestellt werden. Der Betätigungshebel befindet sich an der Schalttafel.

8. Sitze: Vorne 2 Sitze mit vorklapp- und verstellbarer Rückenlehne (Liegesitze). Beifahrer-Rückenlehne mit Sicherung gegen Vorklappen. Sitze auf Federkästen gearbeitet, Rückenlehne mit Gummifederung. Im Fond ein 2-sitziger Notsitz mit geteilter Rückenlehne, diese vorklappbar als Gepäckauflage.

9. Gepäckräume:

Der Gepäckraum befindet sich unter dem vorderen Deckel, außerdem ist das Reserverad, die Batterie und das Werkzeug untergebracht.
Als weiterer Gepäckraum ist der Wagenfond vorgesehen. in dem bei vorgeklappter Notsitzrückenlehne eine breite, ebene Gepäckauflage entsteht.

-4-

3.7.63 KB/Kü/Gt.	Dr.-Ing. h. c. F. Porsche K.-G. Stuttgart-Zuffenhausen	9o1.oo2.5o1.oo Blatt 3

- 4 -

10. Pufferstangen:

Die Pufferstangen sind an Bug und Heck lösbar aufgehängt und mit Leichtmetallzierleisten mit Plastikeinlage versehen.
Pufferhörner sind an der hinteren Pufferstange.
Vorn können auf Wunsch Hörner angebracht werden.
Pufferstangen innen und außen in Wagenfarbe lackiert.

11. Beschläge: 11.1 Verkehrstechnische Beschläge:
1 Abblendbarer Innenrückblickspiegel
2 Sonnenblenden (vor dem Beifahrer mit Spiegel)
1 Außenrückblickspiegel (Inland serienmäßig, Ausland SW.)

11.2 Zierbeschläge, Oberflächen:
Zierleisten für Pufferstangen, Türeinstieg, Windschutzscheibe und Rückwandscheibe sowie Belüftungsgitter in Leichtmetall mit Hochglanz-Oberfläche.
Tür- und Seitenfensterrahmen, Aussteller, Fensterkurbel, Türaußengriffe, vorderer Deckelgriff, Scheinwerferringe, Gehäuse für Schluß-Brems-Licht, Außen- und Innen-Rückblickspiegel nichtrostender Stahl (Halter verchromt).
Schriftzeichen "PORSCHE" vergoldet.
Scheibenwischerarme und -Blätter alu-lackiert.

12. Bodenbelag:

Gummimatten vor den Fahrersitzen, über dem Tunnel und im Fond Sperrholzauflagen an der Pedalquerwand. Kofferraum vorn mit einer Matte ausgelegt.

13. Lackierung:

Alle Karosserieteile, die nach der Rohbaumontage miteinander Hohlräume bilden (Längs- und Querträger, Pfosten, Säulen, Verdeckholme und Abschlußbügel usw.), sind vor dem Zusammenpunkten an den die Hohlräume bildenden Flächen mit Rostschutzfarbe zu versehen, desgleichen müssen sämtliche Punktschweißnähte mit Punktschweißfarbe rostgeschützt werden, ebenso die Tür- und Deckelfalznähte.

Nach dem Zusammenbau wird die Rohkarosserie sauber entfettet und entrostet. Alle mit Zinn ausgebesserten Stellen dürfen kein Abblättern der Grundierung zur Folge haben. Die Grundierung wird eingebrannt und danach gespachtelt, der Spachtel wird eingebrannt, geschliffen und der Vorlack gespritzt und gebrannt. Dieser wird ebenfalls geschliffen, danach der Decklack gespritzt und gebrannt. Alle Fugen, durch die Wasser in die Karosserie eindringen kann, müssen mit Karosserie-Abdichtzement vor dem Spritzen des Decklackes abgedichtet werden. Die Farbtöne sind auf den Farbkombinations-Blättern festgelegt.

-5-

3.7.63 KB/Kü/Gt.	Dr.-Ing. h. c. F. Porsche K.-G. Stuttgart-Zuffenhausen	9o1.oo2.5o1.oo Blatt 4

- 5 -

14. Innenausstattung:

Der Seitenausschlag des Fonds, die Fondrückwand die Türen mit Taschen und Armlehne als Zuziehgriff, die Türpfosten links und rechts, sind wie die Seitenbahn der Sitze und die Rückwände der Vordersitzlehnen mit Kunstleder ausgeführt.
Die Schalttafelabdeckung und die Fensterleisten sind mit Kunstleder bespannt. Der Himmel, die Tür- und Fenstersäulen, sowie die Sonnenblenden sind mit Kunstleder bespannt (Himmel perforiert).
Die Seiten des Fahrersitzraumes, Längsträger, Tunnel im Fondraum und Hinterseite der Notsitzrückenlehne sind mit Teppich verkleidet.
Die Farben und Qualität des Polsterstoffes, Kunstleders, Teppiche usw. sind auf den Farb-Kombinations-Blättern festgelegt.

15. Zubehör:

1 Schlüsseltäschchen mit:
- 2 Türschlüssel
- 2 Schlüssel für Zündanlaß-Sperrschloß
- 2 Schlüssel für Handschuhkastenschloß

1 Porsche-Lackstift in Wagenfarbe
1 Pflegeanweisung für die Karosserie.

16. Entdröhnung:

16.1 Spritzen

16.11 Außenteile

Gesamter Boden und Rahmen von Bug bis Heck einschließlich der Hohlräume in der Vorder- und Hinterachse, alle Radkästen und Kotflügel, Bug- und Heckaußenhaut auf der Innenseite mit Entdröhnungsmittel.
Schwer zugängliche Stellen bei Bug und Heck nur mit Chassislack gespritzt oder gestrichen.

Besondere Verstärkung der Kotflügel gegen Steinschlag ist nicht vorgesehen.
Die ganze Karosserie-Unterseite kann, aber muß keinen Chassislack-Erstanstrich haben.

16.12 Innenräume

Bodenblech im Fahrgastraum einschließlich vorderer Querwand und Batteriekastenwand, hinteres Tunnelstück, hintere Radlaufkästen, Motorrückwand, Auflage des Notsitzkissens, Türschächte vor den Scharniersäulen links und rechts einmal mit Entdröhnungsmittel (letzteres bei Bedarf in Wagenfarbe) überspritzen.

Innenraum der Türen einmal mit Chassislack vorspritzen, einmal mit Entdröhnungsmittel. Vorderer Innenraum, Schloßquerwand, Radkästen, Tankraumboden, Querwand vorn, Kofferboden und Batterieraum einmal mit Entdröhnungsmittel.

-6-

3.7.63 KB/KH/Gt.		Dr.-Ing. h. c. F. Porsche K.-G. Stuttgart-Zuffenhausen	9o1.oo2.5o1.oo Blatt 5

- 6 -

16.13 Motorraum

Motorraum allseitig (Vorderwand, Seitenwände, Rückwand, Motorabschlußbleche) zweimal mit Entdröhnungsmittel gespritzt.

16.2 Weitere Entdröhnungsmaßnahmen, mit Dämpfungsmaterial ausgeklebt:

16.21 Bugraum

Kofferboden, Querwand.

16.22 Fahrgastraum

Pedalquerwand, Batteriekastenwand, Fußboden, Tunnel seitlich, Fersenblech, Notsitz und Kofferboden. Ferner Längsträger, hintere Radlaufkästen, Fondrückwand und Dach.

Hohlraum zwischen Dach und Fondrückwand in vorgesehener Nut beim Rohbau mit Schaumstoff ausgefüllt.

16.23 Motorraum

Gesamter Motorraum einschließlich Motorraumabdeckblech.

16.24 Außenteile

Getriebeboden, Getriebemulde (Sitzmulde und Türschacht vorn.

16.3 Getriebedeckel am Tunnelende:

Deckel auf der Unterseite mit Dämpfungsmaterial beklebt, auf der Oberseite mit Teppich.

Angaben über die Dämpfungsmaterialien, Anzahl der eingeklebten Schichten usw. siehe Stückliste bezw. Zeichnung.

17. Besondere Ausstattung:

Ein Deckel im linken Vorderkotflügel verdeckt den Kraftstoffeinfüllstutzen. Der Deckel ist mit Drahtzug nur vom Wageninnern zu öffnen.

3.7.63 KB/KH/Gt.		Dr.-Ing. h. c. F. Porsche K.-G. Stuttgart-Zuffenhausen	9o1.oo2.5o1.oo Blatt 6

Wintererprobung mit Prototyp Nummer 4, dessen Versuchsstand an den von der Heckschürze abgesetzten Endrohren deutlich wird.

SIEBEN PROTOTYPEN IN DER PIPELINE

Bis Ende Juli 1963 soll der dunkelblau lackierte Versuchswagen die Montagetests durchlaufen haben und anschließend getarnt in die Erprobung gehen. Er ist der dritte 901-Prototyp, der aufgebaut wird. Aktuell sind lediglich zwei Prototypen fertiggestellt: 901 Nummer 1 ist das weiß lackierte Vorführmodell, das noch mit Motor und Hinterachse aus dem 356 ausgerüstet ist und eine Vorderachse mit Fahrschemel hat. 901 Nummer 2 verfügt bereits über eine vorläufige Längslenker-Hinterachse und einen Sechszylindermotor, noch mit Nasssumpf. Der jetzt im Aufbau befindliche dritte 901-Prototyp ist nach dem finalen Konzept ausgelegt mit Hilfsrahmen-Vorderachse statt Fahrschemel, Längslenker-Hinterachse und 901-Motor. Wagen Nummer 4 entsteht ebenfalls bei Porsche und »sollte ursprünglich für die IAA vorbereitet werden. Die Karosse wird jedoch erst zu Beginn der nächsten Woche (29./30.7.) von der Flaschnerei fertiggestellt«, so eine Einsatzliste für die Prototypen vom Ende Juli 1963. Wagen Nummer 5 liefert Karmann am 29. Juli 1963 zum Lackieren an Reutter, wird danach vom Versuch mit der Innenausstattung versehen und als Ausstellungsfahrzeug vorbereitet. Die Karosserie von Wagen 6 ist am 25. August 1963 zur Lieferung von Karmann vorgesehen, wird blau lackiert und soll als Messefahrzeug für Ausstellungen im Ausland genutzt werden. Wagen Nummer 7, den Porsche komplett selbst aufbauen wird, geht in den Versuch. »Die Karosse wird voraussichtlich ab 26./27.8. fertiggestellt. Die Karossen 6 und 7 sind ohne die letzten stilistischen Finessen durchzuziehen.«

Programm 901

1. Karosserie: Hauptpunkte Motorlufteinlass und Abgasführung (Austritt).

2. Motor: Hauptpunkte Vergaser und Heizung

3. Fahrgestell: Hauptpunkte Lenkung

4. Getriebe: Teile für 10 Getriebe vorhanden.
5 Rohteile Getriebegehäuse kommen noch.
Davon 1 für Vorrichtungen (Betrieb)
1 für Verspannungsmessungen.

In der Zwischenzeit sind Vorversuche, soweit möglich, einzuleiten. (z.B. Triebling statisch belasten).

Fahrzeug allgemein:

Wagen 1: Fg. Nr. 13 321
Aufbau weiss lackiert, Reutter (1)
Bodengruppe Porsche
Vorderachse Fahrschemel
Hinterachse Serie 356 B
Bremse Girling

Wagen für Besichtigungs-u. Vorstellungszwecke.

Wagen 2: Fg. Nr. 13 322
Aufbau weiss lackiert, Reutter (2)
Bodengruppe Reutter I
Vorderachse Fahrschemel
Hinterachse Längslenker 901
Bremse Girling

Für Karosserie- und Motormessungen

Wagen 3: Fg.Nr. 13 323
Aufbau blau lackiert, Porsche (1)
Bodengruppe Porsche
Vorderachse Hilfsrahmen
Hinterachse Längslenker 901
Bremse Teves

Zur Zeit Versuchsmontage.

Fahrwerkserprobung

-2-

-2-

Wagen 4: Fg.Nr. 13 324
Aufbau gelb lackiert, Porsche (2)
Bodengruppe Porsche
Vorderachse Hilfsrahmen) Neuester Konstruk-
Hinterachse Längslenker 901) tionsstand
Bremse Girling

Dieser Wagen sollte ursprünglich für die IAA vorbereitet werden. Die Karosse wird jedoch erst zu Beginn der nächsten Woche (29./30.7.) von der Flaschnerei fertiggestellt. ~~Ausserdem ist es der Firma Reutter nicht möglich, diese Karosse noch vor dem Betriebsurlaub zu lackieren.~~

Wagen 5: Fg.Nr. 13 325
Aufbau gelb lackiert, Karmann (1)
Bodengruppe Porsche
Vorderachse Hilfsrahmen
Hinterachse Längslenker 901 *(handschriftlich:)* [illegible] P 900 008
Bremse Girling

Die Karosse kommt am 27.7. zur Firma Reutter und wird vor dem Betriebsurlaub fertig lackiert+) jedoch ohne Innenausstattung zur weiteren Montage dem Versuch überstellt werden.

Ausstellungswagen !!! +) und entdröhnt

Wagen 6: Fg.Nr. 13 326
Aufbau blau lackiert, Karmann (2)
Bodengruppe Porsche
Vorderachse Hilfsrahmen
Hinterachse Längslenker 901 *(handschriftlich:)* roter P 900 009
Bremse je nach Teile-Eingang Teves oder Girling

Karosse wird voraussichtlich am 25.8. im Hause sein.

*Farbe noch nicht festgelegt.

Wagen 7: Fg.Nr. 13 327 *(handschriftlich:)* Karmann !
Aufbau * lackiert, Porsche (3)
Bodengruppe Porsche
Vorderachse Hilfsrahmen
Hinterachse Längslenker 901
Bremse siehe Punkt 6.

Karosse wird voraussichtlich am 26./27.8. fertiggestellt.

Die Karossen 6 und 7 sind ohne die letzten stylistischen Finessen durchzuziehen.

TL-Mr/löb.
25.7.1963

(Morr)

In einer Übersicht listet Fahrversuchsleiter Helmuth Bott die wesentlichen Merkmale der aktuellen Prototypenflotte auf.

T8

Fahrzeuge Typ 901

	Fg.Nr.	Farbe	Kennzeichen	Aufbau gefertigt bei	Verwendungszweck	Vorderachse	Hinterachse	Bremsen	Motor	Montage	Bemerkung
1	13 321	weiß	ohne	Reutter	Vorführung Besichtig.	Fahrschemel	356 B	Girling	S 90	-	-
2	13 322	weiß, getarnt	HEC 626 USA	Reutter	Kaross.-u. Mot.Messungen	Fahrschemel	901 vorläufig	Girling, bekommt Teves	901 o.Tr.	-	"vereinf. Bodengrupp.
3	13 323	dunkelblau, getarnt	HEC 627 USA	Porsche	Versuchswg.	901	901	Girling bekommt Teves	901 m.Tr.	bis 31.7.	-
4	13 324	gelb	-	Porsche	Ausstellung Ersatz	901	901	Girling später Teves	901 m.Tr.	Aug.63	n.Ausstellg. Versuchswg.
5	13 325	gelb	-	Karmann	Ausstellung	901	901	Girling	901 m.Tr.	Aug.63	
6	13 326	quickblau	-	Karmann	Ausstellung Ausland	901	901	Girl.o. Teves	901 m.Tr.	Sept.63	
7	13 327		-	Porsche	Versuchswg.	901	901	Teves	901 m.Tr.	Sept.63	

Stgt.-Zuffenhausen, 29.7.1963
FV/Bo-scho

Bott
(Bott)

Verteiler:
H.Rombold
H.Morr
H.Knoerzer
FV

Sieben Prototypen des 901 sind im Sommer 1963 fertiggestellt oder in Arbeit.

Original erhaltener Kontaktabzug eines frühen Fotoshootings von 1963: Der zum Abdruck bestimmte Ausschnitt ist rot markiert.

SOMMER 1963: DER MUSTERBAU HINKT HINTERHER

Die Geschäftsleitung hält weiterhin am Termin für die Weltpremiere fest, obwohl die Vorbereitungen zur Serienfertigung von Verzögerungen geprägt sind. Im Juli 1963 kalkuliert Porsche »daß der Anlauf T8 im April[16] mit 1 Wagen pro Tag einsetzen wird; im Mai werden wir mit 2½ Wagen pro Tag rechnen können.« Bei einer Besprechung Ende August in Osnabrück moniert Karmann: »Bei Ablauf der Arbeiten zeigt es sich, daß durch den Wunsch der Fa. Porsche, jede anfallende Änderung vorher zu kalkulieren und erst nach Eingang einer gesonderten Bestellung durchzuführen, erhebliche Verzögerungen im terminlichen Ablauf eintreten.« Bei den Innenteilen sind bisher elf Urmodelle von Bauteilen von Porsche abgenommen, vier stehen kurz davor. 15 weitere fertiggestellte Modelle warten auf die Erstkontrolle von Karmann. Insbesondere die Passgenauigkeit der Urmodelle untereinander bereitet den Karosseriebauern Sorgen. »Da aber die Fa. Karmann aus terminlichen Gründen hierzu nicht in der Lage ist, erhebt sich die Frage, wenn später Unstimmigkeiten bei den abgepreßten Teilen, Urmodellen, Plastiken, Werkzeugen und Vorrichtungen auftreten, von wem die entstehenden Kosten, welche nicht unerheblich sein können, zu tragen sind.« Da zudem ein halbes Dutzend Zeichnungen von der Türschachtverstärkung bis zum Instrumenteneinsatz noch unklar ist, will Karmann für die Kosten der Nachbesserung nicht geradestehen. Weitere Verzögerungen sind damit programmiert.

---

[16] 1964

PROTAGONISTEN

WILHELM ALBRECHT
übernimmt unter Erwin Komenda in der Karosseriekonstruktion strategische Aufgaben. Er hält organisatorischen Kontakt zu den Karosseriewerken Reutter und Karmann.

HELMUTH BOTT
ist als Leiter des Fahrversuchs maßgeblich für die fahrdynamische Abstimmung des 901 zuständig. Er kommt 1952 als Betriebsassistent zu Porsche und steigt 1955 zum verantwortlichen Versuchsingenieur auf. Helmuth Bott betreut die Entwicklung von Serien- und Rennfahrzeugen und wird 1978 zum Entwicklungschef von Porsche ernannt. Zehn Jahre später geht er in den Ruhestand.

FRITZ BLASCHKA
bringt als Karosseriekonstrukteur die Form des von F. A. Porsche entworfenen Typ 695 mit der Plattform des Typ 754 zusammen. Er zeichnet eine Reihe von Karosserievarianten im Rahmen des Technischen Programms 7. Gemeinsam mit Erwin Komenda vereinbart er den Konstruktionsvertrag mit Karmann für den 754. Nach dem Scheitern des T9-Programms arbeitet er an der Entwicklung des 901 mit und wägt ausführlich die möglichen Konzepte für ein Cabriolet gegeneinander ab.

HANS HÖNICK
unterstützt die Entwickler des Sechszylinder-Sportmotors 901/2 ab Anfang 1963 und verfasst im Juni 1963 die technische Beschreibung für das Fahrgestell des T8/901. Er leitet seit 1959 die Gruppe Rennkonstruktionen und verantwortet unter anderem die Entwicklung von Motor und Chassis des Formel-1-Rennwagens Porsche 804. Hönick ist einer der kreativsten Ingenieure von Porsche, unter seinem Namen werden insgesamt 18 Patente angemeldet. Im Herbst 1963 verlässt er Porsche.

HANS GÜNTHER VON DER MARWITZ
konstruiert und entwickelt im Team mit Robert Binder den Sechszylindermotor. 1963 wird er im Motorenversuch für den leistungsstärkeren Sportmotor Typ 901/2 verantwortlich. Noch im selben Jahr folgt er Claus von Rücker zu BMW und wird dort später Chef der Motorrad-Fahrwerkentwicklung.

WILHELM KARMANN JUN.
baut ab 1961 in seinem Karosseriewerk in Osnabrück das Porsche 356 Hardtop-Coupé mit fest verschweißtem Dach. Gleichzeitig erhält er den Auftrag, die Karosserie des Typ 754 gemeinsam mit Porsche zur Serienreife zu entwickeln. Als das Programm T9 gestoppt wird, vereinbart Wilhelm Karmann mit Porsche die Mitarbeit bei der Entwicklung im T8-Programm. Karmann soll die Presswerkzeuge für die Außenhaut herstellen und wenig später als Reutter im Sommer 1964 mit der Aufnahme der Produktion des 901 beginnen. Das Unternehmen von Wilhelm Karmann liefert 1963 die ersten Urmodelle für das Exterieur des 901 und steuert zwei der ersten Prototypen bei.

KARL MEZGER
berechnet im Versuchsbereich Arbeitsvorbereitung und Kalkulation die Kosten für konstruktive Maßnahmen bei der Entwicklung des Sechszylindermotors. Später wechselt er mit gleicher Aufgabe in den Versuchsbereich Fahrgestell.

KARL KIRN
leitet von 1938 bis 1969 den Einkauf bei Porsche, ist Mitglied der Geschäftsführung und Prokurist. Er gehört zur Abteilung von Hans Kern.

KARL MOZELT
untersucht als Karosseriekonstrukteur das Packaging erster 695-Varianten auf Basis des 356. Später ist er Teil des Entwicklungsteams für die Karosserie des 901.

HANS SPANNAGEL
hat sich als Fahrwerkkonstrukteur auf die Bremsanlage konzentriert. Er erprobt gemeinsam mit Edgar Barth neue Bremsbeläge in einem Versuchswagen mit 695-Chassis und erfindet zusammen mit Claus von Rücker die innen umgriffene Bremsscheibe. Bei der Entwicklung des T8 denkt er über ein Scheibenbremssystem ohne Bremskraftverstärker nach und mahnt wegen voraussichtlicher Entwicklungsschwierigkeiten möglichst frühzeitige Versuche an.

WERNER STRIEN
leitet ab 1959 die Konstruktionsabteilung von Reutter und entwickelt zusammen mit dem Porsche-Konstrukteur Gerhard Schröder die Karosserie des 901. Nach dem Verkauf des Karosseriewerk Reutter in Zuffenhausen an Porsche wird dem Diplom-Ingenieur die technische Leitung bei Recaro im Stuttgarter Stammwerk übertragen. Dort ist Recaro das Nachfolgeunternehmen von Reutter und konzentriert sich auf die Entwicklung und Herstellung von Sitzanlagen.

ENDSPURT ZUR IAA

Karosserie und Interieur von Wagen Nummer 5 werden in den letzten Wochen vor der IAA per Hand für die Weltpremiere vorbereitet. Mit den aktuellen Lufteintrittsgittern in der Motorhaube ist Ferry Porsche noch nicht zufrieden, im Konstruktionsbüro wird derzeit »ein Gitter etwa nach den Wünschen von Herrn Porsche konstruiert.« Die verbaute Technik liegt allerdings noch signifikant hinter dem aktuellen Entwicklungsstand zurück. Ein Grundproblem: Die 901-Motoren mit Trockensumpf sind noch nicht verfügbar: »Die Trockensumpfmotoren haben ein schmaleres Kurbelgehäuse – ähnlich dem Carrera-Motor – woran der Trockensumpf schon äußerlich erkennbar ist«, erklärt Helmut Rombold in einem Schreiben an den Verkauf am 9. August 1963. »Für die Ausstellung haben wir aber noch keine Motoren mit solchen Gehäusen, sondern breite für einen Ölsumpf. Ich schlage vor, in den technischen Angaben nicht zu erwähnen, daß der Motor mit Trockensumpf arbeitet, und die Ausstellungswagen ohne Ölbehälter auszurüsten [...] zumal die Ölbehälter, Ölfilter und Entlüfterfrage noch keineswegs fertig entwickelt ist und auch dementsprechend unfertig aussieht.« Das gleiche Problem gibt es mit der motorabhängigen Heizung. Der Wärmetauscher ist noch in Konstruktion, eine Attrappe deshalb noch nicht darstellbar. Deshalb empfiehlt Helmut Rombold, »den Wärmetauscher wegzulassen und nur eben die Auspuffanlage nach dem derzeitigen Stand mit Abgasaustritt links hinten einzubauen.« Eine Fremdheizung ist »nicht vorgesehen«.

Weltpremiere: Auf der Internationalen Automobil-Ausstellung in Frankfurt zählt der Porsche 901 zu den Hauptattraktionen. Verkäufer und Standpersonal sind durchgehend ausgelastet.

Im August lässt Porsche die Katze endgültig aus dem Sack: In einer Pressemitteilung mit Sperrfrist zum 9. September 1963 wird über vier Seiten der neue »Porsche 6-Zylinder 2 Liter Typ 901« vorgestellt. Drei Tage vor der Eröffnung der IAA endet diese Sperrfrist. An diesem Montag besichtigen die Entscheidungsträger von Porsche unter Führung von F. A. Porsche zusammen mit einem Vertreter von Reutter den 901-Prototyp für die Ausstellung. Unter anderem sollen die Nebelleuchten noch unter die Stoßstange montiert und die Zierleisten aus optischen Gründen durch solche aus einheitlichem Material ersetzt werden.

Im Vordergrund steht jedoch die »Allgemeine Sprachregelung zur IAA«. Danach besteht die gesamte Innenausstattung serienmäßig aus Leder; Holzlenkrad und Chromfelgen zählen ebenso zur Serienausstattung. »Wagen für Probefahrten steht ca. 2–3 Wochen nach der letzten Ausstellung zur Verfügung.« Am gleichen Tag beschließt die Geschäftsleitung: »Der in Frankfurt erstmals ausgestellte Typ 901 mit Chromfelgen und Lederpolsterung kostet 23.900,-- DM. Die Cabriolet-Fertigung wird im Frühjahr 1965 anlaufen, der 6-Zylinder-Motor in Sportversion vier Monate nach Anlauf der Serie, das Schiebedach für das Coupé vier Monate nach Serienanlauf.«

Als am folgenden Donnerstag die Automesse in Frankfurt eröffnet wird, zählt der neue Porsche zu den meistumringten Neuheiten. »Unser Wagen, Typ 901, ist auf der Frankfurter Automobilausstellung gut angekommen«, bilanziert die Geschäftsleitung in ihrer turnusmäßigen Besprechung am 16. September 1963. »Dieses Fahrzeug muß nun fertigungsreif gemacht werden. Besonderes Augenmerk ist auf das Armaturenbrett, auf die Griffe und die Ausstattung zu richten. Es müssen Öldruckmesser, Ölstandmesser und Öltemperaturinstrumente untergebracht werden. Der Styling-Abtlg. soll eine Kraft zur Verfügung gestellt werden, die sich hauptamtlich mit der Verbesserung beschäftigen soll. Termin für die Vorschläge ist der 1. Dezember.«

DESTINATION 901.
ZIEL ERREICHT.

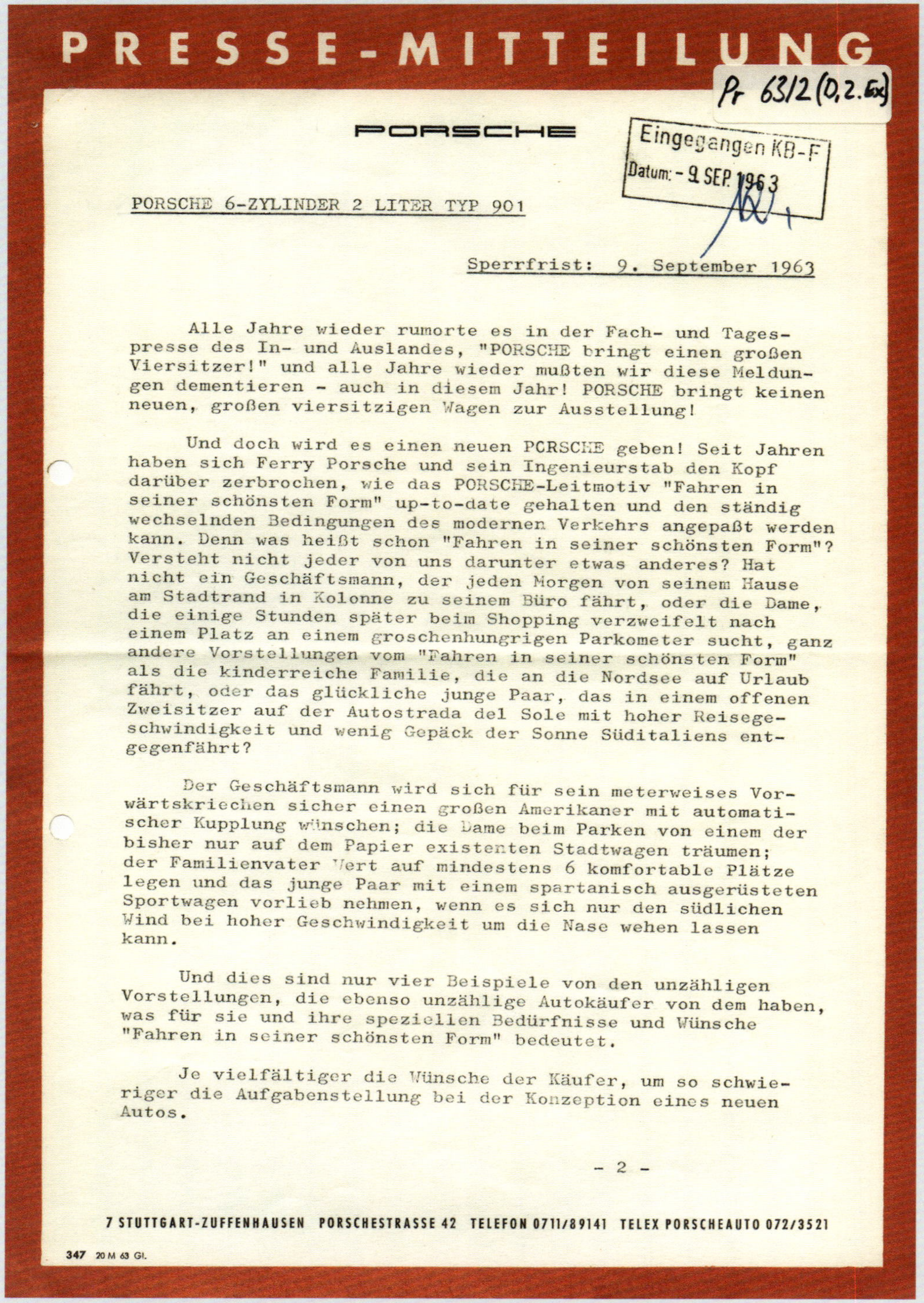

PRESSE-MITTEILUNG

PORSCHE

Pr 63/2 (0,2.Ex)

Eingegangen KB-F
Datum: - 9. SEP. 1963

PORSCHE 6-ZYLINDER 2 LITER TYP 901

Sperrfrist: 9. September 1963

Alle Jahre wieder rumorte es in der Fach- und Tagespresse des In- und Auslandes, "PORSCHE bringt einen großen Viersitzer!" und alle Jahre wieder mußten wir diese Meldungen dementieren - auch in diesem Jahr! PORSCHE bringt keinen neuen, großen viersitzigen Wagen zur Ausstellung!

Und doch wird es einen neuen PORSCHE geben! Seit Jahren haben sich Ferry Porsche und sein Ingenieurstab den Kopf darüber zerbrochen, wie das PORSCHE-Leitmotiv "Fahren in seiner schönsten Form" up-to-date gehalten und den ständig wechselnden Bedingungen des modernen Verkehrs angepaßt werden kann. Denn was heißt schon "Fahren in seiner schönsten Form"? Versteht nicht jeder von uns darunter etwas anderes? Hat nicht ein Geschäftsmann, der jeden Morgen von seinem Hause am Stadtrand in Kolonne zu seinem Büro fährt, oder die Dame, die einige Stunden später beim Shopping verzweifelt nach einem Platz an einem groschenhungrigen Parkometer sucht, ganz andere Vorstellungen vom "Fahren in seiner schönsten Form" als die kinderreiche Familie, die an die Nordsee auf Urlaub fährt, oder das glückliche junge Paar, das in einem offenen Zweisitzer auf der Autostrada del Sole mit hoher Reisegeschwindigkeit und wenig Gepäck der Sonne Süditaliens entgegenfährt?

Der Geschäftsmann wird sich für sein meterweises Vorwärtskriechen sicher einen großen Amerikaner mit automatischer Kupplung wünschen; die Dame beim Parken von einem der bisher nur auf dem Papier existenten Stadtwagen träumen; der Familienvater Wert auf mindestens 6 komfortable Plätze legen und das junge Paar mit einem spartanisch ausgerüsteten Sportwagen vorlieb nehmen, wenn es sich nur den südlichen Wind bei hoher Geschwindigkeit um die Nase wehen lassen kann.

Und dies sind nur vier Beispiele von den unzähligen Vorstellungen, die ebenso unzählige Autokäufer von dem haben, was für sie und ihre speziellen Bedürfnisse und Wünsche "Fahren in seiner schönsten Form" bedeutet.

Je vielfältiger die Wünsche der Käufer, um so schwieriger die Aufgabenstellung bei der Konzeption eines neuen Autos.

- 2 -

7 STUTTGART-ZUFFENHAUSEN PORSCHESTRASSE 42 TELEFON 0711/89141 TELEX PORSCHEAUTO 072/3521

347 20 M 63 Gl.

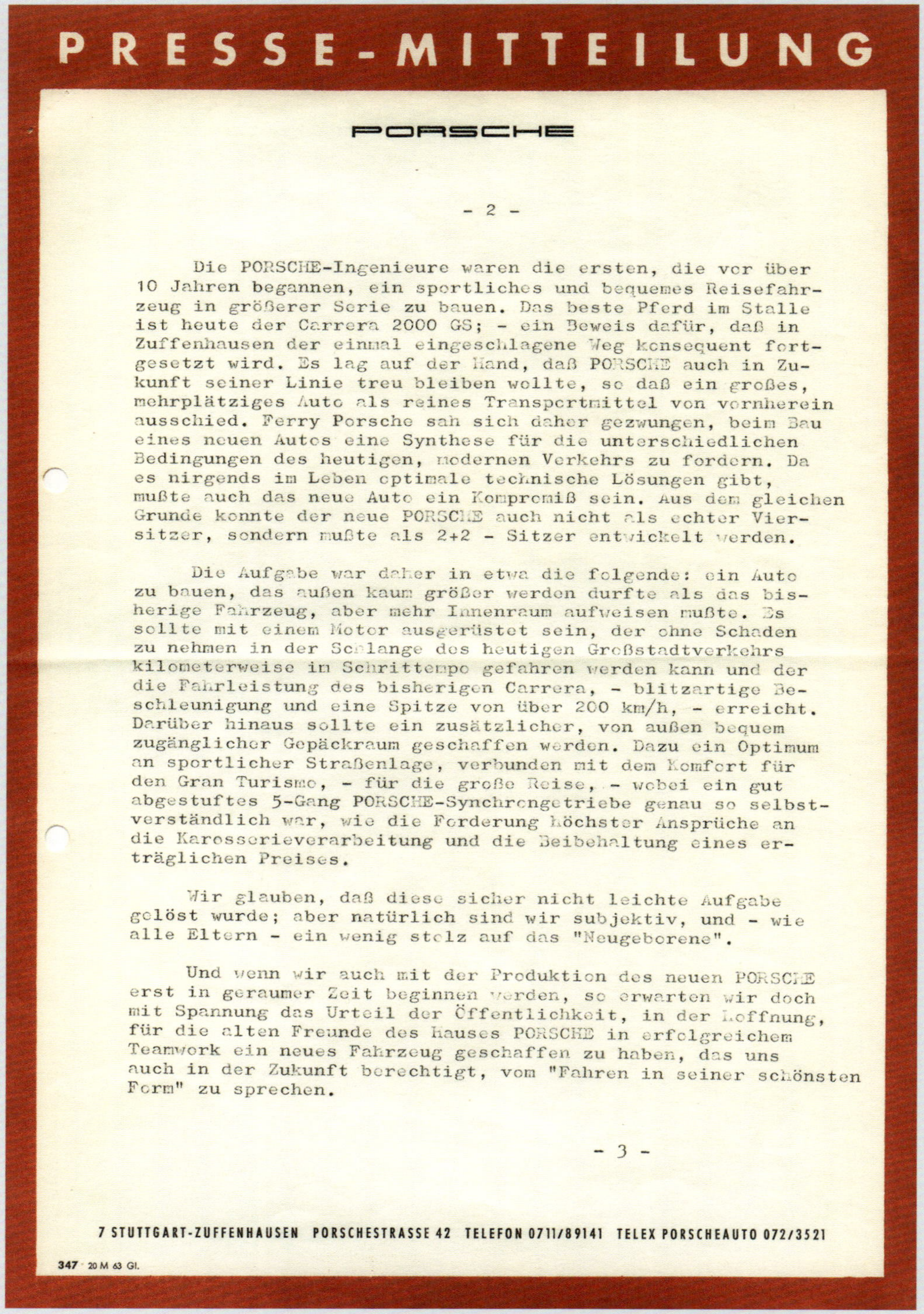

PRESSE-MITTEILUNG

PORSCHE

- 2 -

Die PORSCHE-Ingenieure waren die ersten, die vor über 10 Jahren begannen, ein sportliches und bequemes Reisefahrzeug in größerer Serie zu bauen. Das beste Pferd im Stalle ist heute der Carrera 2000 GS; - ein Beweis dafür, daß in Zuffenhausen der einmal eingeschlagene Weg konsequent fortgesetzt wird. Es lag auf der Hand, daß PORSCHE auch in Zukunft seiner Linie treu bleiben wollte, so daß ein großes, mehrplätziges Auto als reines Transportmittel von vornherein ausschied. Ferry Porsche sah sich daher gezwungen, beim Bau eines neuen Autos eine Synthese für die unterschiedlichen Bedingungen des heutigen, modernen Verkehrs zu fordern. Da es nirgends im Leben optimale technische Lösungen gibt, mußte auch das neue Auto ein Kompromiß sein. Aus dem gleichen Grunde konnte der neue PORSCHE auch nicht als echter Viersitzer, sondern mußte als 2+2 - Sitzer entwickelt werden.

Die Aufgabe war daher in etwa die folgende: ein Auto zu bauen, das außen kaum größer werden durfte als das bisherige Fahrzeug, aber mehr Innenraum aufweisen mußte. Es sollte mit einem Motor ausgerüstet sein, der ohne Schaden zu nehmen in der Schlange des heutigen Großstadtverkehrs kilometerweise im Schrittempo gefahren werden kann und der die Fahrleistung des bisherigen Carrera, - blitzartige Beschleunigung und eine Spitze von über 200 km/h, - erreicht. Darüber hinaus sollte ein zusätzlicher, von außen bequem zugänglicher Gepäckraum geschaffen werden. Dazu ein Optimum an sportlicher Straßenlage, verbunden mit dem Komfort für den Gran Turismo, - für die große Reise, - wobei ein gut abgestuftes 5-Gang PORSCHE-Synchrongetriebe genau so selbstverständlich war, wie die Forderung höchster Ansprüche an die Karosserieverarbeitung und die Beibehaltung eines erträglichen Preises.

Wir glauben, daß diese sicher nicht leichte Aufgabe gelöst wurde; aber natürlich sind wir subjektiv, und - wie alle Eltern - ein wenig stolz auf das "Neugeborene".

Und wenn wir auch mit der Produktion des neuen PORSCHE erst in geraumer Zeit beginnen werden, so erwarten wir doch mit Spannung das Urteil der Öffentlichkeit, in der Hoffnung, für die alten Freunde des Hauses PORSCHE in erfolgreichem Teamwork ein neues Fahrzeug geschaffen zu haben, das uns auch in der Zukunft berechtigt, vom "Fahren in seiner schönsten Form" zu sprechen.

- 3 -

7 STUTTGART-ZUFFENHAUSEN PORSCHESTRASSE 42 TELEFON 0711/89141 TELEX PORSCHEAUTO 072/3521

347 20 M 63 Gl.

In einer Pressemitteilung verkündet Porsche die Weltpremiere des 901 auf der IAA. Um den Überraschungseffekt für die Öffentlichkeit zu erhalten, gilt die Sperrfrist bis kurz vor der Eröffnung.

PRESSE-MITTEILUNG

PORSCHE

- 3 -

TECHNISCHE DETAILS

KAROSSERIE UND CHASSIS:

Die neue Karosserie ist noch strömungsgünstiger als die des Typ 356. Durch Verlängerung des Radstandes um 120 mm ergab sich der gewünschte größere Innenraum, insbesondere mehr Fußraum für die Hintensitzenden. In seiner äußeren Breite wurde der Wagen um 70 mm schmäler, - was bei der heutigen Verkehrsraumnot nur begrüßt werden kann, - während die bisherige Innenbreite nicht nur beibehalten, sondern sogar vergrößert wurde. Durch entsprechende Verbreiterung der Türen wurde speziell für die hinten sitzenden Passagiere der Ein- und Ausstieg erleichtert.

Die vorderen Kotflügel sind, um eventuelle Reparaturen zu erleichtern, abschraubbar. Der Belüftung des Wagens wurde besondere Aufmerksamkeit geschenkt. Ein Gebläse sorgt für die gewünschte Frischluft, während die Zugfreiheit der Belüftung durch Absaugschlitze am oberen Rand der Rückscheibe gewährleistet wird.

MOTOR:

Als Triebwerk wurde ein 6-Zylinder, 2 Liter, luftgekühlter Boxer-Motor gewählt, da er gegenüber dem 4-Zylinder Motor den Vorteil einer höheren Drehzahlgrenze hat und in der Fertigung wirtschaftlich noch tragbar ist. In dieser neuen Konstruktion wurden die Erfahrungen der Grand Prix- und Sportwagen-Motorenentwicklung verwertet. Der Motor hat je eine obenliegende Nockenwelle pro Seite. Diese werden, - erstmals bei PORSCHE, - über Ketten angetrieben. Die Kurbelwelle selbst ist achtmal gelagert.

GETRIEBE, ACHSEN, LENKUNG:

Zu diesem Motor wurde ein neues, mit Porsche-Synchronisierung versehenes, 5-Gang-Getriebe entwickelt.

Die vordere Radaufhängung und Führung erfolgt unten durch einen Querlenker und oben durch den Stoßdämpfer, während die Abfederung durch längsliegende Torsionsstäbe geschieht.

- 4 -

7 STUTTGART-ZUFFENHAUSEN PORSCHESTRASSE 42 TELEFON 0711/89141 TELEX PORSCHEAUTO 072/3521

347 20 M 63 Gl.

PRESSE-MITTEILUNG

PORSCHE

- 4 -

Die Aufhängung und Führung der Hinterräder wird von Längslenkern übernommen, die, - wie bei allen PORSCHE-Typen, - über querliegende Drehstäbe abgestützt sind. Der Antrieb erfolgt über Doppelgelenkwellen.

Die Zahnstangenlenkung ist in der Mitte des Fahrzeuges angeordnet und wird über eine zweimal geknickte Gelenkwelle betätigt. Diese Anordnung trägt wesentlich zur inneren Sicherheit bei, da die Schubkräfte nicht auf das Lenkrad übertragen werden können.

Das Fahrzeug ist an allen vier Rädern mit Scheibenbremsen ausgestattet.

TECHNISCHE DATEN

MOTOR:

Bauart	6-Zylinder, luftgekühlter Boxer-Motor
Bohrung	80 mm
Hub	66 mm
Hubraum	1991 mm
Verdichtungsverhältnis	9:1
Leistung (DIN PS)	130 bei 6200 U/min
Höchstes Drehmoment	16,5/4600 mkg/min

FAHRGESTELL:

Radaufhängung vorn	durch Querlenker
Federung vorn	durch Drehstab
Radaufhängung hinten	durch Längslenker
Federung hinten	durch Drehstab

ABMESSUNGEN:

Radstand	2204 mm
Spurweite vorn	1332 mm
Spurweite hinten	1312 mm
Gesamtlänge	4135 mm
Breite	1600 mm
Höhe	1320 mm
Wendekreis	10 mtr

Nr. 18
August 1963

7 STUTTGART-ZUFFENHAUSEN PORSCHESTRASSE 42 TELEFON 0711/89141 TELEX PORSCHEAUTO 072/3521

347 20 M 63 Gl.

A K T E N N O T I Z

über die Besprechung der Geschäftsleitung am 16. September 1963

Anwesende

Geschäftsführer: Herr Ferdinand Porsche ✓

Geschäftsleitung: Herr Kern, " Rabe, " Tomala, Herr Kirn, " Porsche jun., " Raether

5.) Unser Wagen, Typ 901, ist auf der Frankfurter Automobilausstellung gut angekommen. Dieses Fahrzeug muß nun fertigungsreif gemacht werden. Besonderes Augenmerk ist auf das Armaturenbrett, auf die Griffe und die Ausstattung zu richten. Es müssen Öldruckmesser, Ölstandmesser und Öltemperaturinstrumente untergebracht werden. Der Styling-Abtlg. soll eine Kraft zur Verfügung gestellt werden, die sich hauptamtlich mit der Verbesserung beschäftigen soll. Termin für die Vorschläge ist der 1. Dezember. .../.

./.

VKL äußert den Wunsch, daß das Zubehör, außerhalb der Serienausstattung, von unserem jetzigen Zubehör nicht abweicht. Es wurden auf der Ausstellung nicht so sehr die Preise des Typs 901 beanstandet, sondern daß die Kunden für diesen Preis mehr haben wollen. Es sollen an dem Steh-Modell die Änderungen durchgeführt und diese dann zwecks endgültiger Entscheidung vorgestellt werden. Alle Herren

Der erste Schritt in die Öffentlichkeit ist erfolgreich: Die Reaktionen auf den 901 sind positiv. Der Preis von 23.900 D-Mark geht in Ordnung, allerdings erwarten die Kunden noch mehr Gegenwert. Vor der Serieneinführung wartet noch viel Arbeit.

Porsche-Stand auf der IAA 1963: Neu ist nicht nur der 901, sondern auch der 356 C, der erstmals mit serienmäßigen Scheibenbremsen ausgestattet ist. Die letzte Generation dieser Porsche-Modellreihe ist seit dem Sommer auf dem Markt.

Startschuss: Mit dem 901 beginnt 1963
eine beispiellose Sportwagenkarriere.

Das Porsche-Kundenmagazin Christophorus widmet 1963 seine 65. Ausgabe dem 901.

T7, T9, 695, 754 – WAS IST WAS?

Die Umbenennung des Technischen Programmes 7 (T7) in T9 und der Wechsel vom Typ 695 zum Typ 754 sorgen bis heute für viel Verwirrung. Anhand der Originaldokumente lässt sich der Ablauf rekonstruieren:

- Der Typ 695 war als Weiterentwicklung des 356 geplant. Dafür gab es über die Jahre verschiedene Karosserieentwürfe, zuletzt von F. A. Porsche. Der Typ 695 basierte immer auf der Technik des 356.
- Der Typ 754 war als komplett neues Fahrzeug mit neuer Technik geplant.
- Das Technische Programm 7 – kurz T7 – war die Entwicklungsumgebung des Typ 754.
- Das Technische Programm 9 (T9) war die Fortführung von T7, da sich das Konzept des 754 zunehmend vom Ursprung entfernt hatte.
- Kompliziert wird dieses Geflecht durch die Rolle des Typ 695 »Musterwagen«. Dieser Prototyp wurde nach dem Entwurf von F. A. Porsche gebaut. Er diente im Rahmen des Technischen Programmes 7 (T7) als Designvorbild oder »Vorläuferkarosse« für den Typ 754. Nachdem die Entwicklungsumgebung des Typ 754 von T7 auf T9 hochgestuft wurde, nannte man den 695-Musterwagen gelegentlich auch T7, womit aber nur die Form, nicht die Technik gemeint war.

»ICH FINDE ES SEHR SPANNEND, DASS FERRY DAS RICHTIGE GESPÜR HATTE.«

Porsche-Designchef Michael Mauer im Interview

Wenn Sie die Entwürfe der frühen 1950er Jahre betrachten: Sehen Sie Porsche-DNA in einem Typ 633?

Nein. Da steckt alles Mögliche drin. Vielleicht hat gerade noch die Bewegung, die in der schrägen Anordnung des Scheinwerfers steckt, Ähnlichkeit mit dem 356. Aber diese Front hatten damals viele. Die Scheinwerfer unter einem kleinen Vordach waren beispielsweise ein Merkmal amerikanischer Autos. Aber grundsätzlich standen damals offensichtlich dieselben Fragen im Raum wie heute: Wie könnte eine neue Baureihe aussehen, was glauben wir, was die Kunden wollen, und würde das zu Porsche passen?

Wie sieht das später mit dem ersten Entwurf für den Typ 695 aus?

Aus meiner Sicht gäbe es die Firma Porsche heute nicht, wenn der Nachfolger des 356 so ausgesehen hätte. Das ist vom Typ Auto etwas anderes als ein 356, das kompakte kleine Sportcoupé.

Es ist interessant, wie Mitte der 1950er Jahre bereits Weichen gestellt wurden. Porsche war zu dem Zeitpunkt keine Marke, sondern ein Auto. Porsche war gleichbedeutend mit dem 356. Mit diesem Status war man eine gewisse Zeit erfolgreich. Und dann fragte man sich: Was machen wir jetzt weiter? Jetzt kann man entweder anfangen, das Portfolio auszuweiten, oder auf dem eingeschlagenen Weg weitergehen.

Heute hat Porsche eine Produktpalette, über die wir die Möglichkeit haben, unterschiedliche Kundenkreise anzusprechen. Vom reinen Zweisitzer über einen 2+2-Sitzer und den Viersitzer bis zum SUV. Damals gab es nur den 356. Zu dem damaligen Zeitpunkt ging es um die wichtige Weichenstellung: Was wird das nächste Auto? Offensichtlich stellte man sich auch aufgrund beschränkter Mittel die Frage: Welche Art von Auto wäre als Nachfolger erfolgreicher? Das ist ein Stück weit die Falle, in die viele Hersteller treten. Hätte

»PORSCHE WAR ZU DEM ZEITPUNKT KEINE MARKE, SONDERN EIN AUTO.«

»AUS MEINER SICHT GÄBE ES DIE FIRMA PORSCHE HEUTE NICHT, WENN DER NACHFOLGER DES 356 SO AUSGESEHEN HÄTTE.«

man damals die Kunden des 356 nach ihren Wünschen gefragt, wäre vermutlich bei 80 Prozent »mehr Platz im Innenraum und fürs Gepäck« die Antwort gewesen. Auf solche Forderungen reagierten andere Marken mit der Erweiterung eines Zweisitzers zum Viersitzer und ruckzuck ist aus dem Sportwagen eine Limousine geworden, die sich dann nicht mehr verkauft.

Wäre der Wagen von Graf Goertz aus Ihrer Sicht eine Alternative für Porsche gewesen?

Da ist gar nix von Porsche drin. Alles, was ein 356 ausgedrückt hat, Klarheit und eine gewisse Bescheidenheit, ist hier nicht vorhanden. Es ist eben die Frage: Wie weit bleibe ich einer Formensprache treu? Die Doppelscheinwerfer, das harte Heck und die Scheibengrafik stehen für eine ganz andere Gesamtcharakteristik und Anmutung als die eines 356. Das gilt auch für die folgenden Entwürfe aus dem Konstruktionsbüro.

Der 901 ist für mich als Designer die ganz logische Fortsetzung des 356. Da wäre der Entwurf von Goertz der totale Bruch gewesen. Wenn man einen 356 und einen 901 nebeneinanderstellt, dann passt das für mich. Das wäre bei den anderen Entwürfen nicht so gewesen. Ferry Porsche hatte ein feines Gespür dafür, dass die grundsätzliche Fortsetzung des ursprünglichen Sportwagenkonzeptes der richtige Weg ist.

So wie ihn Ferdinand Alexander Porsche mit dem »Junior« und dem 695 »Musterwagen« beschritten hat?

Der junge F. A. ist da ganz anders rangegangen als ein Erwin Komenda oder wer auch immer aus der 356-Welt kam. Das Modell »Junior« hat zwar andere Proportionen und eine eigenartige Fenstergrafik, aber man sieht Gemeinsamkeiten mit dem 356. Der »Musterwagen« ist vom Design her bis zum Heck der 901 geworden. Bei den späteren Diskussionen über die Heckgestaltung mit oder ohne Knick wäre ich gerne dabei gewesen.

Hätte es auch der 754 von Erwin Komenda auf dem Markt schaffen können?

Diese Entwürfe sind für mich schon wieder zu weit weg. Allenfalls eine parallele Produktion von 754-Viersitzer und T8-Zweisitzer hätte funktionieren können. Heute würde man das Derivate nennen, die dem Kunden die Wahlmöglichkeit zwischen Sportwagen und Limousine geben.

Skizze Michael Mauer
mit Vergleich 356 (oben)
zu 911 (unten).

»DA WÄRE ICH GERN DABEI GEWESEN – MIT DEM WISSEN VON HEUTE.«

Die Proportionen haben auch eine visuelle Botschaft. Was man früher abgesattelt nannte, nennen wir heute Dreibox. Und dieses Thema stand früher noch viel mehr als heute für klassische Limousinen, für Luxus, eher für Viersitzer. Die durchgehende Dachlinie vom 356 sagt dagegen Sportwagen. Hätte man diesen Weg weiterverfolgt, wäre daraus nicht die Sportwagenmarke Porsche entstanden. Bei einem Markterfolg wäre Porsche heute eher eine Marke wie Mercedes-Benz oder Opel mit einem breiteren Angebot.

Schlussendlich entschied sich Ferry Porsche für den kompakten T8, aus dem der 901 entwickelt wurde. Wie sehen Sie diese Entwicklung heute?

Mir war bisher nicht bewusst, dass es an der Stelle nicht glasklar war: Ich habe mit dem 356 ein kleines sportliches Coupé und genau dieses Konzept muss ich fortsetzen. Das Spannende ist, dass auch technisch einiges im Umbruch war und die Frage im Raum stand: Soll es vielleicht doch ein Viersitzer werden und soll er ein bisschen größer sein? Es ist für mich umso faszinierender, dass es dann am Schluss der 901 geworden ist.

Wenn ich als Designer damals zu Porsche gekommen wäre und Ferry Porsche hätte mich beauftragt, den Nachfolger des 356 zu entwerfen, dann wäre eher so etwas wie der 901 rausgekommen: die Weiterentwicklung eines bekannten Themas. Der 901 ist im Vergleich zum 356 richtig modern und behält dennoch die wesentlichen Merkmale bei: die Kotflügel, die Seitenscheibengrafik und wie das Coupédach hinten in einer Linie abfällt. Trotzdem ist der 901 mehr als der direkte Nachfolger des 356, gefühlt fehlt mindestens eine Generation dazwischen.

Beide Sportwagen sind sich auf den ersten Blick ähnlich und dennoch komplett eigenständige Entwürfe. Wenn man als Designer den Nachfolger des 356 skizziert und wieder einen Sportwagen haben will, dann macht man das Auto schneller, die Windschutzscheibe flacher, aerodynamischer und moderner, die seitliche Glasfläche kleiner. Die war beim 356 nicht so schnell, der hatte fast schon einen Buckel, während der 901 einen sehr flotten Abgang hat.

Wie viel 901 steckt heute noch in einem 911?

Der 911 ist ein ganz spezielles Fahrzeug. Ein neuer 911 muss als Allererstes als Elfer erkannt werden, allerdings auch als der neue. Es gibt kein anderes Fahrzeug auf der Welt mit so einem ungebrochenen Lebenslauf. Da gibt es auch keine Notwendigkeit, einen großen Bruch zu machen. Es wäre ein Fehler, das Design massiv zu verändern. Dennoch wird bis heute bei jeder neuen Generation des 911 jedes Teil an-

»DER 901 IST MEHR ALS DER DIREKTE NACHFOLGER DES 356.«

»ES IST FÜR MICH UMSO FASZINIERENDER, DASS ES DANN AM SCHLUSS DER 901 GEWORDEN IST.«

gefasst, ob das die Scheinwerfer sind oder die Proportionen der Seitenscheibengrafik. Es gibt bei einem Wechsel kaum ein Teil, das unverändert bleibt. Jeder neue 911 ist somit ein komplett neues, eigenständiges Auto.

Die Frage ist, was macht am Schluss den Elfer aus? Damit beschäftigen wir uns derzeit: Wie könnte ein Elfer im Jahr 2050 aussehen? Aus unserer Sicht wird es immer noch ein 2+2-Sitzer sein, ein Sportwagen mit einem dramatischen Höhen-Breiten-Verhältnis und proportional an der heutigen Generation orientiert. Aber müssen die Designelemente so bleiben? Die Kotflügel, die Seitenscheiben, die Dachlinie, die starken Schultern? Gibt es andere Elemente, mit denen es uns gelingt, die Verbindung trotzdem zu erhalten? Daran arbeiten viele junge Designer und liefern tolle Entwürfe. Vielleicht ist einmal etwas dabei, das nichts mit dem Elfer zu tun hat, wie wir ihn heute kennen, aber trotzdem unwillkürlich als Elfer erkennbar ist.

MICHAEL MAUER

studierte von 1982 bis 1986 Automobildesign an der Hochschule Pforzheim. Nach mehreren Stationen in der Automobilindustrie kam Michael Mauer 2004 als Leiter der Designabteilung zur Porsche AG. Unter seine Verantwortung fällt unter anderem die Designentwicklung des 911 bis heute. Seine Handschrift tragen Neuentwicklungen wie Panamera, 918 Spyder, Macan und Taycan.

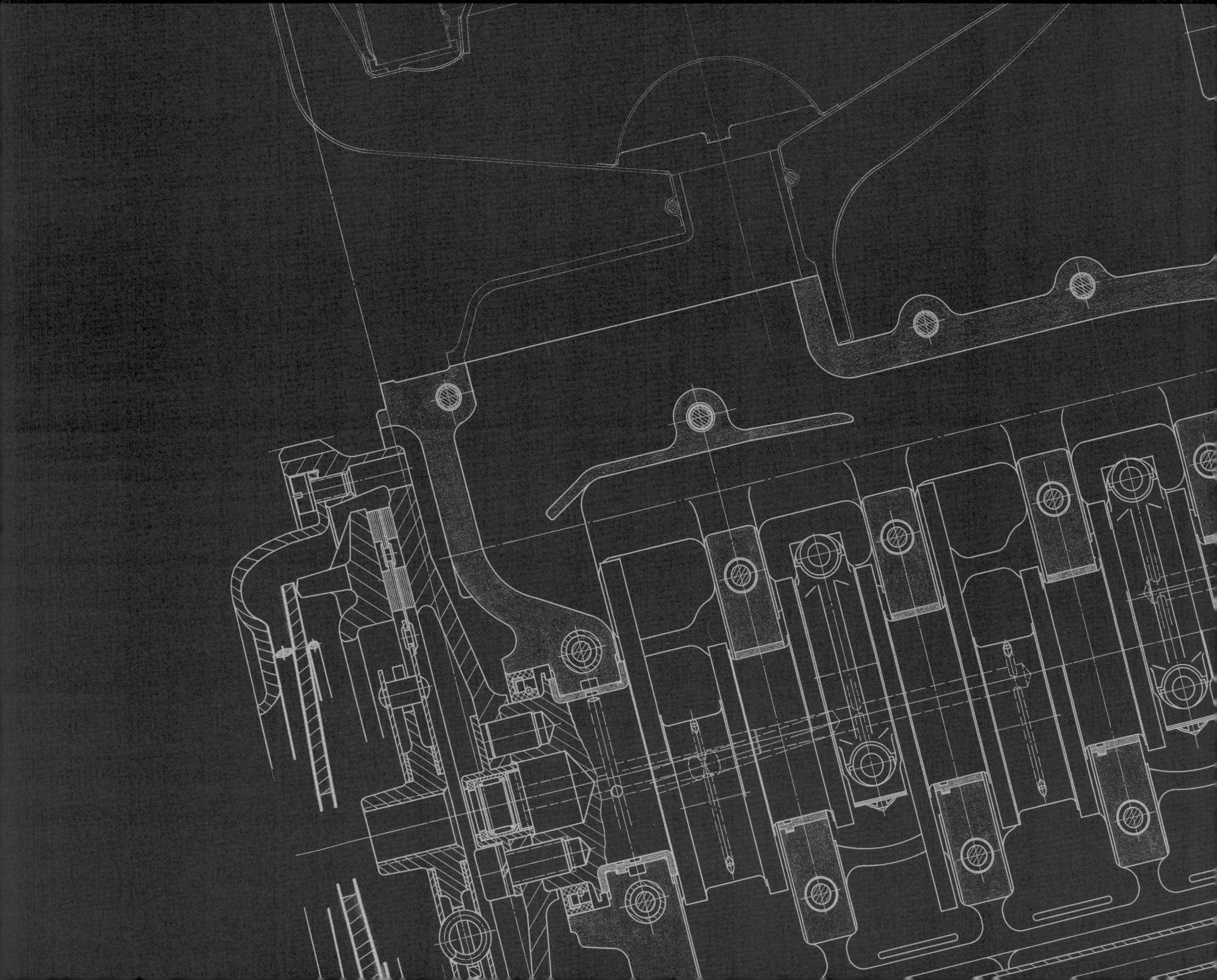

DIE MOTOREN-ENTWICKLUNG

Der Porsche Sechszylinder-Boxermotor ist ebenso legendär wie der 911 selbst. Doch ursprünglich ist er für ein ganz anderes Fahrzeug gedacht: den viersitzigen Reisesportwagen Typ 754. An Ideen mangelt es nicht, von Anfang an denken die Konstrukteure über die damals modernsten Technologien nach.

Konzepte und Konstruktionen werden ersonnen, entwickelt und verworfen bis sich der Typ 901 herauskristallisiert – Fahrzeug und Motor wachsen zusammen und erhalten dieselbe Typbezeichnung.

TYP 745: DER ERSTE PORSCHE SECHSZYLINDER-BOXERMOTOR

Als Ende der 1950er Jahre die Pläne für ein größeres Modell konkreter werden, plant Porsche nicht nur die Entwicklung eines leistungsfähigeren Fahrwerks, sondern auch die eines adäquaten Motors mit ein. Der Vierzylinder-Boxermotor des 356 auf Basis des Volkswagenmotors hat mit einem Hubraum von 1,6 Litern und 90 PS Leistung seine Grenze als Serientriebwerk erreicht. Zwar gibt es mit dem Königswellen-Boxer – dem nach seinem Konstrukteur »Fuhrmann-Motor« genannten Aggregat – eine leistungsstärkere Variante, die aufgrund ihrer Komplexität für ein Alltagsfahrzeug in großer Auflage jedoch ungeeignet ist. Eine Maschine für den großen Porsche soll bei 90 PS und zwei Liter Hubraum beginnen, eben dort, wo der Vierzylinder endet, und dennoch so kompakt und flach sein, dass sie sich für eine Unterflurmontage – also unter dem Bodenblech mit darüber angeordnetem Kofferraum – eignet. Die Schlussfolgerung: ein Sechszylindermotor. Da das Triebwerk als neue Generation eines Baukastensystems entwickelt werden soll, in dem auch ein neuer Vierzylinder für den 356 geplant ist, kommt nur ein Boxermotor in Frage.

Am 16. Juni 1959 erteilt die Geschäftsleitung von Porsche den Konstruktionsauftrag B 122 für die Entwicklung eines 2-Liter-Sechszylindermotors mit der Typnummer 745. Das daraus entstehende Anagramm ist Zufall: Der Sportwagen, für den das Triebwerk projektiert ist, wird ab Jahresende unter der Typnummer 754 entwickelt.

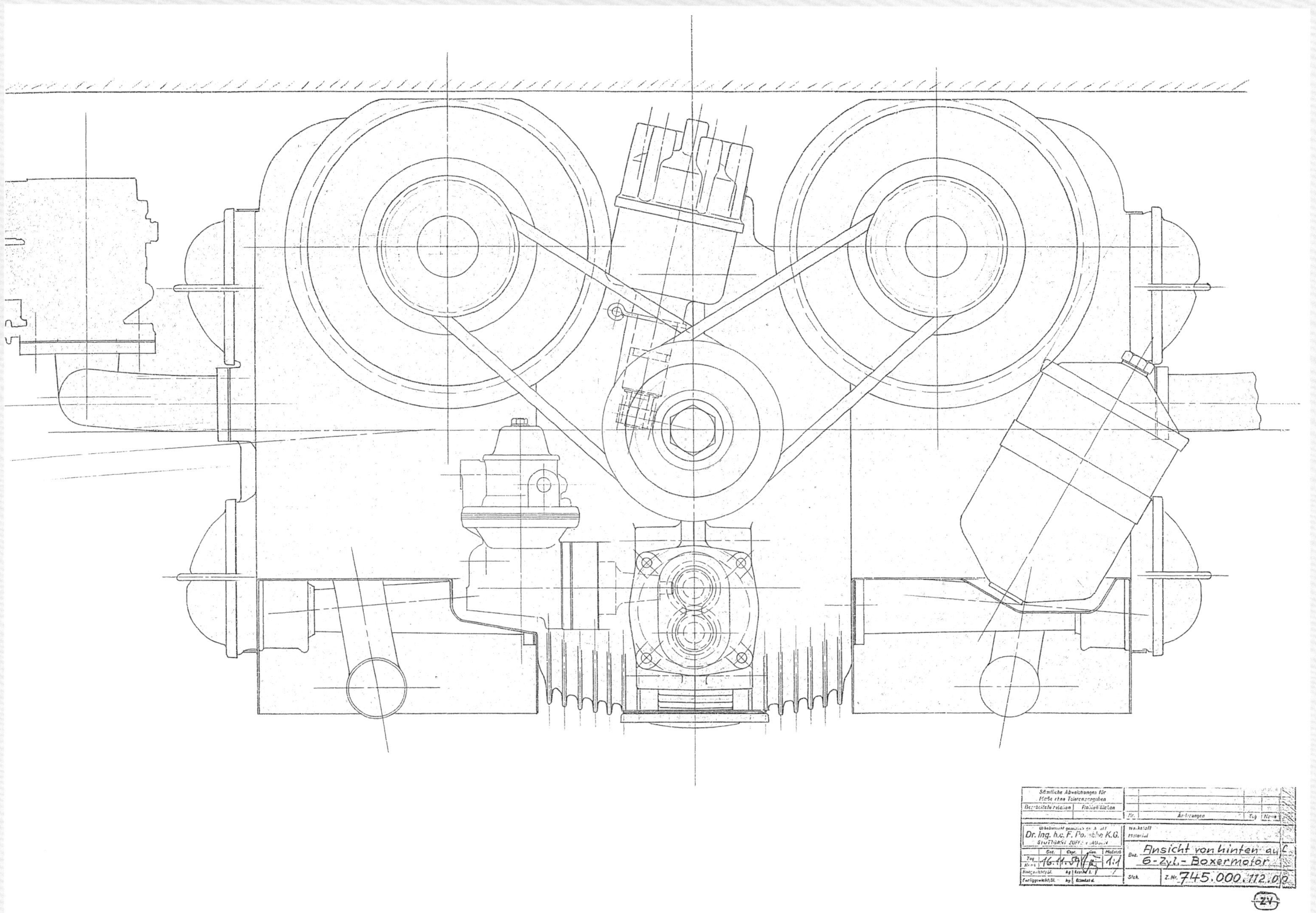

Der 745 ist als Unterflurmotor geplant und deshalb auf möglichst geringe Bauhöhe ausgelegt.

Das neue Triebwerk braucht Zeit. Die Konstrukteure befassen sich zunächst mit verschiedenen Konzeptmöglichkeiten, darunter mit obenliegenden Nockenwellen und Benzineinspritzung. Am 14. April 1960 besuchen deshalb Hans Günther von der Marwitz und Robert Binder die Firma Kugel-Fischer in München. Dort läuft im Versuch ein Porsche-Motor Typ 616, wie er im 356 eingesetzt wird, mit einer Einspritzanlage. Da dieser Test recht vielversprechend verläuft, »sollen konstruktive Überlegungen angestellt werden, eine solche Pumpe am Motor Typ 745 vorzusehen.« Allerdings verfügt Kugel-Fischer über keine Pumpe für einen Sechszylindermotor. »Auf ihren Prüfständen befindet sich jedoch eine neu entwickelte 8-Zylinder-Zweistempel-Pumpe. Da wir Motordrehzahlen über 6000/min verlangen und aus diesem Grunde eine Zweistempel-Konstruktion genommen werden muß, kann unsere Pumpe aus der 8-Zylinder-Pumpe ohne große bauliche Veränderungen abgeleitet werden. Die max. Drehzahl einer 6-Zyl.-Einstempel-Pumpe beträgt 6000 U/min [...] Genaue Einbauunterlagen der 6-Zylinder-Einspritzpumpe werden uns, sobald die Zeichnungen gefertigt sind, übersandt.«

Nach einem Jahr steht nur fest, dass der Motor zwei Nockenwellen haben wird und man mit einem weiteren Jahr Entwicklungszeit rechnet: Der Sechszylinder, so vermerkt es ein knappes Lastenheft im Juni 1960, »soll auf Bremse sein: Mai 1961«. Am 23. August 1960 erteilt die Geschäftsleitung den Versuchsauftrag C 471, nach dem »3 Motoren zu bauen und zu erproben« sind.

AUGUST ACHLEITNER ÜBER

DIE ENTWICKLUNG DES SECHS-ZYLINDERMOTORS

Ebenso wie die Suche nach der richtigen Fahrzeugausprägung Zeit benötigte bis zur finalen Festlegung des bekannten 2+2-Konzepts mit seiner Ableitbarkeit zum Motorsport, waren diverse Schleifen und Richtungskorrekturen erforderlich bis zur endgültigen Motorausprägung. Auch sie erfüllte erst spät die gewünschte Leistungsfähigkeit und ihr Potenzial zu leistungsstarken Motorsportvarianten. Klar waren zu Beginn eigentlich nur die Zylinderzahl 6 und in etwa die zu erzielende Leistung von 120 PS bei einem Hubraum von 2,0 Litern. Eine anfängliche »Unterflurfähigkeit« sowie das Kühlungskonzept waren definiert und zumindest zu Beginn der Wunsch nach einem aus dem Sechszylinder ableitbaren Vierzylinder.

ANSPRUCHSVOLLES ZIEL: FERRY PORSCHE VERLANGT 120 PS

Anfang 1961 hat zumindest die Konstruktion einen fortgeschrittenen Stand erreicht. Am 25. Januar 1961 steht bei Claus von Rücker der Entwurf des Zylinderkopfes mit der Zeichnungsnummer 745.104.301.00 zur Diskussion: »Es sollen auf Wunsch des Herrn Porsche bei einer Drehzahl von 6500 U/min 120 PS erreicht werden. Für diese relativ hohe Drehzahl sind die Kanäle im Zylinderkopf dimensioniert worden. Der Versuch ist der Ansicht, daß ein in dieser Form ausgeführter Motor eine für den Fahrbetrieb sehr ungünstige Leistungscharakteristik ergibt, und es erscheint daher zweckmäßig, eine zweite Version Zylinderköpfe in Auftrag zu geben.« So soll der Einlasskanal von 38 Millimetern auf 32 Millimeter verkleinert und der Auslasskanal auf durchgehend 32 Millimeter optimiert werden. »Es wurde festgelegt, daß von jeder Sorte Zylinderköpfe je 12 Stück hergestellt werden sollen.«

Potenzial ausgeschöpft: Ferry und Ferdinand Alexander Porsche begutachten den Vierzylindermotor in einem 356 A Carrera Hardtop.

Die Grundkonstruktion sieht im Februar 1961 eine fünffach gelagerte Kurbelwelle sowie zwei jeweils vierfach gelagerte Nockenwellen vor. Technikchef Karl Rabe beschreibt im Protokoll einer Besprechung zwischen Konstruktion und Versuch: »Da der Motor mit Trockensumpfschmierung vorgesehen ist, besitzt er zwei getrennte Ölkreisläufe mit zwei Ölpumpen und getrenntem Ölbehälter.«

Die Entwicklung des 745 verläuft noch unter der technischen Leitung von Karl Rabe. Sein Nachfolger Hans Tomala setzt auf den moderneren Typ 821.

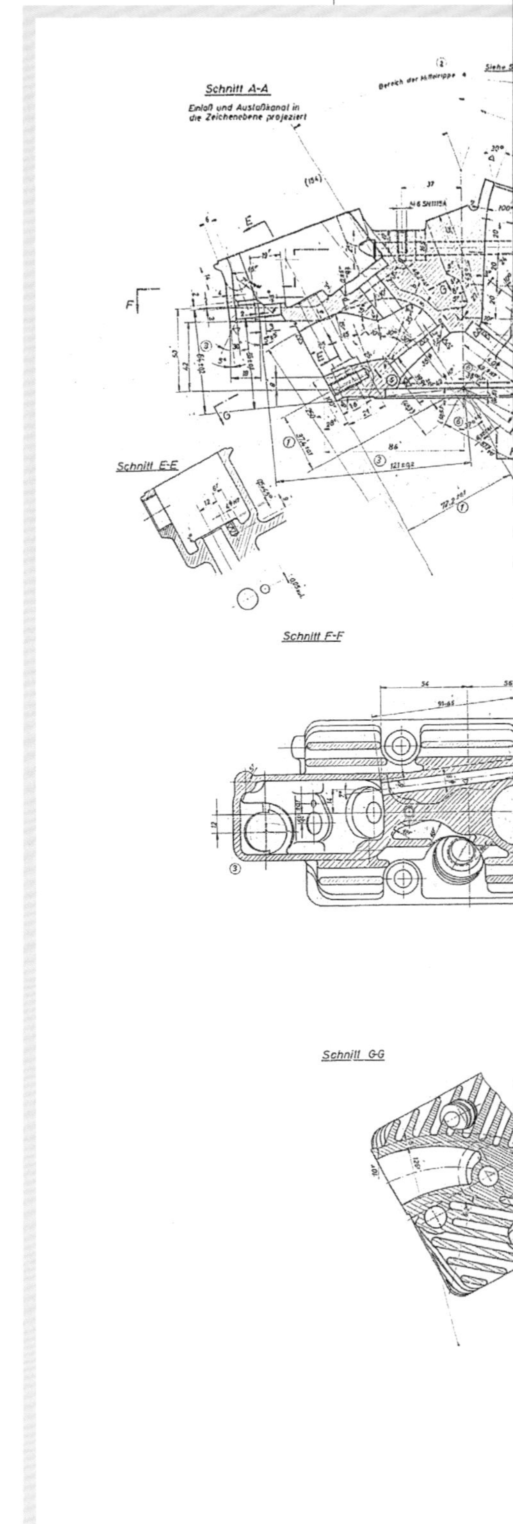

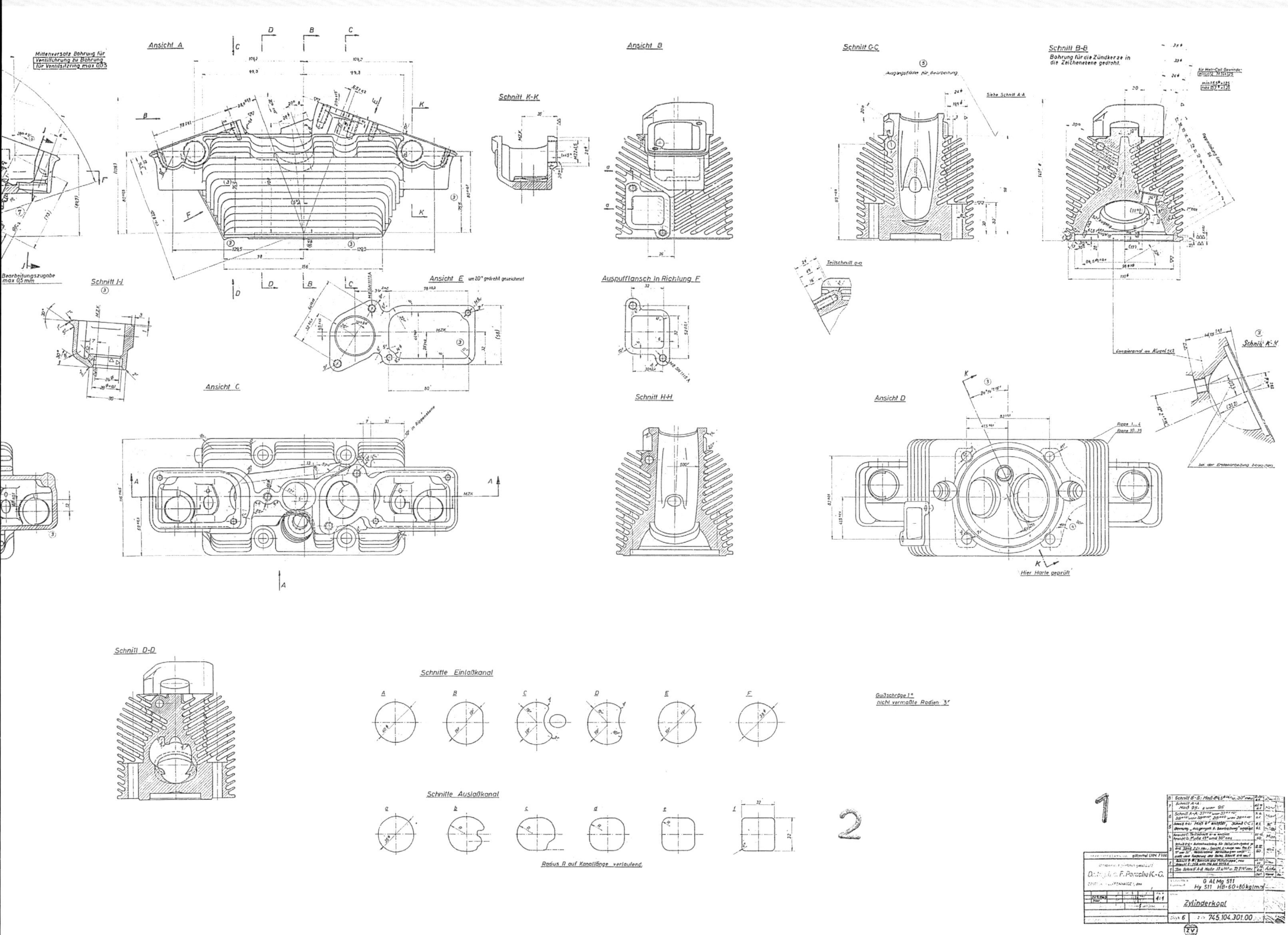

Konstruktionszeichnungen des Zylinderkopfes für den 745 vom September 1960. Vorgesehen ist eine Aluminium-Magnesium-Legierung.

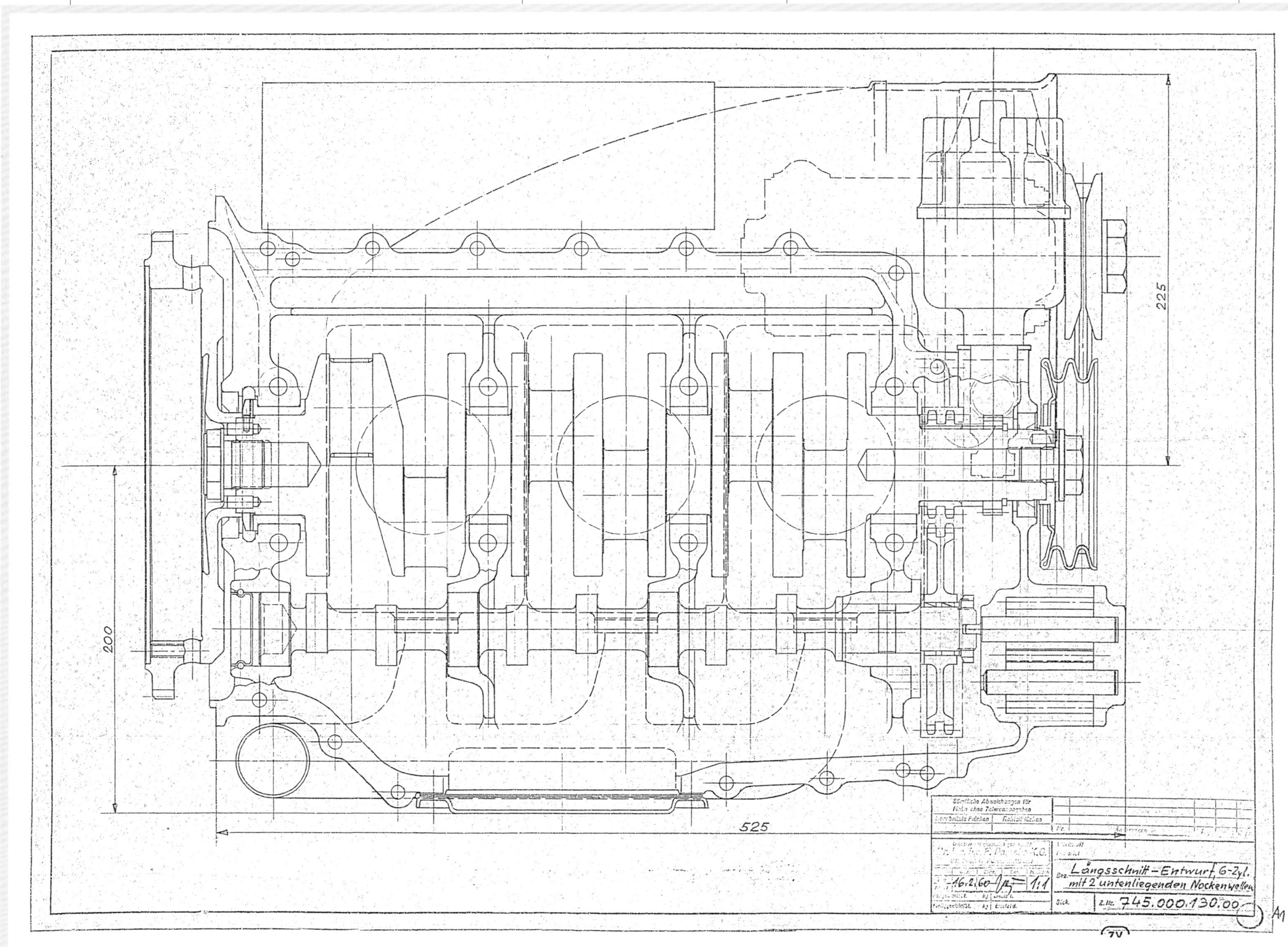

Um Bauhöhe zu sparen, sind bei diesem ersten Entwurf des 745 beide Nockenwellen unterhalb der Kurbelwelle vorgesehen – wie beim Vierzylindermotor des Sportwagens Typ 356.

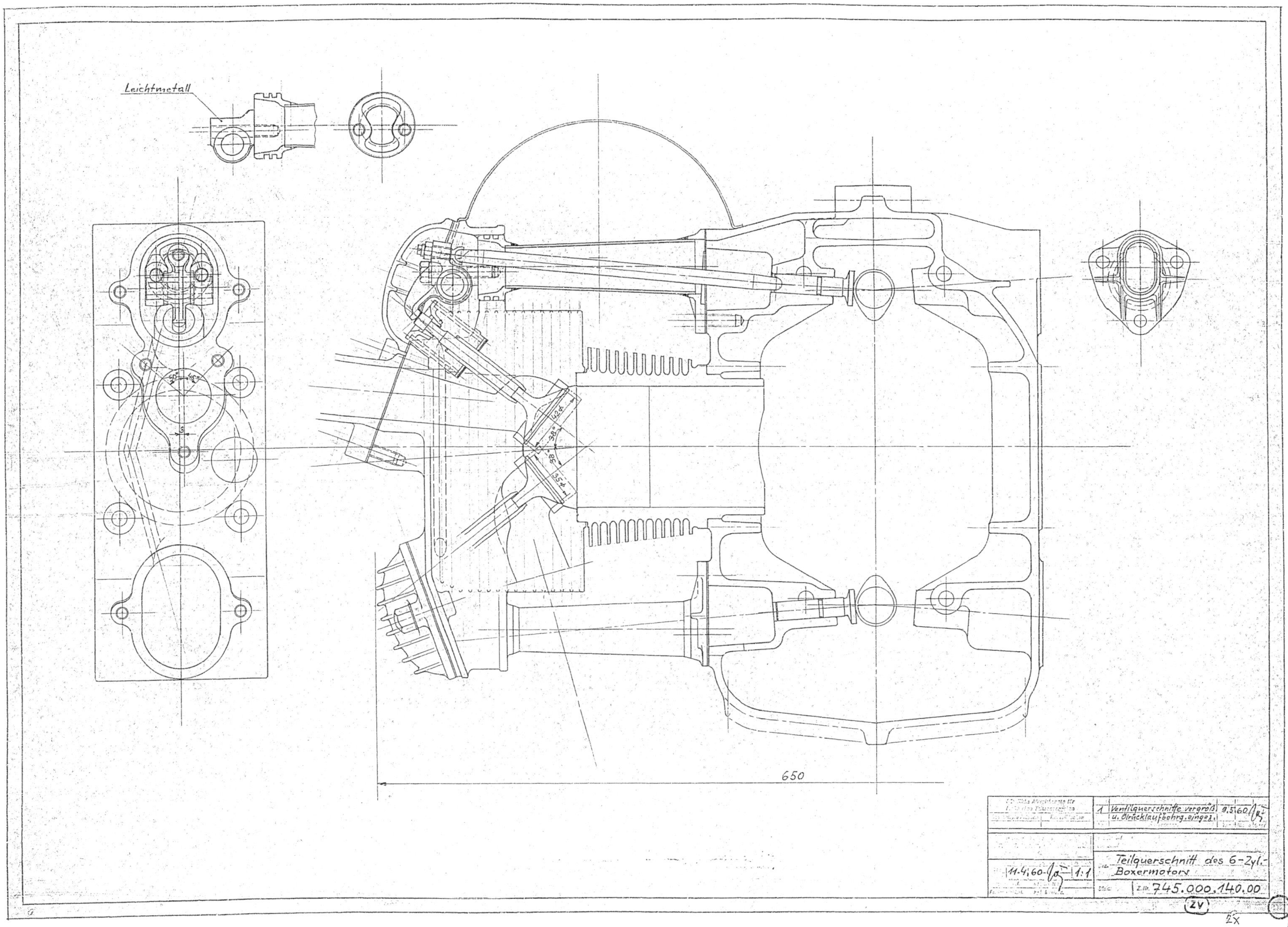

Bei dieser weiterentwickelten Variante des 745 liegt die Nockenwelle für den Einlass über der Kurbelwelle und für den Auslass darunter.

T E C H N I S C H E D A T E N

MOTOR TYP 745 (6-Zylinder) und MOTOR TYP 801 (4-Zylinder) mit gleichen Einbaueinheiten.
Unterschiedliche Teile: Kurbelgehäuse, Kurbelwelle, Nockenwelle, Luftführung und Zündanlage.

	4-Z y l i n d e r		6-Z y l i n d e r		
Arbeitsverfahren	1,6 l	1,8 l	2 l	2,2 l	2,5 l
	Viertakt		Viertakt		
Zylinderanordnung	je 2 gegenüber (Boxer)		je 3 gegenüber (Boxer)		
Bohrung mm	84	89	80	84	89
Hub mm	72		66		
Hubraum cm^3	1596,1	1791,6	1990,7	2194,6	2463,5
Hubbohrungsverhältnis	0,86	0,81	0,825	0,785	0,74
Leistung DIN PS	96 (115)**	100 PS	120 * (140)**	130 (155)**	140 PS
Max. Drehzahl U/min	6500 (7000)**	6500	6500 (7000)**		6500
Literleistung PS/l	60 (72)**	56	60 (72)**		56
Verdichtungsverhältnis ε	9,5:1	9:1	9,5:1		9:1
Max. Drehmoment mkg	13	13,5	17	18	18,5
Mittl. Kolbengeschwindigkeit m/s	15,6 (16,8)	15,6	14,3 (15,4)		14,3
Pleuellagerbelastung kg/cm^2	346	365	312	346	365
Ventilanordnung	hängend in V-Stellung		hängend in V-Stellung		
Ventilbetätigung	durch 2 unten liegende Nockenwellen über Stoßstangen und Kipphebel				
Vergaseranlage	4 schwimmerlose Schrägstromvergaser Solex 40 LH		6 schwimmerlose Schrägstromvergaser Solex 40 LH		
Kraftstoffpumpe	elektrisch		elektrisch		
Kühlung	Luft, 2 Axialgebläse		Luft, 2 Axialgebläse		
Schmierung	Druckumlauf (ZF-Eaton) mit Trockensumpf				
Elektrische Ausrüstung	12 Volt		12 Volt		

* Versicherungsgrenze
** Erwünschte Leistung nach Weiterentwicklung

28.6.61 neu geschrieben, etl. Daten geändert.

Stgt.-Zuffenhausen, den 23.6.61
KB-Bi/si

Dr.-Ing.h.c.F.Porsche K.-G.

745.002.105.00

Das geplante Baukastensystem auf Basis des 745 umfasst neben drei Varianten mit sechs Zylindern auch zwei Vierzylindermotoren für den Typ 356.

Das Porsche Konstruktionsbüro im Sommer 1961.

Am Freitag, dem 23. Juni 1961 fasst das Konstruktionsbüro in einer Tabelle die technischen Daten der geplanten Motorengeneration zusammen. Vermutlich auf Basis dieser Unterlage befasst sich die Geschäftsleitung am Montag darauf bei ihrer periodischen Besprechung mit der Motorenplanung. Das Protokoll vermerkt: »Herr Von Rücker ersucht um Angaben für T7 Programm[17] zwecks Planung von Maschinen und Einrichtungen, da Werkzeugmaschinen Lieferzeiten bis zu 21 Monaten haben. [...] Für das T7-Programm ist der 6-Zylinder-Motor mit dem stärkeren Getriebe vorgesehen. Erst wenn der 6-Zylinder-Motor entspricht, kann beschlossen werden, ob der 4-Zylinder-Motor für unseren heutigen Serienwagen[18] infrage kommt.

Kobü[19] soll untersuchen. Ob der 4-Zylinder-Motor mit 1600 ccm und das verstärkte Getriebe in den heutigen Serienwagen eingebaut werden kann. Ferner soll untersucht werden, welche Teile von den 4- und 6-Zylinder-Motoren gleich sind. Beide Motoren sollen im Juli 1963 anlaufen.«

[17] Typ 754

[18] 356

[19] Konstruktionsbüro

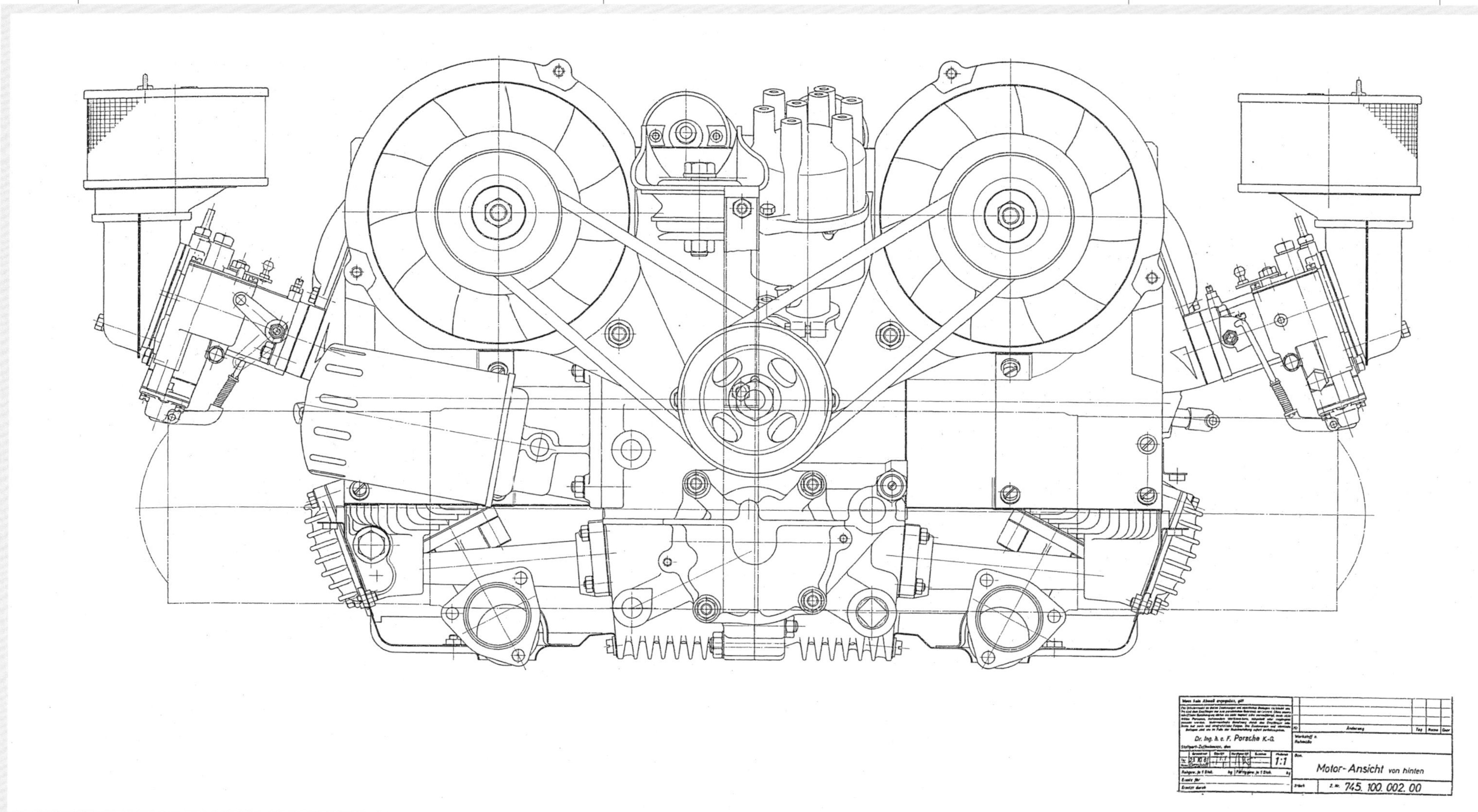

ZEITPLAN 1961: TAGESPRODUKTION VON ZEHN 745 SECHSZYLINDERN AB 1963

Am nächsten Tag informiert Ferry Porsche seine Führungsriege im Büro des Konstruktionschefs für Fahrgestelle und Motoren Leopold Schmid über die Beschlüsse. Etwas ausführlicher heißt es dort: »Der 6-Zyl.-Motor Typ 745 soll ab Juli 1963 mit einer Tagesstückzahl von etwa 10 Stück im neuen Fahrzeug anlaufen. Der aus Teilen des 6-Zyl.-Motors hergestellte 4-Zyl.-Motor Typ 801 [...] kann aus terminlichen Gründen frühestens ½ Jahr nach Anlauf des 6-Zyl.-Motors in Serie gehen. [...] Um gleiche Pleuelstangen zu erhalten, muß diejenige vom Sechszylinder entsprechend dem größten Hub des Vierzylinders verlängert werden. Die beiden Kurbelgehäuse sind so auszubilden, daß möglichst viele Bohrbilder gleich sind.«

745 von hinten: Um Platz für einen kleinen Kofferraum über dem Motor zu gewinnen, sind die Vergaser nicht über, sondern neben den Zylinderköpfen angeordnet.

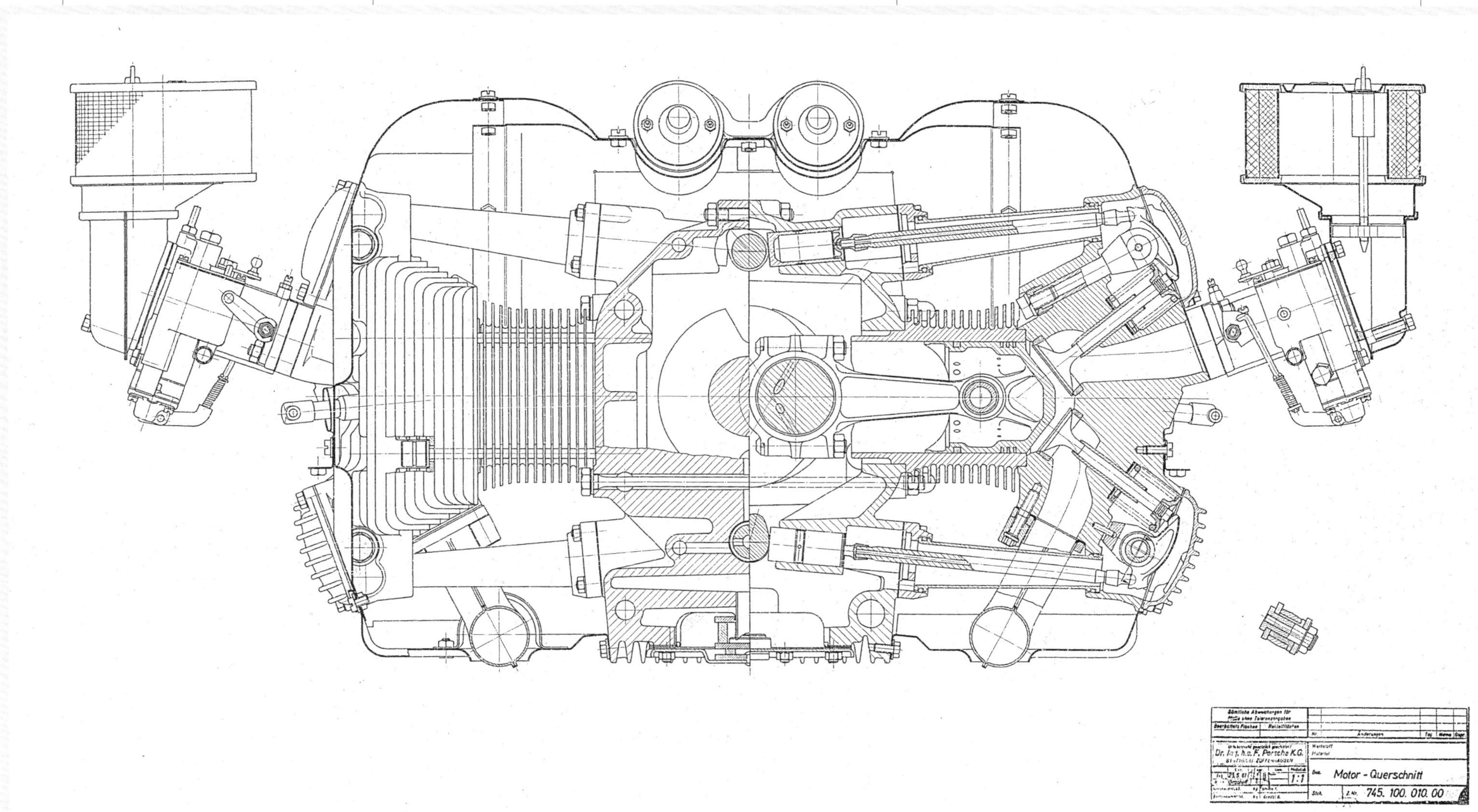

745 von vorn: Für eine möglichst effektive Kühlung sind die Zylinderkopfdeckel über den Auslassventilen verrippt.

Offenbar beschließt das Gremium einige Änderungen an der Vorlage des Konstruktionsbüros, denn am 28. Juni 1961 erscheint die Tabelle mit der Anmerkung »neu geschrieben, evtl. Daten geändert«. Nach diesem Stand sind fünf Varianten des Baukastens vorgesehen, davon drei mit sechs Zylindern. Vier- und Sechszylinder haben jeweils gleichen Hub. Die unterschiedlichen Hubräume werden durch angepasste Bohrungen erzielt. Für die Steuerung der Gaswechsel sieht die Konstruktion zwei untenliegende Nockenwellen vor. Über der Kurbelwelle soll die Einlassnockenwelle platziert werden, unterhalb die Welle für die Auslassventile. Die Betätigung erfolgt über Stößelstangen und Kipphebel auf die V-förmig hängenden Ventile. Bemerkenswert ist die Schmierung: Bereits in diesem Stadium ist zwar eine Trockensumpfschmierung vorgesehen, von der man in der Praxis allerdings zunächst abkehrt.

Die Belastungstests auf den Motorenprüfständen offenbaren schonungslos die Mängel der ersten Sechszylinder. Am Anfang der Entwicklung sind die bewährten Vierzylinder den neuen Konstruktionen in puncto Dauerfestigkeit noch weit überlegen.

Bei dem Vergleichstermin der Modelle 1 und 2 des Fahrzeugtyp 754 am 17. und 18. Oktober 1961 kommen auch der Antrieb und die vorgesehenen Platzverhältnisse zur Sprache. Dabei werden nicht nur Änderungen in der Konstruktion des Sechszylindermotors beschlossen. Auch »ein 8-Zyl.-V-Motor mit obenliegender Nockenwelle soll untersucht werden«. Offenbar zweifelt man bereits jetzt daran, dass die Performance des entstehenden Sechszylinders für den großen und schweren 754 im Wettbewerb bestehen würde.

AUGUST ACHLEITNER ÜBER

MOTORENTYP 745

Die Motoren der ersten 745-Auslegung (745/1) wiesen als wesentlichen Vorteil eine sehr flache Bauform auf, dem Wunsch des möglichen Unterflureinbaus folgend. Demgegenüber stand aber die sehr große Baubreite durch die seitliche Anordnung der Saugrohre zwischen Ein- und Auslassventilen. Die wenig drehzahltaugliche Betätigung der Ventile über Stößelstangen mit einem daher niedrigen Drehzahllimit sowie Saugrohre mit einer 90°-Umlenkung führten zu einer mechanisch lauten und wenig leistungsfähigen Auslegung. Bedingt durch die Erfahrungen des Motorenkonstrukteurs Leopold Jäntschke, der von Tatra gekommen war, wo man damals einen luftgekühlten V8 produzierte, wurden zunächst zwei Axialgebläse zur Motorenkühlung untersucht (je eines pro Zylinderreihe). Diese hielten die Bauhöhe des Motors relativ flach. Nach Aufgabe der »Unterflurfähigkeit« und Akzeptanz einer größeren Bauhöhe genügte zur Kühlung nur ein etwas größeres, aber sehr effizientes Axialkühlgebläse. Konzeptionell optimal ausgenutzt wurde dieses veränderte Motorenlayout dann durch die umlenkungsfreie »Fallstromanordnung« der Saugrohre, die damit eine sehr gute Füllungsqualität der Brennräume ermöglichten.

PROJEKT 745/2: SECHSZYLINDER MIT OBENLIEGENDEN NOCKENWELLEN

Tatsächlich wird die Konstruktion des Sechszylindermotors Typ 745 laufend überarbeitet. Während verschiedene Kurbelgehäuse für den Versuch entstehen, bekommt der Motor im Oktober 1961 »eine mech. Benzinpumpe, dies bedingt neue Einlaß-Nockenwelle.[...] Die Pleuelstange wird von 132 mm auf 135 mm verlängert, dies ist notwendig für eine bessere Kolbenringanordnung.« In der Diskussion ist ferner, ob Hauptlager mit Ringnut oder die bewährten Varianten mit Öltasche die bessere Wahl sind. Auch das ursprüngliche Konzept mit der klassischen Ventilsteuerung über Stößelstangen steht auf dem Prüfstand: Im Spätherbst 1961 denken die Ingenieure konkreter über eine modernere Variante mit obenliegenden Nockenwellen nach:

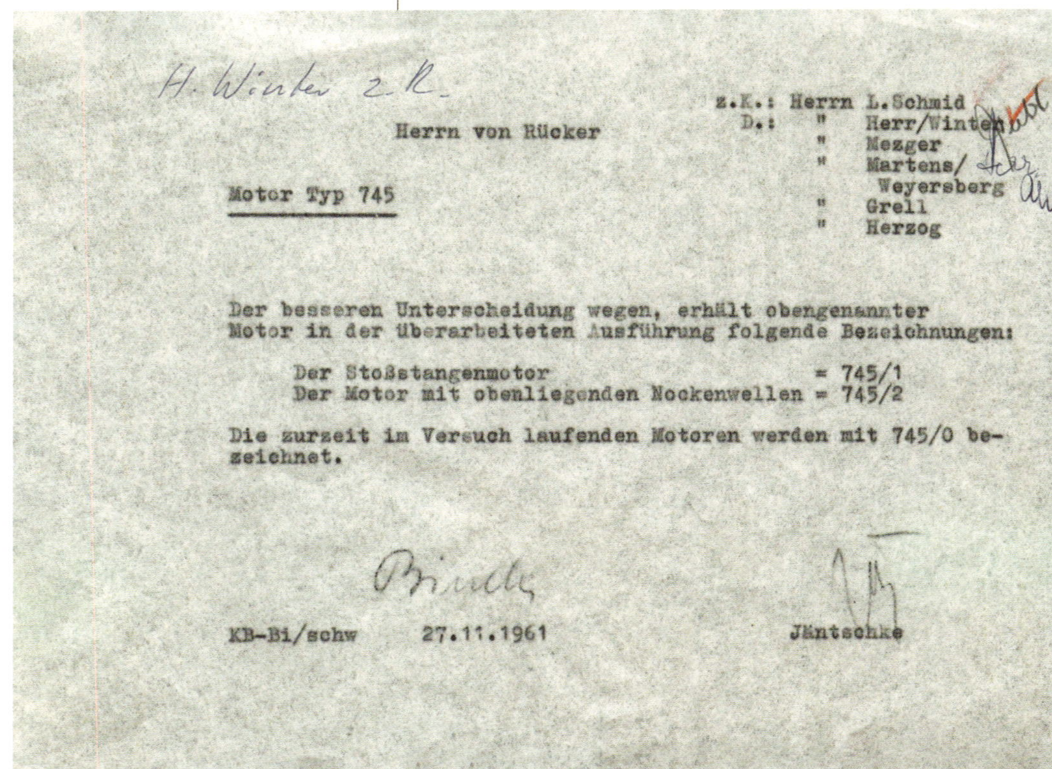

Herrn von Rücker

z.K.: Herrn L.Schmid
D.: " Herr/Winter
" Mezger
" Martens/Weyersberg
" Grell
" Herzog

Motor Typ 745

Der besseren Unterscheidung wegen, erhält obengenannter Motor in der überarbeiteten Ausführung folgende Bezeichnungen:

Der Stoßstangenmotor = 745/1
Der Motor mit obenliegenden Nockenwellen = 745/2

Die zurzeit im Versuch laufenden Motoren werden mit 745/0 bezeichnet.

KB-Bi/schw 27.11.1961 Jäntschke

Ende 1961 wird bereits der ursprüngliche Motor Typ 745 in einer Variante mit obenliegenden Nockenwellen untersucht.

»Der besseren Unterscheidung wegen erhält obengenannter Motor in der überarbeiteten Ausführung folgende Bezeichnungen:

Der Stoßstangenmotor = 745/1
Der Motor mit obenliegenden Nockenwellen = 745/2

Die zurzeit im Versuch laufenden Motoren werden mit 745/0 bezeichnet«,

gibt Leopold Jäntschke in einem Rundschreiben am 27. November 1961 bekannt.

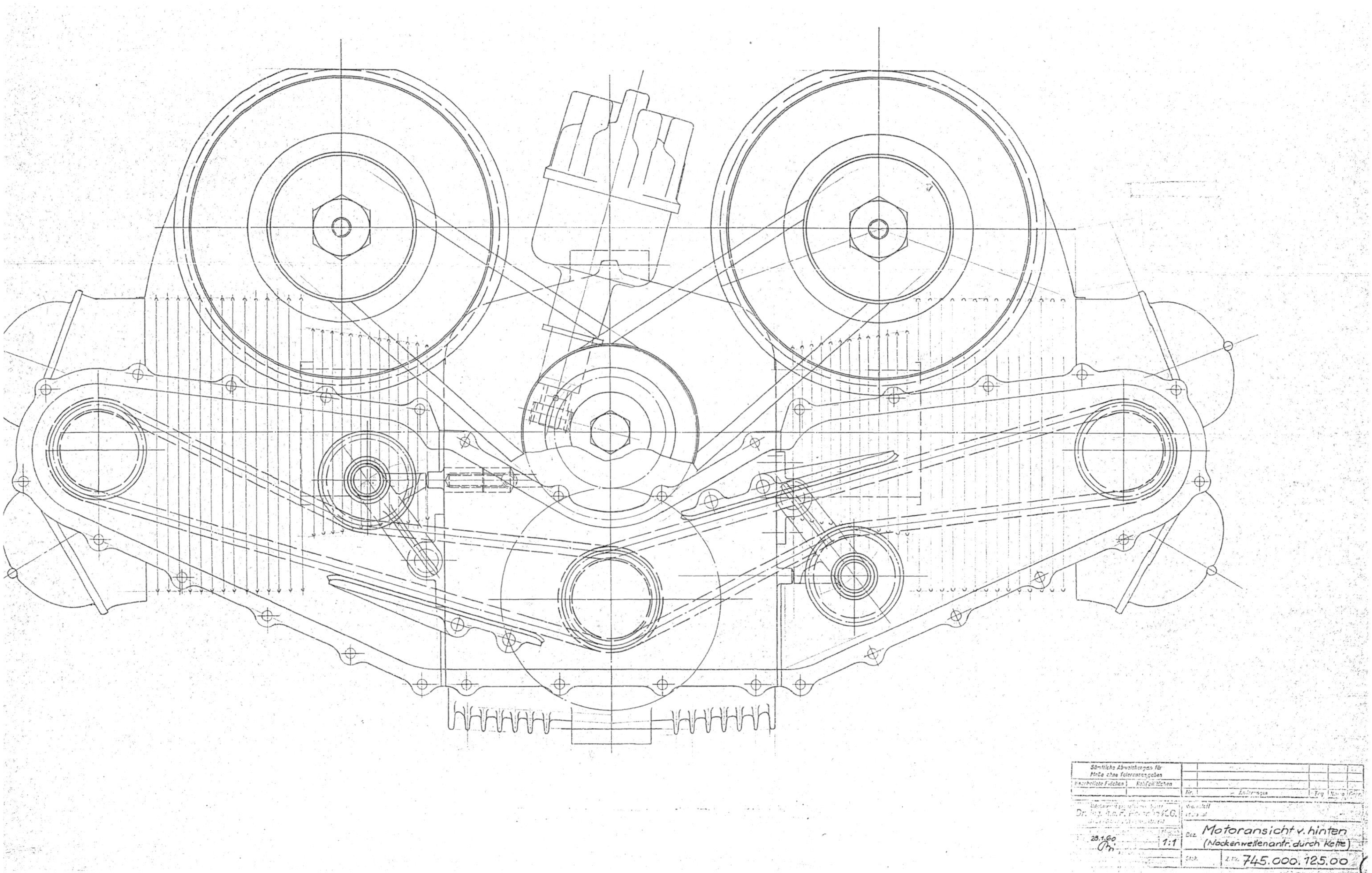

Bereits in der Konzeptphase für den Typ 745 denken die Ingenieure über obenliegende Nockenwellen nach.

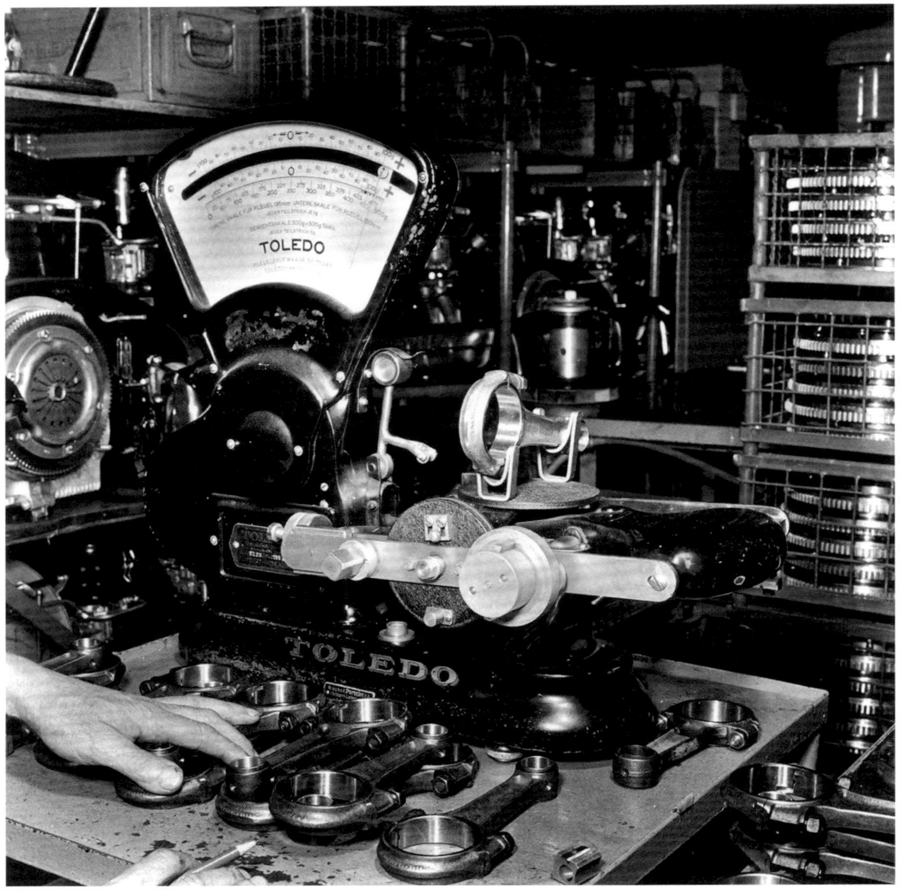

An Herstellung und Montage der Motoren stellt Porsche traditionell sehr hohe Qualitätsansprüche: Pleuel werden vermessen und gewogen (links), Luftführungen und Zylinderköpfe feinbearbeitet (Mitte und links).

Gegen Ende des Jahres setzt sich offenbar die Erkenntnis durch, dass das Konzept des aktuellen Stoßstangenmotors Typ 745 schlechte Erfolgsaussichten hat. So vermerkt eine Aktennotiz zum Motortyp 745: »Am 13.12.1961 wurde beschlossen, daß ein neuer 2-Ltr.-6-Zylinder Motor konstruiert und erprobt werden soll.« Deshalb ergeht der Auftrag, zwei Kurbelgehäuse und eine Kurbelwelle zu bearbeiten. Weitere Kurbelwellen, Pleuelstangen und Nockenwellen werden abbestellt. Dafür sind jeweils drei neue Ein- und Auslassnockenwellen zu bestellen sowie 30 hydraulische Stößel, 30 Stößelstangen und 15 Zylinderköpfe. Noch ist also ein Motor mit untenliegenden Nockenwellen und hydraulischem Ventilspielausgleich geplant. Alle dazu genannten Konstruktionszeichnungen tragen die Typnummer 745.

Kurz nach dem Jahreswechsel, am 2. Januar 1962, ergeht der entsprechende Hauptauftrag E 11 mit dem Betreff: »Konstruktion eines 2-Ltr.-6-Zylinder-Motors Typ 745«. Leopold Schmid wird darin die Verantwortung für die Ausführung übertragen: »Es ist ein 2-Ltr.-6-Zylinder-Motor zu konstruieren, welcher in die Typen T8 und T9 einbaubar ist.« Sechs Tage später folgt der entsprechende Konstruktionsauftrag mit der Nummer E 117: »Gewünschter Termin: Ende Sept. 62.« 3.000 Konstrukteursstunden veranschlagt Leopold Schmid in seiner ersten Schätzung. Später hinzugefügte handschriftliche Ergänzungen beziffern allerdings den Aufwand bis September auf 13.000 Stunden. Schon zu diesem Zeitpunkt, als der T8 noch in der Konzept- und Konstruktionsphase ist, plant man somit den Einsatz des Sechszylindermotors im späteren 901.

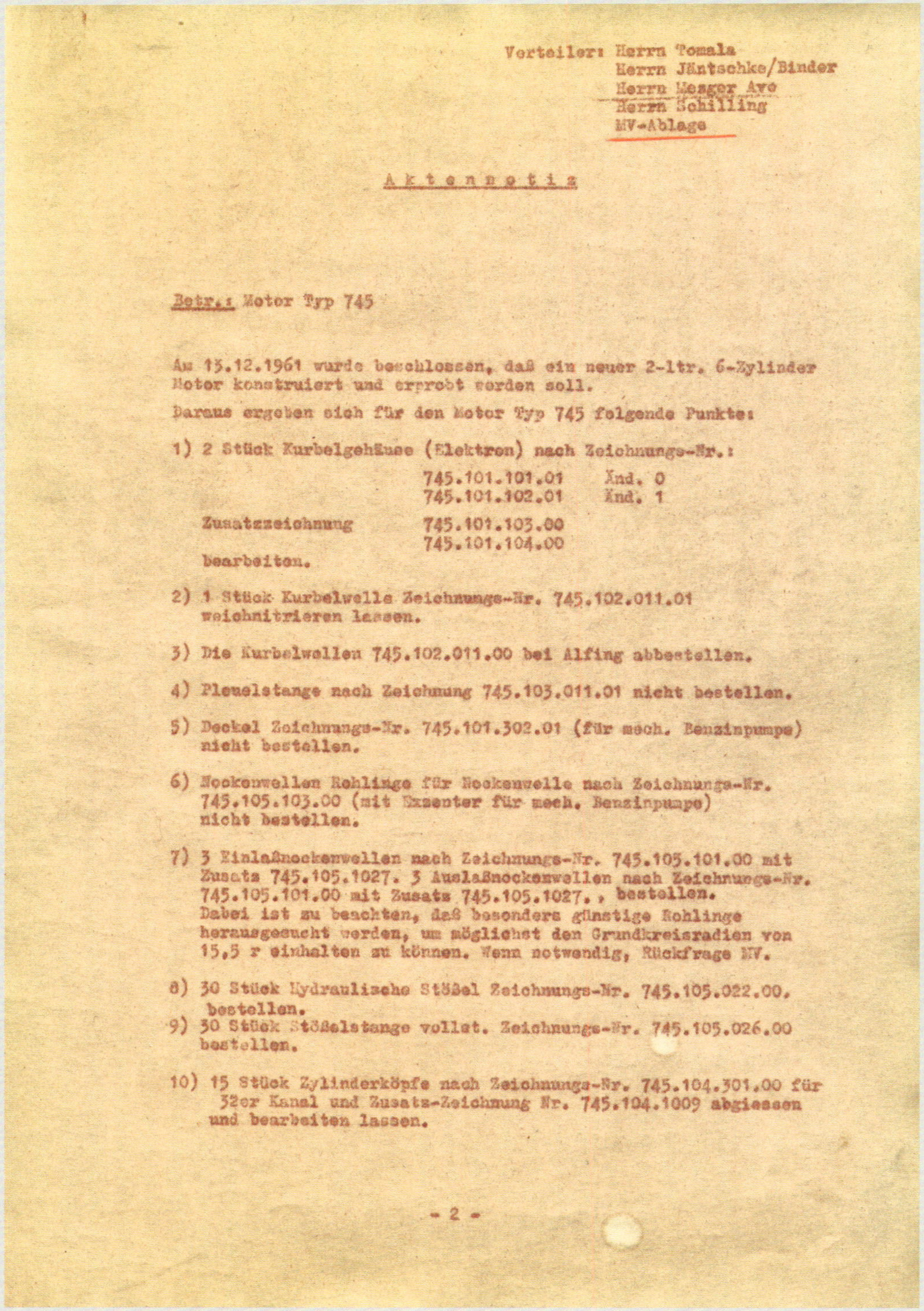

Verteiler: Herrn Tomala
Herrn Jäntschke/Binder
Herrn Mezger Ave
Herrn Schilling
MV-Ablage

A k t e n n o t i z

Betr.: Motor Typ 745

Am 13.12.1961 wurde beschlossen, daß ein neuer 2-ltr. 6-Zylinder Motor konstruiert und erprobt werden soll.

Daraus ergeben sich für den Motor Typ 745 folgende Punkte:

1) 2 Stück Kurbelgehäuse (Elektron) nach Zeichnungs-Nr.:
   745.101.101.01 Änd. 0
   745.101.102.01 Änd. 1
   Zusatzzeichnung 745.101.103.00
   745.101.104.00
   bearbeiten.

2) 1 Stück Kurbelwelle Zeichnungs-Nr. 745.102.011.01 weichnitrieren lassen.

3) Die Kurbelwellen 745.102.011.00 bei Alfing abbestellen.

4) Pleuelstange nach Zeichnung 745.103.011.01 nicht bestellen.

5) Deckel Zeichnungs-Nr. 745.101.302.01 (für mech. Benzinpumpe) nicht bestellen.

6) Nockenwellen Rohlinge für Nockenwelle nach Zeichnungs-Nr. 745.105.103.00 (mit Exzenter für mech. Benzinpumpe) nicht bestellen.

7) 3 Einlaßnockenwellen nach Zeichnungs-Nr. 745.105.101.00 mit Zusatz 745.105.1027. 3 Auslaßnockenwellen nach Zeichnungs-Nr. 745.105.101.00 mit Zusatz 745.105.1027., bestellen. Dabei ist zu beachten, daß besonders günstige Rohlinge herausgesucht werden, um möglichst den Grundkreisradien von 15,5 r einhalten zu können. Wenn notwendig, Rückfrage MV.

8) 30 Stück Hydraulische Stößel Zeichnungs-Nr. 745.105.022.00, bestellen.

9) 30 Stück Stößelstange vollst. Zeichnungs-Nr. 745.105.026.00 bestellen.

10) 15 Stück Zylinderköpfe nach Zeichnungs-Nr. 745.104.301.00 für 32er Kanal und Zusatz-Zeichnung Nr. 745.104.1009 abgiessen und bearbeiten lassen.

- 2 -

Die unglückliche Konstruktion des 745 führt zu keinem akzeptablen Ergebnis. Ende 1961 beschließt die Geschäftsleitung deshalb einen Neustart für den Typ 745.

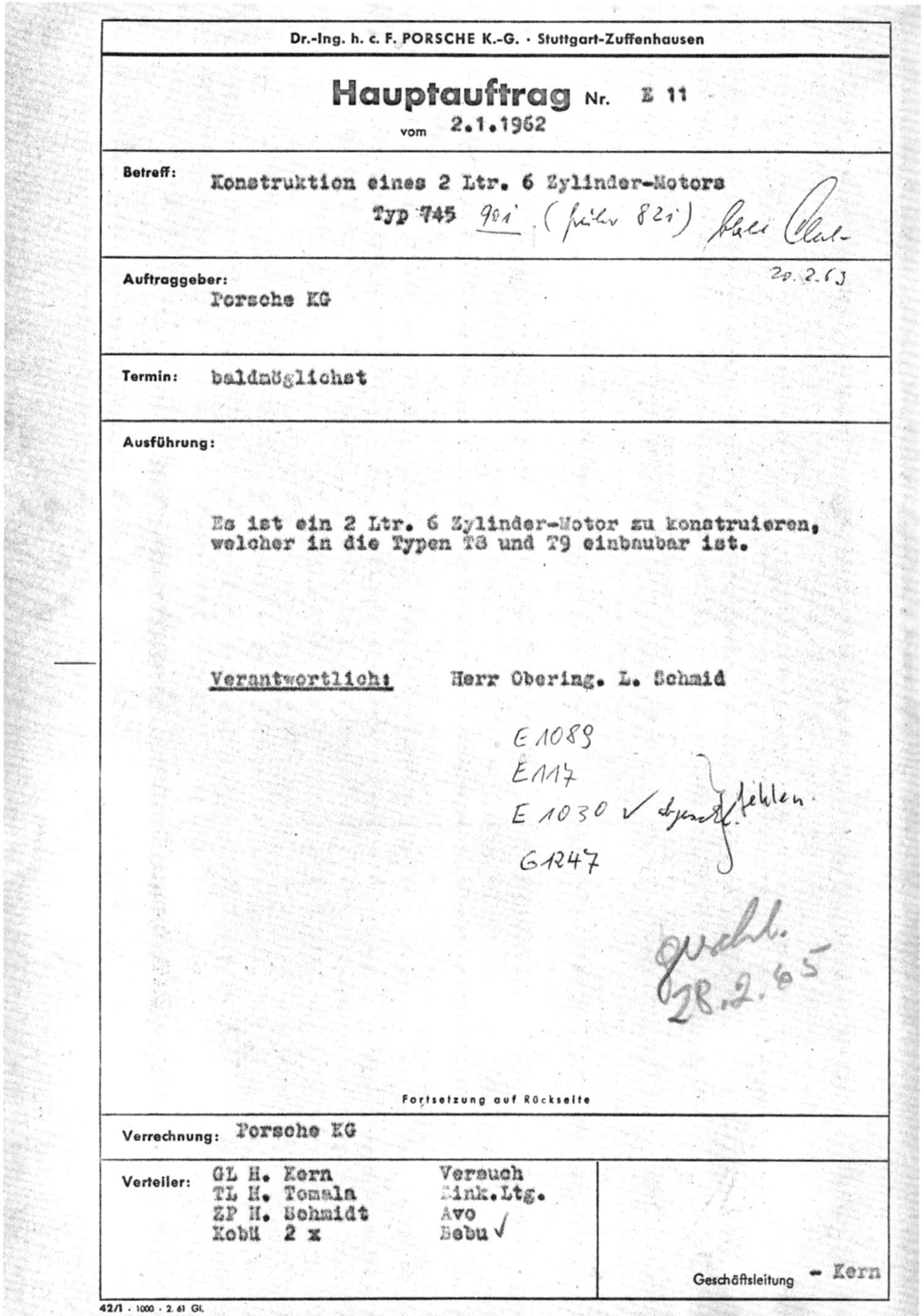

Dr.-Ing. h. c. F. PORSCHE K.-G. · Stuttgart-Zuffenhausen

Hauptauftrag Nr. E 11

vom 2.1.1962

Betreff: Konstruktion eines 2 Ltr. 6 Zylinder-Motors Typ ~~745~~ 901 (früher 821)

Auftraggeber: Porsche KG

Termin: baldmöglichst

Ausführung:

Es ist ein 2 Ltr. 6 Zylinder-Motor zu konstruieren, welcher in die Typen T8 und T9 einbaubar ist.

Verantwortlich: Herr Obering. L. Schmid

E 1089
E 117
E 1030
G 1247

Fortsetzung auf Rückseite

Verrechnung: Porsche KG

Verteiler:		
	GL H. Kern	Versuch
	TL H. Tomala	Eink.Ltg.
	ZP H. Schmidt	Avo
	KobÜ 2 x	Bebu

Geschäftsleitung - Kern

42/1 · 1000 · 2. 61 Gl.

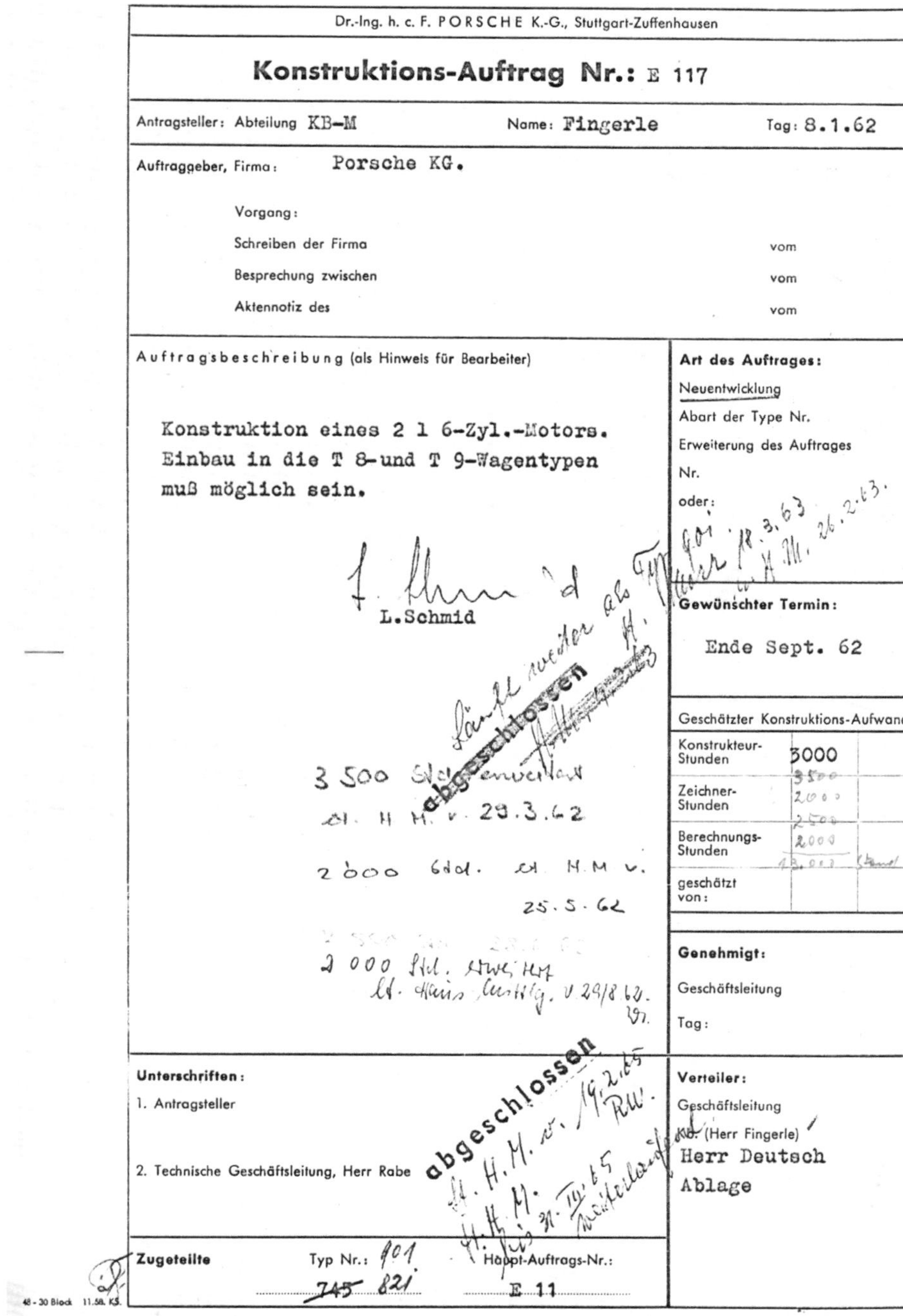

Dr.-Ing. h. c. F. PORSCHE K.-G., Stuttgart-Zuffenhausen

Konstruktions-Auftrag Nr.: E 117

Antragsteller: Abteilung KB-M Name: Fingerle Tag: 8.1.62

Auftraggeber, Firma: Porsche KG.

Vorgang:
Schreiben der Firma vom
Besprechung zwischen vom
Aktennotiz des vom

Auftragsbeschreibung (als Hinweis für Bearbeiter)

Konstruktion eines 2 l 6-Zyl.-Motors. Einbau in die T 8-und T 9-Wagentypen muß möglich sein.

L. Schmid

abgeschlossen

3 500 Std. erweitert lt. H. M. v. 29.3.62

2 000 Std. lt. H. M. v. 25.5.62

2 000 Std.

Art des Auftrages: Neuentwicklung / Abart der Type Nr. / Erweiterung des Auftrages Nr. / oder:

Gewünschter Termin: Ende Sept. 62

Geschätzter Konstruktions-Aufwand:

Konstrukteur-Stunden	3000
Zeichner-Stunden	2000
Berechnungs-Stunden	2000
geschätzt von:	

Genehmigt: Geschäftsleitung / Tag:

Unterschriften:
1. Antragsteller
2. Technische Geschäftsleitung, Herr Rabe

abgeschlossen

Verteiler: Geschäftsleitung / KB (Herr Fingerle) / Herr Deutsch / Ablage

Zugeteilte Typ Nr.: 901 ~~745~~ 821 Haupt-Auftrags-Nr.: E 11

48 - 30 Block 11.58 KS.

Neben konstruktiven Änderungen am 745 kommt eine neue Anforderung hinzu: Der Sechszylindermotor soll sowohl in den großen T9 (754) als auch in den kompakten T8 (später 901) passen.

PROTAGONISTEN

LEOPOLD SCHMID

Konstrukteur
Leiter Konstruktionsabteilung Fahrgestell
1941–1962 bei Porsche

ist der leitende Konstrukteur bei der Entwicklung des ersten Sechszylinder-Boxermotors Typ 745. Dieser ist als Baukastensystem mit drei Hubraumvarianten und zwei Ablegern mit vier Zylindern ausgelegt. Meinungsverschiedenheiten mit Hans Tomala führen nach dessen Eintritt 1961 bei Porsche zum Zerwürfnis, weshalb Leopold Schmid das Unternehmen zu einem Zeitpunkt verlässt, an dem einer der Sechszylinder-Versuchsmotoren erstmals in den 695-Musterwagen eingebaut wird.

Leopold Schmid kommt am 14. August 1912 im österreichischen Hiellau zur Welt. Nach Schule und Ausbildung arbeitet er bei den Adlerwerken in Frankfurt an Kraftübertragungen. 1941 kommt er als Konstrukteur zu Porsche und beschäftigt sich zunächst mit militärischen Entwicklungen. Ab 1944 setzt er seine Arbeit im Konstruktionsbüro in Gmünd, Kärnten, fort und konstruiert Kraftübertragungen für Schwerfahrzeuge.

Als Porsche den Auftrag für den Entwurf des Cisitalia-Rennwagens Typ 360 erhält, übernimmt Leopold Schmid 1946 die Konstruktion des Getriebes. Er setzt auf Allradantrieb und entwirft ein Fünfganggetriebe mit Abtrieben für Hinter- und Vorderachse. Die Synchronisation dieses Getriebes weckt in Schmid den Erfindergeist und er entwickelt anschließend ein neues System aus geschlitzten, federnden Ringen. 1952 geht das vollsynchronisierte Vierganggetriebe mit seiner Erfindung im Porsche 356 in Serienproduktion. Ein Jahr später meldet Porsche das Patent an; bis 1959 werden auf diese Konstruktion und ihre Anwendungen über 70 Patente in zwölf Ländern angemeldet.

Anfang 1953 wird Leopold Schmid Abteilungsleiter und entwickelt 1955 eine neue Rahmenkonstruktion für den Porsche-Rennsportwagen Typ 550. Zum Jahresende ernennt ihn Ferry Porsche zum Oberingenieur und Leiter der Konstruktionsabteilungen Fahrgestell, Motor und Getriebe. Vier Jahre später überträgt ihm das Unternehmen zudem die Verantwortung für die Konstruktionsbereiche Motor, Getriebe, Berechnung und Fahrwerk.

Während der Entwicklung des Sechszylindermotors Typ 745 und eines passenden Fünfganggetriebes arbeitet Leopold Schmid auch am Konzept eines Weltrekordwagens. Das Projekt wird jedoch nicht realisiert.

Als die Differenzen mit dem neuen Technikchef Hans Tomala eskalieren, kündigt Schmid zum 31. Mai 1962, um sich als beratender Ingenieur selbstständig zu machen. Er zieht sich in sein Geburtsland Österreich zurück und stirbt 1988 in Gmunden.

NEUENTWICKLUNG AUCH MIT TROCKENSUMPF-SCHMIERUNG: TYP 821

Aus den bereits vorhandenen Kurbelgehäusen und Neuteilen baut der Motorenversuch im Winter 1961/1962 die ersten Motoren auf. Am 30. Januar 1962 zieht die Abteilung eine Zwischenbilanz zum »Stand der Entwicklung des Motors Typ 745«. Dort heißt es: »In der Zeit bis zum 30.1.1962 wurden in der Abteilung MV 2 Motoren (2,2-Ltr.-Ausführung) Typ 745 gebaut.« Motor Nummer 1 dient zu Messungen von Temperatur und zum Vergleich von Stahl- und Aluölkühlern. Weiterhin untersuchen die Experten sechs verschiedene Vergasertypen, vertikale und horizontale Saugkanäle mit 40 Millimeter Durchmesser sowie Axial- und Radialgebläse. Zudem ist die Maschine für den Umbau auf zwei Liter Hubraum vorgesehen. Motor Nummer 2 mit 32-Millimeter-Saugkanal arbeitet im Fahrversuch und ist im Musterwagen 695 eingebaut. Auch er soll auf zwei Liter Hubraum umgebaut werden. Der dritte Motor ist noch nicht fertiggestellt und für den Versuch mit hydraulischen Stößeln vorgesehen. Allerdings ist die »Montage bis Entscheidung von der TL[20] vorliegt zurückgestellt.«

Bearbeitung des Kurbelgehäuses. Zu sehen ist die Schwungradseite.

[20] TL = Technische Leitung

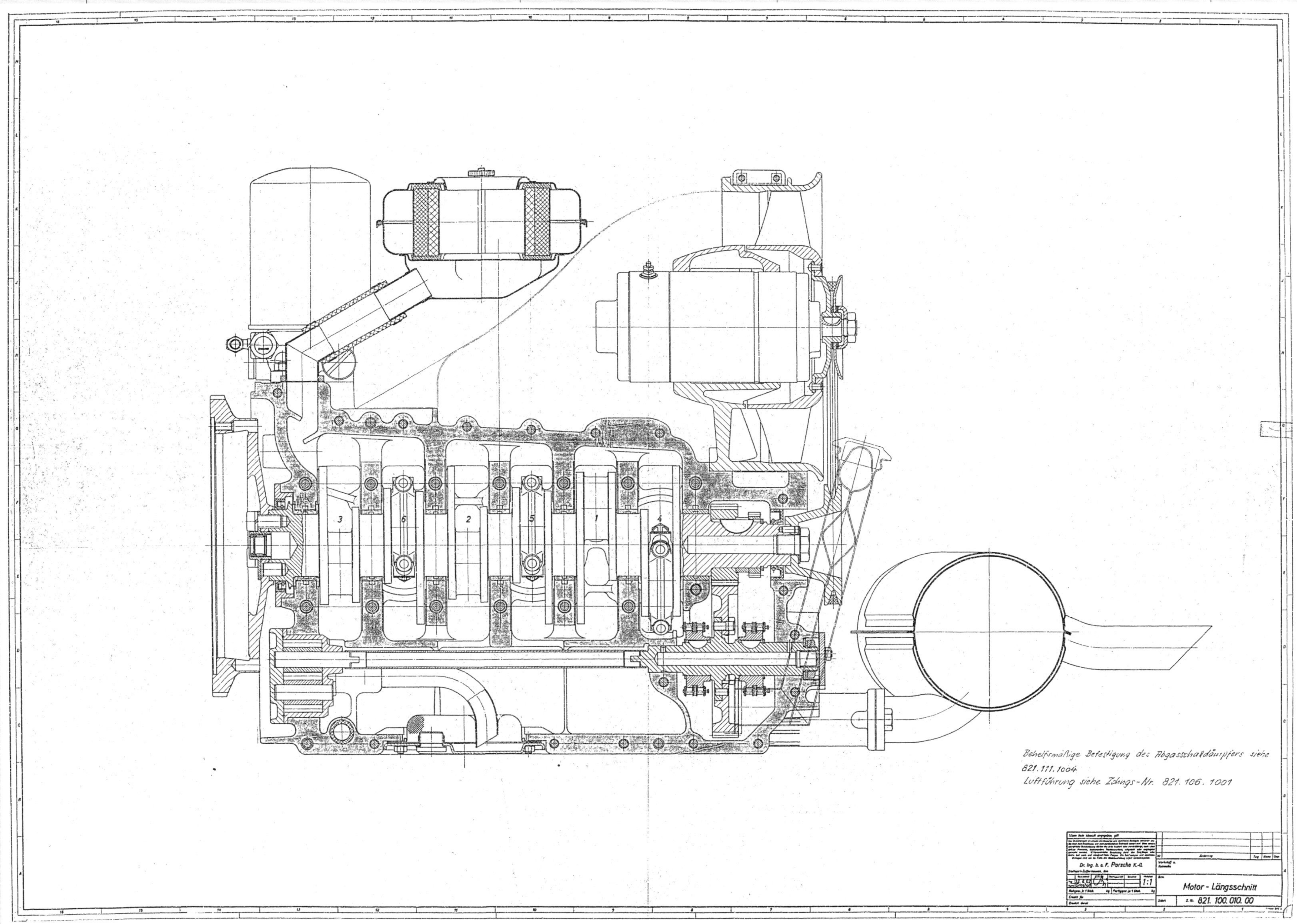

Gezeichneter Längsschnitt durch einen Motor Typ 821 mit durchnummerierten Pleuellagern.

Bei dieser Entscheidung geht es vermutlich um das Schicksal des 745-Konzeptes mit konventionellen Stößelstangen. Der Lösung mit obenliegenden Nockenwellen räumt man offensichtlich auch im Hinblick auf das breitere Drehzahlband bessere Zukunftschancen ein: Jedenfalls erteilt die Geschäftsleitung am 2. Februar 1962 den Hauptauftrag E 25 zur »Herstellung von 3 Motoren Typ 821 mit obenliegender Nockenwelle«. Der Wechsel zu einer neuen Typbezeichnung ist bei Porsche nicht unüblich. Zwar basiert das neu zu entwickelnde Triebwerk in den Grundabmessungen auf dem Motortyp 745, doch die veränderte Steuerung des Gaswechsels ist so tiefgreifend, dass sie die Vergabe einer neuen Typnummer rechtfertigt.

Dementsprechend fällt auch der »Endbericht« des Versuchs zum Typ 745 am 25. April 1962 aus: »Gemäß Beschluß der TL, Herr Tomala, wurde die Weiterführung der Versuche am Motor Typ 745 eingestellt, da inzwischen vom KB eine Neuentwicklung eines 2-Ltr.-6-Zyl., Typ 821, in Angriff genommen worden ist, die in ihrer Konzeption völlig anders ist als der Motor Typ 745 und somit vom Motor Typ 745 keine Ergebnisse für den Neuentwicklungsmotor Typ 821 gewonnen werden können.« Seit Jahresbeginn leitet Hans Tomala auch die Motorenentwicklung, Claus von Rücker hat Porsche Ende 1961 verlassen und ist zu BMW gegangen. Tomala kann dessen Motorkonzept nichts abgewinnen und entscheidet am 8. Juni 1961: »daß die im Versuchslager befindlichen Teile des Motors Typ 745 mit Ausnahme der Normteile und eines kleinen Ersatzteilbedarfs für die 2 vorhandenen Motoren Typ 745 zu verschrotten sind.« Mit dem Projekt 745 stirbt auch die geplante Vierzylinder-Ableitung 801.

Präzision und Qualität: Links ein Bohrwerk der Motorenfertigung.

Rechts ein Triebwerksprüfstand mit einem kompletten Vierzylindermotor des 356.

SCHENCK

ZWEI VARIANTEN DES 821 MIT NASS- UND TROCKENSUMPFSCHMIERUNG SIND IN PLANUNG

Hans Tomala drückt bei der Entwicklung des 821 mächtig aufs Gas. Nachdem der große Sportwagen Typ 754, für den der Sechszylindermotor ursprünglich geplant war, weggefallen ist, orientieren sich die Zieleigenschaften des Motors an dem sportlicheren, leichteren und kompakteren 901. Unter der Leitung von Tomala entstehen gleich zwei Varianten. Der 821/1 mit konventionellem Nasssumpf ist als Basisvariante ausgelegt, der 821/2 mit Trockensumpfschmierung als leistungsgesteigerte GT-Version. Robert Binder fasst zusammen: »Die unterschiedlichen Merkmale von 821/2 zu 821/1 sind:

1.) Kurbelgehäuse aus Silumin mit Stahlstützlager,
2.) Kurbelwelle, weichnitriert,
3.) Doppelölpumpe mit getrenntem Ölbehälter,
4.) größeres Einlaßventil mit entsprechender Nockenwelle, vergrößertem Saugkanal, Saugrohre und Vergaser,
5.) Öleinfüllung am Kurbelgehäuse entfällt.«

Tomala favorisiert den 821/2 mit Trockensumpfschmierung. Am 12. Juni 1962 entscheidet er in einer Sitzung der Technischen Leitung, »daß der Entwicklung des Motors Typ 821/2 (leistungsgesteigerte GT-Version) gegenüber der zahmeren Version Typ 821/1 der Vorrang gegeben werden soll.« Allerdings »können die konstruktiven Arbeiten für die Trockensumpfschmierung, Trockenölpumpe, Ölbehälter und Ölkühler voraussichtlich erst Ende Juli angeschlossen werden.« Ferner »wird darauf aufmerksam gemacht, daß die ersten Kurbelgehäuse in Elektron für die zahme Version Typ 821/1 abgegossen worden sind und daher auch diese

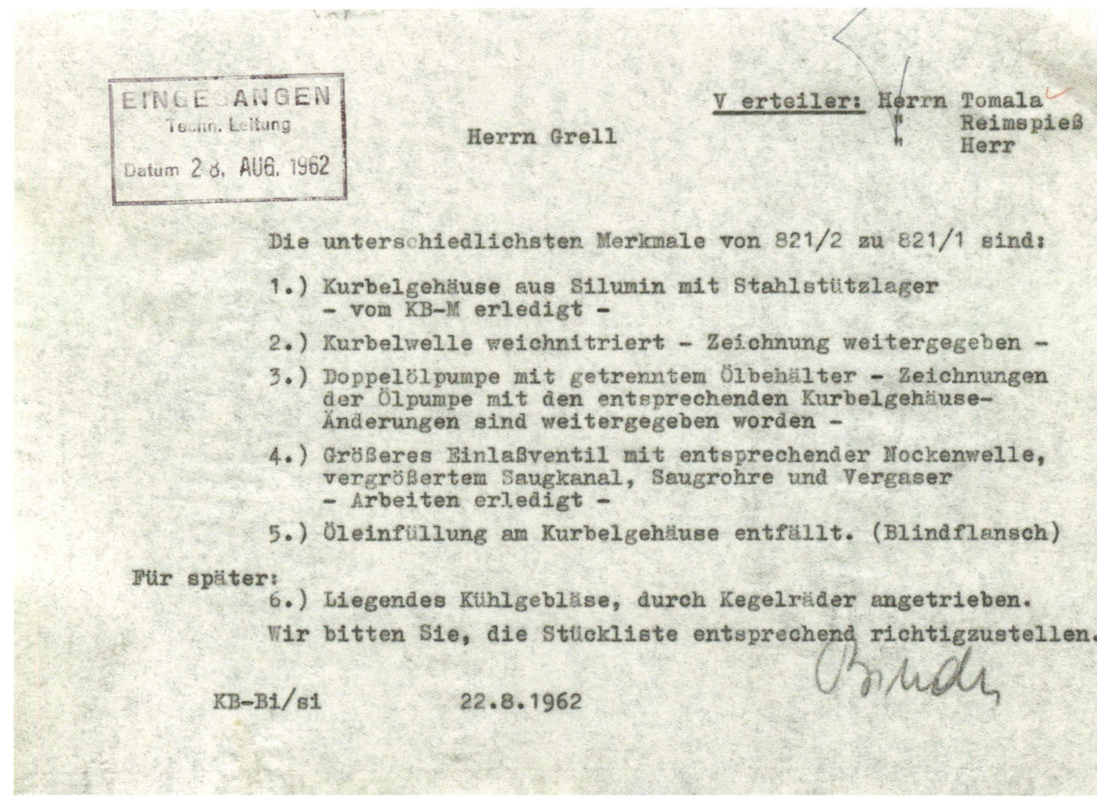
EINGEGANGEN Techn. Leitung Datum 28. AUG. 1962

Herrn Grell

Verteiler: Herrn Tomala
" Reimspieß
" Herr

Die unterschiedlichsten Merkmale von 821/2 zu 821/1 sind:

1.) Kurbelgehäuse aus Silumin mit Stahlstützlager
- vom KB-M erledigt -
2.) Kurbelwelle weichnitriert - Zeichnung weitergegeben -
3.) Doppelölpumpe mit getrenntem Ölbehälter - Zeichnungen der Ölpumpe mit den entsprechenden Kurbelgehäuse-Änderungen sind weitergegeben worden -
4.) Größeres Einlaßventil mit entsprechender Nockenwelle, vergrößertem Saugkanal, Saugrohre und Vergaser
- Arbeiten erledigt -
5.) Öleinfüllung am Kurbelgehäuse entfällt. (Blindflansch)

Für später:
6.) Liegendes Kühlgebläse, durch Kegelräder angetrieben.

Wir bitten Sie, die Stückliste entsprechend richtigzustellen.

KB-Bi/si 22.8.1962 Binder

Der Typ 821/1 ist als Serienmotor geplant, der 821/2 als leistungsgesteigerter Sportmotor.

Während die Prototypen der Sechszylindermotoren Anfang der 1960er Jahre im Versuch entstehen, läuft die Serienproduktion der Vierzylindermotoren auf Hochtouren. Hier Stationen der Zylinderkopfbearbeitung.

als erste zur Bearbeitung gelangen werden. Eine prüfstandsgemäße Entwicklung der GT-Version, Typ 821/2 muß also zunächst unter Verwendung dieser Kurbelgehäuse erfolgen.«

Damit nicht genug: Den Motorenentwicklern schwebt auch eine dritte Variante des neuen Sechszylinders mit Benzineinspritzung vor. Allerdings ist das Konstruktionsbüro im Sommer 1962 voll beschäftigt: »Die konstruktiven Arbeiten für die Version Typ 821/3 (mit Benzineinspritzung) können laut KB erst ab voraussichtlich 1.8.1962 erfolgen, ebenso die Alternativlösung der Gebläseanordnung in Horizontallage.« Gemeint ist damit ein liegendes Kühlgebläse, das durch Kegelräder angetrieben wird.

PROTAGONISTEN

ROBERT BINDER

Motorenkonstrukteur
Motorenentwicklung
1950–1992 bei Porsche

arbeitet als Motorenkonstrukteur seit dem Start des Projektes 745 an der Entwicklung des Sechszylinder-Boxermotors. Er untersucht die Möglichkeiten der Benzineinspritzung und entdeckt, dass das anfängliche Problem der schwingenden Steuerketten an der Art der Kettenspannung liegt. Dieses Problem löst schließlich Hans Mezger mit dem hydraulischen Kettenspanner.

Robert Binder stammt aus dem mährischen Brünn und besucht dort eine Maschinenbauschule. Nach Ende des Zweiten Weltkriegs beginnt er bei Daimler-Benz als Vorrichtungskonstrukteur. 1950 erhält er einen Anruf von Karl Rabe, ob er nicht zu Porsche kommen wolle. Der technische Leiter beauftragt ihn später mit der Konstruktion eines neuen Zylinderkopfes für den Vierzylindermotor des 356, der immer noch vorwiegend aus Volkswagen-Teilen besteht.

Im Porsche Konstruktionsbüro ist Robert Binder häufig mit Entwicklungsaufträgen des Volkswagenwerkes beschäftigt. So konstruiert er 1952 auf Basis des Porsche-Vierzylinders einen Dieselmotor für Volkswagen, der jedoch nicht in Serie geht. Der Motor des Porsche 356 dient auch als Grundlage für die Entwicklung eines Bootsmotors und eines Hubschraubertriebwerkes.

Carrera-Gespräch mit dem Weissacher Motorenkonstrukteur Robert Binder

Leben als Konstruktionsaufgabe

Die Konstruktion auf dem Reißbrett: unentbehrliche Voraussetzung für das materialgerechte Werkstück.

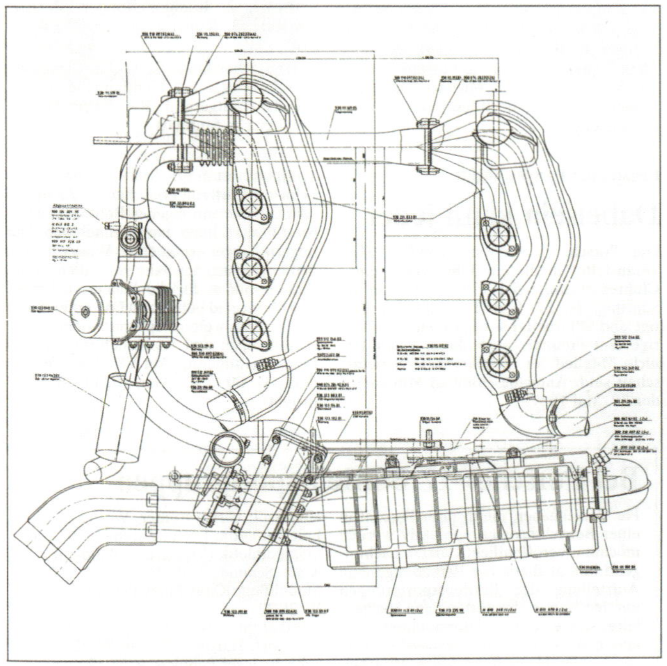

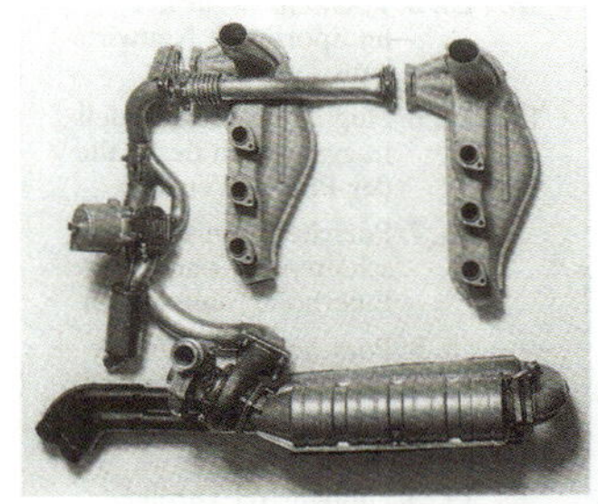

Der Dieselmotor für den VW-Käfer (oben links) war eine der ersten Konstruktionsaufgaben für Robert Binder bei Porsche. Ein Beispiel aus der heutigen Zeit ist die Konstruktions-Zeichnung (oben) der Katalysator-Abgasanlage des 911 Turbo (oben rechts die einbaufertigen Teile). Ein solches Meisterstück der Raumausnutzung erfordert die genaue Berücksichtigung von Temperatur- und Strömungsbedingungen, von Materialeigenschaften, Einbauverhältnissen und Wartungsmöglichkeiten.

Wie kamen Sie zu Porsche? Sind Sie Schwabe?
Nein, ich stamme aus Brünn in Mähren und bin dort auf die Maschinenbauschule gegangen. Kurz vor Kriegsende kam ich noch zur Panzertruppe, nach der Gefangenschaft bei den Amerikanern landete ich in Stuttgart. Ich arbeitete 1950 bei Daimler-Benz in der Vorrichtungskonstruktion bei einem Herrn Trüby, der eines Tages zu Porsche wechselte. Ich wußte damals gar nicht, was Porsche ist. Drei Tage später bekam ich einen Anruf von Herrn Rabe, ob ich nicht Lust hätte, zu kommen. Mein Chef bei Daimler sagte gleich: Nix wie hin, stellen Sie sich heute noch vor. Und ich wurde genommen.

Wo hatten Sie Ihren ersten Arbeitsplatz bei Porsche?
In der Baracke an der Schwieberdinger Straße. Wir waren etwa zehn, zwölf Leute im Konstruktionsbüro unter Herrn Rabe. Später kamen wir dann in das neue Werk auf dem Reutter-Gelände, das heutige Werk II. Werk I war noch von den Amerikanern belegt.

Was gab es damals bei Porsche zu konstruieren?
Es wurden viele neue Projekte in Angriff genommen. Wir waren sehr ehrgeizig und arbeiteten 48 Stunden in der Woche – mein Verdienst waren 270 Mark im Monat. Eines Tages fragte mich Herr Rabe, ob ich einen Zylinderkopf konstruieren könnte. Das war meine erste selbständige Arbeit. Es war ein luftgekühlter Kopf für den VW-Motor, den wir ja damals im 356 noch hatten. Daraus wurde dann Stück für Stück der Porsche-Motor, der zuletzt 90 PS leistete. Angefangen haben wir mit 40 PS. Ich war sehr stolz, als mir Herr Rabe ein Briefchen mit 50 Mark auf den Tisch legte – als Anerkennung für den Zylinderkopf.

Sie sind dann bei den Motoren geblieben?
Ja, bis heute. Die Entwicklung ging immer wieder sprunghaft weiter. In der Anfangszeit kam es nur auf Leistung an, dann auch auf Geräusch und Abgasemissionen. Trotz der vielen Bestimmungen und Gesetze, die wir berücksichtigen müssen, sind die Leistungswerte ständig besser geworden. Durch die Elektronik haben wir neue Möglichkeiten, die Motoren noch weiter zu optimieren.

Ihr Käfer-Dieselmotor von 1952 erregte auf dem Nürburgring beim Oldtimer-Korso Aufsehen. Warum wurde er nicht gebaut?
Leistung wurde in den fünfziger Jahren bald wichtiger als Sparsamkeit. So blieben unsere beiden Diesel-Entwürfe – es gab auch noch einen Zweizylinder-Zweitakt-Diesel mit einem dritten Zylinder als Ladeluftpumpe – in der Schublade. Wie vieles, was wir damals für VW entwickelt haben. Darunter waren auch Unterflurmotoren – einer davon kam dann im Typ 3, dem VW 1500. Aus dem Porsche-Vierzylinder entwickelten wir einen Bootsmotor und einen Flugmotor, der auch im Girodyne-Hubschrauber eingebaut wurde.

Und wann fingen Sie mit dem Porsche-Sechszylinder-Boxermotor an?
Das war gegen Ende der fünfziger Jahre. Der Porsche-Motor sollte ein kompakter, flacher und leichter Motor bleiben, aber mehr Hubraum und Leistung erhalten. Da lag es nahe, die Zylinderzahl zu erhöhen. Besonders schwierig war es, die Auspuffanlage mit den Wärmetauschern auf dem engen Raum unterzubringen. Heute schaffen wir das sogar mit Katalysatoren und noch wirksameren Wärmetauschern. Wir hätten selbst nicht gedacht, daß der luftgekühlte Boxermotor des 911 so entwicklungsfähig ist.

Gab es interessante Fremdentwicklungen?
Viele – erst für VW, dann auch für andere Auftraggeber. Ich hatte viel mit dem Russenauftrag zu tun, den wir in den siebziger Jahren vom Automobilwerk Togliatti für den neuen Lada mit Quermotor und Frontantrieb bekamen. Es war eine interessante Arbeit, wir hatten viele russische Gesprächspartner und reisten oft nach Togliatti. Einmal blieb ich zehn Tage dort und war sehr erstaunt, als ich über Motorenkonstruktion sprechen sollte und statt des erwarteten kleinen Kreises an die 50 Leute um mich herum saßen. Das Interesse war sehr groß, viele russische Automobilingenieure haben deutsch gelernt und lesen unsere Fachzeitschriften. Ich habe dort viele Freunde gewonnen, mit denen ich heute noch im Briefwechsel stehe.

Sie haben gerade Ihren 60. Geburtstag hinter sich. Über Ihre heutigen Konstruktionen können wir nicht sprechen, das ist noch Zukunftsmusik. Wie sehen Ihre persönlichen Zukunftspläne aus?
An meinem Geburtstag habe ich mich gefragt, wo all die Jahre geblieben sind. Die Zeit vergeht sehr schnell, wenn man ständig neue Aufgaben hat. Meine derzeitigen Projekte möchte ich auf jeden Fall zu Ende führen. Aber für die Jüngeren muß auch etwas zu tun bleiben. So denke ich daran, von der Möglichkeit des früheren Aufhörens Gebrauch zu machen – obwohl mir die Arbeit nach wie vor Spaß macht.

Mit Robert Binder sprach Reinhard Seiffert

Robert Binder in einem Interview des Porsche-Mitarbeitermagazins Carrera: »Wir hätten selbst nicht gedacht, dass der luftgekühlte Boxermotor so entwicklungsfähig ist.«

Ende der 1950er Jahre konzentriert sich Robert Binder auf die Entwicklung des luftgekühlten Porsche-Sechszylindermotors – vom Typ 745 über den Typ 821 bis zum finalen Typ 901. Als eine besondere Herausforderung bezeichnet er später die Unterbringung der Auspuffanlage mit den Wärmetauschern im engen Heck des 901.

Robert Binder bleibt bis zum Ende seines Berufslebens als Motorenkonstrukteur bei Porsche in Weissach.

LEICHTBAU: KURBELGEHÄUSE AUS ALUMINIUM ODER MAGNESIUM WERDEN UNTERSUCHT

Im Zuge der Weiterentwicklung untersuchen die Ingenieure auch verschiedene Legierungen des Kurbelgehäuses. Zur Diskussion stehen Silumin, eine Legierung aus 87 Prozent Aluminium und 13 Prozent Silizium, sowie Elektron, dessen Hauptbestandteile rund 90 Prozent Magnesium und zehn Prozent Aluminium sind. »Die Bearbeitungseinrichtungen«, schreibt Robert Binder am 19. Juli 1962 an Hans Tomala, »werden für Silumin vorbereitet. Das KB-M vertritt die Ansicht, daß das Gehäuse aus Elektron den Ansprüchen genügen wird und verweist auf die Erfahrungen, welche wir mit dem Gehäuse vom 8-Zylinder-Motor[21] gemacht haben. Verbleibt die Entscheidung auf Silumin, so müssen wir ein Motormehrgewicht von 9 kg in Kauf nehmen. Somit wird das angestrebte Motorgewicht von 145 kg nicht zu halten sein.« Im Vergleich dazu wiegt das fertig bearbeitete Kurbelgehäuse aus Elektron 19 Kilogramm, das gleiche aus Silumin laut Berechnung 28 Kilogramm. Das Aluminiumgehäuse wird später für den Serienmotor eingesetzt, die aufwändiger zu bearbeitende Elektronvariante für den leistungsgesteigerten Wettbewerbsmotor.

Während die Montage der ersten Sechszylindermotoren im Versuch Anfang September beginnt, ist ein Kernproblem des 821 ungelöst: Der Kettenantrieb der obenliegenden Nockenwellen hat derartige Tücken, dass Robert Binder gemeinsam mit einem weiteren Motoreningenieur kollegialen Rat bei Daimler-Benz sucht. Das Protokoll des Besuchs im Untertürkheimer Motorenwerk vom 24. September 1962 notiert ausführlich, dass nach Überzeugung des renommierten Mercedes-Motorenentwicklers Wolf-Dieter Bensinger »der Antrieb obenliegender Nockenwellen über Ketten bei einem 6-Zylinder-4-Takt-Motor in Boxerbauweise, wie ihn unser Motor 821 hat, grundsätzlich zu beherrschen ist. Die Ungleichförmigkeiten sind beim Daimler-Benz Motor Typ 621 (190D) nahezu ebenso groß und können dort beherrscht werden, wenn gewisse Voraussetzungen erfüllt werden. Der Fehler liegt bei der heutigen Anordnung am Motor Typ 821 hauptsächlich in der Art der Kettenspannung.« Nach einer detaillierten Beschreibung der Problematik der Spannung von Steuerketten empfiehlt der Bericht »eine Spannrolle mit möglichst nicht unter 20 Zähnen bzw. mit entspr. Durchmesser, unverzahnt«.

[21] des Formel-1-Rennwagens 804

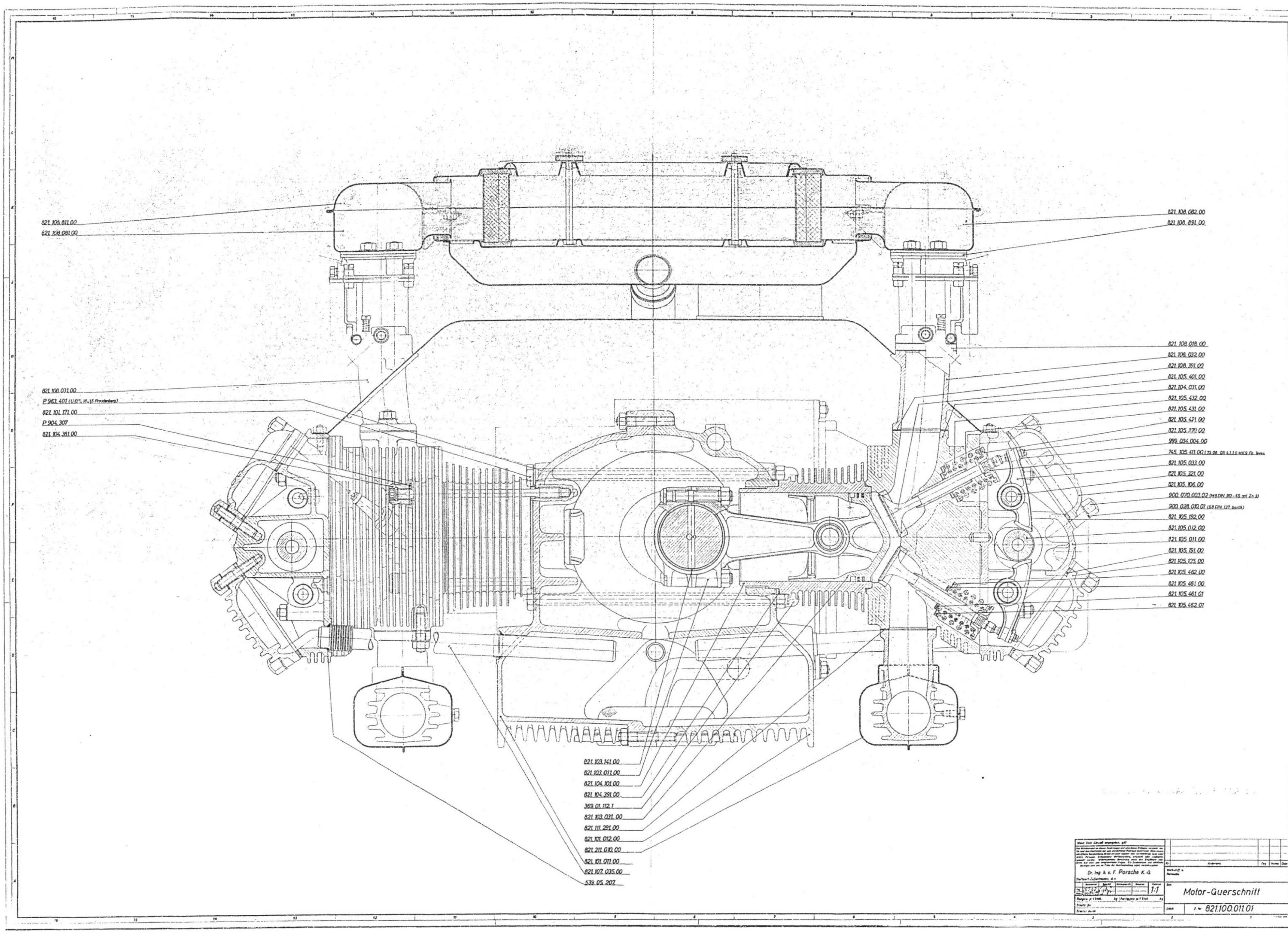

Der Motortyp 821 verfügt von Anfang an über obenliegende Nockenwellen. Der 821/1 ist als zahmere Version mit Nasssumpfschmierung und großer Ölwanne geplant.

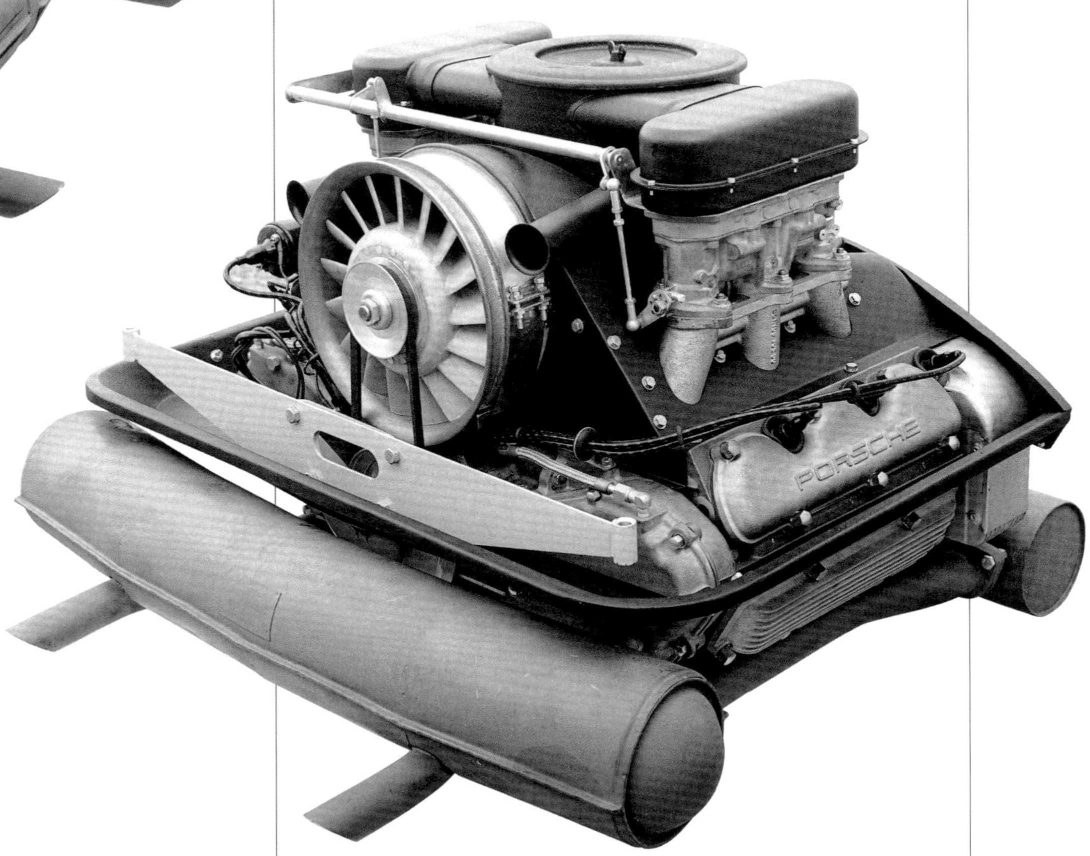

821-Versuchsmotoren in verschiedenen Baustufen. Anfangs noch mit Luftansaugung von oben sowie Öl-Hauptstromfilter und breitem Schalldämpfer (links und oben).

Die spätere Version (rechts) wirkt wesentlich aufgeräumter mit rundem Luftfilter und schmalerem Schalldämpfer.

WEITER-ENTWICKLUNG: AUS TYP 821 WIRD TYP 901

Die Überarbeitung des 821 ist so tiefgreifend, dass das Motorenprojekt noch einmal eine neue Typnummer erhält: 901 – wie das Gesamtfahrzeug. Am 26. November 1962 gibt Robert Binder in einer Aktennotiz mit dem Betreff »Motor Typ 821« bekannt: »Alle neu angefertigten Zeichnungen für obengenannten Motor erhalten ab sofort schon die allgemeine, für diese Entwicklung festgelegte Typnummer 901; so daß die weiterentwickelte Motorausführung diese Bezeichnung erhält.« Als Merkmale der neuen Ausführung zählt der Motorenentwickler unter anderem ein modifiziertes Kurbelgehäuse, Biral-Zylinder und Kolben von Mahle, einen niedrigeren Zylinderkopf, ein neues Nockenwellengehäuse, eine veränderte Kipphebelübersetzung sowie eine neue Kettenlänge und ein neues Kettengehäuse auf.

Bis die Komponenten für die neue Motorengeneration konstruiert, bestellt und geliefert sind, arbeiten die Entwickler mit den Varianten des 821 weiter. So dienen dessen Daten als Grundlage für Berechnungen von Drehmomentverlauf, Motor- und Fahrleistungen. Danach kommt der zwei Liter große Sechszylinder Typ 821/901 auf eine Leistung von 135 PS und ein Drehmoment von 16,8 mkg (ca. 165 Nm). »Die Berechnungen wurden mit Hilfe der elektronischen Rechenanlage IBM 1620 durchgeführt«, vermerkt der

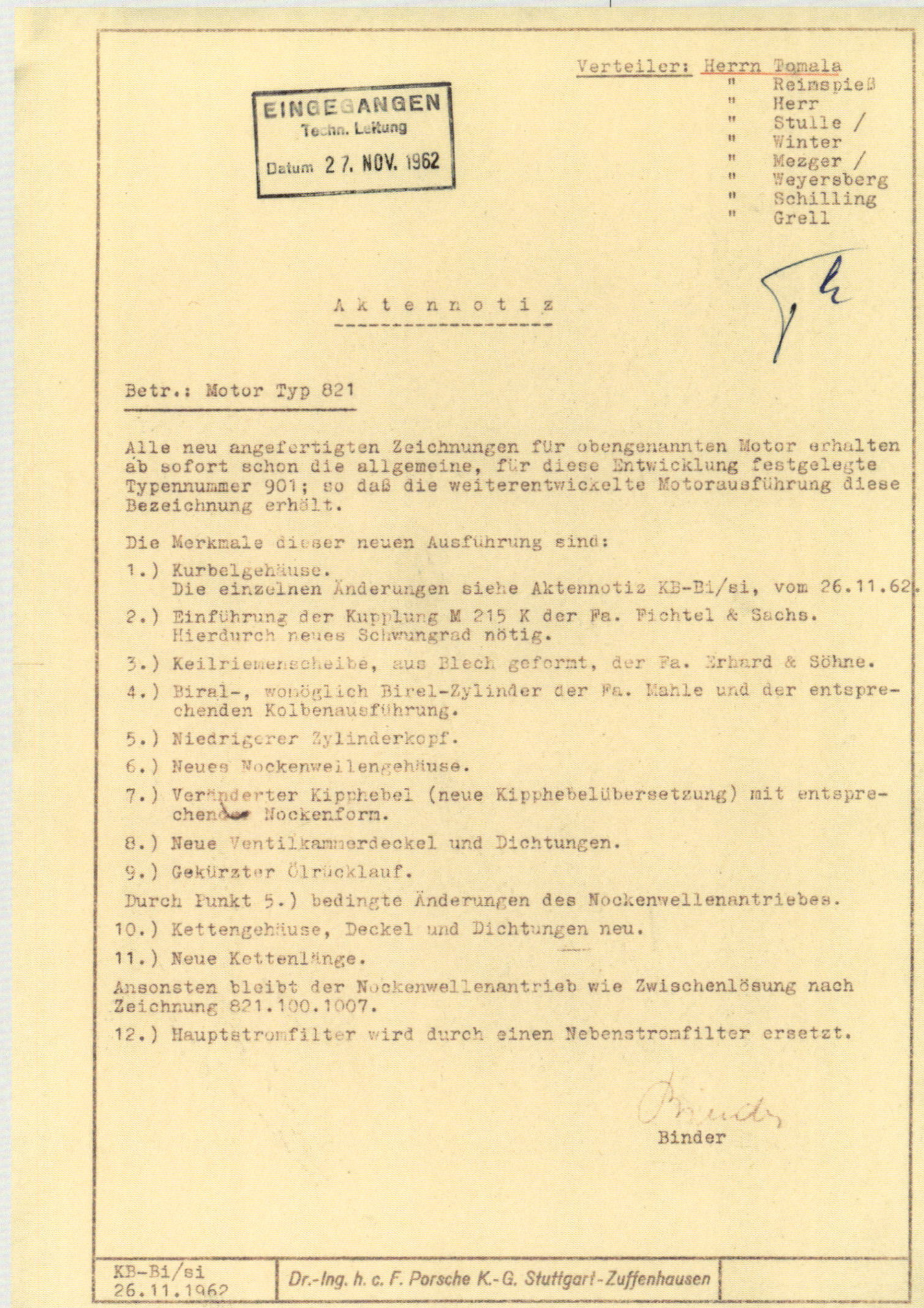

EINGEGANGEN
Techn. Leitung
Datum 27. NOV. 1962

Verteiler: Herrn Tomala
" Reimspieß
" Herr
" Stulle /
" Winter
" Mezger /
" Weyersberg
" Schilling
" Grell

A k t e n n o t i z

Betr.: Motor Typ 821

Alle neu angefertigten Zeichnungen für obengenannten Motor erhalten ab sofort schon die allgemeine, für diese Entwicklung festgelegte Typennummer 901; so daß die weiterentwickelte Motorausführung diese Bezeichnung erhält.

Die Merkmale dieser neuen Ausführung sind:

1.) Kurbelgehäuse.
Die einzelnen Änderungen siehe Aktennotiz KB-Bi/si, vom 26.11.62.

2.) Einführung der Kupplung M 215 K der Fa. Fichtel & Sachs.
Hierdurch neues Schwungrad nötig.

3.) Keilriemenscheibe, aus Blech geformt, der Fa. Erhard & Söhne.

4.) Biral-, womöglich Birel-Zylinder der Fa. Mahle und der entsprechenden Kolbenausführung.

5.) Niedrigerer Zylinderkopf.

6.) Neues Nockenwellengehäuse.

7.) Veränderter Kipphebel (neue Kipphebelübersetzung) mit entsprechender Nockenform.

8.) Neue Ventilkammerdeckel und Dichtungen.

9.) Gekürzter Ölrücklauf.

Durch Punkt 5.) bedingte Änderungen des Nockenwellenantriebes.

10.) Kettengehäuse, Deckel und Dichtungen neu.

11.) Neue Kettenlänge.

Ansonsten bleibt der Nockenwellenantrieb wie Zwischenlösung nach Zeichnung 821.100.1007.

12.) Hauptstromfilter wird durch einen Nebenstromfilter ersetzt.

Binder

KB-Bi/si
26.11.1962

Dr.-Ing. h. c. F. Porsche K.-G. Stuttgart-Zuffenhausen

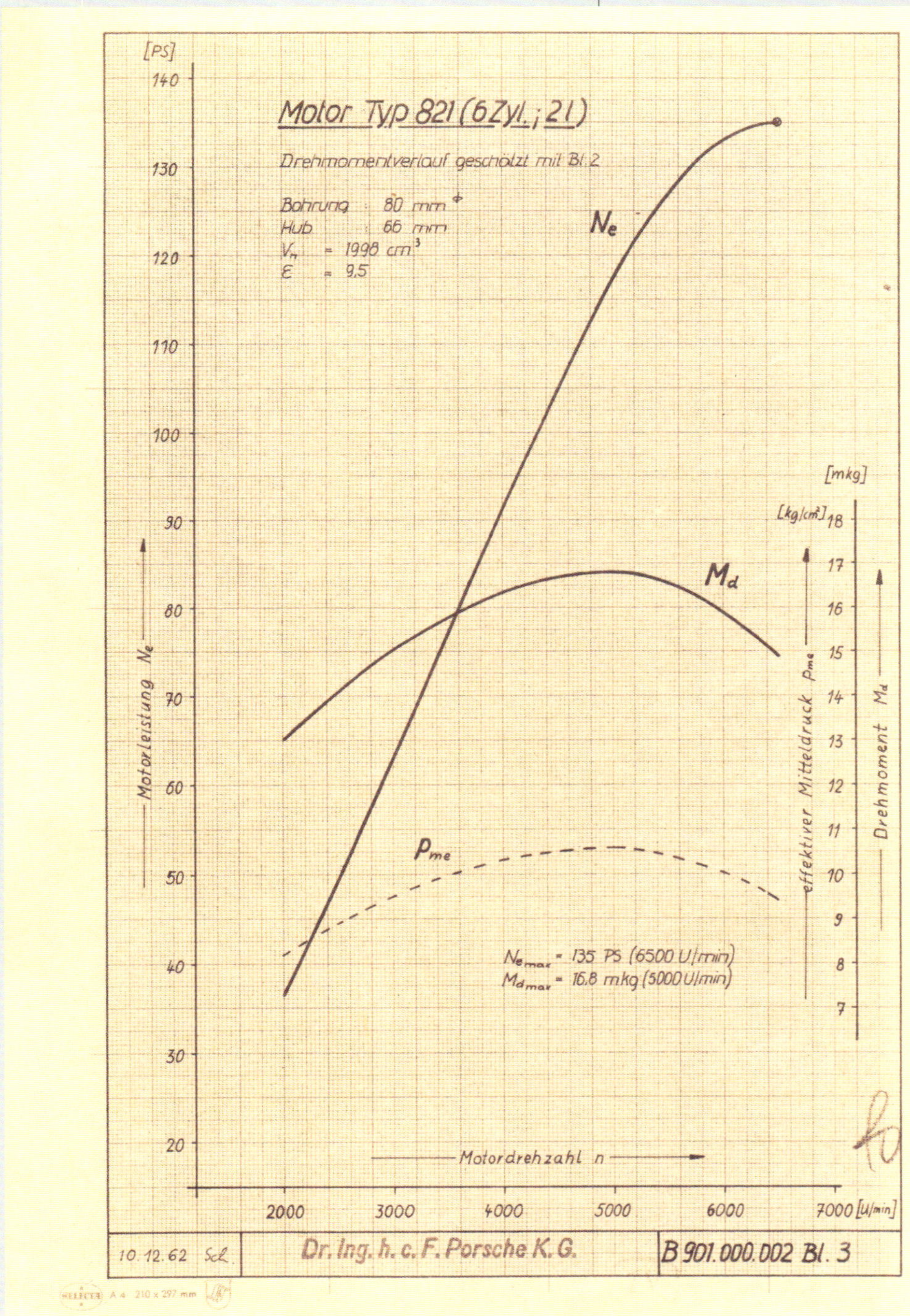

Bericht mit dem Stichwort »Fahrdiagramme«. »Da für den Motor-Typ 821 noch keine Meßergebnisse vorliegen, wurde ein Pme-Verlauf[22] ähnlich Motor-Typ 587/1[23] angenommen.«

Weitaus weniger spektakulär verläuft parallel die Entwicklung des neuen Fünfganggetriebes. Im »Bericht über die Arbeiten in der Getriebeabteilung von 10.12.– 31.12.1962« ist lapidar vermerkt: »Typ 901 (Porsche T8) Der Entwurf für dieses Getriebe ist fertig; mit den Detailarbeiten wurde begonnen.« Davon profitiert auch der ebenfalls in Entwicklung befindliche Porsche 904 Carrera GTS, dessen Getriebe mit der gleichlautenden Typbezeichnung 904 bestimmte Elemente der künftigen T8-Schaltbox übernimmt.

Erste Berechnungen für den Motor Typ 821 mit zwei Liter Hubraum ergeben eine Nennleistung von 135 PS. Eingebaut im T8 erwarten die Ingenieure eine Höchstgeschwindigkeit von rund 220 km/h.

[22] effektiver Mitteldruck im Brennraum

[23] Zweiliter-Vierzylindermotor mit obenliegenden Nockenwellen und Königswellen des 356 Carrera.

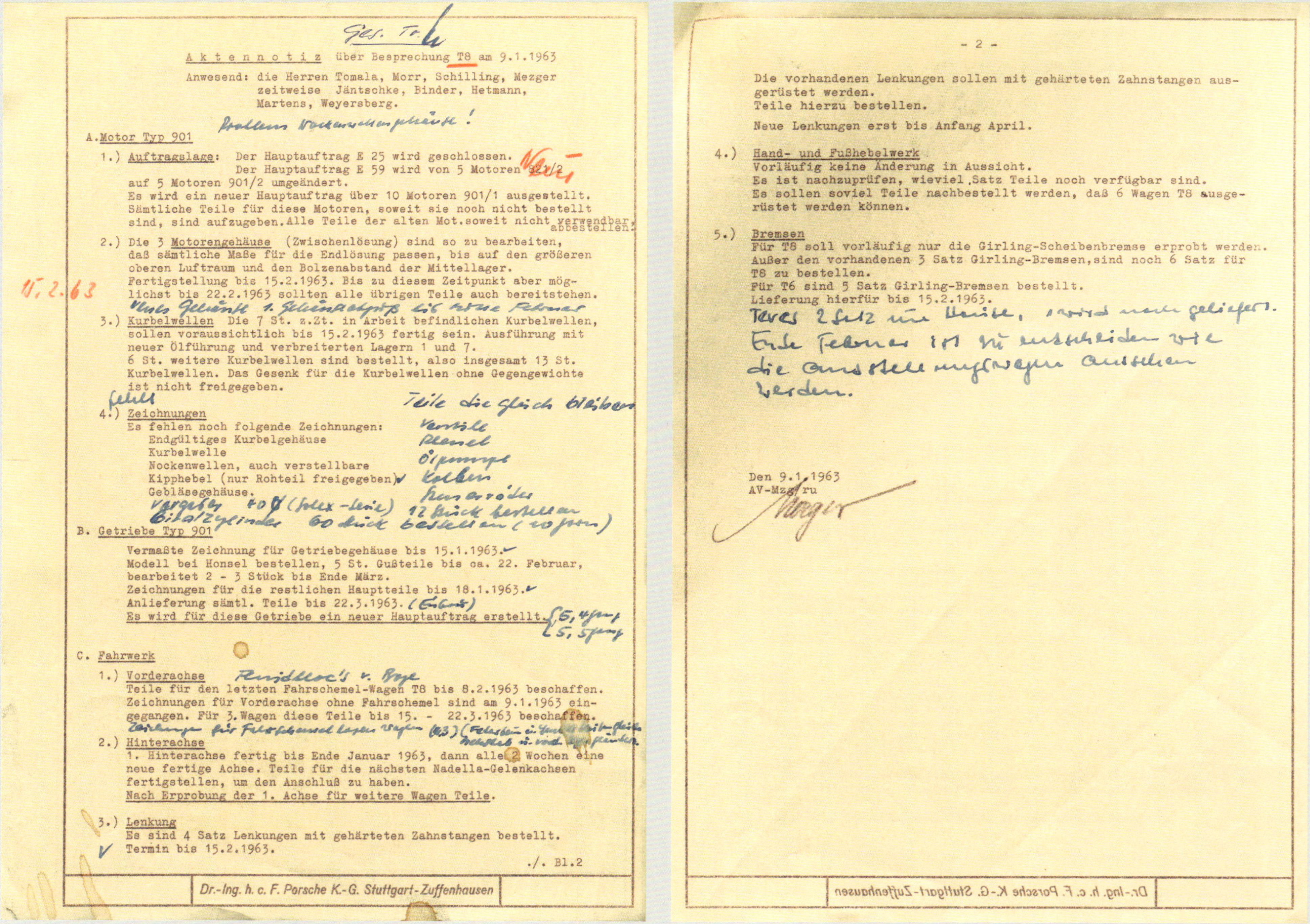

Aktennotiz über Besprechung T8 am 9.1.1963

Anwesend: die Herren Tomala, Morr, Schilling, Mezger
zeitweise Jäntschke, Binder, Hetmann, Martens, Weyersberg.

A. Motor Typ 901

1.) Auftragslage: Der Hauptauftrag E 25 wird geschlossen.
Der Hauptauftrag E 59 wird von 5 Motoren 821/2 auf 5 Motoren 901/2 umgeändert.
Es wird ein neuer Hauptauftrag über 10 Motoren 901/1 ausgestellt.
Sämtliche Teile für diese Motoren, soweit sie noch nicht bestellt sind, sind aufzugeben. Alle Teile der alten Mot. soweit nicht verwendbar, abbestellen.

2.) Die 3 Motorengehäuse (Zwischenlösung) sind so zu bearbeiten, daß sämtliche Maße für die Endlösung passen, bis auf den größeren oberen Luftraum und den Bolzenabstand der Mittellager.
Fertigstellung bis 15.2.1963. Bis zu diesem Zeitpunkt aber möglichst bis 22.2.1963 sollten alle übrigen Teile auch bereitstehen.

3.) Kurbelwellen Die 7 St. z.Zt. in Arbeit befindlichen Kurbelwellen, sollen voraussichtlich bis 15.2.1963 fertig sein. Ausführung mit neuer Ölführung und verbreiterten Lagern 1 und 7.
6 St. weitere Kurbelwellen sind bestellt, also insgesamt 13 St. Kurbelwellen. Das Gesenk für die Kurbelwellen ohne Gegengewichte ist nicht freigegeben.

4.) Zeichnungen
Es fehlen noch folgende Zeichnungen:
Endgültiges Kurbelgehäuse
Kurbelwelle
Nockenwellen, auch verstellbare
Kipphebel (nur Rohteil freigegeben)
Gebläsegehäuse.

B. Getriebe Typ 901

Vermaßte Zeichnung für Getriebegehäuse bis 15.1.1963.
Modell bei Honsel bestellen, 5 St. Gußteile bis ca. 22. Februar, bearbeitet 2 - 3 Stück bis Ende März.
Zeichnungen für die restlichen Hauptteile bis 18.1.1963.
Anlieferung sämtl. Teile bis 22.3.1963.
Es wird für diese Getriebe ein neuer Hauptauftrag erstellt.

C. Fahrwerk

1.) Vorderachse
Teile für den letzten Fahrschemel-Wagen T8 bis 8.2.1963 beschaffen.
Zeichnungen für Vorderachse ohne Fahrschemel sind am 9.1.1963 eingegangen. Für 3. Wagen diese Teile bis 15. - 22.3.1963 beschaffen.

2.) Hinterachse
1. Hinterachse fertig bis Ende Januar 1963, dann alle 2 Wochen eine neue fertige Achse. Teile für die nächsten Nadella-Gelenkachsen fertigstellen, um den Anschluß zu haben.
Nach Erprobung der 1. Achse für weitere Wagen Teile.

3.) Lenkung
Es sind 4 Satz Lenkungen mit gehärteten Zahnstangen bestellt.
Termin bis 15.2.1963.

./. Bl.2

Dr.-Ing. h. c. F. Porsche K.-G. Stuttgart-Zuffenhausen

- 2 -

Die vorhandenen Lenkungen sollen mit gehärteten Zahnstangen ausgerüstet werden.
Teile hierzu bestellen.

Neue Lenkungen erst bis Anfang April.

4.) Hand- und Fußhebelwerk
Vorläufig keine Änderung in Aussicht.
Es ist nachzuprüfen, wieviel Satz Teile noch verfügbar sind.
Es sollen soviel Teile nachbestellt werden, daß 6 Wagen T8 ausgerüstet werden können.

5.) Bremsen
Für T8 soll vorläufig nur die Girling-Scheibenbremse erprobt werden.
Außer den vorhandenen 3 Satz Girling-Bremsen, sind noch 6 Satz für T8 zu bestellen.
Für T6 sind 5 Satz Girling-Bremsen bestellt.
Lieferung hierfür bis 15.2.1963.

Den 9.1.1963
AV-Mzg/ru

Mit dem Übergang zum Motortyp 901 lässt Hans Tomala bisher bestellte Teilebestellungen stornieren. Vom Typ 821 werden unter anderem Ventile, Pleuel, Kolben und Ölpumpe übernommen.

Darüber hinaus macht man sich auch konkrete Gedanken, wie die Erwartungen komfortorientierter Kunden – etwa in den USA – erfüllt werden könnten. Dazu starten die Getriebeentwickler das Projekt 903. »Um eine sportliche Fahrweise mit einem Wandler-Getriebe zu ermöglichen, wurde ein neuer Vorschlag gemacht. In einer Studie wird dieser Vorschlag durchgearbeitet. Es wird prinzipiell untersucht, wie ein 4-Gang-Getriebe mit vorgeschaltetem Wandler, das ohne Zugkraftunterbrechung arbeitet, ausgeführt werden könnte.«

Mit Beginn des Jahres 1963 formiert Hans Tomala die Antriebsentwicklung für den 901 um: Am 9. Januar 1963 wird der Hauptauftrag für die Entwicklung des Motortyp 821 endgültig geschlossen. Fünf bereits bestellte 821/2 Motoren – mit Trockensumpf – werden auf 901/2 umgeändert. Zusätzlich bestellen die Entwickler zehn Motoren des Typ 901/1. Allerdings hinkt die Konstruktionsabteilung noch etwas hinterher: Es fehlen noch die Zeichnungen des endgültigen Kurbelgehäuses, der Kurbelwelle, der Nockenwelle – »auch verstellbare[24]«, der Kipphebel und des Gebläsegehäuses. Drei Tage später folgt der Hauptauftrag F 27 zur »Herstellung von 10 Getrieben Typ 901 für das Fahrzeug T8«. Nach dem neuesten Konstruktionsstand sollen je fünf Getriebe mit vier und mit fünf Gängen hergestellt werden.

Getriebegehäuse warten auf den Zusammenbau. Für den Sechszylindermotor entwickelt Porsche ein neues Fünfganggetriebe, das den höheren Belastungen und Anforderungen gewachsen ist.

[24] Vermutlich bei Versuchsmotoren für Tests mit verschiedenen Steuerzeiten eingesetzte Nockenwellen.

Die Porsche-Motorenmontage in Zuffenhausen. Im Vordergrund Kurbelgehäuse von Vierzylindermotoren. Rechts im Hintergrund ein 356 Hardtop.

EINSATZZIEL MOTORSPORT: 901/2 MIT BIS ZU 90 PS PRO LITER HUBRAUM

Insbesondere der leistungsstärkere Trockensumpfmotor liegt Hans Tomala weiterhin am Herzen. Er sieht in dem Sechszylinder Potenzial für den Motorsport. Ende Januar betont er in einer Besprechung, »daß beide Motorvarianten parallel zu entwickeln sind. Die Entwicklung des Motors Typ 901/2 sollte bis zum Herbst 1963 so weit vorausgetrieben sein, daß er im Rennjahr 1964 mit mindestens 85 + 90 PS/Ltr. als GT eingesetzt werden kann[25] [...] Für den Motortyp 901/2 kommt als Kraftstoffanlage nur der Weber-Vergaser (3fach) bzw. die Bosch-Einspritzung in Frage.« Der 901-Motor erhält eine unter der Kurbelwelle platzierte, mit halber Kurbelwellendrehzahl laufende Nebenwelle, die zum einem die Motorölsaug- und -druckpumpe antreibt und zum anderen die Antriebsräder der Ketten zu den beiden obenliegenden Nockenwellen.

Anfang 1963 verfügt der Versuch gerade einmal über drei funktionsfähige Motoren des Typ 821. Motor Nummer 2 dient zur Leistungsmessung und kommt auf dem Prüfstand auf 130 PS bei 6.500/min. Allerdings: »Während der Vollastmessung fiel der Motor mit Nockenwellenbruch aus.« Abgesehen von weiteren Lager- und Nockenwellenschäden bleibt ein Hauptproblem bei allen Versuchsmotoren bestehen: die Schwingungen der Steuerketten. Über Monate hinweg werden verschiedene Varianten von Kettenspannern erprobt, bis der Motorenkonstrukteur Hans Mezger schließlich mit einer hydraulischen Neukonstruktion das Problem löst.

[25] Der 901-Motor wurde erst ab 1965 im Rennsportwagen 904/6 Carrera GTS eingesetzt.

Bei der Entwicklung des Trockensumpfmotors Typ 901/2 zeigt sich, dass dieses Konzept einige Anpassungen gegenüber dem Basismotor verlangt. So ist der »flache Ölsumpf für einen Trockensumpf-Motor unbrauchbar und viel zu groß.« Die Rückförderung müsse überarbeitet werden und »die Entlüftung wird in vorliegender Form nicht gehen.« Zudem wird eine weitere Änderung der Konstruktion in die Wege geleitet, die später in Serie gehen wird: »Das Gehäuse muß so ausgebildet werden, daß ein 8. Hauptlager möglich wird (Verteilerantriebs-Schwierigkeiten durch Schwingen der Kurbelwelle).« Für den beabsichtigten Einsatz im Motorsport wird weiterhin Leichtbau angemahnt: »Das Gewicht des Kurbelgehäuses ist für die GT-Ausführung sehr hoch und es ist zu überlegen, ob man den 901/2 nicht mit Elektron-Kurbelgehäuse[26] bauen sollte (Bearbeitung aufwendiger und teurer).«

In der Entwicklungsphase des 821-Motors untersuchen die Konstrukteure Kurbelgehäuse aus verschiedenen Legierungen. Für die Serienproduktion erweist sich ein Aluminiumgehäuse als am geeignetsten.

[26] Der 901-Rennmotor im 904 hatte ein solches Kurbelgehäuse.

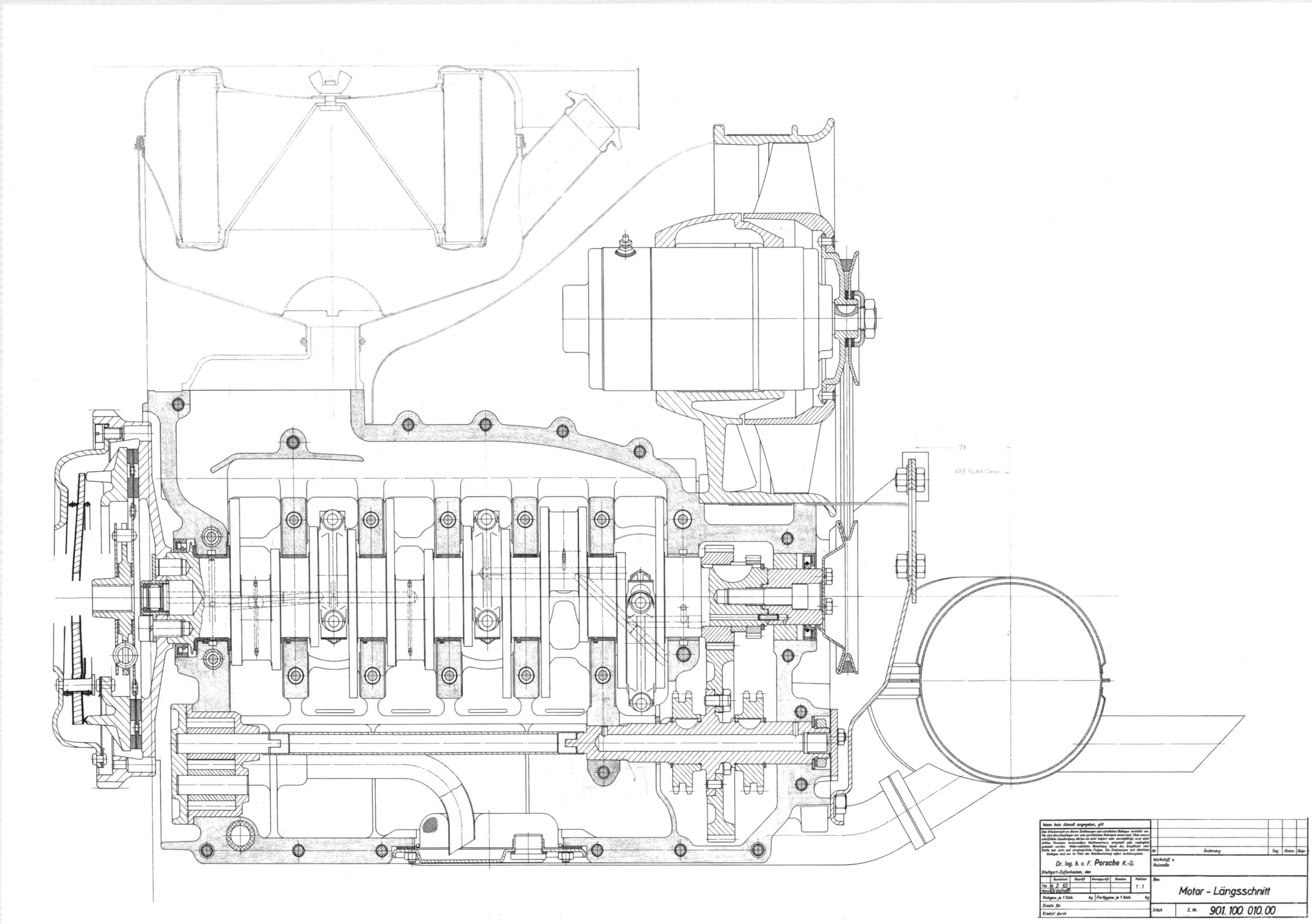

Aus dem Typ 821 wird schließlich der Motortyp 901. Im Schnittbild ist die Zwischenwelle unterhalb der Kurbelwelle gut sichtbar. Sie wird zum Antrieb der Steuerkette und der Ölpumpe benötigt.

Um die Entwicklung der leistungsstärkeren Sportvariante zu beschleunigen, übernimmt Hans Günther von der Marwitz laut einer Aktennotiz vom 12. Februar 1963 »ab sofort die Versuchsarbeiten am Motor Typ 901/2 und führt diese weitgehendst selbständig – wie bisher – durch. Die Arbeiten werden – nach Abwicklung der Arbeiten am 8-Zylinder-Motor – auch in der Motorengruppe der Rennabteilung durchgeführt.« Durch die Einbindung der Rennabteilung kommt auch Hans Mezger eine entscheidende Rolle zu: »Die notwendige Überprüfung und endgültige Steuerungs- und Kanal-Auslegung des Motors 901/2 erfolgt durch Herrn Mezger KB-F.« Für die Tests wird ein separater Prüfstand exklusiv für den Sportmotor reserviert. Mit dem Einsatz von Weber-Dreifachvergasern beträgt die angestrebte Leistung »ca. 180 PS bei möglichst niedriger Drehzahl«. Um das ehrgeizige Ziel zu erreichen, können mögliche Schwachstellen des Triebwerks durch »teurere Konstruktionsteile sowie Titan« ersetzt werden. »Es ist aber möglichst Billigkeit anzustreben.«

Am 27. Mai 1963 informiert Hans Günther von der Marwitz in einer Aktennotiz über den »Entwicklungsstand von Motor Typ 901/1 + /2«. Die Nachrichten sind alarmierend: »Die Entlüftung des Sumpfgehäuses geht nicht [...] Ob die Ölverhältnisse je beherrscht werden, kann heute noch gar nicht gesagt werden.« Sorgen bereiten weiterhin die Zylinderköpfe, die Ausformung der Nockenwelle und der sehr unruhige Zündzeitpunkt. Nach diesem Entwicklungsstand, so der Schlusssatz, »ist es unmöglich, im Herbst 63 mit dem Bau von Motoren 901/2 und im Frühjahr 64 mit dem Bau von Motoren 901/1 zu rechnen.«

Für das Fräsen der Zylinderköpfe kommt ein Drehtisch zum Einsatz, auf dem zur Zeitersparnis vier Bauteile in kurzer Zeit nacheinander bearbeitet werden können.

PROTAGONISTEN

HANS MEZGER

Diplom-Ingenieur Motorenentwicklung 1956–1994 bei Porsche

ist einer der Väter des Sechszylinder-Boxermotors von Porsche. Er verhilft dem komplett neuen Triebwerk entscheidend mit zur Serienreife: Hans Mezger entwirft unter anderem den hydraulischen Kettenspanner und konzipiert den Brennraum. Beide Konstruktionen sind elementar für die Erfolgsgeschichte des Triebwerkes.

Hans Mezger kommt am 18. November 1929 im schwäbischen Ottmarsheim unweit von Zuffenhausen zur Welt. Nach dem Abitur studiert er Maschinenbau und bewirbt sich bei Porsche. 1956 beginnt er seine Laufbahn in der Abteilung für technische Berechnungen. Dort stellt er eine komplexe Formel zur Berechnung von Nockenprofilen des sogenannten Carrera-Motors Typ 547 auf, die zum Standardwerk in der Porsche Motorenentwicklung wird. 1960 wird Mezger Teil des ersten Formel-1-Projektes von Porsche. An der Entwicklung des 1,5-Liter-Achtzylinders vom Typ 753 ist er unter der Leitung von Hans Hönick ebenso beteiligt wie am dazugehörigen Chassis des 804.

Als das Rennmotorenprojekt abgeschlossen ist, wird Hans Mezger zur Serienentwicklung des 901-Motors herangezogen, den er wesentlich mitentwickelt und der später auch als »Mezger-Motor« bezeichnet wird. 1965 ernennt ihn Entwicklungschef Ferdinand Piëch zum Leiter der neu geschaffenen Abteilung »Konstruktion Rennfahrzeuge«. 1968 übernimmt der Motoreningenieur die Gesamtentwicklung des 917-Rennwagens einschließlich des Zwölfzylindermotors.

Während des darauffolgenden Jahrzehnts reicht das Arbeitsspektrum von Hans Mezger von der Weiterentwicklung des Sechszylinder-Boxermotors bis zur Konzeption der Porsche-Turbomotoren, die in Zusammenarbeit mit Valentin Schäfer entstehen und in Serien- und Rennfahrzeugen zum Einsatz kommen. Ein besonderer Höhepunkt darunter ist das luftgekühlte Zwölfzylindertriebwerk des Porsche 917, das 1973 in der CanAm-Ausführung bis zu 1.200 PS leistet.

In den frühen 1980er Jahren widmet sich Hans Mezger einem besonderen Kundenauftrag: Für den britischen Rennstall McLaren konstruiert er den »TAG-Turbo made by Porsche« – einen Formel-1-Antrieb, der aus nur 1,5 Liter Hubraum bis zu 1.000 PS Leistung schöpft. Von 1984 bis 1986 dominiert der im Porsche Entwicklungszentrum in Weissach produzierte Motor die Königsklasse des Rennsportes und erzielt drei Formel-1-Weltmeisterschaftstitel in Folge.

Nach über 40 Jahren bei Porsche geht Hans Mezger 1994 in den Ruhestand. 2020 stirbt er im Alter von 90 Jahren.

Der Achtzylindermotor Typ 753 für den Formel-1-Rennwagen, hier beim ersten Prüfstandslauf, stammt in wichtigen Teilen von Hans Mezger unter der Gesamtleitung von Hans Hönick (2. v. l.).

Zylinderkopf in der Serienfertigung
nach der Bearbeitung im Bohrwerk.

FÜR ALLE 901-MOTOREN: TROCKENSUMPFSCHMIERUNG UND ACHT KURBELWELLENLAGER

Auf der Grundlage dieser Aktennotiz setzt Ferry Porsche zwei Tage später eine Besprechung im großen Sitzungssaal an. Dabei wird beschlossen, den Sechszylindermotor ab sofort grundsätzlich nur noch mit Trockensumpf weiterzuentwickeln. »Für den Versuch heißt diese Entscheidung: Alle Motoren werden baldmöglichst auf Trockensumpf umgebaut. [...] Die Kurbelwelle wird mit der Oeleinspeisung auf Lager VIII ausgeführt.« Die Mehrkosten für den Trockensumpf beim »Normalmotor« liegen bei 116 D-Mark, wie Karl Mezger von der Arbeitsvorbereitung errechnet. »Die Ausführung Trockensumpf wurde von Herrn Porsche [...] befürwortet.«

Nach dieser Entscheidung wird ein weiteres Mal die Typbezeichnung angepasst. Am 7. Juni 1963 informiert Robert Binder seine Kollegen über den Motortyp 901/1: »Zur besseren Unterscheidung erhält die Weiterentwicklung obengenannten Motors die vorläufige interne Bezeichnung 901/A. Hauptmerkmale: Trockensumpfschmierung, Grauguß-Zylinder mit Außenabdichtung, neue Zündkerzenlage [...] Öleinspeisung Lager 8 [...].«

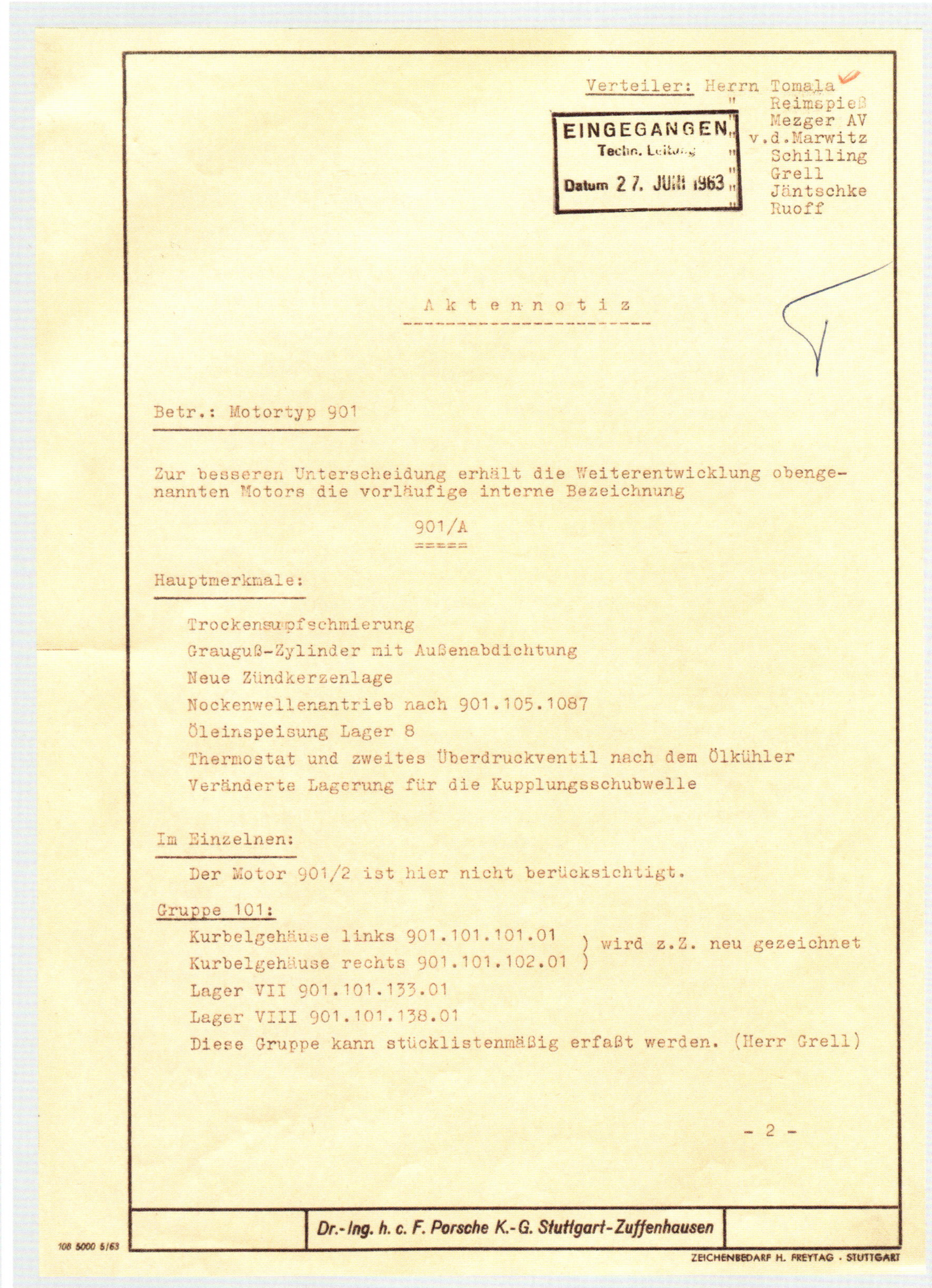

Verteiler: Herrn Tomala
" Reimspieß
" Mezger AV
" v.d.Marwitz
" Schilling
" Grell
" Jäntschke
" Ruoff

EINGEGANGEN
Techn. Leitung
Datum 27. JUNI 1963

Aktennotiz

Betr.: Motortyp 901

Zur besseren Unterscheidung erhält die Weiterentwicklung obengenannten Motors die vorläufige interne Bezeichnung

901/A

Hauptmerkmale:

Trockensumpfschmierung
Grauguß-Zylinder mit Außenabdichtung
Neue Zündkerzenlage
Nockenwellenantrieb nach 901.105.1087
Öleinspeisung Lager 8
Thermostat und zweites Überdruckventil nach dem Ölkühler
Veränderte Lagerung für die Kupplungsschubwelle

Im Einzelnen:

Der Motor 901/2 ist hier nicht berücksichtigt.

Gruppe 101:

Kurbelgehäuse links 901.101.101.01) wird z.Z. neu gezeichnet
Kurbelgehäuse rechts 901.101.102.01)
Lager VII 901.101.133.01
Lager VIII 901.101.138.01
Diese Gruppe kann stücklistenmäßig erfaßt werden. (Herr Grell)

- 2 -

108 5000 5/63 | Dr.-Ing. h. c. F. Porsche K.-G. Stuttgart-Zuffenhausen

ZEICHENBEDARF H. FREYTAG · STUTTGART

1963 fällt die Entscheidung, auch den Serienmotor 901 nur noch mit Trockensumpfschmierung weiterzuentwickeln. Er erhält die Bezeichnung 901/A.

Prototyp des 901-Serienmotors mit Vorserien-Luftfilterkasten und provisorischem Schalldämpfer.

Auch der GT-Motor 901/2 wird weiter aufgewertet. Nach einer Besprechung mit Bosch im Juni 1963 soll der intern auch als »Super-Motor« bezeichnete Top-Sechszylinder eine Doppelzündung erhalten. Geplant sind Versuche sowohl mit je einer Zündkerze von oben und unten im Zylinderkopf als auch mit zwei Kerzen von oben. Als Zündsystem ist eine unterbrechergesteuerte Transistoranlage vorgesehen. Ende Juli 1963 ist der erste 901/2-Versuchsmotor nahezu fertig aufgebaut. Für die Fertigstellung, die für Anfang August geplant ist, fehlen noch der Zündverteiler einschließlich Gehäuse und die Verstellnockenwellen. Motor Nummer 2 soll am 15. September betriebsbereit sein. In einem 901/1-Kurbelgehäuse sind eine neue Kurbelwelle mit Titanpleuel sowie Super-Zylinderköpfe mit zwei Kerzen von oben und unten vorgesehen. Der Aufbau von Motor Nummer 3 ist für den 1. Dezember 1963 geplant.

Die Grundlagen für die neue 901-Motoren-Familie sind damit gelegt. Die finale Entwicklung beginnt. Ende Juli 1963 listet Ferdinand Piëch, Neffe von Ferry Porsche und seit April 1963 in der Motorenentwicklung tätig, drei 901/2-Supermotoren und neun 901/1-Standardmotoren auf, die im Versuch zur Verfügung stehen oder gerade aufgebaut werden. Für die Weltpremiere des neuen 901-Sportwagens wird die Zeit allerdings zu knapp: Für das Ausstellungsfahrzeug ist eine Attrappe des Motortyp 901/1 vorgesehen.

Ursprung einer Legende: Der Sechszylindermotor Typ 901 in einem Prototyp des Sportwagen Typ 901, noch nicht mit der endgültigen Luftfilteranlage.

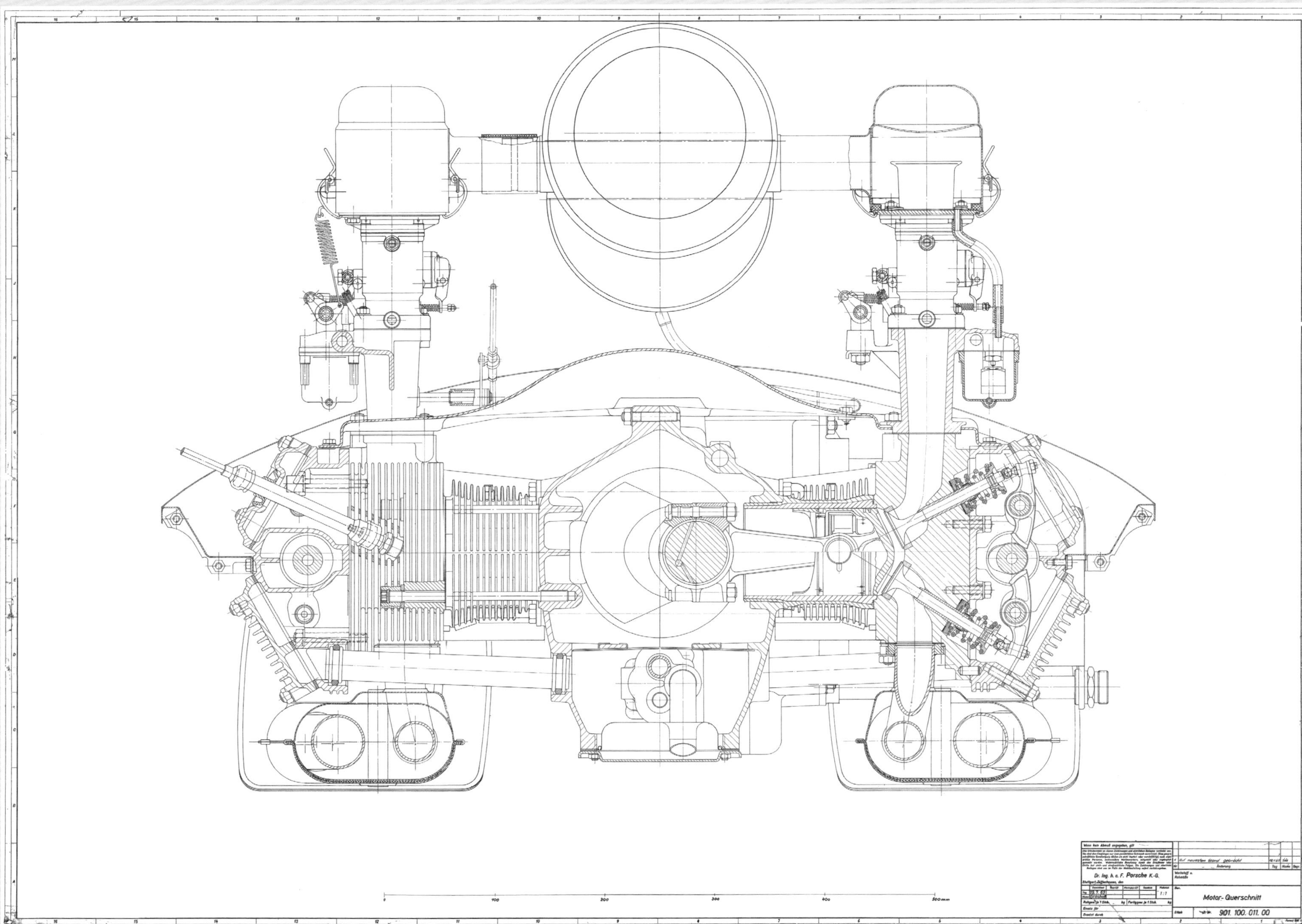

Querschnitt des 901-Serienmotors mit schmaler Ölwanne für die Trockensumpfschmierung.

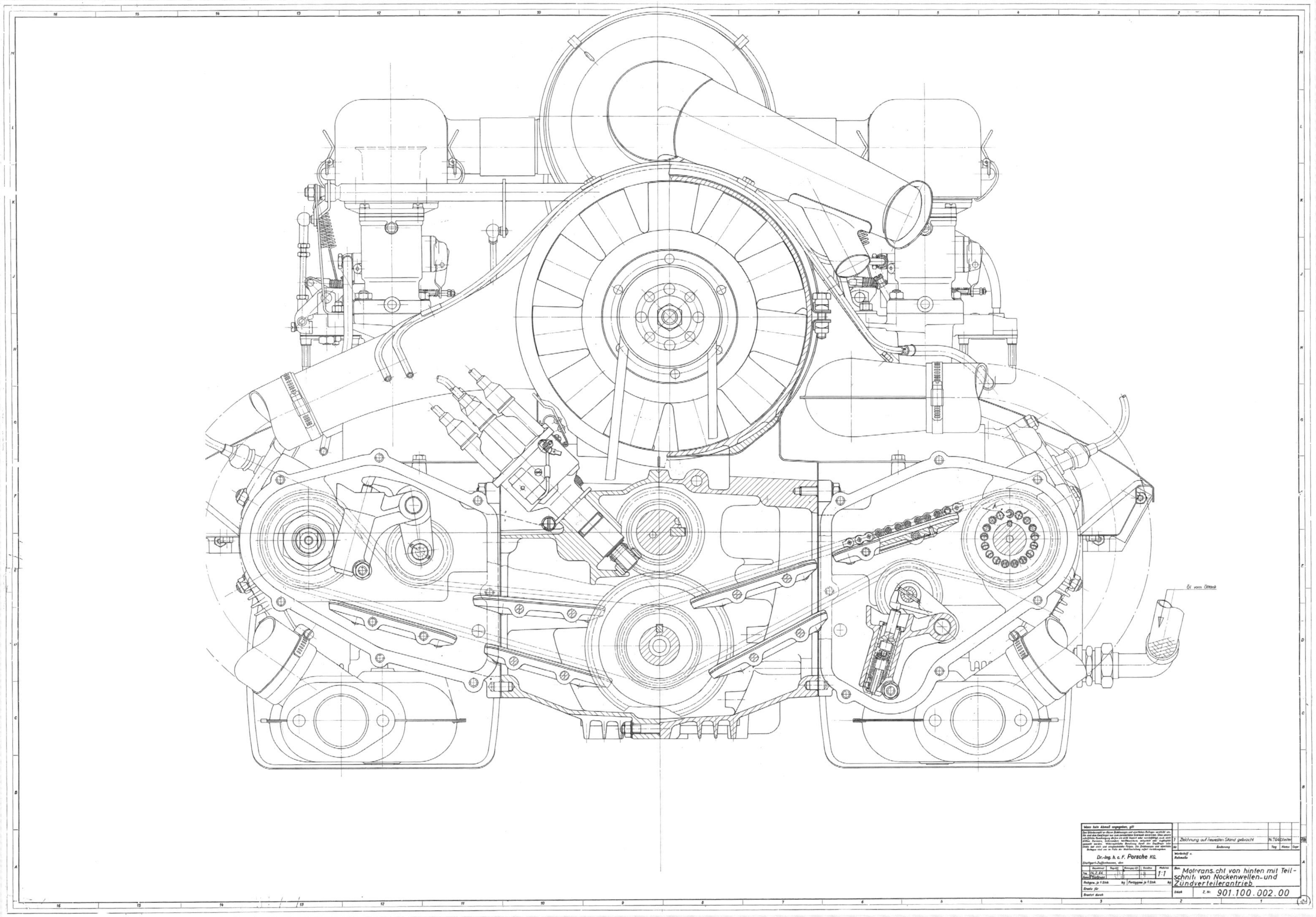

Schnittzeichnung des 901-Motors hinten. Die Führung der Steuerkette, die hydraulischen Kettenspanner sowie der Zündverteiler sind präzise eingezeichnet.

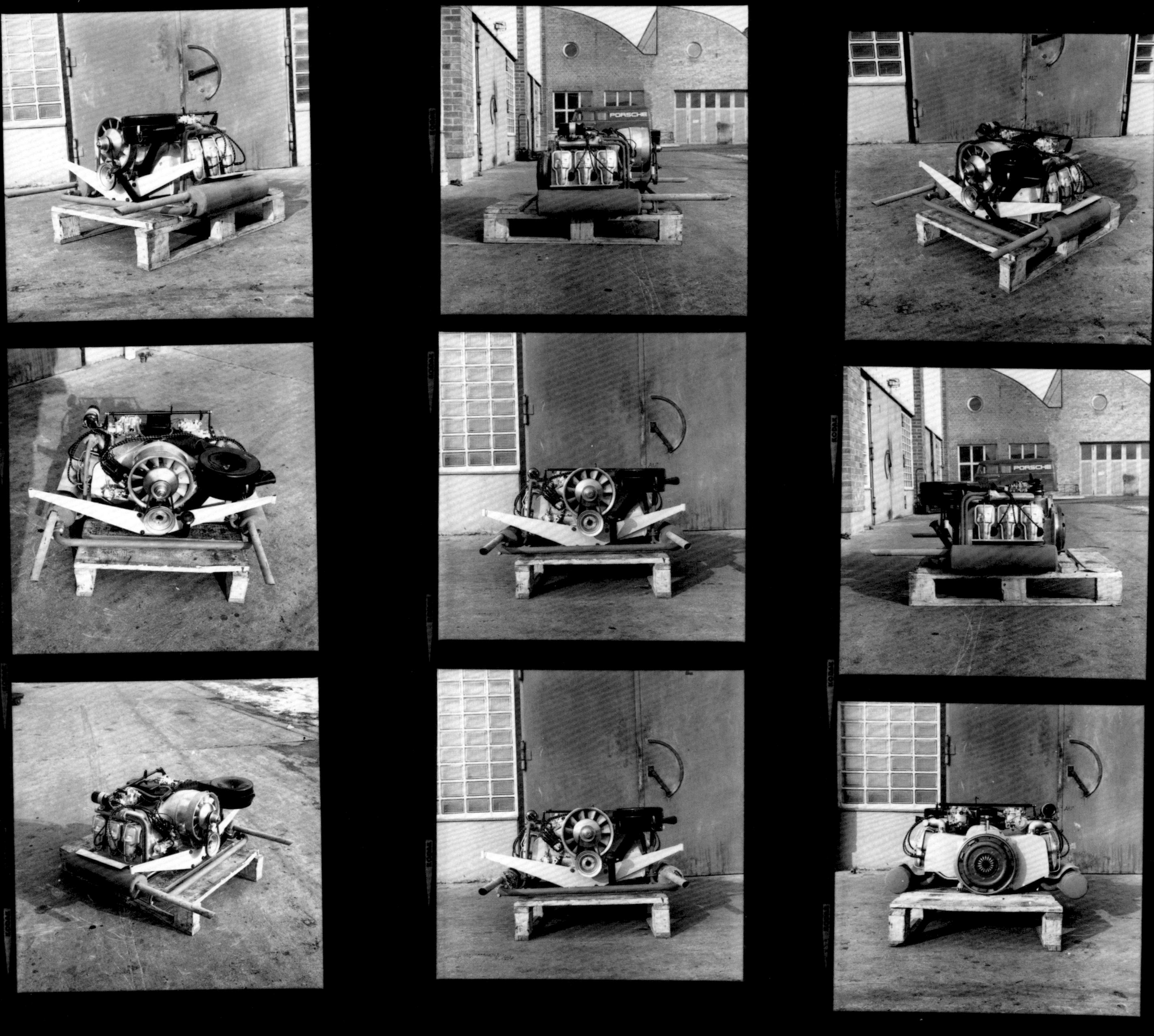
PORSCHE
PORSCHE

Exotischer Versuchsmotor: Sechszylinder mit eigenständiger Gemischaufbereitung, Abgasführung und Zylinderköpfen mit senkrechter Zündkerzenlage.

AUGUST ACHLEITNER ÜBER

DIE ENTWICKLUNGSSCHRITTE ZUM SPORTMOTOR

Die Entwicklung des Sechszylinder-Boxermotors erfuhr mit tiefgreifenden, konzeptionellen Änderungen vom Typ 745 zum Typ 821 und dann zum 901 den entscheidenden Wandel von einer »Antriebsquelle« zu einem Sportmotor:

- Das endgültig gewählte 2+2-Konzept des Fahrzeugs erlaubte ein in der Höhe freieres Motorenlayout mit nur einem optimierten, axialen Kühlgebläse und gerader, leistungsfördernder Saugrohrführung
- Durch die am Ende 8-fache Lagerung der Kurbelwelle statt nur vier Lagerstellen beim 745 wurde der Kurbeltrieb extrem steif und hochdrehzahlfest
- Der Wechsel auf obenliegende Nockenwellen eröffnete dem Motor über das mögliche Drehzahlniveau und füllungsoptimierte Steuerzeiten ein erheblich höheres Leistungspotenzial
- Die beim 901-Motor umgesetzte Trockensumpfschmierung reduzierte die Bauhöhe des Motors trotz veränderten Layouts auf der Motoroberseite und erlaubte eine schwerpunktgünstige tiefe Einbaulage des Aggregats im Fahrzeug. Die Trockensumpfschmierung ermöglicht die robuste und sichere Ölversorgung des Motors unter allen Fahrbedingungen mitsamt den Anforderungen aus dem Rennsport

Mit diesen entscheidenden Änderungen war die Grundlage für einen leistungsfähigen, rennsporttauglichen Motor mit erheblichem Entwicklungspotenzial gegeben.

Ferry Porsche und sein Sohn Ferdinand Alexander mit einem der ersten 901-Sportwagen.

Einer der frühen 901-Prototypen als Fotomodell. Am Steuer Thora Hornung, Mitarbeiterin der Porsche-Presseabteilung.

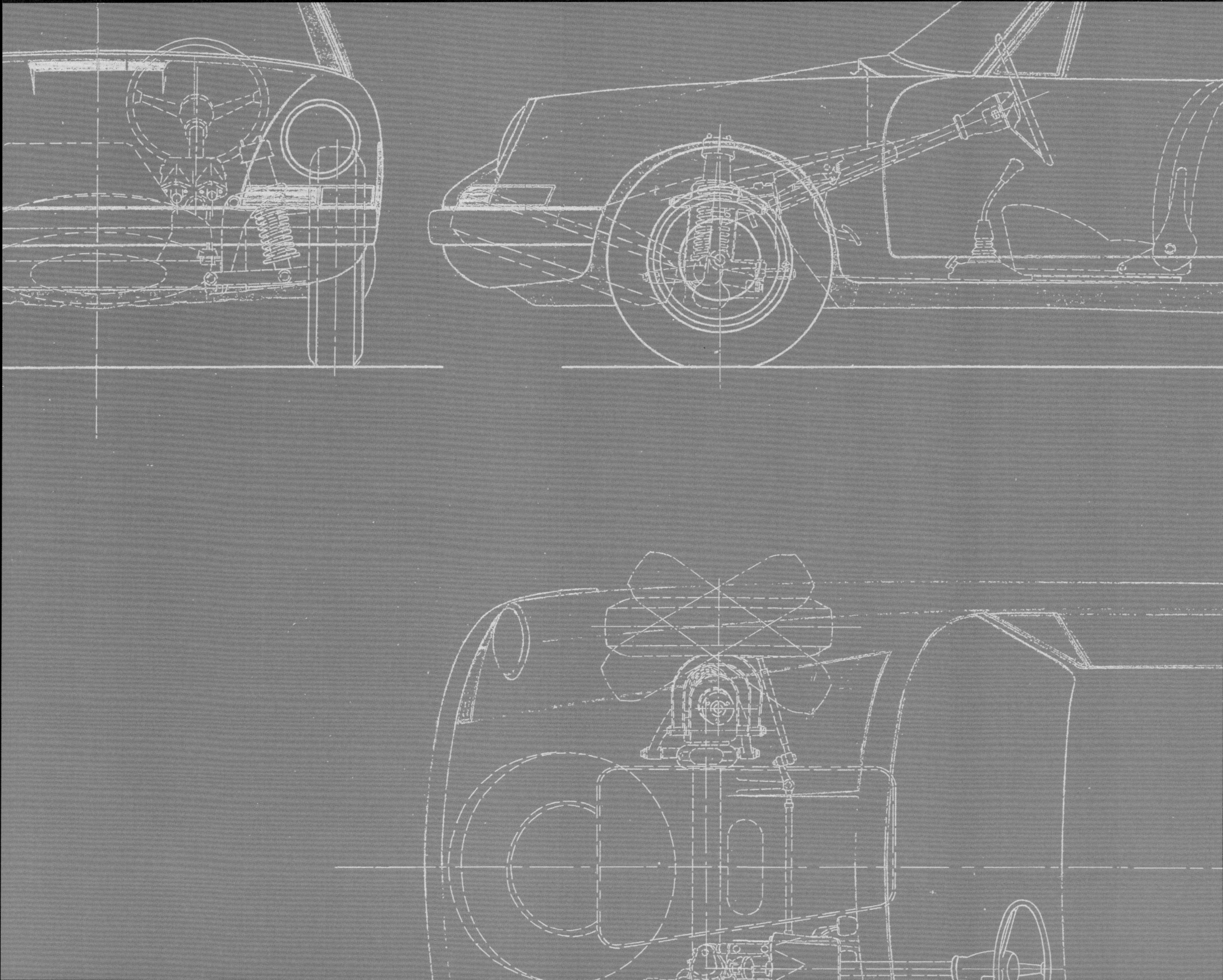

DIE FAHRWERK-ENTWICKLUNG

Fahrdynamik ist ein Grundpfeiler jeder Sportwagenentwicklung von Porsche. Im Technischen Programm 7 planen die Konstrukteure von vornherein ein aufwendiges Fahrwerk. Es soll dem Chassis des Typ 356, dessen Technologie ursprünglich von Volkswagen stammt, in jeder Beziehung überlegen sein.

Auch wenn der Typ 754 letztlich scheitert, ist die Arbeit nicht vergebens: Der Typ 901 übernimmt wichtige und erprobte Grundelemente der Achskonstruktionen.

ENTWICKLUNGSZIEL T7: KOMPLETT NEUES FAHRWERK FÜR DEN 754

Die ersten Überlegungen für einen Porsche für vier beschränken sich fahrwerkseitig auf die Verlängerung des Radstandes. Der Typ 530 von 1951 basiert auf dem Blechrahmen des 356, dessen Radstand von 2.100 auf 2.400 Millimeter verlängert wird. 1954 zeichnet Heinrich Klie den Typ 656, dem er ebenfalls den um 30 Zentimeter verlängerten Radstand zugrunde legt. Bei seinem zweiten Entwurf 1956 sieht Klie verbreiterte Spurweiten von 1.400 Millimetern vorn und 1.380 Millimetern hinten vor.

1957 folgt die erste Konstruktion des Typ 695, wieder eine Weiterentwicklung des 356 mit der internen Bezeichnung 644. Der 695 soll einen auf 2.375 Millimeter verlängerten Radstand bekommen, dafür eine noch breitere Spur von 1.450 Millimetern an der Vorderachse und 1.400 Millimetern an der Hinterachse. Für Fahrversuche entstehen Prototypen mit 695-Rahmen und angepasster 356-Karosserie. Mit einem solchen Versuchsfahrzeug unternehmen Edgar Barth und Bremsenspezialist Hans Spannagel Anfang 1959 Versuche mit »nicht behandelten bei Energit aufgeklebten Fren-Do Bremsbelägen«.

Bereits 1951 entsteht mit dem Typ 530 der erste Prototyp mit vier Sitzen. Das Fahrwerk stammt vom 356, nur der Radstand ist um 30 Zentimeter verlängert.

Ein 695-Versuchswagen mit 356-Karosserie dient dabei zur Erprobung von neuen Achskonzepten. Im April schlägt Helmut Rombold vor, den Rahmen dieses Prototyps mit der »einstellbaren, einschraubbaren Vorderachse« auszurüsten. Vermutlich handelt es sich dabei um die Doppelquerlenkerachse eines Mercedes W 120, die bei dieser »Ponton«-Limousine zusammen mit Lenkung, Motor und Getriebe auf einem Fahrschemel montiert ist. Dieser Prototyp mit dem Spitznamen »Gottlieb« wird Anfang 1960 zum Versuchsträger für die Fahrwerkentwicklung des neuen Typ 754 (T7) und soll um eine neue Hinterachse ergänzt werden. Der geplante Viersitzer wird technisch von Grund auf neu entwickelt.

Modell des Typ 656 im Maßstab 1 : 1. Auch dieser Entwurf basiert auf der verlängerten Plattform des 356.

PROTAGONISTEN

CLAUS VON RÜCKER

Diplom-Ingenieur
Leiter Gesamtversuch
1956–1962 bei Porsche

koordiniert als Gesamtversuchsleiter in der entscheidenden Entwicklungsphase des 901 von 1956 bis 1962 die Erprobung von Komponenten, Baugruppen und Gesamtfahrzeugen bei Porsche. Er erkennt frühzeitig die Schwächen des ersten Sechszylindermotors und pocht auf hohe Qualität. Gemeinsam mit Hans Spannagel erfindet er die innen umgriffene Porsche-Bremsscheibe.

Nikolaus von Rücker kommt am 30. Juli 1908 zur Welt und wächst in München auf. Nach dem Abitur studiert er an den technischen Hochschulen in Berlin und München. Er sammelt international Erfahrungen, arbeitet als Praktikant bei den Ariel-Motorradwerken in England und als Austauschstudent am Stevens-Institut in New Jersey, USA.

Als junger Diplom-Ingenieur geht Claus von Rücker, so sein Rufname, zu Daimler-Benz nach Stuttgart in den Versuch. 1935 wechselt er nach München zu BMW ebenfalls in die Versuchsabteilung. Er arbeitet an der Entwicklung von Limousinen ebenso wie von Motorrädern und Flugmotoren.

1947 wechselt er nach Kanada zu einem Triebwerkhersteller und von dort 1951 als Leiter zur Fahrversuchsabteilung von Studebaker in South Bend, Indiana, USA. Dort kommt er auch mit Porsche in Kontakt, denn das Konstruktionsbüro entwickelt zwischen 1952 und 1954 eine viertürige Limousine für den US-Hersteller. 1956 kommt Claus von Rücker zurück nach Deutschland und wird als Gesamtversuchsleiter Mitglied der Geschäftsleitung von Porsche. 1962 holt ihn Herbert Quandt persönlich zurück zu BMW, wo er 1964 Leiter der Entwicklungsabteilung wird.

1966 geht Claus von Rücker in Rente und stirbt im Juni 1991 kurz vor seinem 92. Geburtstag.

Claus von Rücker, Rudi Seltsam und Herbert Linge 1958 bei einem Geländewettbewerb vor einem Porsche Typ 597. Entstanden als Entwurf für die Bundeswehr, wurden von dem »Jagdwagen« mit Allradantrieb und einem modifizierten Motor aus dem Porsche 356 nur 71 Einheiten gebaut.

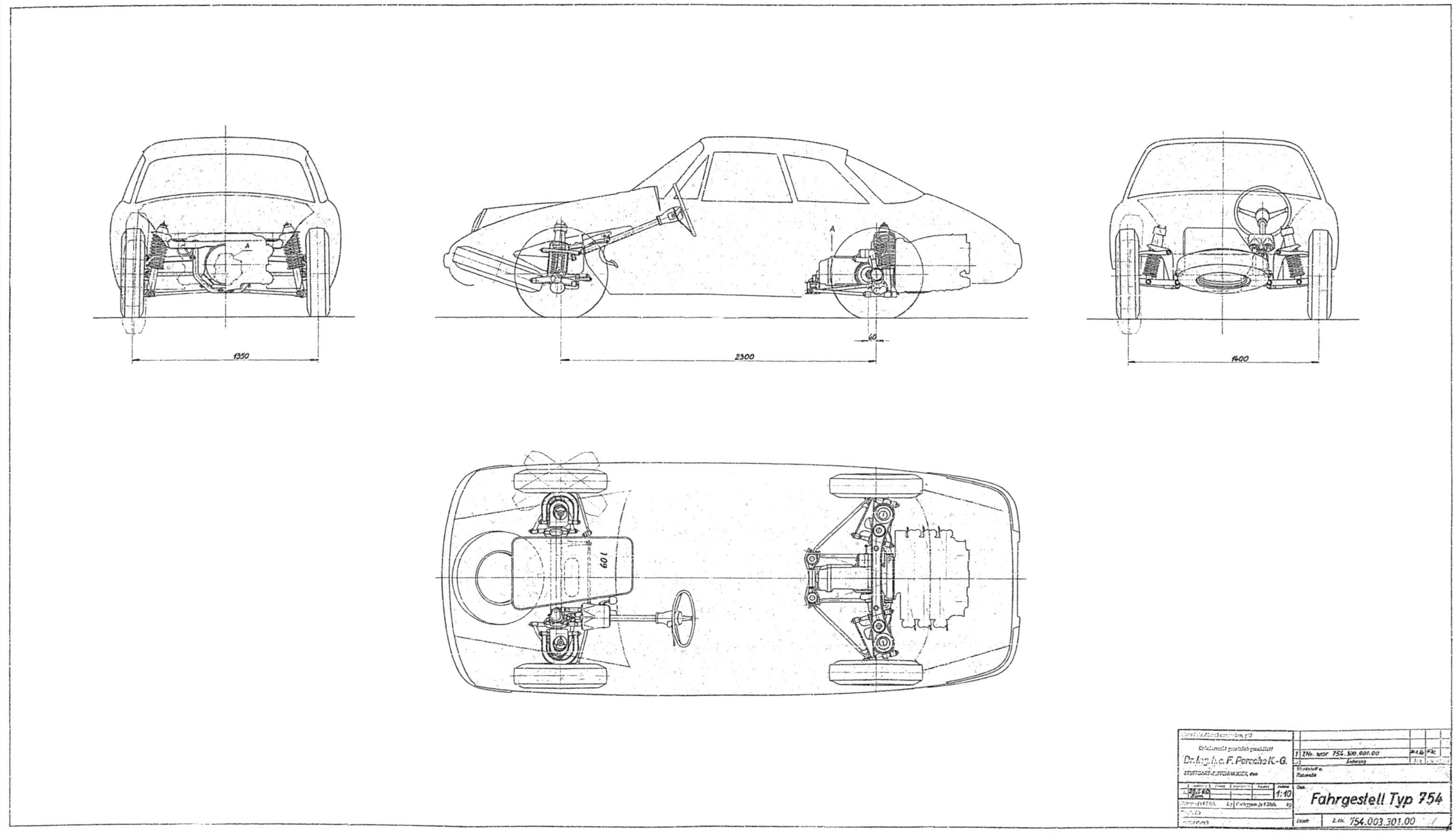

Das Fahrwerkkonzept des 754 unterscheidet sich grundlegend von dem des 356. An beiden Achsen sind Dreiecksquerlenker und Schraubenfedern vorgesehen.

1960: ERSTER ENTWURF FÜR DAS »FAHRGESTELL TYP 754«

Am 26. Februar 1960 entsteht eine erste Zeichnung mit der Nummer 754.003.301.00 für das »Fahrgestell Typ 754«. Doppelte Dreiecksquerlenker mit Schraubenfedern und innenliegenden Stoßdämpfern führen die Vorderräder. Lenkung und Radeinschlag sind bereits eingezeichnet. Die Längslenker-Hinterachse stützt sich ebenfalls über Federbeine ab, wobei ein Hilfsrahmen quer über das Getriebe verläuft, der der Konstruktion mehr Steifigkeit verleiht. Auch die Lagerstellen für das Getriebe sind abgebildet. Die Gedankenspiele der Konstrukteure hören damit nicht auf: Die »Anlage eines luftgefederten Fahrgestells« für den 754 entsteht als getrennte Funktionsskizze. Die Fahrwerkspezialisten reichen wenig später detailliertere Konstruktionszeichnungen der Vorderachse nach. Dabei setzen sie bei der Bremse auf eine völlig neue Erfindung: Die Scheibenbremse mit innen umgriffener Bremsscheibe, entwickelt von den Porsche-Ingenieuren Hans Spannagel und Claus von Rücker und seit 30. Mai 1959 zum Patent angemeldet. »Scheibenbremsen dieser Art besitzen gegenüber außen umgriffenen Teilscheibenbremsen den Vorteil, daß sie bei Anordnung innerhalb einer Radfelge einen größeren Bremsscheibendurchmesser zulassen, wodurch höhere Bremsmomente bei gleichen aufgewendeten Bremskräften erreicht werden«, so die Patentschrift. Diese Bremsenausführung wird später beim 356 B Carrera 2 eingesetzt und prinzipiell von Audi in der ersten Oberklasselimousine V8 ab 1988 übernommen. Verantwortlich für die Entwicklung des Audi V8 ist Ferry Porsches Neffe Ferdinand Piëch, der im September 1961 als Praktikant seine Laufbahn bei Porsche beginnen wird.

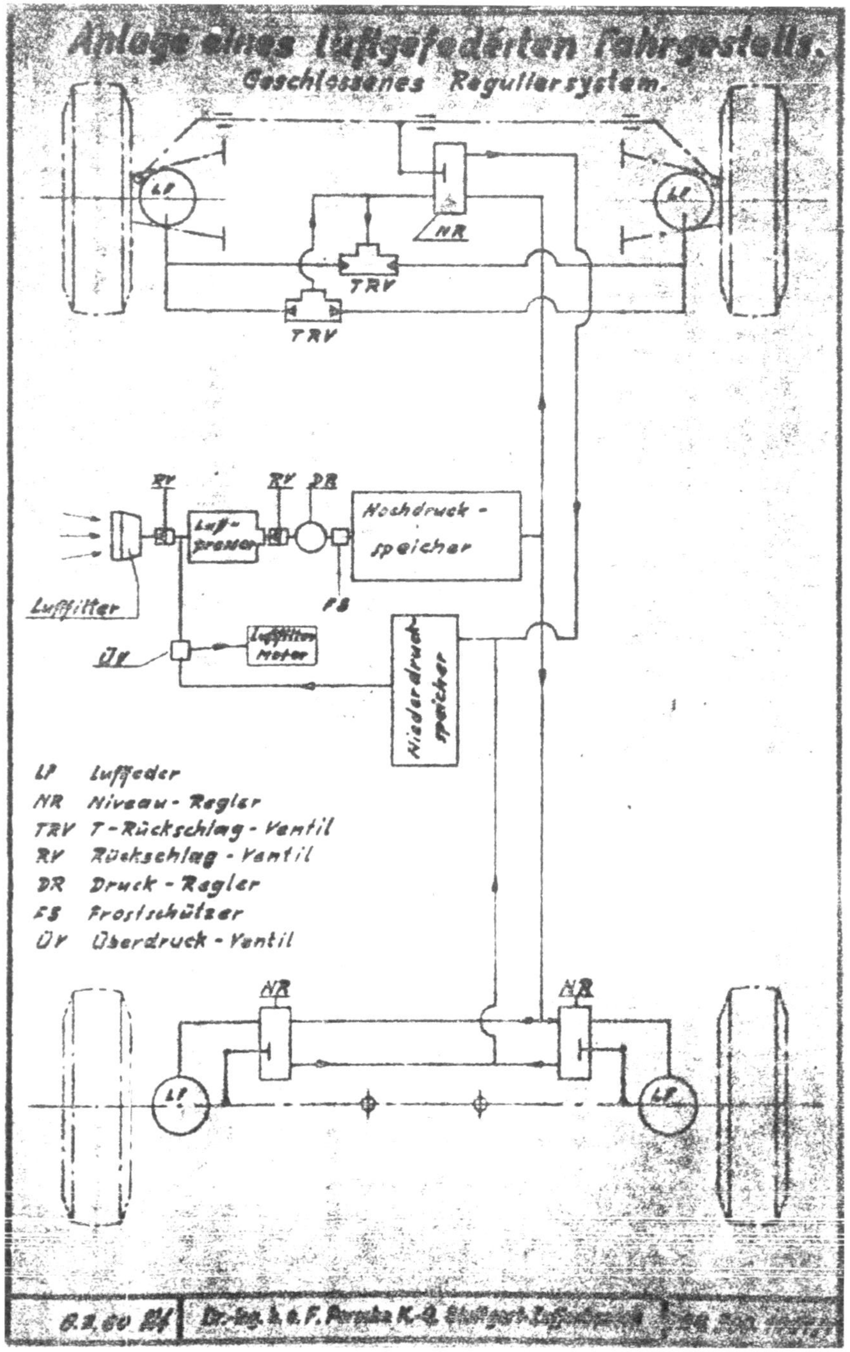

Schematische Zeichnung einer Luftfederung für den Typ 754, der als komfortabler Viersitzer konzipiert ist.

AUGUST ACHLEITNER ÜBER

DAS VORDERACHS-KONZEPT DES 754

Es war wohl ein früher und nicht vollständiger Entwurf, erkennbar an wichtigen Details, die nicht dargestellt oder (noch) nicht ausgearbeitet wurden. Ebenso am nicht vollständig ausgefüllten Zeichnungskopf. Erkennbar sind aber folgende größere und kleinere Merkmale:

In der Ansicht von hinten ist das Doppelquerlenkerlayout mit Feder und Dämpfer gut zu sehen, die sich auf dem unteren Querlenker abstützen. Ein auch heute noch modernes Konzept ist die getrennte Lagerung der Tragfeder und des Stoßdämpfers auf der Karosserieseite, was eine gute individuelle Abstimmung der Elemente (Feder und Dämpfer) bei gleichzeitig guter akustischer Isolierung ermöglicht. Ein interessantes Detail ist die untere Hälfte der Dämpferlagerung oben, die gleichzeitig als Zusatzanschlagfeder ausgebildet ist.

Aus kinematischer Sicht ist die Lage der Spreizachse längs und quer »normal«. Ebenso hat die Nachlaufstrecke (44 Millimeter) ein gutes Maß für ein gutes Lenkungsfeedback. Der Lenkrollradius hat ein positives (+) Maß von 32 Millimetern, was für eine nicht angetriebene Achse mit den damaligen eher schmalen Reifen okay ist, da würde man heute auf kleinere Werte, eventuell sogar < 0 Millimeter, gehen. Das wäre hier aber gar nicht möglich aufgrund der Lage des Bremssattels und des Bremskonzepts, das eine Lage des äußeren Kugelpunkts des unteren Querlenkers weiter außen nicht erlaubt. Auffällig ist der positive Radsturz von +1° in Konstruktionslage, was man mit den heute üblichen breiteren Reifen nicht mehr machen würde. Etwas kritisch muss die karosserieseitige Lagerung des unteren Querlenkers gesehen werden, die etwas höher liegt als das äußere Kugelgelenk. Das führt zu einem ungünstigen Sturzverlauf über der Einfederung. Bei den damaligen schmalen und »hohen« Reifenquerschnitten ist dies aber auch nicht so wesentlich wie heutzutage mit breiten, flachen Reifen. Hier würde man eher von Sturz 0° oder leicht negativ ausgehen, was das Einlenken verbessert und die Übertragung von Seitenkräften erhöht.

Indes kommt der Entwurf der Fahrschemel-Vorderachse des Mercedes W 120 gefährlich nahe. Nach einer Untersuchung der Unterlagen schreibt die Patentabteilung von Porsche: »Nach der Zeichnung 754.000.340.00 ist die Vorderachse bzw. die die Räder führenden Querlenker an einem Hilfsrahmen gelagert, der elastisch am Aufbau befestigt ist. Die Befestigung des Hilfsrahmens erfolgt durch vier Lager, die im wesentlichen in einer gemeinsamen Querebene angeordnet sind. Zur Abfederung ist für jedes Rad eine Schraubenfeder sowie ein Stoßdämpfer vorgesehen, welcher innerhalb der Schraubenfeder untergebracht ist. Der Stoßdämpfer besitzt eine Gummifeder, die am oberen Ende des Stoßdämpfers um seine Kolbenstange befestigt ist. Die Hohlfeder trägt ein Schutzrohr für die Kolbenstange, die aus Kunststoff besteht.« Dennoch sei die Anordnung der Rahmenlager ausreichend unterschiedlich, sodass »eine Verletzung des deutschen Patentes von Daimler-Benz nicht stattfinden« sollte.

Im Juni 1960 werden die Planungen konkreter: Der T7 – dessen Karosserieform noch offen ist, sich aber an dem 695-Modell von F. A. Porsche zu orientieren hat – soll einen erheblich kleineren Wendekreis als der 356 erhalten. »Es soll untersucht werden, die Lenkgeometrie näher an parallel geführte Räder zu legen, um evtl. an Radkastenbreite zu sparen.« Angestrebt wird ein Radstand von 2.300 Millimetern, die Spurweite vorn soll 1.450 Millimeter betragen, die Spur hinten 1.400 Millimeter. »Der Radstand kann in geringen Grenzen variiert werden unter der Voraussetzung, daß die Gesamtlänge des Fahrzeugs nicht größer wird als bei 356 B + 20 cm.« Zum Vergleich: Der 356 B mit einem Radstand von 2.100 Millimetern hat an der Vorderachse eine Spurweite von 1.306 Millimetern und an der Hinterachse von 1.272 Millimetern. Als verbindliche Rad-Reifen-Kombination für das T7-Fahrwerk werden 5 Zoll breite 15-Zoll-Räder mit Reifen der Dimension 5,90 – 15 und 165 – 15 festgelegt. Die Dimensionierung der Spurweiten entspricht exakt dem Chassisentwurf für den 695 im Jahr 1957. Lediglich der Radstand war bei jenem Konzept auf 2.375 Millimeter verlängert worden, was innerhalb der jetzt vorgegebenen Toleranz läge.

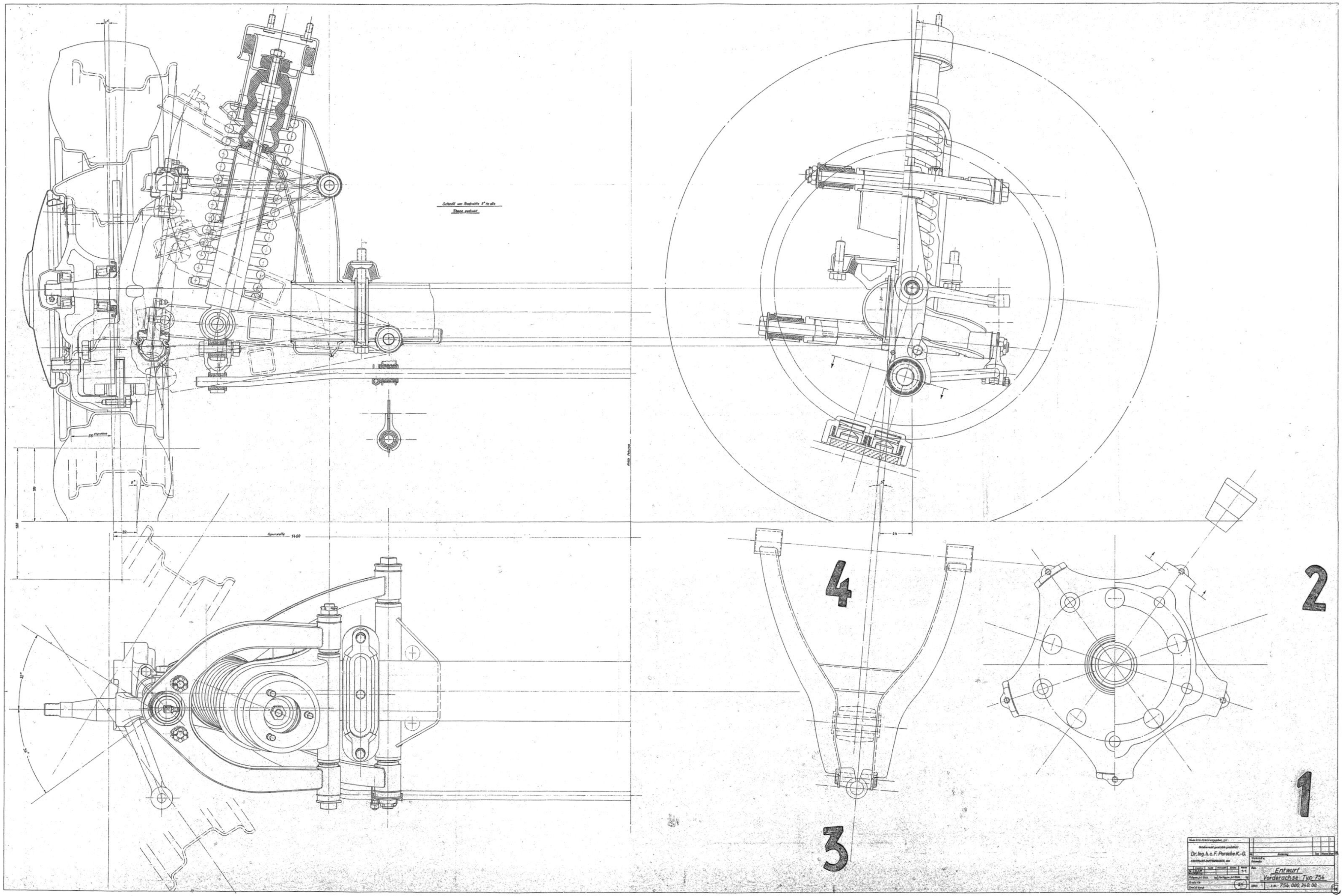

Die Detailzeichnungen der Vorderachskonstruktion zeigen die moderne und aufwendige Konstruktion des Fahrwerks.

DREI HINTERACHSKONZEPTE STEHEN ZUR DISKUSSION

Während man sich beim Vorderachskonzept auf eine Daimler-ähnliche Lösung konzentriert, stehen für den 754 drei Hinterachskonzepte zur Auswahl: eine Längslenkerachse mit je zwei Gelenken, eine Querlenkerachse mit je sieben Gelenken und eine Watt-Achse mit je vier Gelenken. Alle drei Varianten werden auf ihren Einfluss auf die bauliche Ausführung von Rahmen und Karosserie untersucht. Noch im Juni 1960 fällt die Entscheidung, dass »die geknickte Hinterachse nicht kommt, weil die Gelenke nicht halten bzw. eine komplizierte und teure Konstruktion notwendig wäre«. Welche der drei Varianten genau damit gemeint ist, lässt sich nur vermuten: Es könnte sich sowohl um die Querlenkerachse als auch um die Watt-Achse handeln, da beide später wegfallen.

Als der 695-Musterwagen von F. A. Porsche im November fertiggestellt und fahrbereit ist, präsentiert sich sein Fahrwerk als Mischung zwischen dem aktuellen 356 B und dem künftigen 356 C: Kurbellenker-Vorderachse und hintere Pendelachse entstammen der Serienfertigung. Neu ist die Scheibenbremsanlage an allen vier Rädern. Verbaut sind handelsübliche außen umgriffene Bremsen, nicht die Porsche-eigene innen umgriffene Scheibenbremse.

AUGUST ACHLEITNER ÜBER

DIE HINTERACHS-KONSTRUKTION DES 754

Längslenkerachse

Eine Längslenkerachse ist eigentlich für eine angetriebene HA per se nicht sehr geeignet, da sie über den Einfederweg eine Sturzkonstanz aufweist, die man damals bei Fronttrieblern akzeptierte (und die da ausreichend gut war), die aber bei einer angetriebenen Achse gar nicht geeignet ist beziehungsweise damals schon nicht war. Quasi »weiterentwickelt« wird die Längslenker- zur Schräglenkerachse, die ja dann zum Einsatz kam und damit sehr viel besser war, da die Drehachse schräg im Raum liegt und sowohl bessere Sturz- wie auch Vorspuränderungsverläufe über der Einfederung zeigt. Bei der Längslenkerachse liegt diese Drehachse netzparallel quer zur Fahrtrichtung. Beide Achsen (Längs- wie Schräglenkerachse) dürfen aber nicht nur unelastisch, starr beurteilt werden. Zu beachten ist auch das elastokinematische Verhalten, das letztlich auch der Grund war, warum die Schräglenkerachse mit der Generation 964 im 911 vollends ihr Ende gefunden hat. Elastokinematische Eigenschaften sind zum Beispiel bei Lastwechsel während einer Kurvenfahrt sehr wesentlich. Die Schräglenkerachse zeigt dabei vor allem Vorspuränderungen, die genau in die falsche Richtung dessen gehen, was man gerne hätte. Die Elastokinematik wird wesentlich beeinflusst durch die Ausführung der Lagerstellen, aber auch durch die Bauteilelastizität der Lenker selbst.

Querlenkerachse
Wegen der Angabe von »7 Gelenken« gehe ich davon aus, dass es sich um eine Doppelquerlenkerachse handelt. Eigentlich ist sie das Ideal für eine angetriebene HA, erst recht bei einem Fahrzeug mit so einer extremen Achslastverteilung wie dem 911 oder auch einem 356. Hauptvorteile sind ein gut auslegbares Sturz- und Vorspurverhalten, aber ebenso eine gut beeinflussbare Elastokinematik sowie eine hohe Bauteilsteifigkeit.

Nachteil ist die sehr viel aufwendigere Ausführung mit einer viel größeren Anzahl an Lenkerelementen und Lagerstellen. Speziell beim 911 mit seiner Heckmotorauslegung kommt ein Bauraumproblem hinzu, denn im Bereich der hinteren Lagerstellen der Querlenker wird es eng zu den Zylinderkopfbereichen des Boxermotors. Diese Problematik war zum Ende der 356-Ära im Übergang zum 901 und späteren 911 noch kritischer, waren doch diese Fahrzeuge in ihrer Fahrzeugbreite über der Hinterachse viel schlanker als die heutigen Modelle und gleichzeitig die Boxermotoren damals nur unwesentlich schmaler als heute. Die mögliche Länge der Querlenker wird damit beeinflusst, sie dürfen nicht zu kurz werden für ein akzeptables Sturzverhalten. Die karosserieseitigen Lagerstellen der Querlenker müssen an einem »Hilfsrahmen« aufgenommen werden, ein Teil, das zum Beispiel bei der Schräglenkerachse einfach nicht notwendig ist und zu weiteren Zusatzkosten führt. Der Hilfsrahmen selbst (einer für die linke Seite und einer für die rechte) hat eigene Kosten, aber auch seine Verschraubung an die Karosserie selbst treibt die Material- und Fertigungskosten zusätzlich nach oben. Diese Gesamtbetrachtung führte dazu, dass man damals »einfachere« und günstigere Lösungen suchte. Die Doppelquerlenkerachse (in »aufgelöster« Ausführung) fand ihren Einzug in den 911 mit der Generation 993 und ist heute nicht mehr wegzudenken.

Watt-Achse
In Fahrzeugen angewandt wurden in nennenswerter Häufigkeit eigentlich nur sogenannte Watt-Gestänge. Sie wurden eingesetzt zur Übertragung der Seitenkräfte an der (starren) Hinterachse, primär bei Frontantriebsfahrzeugen. Ihr Vorteil gegenüber den (früher oft verwendeten) Panhardstäben war eine Übertragung der Seitenkräfte, ohne beim Ein- oder Ausfedern der Achse einen Seitenversatz der Hinterachse gegenüber der Karosserie auszulösen. In Verbindung mit einer Heckmotorlayout ist dieses Achskonzept nicht darstellbar.

Montagelinie des 356 C Anfang der 1960er Jahre (links und oben). Bei dem Seriensportwagen werden konventionelle Scheibenbremsen eingesetzt, Sondermodelle wie der 356 2000 GS Carrera 2 erhalten die innen umgriffenen Porsche Bremsscheiben.

Der 356 C profitiert von der Fahrwerkentwicklung im Rahmen des Technischen Programmes 7 und wird serienmäßig mit Scheibenbremsanlage ausgestattet.

Die Entscheidungen über die Fahrwerkabmessungen halten nicht lang: Am 15. November 1960 beschließt das Gremium um Ferry Porsche 1.400 Millimeter Spurbreite vorn und 1.350 Millimeter hinten bei einem unveränderten Radstand von 2.300 Millimetern. Der Firmenchef drückt dabei aufs Tempo und setzt Termine: Innerhalb von elf Tagen soll Leopold Schmid die »Unterlagen für das Fahrgestell im Maßstab 1 : 10« anfertigen und an Erwin Komenda weiterleiten. Der Chef der Karosserieentwicklung seinerseits hat den Auftrag, bis zum 19. Dezember 1960 auf dieser Grundlage seine Projektzeichnungen anzufertigen. Um Zeit zu sparen, wird darüber hinaus beschlossen, »keine provisorischen Vorder- oder Hinterachsen zu zeichnen und zu bauen. Es werden jedoch die endgültigen Achsen in ein Fahrgestell 356 eingebaut. Die zeichnungsmässigen Unterlagen für die Vorder- und Hinterachse versprach Herr Schmid bis zum 6.1.61 an den Versuch zu liefern. Den Einbau dieser Achsen in die richtige Lage im Fahrzeug wird durch den Versuch ohne Zeichnung durchgeführt.«

Eine Woche vor dem gesetzten Termin ruft Ferry Porsche die Entwickler in Sachen T7 zu einer zweitägigen Besprechung zusammen. Dabei wird der Radstand erneut angepasst, jetzt auf 2.320 Millimeter. Die Spurweiten bleiben unverändert. Das Gremium geht bis ins Detail: »Zur Verbesserung der Bodenfreiheit soll die Höheneinstellung des Hinterachslenkers an das äußere Lager verlegt werden [...]. Stoßdämpfer und Schraubenfedern, vorn und hinten, bilden eine Einheit (Federbein). Das karosserieseitige Stoßdämpfergelenk ist als Puffergelenk ausgebildet und überträgt gleichzeitig die Federkräfte [...]. Die Fahrgestellabteilung verpflichtet sich, innerhalb weniger Tage zusammengezeichnete Unterlagen zu Vorderachse und Lenkung der Karosserieabteilung zur Verfügung zu stellen.«

Ferry Porsche an seinem Schreibtisch. Seinem Weitblick ist die Entstehung des 901 zu verdanken.

Vorderachse und Lenkung eines 901 mit McPherson-Dämpferbein und geknickter Lenksäule.

Zum Vergleich: Kurbellenker-Vorderachse eines 356 C mit deutlich größerem Platzbedarf.

754-ENTWÜRFE MIT DREI VERSCHIEDENEN RADSTÄNDEN

Vier Tage nach der Konferenz, am 17. Dezember 1960, stellt Fritz Blaschka eine Übersichtszeichnung mit dem neuen Fahrwerkkonzept fertig. Die »Innenraum-Untersuchung mit Unterbau 754« basiert auf der Karosserie des 695 nach dem Entwurf von F. A. Porsche und trägt daher auch noch die Zeichnungsnummer 695.003.504.50. Dem Entwicklungsstand entsprechend besteht das Chassis aus Federbeinachsen. Vorn ist ein Stabilisator vorgesehen. Die Hinterräder werden jetzt an Längslenkern geführt. Die Spurweiten bleiben unverändert, allerdings ist ein Radstand von 2.300 Millimetern vermerkt – zwei Zentimeter weniger als kurz zuvor beschlossen. Blaschka belässt es jedoch nicht nur bei dem einen Entwurf. In zwei Seitenansichten, die er am selben Tag signiert, visualisiert er den projektierten großen Sportwagen mit zwei längeren Radständen. Beide Zeichnungen benennt er »T7 mit verlängertem Radstand«, einmal mit 2.350 Millimetern Achsabstand und einmal mit 2.400 Millimetern. Möglicher Hintergrund der Vorschläge: Während Ferry Porsche einen kompakten 2+2-sitzigen Sportwagen will, versucht Erwin Komenda seine Vorstellungen eines größeren, viersitzigen Sportcoupés durchzusetzen.

Große Fortschritte in der Fahrwerkentwicklung des 754 (T7) sind 1961 indes nicht zu verzeichnen. Noch gilt es, Grundsatzfragen wie den Einsatz einer Luftfederung zu klären. Im März 1961 liefert ein Vertreter von Continental acht Luftfederbälge nach Zeichnung 754.341.1035 für Versuchszwecke aus und informiert das Konstruktionsbüro über den aktuellen Stand der Vollluftfeder-Entwicklung.

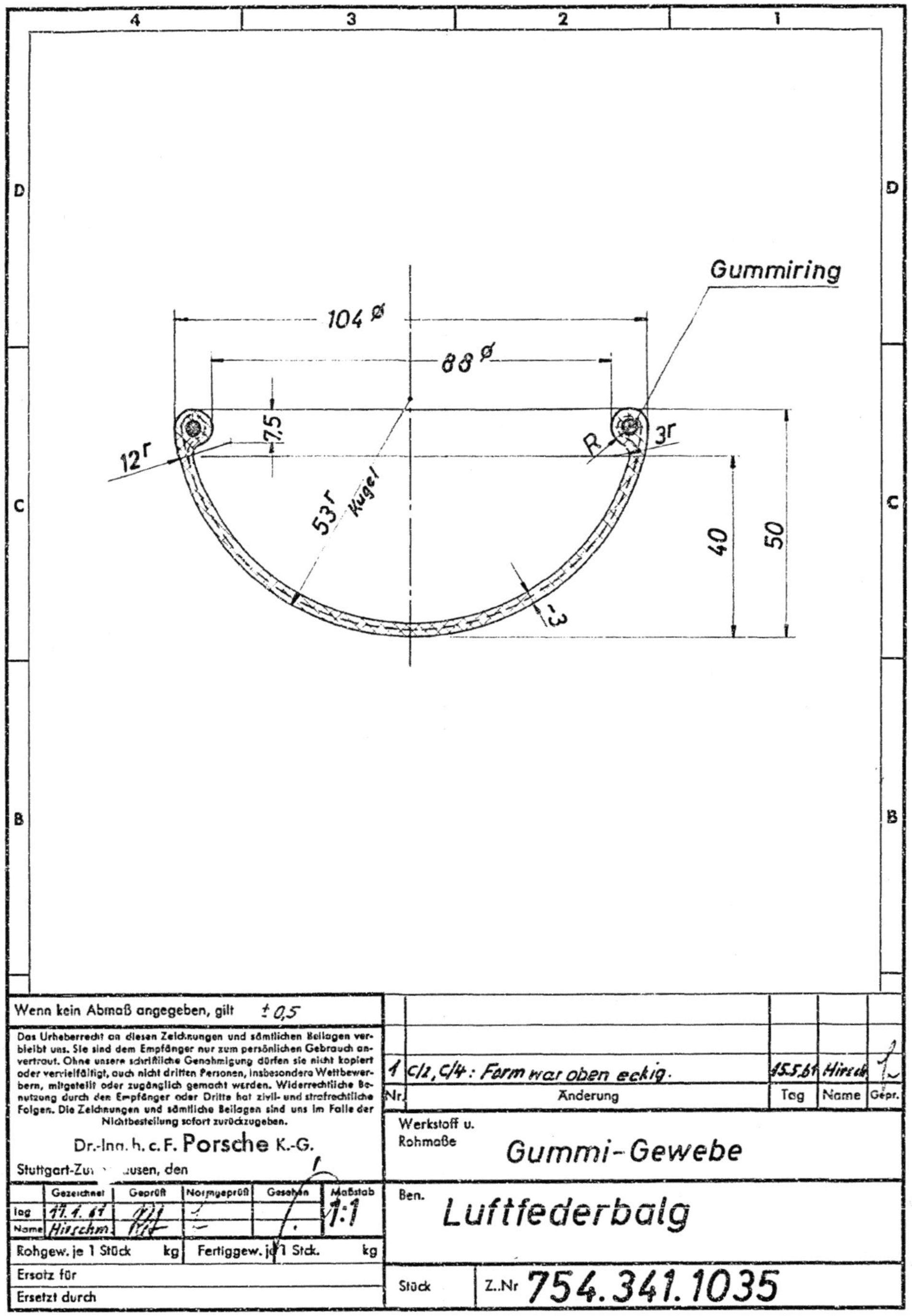

Konstruktionszeichnung eines Luftfederbalgs für die geplante Luftfederung des Typ 754.

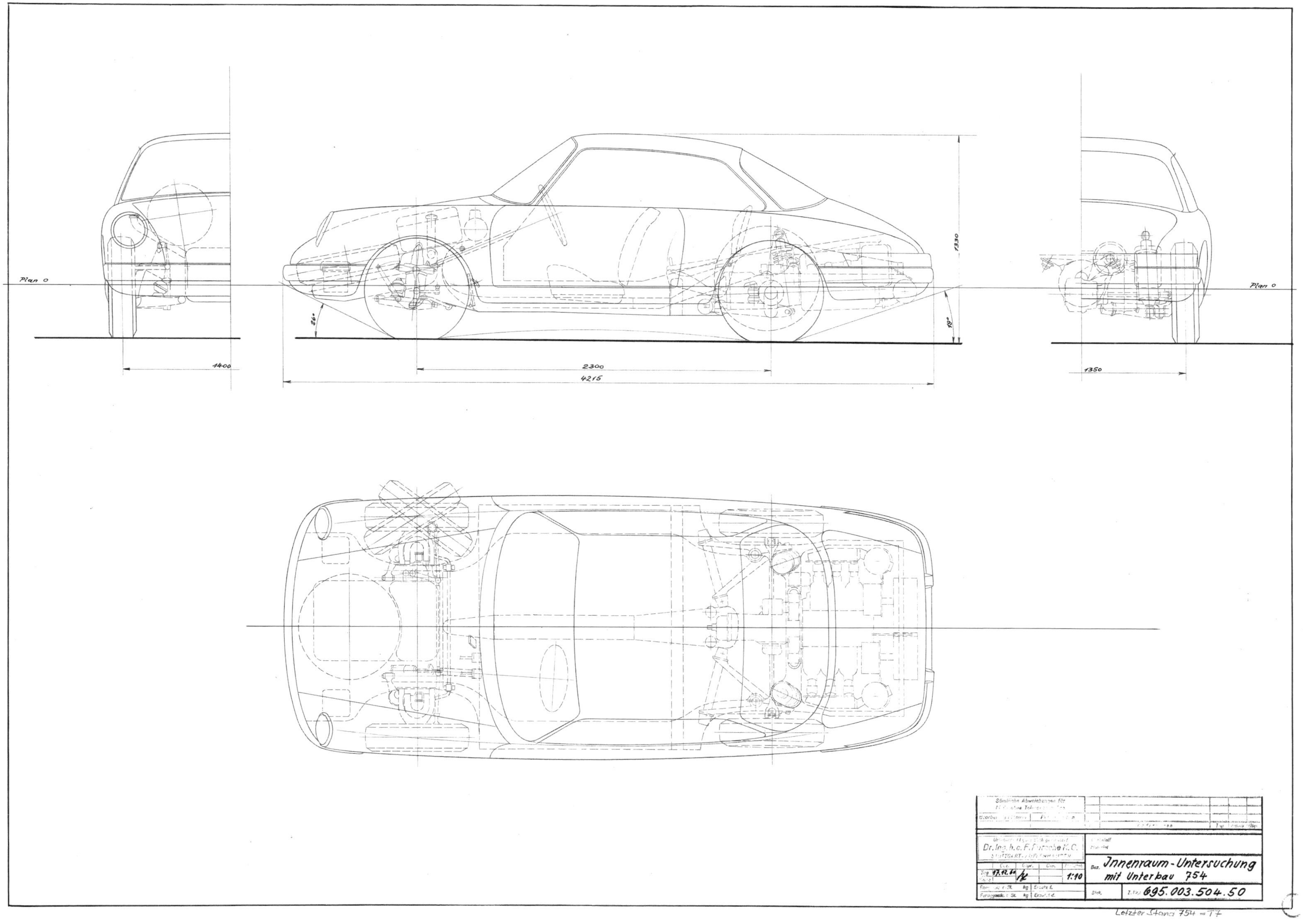

Weiterentwickeltes Fahrwerk für den 754, jetzt mit Stabilisator vorn und Hinterachse an Längslenkern.

Im September 1961 liegen die Fahrwerkzeichnungen noch immer nicht vor, sie sollen bis Ende November fertiggestellt werden. An der Vorderachse soll es bei Schraubenfedern bleiben, vorgesehen ist eine Gemmer-Lenkung, eine Variante der Schneckenlenkung. Anders als auf den bisherigen Konstruktionszeichnungen fällt die Entscheidung an der Hinterachse für Stabfedern. Und: »Es werden Scheibenbremsen verwendet und zwar ein handelsübliches Fabrikat (Girling oder Dunlop).«

Fahrwerkauslegung und Karosseriekonstruktion fehlt weiterhin der gemeinsame Nenner. In der Diskussion sind nach wie vor breitere Reifen, 185-15 anstatt der beschlossenen 165-15. »Der Versuch hat den Reifen 185-15 vorgeschlagen, weil dieser Reifen höhere Seitenführungskräfte ergibt und auch komfortabler ist als der Reifen 165-15, und weil das schwerere T VII Fahrzeug Reifen mit höherer Seitenführungskraft zu Gunsten der Fahrsicherheit haben sollte«, schreibt Helmut Rombold am 20. September 1961 in einer Aktennotiz. Ferry Porsche entscheidet sich dennoch anders. Begründung: »Bei den gegebenen Spurweiten würde der vom Versuch vorgeschlagene Reifen [...] eine Verbreiterung des Fahrzeugs um 20 mm bedingen, die jedoch von Herrn Porsche kategorisch abgelehnt wurde.« Dafür folgt der Firmenchef für mehr Komfort der allgemeinen Tendenz zu Gürtelreifen, »zumal der T VII Wagen weicher gefedert ist und die Lenker in Gummi aufgehängt werden«.

KOMFORT ZÄHLT: HYDROPNEUMATIK UND LUFTFEDERUNG FÜR DEN T7 WERDEN UNTERSUCHT

Die Entscheidung für eine Scheibenbremsanlage, die eine Servounterstützung braucht, bringt den Konstrukteur Hoffmann auf die Idee, eine hydropneumatische Radaufhängung zur »Weiterentwicklung des Komforts und der Bedienungserleichterung« vorzuschlagen. Stehe eine »geeignete Servoanlage zur Verfügung, so ist es naheliegend, damit auch die Radaufhängung zu speisen. Aus Untersuchungen ist zu ersehen, daß eine Servoanlage, die Hochdruckflüssigkeit als Arbeitsmedium verwendet, für den PKW mit Abstand die günstigste Bauform darstellt«, argumentiert Hoffmann in einem vierseitigen Vorschlag samt Prinzipzeichnung am 19. Oktober 1961.

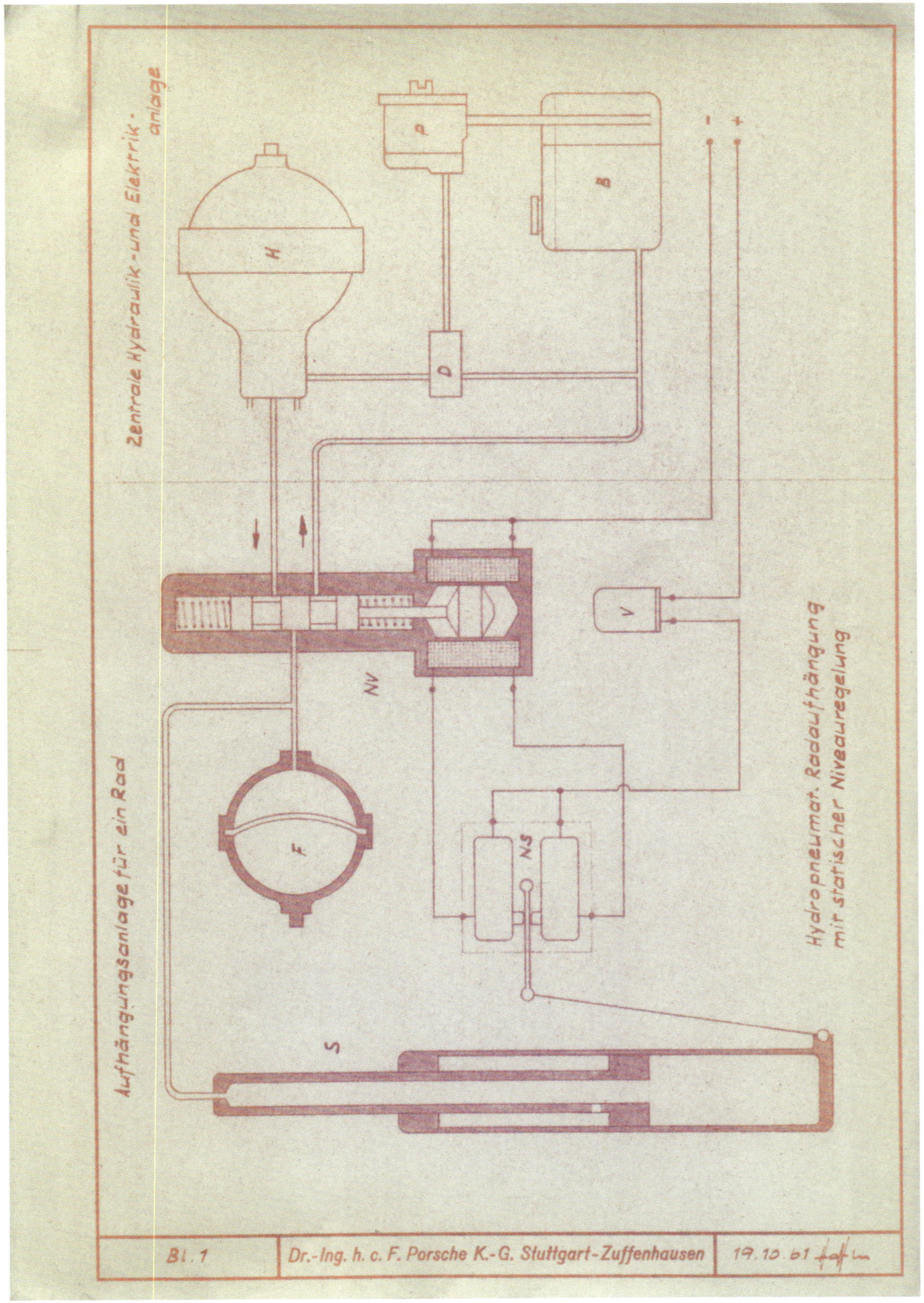

Ende November 1961 besucht eine sechsköpfige Abordnung von Porsche unter der Führung von Leopold Schmid die Firma Bosch zu Besprechungen über eine »elektro-pneumatische und hydro-pneumatische Radfederanlage«. Bosch hatte zuvor »Angebotszeichnungen für eine elektro-pneumatische Radfederanlage übergeben. Anhand dieser Zeichnungen wurden in der Zwischenzeit Einbauuntersuchungen am ‚Vorläuferwagen T9' durchgeführt.« Bei dem System handelt es sich um eine neuartige Niederdruckanlage, die mit einem Kompressionsverhältnis von 1 : 2 arbeitet anstatt 1 : 12 oder mehr wie bei aktuellen Luftfederungen. Dadurch ist ein deutlich kleinerer Kompressor mit einer Leistungsaufnahme von nur rund 20 Watt notwendig. »Die erste elektropneumatische Radfederanlage wird für den Versuchseinbau in ca. ½ Jahr (Mai 1962) zur Verfügung stehen. Man ist aber bei Bosch sicher, daß bis Herbst 1963 (Freigabe von T9) die Arbeiten an dieser Anlage abgeschlossen sind.« Hintergrund: Das Thema ist hochaktuell, da der im Frühjahr 1961 vorgestellte Mercedes-Benz 300 SE als serienmäßige Neuheit über Luftfederung verfügt.

Konzept einer Zentralhydraulik für die hydropneumatische Radaufhängung mit statischer Niveauregulierung eines 754.

ERPROBUNG MIT STAHLGEFEDERTEM FAHRWERK

Für die grundsätzliche Erprobung des Achskonzeptes dient allerdings ein anderer Vorläuferwagen T9, der Versuchswagen 64. Sein Fahrwerk entspricht der aktuellen Konstruktionszeichnung mit Schraubenfedern vorn und hinten, vorderem Stabilisator und Super-90-Motor mit Trockensumpf und Ölkühler. Als Karosserie dient der angepasste Aufbau eines 356 T5. Bei einem Vergleichstest mit einem 356-Serienfahrzeug auf dem regenfeuchten Nürburgring im November 1961 legt dieses eine Rundenzeit von 12:34 Minuten vor. Der Prototyp mit 754-Chassis ist mit einem 18-Millimeter-Stabilisator zwei Sekunden langsamer, mit einer 20-Millimeter-Querfeder unterbietet der Versuchswagen den 356 um 1 Sekunde. Helmuth Bott notiert: »Die Querneigung des Fahrzeugs ist deutlich größer als am Serienwagen, der Fahrer wird jedoch dadurch nicht gestört.« Mit dem T7-Vorläufer sind im Anschluss weitere Versuche unter anderem mit weicheren Gummiteilen bei der Lagerbefestigung, geänderter Lenkübersetzung und verschiedenen Sturzeinstellungen der Vorderachse geplant.

Am 22. Dezember 1961 vermerkt Erwin Komenda in einer Aktennotiz zum 754, dessen technisches Entwicklungsprogramm in T9 umbenannt wurde: »Die Aufbauabteilung hat die Unterbringung dieser Reifen untersucht und ermittelt, dass der Innenraum an der Vorderachse und an der Hinterachse sehr beengt wird, außerdem müssen Änderungen an der Fahrzeuglänge entstehen (zufolge der größeren Durchmesser dieser Reifen), zumindest im Vorderteil des Fahrzeugs wogegen um die Hinterachse Innenraumverluste entstünden.« Um mit der vorgesehenen Bereifung auf »4 ½ J x 15«-Felgen auf der sicheren Seite zu sein, wird der Radstand auf 2.350 Millimeter festgelegt, die Spur vorn auf 1.407 Millimeter, die Spur hinten bleibt bei 1.350 Millimetern. Damit liegt der Wendekreis bei 10,40 bis 10,50 Metern, der Spurkreis bei 9,66 Metern.

Bei der Vorstellung der 754-Modell-2-Attrappe am 30. Januar 1962 müssen weitere Abstriche gemacht werden. »Die alte Forderung, der zufolge die Radausschnitte der Kotflügel so ausgelegt sein müssen, dass die Räder bei vollem Einschlag und höchster Durchfederung nirgends streifen dürfen, wurde fallen gelassen. Der volle Einschlag soll erhalten bleiben. Bei der Durchfederung jedoch begnügt man sich von jetzt an mit zweidrittel der max. Einfederung, ausgehend von der Konstruktionslage (ca. 2/3 Last).«

Der 754 – hier ein 1:1-Modell – soll fahrwerksseitig Präzision und sportliche Dynamik mit hohem Komfort verbinden.

ÜBERRASCHENDES ENDE: T9 WIRD EINGESTELLT

Am 9. März 1962 erörtern die Porsche-Ingenieure bei Bosch die Einbauversuche einer elektropneumatischen Federung im Versuchswagen 56. Bosch arbeitet auch an der hydropneumatischen Federung mit zentraler Servoanlage weiter, »es wird aber momentan die elektro-pneumatische Radfeder unserem Wunsch entsprechend bevorzugt behandelt«.

Bei dieser Konferenz werden die Beteiligten jedoch von der Nachricht überrascht, dass laut Hans Tomala »Porsche an der elektro-pneumatischen Federung nicht mehr interessiert sei. Diese Feststellung ist sowohl für die Herren bei Bosch als auch bei Porsche völlig neuartig.« Eine Entscheidung, die das Zerwürfnis zwischen Hans Tomala und Leopold Schmid weiter vertieft. Zwischen Schmid und Hans Tomala klemmt es, seit Letzterer Karl Rabe als Technikchef abgelöst hat.

Nur Tage später kommt die Entwicklung des 754 T9 vollständig zum Erliegen. Am 20. März 1962 notiert Hans Kern anlässlich einer Tagung mit Karmann: »Wir haben alle Konstruktionskräfte auf die Fertigstellung T8 konzentriert, so daß zur Zeit an T9 konstruktiv nicht gearbeitet wird.« Wenig später wird das Technische Programm 9 und damit die Entwicklung des Typ 754 endgültig eingestellt.

TECHNISCHES PROGRAMM 8: VOM 356-CHASSIS ZUM 901-FAHRWERK

Zurück ins Frühjahr 1961. Während das Chassis für den großen 754 T7 in Entwicklung ist, zeichnet sich am Zeithorizont das nächste Technische Programm ab: das Projekt T8, das die Weiterentwicklung des 356 T6 zum Ziel hat. Im März 1961 formuliert Fahrversuchsleiter Helmut Rombold auf sieben Seiten die »Vorschläge für T8 des Fahrversuches« (→ Abbildung Seite 204ff). Sein Credo gilt bis heute für jeden Porsche: »Es ist auch unsere Aufgabe, dem Fahrzeug so viel Fahrsicherheit als möglich zu geben, nicht, um noch schneller zu fahren, sondern um Reserve in kritischen Situationen zu bieten, d.h. ein Auto, das auch Fahrfehler nicht übel nimmt.« Unter anderem plädieren die Experten im Bereich Fahrwerk für eine McPherson-Vorderachse mit Nadellagern, Gemmer- oder Einfingerlenkung mit Lenkgetriebe in der Fahrzeugmitte sowie einstellbarem Sturz. Dazu die innen umgriffene »Porsche-Scheibenbremse, nicht zuletzt um den Namen Porsche in den Vordergrund zu schieben«.

Als das Projekt T8 im Herbst 1961 Gestalt annimmt und Reutter mit der Karosserieentwicklung beauftragt wird, greift man beim Fahrwerk zunächst auf Bewährtes zurück: Der neue Zweisitzer soll das Chassis des 356 T6 übernehmen. Erst Anfang Januar 1962, als das T8-Konzept immer mehr in Richtung eines eigenständigen 356-Nachfolgers geändert wird, kommen auch auf das Fahrwerk neue Anforderungen zu. So erhalten die Fahrwerkkonstrukteure mit dem Konstruktionsauftrag E 115 die Order für »konstruktive Änderungen am Fahrgestell T6 für Fahrgestell T8«. In der Notiz zur Besprechung der Geschäftsleitung vom 8. Januar 1962 ist denn auch vermerkt: »Unabhängig von der laufenden Konstruktion wird eine neue Vorderachse untersucht, die eine Vergrößerung des vorderen Kofferraumes bringen soll.«

Zwischen der geplanten McPherson-Achse für den 754 und der jetzt zu untersuchenden T8-Vorderachse gibt es einen grundlegenden Unterschied: Während die Achse für den großen T9 Spiralfedern um den Stoßdämpfer aufweist, soll der T8 die Porsche-übliche Drehstabfederung erhalten. Beide Systeme werden in den Originalunterlagen als »Federbeinachse« bezeichnet. Im heutigen Sprachgebrauch wird eine McPherson-Achse mit Torsionsfeder dagegen »Dämpferbeinachse« genannt. Möglicherweise ist diese Kombination von Dämpferbein und Federstab der ursprüngliche Grund für die bis heute übliche Bezeichnung »McPherson-Vorderachse, Porsche-optimiert«.

AUGUST ACHLEITNER ÜBER

DIE T8-WUNSCHLISTE DES FAHRVERSUCHS

Vorderachse
Man erkennt, dass sich die McPherson-Achse zu Beginn der 60er noch nicht durchgesetzt hatte, der damals wesentliche kritische Punkt waren die Brems- und Seitenkraftabstützmomente und -kräfte im (McPherson-) Federbein selbst, das eine entsprechende Auslegung (Dimensionierung, Materialien) benötigt, um niedrige Losbrechkräfte und einen geringen Verschleiß zu gewährleisten. Die McPherson-Vorderachse ist die heute am weitesten verbreitete Vorderachse mit einem sehr guten Kompromiss bzgl. Fahrkomfort, Präzision (Geometrie) und Kosten.

Lenkung
Ebenso neu damals war die Zahnstangenlenkung, im Grunde gelten genau die gleichen Kriterien wie beim Federbein der McPherson-Achse. Hinzu kommt bei beiden technischen Konzepten eine erforderliche niedrige Fertigungstoleranz. Die Zahnstangenlenkung hat sich in den 70ern und 80ern gegenüber allen anderen Lenkungsgetrieben durchgesetzt.

Handbremse
Tatsächlich Unsinn ist die Idee, die Handbremse auf die Vorderräder wirken zu lassen. Hätte man dies gemacht, wäre dieses Layout beim ersten Fahrtest gescheitert, wenn man versucht, ein Heckmotorfahrzeug (356, 911: Achslastanteil Hinterachse 59–63 Prozent) z. B. an einem Hügel mit 30 Prozent Steigung mit den Vorderrädern zu halten, auf denen nahezu keine Achslast wirkt. Das hat auch nichts mit dem Konzept der Vorderachse selbst zu tun.

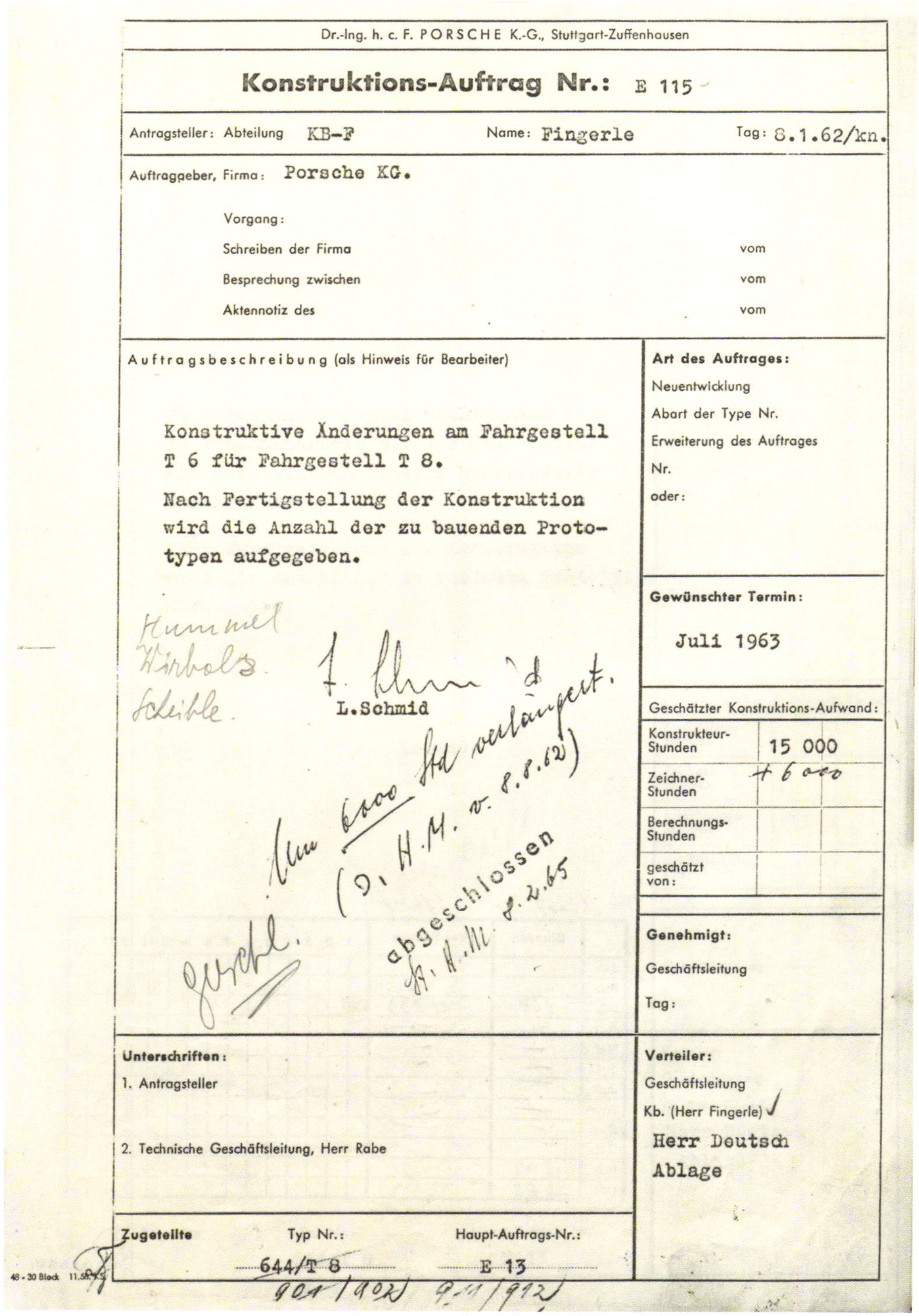

Dr.-Ing. h. c. F. PORSCHE K.-G., Stuttgart-Zuffenhausen

Konstruktions-Auftrag Nr.: E 115

Antragsteller: Abteilung KB-F Name: Fingerle Tag: 8.1.62/kn.

Auftraggeber, Firma: Porsche KG.

Vorgang:
Schreiben der Firma vom
Besprechung zwischen vom
Aktennotiz des vom

Auftragsbeschreibung (als Hinweis für Bearbeiter)

Konstruktive Änderungen am Fahrgestell T 6 für Fahrgestell T 8.

Nach Fertigstellung der Konstruktion wird die Anzahl der zu bauenden Prototypen aufgegeben.

L.Schmid

abgeschlossen

Art des Auftrages:
Neuentwicklung
Abart der Type Nr.
Erweiterung des Auftrages Nr.
oder:

Gewünschter Termin: Juli 1963

Geschätzter Konstruktions-Aufwand:

Konstrukteur-Stunden	15 000
Zeichner-Stunden	+ 6 000
Berechnungs-Stunden	
geschätzt von:	

Genehmigt:
Geschäftsleitung
Tag:

Unterschriften:
1. Antragsteller
2. Technische Geschäftsleitung, Herr Rabe

Verteiler:
Geschäftsleitung
Kb. (Herr Fingerle)
Herr Deutsch
Ablage

Zugeteilte Typ Nr.: 644/T 8 Haupt-Auftrags-Nr.: E 13

Zu Beginn der Entwicklung ist ein modifiziertes Fahrwerk des 356 in der Ausführung T6 für den T8 vorgesehen.

Bereits am 15. Januar 1962 legt der Fahrwerkkonstrukteur Leopold Schmid einen Rohentwurf der geplanten McPherson-Achse vor, »da ja die Hauptänderung des T8 Planes (abgesehen von der Karosserie) gegenüber T6 die Vorderachse betrifft«. Helmut Rombold schreibt in seiner Aktennotiz über die Besprechung: »Herr L. Schmid bezweifelt lebhaft, ob es möglich ist, bis zum Termin September 1963 das T8 Fahrzeug in der Serie zu produzieren, wenn eine McPherson-Achse verwendet werden soll und schlägt vor, die Vorderachse grundsätzlich zu lassen, ihr nur größere Federwege zu geben, die Traghebel voll nadelzulagern und anstelle der Bundbolzen Kugelbolzen zu verwenden. Damit kann aber kein größerer Kofferraum gewonnen werden, wegen dem die McPherson-Achse vorgesehen werden soll. Diesen letzteren Vorschlag zu verwirklichen, bedeutet keine Schwierigkeit, weil im Versuch hinreichende Erfahrungen mit Kugelachsen vorliegen.« Schon zu diesem Zeitpunkt treten die Meinungsunterschiede zwischen Hans Tomala und Leopold Schmid zu Tage.

Entgegen seinen Bedenken erhält Leopold Schmid den Auftrag, die McPherson-Achse durchzukonstruieren und eine Raumplanung aufzustellen. »Ebenfalls aus Platzgründen soll eine Zahnstangenlenkung vorgesehen werden, und zwar mit dem Antriebsritzel in der Mitte des Fahrzeugs, was eine geknickte Lenksäule bedeutet. Der Vorteil dieser Anordnung ist, daß das Chassis für Links- und Rechtslenker gleich ist und daß die geknickte Lenksäule im Falle eines Zusammenstoßes auslenkt und nicht in das Wageninnere geschoben werden kann. Die Versuchsabteilung baut in Zusammenarbeit mit der Konstruktion Attrappe für Lage und Raumstudium.« Die Vorderachse hat höchste Priorität, denn »Herr Porsche will an Firma Reutter erst weitere Weisung geben, wenn unsererseits die McPherson-Achse klarliegt«.

Zweieinhalb Monate später, am 30. März 1962, liegen grundlegende Berechnungen zur McPherson-Achse vor. Dabei geht es insbesondere um die Belastungen des Stoßdämpfers. Auch wenn die einwirkenden Kräfte groß sind, so das Ergebnis, bewegen sie sich dennoch im zulässigen Bereich.

Realisiert in einem Versuchsfahrzeug liefert das Achskonzept positive Ergebnisse. Am 29. Mai 1962 empfängt Versuchsleiter Helmuth Bott eine zweiköpfige Delegation des Dämpferherstellers Boge, um eine gemeinsame Federbeinentwicklung zu besprechen. »Nach gemeinsamer Versuchsfahrt äußerte Herr Jentschke[27] die Ansicht daß die zur Zeit eingebauten Federbeine einen recht ordentlichen Eindruck machten sowohl was die Einstellung wie auch die Leichtgängigkeit anbelangt.« Boge hat mehrjährige Erfahrung in der Entwicklung von McPherson-Achsen für andere Automobilhersteller. Jentschke empfiehlt den Porsche-Ingenieuren »eine Kolbenstange von 22 mm Ø und rät uns, die Steuerungsteile für Druck- und Zugstufe in den Kolben zu legen, was später für die Tauschaggregate ein großer Vorteil ist. Die Schweißkonstruktion der Kugelhalterung sowie das Sackloch im Achsschenkel wurde während der Besprechung gemeinsam umgeplant [...].« Boge verspricht eine Zeichnung des endgültigen Federbeins bis zum 8. Juni 1962. »Provisorische Federbeine für unseren Prototyp erhalten wir 14 Tage nach Anlieferung der Schmiedeteile.« Viele Fragen bleiben naturgemäß noch offen. Darunter eine, die dem 901/911 später noch viel Kritik einhandeln wird: »Verschiedene Probleme, wie z.B. die obere Aufhängung des Federbeins konnten bei dieser Besprechung noch nicht festgelegt werden, da die notwendigen Erfahrungen noch nicht vorliegen.«

[27] Boge-Entwicklungsleiter

Vorderachse Typ 901 (T8)

Schematische Darstellung der Vorderradaufhängung insbesondere der Anordnung des Stoßdämpfers

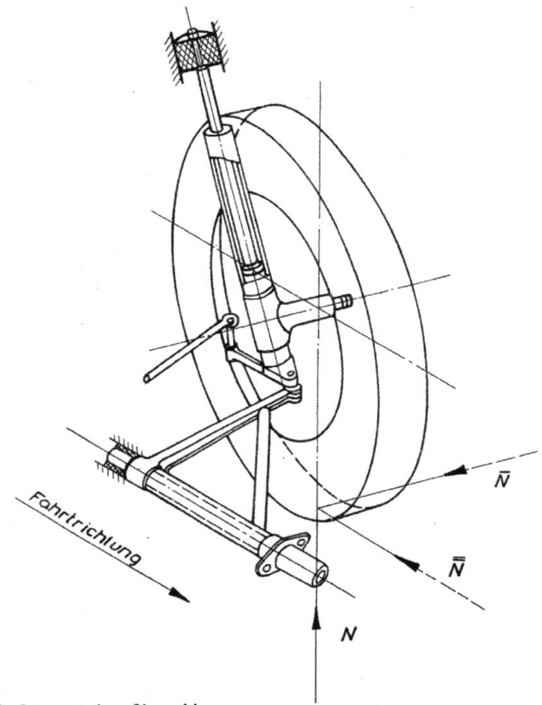

Aufstandskraft N

Seitenkraft $\bar{N} = \mu \; (N + 30)$ mit $\mu = 0,8$

Bremskraft $\bar{\bar{N}} = \mu \; (N + 30)$ mit $\mu = 0,9$

30. 3. 62 Le.	Dr.-Ing. h. c. F. Porsche K.-G. Stuttgart-Zuffenhausen	B 901.343.001/3

Die grundlegenden Berechnungen der McPherson-Achse des T8 ergeben keine unzulässigen Belastungen des führenden Stoßdämpfers.

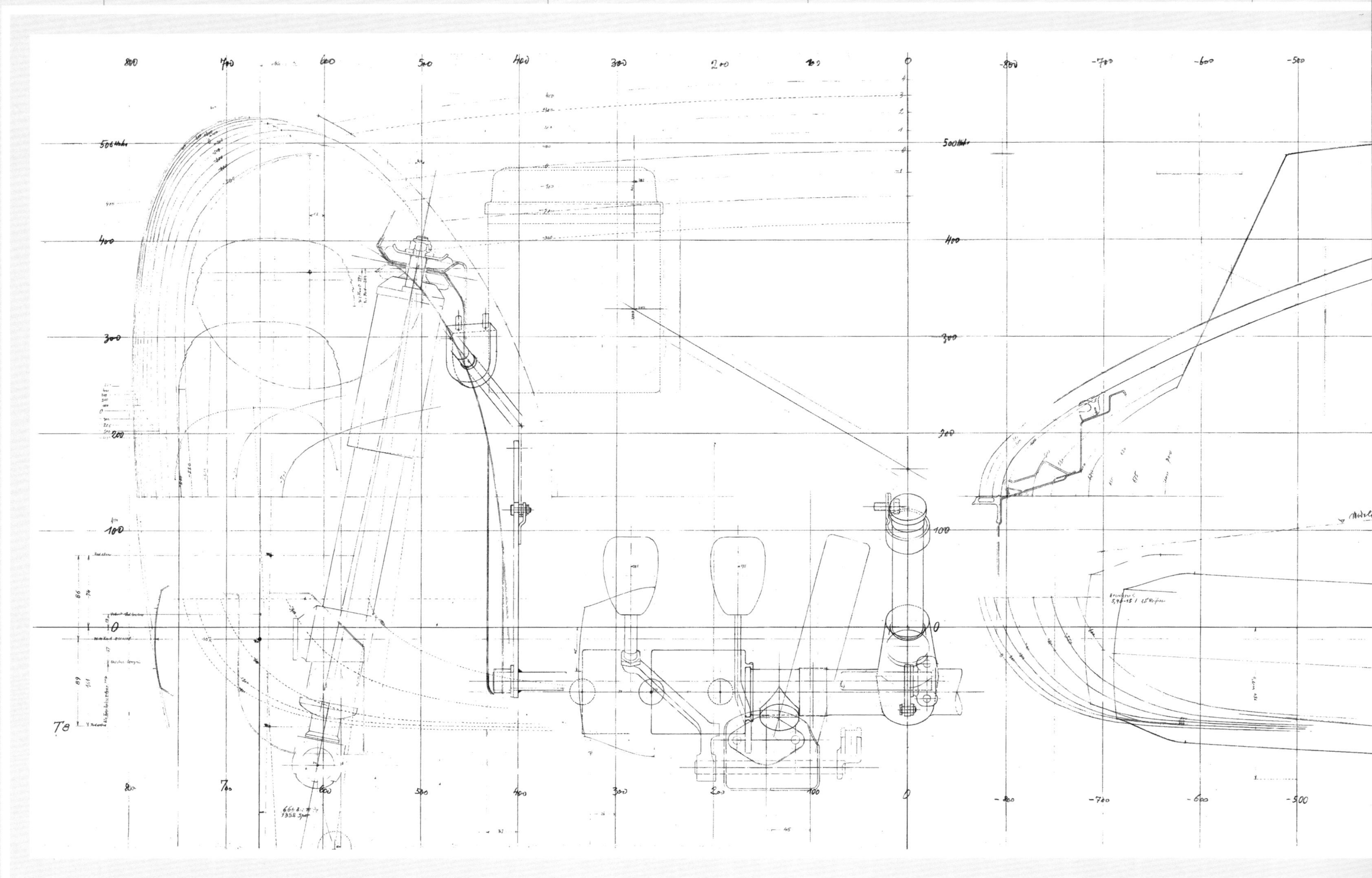

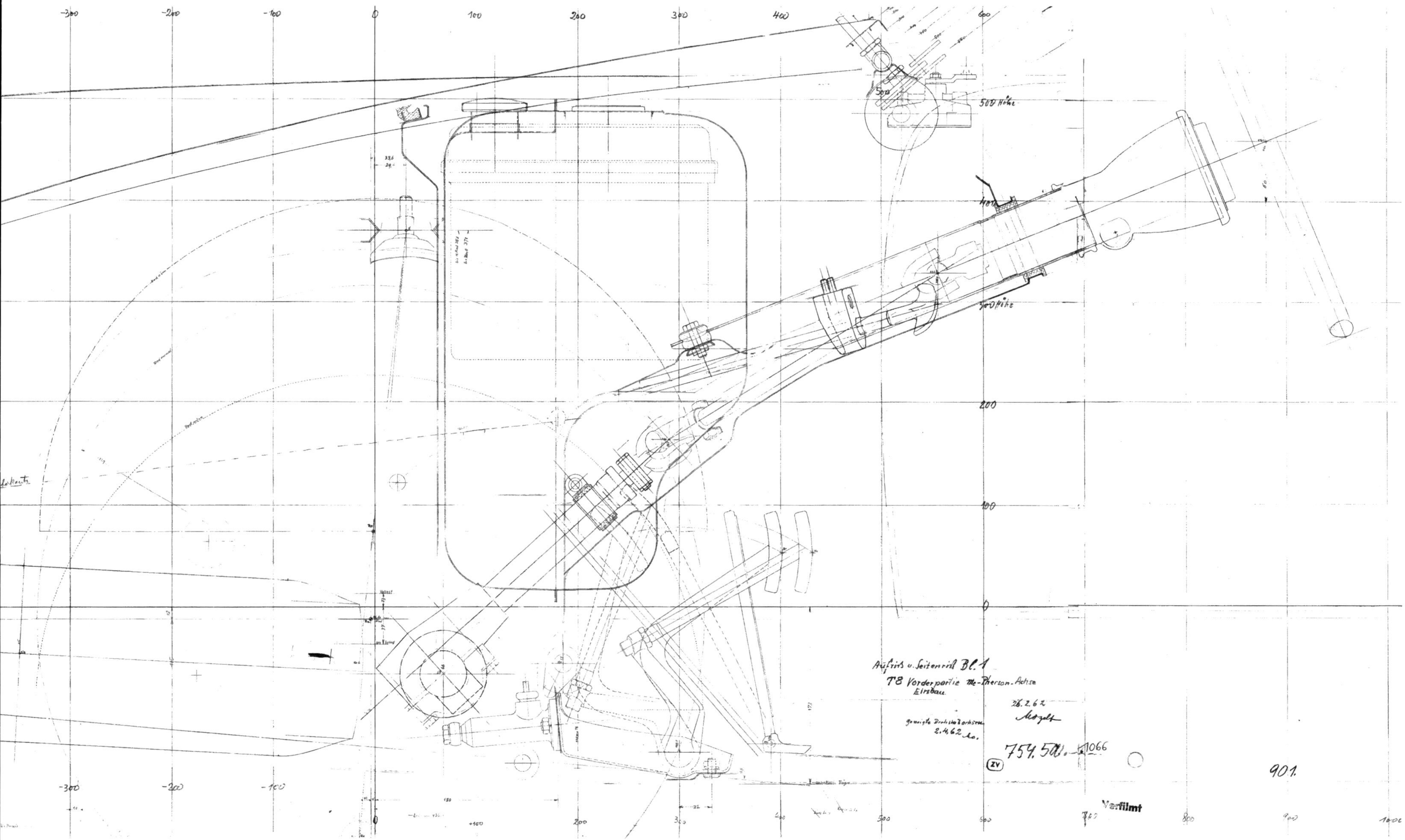

Detailzeichnungen für Dämpferanordnung (links), Pedalerie und geknickte Sicherheitslenksäule, die konstruktiv teilweise vom 754 zum 901 übernommen werden.

Vorderradaufhängung Typ 901

Schematische Darstellung der Aufhängung in drei Rissen und perspektivischer Form zur Bestimmung der Lage der vorderen Momentanachse. Räder gleichsinnig und gleichmäßig durchgefedert.

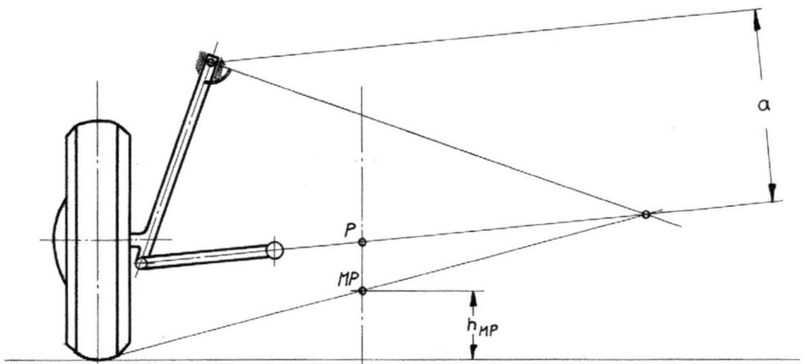

Abb. 1: Bestimmung der Lage von MP und der Höhe für P

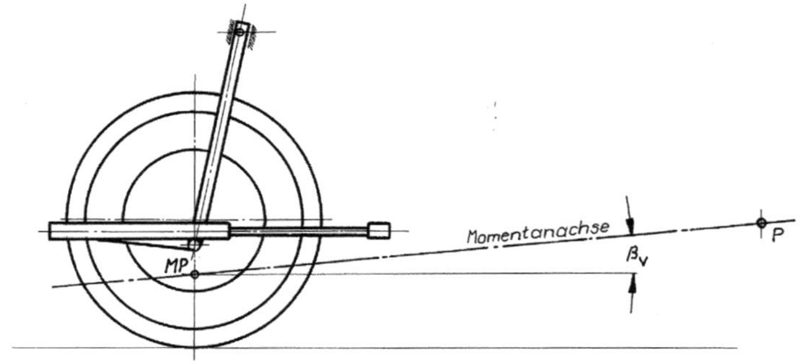

Abb. 2: Mit Abb. 1 und Abb. 3 Bestimmung der Lage von P und damit des Erhebungswinkels β_v

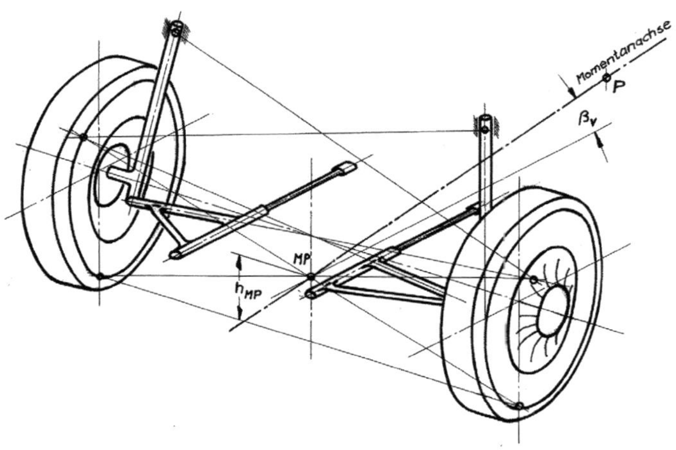

Abb. 4: Lage der vorderen Momentanachse in der perspektivischen Darstellung der Aufhängung

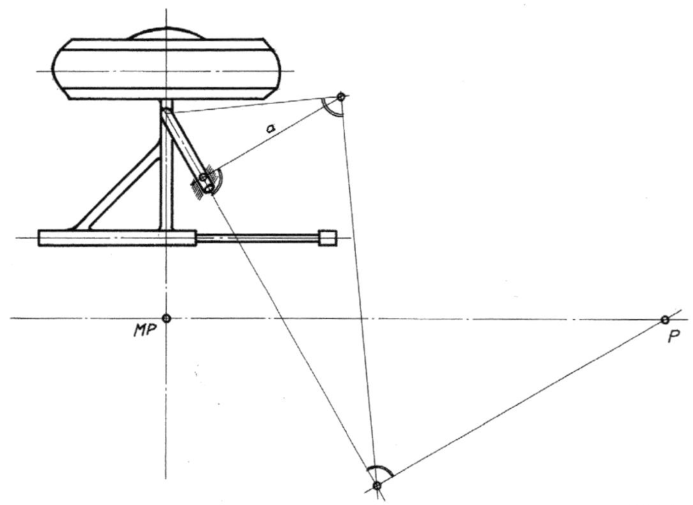

Abb. 3: Mit Hilfe der Risse 3 und 4 Bestimmung des Abstandes $\overline{MP, P}$

27.6.1962 Schw.	Dr. Ing. h.c. F. Porsche K.-G. Stuttgart-Zuffenhausen	B 901.000.001 Bl.5		B 901.000.001 Bl.5

Theoretische Überlegungen zum Fahrverhalten: Schematische Darstellungen der Vorderradaufhängung des 901 zur Bestimmung der vorderen Momentanachse.

DISKUSSIONSPUNKT SCHEIBENBREMSEN: MARKTGÄNGIGES SYSTEM ODER EIGENENTWICKLUNG?

Derweil ist die Konstruktion der Bremsanlage offenbar heftig umstritten: marktgängige außen umgriffene Bremsscheiben oder Porsche-eigene innen umgriffene? Vier Tage vor dem Besuch der Boge-Delegation entscheidet Technikchef Hans Tomala, »dass für T8 eine handelsübliche, d.h. aussenumgriffige Girling- oder Teves-Scheibenbremse Verwendung findet und dass die Porsche-Scheibenbremse nicht eingebaut wird«. Im Fahrversuch hat sich die Girling-Bremse mit Festsätteln bewährt. Kaum Chancen werden dagegen der in Entwicklung befindlichen Schwimmsattel-Bremse von Girling eingeräumt, die Experten von Porsche haben keine Hoffnung, »dass diese Bremse mit Sicherheit für T8 serienreif ist«. Am 8. Juni 1962 ergeht der Hauptauftrag E 41: »Für T8-Serie sollen in Zusammenarbeit mit den Firmen Girling bzw. Teves Scheibenbremsen entwickelt werden. Von diesen Bremsen soll dann die für uns geeignetste ausgesucht werden.«

Noch am gleichen Tag verfasst Bremsenspezialist Hans Spannagel eine Aktennotiz über die »Vierrad-Scheibenbremse ohne Kraftverstärker«. Er schreibt: »Die Entwicklung der Vierrad-Scheibenbremse für Serienfahrzeuge erfolgte in größeren Wagen, bei denen ein Kraftverstärker selbstverständlich vorausgesetzt wurde. Die Entwicklung in unserem Hause hatte das Ziel, den Kraftverstärker wegen Unterdruck-Schwierigkeiten, Gewicht, Preis und Platzbedarf einzusparen. Die fehlende Kraftverstärkung muß unter Voraussetzung des gleichen Bremskomforts durch ein höheres hydraulisches Übersetzungsverhältnis ausgeglichen werden, da der Steigerung des Reibwertes der Bremsbeläge enge Grenzen gezogen sind.« Die innovationsfreudigen Fahrwerkingenieure sind sich dabei völlig im Klaren, dass die noch junge Scheibenbremstechnologie ein Hürdenlauf wird: »Da mit den vorgesehenen Girling- und Teves-Bremsen T8 mit Sicherheit Entwicklungsschwierigkeiten auftreten werden, müssen die Versuche so früh als möglich begonnen werden«, fordert Spannagel. »Nach den bisherigen Erfahrungen sollten Achsschenkel und Naben die endgültige Form haben, da Behelfslösungen an diesen Stellen die Versuchsergebnisse stark beeinflussen.«

Fahrversuchsleiter Helmut Rombold greift die Warnung von Hans Spannagel zwei Tage später auf und plädiert noch einmal für die Porsche-eigene Bremse: »Nachdem sich die Gemüter etwas beruhigt haben, glaube ich, daß man das Thema außen- und innenumgriffene Bremse nochmal betrachten sollte, zumal es keineswegs so aussieht, als wenn man von Girling oder Teves eine Bremse vom Ladentisch kaufen könnte, insbesondere wenn zur Gewichtserleichterung eventuell Leichtmetallzangen vorgesehen werden sollen, über die noch keine Langzeiterprobung vorliegt. Die innenumgriffene Scheibe hat gegenüber der außenumgriffenen Scheibe bei gleicher Belagfläche und gleichen Anpressdrücken den Vorteil der größeren Reibmomente, weil deren mittlerer Ø größer ist.« Trotz gegenteiliger Argumente seien Verzug und Verformung der Porsche-Bremse nicht schlechter. »Die Befestigung der innenumgriffenen Zange ist einfacher und leichter als bei der außenumgriffenen«, so Helmut Rombold weiter. »Man sollte wirklich die Vorteile und Nachteile dieser Konstruktion unvoreingenommen gegeneinander abwägen.« Der Fahrversuchsleiter stärkt damit Hans Spannagel den Rücken, der gemeinsam mit Claus von Rücker die Porsche-Bremse erfunden und patentiert hat.

BUNDESREPUBLIK DEUTSCHLAND KL. 63c 51/03

INTERNAT. KL. B 62 d

DEUTSCHES PATENTAMT

AUSLEGESCHRIFT 1 141 549

P 23858 II/63c

ANMELDETAG: 11. NOVEMBER 1959

BEKANNTMACHUNG DER ANMELDUNG UND AUSGABE DER AUSLEGESCHRIFT: 20. DEZEMBER 1962

Scheibenbremse für Fahrzeuge, insbesondere für Kraftfahrzeuge

Anmelder:

Dr.-Ing. h. c. F. Porsche K.G.,
Stuttgart-Zuffenhausen, Spitalwaldstr. 2

Nikolaus v. Rücker, Stuttgart,
ist als Erfinder genannt worden

1

Die Erfindung bezieht sich auf eine Scheibenbremse für Fahrzeuge, insbesondere Kraftfahrzeuge mit einer umlaufenden Bremsscheibe, welche von einer druckmittelbeaufschlagten Bremszange von innen umgriffen wird und eine unabhängig davon wirksame Feststellbremse besitzt, die am inneren Umfang der Bremsscheibe angreift.

Bei Scheibenbremsen besteht infolge ihrer kennungslosen Charakteristik die Schwierigkeit, eine wirksame Feststellbremse vorzusehen, da eine übermäßig große Anpreßkraft auf mechanische Weise an den Bremsklötzen aufgebracht werden muß, um das Fahrzeug beispielsweise am Berg festzuhalten.

Bei den bekannten Ausführungen dieser Art ist in den Zylinderraum der Betätigungskolben ein Stößel eingeführt, der durch einen an der Bremszange angelenkten Stellhebel über einen mit dem Handbremshebel verbundenen Seilzug betätigt werden kann. Da diese Feststellvorrichtungen den Ansprüchen nicht genügen, wurde als Abhilfe schon eine Ausführung vorgeschlagen, bei welcher am äußeren Umfang der Bremsscheibe eine Bandbremse vorgesehen ist, die zur Feststellung des Fahrzeuges dient. Diese Ausführung hat den Nachteil, daß die wirksame Bremsfläche der Bremsscheibe entsprechend geringer gehalten werden muß und das Stellwerk zur Betätigung der Bremse nur auf der Bremszange angelenkt werden kann. Dadurch wird die Unterbringung der unabhängig voneinander zu betätigenden Bremsen innerhalb der Radfelge eines Fahrzeuges besonders schwierig. Die Stellglieder der Feststellbremse sind dadurch z. B. für Nachstellarbeiten auch nicht mehr frei zugänglich. Bekannt ist auch eine Backenbremse, deren Bremstrommel mit einem Scheibenflansch versehen ist, an deren Umfang einander gegenüberliegende Bremsklötze angreifen, die in einer Bremszange gehalten sind. Diese Ausführung dient ausschließlich dem Zweck, das Bremsvermögen einer Bremstrommel durch Vorsehen mehrerer Reibflächen zu vergrößern. Die Bremse ist derart ausgelegt, daß die Backenbremse einen erheblich größeren Anteil der Bremskraft aufbringt, als die am Umfang der Trommel angeordnete und unabhängig von dieser arbeitenden Scheibenbremse.

Demgegenüber besteht die Aufgabe der Erfindung darin, für eine Scheibenbremse eine Handbremse zu schaffen, welche über ein genügend großes Festhaltevermögen für das Fahrzeug verfügt und auf engstem Raum innerhalb der Radfelge untergebracht werden kann.

Erfindungsgemäß wird diese Aufgabe dadurch gelöst, daß die Feststellbremse durch eine Backenbremse gebildet wird, deren Bremsfläche und Brems-

2

backen in der Ebene der Bremsscheibe angeordnet sind und die sich auf der Lagerbasis der Bremszange abstützen. Diese Anordnung gestattet auf engstem Raum, ohne die Bremsfläche der Bremsscheibe nachteilig zu verringern, eine wirkungsvolle Feststellbremse innerhalb der Radfelge unterzubringen, welche den Einbau der Bremszange der hydraulischen Anlage nicht behindert. Der relativ schmale Steg der Bremsscheibe genügt dabei, um die erforderliche Bremswirkung der Bremsbacken zum Feststellen des Fahrzeuges aufzubringen, da die Bremsbacken auch bei schmaler Bauweise eine große Servowirkung besitzen. Gleichzeitig wird durch die Anlenkung der Bremsbacken eine räumlich günstige Anordnung erzielt, so daß die verwendeten Spreizhebelglieder für die Bremsbacken leicht unterzubringen sind und in vorteilhafter Weise eine axiale Zuführung des Bremsseiles ermöglichen.

Die Feststellbremse umfaßt vorzüglich eine Backenbremse mit zwei gegenüberliegenden Backen, welche um Haltebolzen der Bremszange schwenkbar gehalten und durch Spreizhebel betätigt werden, welche gegenüber der Bremszange angeordnet sind. Dadurch wird bei sicherer Aufnahme der Stützkräfte eine große Servowirkung erzielt mit dem Vorteil, daß die unabhängige Bremse über die Feststellung hinaus als zusätzliche Notbremse verwendet werden kann, wenn die hydraulische Anlage ausfällt. Als Feststellbremse kann aber auch eine einzige am Innendurchmesser der Bremsscheibe angreifende Bremsbacke vorgesehen werden, welche gegenüber der Bremszange angeordnet ist und sich auf deren Befestigungsflansch abstützt. Diese Ausführung ist bei etwas kleinerer Bremswirkung infolge Wegfall eines Backens mit geringeren Herstellungskosten verbunden und dadurch insbeson-

209 748/197

ZEICHNUNGEN BLATT 1 AUSGABETAG: 20. DEZEMBER 1962

DAS 1 141 549
KL. 63c 51/03
INTERNAT. KL. B 62 d

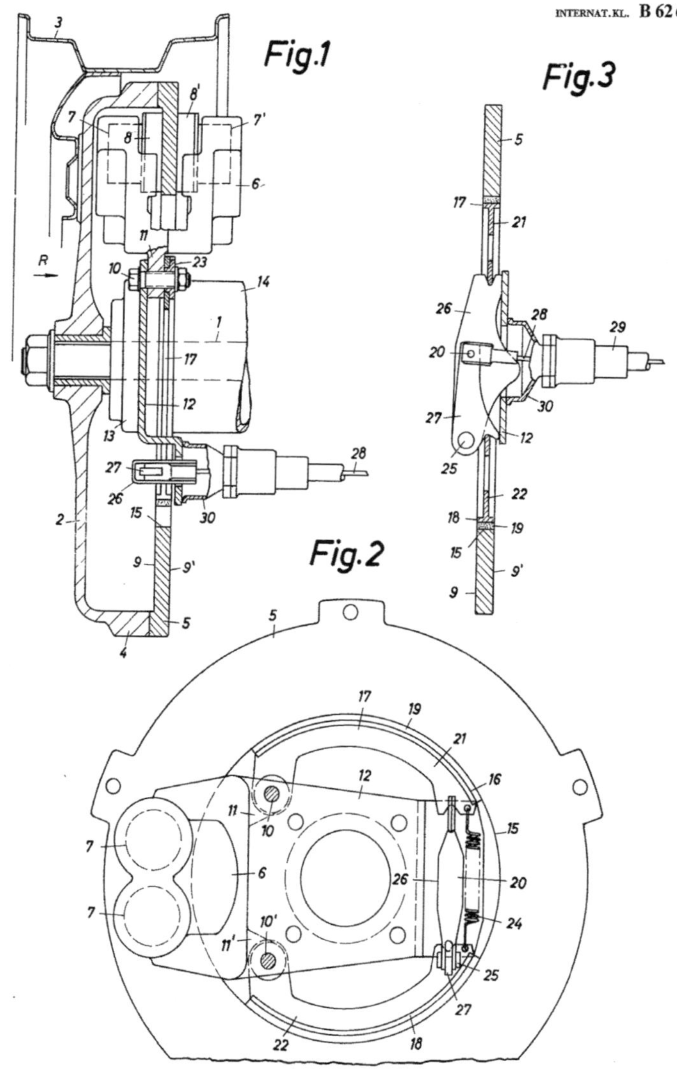

Auszug der Auslegeschrift mit Konstruktionszeichnung der innenumgriffenen Scheibenbremse mit integrierter Feststellbremse. Ein zweites Patent ist für die Vorderachsbremse ohne Feststellbremse beantragt.

AUGUST ACHLEITNER ÜBER

DIE INNEN UMGRIFFENE PORSCHE-BREMSSCHEIBE

Die früheren Jahre der Fahrzeugentwicklung bis in die 1980er Jahre waren durchaus gekennzeichnet durch die Suche nach neuen und besseren Bremskonzepten und man war experimentierfreudig. Ein Weg, der öfter beschritten wurde, war die innen umgriffene Bremsscheibe. Aus heutiger Sicht spricht nichts dafür.

Hauptmerkmale:

- Die große Nabe ist gleichzeitig Bremsscheibenträger, damit groß und schwer, aufwendig durch die erforderliche Bearbeitung und Fünffachverschraubung der Bremsscheibe außen.
- Diese Nabe und der Bremsscheibenträger decken die Bremsscheibe nach außen ab, was die Bremsbelüftung verschlechtert.
- Der Bremssattel und seine Bremsbeläge haben im Vergleich zu einer konventionellen Bremsscheibenlösung einen kleineren Bremswirkradius, da der Bremssattel nicht so weit außen im Radius der Bremsscheibe montiert werden kann. Um diesen Nachteil zu kompensieren, wurde ein 4-Kolben-Bremssattel konzipiert, der auch eine größere Bremsbelagfläche ermöglicht. Heute ist ein solcher Festbremssattel in sportlichen Fahrzeugen und Sportwagen Standard, für das Jahr 1960 aber außergewöhnlich.
- Aufwendige Montage – beim Einbau des Bremssattels und dem Wechsel der Bremsbeläge muss die Bremsscheibe komplett zerlegt werden.
- Ein kleiner Vorteil ist die Verbindung mit dem Bremsscheibenträger eher punktuell nur an den fünf Verschraubungspunkten, was zu einem kleineren Schirmungseffekt der Bremsscheibe selbst durch die thermische Belastung führt (ein wenig vergleichbar mit schwimmend gelagerten Bremsscheiben bei Motorrädern), gleichzeitig ist aber die Wärmeableitung von der Bremsscheibe in den Träger stark eingeschränkt.

In der Summe kann für dieses Bremskonzept kein Vorteil festgehalten werden. Daher findet man diese Lösung heute nicht mehr.

ABKEHR VOM 356: LÄNGSLENKER-HINTERACHSE FÜR DEN 901 (T8)

Vermutlich während der Erprobung der McPherson-Vorderachse fällt den Versuchsingenieuren auf, dass sie mit der vom 356 übernommenen Hinterachse nicht sonderlich harmoniert. Jedenfalls wird bei einer Besprechung Anfang Juni 1962 von Vater und Sohn Porsche mit den Herren Tomala, Reimspieß und Komenda festgelegt, »dass die Hinterachsspur von 1277 mm[28], in Strecklage gemessen, um 23 mm auf 1300 mm verbreitert wird. Durch diese Verbreiterung soll eine bessere Straßenlage und eine Verbesserung der Notsitze und der Kofferladefläche erreicht werden. Um echte Fahrzeugeigenschaften zu erhalten ist bereits der erste Prototyp entsprechend zu konstruieren und auszuführen. Die Möglichkeit dieser Spurverbreiterung in Bezug auf die Außenhaut wurde am Modellwagen in Anwesenheit der Herren Porsche sen. und jr., Tomala und Schröder untersucht.« Nach wie vor dient der von F. A. Porsche entworfene 695 (T7)-Prototyp als Vorbild für das Design des mittlerweile als Typ 901 in Entwicklung befindlichen T8.

[28] 356 B: 1.272 Millimeter

Mittlerweile leitet Franz Xaver Reimspieß die Fahrwerkentwicklung als Nachfolger von Leopold Schmid, der seit 1. Juni 1962 beurlaubt ist. Anfang Mai waren die Spannungen zwischen Schmid und Hans Tomala derart eskaliert, dass mit Schmid die Beurlaubung vereinbart wurde. Er wird Porsche schließlich offiziell zum Jahresende 1962 verlassen.

Als Ende Juni 1962 der Bau der beiden ersten 901-Prototypen mit Reutter besprochen wird, stellt Hans Tomala gleich zu Anfang fest, »daß die Konstruktion Lenkung – Vorderachse nun endgültig festliegt, so daß die Rahmen-Konstruktion im Bereich der Vorderachse durchgeführt werden kann (mit Zahnstangen-Lenkung)«. Zur Stabilisierung dient ein Fahrschemel, an dem sich die Federstäbe abstützen und der an vier Punkten elastisch mit dem Chassis verbunden ist. »Die Konstruktion der neuen Doppelgelenk-Hinterachse ist dagegen noch unklar, so daß diese Hinterachse zum Serienbeginn nicht eingesetzt werden kann.
Die Serie läuft daher mit der heutigen Hinterachse bei um 23 mm vergrößerter Spurweite an.«

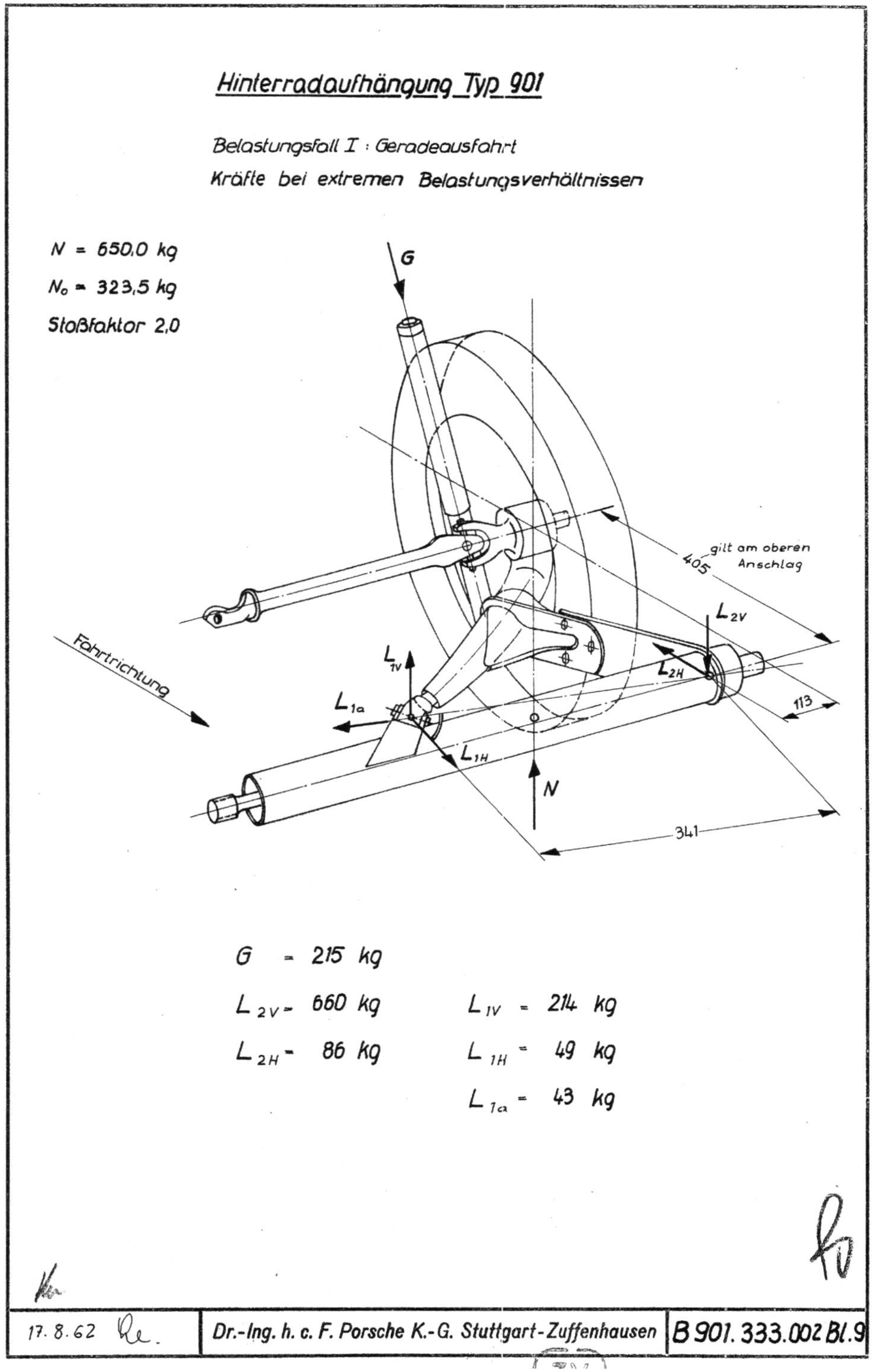

Schematische Darstellung der errechneten Extrembelastungen an der neuen Längslenker-Hinterachse des 901.

PROTAGONISTEN

FRANZ XAVER REIMSPIESS

Konstrukteur
Stellvertretender Technischer Leiter
1934–1966 bei Porsche

gestaltet als leitender Konstrukteur die Entwicklung vom 356 zum 901 entscheidend mit. Der Ingenieur zählt seit September 1934 zur Kernmannschaft von Porsche. Fahrgestell und Motor des Volkswagens tragen seine Handschrift, auch das VW-Markenzeichen mit den aufeinandergestellten Buchstaben wird ihm zugeschrieben. 1952 zeichnet er das erste Porsche-Wappen und geht damit endgültig in die Firmengeschichte ein.

Es ist dieses zeichnerische Talent, das ihm den Einstieg in die Welt der Konstrukteure eröffnet. Geboren am 28. November 1900 in Wiener Neustadt muss Franz Xaver Reimspieß bereits mit 15 Jahren für seinen Unterhalt und den seiner Mutter sorgen. Er tritt eine Stelle als Laufbursche bei den österreichischen Daimler-Werken an. Technik fasziniert ihn. Er zeichnet in seiner Freizeit Konstruktionen von Austro-Daimler nach, bewirbt sich im Konstruktionsbüro – und wird angenommen. Reimspieß trifft dort auf Karl Rabe und arbeitet sich unter dessen Führung durch Fleiß und Talent schnell nach oben. Vermutlich kreuzen sich bereits da auch seine Wege mit dem damaligen Entwicklungschef Ferdinand Porsche.

Franz Xaver Reimspieß (rechts), Zeichner des ersten Porsche-Wappens und Stellvertreter von Karl Rabe, mit Ferry Porsche und Karl Rabe im Sitzungssaal.

Unterbrochen von einem Einsatz im Ersten Weltkrieg und einem Ingenieurstudium arbeitet Franz Xaver Reimspieß bis 1934 bei Austro-Daimler. Als das Werk in Wiener Neustadt geschlossen wird, folgt er zum 24. September seinem früheren Chef Karl Rabe nach Stuttgart in das junge Konstruktionsbüro Porsche. In der Kronenstraße 24 entwirft er hauptsächlich Fahrwerke, optimiert aber auch Motoren. Ferdinand Porsche betraut Reimspieß mit der Entwicklung der Bremsanlage für den Auto-Union-Rennwagen, den Porsche Typ 22. Als der junge Ingenieur den Vierzylindermotor für den Volkswagen durchkonstruiert, erhält er auch gleich den Auftrag, das Trieb- und Fahrwerk des Volkswagens zur Serienreife zu entwickeln.

Anfang der 1950er Jahre ernennt Ferry Porsche Franz Xaver Reimspieß zum Oberingenieur und Stellvertreter von Technikchef Karl Rabe. Er managt die Einführung der »Technischen Programme« und die Zusammenarbeit mit Reutter bei der Entwicklung des T8 (später 901). 1966 geht er in den Ruhestand. Richard von Frankenberg, Gründer des Porsche Kundenmagazins »Christophorus«, beschreibt den Privatmann Reimspieß in einer Laudatio als sehr humorvollen und künstlerisch begabten Menschen, der es im Malen und Zeichnen »zu wahrer Meisterschaft gebracht hat.«. 1979 stirbt Franz Xaver Reimspieß im Alter von 79 Jahren.

Wie genau diese provisorische Hinterachse der beiden ersten Versuchswagen aussehen soll, beschließen die Konstrukteure in einer weiteren, Porsche-internen Besprechung: »Bei diesen Vorläuferwagen werden die Rahmenholme gegenüber dem Serienwagen[29] um 23 mm nach aussen gerückt um den Innenraum zu vergrößern [...]. Die Rahmenverbreiterung wird durch Verbiegen der Federstrebe ausgeglichen [...]. Somit haben diese beiden ersten Prototypen folgende Merkmale: T8-Karosserie, neue Federbein-Vorderachse mit Zahnstangenlenkung und Fahrschemel, alte, geringfügig abgeänderte Hinterachse und neue Girling- bzw. Teves-Scheibenbremse.« Bis zum 5. September 1962, so gibt der Hauptauftrag E 47 für den Bau der T8-Prototypen vor, sind drei bis fünf Garnituren Fahrgestellteile an Reutter zu liefern. Während die Karosserien der beiden 901-Versuchswagen bei Reutter per Hand angefertigt werden, entwickelt sich das Fahrwerkkonzept weiter – mit Auswirkungen auf die Prototypen. Versuchswagen 1 mit der Fahrgestellnummer 13321 erhält die Fahrschemel-Vorderachse und die abgeänderte 356-Hinterachse, für Prototyp Nummer 2 (Fahrgestellnummer 13322) ist jetzt eine Längslenker-Hinterachse Typ 901 vorgesehen. Alle folgenden Versuchswagen sollen mit der Hilfsrahmen-Vorderachse und der Längslenker-Hinterachse ausgerüstet werden. Der Übergang vom elastisch gelagerten Fahrschemel zum starr montierten Hilfsrahmen hat auch Gründe in der Patentlage: Die Rechte für die Fahrschemel-Konstruktion liegen bei Daimler-Benz, wie die Patentabteilung von Porsche ermittelt hat: »Nachdem auf die vorgesehene Hilfsrahmenkonstruktion[30] verzichtet wurde, steht der Vorderachse somit kein derzeit aufrechtes Schutzrecht entgegen.«

[29] 356 B

[30] gemeint ist der Fahrschemel

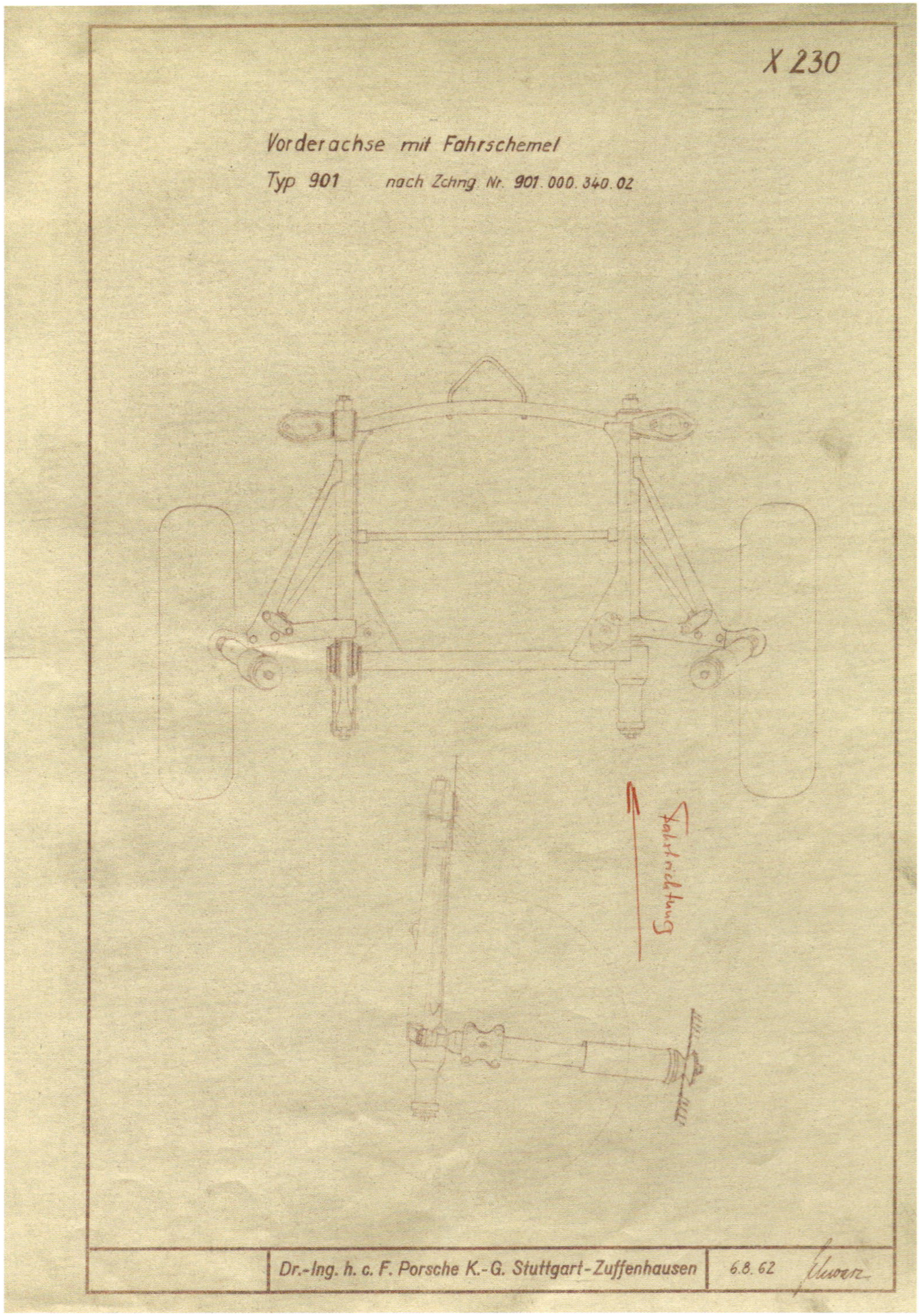

Bei den ersten Versuchen mit einer neuen Vorderachse setzen die Ingenieure noch auf einen Fahrschemel. Auch aus patentrechtlichen Gründen wird er bald von einem festen Hilfsrahmen abgelöst.

PROBEFAHRTEN BESTÄTIGEN FAHRWERKKONZEPT

Freitag, 9. November 1962: Der erste Prototyp des 901 startet zu seiner Jungfernfahrt. Helmuth Bott vermerkt zu den Fahreigenschaften: »Das Fahrzeug ist handlich und hat den Charakter des sportlichen Wagens voll beibehalten. Die Fahreigenschaften entsprechen denen unserer T8 Vorläufer mit T6 Karosse, d.h. das Fahrzeug übersteuert noch zu viel und spricht zu giftig an auf Lenkeinschläge, in Wechselkurven noch nicht befriedigend. (Federabstimmung noch nicht endgültig, fehlende neue Hinterachse) [...] Lenkung ist vor allem in Mittelstellung zäh und träge, trotzdem bei Korrekturen giftig, hat in Mittelstellung etwas Spiel [...]. Vorderachse falsch eingestellt, Fahrzeug hat zu wenig Bodenfreiheit, Quertrennfugen kommen durch, als ob Gummipuffer anstünden. Vorderachse schlägt durch [...] Bremse hat starke Pedalwegänderungen. Nach einigen km Fahrt ohne Bremsung ist man am Bodenbrett. Durch Pumpen kommt das Pedal wieder zurück.«

Obwohl Helmuth Bott den Monteuren eine umfangreiche Arbeitsliste in Auftrag gibt, zeigen sich auch bei der zweiten Probefahrt nur teilweise Verbesserungen: »Schon bei der Ausfahrt war die Lenkung nicht so lebendig wie unsere Serienlenkung. Während der Fahrt wurde sie immer schwergängiger und nach ca. 50 km mußte sie selbst bei engen Kurven in die 0-Lage zurückgezogen werden.

Die eingebaute Girling-Bremse mit Girling-Hauptbremszylinder ist angenehm im Fußdruck, gut in der Bremswirkung und verzieht nicht aus hohen Geschwindigkeiten. Der Pedalweg wechselt immer noch stark. Bei einer Vollbremsung aus 205 km/h war das Bremspedal am Bodenbrett. Nach 5 Bremsungen aus 140 km/h bis nahezu Stillstand wurde ein starkes Geräusch durch schleifende Bremsbacken an der Scheibe hörbar, das sich im Verlauf von etwa 2 km wieder vollständig verlor. Außerdem qualmte und stank die Bremse sehr stark bei den letzten beiden Bremsungen.« Auch bei der dritten Probefahrt bemängelt Bott die ausgeprägten Änderungen des Bremspedalweges.

Von der Erprobung des neuen hydraulischen Scheibenbremssystems profitiert auch der 356 T6, »da die T8- und die T6-Bremse in ihren Hauptteilen gleich sind [...] Die Vorerprobung der T6-Bremse soll mit den T8-Vorläufen durchgeführt werden.« Die drei Porsche-Versuchswagen 111, 113 und Vorläufer T8 werden mit Girling-Scheiben ausgerüstet, die Wagen 64 und 109 mit Teves-Anlagen. Dazu kommt ein weiteres Versuchsfahrzeug, das Teves zur Verfügung stellt.

Sorgen bereitet den Fahrwerksentwicklern die Zahnstangenlenkung. Ein Besuch von Hans Tomala, Hans Hönick, Rudolf Hofmann und Helmuth Bott bei ZF in Schwäbisch Gmünd am 30. November 1962 soll dazu dienen, »eine engere Zusammenarbeit in Sachen T8-Lenkung zu erreichen, um das festzulegende Programm rasch durchziehen zu können«. Einer der Hauptkritikpunkte ist der starke Verschleiß: »Schon nach 4000 Fahrkm zeigten die Zahnstangen starken Verschleiß in der Verzahnung.« Als Konsequenz wird beschlossen, die Zahnstangen zu härten. Andere Lager sollen die hohe Reibung verringern und um das Geräusch zu minimieren, will man Lenkgetriebe mit Rollen gegenüber Ritzeln erproben.

Auf den Prüfständen für Fahrwerk und Antrieb laufen in Versuchsfahrzeugen Dauer- und Höchstbelastungstests parallel zur Erprobung.

Anfang Januar 1963 werden die Zeichnungen für die Vorderachse ohne Fahrschemel fertiggestellt. Die entsprechenden Teile für den dritten Prototyp sollen bis Mitte März beschafft werden. Die erste Hinterachse, so die Aktennotiz einer Besprechung vom 9. Januar 1963, wird »fertig bis Ende Januar 1963, dann alle 2 Wochen eine neue fertige Achse. Teile für die Nadella-Gelenke fertigstellen, um den Anschluß zu haben.« Bei den Nadella-Gelenken sind die beiden Gelenkteile durch eine kurze Schwinge verbunden, was einen Längenausgleich der Antriebswelle beim Ein- und Ausfedern der Räder ermöglicht. Die Lenkungen aller Prototypen werden mit gehärteten Zahnstangen aus- oder nachgerüstet. Bei den Bremsen werden zunächst nur Girling-Systeme verbaut.

Mit der Zahnstangenlenkung des T8 (rechts) mit geknickter Lenksäule führt Porsche die Sicherheitslenkung ein. Die Spindellenkung des 356 (links) ist technisch überholt und ein Risiko für die passive Sicherheit.

PROBLEMFALL VORDERACHSE: EINSTELLBAR ODER NICHT?

Noch unklar ist zu diesem Zeitpunkt, ob die Vorderachse einstellbar oder fest eingebaut werden soll. Anfang März 1963 berechnet Konstrukteur Hans Hönick »die zulässigen Bautoleranzen der Karosserie-Aufnahmepunkte für eine nichteinstellbare Vorderachse«. Er errechnet eine Sturzänderung von maximal ±13 Minuten, was noch innerhalb der Vorgabe von ±1 Minuten liegt. Allerdings fügt er hinzu: »Falls die Karosserietoleranzen grösser ausfallen sollten, muss eine Sturzeinstellung erfolgen. Dies könnte durch Einstellung des Kugelarms am Lenker erfolgen.«

Die Forderung des Fahrversuchs ist in diesem Punkt eindeutig: »Aus langjähriger Erfahrung heraus vertritt der Versuch den Standpunkt, daß es unmöglich ist, für unser schnelles Fahrzeug eine Vorderachse ohne Einstellmöglichkeit für ein Serienfahrzeug vorzusehen«, betonen die Fahrwerkspezialisten bei einer T8-Besprechung mit Ferry Porsche am 12. März 1963. »Dadurch daß bei unserem jetzigen Serienfahrzeug die Vorderachse eingeschweißt ist im Gegensatz zu der eingeschraubten Achse am VW [...] haben wir zur Zeit fast keinerlei Korrekturmöglichkeit und deshalb dauernd Schwierigkeiten und Beanstandungen.« Ein weiterer Schwachpunkt ist noch immer die Zahnstangenlenkung, deren Reibmoment nicht zufriedenstellend einzustellen ist. »Das max. zulässige Reibmoment beträgt 10 cmkg, bei größerem Reibmoment wird die Lenkung teigig und läuft nicht einwandfrei in Null-Stellung zurück. Alle bisher versuchten Lösungen haben bei diesem Reibmoment geklappert.« Kein Porsche-typisches Problem: »Es wurde darauf hingewiesen daß alle im Versuch in letzter Zeit geprüften Fahrzeuge mit Zahnstangenlenkung nicht einwandfrei funktionierten.«

Feinarbeit verlangt weiterhin die Abstimmung der elastischen Lager. »Die Versuche am ersten 356 B Wagen mit McPherson-Achse und Drehstabbündel haben gezeigt, daß die Lagerung mit Fluidblocs verschiedener Volumina einen unerwünschten Lenkungseffekt ergibt. Bei der Achse nach dem jetzigen Zeichnungsstand ist zwar die Basis wesentlich größer, es ist aber nicht ausgeschlossen, dass derselbe Effekt auch hier auftritt.«

Entgegen der Forderungen des Fahrversuchs setzt die Konstruktionsabteilung lange Zeit auf eine nicht einstellbare Vorderachse.

Typ 901

Toleranzberechnung der Aufnahmepunkte für die Vorderachse

Aufgabe:

Es sind die zulässigen Bautoleranzen der Karosserie-Aufnahmepunkte für eine nichteinstellbare Vorderachse zu bestimmen.

Ausgangsbasis:

Es werden für die Serie eine Sturztoleranz von ± 15' bei der Summierung aller ungünstigen Toleranzen als zulässig angenommen.

z = Σ der ungünstigen Toleranzen der Achsteile + dem Versatz der Scherbolzen (w = 0,5).

x = zulässiger Versatz des oberen Aufnahmepunktes, bezogen auf Wagenmitte.

y = zulässige Toleranz der beiden oberen Aufnahmepunkte zueinander.

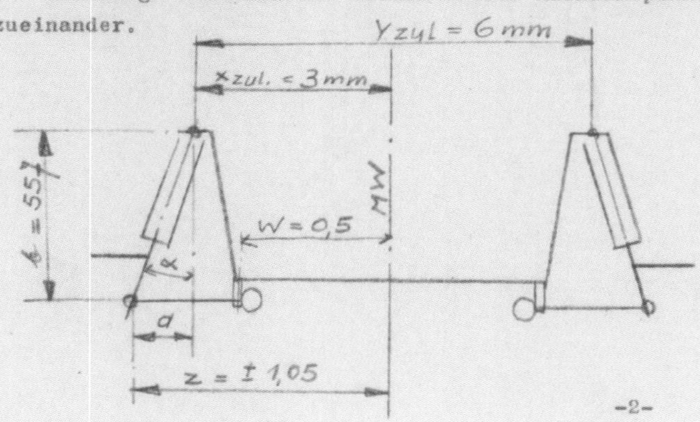

-2-

- 2 -

$\alpha = 11^\circ$, $tg\ 11^\circ = 0{,}1945$; $b = 557 \cdot tg\ 11^\circ = 108{,}2$

$c = + x + (-z) = 1{,}05 + 1{,}5 = 2{,}55$; $108{,}2 + 2{,}55 = 110{,}75$

$tg\ \alpha' = \frac{110{,}75}{557} = 0{,}1988$, $\alpha' = 11{,}22^\circ = 11^\circ\ 13'$

Sturzänderung infolge Summierung aller ungünstigen Toleranzen $\Delta\alpha = \pm 13'$

Falls die Karosserietoleranzen grösser ausfallen sollten, muss eine Sturzeinstellung erfolgen. Dies könnte durch Einstellung des Kugelarmes am Lenker erfolgen.

Stuttgart, den 11.März 1963
KB-Hö/br

Hönick

Verteiler:

Herrn Tomala
" Komenda
" Reimspiess
" Rombold
" Bott
" Hofmann/Sahs
" Hönick

1963: DIE VERSUCHE MIT DER LÄNGSLENKER-HINTERACHSE BEGINNEN

Noch wenig Erfahrungen liegen dagegen im Frühjahr 1963 mit der Längslenker-Hinterachse vor. Die Versuche sollen in diesen Märztagen beginnen. »Da im Augenblick nur 2 Gelenkwellenpaare im Hause sind, kann außer dem 2. Prototyp nur 1 Versuchsfahrzeug mit Längslenker-Hinterachse ausgerüstet werden.« Erst danach kann die Abstimmung von Federung und Stabilisatoren beginnen.

Die Nadella-Gelenke bewähren sich in den Versuchsfahrzeugen sehr gut, die Fahrwerkabstimmung lässt im Mai aber noch zu wünschen übrig. Bei einer Probefahrt, an der unter anderem Ferdinand Piëch und Helmuth Bott teilnehmen, bemängelt das Protokoll ein »klapperndes Geräusch beim Lastwechsel. Fahrzeug kommt auf schlechter Straße oft in die Anschläge, Querneigung zu groß. Lenkung zäh, zu viel Reibung. Wagen übersteuert stark im Grenzbereich. Fußbremse ruppelt.«

Im Juni 1963 laufen die Fahrversuche auf Hochtouren. Auf der Rennstrecke von Hockenheim und auf dem Nürburgring muss sich der 901-Prototyp Nummer 2 »Fledermaus« dem Vergleich mit Versuchswagen mit T8-Technik – sogenannten Vorläuferfahrzeugen – und 356-C-Seriensportwagen stellen. Dabei geht es sowohl um den Vergleich der Straßenlage als auch um Verschleiß und Temperaturentwicklung der Bremsanlage. Schließlich ist die Scheibenbremstechnologie für Porsche im Serienfahrzeugbau noch Neuland. Auf dem Hockenheimring zeigt sich beispielsweise, dass die Dämpferbeinachse die in sie gesetzten Erwartungen erfüllt. Der Versuchswagen V 113, ein T8-Vorläufer mit Fahrschemel-Vorderachse, Zahnstangenlenkung und 356-S-90-Vierzylindermotor, ist im »Geradeauslaufverhalten deutlich besser im Vergleich zum 356 B/C, ebenso läßt sich der Wagen schneller und mit weniger Aufmerksamkeit durch schnelle Kurven (Friedhofskurve) fahren. [...] Fahrverhalten etwa neutral und gutmütig. Querneigung zu groß [...] Um schneller zu befriedigenden Fahreigenschaften zu kommen, werden als nächster Schritt durch härtere Federung einige Abstriche an dem bisher sehr guten Fahrkomfort notwendig.«

Die beiden ersten Prototypen des T8 werden mit einem Fahrschemel für die Dämpferbein-Vorderachse aufgebaut. Anders als im Juni 1962 geplant, erhält der zweite Prototyp mit dem Spitznamen Fledermaus bereits eine provisorische Längslenker-Hinterachse.

H. Rombold

Abt. T 8

EINGEGANGEN
Versuchsleitung
Datum 28.6.62

A k t e n n o t i z

Betr.: T 8 - Besprechung am 25.Juni 1962

Eingegangen
Fahrversuch
Dat. 2.7.62

Anwesend die Herren Porsche
Tomala
Reimspiess
Mezger, AV
Hetmann
Stotz
Hönick

1.) Ausführung der ersten 2 Prototypen T 8

a) Hinterachse

Bei diesen Vorläuferwagen werden die Rahmenholme gegenüber dem Serienwagen um 23 mm nach aussen gerückt, um den Innenraum zu vergrössern. Damit muss die Spur um ebenfalls 23 mm verbreitert werden.

Die Rahmenbreiterung wird durch Verbiegen der Federstrebe ausgeglichen. Da für die Scheibenbremse der Firma GIRLING oder TEVES eine neue Radnabe angefertigt wird, kann die Spurverbreiterung in die Radnabe gelegt werden. Die Bremsausführungen und die Radnabe bedingen ein neues Rad mit 130 mm Lochkreis. Für das neue Rad ist ein neues Werkzeug erforderlich.

Die Strebennabe wird vom Carrera 2 übernommen, da bei dieser Ausführung die Radlageraufnahme verbessert ist. An die Strebennabe wird die Aufnahme für die Bremszange angeschweisst.

b) Bremse

Die Scheibenbremsen von GIRLING oder TEVES bekommen den neuen und für T 8 endgültigen Aussendurchmesser von 283 für GIRLING und 274 mm für TEVES sowie die neuen Zangen und die Innenbacken-Handbremse.

Somit haben diese beiden ersten Prototypen folgende Merkmale:

T 8 - Karosserie, neue Federbein-Vorderachse mit Zahnstangenlenkung und Fahrschemel, alte, geringfügig abgeänderte Hinterachse und neue GIRLING- bezw. TEVES-Scheibenbremse, altes Getriebe mit neuem Deckel für Tachoantrieb und alten 4-Zylinder-Motor.

-2-

Dr.-Ing. h. c. F. Porsche K.-G. Stuttgart-Zuffenhausen

- 2 -

2.) Weitere Prototypen

Ausführung wie unter 1.), jedoch mit folgenden Änderungen:

a) Längslenker-Hinterachse mit verbesserter Radlagerung und neuem Differential, nach Zeichnung 741.332.1016.

b) Dieses Differential mit den Anschlussteilen für die Doppelgelenkachse und der gesamten Hinterachse kann dann für das neue T 8 - Getriebe übernommen werden, lediglich muss am Differentialgehäuse der Tellerradflansch geändert werden.

c) Der Einbau der Längslenkerachse bedingt eine neue Durcharbeit der Heizschlauchführung, neue Lage der Klappenstutzen und Änderung des ganzen Rahmenholmes für Stoßdämpferbefestigung und Gelenkausschlag sowie für die hintere Motorlagerung für den 6-Zylinder-Motor.
Bei dieser Änderung können etwa 30 mm Innenraumbreite pro Seite gewonnen werden.

Bei dieser Durcharbeit sollte untersucht werden, ob die 4-Zylinder-Motoren durch eine Querstrebe am Motordeckel auf den gleichen Lagern des 6-Zylinder-Motors aufgehängt werden können.

d) Herr Mezger wurde beauftragt, die Mehrkosten der Längslenkerachse gegenüber der Serienachse festzustellen.

Stuttgart, den 27.Juni 1962
KB-Hö/br

Hönick
Hönick

Verteiler:

Herr Porsche
" Tomala
" Reimspiess
" Rombold
" Mezger, AV
" Jäntschke
" Hetmann
" Stotz
" Hönick

Dr.-Ing. h. c. F. Porsche K.-G. Stuttgart-Zuffenhausen

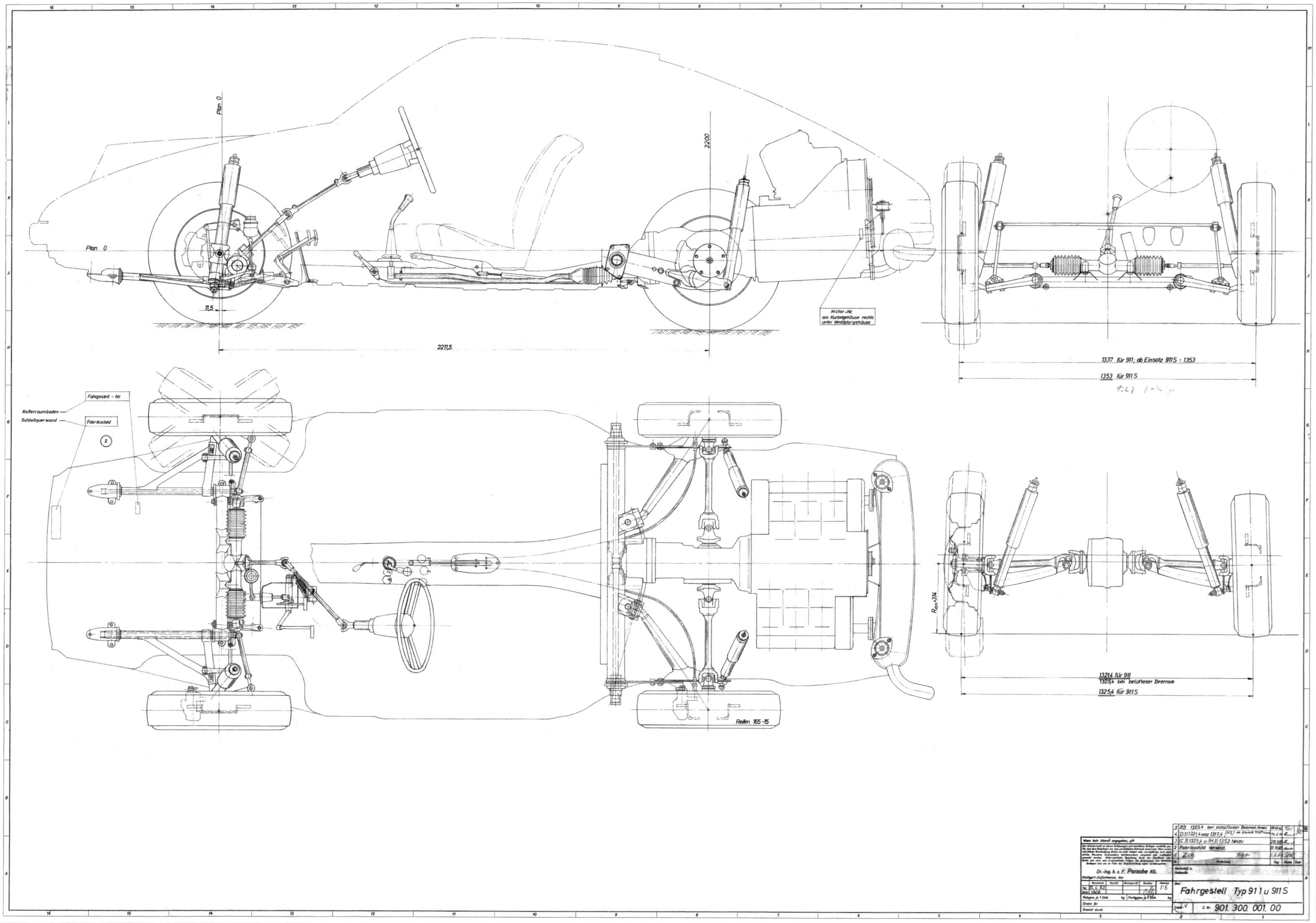
Plan 0
2200
11,5
2211,5
Motor-Nr. am Kurbelgehäuse rechts unter Ventilatorgehäuse
1337 für 911; ab Einsatz 911S : 1353
1353 für 911S
Fahrgestell - Nr.
Kofferraumboden
Schloßquerwand
Fabrikschild
Reifen 165-15
1321,4 für 911
1325,4 bei belüfteter Bremse
1325,4 für 911S
5 (I/3) 1325,4 bei belüfteter Bremse, hinzu
4 (D3) 1321,4 war 1317,4
3 (C3) 1325,4 u. (H3) 1353 hinzu
2 Fabrikschild versetzt
1 Zch.
Wenn kein Abmaß angegeben, gilt
Dr.-Ing. h. c. F. Porsche KG.
Stuttgart-Zuffenhausen, den
1:5
Fahrgestell Typ 911 u 911S
901. 300. 001. 00

Endstand: Das Fahrgestell des 901 hat praktisch nichts vom 356 übernommen – mit Ausnahme der Drehstabfederung.

Im August wird die »Fledermaus« (Prototyp 2) für Heizungsversuche umgebaut. Untersucht werden soll die Luftverteilung im Fahrzeug. Wagen 3 soll zu Rüttelversuchen nach Wolfsburg und muss entsprechend vorbereitet werden. Dazu gehört unter anderem auch eine Tarnung als »Erlkönig«. Prototyp 4 wird einer Geräuschmessung im Innenraum unterzogen. Auch die Reifengeräusche wollen ermittelt werden. Rolf Wütherich erhält den Auftrag, Teile und Montagegruppen vorzubereiten. Sämtliche Lagerteile sollen vermessen und ihre Reibung soll ermittelt werden. Teilegewichte sind in die Stücklisten einzutragen. Der Fahrschemel ist mittlerweile zwar ad acta gelegt, doch Vergleichsmessungen an einem T8-Vorläufer mit verschiedenen Gummis sollen Nach- und Vorteile aufzeigen.

Insgesamt verläuft die Fahrwerkentwicklung nicht unproblematisch, aber zufriedenstellend. Als der 901 seine Weltpremiere auf der IAA feiert, steht das Fahrwerkkonzept fest, die Versuchsfahrzeuge durchlaufen Feinabstimmung und Dauerläufe. »Die Erprobung des Typ 901 zusammen mit einem 356 C Wagen in Wolfsburg hat nach einer Strecke von 5.400 km einige Schwierigkeiten – Rahmen und Bremsen – ergeben, die technisch zu beheben sind«, konstatiert die Geschäftsleitung bei ihrer Besprechung am 30. September 1963.

Der 901 ist auf dem Weg.

WELTPREMIERE
Mit einem Prospekt stellt Porsche den neuen 901 zur Internationalen Automobil-Ausstellung im September 1963 seinen potenziellen Kunden vor. Zwischen der sachlichen Information blitzt der Stolz auf den neuen Sportwagen durch, der »das Optimum an Fahrkomfort, Straßenlage und Fahrsicherheit« verspricht. Doch es wird noch über ein Jahr dauern, bis das erste Coupé die Versprechen erfüllt.

Die ideale Bühne für das Debüt des 901: Offizielles Plakat zur Internationalen Automobil-Ausstellung 1963.

PORSCHE
901

PORSCHE

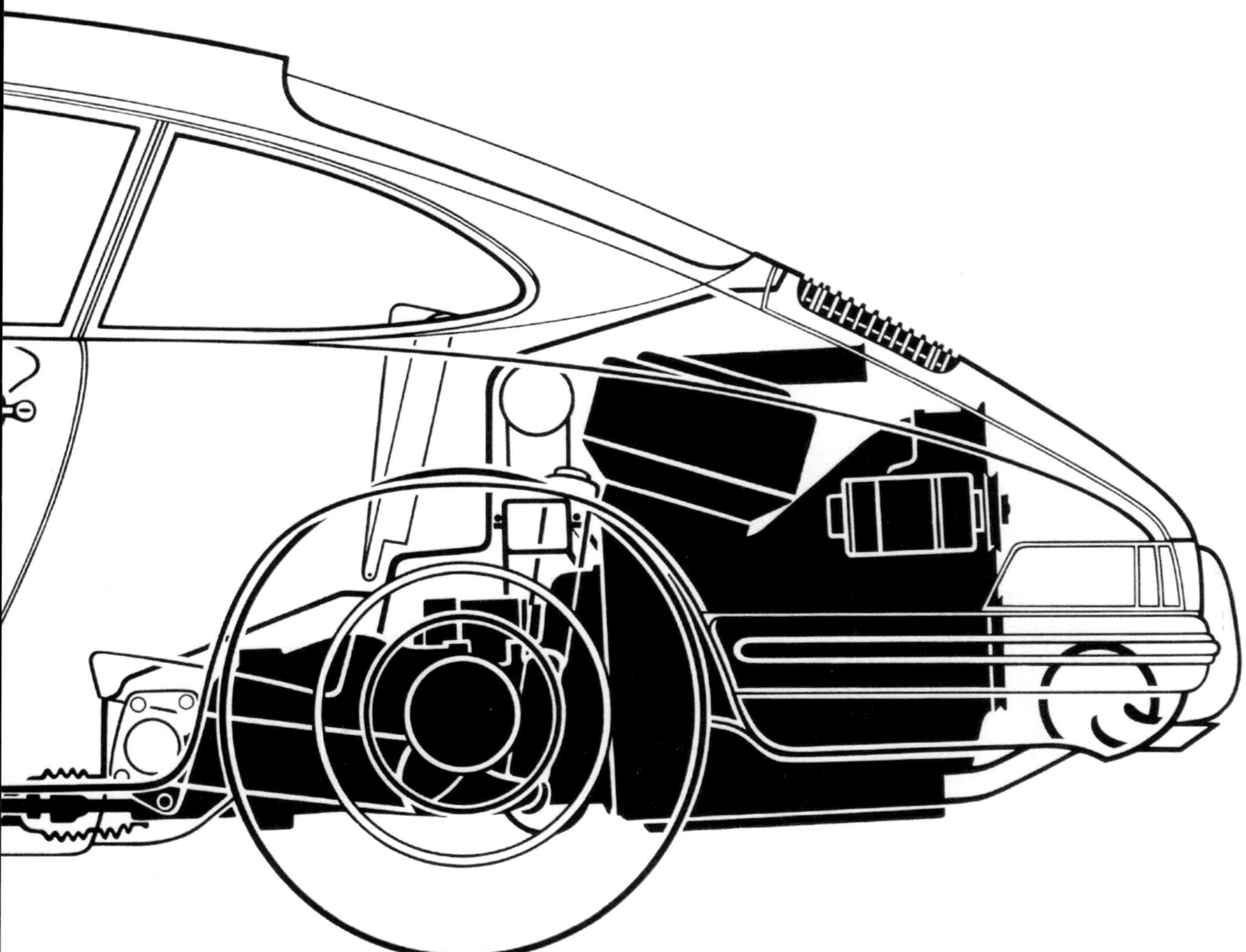

PORSCHE 901

Die Dr.-Ing. h. c. F. Porsche KG. hat mit dem Typ 901 ein wirtschaftliches und schnelles Automobil geschaffen, das unter Berücksichtigung der typischen Porsche-Linie alle Vorzüge der bewährten 356-Modelle und die langjährigen Erfahrungen seiner Konstrukteure und Versuchsingenieure in sich vereint. Es rundet das gegenwärtige Verkaufs-Programm nach oben ab. Im Gewicht und Temperament dem Carrera 2000 GS ebenbürtig, in den Endgeschwindigkeitswerten ihn noch übertreffend, wird der Typ 901 die alte Porsche-Formel „Fahren in seiner schönsten Form“ von neuem beweisen. Dieses Modell stellt ein Optimum an Fahrkomfort, Straßenlage und Fahrsicherheit dar, wie es der anspruchsvolle Porsche-Kunde seit Erscheinen des ersten Porsche-Wagens gewöhnt war.

Der Motor ist ein luftgekühlter 6-Zylinder-Boxer-Motor mit je einer obenliegenden Nockenwelle, bei dessen Konstruktion die Erfahrungen der Grand-Prix- und Sportmotorenentwicklung verwertet wurden. Die Kurbelwelle ist achtfach gelagert. Für die Bauteile wurde weitgehend Leichtmetall verwendet. Konstruktiv ist der Motor so ausgelegt, daß er im Rahmen seiner Entwicklungsstufen für Sportzwecke verwendet werden kann. Die beiden Nockenwellen werden, erstmals bei Porsche, über Ketten angetrieben. Für das Fahrzeug wurde ein neues Getriebe entwickelt, welches in seiner Funktion dem bisherigen gleicht, jedoch wegen des großen Geschwindigkeitsbereiches 5 Vorwärtsgänge besitzt. Die vordere Radaufhängung und Führung erfolgt durch untenliegende Querlenker und die beiden Stoßdämpfer, die Abfederung durch längsliegende Torsionsstäbe. Aufhängung und Führung der Hinterräder werden von Längslenkern übernommen, die über querliegende Drehstäbe abgestützt sind. Der Antrieb erfolgt über Doppelgelenkwellen.

Die Lenkung arbeitet nach dem Zahnstangenprinzip und wurde vorn in der Fahrzeugmitte angeordnet. Diese Bauweise ermöglichte es, einen wesentlichen Beitrag zur inneren Sicherheit zu leisten, da durch den Einbau der Umlenkungen die Verwendung einer starren Lenksäule vermieden werden konnte. Das Fahrzeug ist an allen vier Rädern mit Scheibenbremsen ausgestattet.

Für die Karosserie ergab sich nun die Notwendigkeit, die neuen Aggregate zu einer Einheit zusammenzufassen und bei den äußeren Abmessungen, die den Typ 356 lediglich in der Länge um 120 mm übertreffen, während in der Breite eine Einsparung von 70 mm erzielt werden konnte, einen größeren Innenraum zu schaffen. Gleichzeitig wurden, den heutigen Forderungen entsprechend, größere Fensterflächen geschaffen.

Der Vordersitzraum konnte in den Innenabmessungen trotz geringerer Fahrzeugbreite vergrößert werden. Im Prinzip wurde die heutige Sitzposition, die guten Komfort bei langen Reisen bietet, übernommen. Der Fußraum hinter den Vordersitzen wurde um etwa 6 cm verlängert. Zur Erleichterung bei Instandsetzungsarbeiten können die vorderen Kotflügel ausgewechselt werden. Um bei der Belüftung des Fahrgastraumes den heutigen Ansprüchen gerecht zu werden, wurde der Lösung dieser Frage besondere Aufmerksamkeit geschenkt. Unter der Vorderhaube ist reichlich Raum für die Unterbringung von Koffern und sonstigen Gepäckstücken.

901

Technische Daten

Motor

Zylinderzahl	6
Bohrung	80 mm
Hub	66 mm
Hubraum tatsächlich	1991 cm³
Verdichtungsverhältnis	9 : 1
Leistung	130 PS (DIN) bei 6200 U/min
Höchstes Drehmoment	16,5 mkg bei 4600 U/min
Literleistung	65 PS/l

Motorkonstruktion

Bauart	Viertakt-Vergasermotor mit je drei sich gegenüberliegenden Zylindern (Boxer)
Kühlung	Luftkühlung
Kurbelgehäuse	Leichtmetall
Zylinder	Grauguß
Zylinderkopf	Leichtmetall
Anzahl der Ventile (je Zylinder)	1 Einlaßventil 1 Auslaßventil
Anordnung der Ventile	hängend V-förmig
Nockenwelle	im Zylinderkopf, obenliegend
Ventilsteuerung	über Kipphebel
Nockenwellenantrieb	Kettentrieb
Kurbelwelle	geschmiedet, 8 Gleitlager
Pleuellager	Gleitlager
Gebläseantrieb	Keilriemen
Schmierung	Trockensumpfschmierung (getrennter Öltank mit Saug- und Druckpumpe, Ölkühler und Ölfeinfilter im Hauptstrom
Kraftstoff-Förderung	elektrische Kraftstoffpumpe
Elektrische Anlage	12 Volt Batterie 45 Ah.
Entstörgrad	fernentstört nach VDE 0879 Teil 1
Lichtmaschine	360 W strom- und spannungsgeregelt
Zündung	Batteriezündung

Kraftübertragung

Lage des Motors im Fahrzeug	Heck hinter der Hinterachse
Kupplung	Einscheiben-Trockenkupplung
Schaltgetriebe	Porsche Sperrsynchrongetriebe
Anzahl der Gänge	5 vorwärts, 1 rückwärts
Synchronisierte Gänge	1 bis 5
Schalthebel Anordnung	neben dem Fahrersitz
Achsantrieb	spiralverzahntes Kegelradgetriebe mit Kegelradausgleichgetriebe oder Sperrdifferential
Achsenübersetzung	7 : 31, i = 4,428
Übersetzungsverhältnis	(siehe nachstehende Aufstellung)

Fahrgestell, Radaufhängung

Rahmen	
Vorderradaufhängung	Einzelradaufhängung an Querlenker und Geradeführungen
Vorderradfederung	durch Drehfederstäbe und Gummihohlfedern
Hinterradaufhängung	Einzelradaufhängung an Längslenkern
Hinterradfederung	durch Drehfederstäbe und Gummihohlfedern
Stoßdämpfer	vorn und hinten doppelwirkende hydraulische Teleskopstoßdämpfer
Fußbremse	Scheibenbremse hydraulisch auf alle 4 Räder wirkend
Handbremse	mechanisch auf die Hinterräder wirkend
Wirksamer Bremsscheiben Ø vorn	227 mm
hinten	243 mm
Bremsbelagfläche je Rad vorn	52,5 cm^2
hinten	40,0 cm^2
Wirksame Bremsfläche ges.	185 cm^2
Handbrems-Trommel Ø	180 mm
Wirksame Bremsfläche ges.	194 cm^2
Reifen	165–15 Gürtel
Felgen	$4^1/_2$ J x 15
Lenkung	Zahnstangenlenkung, Lenkungsdämpfer, Sicherheitslenksäule
Lenkübersetzung	1 : 17
Tankinhalt	ca. 68 ltr.

Fahrleistungen

Höchstgeschwindigkeit	ca. 210 km/h
Leistungsgewicht (fahrbereit)	7,7 kg/PS
Kraftstoffverbrauch	11–14 ltr./100 km
Beschleunigungszeit von 0–100	9,1 sec.
von 0–160	21,9 sec.
Fahrzeit für 1 km	29,9 sec. bei stehendem Start
für 400 m	16,4 sec.

Abmessungen

Radstand	2204 mm
Spurweite vorn	1332 mm
Spurweite hinten	1312 mm
Länge	4135 mm
Breite	1600 mm
Höhe	1273 mm
Bodenfreiheit	118 mm
Wendekreis	10 m

Getriebe-Übersetzungen

5-Ganggetriebe	1. Gang (11 : 34) i = 3,09
	2. Gang (18 : 34) i = 1,89
	3. Gang (22 : 29) i = 1,32
	4. Gang (26 : 26) i = 1,0
	5. Gang (29 : 22) i = 0,758
	Weitere Zahnradpaarungen sind lieferbar.

W 221 Printed in Germany Änderungen vorbehalten August 1963 Gl.

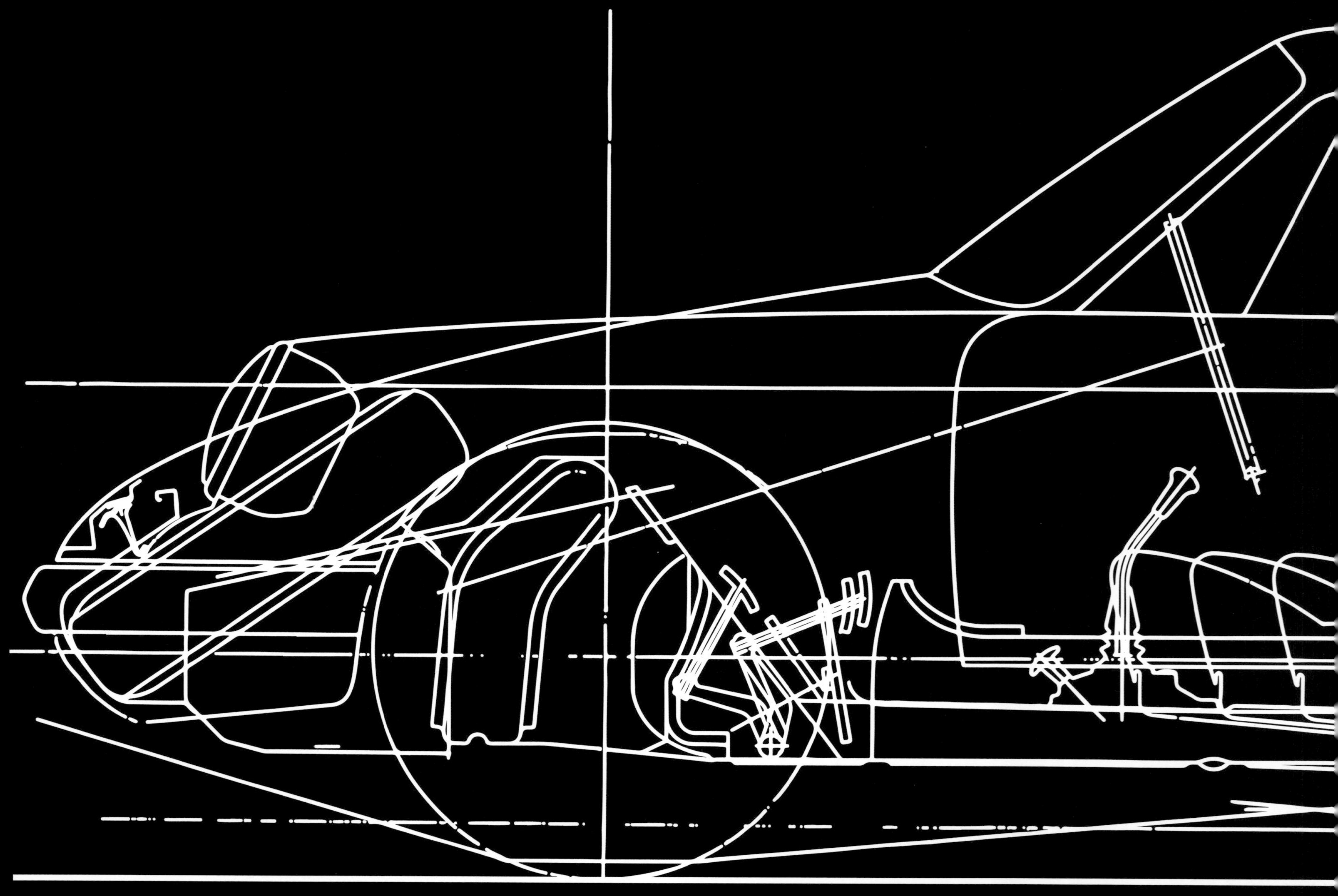

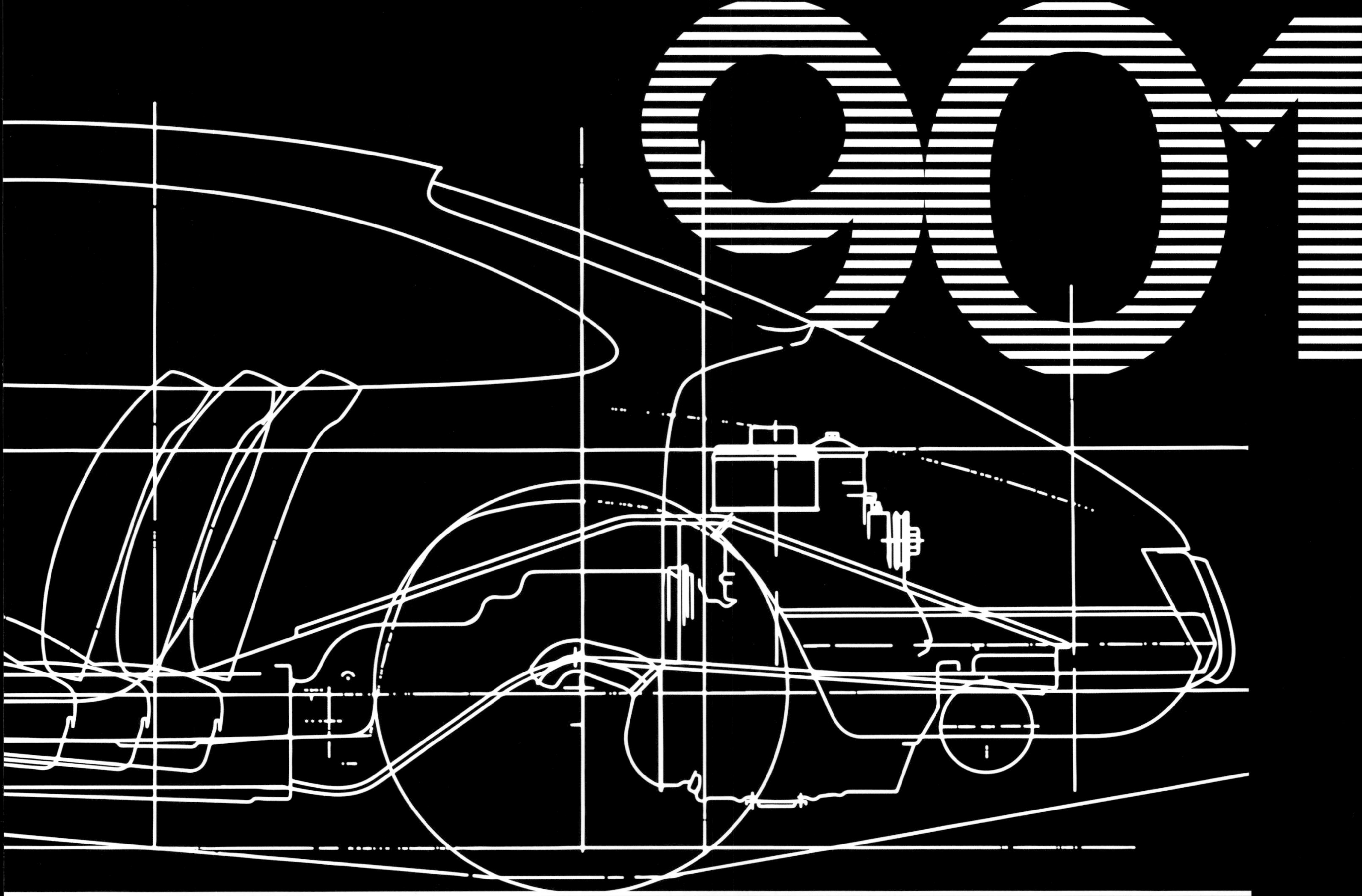

IMPRESSUM

 In einigen Fällen wurde aus Gründen der Lesbarkeit im Text die männliche Form gewählt, nichtsdestoweniger beziehen sich die Angaben auf Angehörige aller Geschlechter.

Wo es dem Lesefluss dient, wurden die im Buch verwendeten Zitate minimal angepasst.

Dr. Ing. h.c. F. Porsche AG
Porscheplatz 1
70435 Stuttgart
Germany
www.porsche.com/museum

Motorbuch Verlag Stuttgart
ISBN 978-3-613-32149-6

Motor buch Verlag

Text: Peter Weidenhammer
Übersetzung: Apostroph Germany GmbH
Design und Art Direction: Wolfgang Seidl
Layout & Gesamtproduktion: seidldesign.com, Stuttgart
Reproduktionen: Unternehmensarchiv der Dr. Ing. h.c. F. Porsche AG
Projektkoordination: buch exklusiv GmbH
Druck und Bindung: Beltz Grafische Betriebe GmbH
Printed in Germany

Edition Porsche Museum
MAP09090123

EDITION PORSCHE MUSEUM

Alle Bilder und Dokumente stammen aus dem Unternehmensarchiv der Dr. Ing. h.c. F. Porsche AG mit Ausnahme der folgenden:

BMW Group (S. 11, 85, 92, 309 1. v. r.), Porsche/Lukas Breusch (S. 320, 322, 323, 324, 326, 327), Privatarchiv Goertz (S. 84), H.-P. Hönick (S. 309 Hönick), Archiv Karmann (S. 309 Karmann), Privatarchiv Mayer (S. 311 2. v. r.), Familienarchiv Reutter, Stuttgart (S. 110, 116, 117, 145, 216, 220, 221, 236–237, 281, 282, 283, 311 ganz rechts), Henry Thiel (S. 153), Verband der Automobilindustrie e. V. (S. 437), Othmar Wickenheiser (S. 20–21).